卓越航空工程师培养系列教材

高等代数

主编 徐登明 刘文然

参编 林 洁 田俊改 谷瑞娟 关 静

北京航空航天大学出版社

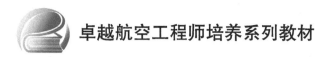

内 容 简 介

全书共 14 章，分为 3 部分. 第 1 部分为代数基础，包括第 1～6 章，内容依次为集合与映射、二元关系、自然数集、整数集上的算术、基本代数结构、多项式和有理分式；第 2 部分为线性代数，包括第 7～12 章，内容依次为向量空间与线性映射、有限维向量空间、矩阵、线性方程组、行列式、线性变换的约化；第 3 部分为代数与几何，包括第 13、14 章，内容依次为内积空间、欧氏空间上的线性变换.

本书内容架构及讲授顺序与同类教材差异显著，注重代数、分析几何知识的融合，每章最后配有类型丰富的习题，供学生巩固和复习所学知识.

本书可作为国内高等学校中法工程师学院预科阶段的数学教材（代数部分），或“卓越班”和“强基班”高等代数课程的教材；也可作为国内学生参加法国工程师入学考试的备考参考书.

图书在版编目(CIP)数据

高等代数 / 徐登明，刘文然主编. --北京：北京航空航天大学出版社，2023. 10

ISBN 978-7-5124-4193-4

Ⅰ. ①高… Ⅱ. ①徐… ②刘… Ⅲ. ①高等代数—高等学校—教材 Ⅳ. ①O15

中国国家版本馆 CIP 数据核字(2023)第 189266 号

高等代数

主编 徐登明 刘文然

参编 林 洁 田俊改 谷瑞娟 关 静

策划编辑 周世婷 责任编辑 周世婷

*

北京航空航天大学出版社出版发行

北京市海淀区学院路 37 号（邮编 100191） http://www.buaapress.com.cn

发行部电话：（010）82317024 传真：（010）82328026

读者信箱：goodtextbook@126.com 邮购电话：（010）82316936

北京建宏印刷有限公司印装 各地书店经销

*

开本：787×1092 1/16 印张：20.5 字数：525千字

2023 年 10 月第 1 版 2023 年 10 月第 1 次印刷

ISBN 978 - 7 - 5124 - 4193 - 4 定价：69.00 元

若本书有倒页、脱页、缺页等印装质量问题，请与本社发行部联系调换。联系电话：（010）82317024

卓越航空工程师培养系列教材

编　委　会

编委会主任：李顶河

编委会副主任：牛一凡　马　龙

执 行 编 委（按姓氏笔画排序）：

丛书序

为贯彻落实《国家中长期教育改革和发展规划纲要 (2010—2020 年)》和《国家中长期人才发展规划纲要 (2010—2020 年)》, 2010 年 6 月 23 日, 教育部在天津大学召开 "卓越工程师教育培养计划" 启动会, 联合有关部门和行业协 (学) 会, 共同实施 "卓越工程师教育培养计划"(下简称 "卓越计划"). 卓越计划是促进我国由工程教育大国迈向工程教育强国的重大举措, 旨在培养造就一大批创新能力强、适应经济社会发展需要的各类型高质量工程技术人才, 为国家走新型工业化发展道路、建设创新型国家和人才强国战略服务.

中欧航空工程师学院 (简称 "中欧学院") 是经教育部批准 (教外综函 [2007]37 号), 由中国民航大学与法国航空航天大学校集团于 2007 年合作创办的中国唯一一家航空领域精英工程师学院, 旨在充分借鉴法国航空工程师培养优质教育模式, 提升我国民航高级工程技术与管理人才的培养层次和水平. 中欧学院创建 15 年来, 历经 "引进吸收—融合提升—创新示范" 三个阶段, 秉承 "融合中法教育理念、创新工程教育模式、持续提高人才核心竞争力和学院国际影响力" 的指导思想, 坚持 "突出特色、强化优势、立足航空、面向世界" 的办学定位, 提出 "培养具有浓厚家国情怀、深厚数理基础、广博学科专业知识, 跨文化交流与协作、系统思维、卓越工程素养与创新能力, 从事航空工程领域研发、制造与运行的国际化复合型高端人才" 的培养目标. 办学成果受到中法两国政府、教育部、民航局、中欧合作院校及航空企业的高度认可. 2011 年, 中欧学院被纳入国家教育部 "卓越工程师教育培养计划". 2016 年获得 "中法大学合作优秀项目"(全国共 10 个单位). 2013 和 2019 年先后两次获得法国工程师学衔委员会 (CTI) 最高等级认证, 被誉为中外合作办学的典范. 2019 年新华社对中欧学院办学特色及成果进行了专题报道, 赞誉中欧学院在中法航空航天领域合作中起到积极推动作用.

本系列教材是在系统总结中欧学院 10 余年预科教学本土化建设经验基础上, 面向 "新工科" 背景下卓越航空工程师培养的相关专业编制而成的, 内容紧扣人才培养目标中 "深厚数理基础" 的要求, 支撑多门专业基础课程. 教材内容覆盖面广、知识融合度高、注重学生思维能力培养, 且从学生学习规律出发, 采用循序渐进、由浅入深的方式, 方便学生自主学习. 设置大量理工融合、层次递进、综合设计性强的课后练习题, 力图打牢学生基础, 提升学生解决复杂问题的能力.

本系列教材可以作为国内工科专业卓越工程师培养的教学参考书, 也可作为备考法国工程师院校入学考试的参考书籍, 我们希望本系列教材的出版能够助力我国卓越工程师培养计划, 为国家培养更多的高素质人才.

编委会

2023 年 8 月

前　言

★ 编写背景

2020 年, 教育部印发《教育部关于在部分高校开展基础学科招生改革试点工作的意见》, 在部分高校开展“强基计划”, 选拔培养综合素质优秀、基础学科拔尖并且有志于服务国家重大战略需求的学生. “强基计划”突出强调基础学科的引领与支撑作用, 在理念和出发点上与法国工程师培养体系不谋而合. 目前, 北京航空航天大学、上海交通大学、中山大学、南京理工大学等高校都引进了法国工程师培养体系作为卓越工程师培养的一种模式.

法国的预科教学主要开设数学和物理两门课程, 目标是为学生进入工程师阶段的学习打下深厚的数理基础. 鉴于法国预科数学课程与国内数学课程在教学模式上存在较大差异, 为适应本土化预科数学教学的需要, 亟须编写一套既遵循法国预科教学模式又体现本土化特点的教材. 本教材的编写正好可以填补这一空白. 本教材既有自身特色又有普适性, 不仅可作为国内高等学校中法工程师学院预科阶段的数学教材, 也可作为“高等代数”课程教材供“卓越班”“强基班”等特色专业学生使用, 还可作为参考书供备考法国工程师入学考试的学生使用.

★ 本书内容

本书共 14 章, 分为 3 部分.

第 1 部分 代数基础 (第 1~6 章)

第 1~4 章是中学数学到高等代数的过渡和衔接, 依次为集合与映射、序关系与等价关系、自然数集、整数集上的算术, 主要是中学数学相关内容在理论上的深入讲解.

第 5 章为基本代数结构, 主要介绍群、子群、环、子环、域、群同态、环同态等基本概念以及常见的例子, 并特别介绍模 n 剩余类环的基本性质.

第 6 章为多项式和有理分式, 主要介绍多项式的基本概念及运算法则、多项式环上的算术、多项式的根与导数, 以及多项式的不可约分解; 同时介绍有理分式的基本概念、有理分式单项式分解定理, 以及有理分式单项式分解方法.

第 2 部分 线性代数 (第 7~12 章)

第 7 章为向量空间, 主要介绍向量空间和线性映射的基本概念、常见向量空间的例子, 以及对称和投影映射的定义和基本性质.

第 8 章为有限维向量空间, 主要介绍生成族、线性相关族和线性无关族的定义, 给出有限维向量空间维数和基的定义, 推导有限维向量空间的维数公式, 并初步介绍有限维向量空间之间的线性映射的基本性质.

第 9 章为矩阵, 主要介绍矩阵的基本概念、矩阵的运算、线性映射的表示矩阵、矩阵的秩和矩阵的初等变换, 本章利用矩阵的性质, 直观地刻画了有限维向量空间和有限维向量空间之间的线性映射.

第 10 章为线性方程组, 利用向量空间、线性映射和矩阵的知识研究线性方程组解的结构, 并介绍线性方程组的求解方法.

第 11 章为行列式, 首先从交错多线性映射的角度给出行列式的定义, 在此基础上推导行列式的基本性质, 然后介绍行列式的计算公式和常用计算方法, 最后介绍行列式在求逆矩阵和解线性方程组中的应用.

第 12 章为线性变换的约化, 首先介绍线性变换的不变子空间、特征根和特征向量的定义和基本性质, 然后给出线性变换可对角化的定义, 并重点介绍线性变换可对角化的判别准则, 最后简要介绍线性变换可三角化的定义和判别准则, 同时介绍将三阶方阵进行约化的方法. 另外，本章还介绍了核引理在求线性递归数列的通项公式及解线性微分方程组中的应用.

第 3 部分 代数与几何 (第 13、14 章)

第 13 章为内积空间, 将解析几何中内积的概念分别推广到实向量空间和复向量空间, 引入实内积空间和复内积空间的概念. 本章首先介绍实内积空间的基本性质, 主要内容包括正交向量, 单位正交基、施密特正交化、正交投影与距离, 然后简要介绍最小二乘法，并利用内积空间的结论推导线性方程组最小二乘解的存在性, 最后类比实内积空间介绍复内积空间的基本性质.

第 14 章为欧氏空间上的线性变换, 介绍欧氏空间上两类重要的线性变换——正交变换和自伴变换. 对于正交变换, 首先介绍正交变换和正交矩阵的等价刻画, 然后对三维欧氏空间上的正交变换进行分类并刻画其几何意义; 对于自伴变换, 利用欧氏空间的性质证明任何一个自伴变换都可对角化, 从而证明所有实对称矩阵都可对角化, 最后利用这一结果介绍空间中二次曲面的约化和分类.

★ 本书特色

- ➢ 增加了从中学数学到高等代数过渡的内容. 代数学知识对于初学者来说很抽象, 理解起来比较困难, 本书前 4 章内容紧扣中学数学内容, 便于读者温故知新, 逐步领会代数学思想, 掌握基本的逻辑推理方法.
- ➢ 线性代数部分内容的设计独具特色, 主要体现在以下三方面：① 突破形象思维, 引领读者抽象地理解代数概念, 有利于抽象思维能力的培养; ② 将线性映射与矩阵两个重要概念有机融合, 内容设计方面的整体性更强; ③ 内容安排上遵循严密的逻辑性, 契合学生的学习思路.
- ➢ 注重代数、分析和几何知识的融合. 一方面, 代数概念的引入和重要结论的阐述辅以几何背景的介绍; 另一方面, 在例子和课后习题中融入了数列、导数、积分、微分方程等分析内容.
- ➢ 习题设计题型多样. 各章均配有大量习题, 并根据难度将其分为基础题、提高题和综合问题三类. 综合问题取材于经典数学问题或定理的证明, 其设计思路是围绕主要问题拆解出若干小问题, 让读者在逐个完成各小问题的过程中最终完成问题的解答, 有利于培养代数学知识的综合运用能力和系统思维.

★ 作者与致谢

本书由徐登明和刘文然主编, 林洁、田俊改、谷瑞娟、关静参编. 具体分工如下: 徐登明副教授负责全书编写工作, 刘文然博士参与了全书内容完善、习题编写和校对工作, 林洁副教授、田俊改硕士、谷瑞娟博士、关静副教授参与了部分章节内容的完善和校对工作.

由于编者水平有限, 书中难免存在不足, 恳请读者批评指正！欢迎读者将意见或建议直接发至邮箱 xudeng17@163. com, 以便修订时调整与改进.

编者在本教材的编写中参考了法国预科数学教材以及曾在我院任教的外籍教师编写的法语版数学讲义, 在此对 David Lecomte 先生提供的参考资料和给予的帮助表示诚挚的感谢！本教材的出版得到了中国民航大学“十四五”规划教材建设项目的资助, 感谢学校的大力支持.

编　者

2023 年 4 月

目 录

第 1 部分 代数基础

第 2 部分 线性代数

第 1 部分

代数基础

第 1 章　集合与映射

1.1　集　合

本节介绍集合的基本定义、集合的运算及运算法则.

1.1.1　集合的定义

集合是一个不能精确定义的基本概念. 一般把一些对象汇集在一起构成的一个整体称作一个**集合**, 而每一个对象就是这个集合的**元素**或**成员**. 集合通常用大写字母 $E, F, \cdots$ 表示, 集合中的元素通常用小写字母 $a, b, \cdots$ 表示.

集合有以下两种表示方法:

- 列举法, 即列举出集合中所有的元素. 例如, $E = \{1, 2, 3\}$, $F = \{a, b, c\}$.
- 描述法, 即用集合中元素的性质进行描述. 例如, 所有大于 1 的实数构成的集合可表示为 $\{x \text{ 是实数} \mid x > 1\}$.

例 1.1.1　本书常用的集合符号如下:

(1) $\mathbb{N}, \mathbb{Z}, \mathbb{Q}, \mathbb{R}, \mathbb{C}$ 依次表示自然数集, 整数集, 有理数集, 实数集, 复数集.

(2) $\mathbb{N}^*, \mathbb{Z}^*, \mathbb{Q}^*, \mathbb{R}^*, \mathbb{C}^*$ 依次表示 $\mathbb{N}, \mathbb{Z}, \mathbb{Q}, \mathbb{R}, \mathbb{C}$ 中的非零元素构成的集合.

(3) $\mathbb{R}_+ = \{x \in \mathbb{R} \mid x \geqslant 0\}$, $\mathbb{R}_+^* = \{x \in \mathbb{R} \mid x > 0\}$.

(4) 设 a, b 是两个实数且 $a < b$, 则

- $[a, +\infty[= \{x \in \mathbb{R} \mid x \geqslant a\}$, $]a, +\infty[= \{x \in \mathbb{R} \mid x > a\}$;
- $]-\infty, a] = \{x \in \mathbb{R} \mid x \leqslant a\}$, $]-\infty, a[= \{x \in \mathbb{R} \mid x < a\}$;
- $[a, b] = \{x \in \mathbb{R} \mid a \leqslant x \leqslant b\}$, $]a, b[= \{x \in \mathbb{R} \mid a < x < b\}$;
- $]a, b] = \{x \in \mathbb{R} \mid a < x \leqslant b\}$, $[a, b[= \{x \in \mathbb{R} \mid a \leqslant x < b\}$.

(5) 设 m, n 是两个自然数且 $m < n$, 记 $[\![m, n]\!] = \big\{x \in \mathbb{N} \mid m \leqslant x \leqslant n\big\}$.

定义 1.1.1　(1) 设 E 是一个集合. 若 a 是 E 中的一个元素, 则称作 a **属于** E, 记作 $a \in E$.

(2) 设 E 和 F 是两个集合. 若 E 中的任意元素都在 F 中, 则称 E **包含于** F, 或称 E 是 F 的**子集**, 记作 $E \subseteq F$. 进一步, 若 $E \subseteq F$ 且 $F \subseteq E$, 则称 E 等于 F, 记作 $E = F$.

(3) 存在一个集合, 它包含于所有集合, 该集合称为**空集**, 记作 $\emptyset$.

定义 1.1.2　设 E 是一个集合. 由 E 的所有子集构成的集合称为 E 的**幂集**, 记作 $\mathscr{P}(E)$.

例 1.1.2　设 $E = \{1, 2, 3\}$, 则 E 的幂集

$$\mathscr{P}(E) = \{\emptyset, \{1\}, \{2\}, \{3\}, \{1, 2\}, \{2, 3\}, \{1, 3\}, \{1, 2, 3\}\}$$

注 1.1.1 设 E 是一个集合, 则 $F \subseteq E \Longleftrightarrow F \in \mathscr{P}(E)$. 特别地, $\emptyset \in \mathscr{P}(E)$.

1.1.2 集合的运算

定义 1.1.3 设 E 是一个集合, A 和 B 是 E 的两个子集.

(1) A 与 B 的**并集**, 记作 $A \cup B$, 定义为

$$A \cup B = \{x \in E \mid (x \in A)\text{或}(x \in B)\}$$

(2) A 与 B 的**交集**, 记作 $A \cap B$, 定义为

$$A \cap B = \{x \in E \mid (x \in A)\text{且}(x \in B)\}$$

(3) A 与 B 的**差集**, 记作 $A \setminus B$, 定义为

$$A \setminus B = \{x \in E \mid (x \in A)\text{且}(x \notin B)\}$$

(4) 集合 A 在 E 中的**补集**, 记作 A^C, $\mathcal{C}_E A$, 或 $\overline{A}$, 定义为 $E \setminus A$.

两个子集交集和并集的定义可以推广到多个子集的情形.

定义 1.1.4 设 $n \in \mathbb{N}$ 且 $n \geqslant 2$, 集合 E 的 n 个子集 $F_1, F_2, \cdots, F_n$ 的交集和并集分别定义如下:

$$\bigcap_{i=1}^{n} F_i = \{x \in E \mid \forall i \in [\![1, n]\!], x \in F_i\}$$

$$\bigcup_{i=1}^{n} F_i = \{x \in E \mid \exists i \in [\![1, n]\!], x \in F_i\}$$

命题 1.1.1 (集合的运算法则) 设 A, B, C 是集合 E 的三个子集, 则

(1) $\emptyset^C = E \qquad E^C = \emptyset \qquad (A^C)^C = A$

(2) $A \cup \emptyset = \emptyset \cup A = A$

$A \cup E = E \cup A = E$

$A \cup B = B \cup A$ (∪的交换律)

$A \cup B = B \Longleftrightarrow A \subseteq B$

$(A \cup B) \cup C = A \cup (B \cup C)$ (∪的结合律)

(3) $A \cap \emptyset = \emptyset \cap A = \emptyset$

$A \cap E = E \cap A = A$

$A \cap B = B \cap A$ (∩的交换律)

$A \cap B = B \Longleftrightarrow B \subseteq A$

$(A \cap B) \cap C = A \cap (B \cap C)$ (∩的结合律)

(4) $(A \cap B)^C = A^C \cup B^C$

$(A \cup B)^C = A^C \cap B^C$

(5) $A\cap(B\cup C)=(A\cap B)\cup(A\cap C)$ （$\cap$对 $\cup$ 的分配律）

$A\cup(B\cap C)=(A\cup B)\cap(A\cup C)$ （$\cup$对 $\cap$ 的分配律）

(6) $A\setminus B=\emptyset\Longleftrightarrow A\subseteq B$

$A\setminus B=A\setminus(A\cap B)$

证 明 选取其中的三个结论进行证明, 其他结论类似可证.

- 证明 $A\cup B=B\Longleftrightarrow A\subseteq B$.
  必要性: 设 $x\in A$, 则 $x\in A\cup B$. 由于 $A\cup B=B$, 因此 $x\in B$. 故 $A\subseteq B$.
  充分性: 显然 $B\subseteq A\cup B$. 设 $x\in A\cup B$, 则 $x\in A$ 或 $x\in B$. 因为 $A\subseteq B$, 所以 $x\in B$. 故 $A\cup B\subseteq B$. 综上, $A\cup B=B$.
- 证明 $(A\cap B)^C=A^C\cup B^C$.
  设 $x\in E$, 则 $x\in(A\cap B)^C$ 当且仅当 $x\notin A\cap B$, 当且仅当 $x\notin A$ 或 $x\notin B$, 当且仅当 $x\in A^C$ 或 $x\in B^C$, 当且仅当 $x\in A^C\cup B^C$. 故 $(A\cap B)^C=A^C\cup B^C$.
- 证明 $A\setminus B=\emptyset\Longleftrightarrow A\subseteq B$.
  必要性: 设 $x\in A$. 由于 $A\setminus B=\emptyset$, 因此 $x\in B$. 故 $A\subseteq B$.
  充分性: 设 $x\in A\setminus B$, 则 $x\in A$ 且 $x\notin B$, 与 $A\subseteq B$ 的假设矛盾. 因此, $A\setminus B=\emptyset$.

1.1.3 卡氏积

定义 1.1.5 设 A, B 是两个集合, $x\in A, y\in B$, 称 (x,y) 为一个元素对; 又设 $a\in A, a'\in A, b\in B, b'\in B$, 称两个元素对 (a,b) 和 (a',b') 相等当且仅当 $a=a'$ 且 $b=b'$. 集合

$$\{(a,b)\mid a\in A, b\in B\}$$

称为 A 和 B 的**卡氏积**, 记为 $A\times B$.

例 1.1.3 (1) 设 $A=\{1,2\}$, $B=\{3,4\}$, 则 $A\times B=\{(1,3),(1,4),(2,3),(2,4)\}$.

(2) $\mathbb{R}^2=\mathbb{R}\times\mathbb{R}=\{(x,y)\mid x\in\mathbb{R}, y\in\mathbb{R}\}$.

两个集合卡氏积的定义可以推广到多个集合的情形.

定义 1.1.6 设 $n\in\mathbb{N}$ 且 $n\geqslant 2$; $A_1,A_2,\cdots,A_n$ 是 n 个集合. 集合

$$\{(a_1,a_2,\cdots,a_n)\mid \forall i\in[\![1,n]\!], a_i\in A_i\}$$

称为 $A_1,A_2,\cdots,A_n$ 的卡氏积, 记为 $A_1\times A_2\times\cdots\times A_n$. 若 $A_1=A_2=\cdots=A_n=A$, 则将卡氏积 $A_1\times A_2\times\cdots\times A_n$ 简记为 A^n.

1.2 映 射

本节利用两个集合卡氏积的子集给出映射的抽象定义, 同时介绍映射的相关概念. 需要注意的是, 本节介绍的映射不只是大家熟悉的数集之间的映射, 而是任意两个集合之间的映射.

1.2.1 定 义

定义 1.2.1 设 E, F 是两个非空集合, $E\times F$ 的每一个子集 R 称为从 E 到 F 的一个**关系**. 如果对于任意 $x\in E$, 都存在唯一 $y\in F$, 使得 $(x,y)\in R$, 则称 $u=(E,F,R)$ 为从 E 到 F 的**映射**, 简称 u 是从 E 到 F 的**映射**. 从 E 到 F 的所有映射构成的集合记为 $\mathcal{F}(E,F)$. 若 $E=F$, 则 $\mathcal{F}(E,E)$ 简记为 $\mathcal{F}(E)$.

注 1.2.1 设 $u=(E,F,R)$ 为从 E 到 F 的映射.

(1) E 称为 u 的定义域.

(2) 设 $x\in E$, 满足条件 $(x,y)\in R$ 的唯一元素 y 称为 x 在 u 下的**像**, 记为 $y=u(x)$.

(3) 设 $y\in F$, 满足条件 $y=u(x)$ 的元素 x 称为 y 在 u 下的**原像**.

(4) $R=\big\{\big(x,u(x)\big)\mid x\in E\big\}$.

(5) 映射 u 通常有以下几种表示方法: $E\xrightarrow{u}F$; u: $E\to F$; u: $E\to F, x\mapsto u(x)$ 或

$$\begin{aligned} u:\ & E\to F\\ & x\mapsto u(x)\end{aligned}$$

(6) 设 u, v 是从 E 到 F 的两个映射. 如果对于任意 $x\in E$, $u(x)=v(x)$, 则称 u 和 v 相等, 记作 $u=v$.

定义 1.2.2 设 u 是从 E 到 F 的映射.

(1) 设 $A\subseteq E$, 则映射

$$\begin{aligned} u|_A:\ & A\ \to\ F\\ & x\ \mapsto\ u(x)\end{aligned}$$

称为 u 在子集 A 上的**限制映射**.

(2) 若存在一个包含 E 的集合 B, 以及映射 v: $B\to F$, 使得

$$\forall x\in E,\quad v(x)=u(x)$$

则称 v 为 u 的**扩充映射**.

例 1.2.1 (1) 映射 u: $[0,\pi]\to[-1,1]$, $x\mapsto\cos x$ 为 v: $\mathbb{R}\to[-1,1]$, $x\mapsto\cos x$ 在 $[0,\pi]$ 上的限制映射.

(2) 映射 u: $\mathbb{C}\to\mathbb{C}, z\mapsto \mathrm{e}^z$ 为 v: $\mathbb{R}\to\mathbb{C}$, $x\mapsto \mathrm{e}^x$ 的扩充映射.

1.2.2 单射、满射、双射

定义 1.2.3 设 u 是从 E 到 F 的映射. 若

$$\forall (x_1,x_2)\in E\times E,\ u(x_1)=u(x_2)\Longrightarrow x_1=x_2$$

则称 u 是一个**单射**.

例 1.2.2 (1) 映射 f: $\mathbb{R}^*\to\mathbb{R}, x\mapsto \ln|x|$ 不是单射, 因为 $f(2)=f(-2)=\ln|2|$, 但 $2\neq -2$.

(2) 映射 f: $\mathbb{R}_+^* \to \mathbb{R}, x \mapsto \ln x$ 是单射, 因为对于任意 $(x,y) \in (\mathbb{R}_+^*)^2$, 若 $f(x) = f(y)$, 则 $\ln x = \ln y$, 从而 $x = y$.

(3) 设 E 是一个非空集合, 则映射 f: $\mathscr{P}(E) \to \mathscr{P}(E), A \mapsto A^C$ 是单射. 事实上, 设 A, B 是 E 的两个子集, 若 $f(A) = f(B)$, 则 $A^C = B^C$, 从而 $A = B$.

定义 1.2.4 设 u 是从 E 到 F 的映射. 若

$$\forall y \in F,\ \exists x \in E,\ y = u(x)$$

则称 u 是一个**满射**.

例 1.2.3 (1) 映射 f: $\mathbb{R}_+^* \to \mathbb{R}, x \mapsto \ln x$ 是满射, 因为对于任意 $x \in \mathbb{R}$ 有 $f(\mathrm{e}^x) = \ln(\mathrm{e}^x) = x$.

(2) 映射 f: $\mathbb{R} \to \mathbb{R}, x \mapsto x^2$ 不是满射, 因为 -1 没有原像.

(3) 设 E 是一个非空集合, 则映射 $f: \mathscr{P}(E) \to \mathscr{P}(E),\ A \mapsto A^C$ 是满射, 因为对于任意 $A \in \mathscr{P}(E)$, $f(A^C) = A$.

定义 1.2.5 设 u 是从 E 到 F 的映射. 若 u 既是单射又是满射, 则称 u 是一个**双射**.

根据例 1.2.2和例 1.2.3, 可得例 1.2.4 所列结论:

例 1.2.4 (1) 映射 f: $\mathbb{R}_+^* \to \mathbb{R}, x \mapsto \ln x$ 是双射.

(2) 设 E 是一个非空集合, 则映射 f: $\mathscr{P}(E) \to \mathscr{P}(E),\ A \mapsto A^C$ 是双射.

(3) 映射 f: $\mathbb{R} \to \mathbb{R}, x \mapsto x^2$ 不是双射.

1.2.3 复合映射

设 E, F, G, H 是 4 个集合.

定义 1.2.6 设 $u \in \mathcal{F}(E,F)$, $v \in \mathcal{F}(F,G)$, 则映射

$$\begin{aligned} E &\to G \\ x &\mapsto v\big(u(x)\big) \end{aligned}$$

称为 u 和 v 的**复合映射**, 记为 $v \circ u$.

例 1.2.5 设 $f: \mathbb{R} \to \mathbb{R}, x \mapsto \cos x, g: \mathbb{R} \to \mathbb{R}, x \mapsto x^2 + 1$. 设 $x \in \mathbb{R}$, 则 $(f \circ g)(x) = \cos(x^2+1)$ 且 $(g \circ f)(x) = \cos^2 x + 1$.

命题 1.2.1 (映射复合运算的结合律) 设 $u \in \mathcal{F}(E,F), v \in \mathcal{F}(F,G), w \in \mathcal{F}(G,H)$, 则 $w \circ (v \circ u) = (w \circ v) \circ u$.

证 明 显然, $w \circ (v \circ u)$ 和 $(w \circ v) \circ u$ 都是从 E 到 H 的映射. 设 $x \in E$. 根据定义有 $\big(w \circ (v \circ u)\big)(x) = w\big((v \circ u)(x)\big) = w\big(v(u(x))\big)$, 且 $\big((w \circ v) \circ u\big)(x) = \big(w \circ v\big)(u(x)) = w\big(v(u(x))\big)$, 因此 $w \circ (v \circ u) = (w \circ v) \circ u$.

命题 1.2.2 设 $u \in \mathcal{F}(E,F)$, $v \in \mathcal{F}(F,G)$.

(1) 若 u 和 v 都是单射, 则 $v \circ u$ 是单射.

(2) 若 u 和 v 都是满射, 则 $v \circ u$ 是满射.

(3) 若 u 和 v 都是双射, 则 $v \circ u$ 是双射.

证　明　(1) 设 $(x, y) \in E^2$ 满足 $v \circ u(x) = v \circ u(y)$. 根据复合映射的定义知, $v\big(u(x)\big) = v\big(u(y)\big)$. 因为 v 是单射, 所以 $u(x) = u(y)$. 又因为 u 是单射, 所以 $x = y$. 因此, $v \circ u$ 是单射.

(2) 设 $z \in G$. 因为 v 是满射, 所以存在 $y \in F$, 使得 $z = v(y)$. 又因为 u 是满射, 所以存在 $x \in E$, 使得 $y = u(x)$. 根据复合映射的定义知, $z = v(y) = v\big(u(x)\big) = (v \circ u)(x)$. 因此, $v \circ u$ 是满射.

(3) 假设 u 和 v 都是双射, 则 u 和 v 既是单射又是满射. 根据 (1) 和 (2) 知, $v \circ u$ 既是单射又是满射. 因此, $v \circ u$ 是双射.

1.2.4　逆映射

定义 1.2.7　设 u 是从 E 到 F 的双射, 则对于任意 $x \in F$, 存在唯一 $y \in E$, 使得 $x = u(y)$, 记 $y = u^{-1}(x)$. 映射

$$u^{-1}\colon F \to E, x \mapsto u^{-1}(x)$$

称为 u 的**逆映射**.

例 1.2.6　(1) 映射 $\ln : \mathbb{R}_+^* \to \mathbb{R}, x \mapsto \ln x$ 是 $\exp : \mathbb{R} \to \mathbb{R}_+^*, x \mapsto \mathrm{e}^x$ 的逆映射.

(2) 映射 $\arcsin : [-1, 1] \to \left[-\dfrac{\pi}{2}, \dfrac{\pi}{2}\right]$ 是映射 $\sin : \left[-\dfrac{\pi}{2}, \dfrac{\pi}{2}\right] \to [-1, 1]$ 的逆映射.

定义 1.2.8　映射 $E \to E, x \mapsto x$ 称为 E 上的**恒等映射**, 记为 id_E, 即

$$\forall x \in E, \quad \mathrm{id}_E(x) = x$$

在不引起混淆的情况下, id_E 有时也简记为 id.

命题 1.2.3　设 u 是从 E 到 F 的双射, 则

$$u^{-1} \circ u = \mathrm{id}_E \text{ 且 } u \circ u^{-1} = \mathrm{id}_F$$

证　明　设 $x \in E$. 根据元素原像的定义知, $u^{-1}\big(u(x)\big)$ 是 $u(x)$ 关于映射 u 的唯一原像, 而这个唯一的原像就是 x, 故 $(u^{-1} \circ u)(x) = u^{-1}\big(u(x)\big) = x$. 又因为 $u^{-1} \circ u$ 和 id_E 都是从 E 到 E 的映射, 所以 $u^{-1} \circ u = \mathrm{id}_E$.

设 $y \in F$. 根据定义知, $u^{-1}(y)$ 是 y 关于映射 u 的唯一原像, 故 $(u \circ u^{-1})(y) = u\big(u^{-1}(y)\big) = y$. 又因为 $u \circ u^{-1}$ 和 id_F 都是从 F 到 F 的映射, 所以 $u \circ u^{-1} = \mathrm{id}_F$.

命题 1.2.4　设 $u \in \mathcal{F}(E, F)$, $v \in \mathcal{F}(F, E)$. 若 $v \circ u = \mathrm{id}_E$ 且 $u \circ v = \mathrm{id}_F$, 则 u 和 v 都是双射且 $u^{-1} = v$, $v^{-1} = u$.

证　明　由于 $u \circ v = \mathrm{id}_E$, 故对于任意 $y \in F$, $u\big(v(y)\big) = y$, 从而 u 是满射. 设 $(x_1, x_2) \in E^2$, 并假设 $u(x_1) = u(x_2)$, 则 $v\big(u(x_1)\big) = v\big(u(x_2)\big)$. 由于 $v \circ u = \mathrm{id}_E$, 故 $x_1 = v\big(u(x_1)\big) = v\big(u(x_2)\big) = x_2$, 从而 u 是单射.

综上, u 是双射. 根据命题 1.2.1和命题 1.2.3, 有

$$u^{-1} = u^{-1} \circ \mathrm{id}_F = u^{-1} \circ (u \circ v) = (u^{-1} \circ u) \circ v = \mathrm{id}_E \circ v = v$$

同理可证, v 是双射且 $v^{-1} = u$.

推论 1.2.1 设 u 是从 E 到 F 的双射, 则 u^{-1} 是从 F 到 E 的双射且 $(u^{-1})^{-1}=u$.

证 明 根据逆映射的定义有, $u\circ u^{-1}=\mathrm{id}_F$ 且 $u^{-1}\circ u=\mathrm{id}_E$. 根据命题 1.2.4, 结论得证.

命题 1.2.5 设 $u\in\mathcal{F}(E,F)$, $v\in\mathcal{F}(F,E)$. 若 u 和 v 都是双射, 则 $v\circ u$ 是双射且 $(v\circ u)^{-1}=u^{-1}\circ v^{-1}$.

证 明 因为 u,v 是双射, 根据命题 1.2.2知 $v\circ u$ 是双射. 根据命题 1.2.1有 $(v\circ u)\circ(u^{-1}\circ v^{-1})=\mathrm{id}_E$ 且 $(u^{-1}\circ v^{-1})\circ(v\circ u)=\mathrm{id}_E$. 再根据命题 1.2.4得 $(v\circ u)^{-1}=u^{-1}\circ v^{-1}$.

1.2.5 子集的像和原像

定义 1.2.9 设 $u\in\mathcal{F}(E,F)$, A 和 B 分别是 E 和 F 的子集.

(1) 集合 A 在映射 u 下的**像** $u(A)$ 定义为

$$u(A)=\big\{y\in F\mid \exists x\in A, y=u(x)\big\}=\big\{u(x)\mid x\in A\big\}$$

(2) 集合 B 在映射 u 下的**原像** $u^{-1}(B)$ 定义为

$$u^{-1}(B)=\big\{x\in E\mid u(x)\in B\big\}$$

注 1.2.2 $u^{-1}(B)$ 只是一个记号, 并不代表 u 是一个双射.

例 1.2.7 定义映射

$$f:\left[-\frac{\pi}{2},\frac{\pi}{2}\right]\to\mathbb{R},\quad x\mapsto\sin x$$

则 $f\left(\left[0,\frac{\pi}{2}\right]\right)=[0,1]$, $f^{-1}([-1,0])=\left[-\frac{\pi}{2},0\right]$.

1.2.6 元素族

定义 1.2.10 设 I,E 是两个非空集合, 则映射

$$\begin{aligned} x:\ & I\to E\\ & i\to x_i\end{aligned}$$

称为 E 中以 I 为指标集的**元素族**, 记为 $(x_i)_{i\in I}$. 集合 E 中所有以 I 为指标集的元素族构成的集合记为 E^I.

注 1.2.3 当指标集 I 是自然数集的一个子集时, 通常以指标集为序, 将元素族 $(x_i)_{i\in I}$ 表示成一个序列. 比如, 将 $(x_i)_{i\in[\![1,3]\!]}$ 表示为 (x_1,x_2,x_3), 实数集中的元素族 $(x_i)_{i\in\mathbb{N}}$ 常用来表示实数列 $(x_1,x_2,\cdots,x_n,\cdots)$. 因此, $\mathbb{R}^{\mathbb{N}}$ 常用来表示所有实数列构成的集合. 同理, $\mathbb{C}^{\mathbb{N}}$ 常用来表示所有复数列构成的集合.

定义 1.2.11 (集族的交集和并集) 设 I,E 是两个非空集合, $(A_i)_{i\in I}$ 是 E 中的一个集族, 即 $\forall i\in I, A_i\subseteq E$, 则 $(A_i)_{i\in I}$ 的交集和并集分别定义为

$$\bigcap_{i\in I} A_i = \{x \in E |\ \forall i \in I, x \in A_i\}$$

$$\bigcup_{i\in I} A_i = \{x \in E |\ \exists i \in I, x \in A_i\}$$

习题 1

★ 基础题

1.1　证明命题 1.1.1中的其他结论.

1.2　定义映射

$$f:\ \begin{array}{l}\mathbb{R}_+ \to \mathbb{R}\\ x \ \mapsto \sqrt{x}\end{array},\qquad g:\ \begin{array}{l}\mathbb{R} \to \mathbb{R}_+\\ x \mapsto x^2\end{array}$$

计算 $f\circ g$ 与 $g\circ f$.

1.3　定义映射

$$f:\ \begin{array}{l}\mathbb{N} \to \mathbb{N}\\ n \mapsto 2n,\end{array}\qquad g:\ \begin{array}{l}\mathbb{N} \to \mathbb{N}\\ x \mapsto \begin{cases}\dfrac{n}{2}, & n\text{是偶数}\\ 0, & n\text{是奇数}\end{cases}\end{array}$$

计算 $g\circ f, f\circ g, g\circ g$ 和 $g\circ g\circ g$.

1.4　设 E, F 是两个非空集合, 并且 $f: E\to F$.

(1) 证明: $\forall (B,B')\in \mathscr{P}(F)^2, f^{-1}(B\cap B') = f^{-1}(B)\cap f^{-1}(B')$;

(2) 证明: $\forall (B,B')\in \mathscr{P}(F)^2, f^{-1}(B\cup B') = f^{-1}(B)\cup f^{-1}(B')$;

(3) 证明: $\forall (A,A')\in \mathscr{P}(E)^2, f(A\cup A') = f(A)\cup f(A')$;

(4) 证明: f 是单射 $\Longleftrightarrow \big(\forall (A,A')\in \mathscr{P}(E)^2, f(A\cap A') = f(A)\cap f(A')\big)$;

(5) 证明: f 是单射 $\Longleftrightarrow \big(\forall A\in \mathscr{P}(E), f^{-1}(f(A))\subseteq A\big)$;

(6) 证明: f 是满射 $\Longleftrightarrow \big(\forall B\in \mathscr{P}(F), B\subseteq f(f^{-1}(B))\big)$;

(7) 证明: f 是双射 $\Longleftrightarrow \big(\forall C\in \mathscr{P}(E), f(E\backslash C) = F\backslash f(C)\big)$.

1.5　定义映射

$$f:\ \begin{array}{l}\mathbb{N} \to \mathbb{Z}\\ n \mapsto \begin{cases}\dfrac{n}{2}, & n\text{ 是偶数}\\ -\dfrac{n+1}{2}, & n\text{ 是奇数}\end{cases}\end{array}$$

证明 f 是一个合理定义的双射.

1.6　设 E, F, G 是三个非空集合, $f: E\to F$, $g: F\to G$. 证明下列结论:

(1) $g\circ f$ 是单射 $\Longrightarrow f$ 是单射;

(2) $g\circ f$ 是满射 $\Longrightarrow g$ 是满射;

(3) ($g\circ f$ 是单射且 f 是满射) $\Longrightarrow$ g 是单射;

(4) ($g\circ f$ 是满射且 g 是单射) $\Longrightarrow$ f 是满射;

(5) 若 $E=G$ 且 $f\circ g\circ f$ 是双射, 则 f 和 g 都是双射.

1.7 (1) 记 $A=\left\{\dfrac{1}{n}\mid n\in\mathbb{N}^*\right\}\subseteq[0,1]$. 定义映射 $f:[0,1]\to[0,1[$ 为

$$\forall x\in[0,1],\qquad f(x)=\begin{cases}x, & x\notin A\\ \dfrac{x}{1+x}, & x\in A\end{cases}$$

证明 f 是从 $[0,1]$ 到 $[0,1[$ 的双射.

(2) 根据 (1), 构造一个从 $[0,1[$ 到 $]0,1[$ 的双射, 进而构造一个从 $]0,1[$ 到 $]-\dfrac{\pi}{2},\dfrac{\pi}{2}[$ 的双射.

(3) 构造一个从 $\mathbb{R}$ 到 $[0,1]$ 的双射.

★ 提高题

1.8 设 E,F,G,H 是四个非空集合.

(1) 设 $f:E\to F$. 证明 f 是单射当且仅当存在 $g\in\mathcal{F}(F,E)$, 便得 $g\circ f=\mathrm{id}_E$;

(2) 设 $f:E\to F$. 证明 f 是满射当且仅当存在 $g\in\mathcal{F}(F,E)$, 便得 $f\circ g=\mathrm{id}_F$;

(3) 设 $f:E\to F$, $g:F\to G$, $h:G\to H$, 并假设 $g\circ f$ 和 $h\circ g$ 都是双射, 证明 f,g,h 都是双射.

(4) 设 $f:E\to E$ 满足 $f\circ f\circ f=f$. 证明 f 是单射当且仅当 f 是满射.

(5) 设 $f:E\to E$ 满足 $f\circ f=f$, 证明: 若 f 为单射或满射, 则 $f=\mathrm{id}_E$.

1.9 设 E 是一个非空集合, A,B 是 E 的两个子集. 定义映射

$$\begin{array}{rccc}f: & \mathscr{P}(E) & \to & \mathscr{P}(A)\times\mathscr{P}(B)\\ & X & \mapsto & (X\cap A,X\cap B)\end{array}$$

(1) 给出 f 是单射的一个充要条件.

(2) 给出 f 是满射的一个充要条件.

1.10 设 E 是一个非空集合. 证明不存在从 E 到 $\mathscr{P}(E)$ 的双射. (提示: 假设存在一个双射 $\varphi:E\to\mathscr{P}(E)$, 考虑集合 $\{x\in E\mid x\notin\varphi(x)\}$ 在 φ 下的原像.)

第 2 章 二元关系

第 1 章介绍了集合的子集之间的相互关系及运算法则, 有些时候我们还需要研究集合内部元素之间的相互关系. 本章介绍集合上两个重要的二元关系——序关系和等价关系. 其中, 序关系可将集合中的元素进行比较排序, 而等价关系则可对集合中的元素进行分类.

在本章, 若无特别说明, E 表示一个非空集合.

2.1 概 述

定义 2.1.1 设 R 是 $E\times E$ 的一个子集, $(x,y)\in E\times E$. 若 $(x,y)\in R$, 则称 x 和 y 存在 R 关系, 记为 xRy. 此时, 称 R 定义了 E 上的一个二元关系, 简称 R 是 E 上的一个二元关系.

注 2.1.1 集合 E 上的二元关系 R 常用花写字母 $\mathscr{R}$ 表示.

例 2.1.1 设 $R=\{(x,y)\in\mathbb{R}^2\mid x\leqslant y\}$, 则 R 定义了 $\mathbb{R}$ 上的一个二元关系 $\mathscr{R}$:

$$\forall(x,y)\in\mathbb{R}^2,\quad x\mathscr{R}y\Longleftrightarrow x\leqslant y$$

例 2.1.2 设 $R=\{(A,B)\in\mathscr{P}(E)^2\mid A\subseteq B\}$, 则 R 定义了 $\mathscr{P}(E)$ 上的一个二元关系 $\mathscr{R}$:

$$\forall(A,B)\in\mathscr{P}(E)^2,\quad A\mathscr{R}B\Longleftrightarrow A\subseteq B$$

注 2.1.2 通常情况下, 我们直接利用 E 中元素之间的相互关系来定义 E 上的二元关系, 而不具体写出子集 R. 例如

$$\forall(m,n)\in\mathbb{N}^2,\quad m\mathscr{R}n\Longleftrightarrow m\text{整除}n$$

定义了自然数集 $\mathbb{N}$ 上的一个二元关系 $\mathscr{R}$, 对应的子集 $R=\{(m,n)\in\mathbb{N}^2\mid\ m\text{整除}n\}$.

定义 2.1.2 设 $\mathscr{R}$ 是集合 E 上的一个二元关系.

(1) 如果 $\forall x\in E, x\mathscr{R}x$, 则称 $\mathscr{R}$ 为 E 上的**自反关系**, 也称 $\mathscr{R}$ 具有自反性.

(2) 如果 $\forall(x,y)\in E^2$, $(x\mathscr{R}y$ 且 $y\mathscr{R}x)\Longrightarrow(x=y)$, 则称 $\mathscr{R}$ 为 E 上的**反对称关系**, 也称 $\mathscr{R}$ 具有反对称性.

(3) 如果 $\forall(x,y,z)\in E^3$, $(x\mathscr{R}y$ 且 $y\mathscr{R}z)\Longrightarrow x\mathscr{R}z$, 则称 $\mathscr{R}$ 为 E 上的**传递关系**, 也称 $\mathscr{R}$ 具有传递性.

(4) 如果 $\forall(x,y)\in E^2$, $(x\mathscr{R}y)\Longrightarrow(y\mathscr{R}x)$, 则称 $\mathscr{R}$ 为 E 上的**对称关系**, 也称 $\mathscr{R}$ 具有对称性.

下面两节将结合具体例子理解上述关系的含义.

2.2 序关系

在给出序关系的定义之前, 先看一个例子. 考虑实数集上的二元关系 $\mathscr{R}$:

$$\forall(x,y)\in\mathbb{R}^2,\ x\mathscr{R}y \Longleftrightarrow x\leqslant y$$

显然, 关系 $\mathscr{R}$ 具有如下性质:

(1) $\forall x\in\mathbb{R}, x\mathscr{R}x$.

(2) $\forall(x,y)\in\mathbb{R}^2$, ($x\mathscr{R}y$ 且 $y\mathscr{R}x$) $\Longrightarrow x=y$.

(3) $\forall(x,y,z)\in\mathbb{R}^3$, ($x\mathscr{R}y$ 且 $y\mathscr{R}z$) $\Longrightarrow x\mathscr{R}z$.

可以验证, 幂集 $\mathscr{P}(E)$ 中两个集合的包含关系, 整数集 $\mathbb{Z}$ 中两个整数的整除关系, 都满足上述性质 (1)~(3). 类似的例子还有很多, 下面从这些例子中抽象出序关系的定义.

定义 2.2.1 设 $\mathscr{R}$ 是集合 E 上的二元关系. 若 $\mathscr{R}$ 满足:

(1) 自反性: $\forall x\in E, x\mathscr{R}x$;

(2) 反对称性: $\forall(x,y)\in E^2$, ($x\mathscr{R}y$ 且 $y\mathscr{R}x$) $\Longrightarrow x=y$;

(3) 传递性: $\forall(x,y,z)\in E^3$, ($x\mathscr{R}y$ 且 $y\mathscr{R}z$) $\Longrightarrow x\mathscr{R}z$.

则称 $\mathscr{R}$ 是 E 上的一个**序关系**, 称 $(E,\mathscr{R})$ 是一个**序集**.

注 2.2.1 设 $(E,\mathscr{R})$ 是一个序集.

(1) 设 $(x,y)\in E^2$, 若 x 和 y 存在 $\mathscr{R}$ 关系, 则称 x 和 y 可以进行比较, 否则称 x 和 y 不可以进行比较.

(2) 为书写方便, 通常用 $x\leqslant y$ 代替 $x\mathscr{R}y$, 读作"x 小于等于 y"或"y 大于等于 x". 如果 $x\leqslant y$ 但 $x\neq y$, 则记为 $x<y$, 读作"x 严格小于 y".

例 2.2.1 $(\mathbb{N},\leqslant),(\mathbb{Q},\leqslant),(\mathbb{R},\leqslant)$ 都是序集.

例 2.2.2 定义 $\mathscr{P}(E)$ 上的二元关系 $\mathscr{R}$:

$$\forall(A,B)\in\mathscr{P}(E)^2,\quad A\mathscr{R}B\Longleftrightarrow A\subseteq B$$

则 $\mathscr{R}$ 是 $\mathscr{P}(E)$ 上的一个序关系.

证 明

(1) 自反性: 设 $A\in\mathscr{P}(E)$. 由于 $A\subseteq A$, 故 $A\mathscr{R}A$.

(2) 反对称性: 设 $(A,B)\in\mathscr{P}(E)^2$. 若 $A\mathscr{R}B$ 且 $B\mathscr{R}A$, 则 $A\subseteq B$ 且 $B\subseteq A$, 故 $A=B$.

(3) 传递性: 设 $(A,B,C)\in\mathscr{P}(E)^3$. 若 $A\mathscr{R}B$ 且 $B\mathscr{R}C$, 则 $A\subseteq B$ 且 $B\subseteq C$, 因此 $A\subseteq C$. 故 $A\mathscr{R}C$.

综上, $\mathscr{R}$ 是 $\mathscr{P}(E)$ 上的一个序关系.

例 2.2.3 定义 $\mathbb{N}^*$ 上的二元关系 $\mathscr{R}$:

$$\forall(m,n)\in(\mathbb{N}^*)^2,\ m\mathscr{R}n\Longleftrightarrow(\exists k\in\mathbb{N}^*, n=km)$$

则 $\mathscr{R}$ 是 $\mathbb{N}^*$ 上的一个序关系, 该关系常用符号"$|$"表示.

证 明

(1) 自反性: 设 $a \in \mathbb{N}^*$. 由于 $a = 1 \times a$, 故 $a\mathscr{R}a$.

(2) 反对称性: 设 $(a,b) \in (\mathbb{N}^*)^2$. 若 $a\mathscr{R}b$ 且 $b\mathscr{R}a$, 则存在 $(k_1,k_2) \in (\mathbb{N}^*)^2$, 使得 $b = k_1a$ 且 $a = k_2b$. 从而 $a = b$.

(3) 传递性: 设 $(a,b,c) \in (\mathbb{N}^*)^3$. 若 $a\mathscr{R}b$ 且 $b\mathscr{R}c$, 则存在 $(l_1,l_2) \in (\mathbb{N}^*)^2$, 使得 $b = l_1a$ 且 $c = l_2b$, 因此 $c = l_1l_2a$. 故 $a\mathscr{R}c$.

综上, $\mathscr{R}$ 是 $\mathbb{N}^*$ 上的一个序关系.

在序集 $(\mathbb{R},\leqslant)$ 中, 任意两个实数都可以进行比较. 但是, 在序集 $(\mathscr{P}(E),\subseteq)$ 中, 并不是任意两个元素都可以进行比较. 例如, 在幂集 $\mathscr{P}(\{1,2\}) = \{\emptyset,\{1\},\{2\},\{1,2\}\}$ 中, 由于 $\{1\}$ 和 $\{2\}$ 没有包含关系, 因此它们是不可以进行比较的. 为了区分这两种不同的序集, 引入全序集和偏序集的概念.

定义 2.2.2 设 $\leqslant$ 是集合 E 上的一个序关系. 若

$$\forall(x,y) \in E^2, \quad x \leqslant y \text{ 或 } y \leqslant x$$

则称 $(E,\leqslant)$ 为**全序集**, 称 $\leqslant$ 是 E 上的**全序关系**; 否则称 $(E,\leqslant)$ 为**偏序集**, 称 $\leqslant$ 是 E 上的**偏序关系**.

例 2.2.4 (1) $(\mathbb{N},\leqslant),(\mathbb{Q},\leqslant),(\mathbb{R},\leqslant)$ 都是全序集.

(2) 若 E 中至少包含两个元素, 则 $(\mathscr{P}(E),\subseteq)$ 是偏序集.

(3) $(\mathbb{N}^*,|)$ 是一个偏序集. 例如, 2 和 3 不能进行比较.

定义 2.2.3 设 $(E,\leqslant)$ 是一个序集, $A \subseteq E$, $a \in A$.

(1) 若 $\forall x \in A$, $x \leqslant a$, 则称 a 是 A 的**最大元**. 如果 A 存在最大元, 则最大元是唯一的, 记为 $\max(A)$.

(2) 若 $\forall x \in A$, $a \leqslant x$, 则称 a 是 A 的**最小元**. 如果 A 存在最小元, 则最小元是唯一的, 记为 $\min(A)$.

证 明 只证明最大元的唯一性, 最小元的证明类似. 若 A 存在两个最大元 a_1 和 a_2, 根据定义 $a_1 \leqslant a_2$ 且 $a_2 \leqslant a_1$. 根据序关系的反对称性, 得 $a_1 = a_2$, 证毕.

例 2.2.5 (1) 在序集 $(\mathbb{R},\leqslant)$ 中, $[0,1]$ 有最大元 1, 最小元 0. 而 $]0,1[$ 既无最大元, 又无最小元.

(2) 设 $E = \{1,2,3\}$, 则 $\mathscr{P}(E) = \{\emptyset,\{1\},\{2\},\{3\},\{1,2\},\{1,3\},\{2,3\},E\}$. 令

$$A = \{\{1\},\{2\},\{3\},\{1,2\},\{1,3\}\}$$

在序集 $(\mathscr{P}(E),\subseteq)$ 中, A 既没有最大元, 也没有最小元.

定义 2.2.4 设 $(E,\leqslant)$ 是一个序集, $A \subseteq E$, $a \in E$.

(1) 如果 $\forall x \in A$, $x \leqslant a$, 则称 a 是 A 的一个**上界**. 如果 a 是 A 的上界且 $a \in A$, 则 $a = \max(A)$.

(2) 如果 $\forall x \in A$, $a \leqslant x$, 则称 a 是 A 的一个**下界**. 如果 a 是 A 的下界且 $a \in A$, 则 $a = \min(A)$.

(3) 若 A 的所有上界构成的集合存在最小元, 则称该最小元为 A 的**上确界**, 记为 $\sup(A)$.

(4) 若 A 的所有下界构成的集合存在最大元, 则称该最大元为 A 的**下确界**, 记为 $\inf(A)$.

例 2.2.6 在序集 $(\mathbb{R},\leqslant)$ 中, 任意大于或等于 1 的实数都是 $]0,1[$ 的一个上界, 且其他实数都不是 $]0,1[$ 的上界, 故 $]0,1[$ 的上确界为 1; 任意负数都是 $]0,1[$ 的一个下界, 且其他实数都不是 $]0,1[$ 的下界, 故 $]0,1[$ 的下确界为 0.

例 2.2.7 在序集 $(\mathbb{N}^*,|)$ 中, 任意被 30 整除的非零自然数都是 $A=\{2,3,5\}$ 的一个上界, 且其他自然数都不是 A 的上界, 故 A 的上确界为 30; 只有 1 是 A 的下界, 故 A 的下确界为 1.

2.3 等价关系

本节介绍集合上的另一个二元关系——等价关系. 在给出等价关系的定义之前, 先看一个例子. 考虑 $\mathbb{Z}$ 上的二元关系 $\mathscr{R}$:

$$\forall (x,y)\in\mathbb{Z}^2,\ x\mathscr{R}y \Longleftrightarrow (x-y\text{是偶数})$$

容易验证, 关系 $\mathscr{R}$ 具有如下性质:

(1) $\forall x\in\mathbb{Z}, x\mathscr{R}x$;

(2) $\forall (x,y)\in\mathbb{Z}^2,\ x\mathscr{R}y \Longrightarrow y\mathscr{R}x$;

(3) $\forall (x,y,z)\in\mathbb{Z}^3,\ (x\mathscr{R}y\text{且}y\mathscr{R}z) \Longrightarrow x\mathscr{R}z$.

进一步, 在关系 $\mathscr{R}$ 下, 整数集被分成了两个互不相交的子集: 奇数集和偶数集.

从上面这个例子出发, 抽象出等价关系的定义.

定义 2.3.1 (等价关系) 设 $\mathscr{R}$ 是集合 E 上的二元关系. 若 $\mathscr{R}$ 满足:

(1) 自反性: $\forall x\in E, x\mathscr{R}x$;

(2) 对称性: $\forall (x,y)\in E^2,\ x\mathscr{R}y \Longrightarrow y\mathscr{R}x$;

(3) 传递性: $\forall (x,y,z)\in E^3,\ (x\mathscr{R}y \text{ 且 } y\mathscr{R}z) \Longrightarrow x\mathscr{R}z$.

则称 $\mathscr{R}$ 是 E 上的一个**等价关系**, 等价关系常用符号 “$\sim$” 表示.

例 2.3.1 设 $n\in\mathbb{N}^*$. 定义 $\mathbb{Z}$ 上的二元关系 $\mathscr{R}$:

$$\forall (x,y)\in\mathbb{Z}^2,\ x\mathscr{R}y \Longleftrightarrow (\exists k\in\mathbb{Z}, x-y=kn)$$

则 $\mathscr{R}$ 是 $\mathbb{Z}$ 上的等价关系, 称为整数集上的**模 n 同余关系**.

证 明

(1) 自反性: 设 $x\in\mathbb{Z}$, 则 $x-x=0\cdot n$, 故 $x\mathscr{R}x$.

(2) 对称性: 设 $(x,y)\in\mathbb{Z}^2$. 若 $x\mathscr{R}y$, 则存在 $k\in\mathbb{Z}$ 使得 $x-y=kn$. 于是 $y-x=(-k)n$, 故 $y\mathscr{R}x$.

(3) 传递性: 设 $(x,y,z)\in\mathbb{Z}^3$. 若 $x\mathscr{R}y$ 且 $y\mathscr{R}z$, 则存在 $(k_1,k_2)\in\mathbb{Z}^2$, 使得 $x-y=k_1n$ 且 $y-z=k_2n$. 于是 $x-z=(k_1+k_2)n$, 故 $x\mathscr{R}z$.

综上, $\mathscr{R}$ 是 $\mathbb{Z}$ 上的等价关系.

定义 2.3.2　设 $\sim$ 是集合 E 上的一个等价关系, $x \in E$, 则集合

$$\mathcal{C}_x = \{y \in E \mid y \sim x\}$$

称为以 x 为代表元的**等价类**, $\mathcal{C}_x$ 通常也写作 $\overline{x}$ 或 $[x]$.

例 2.3.2　定义 $\mathbb{Z}$ 上的二元关系 $\mathscr{R}$:

$$\forall (x,y) \in \mathbb{Z}^2,\ x\mathscr{R}y \Longleftrightarrow (\exists k \in \mathbb{Z}, x - y = 3k)$$

根据例 2.3.1知, $\mathscr{R}$ 是 $\mathbb{Z}$ 上的一个等价关系. 容易验证:

$$\begin{aligned} \mathcal{C}_0 &= \{y \in \mathbb{Z} \mid \exists k \in \mathbb{Z}, y = 3k\} \\ \mathcal{C}_1 &= \{y \in \mathbb{Z} \mid \exists k \in \mathbb{Z}, y = 3k+1\} \\ \mathcal{C}_2 &= \{y \in \mathbb{Z} \mid \exists k \in \mathbb{Z}, y = 3k+2\} \end{aligned}$$

显然, $\mathcal{C}_0, \mathcal{C}_1, \mathcal{C}_2$ 互不相交且 $\mathbb{Z} = \mathcal{C}_0 \cup \mathcal{C}_1 \cup \mathcal{C}_2$.

例 2.3.3　设 E 是一个非空集合. 定义 E 上的二元关系 $\mathscr{R}$:

$$\forall (x,y) \in E^2, \quad x\mathscr{R}y \Longleftrightarrow x = y$$

易验证 $\mathscr{R}$ 是 E 上的一个等价关系. 进一步有 $\forall x \in E, \mathcal{C}_x = \{x\}$.

命题 2.3.1　设 $\sim$ 是集合 E 上的一个等价关系, 则

(1) $\forall x \in E$, $\mathcal{C}_x \neq \emptyset$;

(2) $\forall (x,y) \in E^2, x \sim y \Longrightarrow \mathcal{C}_x = \mathcal{C}_y$;

(3) $\forall (x,y) \in E^2, x \notin \mathcal{C}_y \Longrightarrow \mathcal{C}_x \cap \mathcal{C}_y = \emptyset$.

证　明　(1) 设 $x \in E$, 因为 $x \sim x$, 所以 $x \in \mathcal{C}_x$, 故 $\mathcal{C}_x \neq \emptyset$.

(2) 设 $(x,y) \in E^2$, 并设 $z \in \mathcal{C}_x$, 则 $z \sim x$. 又因为 $x \sim y$, 由等价关系的传递性知, $z \sim y$, 故 $z \in \mathcal{C}_y$. 由此证明了 $\mathcal{C}_x \subseteq \mathcal{C}_y$. 同理可证 $\mathcal{C}_y \subseteq \mathcal{C}_x$. 因此, $\mathcal{C}_x = \mathcal{C}_y$.

(3) 假设 $\mathcal{C}_x \cap \mathcal{C}_y \neq \emptyset$, 并设 $z \in \mathcal{C}_x \cap \mathcal{C}_y$, 则 $z \sim x$ 且 $z \sim y$. 根据等价关系对称性及传递性得 $x \sim y$, 从而 $x \in \mathcal{C}_y$. 根据原命题与逆否命题的等价性, 结论得证.

设 E 是一个非空集合, 因为对于任意 $x \in E, x \in \mathcal{C}_x \subseteq E$, 所以 $E = \bigcup\limits_{x \in E} \mathcal{C}_x$. 根据命题 2.3.1 知, 对于任意 $(x,y) \in E^2$, 要么 $\mathcal{C}_x = \mathcal{C}_y$, 要么 $\mathcal{C}_x \cap \mathcal{C}_y = \emptyset$, 从而存在 E 的一个子集 A, 使得 $E = \bigcup\limits_{x \in A} \mathcal{C}_x$ 且满足 $\forall (x,y) \in A^2, x \neq y \Longrightarrow \mathcal{C}_x \cap \mathcal{C}_y = \emptyset$.

定义 2.3.3　设 $\sim$ 是集合 E 上的一个等价关系, 并且 $A \subseteq E$. 如果 $E = \bigcup\limits_{x \in A} \mathcal{C}_x$ 且

$$\forall (x,y) \in A^2, x \neq y \Longrightarrow \mathcal{C}_x \cap \mathcal{C}_y = \emptyset$$

则称 A 为 E 在等价关系 $\sim$ 下的**完全代表元集**, 称集合

$$\{\mathcal{C}_x \mid x \in A\}$$

为 E 在等价关系 $\sim$ 下的**商集**, 记为 $E/\sim$.

例 2.3.4 (1) 对于集合 E 上的等价关系 $\sim$:

$$\forall(x,y)\in E^2,\ x\sim y \Longleftrightarrow x=y$$

商集 $E/\sim$ 为 $\{\{x\}\mid x\in E\}$.

(2) 对于整数集上的等价关系 $\sim$:

$$\forall(a,b)\in\mathbb{Z}^2, a\sim b \Longleftrightarrow (a-b\text{是偶数})$$

商集 $\mathbb{Z}/\sim$ 中只有两个元素——奇数集与偶数集.

(3) 记 $\mathbb{Z}_n$ 为 $\mathbb{Z}$ 在模 n 同余关系 $\sim$ 下的商集. 利用带余除法（见 4.1.2 小节），可以证明:

$$\mathbb{Z}_n=\{\mathcal{C}_0,\mathcal{C}_1,\mathcal{C}_2,\cdots,\mathcal{C}_{n-1}\}$$

习题 2

2.1 判断下列关系是否满足自反性、对称性、反对称性:

(1) $E=\mathbb{Z}$, $\forall(x,y)\in E^2$, $x\mathscr{R}y \Longleftrightarrow x=-y$;

(2) $E=\mathbb{R}$, $\forall(x,y)\in E^2$, $x\mathscr{R}y\Longleftrightarrow \cos^2 x+\sin^2 y=1$;

(3) $E=\mathbb{N}$, $\forall(x,y)\in E^2$, $x\mathscr{R}y \Longleftrightarrow \exists(p,q)\in(\mathbb{N}^*)^2, y=px^q$.

2.2 在 $\mathbb{R}_+^*$ 上定义二元关系 $\preceq$:

$$\forall(x,y)\in(\mathbb{R}_+^*)^2,\ x\preceq y \Longleftrightarrow \exists n\in\mathbb{N}, y=x^n$$

证明 $\preceq$ 是 $\mathbb{R}_+^*$ 上的一个序关系, 它是否是一个全序关系? 并说明理由.

2.3 设 E 是由元素对 (I,f) 构成的集合, 其中 I 是一个区间, $f\in\mathcal{F}(I,\mathbb{R})$. 在 E 上定义二元关系 $\preceq$:

$$\forall\big((I,f),(J,g)\big)\in E^2,\ (I,f)\preceq(J,g) \Longleftrightarrow I\subseteq J \text{ 且 } g|_I=f.$$

证明 $\preceq$ 是 E 上的一个序关系.

2.4 设 E 是一个集合, $f:E\to\mathbb{R}$ 是一个单射. 在 E 上定义二元关系 $\preceq$:

$$\forall(x,y)\in E^2,\ x\preceq y \Longleftrightarrow f(x)\leqslant f(y)$$

证明 $\preceq$ 是 E 上的一个序关系.

2.5 设 A,B 是序集 $(E,\preceq)$ 的两个非空集合且 $B\subseteq A$, 并假设 A 和 B 都有上确界, 证明 $\sup(B)\preceq\sup(A)$.

2.6 设 A,B 是序集 $(E,\preceq)$ 的两个非空子集. 假设 A 和 B 都有最大元. 当 $\preceq$ 是一个全序关系时 $A\cup B$ 是否有最大元? 当 $\preceq$ 不是全序关系时, 有什么结论? 类似讨论 $A\cap B$ 的情形.

2.7 在 $\mathbb{N}^*$ 上定义二元关系 $\mathscr{R}$:

$$\forall(m,n)\in(\mathbb{N}^*)^2,\ m\mathscr{R}n \Longleftrightarrow \exists k\in\mathbb{N}^*, n=km$$

(1) 证明 $\mathscr{R}$ 是一个序关系, 它是否是全序关系? 请说明理由;
(2) 设 $A=\{2,3,4,5,6,7,8,12,25\}$, 给出 A 中的所有有序链;
(3) 给出 A 的所有上界, 进而求 $\sup(A)$;
(4) 给出 $\mathbb{N}^*$ 的一个子集 B, 使得 $(B,\mathscr{R})$ 是一个全序集.

2.8 设 E 是一个非空集合, $\mathscr{A}\subseteq\mathscr{P}(E)$ 非空且满足:

$$\forall(X,Y)\in\mathscr{A}^2,\exists Z\in\mathscr{A}, Z\subseteq(X\cap Y)$$

在 $\mathscr{P}(E)$ 上定义二元关系 $\sim$:

$$\forall(A,B)\in\mathscr{P}(E)^2,\ A\sim B\Longleftrightarrow \exists X\in\mathscr{A}, X\cap A=X\cap B$$

证明 $\sim$ 是 $\mathscr{P}(E)$ 上的一个等价关系, 并给出 E 在等价关系 $\sim$ 下代表的等价类.

2.9 在 $\mathbb{R}$ 上定义二元关系 $\mathscr{R}$:

$$\forall(x,y)\in\mathbb{R}^2, x\mathscr{R}y\Longleftrightarrow x^2-y^2=x-y$$

证明 $\mathscr{R}$ 是一个等价关系, 并确定 $\mathbb{R}$ 在 $\mathscr{R}$ 下的所有等价类.

第 3 章　自然数集

在本章, 若无特殊说明, n 表示一个自然数.

3.1　数学归纳原理

本节从最小自然数原理出发, 推导数学证明中经常用到的三个数学归纳原理.

3.1.1　自然数集的基本性质

定理 3.1.1 (最小自然数原理)　自然数集的任意非空子集都有最小元.

下面的定理 3.1.2 是证明数学归纳原理的关键.

定理 3.1.2　自然数集的任意有界非空子集都有最大元.

证　明　设 A 是 $\mathbb{N}$ 的一个有上界的非空子集, M 是 A 的所有上界构成的集合, 则 M 非空. 由定理 3.1.1知, M 有最小元, 记为 m.

下面证明 m 是 A 的最大元.

因为 $m \in M$, 所以 m 是 A 的一个上界, 即 $\forall n \in A, n \leqslant m$. 假设 $m \notin A$, 则 m 不同于 A 中任何元素, 故 $\forall n \in A, n < m$. 此时, $\forall n \in A, n \leqslant m-1$. 从而 $m-1$ 是 A 的一个上界, 于是 $m-1 \in M$, 这与 m 是 M 的最小元矛盾. 因此 $m \in A$, 从而 m 是 A 的最大元.

3.1.2　数学归纳原理

定理 3.1.3 (第一数学归纳法)　设 $\mathcal{P}$ 是定义在 $\mathbb{N}$ 上的命题函数. 如果

(1) $\mathcal{P}(0)$ 成立;

(2) $\forall n \in \mathbb{N}, \mathcal{P}(n) \Longrightarrow \mathcal{P}(n+1)$.

则对于任意 $n \in \mathbb{N}, \mathcal{P}(n)$ 成立.

证　明　假设存在 $n_0 \in \mathbb{N}$, 使得 $\mathcal{P}(n_0)$ 不成立, 记 $A = \{m \in \mathbb{N} \mid \mathcal{P}(m)\text{不成立}\}$, 则 A 是 $\mathbb{N}$ 的非空子集, 因为至少 $n_0 \in A$. 根据定理 3.1.1知, A 有最小元, 记为 α, 则 $\mathcal{P}(\alpha)$ 不成立. 由于 $\mathcal{P}(0)$ 成立, 故 $\alpha > 0$. 由 α 的定义知, $\mathcal{P}(\alpha-1)$ 成立. 根据 (2) 知, $\mathcal{P}(\alpha)$ 成立, 与前述结果矛盾. 因此, 对于任意 $n \in \mathbb{N}, \mathcal{P}(n)$ 成立.

用类似定理 3.1.3的证明方法, 可证明定理 3.1.4.

定理 3.1.4　设 $(n_0, n) \in \mathbb{N}^2$ 且 $n_0 \leqslant n$. 设 $\mathcal{P}$ 是定义在 $[\![n_0, n]\!]$ 上的命题函数. 如果

(1) $\mathcal{P}(n_0)$ 成立;

(2) $\forall k \in [\![n_0, n-1]\!], \mathcal{P}(k) \Longrightarrow \mathcal{P}(k+1)$.

则对于任意 $k \in [\![n_0, n]\!], \mathcal{P}(n)$ 成立.

为叙述方便, 记 $[\![n,+\infty[\![$ 表示所有大于等于 n 的自然数构成的集合.

定理 3.1.5 设 $n_0\in\mathbb{N}$, $\mathcal{P}$ 是定义在 $[\![n_0,+\infty[\![$ 上的命题函数. 如果

(1) $\mathcal{P}(n_0)$ 成立;

(2) $\forall n\geqslant n_0, \mathcal{P}(n)\Longrightarrow\mathcal{P}(n+1)$.

则对于任意 $n\geqslant n_0, \mathcal{P}(n)$ 成立.

证 明 设 $n\in\mathbb{N}$, 记 $\mathcal{Q}(n)=\mathcal{P}(n_0+n)$, 则 $\mathcal{Q}$ 是定义在 $\mathbb{N}$ 上的命题函数.

- 根据 (1), $\mathcal{Q}(0)=\mathcal{P}(n_0)$ 成立.
- 设 $n\in\mathbb{N}$, 并假设 $\mathcal{Q}(n)$ 成立. 因为 $\mathcal{Q}(n)=\mathcal{P}(n_0+n)$, 所以 $\mathcal{P}(n_0+n)$ 成立. 因为 $n_0+n\geqslant n_0$, 根据 (2) 知, $\mathcal{P}(n_0+n+1)$ 成立, 从而 $\mathcal{Q}(n+1)$ 成立.

根据定理 3.1.3知, 对于任意 $n\in\mathbb{N}, \mathcal{Q}(n)$ 成立. 因此, 对于任意 $n\geqslant n_0, \mathcal{P}(n)$ 成立.

定理 3.1.6 (第二数学归纳法) 设 $n_0\in\mathbb{N}$, $\mathcal{P}$ 是定义在 $[\![n_0,+\infty[\![$ 上的命题函数. 如果

(1) $\mathcal{P}(n_0)$ 和 $\mathcal{P}(n_0+1)$ 都成立;

(2) $\forall n\geqslant n_0, (\mathcal{P}(n)\wedge\mathcal{P}(n+1))\Longrightarrow\mathcal{P}(n+2)$.

则对于任意 $n\geqslant n_0, \mathcal{P}(n)$ 成立.

证 明 设 $n\geqslant n_0$, 记 $\mathcal{Q}(n)=\mathcal{P}(n)\wedge\mathcal{P}(n+1)$.

- 根据 (1) 知, $\mathcal{Q}(n_0)$ 成立;
- 设 $n\geqslant n_0$, 并假设 $\mathcal{Q}(n)$ 成立. 根据 $\mathcal{Q}$ 的定义知, $\mathcal{P}(n)$ 与 $\mathcal{P}(n+1)$ 都成立. 根据 (2) 知, $\mathcal{P}(n+2)$ 成立. 因此 $\mathcal{P}(n+1)\wedge\mathcal{P}(n+2)$ 成立, 即 $\mathcal{Q}(n+1)$ 成立.

根据定理 3.1.5知, 对于任意 $n\geqslant n_0, \mathcal{Q}(n)$ 成立. 从而对于任意 $n\geqslant n_0, \mathcal{P}(n)$ 成立.

例 3.1.1 设 $u=(u_n)_{n\in\mathbb{N}}\in\mathbb{R}^{\mathbb{N}}$. 假设 $u_0=u_1=1$ 且 $\forall n\in\mathbb{N}$, $u_{n+2}=2u_{n+1}+3u_n$. 试证明:

$$\forall n\in\mathbb{N},\ u_n=\frac{1}{2}\big[(-1)^n+3^n\big]$$

证 明 设 $n\in\mathbb{N}$. 定义 $\mathcal{P}(n)$: $u_n=\dfrac{1}{2}\big[(-1)^n+3^n\big]$.

- 由于 $u_0=u_1=1$, 故 $\mathcal{P}(0)$ 和 $\mathcal{P}(1)$ 都成立.
- 设 $n\in\mathbb{N}$. 假设 $\mathcal{P}(n+1)\wedge\mathcal{P}(n+2)$ 成立, 则 $u_n=\dfrac{1}{2}\big[(-1)^n+3^n\big]$ 且 $u_{n+1}=\dfrac{1}{2}\big[(-1)^{n+1}+3^{n+1}\big]$, 因此 $u_{n+2}=2u_{n+1}+3u_n=\big[(-1)^{n+1}+3^{n+1}\big]+\dfrac{3}{2}\big[(-1)^n+3^n\big]=\dfrac{1}{2}\big[(-1)^{n+2}+3^{n+2}\big]$. 故 $\mathcal{P}(n+2)$ 成立.

根据第二数学归纳法得, $\forall n\in\mathbb{N},\ u_n=\dfrac{1}{2}\big[(-1)^n+3^n\big]$.

定理 3.1.7 (第三数学归纳法) 设 $n_0\in\mathbb{N}$, $\mathcal{P}$ 是定义在 $[\![n_0,+\infty[\![$ 上的命题函数. 如果

(1) $\mathcal{P}(n_0)$ 成立;

(2) $\forall n\geqslant n_0, \big(\mathcal{P}(n_0)\wedge\mathcal{P}(n_0+1)\wedge\cdots\wedge\mathcal{P}(n)\big)\Longrightarrow\mathcal{P}(n+1)$.

则对于任意 $n\geqslant n_0, \mathcal{P}(n)$ 成立.

证 明 设 $n\geqslant n_0$, 记 $\mathcal{Q}(n)=\mathcal{P}(n_0)\wedge\mathcal{P}(n_0+1)\wedge\cdots\wedge\mathcal{P}(n)$. 根据 (1) 知, $\mathcal{Q}(n_0)$ 成立. 设 $n\geqslant n_0$, 并假设 $\mathcal{Q}(n)$ 成立. 根据 (2) 知, $\mathcal{P}(n+1)$ 成立, 从而 $\mathcal{Q}(n+1)$ 成立. 根据定理 3.1.5有, 对于任意 $n\geqslant n_0, \mathcal{Q}(n)$ 成立. 因此对于任意 $n\geqslant n_0, \mathcal{P}(n)$ 成立.

3.2 连加和连乘符号

本节主要介绍数学计算中经常用到的连加符号和连乘符号, 并推导连加符号换序公式. 连加符号和连乘符号递归定义如下:

定义 3.2.1 设 $(n_0,n)\in\mathbb{N}^2$ 且 $n\geqslant n_0$, $(u_i)_{i\in\mathbb{N}}$ 是一个复数列, 则定义:

(1) $\sum\limits_{i=n_0}^{n_0} u_i=u_{n_0}$ 且 $\forall n\geqslant n_0$, $\sum\limits_{i=n_0}^{n+1} u_i=u_{n+1}+\sum\limits_{i=n_0}^{n} u_i$;

(2) $\prod\limits_{i=n_0}^{n_0} u_i=u_{n_0}$ 且 $\forall n\geqslant n_0$, $\prod\limits_{i=n_0}^{n+1} u_i=u_{n+1}\times\prod\limits_{i=n_0}^{n} u_i$.

注 3.2.1 当 $n<n_0$ 时, 约定 $\sum\limits_{i=n_0}^{n} u_i=0$, $\prod\limits_{i=n_0}^{n} u_i=1$.

根据定义 3.2.1, 归纳可证下面两个命题.

命题 3.2.1 设 $(u_n)_{n\in\mathbb{N}},(v_n)_{n\in\mathbb{N}}$ 是两个复数列, $(n,m,p)\in\mathbb{N}^3$ 且 $n<m<p$, 则

(1) $\sum\limits_{i=n}^{m} u_i+\sum\limits_{i=m+1}^{p} u_i=\sum\limits_{i=n}^{p} u_i$ 且 $\prod\limits_{i=n}^{m} u_i\times\prod\limits_{i=m+1}^{p} u_i=\prod\limits_{i=n}^{p} u_i$;

(2) $\sum\limits_{i=n}^{m} u_i+\sum\limits_{i=n}^{m} v_i=\sum\limits_{i=n}^{m}(u_i+v_i)$ 且 $\prod\limits_{i=n}^{m} u_i\times\prod\limits_{i=n}^{m} v_i=\prod\limits_{i=n}^{m}(u_iv_i)$.

命题 3.2.2 (求和符号变量替换公式) 设 $(u_n)_{n\in\mathbb{N}}$ 是一个复数列, $n_0\in\mathbb{N}^*$, 则

$$\forall n\in[\![p,+\infty[\![,\quad \sum_{l=p}^{n} u_{n_0+l}=\sum_{l=n_0+p}^{n_0+n} u_l$$

命题 3.2.3 给出的求和符号换序公式在今后的学习中会经常用到.

命题 3.2.3 (求和符号换序公式) 设 $(m,n)\in(\mathbb{N}^*)^2$, 并且 $(a_{ij})_{(i,j)\in\mathbb{N}^*\times\mathbb{N}^*}$ 是复数集 $\mathbb{C}$ 中的一个元素族, 则如下等式成立:

(1) $\displaystyle\sum_{i=1}^{m}\sum_{j=1}^{n} a_{ij}=\sum_{j=1}^{n}\sum_{i=1}^{m} a_{ij}$;

(2) $\displaystyle\sum_{i=1}^{m}\sum_{j=1}^{i} a_{ij}=\sum_{j=1}^{m}\sum_{i=j}^{m} a_{ij}$

证 明 (1) 设 $m\in\mathbb{N}^*$, 定义 $\mathcal{P}(m)$:

$$\forall n\in\mathbb{N}^*,\ \sum_{i=1}^{m}\sum_{j=1}^{n} a_{ij}=\sum_{j=1}^{n}\sum_{i=1}^{m} a_{ij}$$

- $\mathcal{P}(1)$ 成立, 因为 $\sum\limits_{i=1}^{1}\sum\limits_{j=1}^{n} a_{ij}=\sum\limits_{j=1}^{n}\sum\limits_{i=1}^{1} a_{ij}=\sum\limits_{j=1}^{n} a_{1j}$.
- $\mathcal{P}(m)\Rightarrow\mathcal{P}(m+1)$: 设 $m\in\mathbb{N}^*$, 并假设 $\mathcal{P}(m)$ 成立, 根据定义 3.2.1, 有

$$\sum_{i=1}^{m+1}\sum_{j=1}^{n} a_{ij}=\sum_{i=1}^{m}\sum_{j=1}^{n} a_{ij}+\sum_{j=1}^{n} a_{m+1,j}$$

根据归纳假设, 有

$$\sum_{i=1}^{m}\sum_{j=1}^{n}a_{ij}=\sum_{j=1}^{n}\sum_{i=1}^{m}a_{ij}$$

因此

$$\sum_{i=1}^{m+1}\sum_{j=1}^{n}a_{ij}=\sum_{j=1}^{n}\sum_{i=1}^{m}a_{ij}+\sum_{j=1}^{n}a_{m+1,j}=\sum_{j=1}^{n}\left(a_{m+1,j}+\sum_{i=1}^{m}a_{ij}\right)=\sum_{j=1}^{n}\sum_{i=1}^{m+1}a_{ij}$$

故 $\mathcal{P}(m+1)$ 成立.

根据数学归纳法知, 对于任意 $m\in\mathbb{N}^*$, $\mathcal{P}(m)$ 成立.

(2) 设 $i\in[\![1,m]\!]$. 当 $j\in[\![i+1,m]\!]$ 时补充定义 $a_{ij}=0$, 则

$$\sum_{i=1}^{m}\sum_{j=1}^{i}a_{ij}=\sum_{i=1}^{m}\sum_{j=1}^{m}a_{ij}=\sum_{j=1}^{m}\sum_{i=1}^{m}a_{ij}=\sum_{j=1}^{m}\sum_{i=j}^{m}a_{ij}$$

其中, 第二个等号成立是因为 (1) 成立.

3.3 有限集

本节主要介绍有限集的定义及其基数计算公式.

3.3.1 有限集的定义

在给出有限集的定义之前, 先证明下面这个引理.

引理 3.3.1 设 $(m,n)\in(\mathbb{N}^*)^2$. 如果存在一个从 $[\![1,n]\!]$ 到 $[\![1,m]\!]$ 的双射, 则 $m=n$.

证 明 设 $n\in\mathbb{N}^*$. 定义 $\mathcal{P}(n)$: 设 $m\in\mathbb{N}^*$, 如果存在一个从 $[\![1,n]\!]$ 到 $[\![1,m]\!]$ 的双射, 则 $m=n$.

- $\mathcal{P}(1)$ 成立: 假设存在从 $[\![1,1]\!]$ 到 $[\![1,m]\!]$ 的双射 f. 由于 f 是满射, 故存在 $(n_1,n_2)\in[\![1,1]\!]^2$, 使得 $f(n_1)=1$ 且 $f(n_2)=m$. 由于 $[\![1,1]\!]=\{1\}$, 因此 $n_1=n_2=1$. 故 $m=f(n_1)=f(n_2)=1$.
- $\mathcal{P}(n)\Longrightarrow\mathcal{P}(n+1)$: 设 $n\in\mathbb{N}^*$, 假设 $\mathcal{P}(n)$ 成立. 又设 $m\in\mathbb{N}^*$, 并假设存在从 $[\![1,n+1]\!]$ 到 $[\![1,m]\!]$ 的双射 g. 下证 $m=n+1$.
  - (i) 若 $g(n+1)=m$, 则限制映射 $g|_{[\![1,n]\!]}:[\![1,n]\!]\to[\![1,m-1]\!]$ 是双射. 根据归纳假设, 有 $n=m-1$, 即 $m=n+1$.
  - (ii) 假设 $g(n+1)\neq m$, 记 $a=g(n+1)$. 定义映射 σ:

$$\forall k\in[\![1,m]\!],\ \sigma(k)=\begin{cases}m, & k=a\\ a, & k=m\\ k, & \text{其他}\end{cases}$$

显然 σ 是双射, 故 $\sigma\circ g$ 是双射. 易验证 $\sigma\circ g(n+1)=m$. 根据 (i) 得, $m=n+1$.

根据数学归纳法知, 对于任意 $n\in\mathbb{N}^*,\mathcal{P}(n)$ 成立.

定义 3.3.1 设 E 是一个非空集合. 若存在自然数 n, 使得 E 与 $[\![1,n]\!]$ 之间存在一个双射, 则称 E 是一个**有限集**. 自然数 n 称为 E 的**基数**, 记为 $\mathrm{card}(E)$ 或 $|E|$. 不是有限集的集合称为**无限集**, 约定空集是有限集且基数为 0.

注 3.3.1 设 E 是一个有限集且 $|E|=n\in\mathbb{N}^*$. 根据定义 3.3.1 知, 存在双射 $f:[\![1,n]\!]\to E$, 从而 $E=\big\{f(1),f(2),\cdots,f(n)\big\}$. 故基数为 n 的有限集常表示为 $E=\{x_1,x_2,\cdots,x_n\}$.

引理 3.3.2 设 E 是有限集且 $|E|=n\in\mathbb{N}^*$, 并且 $a\in E$, 则 $E\backslash\{a\}$ 是有限集且

$$\big|E\backslash\{a\}\big|=n-1$$

证 明 若 $n=1$, 结论显然成立. 假设 $n>1$, 从而 $n-1>0$. 根据定义 3.3.1 知, 存在从 E 到 $[\![1,n]\!]$ 的双射 f.

(i) 若 $f(a)=n$, 则 $f|_{E\backslash\{a\}}$ 是从 $E\backslash\{a\}$ 到 $[\![1,n-1]\!]$ 的双射, 故 $\big|E\backslash\{a\}\big|=n-1$.

(ii) 假设 $f(a)\neq n$ 且 $f(a)=p$, 定义映射 σ:

$$\forall k\in[\![1,n]\!],\ \sigma(k)=\begin{cases}p, & k=n\\ n, & k=p\\ k, & \text{其他}\end{cases}$$

显然 σ 是双射, 从而得证 $\sigma\circ f$ 也是双射. 易验证 $\sigma\circ f(a)=n$. 根据 (i) 得 $\big|E\backslash\{a\}\big|=n-1$.

命题 3.3.1 设 E 是一个有限集. 如果 $F\subseteq E$, 则 F 是有限集且 $|F|\leqslant|E|$.

证 明 利用数学归纳法证明.

设 $n\in\mathbb{N}$, 定义 $\mathcal{P}(n)$: 设 E 是一个有限集且基数为 n. 如果 $F\subseteq E$, 则 F 是有限集且 $|F|\leqslant|E|$.

- $\mathcal{P}(0)$ 显然成立.
- 设 $n\in\mathbb{N}$, 并假设 $\mathcal{P}(n)$ 成立. 设 E 是一个基数为 $n+1$ 的集合, 假设 F 是 E 的一个子集. 若 $F=E$, 则 $|F|=|E|$; 若 F 严格包含于 E, 则 $E\backslash F$ 非空, 设 $a\in E\backslash F$, 则 $F\subseteq E\backslash\{a\}$. 根据引理 3.3.2知, $E\backslash\{a\}$ 是有限集且 $\big|E\backslash\{a\}\big|=n+1-1=n$. 从而 F 是一个基数为 n 的集合的子集. 根据归纳假设知, F 是有限集且 $|F|\leqslant n$. 特别地, $|F|<n+1=|E|$, 从而 $\mathcal{P}(n+1)$ 成立.

根据第一数学归纳法知, 对于任意 $n\in\mathbb{N},\mathcal{P}(n)$ 成立.

推论 3.3.1 设 E 是一个有限集. 如果 $F\subseteq E$, 则 $E\backslash F$ 是有限集且 $|E\backslash F|=|E|-|F|$.

证 明 设 $n\in\mathbb{N}$. 定义 $\mathcal{P}(n)$: 设 E 是一个基数为 n 的有限集. 如果 $F\subseteq E$, 则 $E\backslash F$ 是有限集且 $|E\backslash F|=|E|-|F|$.

- $\mathcal{P}(0)$ 显然成立.
- 设 $n\in\mathbb{N}$ 且 $\mathcal{P}(n)$ 成立, E 是一个基数为 $n+1$ 的有限集. 假设 $F\subseteq E$. 若 $E=F$, 结论显然成立. 若 $E\neq F$, 则存在 $a\in E$ 且 $a\notin F$. 进一步, $F\subseteq E\backslash\{a\}$. 根据

引理 3.3.2知, $|E\backslash\{a\}| = n+1-1 = n$. 根据归纳假设, $(E\backslash\{a\})\backslash F$ 是有限集且 $\big|(E\backslash\{a\})\backslash F\big| = \big|E\backslash\{a\}\big| - |F| = n - |F|$. 又 $(E\backslash\{a\})\backslash F = (E\backslash F)\backslash\{a\}$, 根据引理 3.3.2知, $\big|(E\backslash F)\backslash\{a\}\big| = |E\backslash F| - 1$. 因此, $|E\backslash F| = n+1-|F| = |E| - |F|$, 故 $\mathcal{P}(n+1)$ 成立.

根据第一数学归纳法, 对于任意 $n \in \mathbb{N}, \mathcal{P}(n)$ 成立.

3.3.2 有限集的基数计算公式

命题 3.3.2 设 E, F 是两个不相交的有限集, 则 $E \cup F$ 是有限集且 $|E \cup F| = |E| + |F|$.

证 明 由于 $E \cap F = \emptyset$, 因此 $(E \cup F)\backslash F = E$. 根据推论 3.3.1, 有

$$|E| = |(E \cup F)\backslash F| = |E \cup F| - |F|$$

故 $|E \cup F| = |E| + |F|$.

一般地, 归纳可证如下结论:

推论 3.3.2 设 $E_1, E_2, \cdots, E_n$ 是 n 个两两互不相交的有限集, 则 $E_1 \cup E_2 \cup \cdots \cup E_n$ 是有限集且

$$|E_1 \cup E_2 \cup \cdots \cup E_n| = |E_1| + |E_2| + \cdots + |E_n|$$

定理 3.3.1 (容斥原理) 设 A, B 是有限集 E 的两个子集, 则 $A \cup B$ 是有限集且

$$|A \cup B| = |A| + |B| - |A \cap B|$$

证 明 容易验证 $A\backslash(A \cap B)$ 与 B 不相交且 $A \cup B = B \cup (A\backslash(A \cap B))$. 根据推论 3.3.1和命题 3.3.2, 有

$$|A \cup B| = |B| + |A\backslash(A \cap B)| = |A| + |B| - |A \cap B|$$

命题 3.3.3 设 A, B 是两个有限集, 则 $A \times B$ 是有限集且 $|A \times B| = |A| \cdot |B|$.

证 明 设 $A = \{x_1, x_2, \cdots, x_n\}$, 并且 $i \in [\![1, n]\!]$, 令 $A_i = \{(x_i, y) \mid y \in B\}$, 则 $|A_i| = |B|$. 易验证 $A_1, A_2, \cdots, A_n$ 是 n 个互不相交的有限集且 $A \times B = \bigcup\limits_{i=1}^{n} A_i$. 根据推论 3.3.2, 有

$$|A \times B| = \left|\bigcup_{i=1}^{n} A_i\right| = \sum_{i=1}^{n} |A_i| = n \cdot |B| = |A| \cdot |B|$$

推论 3.3.3 设 $n \in \mathbb{N}^*$. 若 A 是一个有限集, 则 A^n 是有限集且 $|A^n| = |A|^n$.

3.3.3 有限集之间的映射

命题 3.3.4 设 E, F 是两个有限集, $f \in \mathcal{F}(E, F)$.

(1) 若 f 是双射, 则 $|E| = |F|$;

(2) 若 f 是单射, 则 $|E| \leqslant |F|$;

(3) 若 f 是满射, 则 $|E| \geqslant |F|$.

证 明 (1) 设 $f \in \mathscr{F}(E,F)$. 由于 E 和 F 都是有限集, 故存在双射 $\psi: E \to [\![1,n]\!]$ 和 $\varphi: F \to [\![1,m]\!]$, 其中 m,n 分别是 E,F 的基数. 因为双射的逆映射是双射, 且双射的复合仍然是双射, 所以 $\varphi \circ f \circ \psi^{-1}: [\![1,n]\!] \to [\![1,m]\!]$ 是双射. 从而 $m=n$, 故 $|E|=|F|$.

(2) 设 $f: E \to F$ 是单射, 则映射

$$\begin{aligned} \bar{f}: E &\to f(E) \\ x &\mapsto \bar{f}(x)=f(x) \end{aligned}$$

是双射, 根据 (1) 知 $|f(E)|=|E|$. 因为 $f(E)$ 是 F 的子集, 所以 $|f(E)| \leqslant |F|$. 因此, $|E|=|f(E)| \leqslant |F|$.

(3) 因为 f 是满射, 所以 $|F| \leqslant |f^{-1}(F)|$. 又因为 $f^{-1}(F)$ 是 E 的子集, 所以 $|f^{-1}(F)| \leqslant |E|$. 因此, $|F| \leqslant |f^{-1}(F)| \leqslant |E|$.

定理 3.3.2 设 E,F 是有限集, $f \in \mathcal{F}(E,F)$. 若 $|E|=|F|$, 则下列论述等价:

(1) f 是单射; (2) f 是满射; (3) f 是双射.

证 明 (1) $\Rightarrow$ (2). 假设 f 是单射. 如果 f 不是满射, 根据命题 3.3.4(2) 的证明有 $|E|=|f(E)|<|F|$. 这与 $|E|=|F|$ 矛盾, 故 f 是满射.

(2) $\Rightarrow$ (3). 假设 f 是满射. 如果 f 不是双射, 则 f 不是单射. 类似命题 3.3.4(2) 的证明, 可以证明 $|F|<|f^{-1}(F)| \leqslant |E|$. 这与 $|E|=|F|$ 矛盾, 故 f 是双射.

(3) $\Rightarrow$ (1). 根据双射的定义知结论成立.

3.4 排列数与组合数

本节利用有限集之间的映射的性质, 推导排列数和组合数公式.

定理 3.4.1 设 E,F 是两个非空有限集, 则 $\mathcal{F}(E,F)$ 是有限集且基数为 $|F|^{|E|}$.

证 明 设 $|E|=p>0, |F|=q>0$, 且 $E=\{x_1,x_2,\cdots,x_p\}$. 定义映射

$$\begin{aligned} \Psi: \mathcal{F}(E,F) &\to F^p \\ f &\mapsto \big(f(x_1),f(x_2),\cdots,f(x_p)\big) \end{aligned}$$

下面证明 Ψ 是双射.

• 先证 Ψ 是单射. 设 f,g 是从 E 到 F 的两个映射, 并假设 $\Psi(f)=\Psi(g)$. 由 Ψ 的定义知

$$(f(x_1),f(x_2),\cdots,f(x_p))=(g(x_1),g(x_2),\cdots,g(x_p))$$

由于两个 p 元组相等当且仅当它们对应坐标相等, 因此 $\forall i \in [\![1,p]\!], f(x_i)=g(x_i)$. 故 $f=g$.

• 再证 Ψ 是满射. 设 $(y_1,y_2,\cdots,y_p) \in F^p$. 定义映射

$$f: E \to F,\ \forall i \in [\![1,p]\!],\ f(x_i)=y_i$$

显然, $\Psi(f)=(y_1,y_2,\cdots,y_p)$. 故 Ψ 是满射.

综上, Ψ 是双射.

根据推论 3.3.3和命题 3.3.4, 有

$$|\mathcal{F}(E,F)| = |F^p| = |F|^p = |F|^{|E|}$$

则 $\mathcal{F}(E,F)$ 是有限集得证.

推论 3.4.1 设 E 是一个有限集, 则 $\mathscr{P}(E)$ 是有限集且 $|\mathscr{P}(E)| = 2^{|E|}$.

证 明 根据定理 3.4.1, 有 $|\mathcal{F}(E,\{0,1\})| = 2^{|E|}$. 只需证明存在一个从 $\mathcal{F}\big(E,\{0,1\}\big)$ 到 $\mathscr{P}(E)$ 的双射即可. 定义映射

$$\begin{aligned} \varphi: \mathscr{P}(E) &\rightarrow \mathcal{F}(E,\{0,1\}) \\ A &\mapsto f_A \end{aligned}$$

其中, f_A 定义为

$$\forall x \in E, \quad f_A(x) = \begin{cases} 1 & x \in A \\ 0 & x \notin A \end{cases}$$

下面证明 φ 是双射.

设 $f \in \mathcal{F}(E,\{0,1\})$, 记 $A = f^{-1}\big(\{1\}\big)$, 则 $\varphi(A) = f$. 这就证明了 φ 是满射. 设 $(A,B) \in \mathscr{P}(E)^2$, 并假设 $\varphi(A) = \varphi(B)$, 则 $f_A = f_B$. 设 $x \in A$, 根据定义 $f_A(x) = 1$, 从而有 $f_B(x) = f_A(x) = 1$. 根据 f_B 的定义知, $x \in B$. 这就证明了 $A \subseteq B$. 同理可证 $B \subseteq A$, 因此 $A = B$, φ 是单射. 故 φ 是双射.

定理 3.4.2 设 E 和 F 是两个非空有限集. 如果 $|E| = p$ 且 $|F| = n$, 则从 E 到 F 的所有单射构成的集合 $\mathscr{I}(E,F)$ 是有限集. 进一步, 记 $A_n^p = |\mathscr{I}(E,F)|$, 则当 $p > n$ 时, $A_n^p = 0$; 当 $p \leqslant n$ 时, $A_n^p = \prod\limits_{i=0}^{p-1}(n-i) = n(n-1)\cdots(n-p+1)$. 另外, 约定 $A_n^0 = 1$.

证 明 若 $p > n$, 根据命题 3.3.4知, 不存在从 E 到 F 的双射, 故 $A_n^p = 0$. 假设 $p \leqslant n$, 因为 $\mathscr{I}(E,F) \subseteq \mathcal{F}(E,F)$, 由定理 3.4.1知 $\mathcal{F}(E,F)$ 是有限集, 进而 $\mathscr{I}(E,F)$ 也是有限集.

下面计算 $\mathscr{I}(E,F)$ 的基数. 设 $p \in \mathbb{N}^*$. 定义 $\mathcal{P}(p)$: 设 F 是一个基数为 n 的集合, E 是一个基数为 p 的集合. 若 $p \leqslant n$, 则 $\big|\mathscr{I}(E,F)\big| = \prod\limits_{i=0}^{p-1}(n-i)$.

- $\mathcal{P}(1)$ 成立: 若 $p = 1$, 则 E 是单点集. 于是从 E 到 F 的映射都是单射, 故 $\mathscr{I}(E,F) = \mathcal{F}(E,F)$. 根据定理 3.4.1有 $\big|\mathscr{I}(E,F)\big| = \big|\mathcal{F}(E,F)\big| = n^1 = \prod\limits_{i=0}^{0}(n-i)$, 等式成立.
- $\mathcal{P}(p) \Longrightarrow \mathcal{P}(p+1)$: 设 $p \in \mathbb{N}^*$, 假设 $\mathcal{P}(p)$ 成立. 设 E 是基数为 $p+1$ 的有限集, $F = \{x_1, x_2, \cdots, x_n\}$ 且 $p+1 \leqslant n$. 固定 $a \in E$. 根据引理 3.3.2有 $\big|E\backslash\{a\}\big| = p$. 设 $k \in [\![1,n]\!]$, 并定义

$$\mathscr{I}(k) = \Big\{f \in \mathscr{I}(E,F) \mid f(a) = x_k\Big\}$$

易验证 $(\mathscr{I}(k))_{1\leqslant k\leqslant n}$ 互不相交且 $\mathscr{I}(E,F)=\bigcup_{k=1}^{n}\mathscr{I}(k)$.

下面求 $\mathscr{I}(k)$ 的基数.

设 $f\in\mathscr{I}(k)$, 则 $f|_{E\backslash\{a\}}$ 是从 $E\backslash\{a\}$ 到 $F\backslash\{x_k\}$ 的单射. 因为 $\left|E\backslash\{a\}\right|=p$ 且 $\left|F\backslash\{x_k\}\right|=n-1$, 根据归纳假设知, $\left|\mathscr{I}(k)\right|=\prod_{i=0}^{p-1}(n-1-i)=\prod_{i=1}^{p}(n-i)$. 根据推论 3.3.2, 有

$$\left|\mathscr{I}(E,F)\right|=\sum_{k=1}^{n}\left|\mathscr{I}(k)\right|=n\cdot\prod_{i=1}^{p}(n-i)=\prod_{i=0}^{p}(n-i)$$

这证明了 $\mathcal{P}(p+1)$ 成立.

根据第一数学归纳法知, 对于任意 $p\in\mathbb{N}^*,\mathcal{P}(p)$ 成立.

定义 3.4.1 设 F 是一个非空有限集, $f\in\mathcal{F}(F)$. 若 f 是一个双射, 则称 f 是 F 上的**一个置换**, 集合 F 上所有置换构成的集合记为 $\mathcal{S}(F)$.

推论 3.4.2 设 F 是一个有限集且 $|F|=n>0$, 则 $\mathcal{S}(F)$ 是有限集且基数为 $\prod_{i=1}^{n}i$, 这个数称为 n 的**阶乘**, 记为 $n!$. 约定 $0!=1$.

证　明 根据定义 $\mathcal{S}(F)=\mathscr{I}(F,F)$, 由定理 3.4.2知 $\left|\mathcal{S}(F)\right|=n!$.

命题 3.4.1 设 p,n 是两个非零自然数且 $p\leqslant n$, F 是一个有限集且基数为 n. 记

$$\mathscr{B}=\left\{(x_1,x_2,\cdots,x_p)\mid x_1,x_2,\cdots,x_p\text{ 是 }F\text{ 中 }p\text{ 个互不相等的元素}\right\}$$

则 $|\mathscr{B}|=A_n^p$. 因此, A_n^p 称为在 n 个对象中选取 p 个不同对象的**排列数**.

证　明 设 $f\in\mathscr{I}([\![1,p]\!],F)$. 由于 f 是单射, 故 $\big(f(1),f(2),\cdots,f(p)\big)\in\mathscr{B}$. 定义映射

$$\begin{aligned}\psi:\ \mathscr{I}([\![1,p]\!],F)&\ \rightarrow\ \mathscr{B}\\ f&\ \mapsto\ \big(f(1),f(2),\cdots,f(p)\big)\end{aligned}$$

则易验证 ψ 是双射.

根据命题 3.3.4和定理 3.4.2, 有

$$|\mathscr{B}|=\left|\mathscr{I}([\![1,p]\!],F)\right|=A_n^p$$

定理 3.4.3 设 $p\in\mathbb{N},n\in\mathbb{N}^*$, F 是一个有限集且 $|F|=n$, 则 F 中所有基数为 p 的子集构成的集合是有限集且基数为 $\dfrac{A_n^p}{p!}$, 这个数称为从 n 个对象中取 p 个不同对象的**组合数**, 记为 C_n^p 或 $\binom{n}{p}$.

证　明 设 F 是一个有限集且 $|F|=n$. 若 $p>n$, 则 $C_n^p=0$. 根据定理 3.4.2有 $C_n^p=\dfrac{A_n^p}{p!}=0$, 等式成立. 若 $p=0$, 由于 F 的子集中只有空集基数为 0, 故 $C_n^p=1$. 根据定理 3.4.2有 $C_n^p=\dfrac{A_n^p}{p!}=1$, 等式成立.

设 $p \in [\![1, n]\!]$, 记 $\mathscr{A}$ 为 F 中所有基数为 p 的子集构成的集合. 利用命题 3.4.1中的 $\mathscr{B}$, 设 $A = \{x_1, x_2, \cdots, x_p\} \in \mathscr{A}$. 根据推论 3.4.2知, A 上一共有 $p!$ 个置换, 故 A 对应 $\mathscr{B}$ 中 $p!$ 个元素. 因此, $p! C_n^p = A_n^p$, 等式得证.

命题 3.4.2 设 n, p 是两个正整数且 $p \leqslant n$, 则

(1) $C_n^p = C_n^{n-p}$.

(2) $C_{n-1}^{p-1} + C_{n-1}^p = C_n^p$. (**帕斯卡 (Pascal) 公式**)

证 明 将组合数公式代入其中计算可验证等式成立. 下面利用计数的方法进行证明. 设 F 是有限集且 $|F| = n$.

(1) 记 $\mathscr{P}_p(F)$ 和 $\mathscr{P}_{n-p}(F)$ 分别为 F 中基数为 p 和 $n-p$ 的子集构成的集合. 定义

$$\begin{aligned} \psi : \mathscr{P}_p(F) &\to \mathscr{P}_{n-p}(F) \\ A &\mapsto A^C \end{aligned}$$

则 ψ 是一个合理定义的映射.

设 $(A, B) \in \mathscr{P}_p(F)^2$, 并假设 $\psi(A) = \psi(B)$, 则 $A^C = B^C$, 进而 $A = (A^C)^C = (B^C)^C = B$, 故 ψ 是单射. 设 $D \in \mathscr{P}_{n-p}(F)$, 则 $D^C \in \mathscr{P}_p(F)$ 且 $\psi(D^C) = (D^C)^C = D$, 故 ψ 是满射. 因此, ψ 是双射, 从而 $C_n^p = |\mathscr{P}_p(F)| = |\mathscr{P}_{n-p}(F)| = C_n^{n-p}$.

(2) 记 $\mathscr{P}_p(F)$ 表示 F 中所有基数为 p 的子集构成的集合. 设 $a \in F$, 则 F 中含有 p 个元素的子集有两类:

$$F_1 = \{A \in \mathscr{P}_p(F) \mid a \in A\}, \quad F_2 = \{A \in \mathscr{P}_p(F) \mid a \notin A\}$$

易验证 $\mathscr{P}_p(F) = F_1 \cup F_2$ 且 $F_1 \cap F_2 = \emptyset$. 根据 F_1 与 F_2 的定义有 $|F_1| = C_{n-1}^{p-1}$ 且 $|F_2| = C_{n-1}^p$. 根据命题 3.3.2, 得

$$C_n^p = |\mathscr{P}_p(F)| = |F_1 \cup F_2| = C_{n-1}^{p-1} + C_{n-1}^p$$

习题 3

★ 基础题

3.1 利用数学归纳法证明下列结论.

(1) $\forall n \in \mathbb{Z}, 6 \mid (5n^3 + n)$;

(2) $\forall n \in \mathbb{N}, 7 \mid (3^{2n+1} + 2^{n+2})$;

(3) $\forall n \in \mathbb{Z}, 24 \mid (n^5 - 5n^3 + 4n)$.

3.2 证明下列结论.

(1) $\forall n \in \mathbb{N}^*, \ \sum\limits_{k=1}^{n} k \times k! = (n+1)! - 1$;

(2) $\exists n_0 \in \mathbb{N}, \forall n \geqslant n_0, 4^n \leqslant n!$.

3.3 定义斐波那契 (Fibonacci) 数列 $(F_n)_{n \in \mathbb{N}^*}$ 为

$$F_1=F_2=1 \text{ 且 } \forall n\in\mathbb{N}^*, F_{n+2}=F_{n+1}+F_n$$

证明下列结论成立.

(1) $\sum\limits_{k=1}^{n} F_k=F_{n+2}-1$;

(2) F_{3n} 是偶数且 $\sum\limits_{k=1}^{n} F_k^2=F_nF_{n+1}$;

(3) 斐波那契数列的通项公式为 $F_n=\dfrac{1}{\sqrt{5}}\Big[\Big(\dfrac{1+\sqrt{5}}{2}\Big)^n-\Big(\dfrac{1-\sqrt{5}}{2}\Big)^n\Big]$.

3.4 证明: $\forall n\in\mathbb{N}^*$, $\exists (p,q)\in\mathbb{N}^2$, $n=2^p(2q+1)$.

3.5 定义函数

$$f:\mathbb{N}^2\to\mathbb{N},\quad f(p,q)=\frac{1}{2}(p+q)(p+q+1)+p$$

(1) 证明: $\forall (p,q)\in\mathbb{N}\times\mathbb{N}^*$, $f(p+1,q-1)=f(p,q)+1$ 且 $f(0,p+1)=f(p,0)+1$;

(2) 证明: $\forall (p,q)\in\mathbb{N}^2,\forall(p',q')\in\mathbb{N}^2$, $f(p,q)=f(p',q')\Rightarrow p+q=p'+q'$, 进而证明 f 是单射;

(3) 证明 f 是满射, 从而 f 是双射.

3.6 化简下列表达式.

(1) $\sum\limits_{k=1}^{n+1} k-\sum\limits_{k=0}^{n} k$; (2) $\sum\limits_{k=2}^{n+2} k-\sum\limits_{i=0}^{n} i$; (3) $\sum\limits_{k=0}^{n} k(k+1)-\sum\limits_{k=1}^{n+1}(k-2)(k-1)$;

(4) $\sum\limits_{k=0}^{n}(2k+1)$; (5) $\sum\limits_{k=1}^{n}(\dfrac{1}{k}-\dfrac{1}{k+1})$; (6) $\prod\limits_{k=1}^{n}(2k)$;

(7) $\prod\limits_{k=1}^{n}\dfrac{k}{k+1}$; (8) $\sum\limits_{k=1}^{n}\ln(1+\dfrac{1}{k})$; (9) $\sum\limits_{0\leqslant i,j\leqslant n} a^ib^j$;

(10) $\sum\limits_{0\leqslant i\leqslant j\leqslant n} ij$; (11) $\sum\limits_{1\leqslant i,j\leqslant n}(i+j)^2$; (12) $\sum\limits_{1\leqslant i,j\leqslant n}\min(i,j)$.

3.7 设 $n\in\mathbb{N}^*$, 记 $C_n=\sum\limits_{1\leqslant p<q\leqslant n}(p+q)$, 其中 p,q 是自然数. 证明

$$\sum_{1\leqslant p,q\leqslant n}(p+q)=2C_n+2\sum_{p=1}^{n}p,$$

并求 C_n 的值.

3.8 设 $x\in\mathbb{R}$, 记 $P(x)=\prod\limits_{k=0}^{n}\cos(2^kx)$. 计算 $\sin(x)P(x)$, 并化简 $P(x)$.

3.9 设 E 是 1 至 100 中既不是 3 的倍数也不是 5 的倍数的整数构成的集合, 计算 E 的基数.

3.10 设 $n\in\mathbb{N}$, $F=\{z\in\mathbb{N}\mid 2z\leqslant n\}$. 记 E 为满足方程 $x+2y=n$ 的自然数对 (x,y) 构成的集合, 即

$$E=\{(x,y)\in\mathbb{N}^2\mid x+2y=n\}$$

(1) 证明 $E\subseteq[\![0,n]\!]^2$, 进而证明 E 是有限集;

(2) 证明 F 是有限集且映射 $f:E\to F$, $(x,y)\mapsto y$ 是一个合理定义的双射;

(3) 计算 $|F|$, 进而求出方程 $x+2y=n$ 的自然数解的个数.

3.11 设 E 是一个有限集, 基数为 $n\in\mathbb{N}^*$. 记 $\mathscr{P}(E)$ 为 E 的幂集. 考虑集合

$$M=\Big\{(A,B)\in\mathscr{P}(E)^2\ \Big|\ A\subseteq B\Big\},\quad N=\Big\{(C,D)\in\mathscr{P}(E)^2\ \Big|\ C\cap D=\emptyset\Big\}$$

(1) 证明 M,N 均为有限集;

(2) 证明映射 $f:M\to N$, $(A,B)\mapsto\big(A,B\backslash A\big)$ 是一个合理定义的双射;

(3) 计算满足 $A\subseteq B$ 的 E 的子集对 (A,B) 的个数.

3.12 设 E 是一个有限集, 基数为 $n\in\mathbb{N}^*$, A 是 E 的一个子集, 基数为 $m\in\mathbb{N}^*$, 并且 $k\in[\![1,n]\!]$.

(1) 计算基数为 k 且恰好包含一个 A 中元素的 E 的子集的个数;

(2) 计算基数为 k 且至少包含一个 A 中元素的 E 的子集的个数.

3.13 设 E 是一个有限集, 基数为 $n\in\mathbb{N}^*$. 考虑集合

$$M=\Big\{(A,B)\in\mathscr{P}(E)^2\ \Big|\ A\cap B=\emptyset\text{ 且 }A\cup B=E\Big\},\quad N=\Big\{(C,D)\in\mathscr{P}(E)^2\ \Big|\ C\cup D=E\Big\}$$

(1) 构造一个从 $\mathscr{P}(E)$ 到 M 的双射, 进而推出 $|M|$ 的值;

(2) 设 $k\in[\![0,n]\!]$, 记

$$N_k=\Big\{(C,D)\in\mathscr{P}(E)^2\ \Big|\ C\cup D=E\text{ 且 }|C|=k\Big\}$$

证明 $N_0,N_1,\cdots,N_n$ 互不相交且 $\bigcup\limits_{k=0}^{n}N_k=N$;

(3) 计算 $|N_k|$, 进而推出 $|N|$ 的值.

3.14 化简下列表达式, 其中 $n\in\mathbb{N}^*$, $x\in\mathbb{R}$.

(1) $\sum\limits_{k=1}^{n}kC_n^k$; (2) $\sum\limits_{k=1}^{n}(-1)^k kC_n^k$; (3) $\sum\limits_{k=2}^{n}k(k-1)C_n^k$;

(4) $\sum\limits_{k=0}^{n}\dfrac{1}{k+1}C_n^k$; (5) $\sum\limits_{k=0}^{n}C_n^k\cos(kx)$; (6) $\sum\limits_{k=0}^{n}k\,C_{2n}^{n+k}$.

3.15 设 $(n,p)\in\mathbb{N}^2$, 定义 $u_{n,p}=\dfrac{(2n)!(2p)!}{n!p!(n+p)!}$.

(1) 计算 $u_{n+1,p}+u_{n,p+1}$, 进而证明 $u_{n,p}$ 是一个整数;

(2) 证明 C_{n+p}^n 整除 $C_{2n}^nC_{2p}^p$.

3.16 设 $n\in\mathbb{N}^*$, 记 $P_n=\dfrac{\prod_{k=1}^n(2k)}{\prod_{k=1}^n(2k-1)}$. 计算 $C_{2n}^nP_n$, 进而证明 $\forall n\in\mathbb{N}^*$, $\dfrac{4^n}{2n}\leqslant C_{2n}^n\leqslant 4^n$.

★ 提高题

3.17 设 E 是一个有限集, 基数为 $n\in\mathbb{N}^*$. 试确定集合 E 上共有多少个对称关系、自反关系、对称且自反关系、反对称关系、反对称且自反关系.

3.18 证明下列恒等式成立.

(1) $\forall n\in\mathbb{N},\ \forall p\in[\![0,n]\!],\ \sum\limits_{k=0}^{n} C_k^p = C_{n+1}^{p+1}$;

(2) $\forall (n,p)\in\mathbb{N}^*\times\mathbb{N},\ \sum\limits_{k=0}^{p}(-1)^k C_n^k = (-1)^p C_{n-1}^p$;

(3) $\forall (p,q)\in\mathbb{N}^2,\ \sum\limits_{k=0}^{p} C_{p+q}^k C_{p+q-k}^{p-k} = 2^p C_{p+q}^p$;

(4) $\forall (n,p,q)\in\mathbb{N}^3,\ \sum\limits_{k=0}^{n} C_p^k C_q^{n-k} = C_{p+q}^n$;

(5) $\forall n\in\mathbb{N}^*,\ \sum\limits_{k=0}^{n} \dfrac{C_n^k}{C_{2n-1}^k} = 2$;

(6) $\forall (p,q,n)\in\mathbb{N}^3,\ \sum\limits_{k=0}^{p} C_p^k C_q^k C_{n+k}^{p+q} = C_n^p C_n^q$. (提示: 利用 (4))

3.19 设 $(a_n)_{n\in\mathbb{N}}$ 是一个复数列, 且复数列 $(b_n)_{n\in\mathbb{N}}$ 定义为 $\forall n\in\mathbb{N},\ b_n = \sum\limits_{k=0}^{n} C_n^k a_k$. 证明

$$\forall n\in\mathbb{N},\ a_n = \sum_{k=0}^{n}(-1)^{n-k} C_n^k b_k$$

3.20 设 E 是一个有限集. 计算 $\sum\limits_{(A,B)\in\mathscr{P}(E)^2} |A\cup B|$ 和 $\sum\limits_{(A,B)\in\mathscr{P}(E)^2} |A\cap B|$, 结果用 E 的基数表示.

3.21 设 $n\in\mathbb{N}$ 且 $n\geqslant 4$, $k\in\mathbb{N}^*$, 记

$$A_k = \max_{\substack{(\alpha_1,\cdots,\alpha_k)\in(\mathbb{N}^*)^k \\ \alpha_1+\cdots+\alpha_k=n}} \left(\prod_{j=1}^{k}\alpha_j\right).$$

(1) 证明 M_n 的存在性;

(2) 假设存在 $k_0\in\mathbb{N}^*$ 和 $(\alpha_j)_{j\in[\![1,k_0]\!]}\in\mathbb{N}^{k_0}$, 使得 $M_n = \prod\limits_{j=1}^{k}\alpha_j$. 证明 $(\alpha_j)_{j\in[\![1,k_0]\!]}$ 中的每一项为 2 或 3;

(3) 推出 M_n 的值.

☞ 综合问题　有限集之间满射的个数

在本问题中, n,p,q 是三个正整数. 记 $E_n=[\![1,n]\!]$, $S_{n,p}$ 为从 E_n 到 E_p 的满射的个数, 本问题的目标是推导 $S_{n,p}$ 的通项公式.

1. 课堂知识回顾.

(1) 写出排列数和组合数公式;

(2) 证明帕斯卡公式: $\forall 1 \leqslant p \leqslant n, C_n^p = C_{n-1}^p + C_{n-1}^{p-1}$;

(3) 证明 $\displaystyle\sum_{k=0}^{p}(-1)^k C_p^k = 0$.

2. 特殊情形.

(1) 设 $p > n$, 计算 $S_{n,p}$;

(2) 计算 $S_{n,n}, S_{n,1}$ 和 $S_{n,2}$;

(3) 计算 $S_{p+1,p}$.

3. 设 $k \in \mathbb{N}$.

(1) 设 $k \leqslant q \leqslant p$, 证明 $C_p^q C_q^k = C_p^k C_{p-k}^{q-k}$;

(2) 设 $k \leqslant p$, 计算 $\displaystyle\sum_{q=k}^{p}(-1)^q C_p^q C_q^k$.

4. 假设 $p \leqslant n$.

(1) 证明 $p^n = \displaystyle\sum_{q=1}^{p} C_p^q S_{n,q}$. (提示: 根据像的基数对从 E_n 到 E_p 的映射进行分类)

(2) 证明 $S_{n,p} = (-1)^p \displaystyle\sum_{k=1}^{p}(-1)^k C_p^k k^n$. (提示: 将 (1) 代入等式右边并利用求和符号换序公式, 或利用数学归纳法)

5. 设 $0 < p \leqslant n-1$, 证明 $S_{n,p} = p(S_{n-1,p} + S_{n-1,p-1})$.

6. 利用数学归纳法求 $S_{p+1,p}$ 的值, 并推出 $S_{p+2,p}$ 的值.

7. 合理构造表格, 求出 $0 < p \leqslant n \leqslant 7$ 范围内所有 $S_{n,p}$ 的值.

第 4 章　整数集上的算术

本章内容为数论的基础知识, 主要介绍整数的整除关系, 辗转相除法求最大公因数, 自然数的素因数分解定理, 以及数论中的两个著名定理——费马小定理和中国剩余定理.

4.1　最大公因数和最小公倍数

4.1.1　定　义

定义 4.1.1　设 a 和 b 是两个整数. 若存在 $k \in \mathbb{Z}$, 使得 $a = kb$, 则称 b **整除** a, 记为 $b \mid a$, 并称 b 是 a 的**因数**, a 是 b 的**倍数**.

记　号:

(1) a 的所有因数的集合记为 $\mathcal{D}(a)$, 例如 $\mathcal{D}(6) = \{\pm 1, \pm 2, \pm 3, \pm 6\}, \mathcal{D}(0) = \mathbb{Z}$.

(2) a 的所有倍数的集合记为 $\mathcal{M}(a)$ 或 $a\mathbb{Z}$, 其中 $a\mathbb{Z} = \{ka \mid k \in \mathbb{Z}\}$.

命题 4.1.1　设 a 和 b 是两个整数. 如果 $a \mid b$ 且 $b \mid a$, 则 $|a| = |b|$.

证　明　设 $(a, b) \in \mathbb{Z}^2$, 并假设 $a \mid b$ 且 $b \mid a$, 则存在 $(k_1, k_2) \in \mathbb{Z}^2$, 使得 $b = k_1 a$ 且 $a = k_2 b$, 于是 $a = k_1 k_2 a$. 若 $a = 0$, 则 $b = 0$, 从而 $|a| = |b|$. 若 $a \neq 0$, 则 $k_1 k_2 = 1$. 由于 k_1, k_2 都是整数, 故 $|k_1| = |k_2| = 1$. 因此, $|a| = |b|$.

下面利用自然数集的基本性质, 给出两个整数的最大公因数和最小公倍数的严格定义.

设 $(a, b) \in \mathbb{Z}^2$.

- 假设 $(a, b) \neq (0, 0)$. 由于 $1 \in \mathcal{D}(a) \cap \mathcal{D}(b) \cap \mathbb{N}$, 故 $\mathcal{D}(a) \cap \mathcal{D}(b) \cap \mathbb{N}$ 是 $\mathbb{N}$ 的非空子集, 并且 $\max\{|a|, |b|\}$ 是它的一个上界, 从而存在最大元.
- 假设 $ab \neq 0$. 由于 $ab \in \mathcal{M}(a) \cap \mathcal{M}(b) \cap \mathbb{N}^*$, 故 $\mathcal{M}(a) \cap \mathcal{M}(b) \cap \mathbb{N}^*$ 是 $\mathbb{N}$ 的非空子集, 从而存在最小元.

定义 4.1.2　设 $(a, b) \in \mathbb{Z}^2$.

(1) 假设 $(a, b) \neq (0, 0)$, 称 $\mathcal{D}(a) \cap \mathcal{D}(b) \cap \mathbb{N}$ 的最大元为 a 和 b 的**最大公因数**, 记为 $a \wedge b$, 或 $\mathrm{pgcd}(a, b)$.

(2) 假设 $ab \neq 0$, 称 $\mathcal{M}(a) \cap \mathcal{M}(b) \cap \mathbb{N}^*$ 的最小元为 a 和 b 的**最小公倍数**, 记为 $a \vee b$, 或 $\mathrm{ppcm}(a, b)$.

注 4.1.1　(1) 在研究自然数 a 和 b 的最大公因数时, 默认 $(a, b) \neq (0, 0)$.

(2) 设 $a \in \mathbb{Z}^*$, 由定义 4.1.2 知, $a \wedge 0 = |a|$.

(3) 根据定义 4.1.2 知, $a \wedge b = |a| \wedge |b|, a \vee b = |a| \vee |b|$.

4.1.2 带余除法

定理 4.1.1 (带余除法)　设 $a\in\mathbb{Z},b\in\mathbb{N}^*$, 则存在唯一 $(q,r)\in\mathbb{Z}^2$, 使得 $a=bq+r$, 其中 $r\in[\![0,b-1]\!]$, q 称为 a 除以 b 的**商**, r 称为 a 除以 b 的**余数**.

证　明　先证唯一性. 假设存在 $(q_1,r_1,q_2,r_2)\in\mathbb{Z}^4$, 使得 $a=bq_1+r_1=bq_2+r_2$ 且 $(r_1,r_2)\in[\![0,b-1]\!]^2$, 则 $|b(q_1-q_2)|=|r_1-r_2|<b$, 故 $|q_1-q_2|<1$, 从而 $q_1=q_2,r_1=r_2$.

下证存在性.

- 设 $a\in\mathbb{N}$, 记 $A=\{n\in\mathbb{N}\mid nb\leqslant a\}$. 由于 $0\in A$, 故 A 是 $\mathbb{N}$ 的非空子集. 另一方面, 设 $n\in A$, 则 $n\leqslant nb\leqslant a$, 故 A 有上界. 根据自然数集的基本性质知, A 存在最大元, 记为 q, 即 $qb\leqslant a<(q+1)b$. 记 $r=a-bq$, 则 $0\leqslant r<b$.
- 设 $a\in\mathbb{Z}\backslash\mathbb{N}$. 因为 $b\geqslant 1$, 所以 $a+|a|b\geqslant 0$. 根据 (1) 知, 存在 $q'\in\mathbb{Z},r'\in[\![0,b-1]\!]$, 使得 $a+|a|b=bq'+r'$. 进一步, $a=b(q'-|a|)+r'$.

综上, 存在性得证.

注 4.1.2　带余除法通常用来证明两个整数之间的整除关系. 根据定理 4.1.1 知, 要证 $b\mid a$, 只需证明 $r=0$ 即可.

命题 4.1.2　设 $(a,b)\in\mathbb{Z}\times\mathbb{N}^*$, 并且 q 和 r 分别是 a 除以 b 的商和余数, 则 $\mathcal{D}(a)\cap\mathcal{D}(b)=\mathcal{D}(b)\cap\mathcal{D}(r)$. 特别地, $a\wedge b=b\wedge r$.

证　明　根据假设, $a=bq+r$.

- 若 $c\in\mathcal{D}(a)\cap\mathcal{D}(b)$, 则 $c\mid a$ 且 $c\mid b$. 从而 $c\mid(a-bq)$, 故 $c\mid r$. 因此, $c\in\mathcal{D}(b)\cap\mathcal{D}(r)$.
- 若 $c\in\mathcal{D}(b)\cap\mathcal{D}(r)$, 则 $c\mid b$ 且 $c\mid r$. 从而 $c\mid(bq+r)$, 故 $c\mid a$. 因此, $c\in\mathcal{D}(a)\cap\mathcal{D}(b)$.

综上, $\mathcal{D}(a)\cap\mathcal{D}(b)=\mathcal{D}(b)\cap\mathcal{D}(r)$. 根据定义 4.1.2 知, $a\wedge b=b\wedge r$.

4.1.3 贝祖定理

贝祖定理给出了两个整数 a,b 和它们的最大公因数 $a\wedge b$ 之间的一个关系式, 本章很多结论的证明都会用到这个定理.

定理 4.1.2 (贝祖定理)　设 $(a,b)\in\mathbb{Z}^2$ 且 $(a,b)\neq(0,0)$, 则存在 $(u,v)\in\mathbb{Z}^2$, 使得

$$au+bv=a\wedge b.$$

称 (u,v) 为 a 和 b 的一组贝祖系数.

证　明　设 $(a,b)\in\mathbb{Z}^2$. 下面分 4 种情况对定理进行证明.

(i) $(a=0,b\in\mathbb{Z}^*)$: 若 $b>0$, 则 $a\times 1+b\times 1=b=a\wedge b$; 若 $b<0$, 则 $a\times 1+b\times(-1)=-b=a\wedge b$.

(ii) $(a>0,b\geqslant 0)$: 设 $b\in\mathbb{N}$, 定义 $\mathcal{P}(b)$:

$$\forall a\in\mathbb{N}^*,\ \exists(u,v)\in\mathbb{Z}^2,\ au+bv=a\wedge b$$

- 设 $a\in\mathbb{N}^*$, 由于 $a\times 1+b\times 0=a=a\wedge 0$, 故 $\mathcal{P}(0)$ 成立.
- 设 $b\in\mathbb{N}$, 假设对于任意 $k\in[\![0,b]\!]$, $\mathcal{P}(k)$ 成立.

下面证明 $\mathcal{P}(b+1)$ 成立.

设 $a \in \mathbb{N}^*$. 根据定理 4.1.1(带余除法) 知存在 $(q,r) \in \mathbb{Z}^2$, 使得 $a=(b+1)q+r$, 其中 $r \in [\![0,b]\!]$. 根据命题 4.1.2有 $(b+1)\wedge r = a\wedge(b+1)$. 根据归纳假设知, 存在 $(u',v') \in \mathbb{Z}^2$, 使得 $(b+1)u'+rv'=(b+1)\wedge r = a\wedge(b+1)$, 从而有

$$a\wedge(b+1)=(b+1)u'+rv'=(b+1)u'+\big(a-(b+1)q\big)v'=av'+(b+1)(u'-qv')$$

记 $u=v', v=u'-qv'$, 则 $\mathcal{P}(b+1)$ 成立.

根据第三数学归纳法知, 对于任意 $b\in\mathbb{N}, \mathcal{P}(b)$ 成立.

(iii) $(a>0, b<0)$: 此时 $-b>0$, 根据 (ii) 知, 存在 $(u,v)\in\mathbb{Z}^2$, 使得

$$au+(-b)v=a\wedge(-b)=a\wedge b$$

从而有 $au+b(-v)=a\wedge b$.

(iv) $(a<0, b\in\mathbb{Z})$: 此时 $-a>0$, 根据 (ii) 和 (iii) 知, 存在 $(u,v)\in\mathbb{Z}^2$, 使得

$$(-a)u+bv=(-a)\wedge b=a\wedge b$$

从而有 $a(-u)+bv=a\wedge b$.

综上, 定理得证.

定义 4.1.3 设 $(a,b)\in\mathbb{Z}^2$ 且 $(a,b)\neq(0,0)$. 如果 $a\wedge b=1$, 则称 a 和 b **互素**.

命题 4.1.3 设 $(a,b)\in\mathbb{Z}^2$ 且 $(a,b)\neq(0,0)$, 则 a 和 b 互素当且仅当存在 $(u,v)\in\mathbb{Z}^2$, 使得 $au+bv=1$.

证 明 假设 a 和 b 互素, 则 $a\wedge b=1$. 根据贝祖定理知, 存在 $(u,v)\in\mathbb{Z}^2$, 使得 $au+bv=a\wedge b=1$. 反之, 假设存在 $(u,v)\in\mathbb{Z}^2$ 使得 $au+bv=1$, 由于 $a\wedge b\mid a$ 且 $a\wedge b\mid b$, 故 $a\wedge b\mid 1$, 于是 $a\wedge b=1$.

推论 4.1.1 设 $(a,b)\in\mathbb{Z}^2$ 且 $(a,b)\neq(0,0)$, 并设 $a'=\dfrac{a}{a\wedge b}, b'=\dfrac{b}{a\wedge b}$, 则 $a'\wedge b'=1$.

证 明 根据定理 4.1.2(贝祖定理) 知, 存在 $(u,v)\in\mathbb{Z}^2$, 使得 $au+bv=a\wedge b$. 因为 $a=a'(a\wedge b)$ 且 $b=b'(a\wedge b)$, 所以 $a'(a\wedge b)u+b'(a\wedge b)v=a\wedge b$. 又因为 $a\wedge b\neq 0$, 所以 $a'u+b'v=1$. 根据命题 4.1.3知, $a'\wedge b'=1$.

推论 4.1.2 设 $(a,b,c)\in\mathbb{Z}^3$ 且 $(a,b)\neq(0,0)$. 若 $c\mid a$ 且 $c\mid b$, 则 $c\mid(a\wedge b)$.

证 明 根据定理 4.1.2(贝祖定理) 知, 存在 $(u,v)\in\mathbb{Z}^2$, 使得 $au+bv=a\wedge b$. 因为 $c\mid a$ 且 $c\mid b$, 所以 $c\mid au$ 且 $c\mid bv$, 从而 $c\mid(au+bv)$. 故 $c\mid(a\wedge b)$.

4.1.4 高斯定理

定理 4.1.3 (高斯定理 1) 设 $(a,b,c)\in\mathbb{Z}^3$ 且 $(a,b)\neq(0,0)$. 如果 $a\mid bc$ 且 $a\wedge b=1$, 则 $a\mid c$.

证 明 因为 $a\wedge b=1$, 根据定理 4.1.2(贝祖定理) 知, 存在 $(u,v)\in\mathbb{Z}^2$, 使得 $au+bv=1$, 故 $auc+bvc=c$. 又因为 $a\mid bc$ 且 $a\mid auc$, 所以 $a\mid c$.

定理 4.1.4 (高斯定理 2) 设 $(a,b,c)\in\mathbb{Z}^3$ 且 $(a,b)\neq(0,0)$. 如果 $a\mid c$, $b\mid c$ 且 $a\wedge b=1$, 则 $ab\mid c$.

证 明 因为 $a \wedge b = 1$, 根据定理 4.1.2(贝祖定理) 知, 存在 $(u,v) \in \mathbb{Z}^2$, 使得 $au+bv = 1$, 故 $auc + bvc = c$. 因为 $b \mid c$, 所以 $ab \mid auc$. 又因为 $a \mid c$, 所以 $ab \mid bvc$. 故 $ab \mid c$.

4.2 辗转相除法

给定两个自然数, 当这两个自然数很大时, 直接求它们的最大公因数并不简单. 本节介绍一种求最大公因数的方法——辗转相除法. 另外, 还将介绍辗转相除法的一个应用——求二元一次整系数方程的整数解.

4.2.1 辗转相除法

在介绍辗转相除法之前, 先看一个例子.

例 4.2.1 设 $a = 1238, b = 256$, 求 $a \wedge b$.

解 将 a 对 b 作带除法, 得

$$1238 = 256 \times 4 + 214.$$

进一步, 有

$$\begin{aligned} 256 &= 214 \times 1 + 42 \\ 214 &= 42 \times 5 + 4 \\ 42 &= 4 \times 10 + 2 \\ 4 &= 2 \times 2 + 0 \end{aligned}$$

根据命题 4.1.2知, $a \wedge b = 1238 \wedge 256 = 256 \wedge 214 = 214 \wedge 42 = 42 \wedge 4 = 4 \wedge 2 = 2$.

参照例 4.2.1, 下面介绍辗转相除法求最大公因数的详细步骤.

设 a, b 是大于 1 的自然数且 $a > b$. 根据带余除法知, 存在 $q \in \mathbb{N}$ 和 $r \in [\![0, b-1]\!]$, 使得 $a = bq + r$.

► 记 $a_0 = a, b_0 = b, q_0 = q, r_0 = r$, 则 $a_0 = b_0 q_0 + r_0$.

- 若 $r_0 = 0$, 则 $a \wedge b = a_0 \wedge b_0 = b_0 \wedge 0 = b_0$.
- 若 $r_0 \neq 0$, 记 $a_1 = b_0, b_1 = r_0$. 根据带余除法知, 存在 $q_1 \in \mathbb{N}$ 和 $r_1 \in [\![0, r_0 - 1]\!]$, 使得 $a_1 = b_1 q_1 + r_1$.

► 记 $a_2 = b_1, b_2 = r_1$.

- 若 $r_1 = 0$, 则 $a \wedge b = b_1$.
- 若 $r_1 \neq 0$, 根据带余除法知, 存在 $q_2 \in \mathbb{N}$ 和 $r_2 \in [\![0, r_1 - 1]\!]$, 使得 $a_2 = b_2 q_2 + r_2$.

► 注意到每作一次带余除法, 余数会严格变小, 因为 b 是一个给定的自然数, 所以最多作 b 次带余除法后, 余数为零.

假设进行 $m+1$ 次带余除法后余数为零 $(m + 1 \leqslant b)$, 则存在自然数数列 $(a_n)_{n \in [\![0,m]\!]}$, $(b_n)_{n \in [\![0,m]\!]}$, $(q_n)_{n \in [\![0,m]\!]}$, $(r_n)_{n \in [\![0,m]\!]}$ 满足

$$(\forall n \in [\![0, m-1]\!], a_{n+1} = b_n, b_{n+1} = r_n) \text{ 且 } (\forall n \in [\![0, m]\!], a_n = b_n q_n + r_n)$$

根据假设知 $r_m = 0$; 根据命题 4.1.2, 有

$$a_0 \wedge b_0 = a_1 \wedge b_1 = \cdots = a_m \wedge b_m = b_m \wedge r_m = b_m$$

上述求最大公因数过程可总结为如下命题.

命题 4.2.1 (辗转相除法) 设 a, b 是大于 1 的自然数且 $a > b$. 假设 b 不整除 a, 记 $a_0 = a, b_0 = b$, 则存在 $m \in [\![1, b]\!]$, 存在自然数数列 $(a_n)_{n\in[\![0,m]\!]}$, $(b_n)_{n\in[\![0,m]\!]}$, $(q_n)_{n\in[\![0,m]\!]}$ 和 $(r_n)_{n\in[\![0,m]\!]}$, 满足下列等式:

(1) $\forall n \in [\![0, m]\!], a_n = b_n q_n + r_n$;

(2) $\forall n \in [\![0, m-1]\!], a_{n+1} = b_n, b_{n+1} = r_n$;

(3) $a_0 \wedge b_0 = a_1 \wedge b_1 = \cdots = a_m \wedge b_m = b_m \wedge r_m = b_m = r_{m-1}$, 其中 r_{m-1} 为最后一个不为零的余数.

4.2.2 整系数方程的整数解

本小节介绍辗转相除法的一个应用——求二元一次整系数方程的整数解. 设 $(a, b, c) \in \mathbb{Z}^3$ 且 $ab \neq 0$. 本小节研究方程

$$ax + by = c$$

的整数解. 显然, 若 $a \wedge b$ 不整除 c, 则方程没有整数解. 下面假设 $a \wedge b$ 整除 c, 从而存在 $\lambda \in \mathbb{Z}$, 使得 $c = \lambda(a \wedge b)$.

- 根据贝祖定理知, 存在 $(u, v) \in \mathbb{Z}^2$, 使得 $au + bv = a \wedge b$, 故 $(\lambda u, \lambda v)$ 是方程的一个整数解.
- 假设 (x, y) 是方程的另一个整数解, 则

$$ax + by = a\lambda u + b\lambda v \tag{4.2.1}$$

令 $a' = \dfrac{a}{a \wedge b}$, $b' = \dfrac{b}{a \wedge b}$. 根据推论 4.1.1知, $a' \wedge b' = 1$, 将其代入式 (4.2.1) 得

$$a'x + b'y = a'\lambda u + b'\lambda v$$

于是

$$a'(x - \lambda u) = b'(\lambda v - y)$$

注意到 $a' \wedge b' = 1$, 根据高斯定理有

$$a' \mid (\lambda v - y)$$

从而存在整数 k, 使得 $\lambda v - y = ka'$, 进而 $x - \lambda u = kb'$. 因此,

$$y = \lambda v - ka' \text{ 且 } x = \lambda u + kb'$$

另外, 容易验证, 对于任意 $k \in \mathbb{Z}$, $(\lambda u + kb', \lambda v - ka')$ 都是方程 $ax + by = c$ 的解. 于是, 上述过程证明了下面这个命题.

命题 4.2.2　设 $(a,b,c)\in\mathbb{Z}^3$, $ab\neq 0$ 且 $(a\wedge b)\mid c$. 记 $a'=\dfrac{a}{a\wedge b}, b'=\dfrac{b}{a\wedge b}, \lambda=\dfrac{c}{a\wedge b}$, 则方程 $ax+by=c$ 的整数解集为

$$\{(\lambda u+kb', \lambda v-ka')\mid k\in\mathbb{Z}\}$$

其中, (u,v) 为 a 和 b 的一组贝祖系数.

根据命题 4.2.2 知, 为求整系数方程 $ax+by=c$ 的整数解, 还需求 a 和 b 的贝祖系数. 下面这个命题给出了求两个整数的贝祖系数的方法.

命题 4.2.3　设 a,b 是大于 1 的自然数且 $a>b$, 又设 $(a_n)_{n\in[\![0,m]\!]}, (b_n)_{n\in[\![0,m]\!]}, (q_n)_{n\in[\![0,m]\!]}$ 为命题 4.2.1 中的数列. 记 $(\alpha_{-1},\beta_{-1})=(0,1), (\alpha_0,\beta_0)=(1,0)$, 并且

$$\forall n\in[\![0,m-1]\!],\qquad \begin{cases}\alpha_{n+1}=\alpha_{n-1}-\alpha_n q_n\\ \beta_{n+1}=\beta_{n-1}-\beta_n q_n\end{cases}$$

则 $\forall n\in[\![0,m]\!],\ \ b_n=\alpha_n b+\beta_n a$. 特别地, $a\wedge b=b_m=\alpha_m b+\beta_m a$.

证　明　设 $n\in[\![0,m]\!]$, 定义 $\mathcal{P}(n)$: $b_n=\alpha_n b+\beta_n a$.

- 根据定义知, $b_0=\alpha_0 b+\beta_0 a=b$. 进一步有

$$\alpha_1=-\alpha_0 q_0+\alpha_{-1}=-q_0,\qquad \beta_1=-\beta_0 q_0+\beta_{-1}=1$$

从而 $\alpha_1 b+\beta_1 a=-q_0 b+a=b_1$. 因此, $\mathcal{P}(0)\wedge\mathcal{P}(1)$ 成立.

- 设 $n\in[\![0,m-2]\!]$ (当$m\geqslant 2$时), 并假设 $\mathcal{P}(n)\wedge\mathcal{P}(n+1)$ 成立, 则

$$\begin{aligned}\alpha_{n+2}b+\beta_{n+2}a&=(-\alpha_{n+1}q_{n+1}+\alpha_n)b+(-\beta_{n+1}q_{n+1}+\beta_n)a\\&=-q_{n+1}(\alpha_{n+1}b+\beta_{n+1}a)+(\alpha_n b+\beta_n a)\\&=-q_{n+1}b_{n+1}+b_n\\&=-q_{n+1}b_{n+1}+a_{n+1}\\&=r_{n+1}=b_{n+2}\end{aligned}$$

故 $\mathcal{P}(n+2)$ 成立.

根据第二数学归纳法知, $\forall n\in[\![0,m]\!],\ \ b_n=\alpha_n b+\beta_n a$.

例 4.2.2　求方程 $36x+25y=2$ 的所有整数解.

解　记 $a=36, b=25$. 由于 $a\wedge b=1$, 故原方程存在整数解.

先求 a,b 的贝祖系数. 由辗转相除法知:

$$\begin{aligned}36&=25\times 1+11\\25&=11\times 2+3\\11&=3\times 3+2\\3&=2\times 1+1\\2&=1\times 2\end{aligned}$$

根据命题 4.2.3, 得到表 4.1:

表 4.1

n	q	α	β
-1		0	1
0	1	1	0
1	2	-1	1
2	3	3	-2
3	1	-10	7
4	2	13	-9

因此, $36\times(-9)+25\times 13=36\wedge 25=1$. 根据命题 4.2.2知, 原方程的整数解集为

$$\{(-18+25k, 26-36k)\mid k\in\mathbb{Z}\}$$

4.3 自然数的素因数分解

本节主要证明自然数的素因数分解定理.

4.3.1 素 数

定义 4.3.1 设 $n\in\mathbb{N}$ 且 $n\geqslant 2$. 若 $\mathcal{D}(n)=\{\pm1,\pm n\}$, 则称 n 是一个**素数**.

命题 4.3.1 设 $(a,b)\in\mathbb{N}^2$, p 是一个素数. 若 $p\mid ab$, 则 $p\mid a$ 或 $p\mid b$.

证 明 假设 p 不整除 a. 由于 p 是素数, 故 $p\wedge a=1$. 根据高斯定理得 $p\mid b$.

命题 4.3.2 存在无穷多个素数.

证 明 利用反证法. 假设只存在有限个素数 $\{x_1,x_2,\cdots,x_n\}$. 令 $m=x_1x_2\cdots x_n+1$. 根据假设知, m 不是素数, 故存在素数整除 m. 不妨设 $x_1\mid m$, 即 $x_1\mid(x_1x_2\cdots x_n+1)$. 因为 $x_1\mid x_1x_2\cdots x_n$, 所以 $x_1\mid 1$, 故 $x_1=1$. 这与 x_1 是素数的假设矛盾. 因此, 存在无穷多个素数.

4.3.2 素因数分解定理

定理 4.3.1 (素因数分解定理) 设 $n\in\mathbb{N}$ 且 $n\geqslant 2$, 则存在 $r\in\mathbb{N}^*$, $(s_1,s_2,\cdots,s_r)\in(\mathbb{N}^*)^r$, 以及两两不等的素数 $p_1,p_2,\cdots,p_r$, 使得

$$n=p_1^{s_1}p_2^{s_2}\cdots p_r^{s_r} \tag{4.3.1}$$

进一步, 在不考虑顺序的情况下, 分解式 (4.3.1) 是唯一的, 称其为 n 的**素因数分解式**.

证 明 先证存在性. 设 $n\in\mathbb{N}$ 且 $n\geqslant 2$, 定义 $\mathcal{P}(n)$: 存在 $r\in\mathbb{N}^*$, $(s_1,s_2,\cdots,s_r)\in(\mathbb{N}^*)^r$, 以及两两不等的素数 $p_1,p_2,\cdots,p_r$, 使得 $n=p_1^{s_1}p_2^{s_2}\cdots p_r^{s_r}$.

- $\mathcal{P}(2)$ 显然成立.
- $\mathcal{P}(2)\wedge\cdots\wedge\mathcal{P}(n)\Longrightarrow\mathcal{P}(n+1)$. 设 $n\in\mathbb{N}$ 且 $n\geqslant 2$, 假设对于任意 $k\in[\![2,n]\!]$, $\mathcal{P}(k)$ 成立. 若 $n+1$ 是素数, 则结论成立; 若 $n+1$ 不是素数, 则存在 $(m,q)\in\mathbb{N}^*$ 满足 $m<n$

且 $q<n$, 使得 $n+1=mq$. 根据归纳假设知, 存在 $r\in\mathbb{N}^*$, $(s_1,s_2,\cdots,s_r)\in(\mathbb{N}^*)^r$ 以及两两不等的素数 $p_1,p_2,\cdots,p_r$, 使得 $m=p_1^{s_1}p_2^{s_2}\cdots p_r^{s_r}$. 同时存在 $r'\in\mathbb{N}^*$, $(t_1,t_2,\cdots,t_{r'})\in(\mathbb{N}^*)^{r'}$, 以及两两不等的素数 $q_1,q_2,\cdots,q_{r'}$, 使得 $q=q_1^{t_1}q_2^{t_2}\cdots q_{r'}^{t_{r'}}$, 故 $n+1=mq=p_1^{s_1}p_2^{s_2}\cdots p_r^{s_r}q_1^{t_1}q_2^{t_2}\cdots q_{r'}^{t_{r'}}$. 等式右边合并底数相同的项后知, $\mathcal{P}(n+1)$ 成立.

根据第三数学归纳法知, 对于任意 $n\in\mathbb{N}$ 且 $n\geqslant 2$, $\mathcal{P}(n)$ 成立.

下面证明唯一性. 假设还存在 $a\in\mathbb{N}^*$, $(u_1,u_2,\cdots,u_a)\in(\mathbb{N}^*)^a$, 以及两两不等的素数 $\widetilde{p}_1,\widetilde{p}_2,\cdots,\widetilde{p}_a$, 使得 $n=(\widetilde{p}_1)^{u_1}(\widetilde{p}_2)^{u_2}\cdots(\widetilde{p}_a)^{u_a}$. 于是有

$$n=p_1^{s_1}p_2^{s_2}\cdots p_r^{s_r}=(\widetilde{p}_1)^{u_1}(\widetilde{p}_2)^{u_2}\cdots(\widetilde{p}_a)^{u_a} \tag{4.3.2}$$

设 $i\in[\![1,r]\!]$, 根据等式 (4.3.2) 知, $p_i\mid n$. 反复利用高斯定理, 可以证明 $p_i\in\{\widetilde{p}_1,\widetilde{p}_2,\cdots,\widetilde{p}_a\}$. 因此, $\{p_1,p_2,\cdots,p_r\}\subseteq\{\widetilde{p}_1,\widetilde{p}_2,\cdots,\widetilde{p}_a\}$. 同理可证 $\{\widetilde{p}_1,\widetilde{p}_2,\cdots,\widetilde{p}_a\}\subseteq\{p_1,p_2,\cdots,p_r\}$. 因此, $\{\widetilde{p}_1,\widetilde{p}_2,\cdots,\widetilde{p}_a\}=\{p_1,p_2,\cdots,p_r\}$, 进而有 $a=r$. 在不考虑顺序的情况下，等式 (4.3.2) 可表示为

$$n=p_1^{s_1}p_2^{s_2}\cdots p_r^{s_r}=p_1^{u_1}p_2^{u_2}\cdots p_r^{u_r}$$

假设 $s_1>u_1$, 则 $p_1^{s_1-u_1}p_2^{s_2}\cdots p_r^{s_r}=p_2^{u_2}\cdots p_r^{u_r}$, 从而有 $p_1\mid(p_2^{u_2}\cdots p_r^{u_r})$. 反复利用高斯定理, 可以证明 $p_1\in\{p_2,\cdots,p_r\}$, 这与 $p_1,p_2,\cdots,p_r$ 两两不等的假设矛盾. 因此, $s_1\leqslant u_1$. 同理可证 $u_1\leqslant s_1$, 因此 $s_1=u_1$. 递归可证 $u_2=s_2,\cdots,u_r=s_r$. 此时, 唯一性得证.

命题 4.3.3 设 m 和 n 都是大于 1 的自然数, 假设

$$m=p_1^{s_1}p_2^{s_2}\cdots p_r^{s_r},\qquad n=p_1^{t_1}p_2^{t_2}\cdots p_r^{t_r}$$

其中, $r\in\mathbb{N}^*$, $p_1,p_2,\cdots,p_r$ 是互不相等的素数, $(s_1,\cdots,s_r,t_1,\cdots,t_r)\in\mathbb{N}^{2r}$, 则

(1) $m\mid n\iff(\forall i\in[\![1,r]\!],s_i\leqslant t_i)$;

(2) $m\wedge n=\prod\limits_{i=1}^{r}p_i^{\min\{s_i,t_i\}}$, $m\vee n=\prod\limits_{i=1}^{r}p_i^{\max\{s_i,t_i\}}$;

(3) $mn=(m\wedge n)(m\vee n)$.

4.4 两个定理

本节介绍数论中两个著名的定理——费马小定理和中国剩余定理.

4.4.1 费马小定理

定理 4.4.1 (费马小定理) 设 p 是一个素数, $a\in\mathbb{Z}$. 若 $p\wedge a=1$, 则 $p\mid(a^{p-1}-1)$.

证 明 根据假设知, $a\neq 0$. 先证 $p\mid a^p-a$.

若 $p=2$, 则 $a^p-a=a^2-a=a(a-1)$. 因为 a 和 $a-1$ 至少有一个是偶数, 所以 $2\mid(a^2-1)$.

若 $p\neq 2$, 则 p 是奇数. 又因为 $(-a)^p-(-a)=-(a^p-a)$, 所以只需讨论 $a>0$ 的情形. 设 $a\in\mathbb{N}^*$, 定义 $\mathcal{P}(a)$: $p\mid(a^p-a)$.

- 由于 $p \mid (1^p - 1)$, 故 $\mathcal{P}(1)$ 成立.
- 设 $a \in \mathbb{N}^*$, 假设 $\mathcal{P}(a)$ 成立, 即 $p \mid (a^p - a)$. 根据二项式定理, 有

$$(a+1)^p - (a+1) = a^p - a + \sum_{k=1}^{p-1} C_p^k a^k$$

设 $k \in [\![1, p-1]\!]$. 因为 $C_p^k = \dfrac{p!}{k!(p-k)!} = \dfrac{p(p-1)!}{k!(p-k)!} \in \mathbb{N}$, 所以 $k!(p-k)!$ 整除 $p(p-1)!$. 又因为 p 和 $k!(p-k)!$ 互素, 所以根据高斯定理知, $k!(p-k)!$ 整除 $(p-1)!$. 于是 $\dfrac{C_p^k}{p} = \dfrac{(p-1)!}{k!(p-k)!} \in \mathbb{N}$, 即 $p \mid C_n^k$.

另外, 根据归纳假设有, $p \mid (a^p - a)$, 故 $p \mid \big((a+1)^p - (a+1)\big)$, 即 $\mathcal{P}(a+1)$ 成立.

根据第一数学归纳法知, 对于任意 $a \in \mathbb{N}^*$, $\mathcal{P}(a)$ 成立.

上面证明了 $p \mid (a^p - a)$. 又因为 $p \wedge a = 1$, 所以根据高斯定理知, $p \mid (a^{p-1} - 1)$.

例 4.4.1 求 2^{2020} 除以 17 的余数.

解 因为 $17 \wedge 2 = 1$, 根据定理 4.4.1(费马小定理) 知, $17 \mid (2^{16} - 1)$. 从而存在 $k \in \mathbb{N}$, 使得 $2^{16} - 1 = 17k$, 即 $2^{16} = 17k + 1$. 由于 $2020 = 16 \times 126 + 4$, 故 $2^{2020} = 2^{16\times 126} \times 2^4 = 16 \times (17k+1)^{126}$.

利用二项式定理, 得

$$2^{2020} = 16 \times \left[1 + \sum_{i=1}^{126} C_{2020}^i (17k)^i\right] = 16 + 17 \times 16 \times \sum_{i=1}^{126} C_{2020}^i 17^{i-1} k^i$$

因此, 2^{2020} 除以 17 的余数为 16.

4.4.2 中国剩余定理

中国剩余定理是数论中一个关于一元线性同余方程组的定理, 其渊源要追溯到南北朝时期.《孙子算经》中记载有“物不知数”问题: 有物不知其数, 三三数之剩二, 五五数之剩三, 七七数之剩二. 问物几何? 这是历史上首次提出的关于同余方程组的问题. 孙子给出了这个具体问题的解法, 因此中国剩余定理又称孙子定理. 宋朝数学家秦九韶对“物不知数”问题作出了完整系统的解答, 记载于《数书九章》中, 自此这一问题变为定理.

定理 4.4.2 (中国剩余定理) 设 $s \in \mathbb{N}$ 且 $s \geqslant 2$, $(p_1, p_2, \cdots, p_s) \in \mathbb{N}^s$ 两两互素且都大于 1. 记 $n = p_1 p_2 \cdots p_s$, 则对于任意 $(b_1, b_2, \cdots, b_s) \in \mathbb{Z}^s$, 存在唯一 $b \in [\![0, n-1]\!]$, 使得

$$\forall i \in [\![1, s]\!], \quad p_i \mid (b - b_i)$$

证 明 先证存在性.

由于 $p_1, p_2, \cdots, p_s$ 两两互素, 故 $p_1 \wedge (p_2 p_3 \cdots p_s) = 1$. 根据定理 4.1.2(贝祖定理) 知, 存在 $(u_1, v_1) \in \mathbb{Z}^2$, 使得 $p_1 u_1 + p_2 p_3 \cdots p_s v_1 = 1$. 于是有

$$\forall m \in \mathbb{Z},\ m = m p_1 u_1 + m p_2 p_3 \cdots p_s v_1 = m p_1 u_1 + m v_1 \frac{n}{p_1}$$

同理可证, 对于任意 $i \in [\![2, s]\!]$, 存在 $(u_i, v_i) \in \mathbb{Z}^2$, 使得

$$\forall m \in \mathbb{Z},\ m = mp_iu_i + mv_i\frac{n}{p_i}$$

因此, $\forall i \in [\![1, s]\!]$, $b_i = b_ip_iu_i + b_iv_i\frac{n}{p_i}$. 设 $(i, j) \in [\![1, s]\!]^2$, 记 $r_i = b_iv_i\frac{n}{p_i}$, 则 $p_i \mid (b_i - r_i)$ 且当 $j \neq i$ 时 $p_j \mid r_i$. 记 b 为 $r_1 + r_2 + \cdots + r_n$ 除以 n 的余数, 则 $b \in [\![0, n-1]\!]$. 不妨设 $r_1+r_2+\cdots+r_s = nq+b$, 其中 $q \in \mathbb{Z}$. 等式两边同时减 b_i 有 $r_1+r_2+\cdots+r_s-b_i = nq+b-b_i$, 整理得

$$b - b_i = r_1 + r_2 + \cdots + (r_i - b_i) + \cdots + r_s - nq$$

因此, $\forall i \in [\![1, s]\!]$, $p_i \mid (b - b_i)$, 故存在性得证.

下面证明唯一性.

假设存在 $(b, c) \in [\![0, n-1]\!]^2$, 使得

$$\forall i \in [\![1, s]\!],\ p_i \mid (b - b_i) \text{ 且 } p_i \mid (c - b_i)$$

则 $\forall i \in [\![1, s]\!]$, $p_i \mid (b - c)$. 因为 $p_1, p_2, \cdots, p_s$ 两两互素, 根据定理 4.1.4(高斯定理 2), 归纳可证 $n \mid (b - c)$. 又因为 $(b, c) \in [\![0, n-1]\!]^2$, 所以 $b = c$. 故唯一性得证.

习题 4

★ 基础题

4.1 设 $(a, b) \in (\mathbb{N}^*)^2$, 记 $d = a \wedge b$.

(1) 假设 $d = 1$.

(a) 证明: $\forall (k, l) \in (\mathbb{N}^*)^2$, a^k 与 b^l 互素;

(b) 设 $(d_1, d_2) \in (\mathbb{N}^*)^2$ 满足 $d_1 \mid a$ 且 $d_2 \mid b$, 证明 d_1 与 d_2 互素;

(c) 设 $D \in \mathbb{N}^*$ 满足 $D \mid (ab)$, 证明存在唯一 $(d_1, d_2) \in (\mathbb{N}^*)^2$ 满足 $d_1 \wedge d_2 = 1$, $d_1 \mid a$, $d_2 \mid b$ 且 $d_1d_2 = D$;

(d) 证明: $\forall c \in \mathbb{N}^*$, $a \wedge (bc) = a \wedge c$.

(2) 设 $n \in \mathbb{N}^*$, 计算 $(na) \wedge (nb)$, $a^n \wedge b^n$ (结果用 d 表示).

(3) 计算 $(a+b) \wedge (a \vee b)$ (结果用 d 表示).

4.2 记 $\mathcal{D}_+(n)$ 是整数 n 的所有正因数构成的集合, 并设 a, b 是两个互素的正整数. 定义映射

$$\begin{aligned} \varphi: \mathcal{D}_+(a) \times \mathcal{D}_+(b) &\to \mathcal{D}_+(ab) \\ (k, l) &\mapsto kl \end{aligned}$$

证明 φ 是一个双射.

4.3 设 $n \in \mathbb{N}^*$. 证明 $(n+1)$ 与 $(2n+1)$ 互素, 进而证明 $(n+1) \mid C_{2n}^n$.

4.4 设 $n \in \mathbb{N}^*$, $(m, m_1, \cdots, m_n) \in (\mathbb{N}^*)^{n+1}$.

(1) 假设对于任意 $k \in [\![1, n]\!]$, m_k 与 m 互素. 证明 $(m_1 \cdots m_n)$ 与 m 互素.

(2) 假设对于任意 $k\in[\![1,n]\!]$, m_k 整除 m 且 $m_1,\cdots,m_n$ 两两互素. 证明 $m_1m_2\cdots m_n$ 整除 m.

4.5 设 $n\in\mathbb{N}^*$, 记 $M_n=2^n-1$.

(1) 证明: 若 M_n 是素数, 则 n 是素数;

(2) 证明 (1) 的逆命题不成立.

4.6 设 $n\in\mathbb{N}$, 记 $F_n=2^n+1$.

(1) 证明: 若 F_n 是素数, 则 n 只能是 2 的幂;

(2) 证明 F_{2^5} 是 641 的倍数, 进而说明 (1) 的逆命题不成立.

4.7 设 $n\in\mathbb{N}$, 定义 $\Phi_n=2^{2^n}+1$ (这样的数称为费马数).

(1) 证明: $\forall n\in\mathbb{N}$, $\Phi_{n+1}=2+\prod\limits_{k=0}^{n}\Phi_k$;

(2) 证明: $\forall(m,n)\in\mathbb{N}^2$, $m\neq n\Longrightarrow\Phi_m$ 与 Φ_n 互素;

(3) 利用 (2) 证明素数有无穷多个.

4.8 设 $N\in\mathbb{N}^*$. 证明存在一个正整数 n, 使得 $(n+1),(n+2),\cdots(n+N)$ 均为合数.

4.9 求下列正整数 a,b 的最大公因数, 并给出一组贝祖系数.

(1) $a=345$, $b=2789$; (2) $a=2520$, $b=3960$.

4.10 求下列关于 (x,y) 的方程的整数解集.

(1) $95\,x+71\,y=46$; (2) $20\,x-53\,y=3$.

4.11 设 $(a,m,n)\in\mathbb{N}^3$. 证明 $(a^m-1)\wedge(a^n-1)=a^{m\wedge n}-1$. (提示: 利用辗转相除法)

4.12 考虑斐波那契数列 $(F_k)_{k\in\mathbb{N}}$: $F_0=0,F_1=1$ 且 $\forall k\in\mathbb{N},F_{k+2}=F_{k+1}+F_k$. 设 $(m,n)\in(\mathbb{N}^*)^2$, 证明下列结论:

(1) 证明 $F_{n+1}F_{n-1}-F_n^2=(-1)^n$, 进而证明 $F_n\wedge F_{n+1}=1$;

(2) 证明 $F_{n+m}=F_mF_{n+1}+F_{m-1}F_n$, 进而证明 $F_n\wedge F_{m+n}=F_n\wedge F_m$;

(3) 证明 $F_m\wedge F_n=F_n\wedge F_r$, 其中 r 是 m 除以 n 的余数. 进而证明 $F_m\wedge F_n=F_{m\wedge n}$.

★ 提高题

4.13 设 $(m,n)\in(\mathbb{N}^*)^2$ 互素. 证明: 若正整数 a 和 b 满足 $a^m=b^n$, 则存在 $c\in\mathbb{N}^*$, 使得 $a=c^n,b=c^m$.

4.14 设 a, b 是两个互素的正整数. 证明: 若 ab 是一个平方数, 则 a 和 b 都是平方数.

4.15 证明存在无穷多个形如 $(4n+1)$ 的素数, 存在无穷多个形如 $(6n+5)$ 的素数, 其中 $n\in\mathbb{N}$.

4.16 (欧拉数) 一个正整数 N 的欧拉数 $\phi(N)$ 定义为 $1\sim N$ 中与 N 互素的整数的个数, 即

$$\phi(N)=\mathrm{card}\left\{k\in[\![1,N]\!]\ \middle|\ k\wedge N=1\right\}$$

(1) 计算 $\phi(7)$, $\phi(8)$, $\phi(9)$ 的值.

(2) 设正整数 n 的素因子分解为 $n={p_1}^{s_1}{p_2}^{s_2}\cdots{p_r}^{s_r}$.

(a) 设 p 是一个素数, k 是一个正整数, 计算 $\phi(p)$, $\phi(p^k)$;

(b) 证明: 若正整数 a,b 互素, 则 $\phi(ab)=\phi(a)\phi(b)$;

(c) 给出 $\phi(n)$ 的表达式. (注: 结果用 p_i, s_i 表示)

(3) 设 n 是一个正整数.

(a) 设 d 是 n 的一个因数, 记集合 $A_d=\{k\in[\![1,n]\!] \mid k\wedge n=d\}$, 计算 A_d 的基数;

(b) 利用 (a) 证明 $\sum\limits_{d|n}\phi(d)=n$, 其中求和式下标 $d|n$ 表示 d 取遍 n 的所有因数关于 d 求和.

第 5 章　基本代数结构

本章简要介绍群、环、域的基础知识，包括群、子群、环、子环、群同态、环同态等基本概念. 作为群、环、域的重要例子, 本章还将介绍模 n 剩余类环的基础知识.

5.1　代数运算

本节中, E 表示一个非空集合.

5.1.1　定　义

在实数集中, 任意两个元素相加、相减、相乘仍然是一个实数; 在幂集 $\mathscr{P}(E)$ 中, 任意两个元素的交集和并集仍然在这个集合中; 在连续函数集 $\mathcal{C}(\mathbb{R},\mathbb{R})$ 中, 任意两个连续函数相加仍然是一个连续函数. 上述集合完全不同, 但它们却有一个共同的性质: 集合中的任意两个元素作某种运算的结果仍然在这个集合中. 下面从这些例子中可抽象出代数运算的定义.

定义 5.1.1　每个从 $E\times E$ 到 E 的映射

$$\begin{aligned}\psi:\quad E\times E &\to E\\ (x,y) &\mapsto \psi(x,y)\end{aligned}$$

称为 E 上的一个**代数运算**.

注 5.1.1　(1) 设 ψ 是 E 上的一个代数运算, 为书写方便, 常用 $x*y$ 或 xy 代替 $\psi(x,y)$.

(2) 在不引起混淆的情况下, 常用 $*$ 表示一个代数运算. 当集合 E 上不止有一个代数运算时, 还会用 $+,-,\times,\div,\otimes,\oplus$ 等符号表示一个代数运算.

例 5.1.1　(1) 加法运算和乘法运算是 $\mathbb{N},\mathbb{Z},\mathbb{Q},\mathbb{R},\mathbb{C}$ 上的代数运算. 乘法运算是 $\mathbb{N},\mathbb{Z},\mathbb{Q}$, $\mathbb{R},\mathbb{C}$ 上的代数运算;

(2) 集合的并运算 $\cup$ 和交运算 $\cap$ 都是 $\mathscr{P}(E)$ 上的代数运算.

(3) 映射的复合运算 $\circ$ 是 $\mathcal{F}(E)$ 上的代数运算.

(4) 减法运算不是 $\mathbb{N}$ 上的代数运算, 因为两个自然数相减可能是负数; 除法运算不是 $\mathbb{Z}^*$ 上的代数运算, 因为两个整数相除不一定是整数.

5.1.2　运算律

代数运算的运算律与数集上四则运算的运算律类似, 定义如下:

定义 5.1.2　设 $*$ 是 E 上的一个代数运算.

(1) 如果 $\forall(x,y,z)\in E^3$, $(x*y)*z=x*(y*z)$, 则称 $*$ 满足**结合律**.

(2) 如果 $\forall(x,y)\in E^2$, $x*y=y*x$, 则称 $*$ 满足**交换律**.

例 5.1.2　例 5.1.1 (1)~(3) 中的代数运算都满足结合律, 例 5.1.1 (1)~(2) 中的代数运算满足交换律.

定义 5.1.3　设 $\oplus,\otimes$ 是 E 上的两个代数运算.

(1) 如果 $\forall(x,y,z)\in E^3$, $(x\oplus y)\otimes z=(x\otimes z)\oplus(y\otimes z)$, 则称 $\otimes$ 对 $\oplus$ 满足**左分配律**.

(2) 如果 $\forall(x,y,z)\in E^3, x\otimes(y\oplus z)=(x\otimes y)\oplus(x\otimes z)$, 则称 $\otimes$ 对 $\oplus$ 满足**右分配律**.

(3) 如果 $\otimes$ 对 $\oplus$ 既满足左分配律又满足右分配律, 则称 $\otimes$ 对 $\oplus$ 满足**分配律**.

例 5.1.3　(1) 在实数集中, 乘法运算对加法运算满足分配律.

(2) 在幂集 $\mathscr{P}(E)$ 中, 交运算 $\cap$ 对并运算 $\cup$ 满足分配律, 并运算 $\cup$ 对交运算 $\cap$ 也满足分配律.

5.1.3　特殊元素

定义 5.1.4　设 $*$ 是 E 上的一个代数运算, 并设 $e\in E$. 如果

$$\forall x\in E,\quad e*x=x*e=x$$

则称 e 是 $(E,*)$ 的**单位元**.

例 5.1.4　(1) 0 是 $(\mathbb{N},+),(\mathbb{Z},+),(\mathbb{Q},+),(\mathbb{R},+),(\mathbb{C},+)$ 的单位元.

(2) 1 是 $(\mathbb{N},\times),(\mathbb{Z},\times),(\mathbb{Q},\times),(\mathbb{R},\times),(\mathbb{C},\times)$ 的单位元.

(3) $\emptyset$ 是 $(\mathscr{P}(E),\cup)$ 的单位元, 因为对于任意 $A\in\mathscr{P}(E)$, $A\cup\emptyset=\emptyset\cup A=A$;

E 是 $(\mathscr{P}(E),\cap)$ 的单位元, 因为对于任意 $A\in\mathscr{P}(E)$, $A\cap E=E\cap A=A$.

(4) 恒等映射是 $(\mathcal{F}(E),\circ)$ 的单位元, 因为对于任意 $f\in\mathcal{F}(E)$, $\mathrm{id}_E\circ f=f\circ\mathrm{id}_E=f$.

命题 5.1.1　设 $*$ 是 E 上的一个代数运算. 若 $(E,*)$ 存在单位元, 则单位元必唯一.

证　明　假设 $(e,e')\in E^2$ 都是单位元. 根据定义 5.1.4 知, $e'=e*e'=e$.

定义 5.1.5　设 $*$ 是 E 上的一个代数运算, $x\in E$, 并假设 $(E,*)$ 存在单位元 e. 如果存在 $y\in E$, 使得

$$x*y=y*x=e$$

则称 x 是 $(E,*)$ 的**可逆元**, 同时称 y 是 x 的**逆元**, 记为 x^{-1}.

命题 5.1.2　设 $*$ 是 E 上的代数运算. 如果 $*$ 满足结合律且 $(E,*)$ 存在单位元, 则 $(E,*)$ 的任意一个可逆元存在唯一的逆元.

证　明　设 $e\in E$ 是 $(E,*)$ 的单位元, $x\in E$ 是可逆元, 并假设 $(y,y')\in E^2$ 都是 x 的逆元, 则 $x*y=y*x=x*y'=y'*x=e$. 因为 $*$ 满足结合律, 所以

$$y'=e*y'=(y*x)*y'=y*(x*y')=y*e=y$$

例 5.1.5　(1) 在 $(\mathbb{R},+)$ 中, 任意元素 a 都可逆且 a 的逆元为 $(-a)$.

(2) 在 $(\mathbb{R}^*,\times)$ 中, 任意元素 a 都可逆且 a 的逆元为 $\dfrac{1}{a}$.

命题 5.1.3 设 $*$ 是 E 上的一个代数运算, 并假设 $*$ 满足结合律且 $(E,*)$ 存在单位元. 如果 a 和 b 都是 $(E,*)$ 的可逆元, 则 $a*b$ 也是 $(E,*)$ 的可逆元且 $(a*b)^{-1}=b^{-1}*a^{-1}$.

证 明 设 $e\in E$ 是 $(E,*)$ 的单位元. 因为 $*$ 满足结合律, 故

$$\begin{aligned}(a*b)*(b^{-1}*a^{-1}) &= a*\big(b*(b^{-1}*a^{-1})\big)=a*\big((b*b^{-1})*a^{-1}\big)\\ &= a*(e*a^{-1})=a*a^{-1}\\ &= e\end{aligned}$$

同理可证 $(b^{-1}*a^{-1})*(a*b)=e$. 根据定义 5.1.5 知, $a*b$ 是可逆元且 $(a*b)^{-1}=b^{-1}*a^{-1}$.

5.2 群

5.2.1 定义及例子

有了 5.1 节的知识准备, 下面给出群的定义.

定义 5.2.1 设 G 是一个非空集合, 并且 $*$ 是 G 上的一个代数运算. 如果

(1) 运算 $*$ 满足结合律;

(2) $(G,*)$ 存在单位元, 即

$$\exists e\in G,\ \forall x\in G,\ x*e=e*x=x$$

(3) $(G,*)$ 中的每个元素都是可逆元, 即

$$\forall x\in G,\ \exists y\in G,\ x*y=y*x=e$$

则称 $(G,*)$ 是一个**群**.

进一步, 如果 $*$ 满足交换律, 即

$$\forall (x,y)\in G^2,\ x*y=y*x$$

则称 $(G,*)$ 是一个**交换群**. 如果 G 是一个有限集, 则称 $(G,*)$ 是一个**有限群**.

记 号: 设 $(G,*)$ 是一个群, $n\in\mathbb{N}^*$, 记 $a^n=\underbrace{a*a*\cdots*a}_{n\text{个}}$, $a^{-n}=(a^{-1})^n$, 规定 $a^0=e$.

例 5.2.1 根据例 5.1.1、例 5.1.2、例 5.1.4 和例 5.1.5, 容易验证下列结论:

(1) $(\mathbb{Z},+)$, $(\mathbb{Q},+)$, $(\mathbb{R},+)$, $(\mathbb{C},+)$ 是交换群, 其单位元为 0, 每一个元素 x 的逆元为 $-x$;

(2) $(\mathbb{Q}^*,\times)$, $(\mathbb{R}^*,\times)$, $(\mathbb{C}^*,\times)$ 是交换群, 其单位元为 1, 每一个元素 x 的逆元为 $\dfrac{1}{x}$;

(3) $(\mathbb{Q}_+^*,\times)$, $(\mathbb{R}_+^*,\times)$ 是交换群.

例 5.2.2 设 $x=(x_1,x_2,\cdots,x_n)\in\mathbb{R}^n, y=(y_1,y_2,\cdots,y_n)\in\mathbb{R}^n$. 定义

$$x+y=(x_1+y_1,x_2+y_2,\cdots,x_n+y_n)$$

则 $(\mathbb{R}^n,+)$ 是一个交换群.

证 明 • 易验证 $+$ 是 $\mathbb{R}^n$ 上的一个代数运算且满足结合律和交换律.

- 记 $0_{\mathbb{R}^n}=(0,0,\cdots,0)\in\mathbb{R}^n$, 设 $x=(x_1,x_2,\cdots,x_n)\in\mathbb{R}^n$, 则 $0_{\mathbb{R}^n}+x=x+0_{\mathbb{R}^n}=x$, 故 $0_{\mathbb{R}^n}$ 是 $(\mathbb{R}^n,+)$ 的单位元.
- 设 $x=(x_1,x_2,\cdots,x_n)\in\mathbb{R}^n$, 记 $-x=(-x_1,-x_2,\cdots,-x_n)$, 则 $(-x)+x=x+(-x)=0_{\mathbb{R}^n}$, 故 $(-x)$ 是 x 的逆元.

综上, $(\mathbb{R}^n,+)$ 是一个交换群.

例 5.2.3 设 E 为所有平面向量或所有空间向量构成的集合, 记 $+$ 表示向量的加法运算, 则 $(E,+)$ 是一个交换群.

例 5.2.4 设 I 是一个非空集合, 记 $G=\mathcal{F}(I,\mathbb{R})$, 并设 $(f,g)\in G^2$, 定义

$$\begin{aligned} f+g:\ I &\to \mathbb{R} \\ x &\mapsto f(x)+g(x) \end{aligned}$$

则 $(G,+)$ 是一个交换群.

证 明 • 易验证 $+$ 是 G 上的一个代数运算且满足结合律和交换律.

- 记 0_G 表示从 I 到 $\mathbb{R}$ 的零映射. 设 $f\in E$, 则 $0_G+f=f+0_G=f$, 故零映射是 $(G,+)$ 的单位元.
- 设 $f\in E$. 记 $(-f)$ 为映射: $\forall x\in I,(-f)(x)=-f(x)$, 则

$$\forall x\in I,\ f(x)+(-f)(x)=(-f)(x)+f(x)=0$$

  故 $f+(-f)=(-f)+f=0_G$. 因此, $(-f)$ 是 f 的逆元.

综上, $(G,+)$ 是一个交换群.

例 5.2.5 记 $\mathbb{U}=\{z\in\mathbb{C}\mid |z|=1\}$, 则 $(\mathbb{U},\times)$ 是一个群, 其中 $\times$ 是复数的乘法运算.

证 明 • 设 $(z_1,z_2)\in\mathbb{U}^2$, 则 $|z_1|=|z_2|=1$. 从而 $|z_1\times z_2|=|z_1|\times|z_2|=1$, 因此 $z_1z_2\in\mathbb{U}$. 故 $\times$ 是 $\mathbb{U}$ 上的一个代数运算.

- 显然 $\times$ 满足结合律, 并且 1 是 $(\mathbb{U},\times)$ 的单位元.
- 设 $z\in\mathbb{U}$, 则 $\dfrac{1}{z}\in\mathbb{U}$ 且 $z\times\dfrac{1}{z}=\dfrac{1}{z}\times z=1$, 故 $\dfrac{1}{z}$ 是 z 的逆元.

综上, $(\mathbb{U},\times)$ 是一个群.

命题 5.2.1 设 E 是一个非空集合, 记 $\mathcal{S}(E)$ 为从 E 到它自身的所有双射构成的集合, 则 $(\mathcal{S}(E),\circ)$ 是一个群.

证 明 • 由于两个双射的复合仍是一个双射, 故 $\circ$ 是 S_n 上的一个代数运算. 进一步知, $\circ$ 满足结合律.

- 恒等映射 id_E 是 $(\mathcal{S}(E),\circ)$ 的单位元.
- 设 $f\in\mathcal{S}(E)$, 则 $f^{-1}\in\mathcal{S}(E)$ 且 $f\circ f^{-1}=f^{-1}\circ f=\mathrm{id}_E$, 故 f^{-1} 是 f 的逆元.

综上, $(\mathcal{S}(E),\circ)$ 是一个群.

注 5.2.1 当 E 的基数大于 2 时, $(\mathcal{S}(E),\circ)$ 不是一个交换群.

例如, 设 $E=\{1,2,3\}$. 记 f 表示映射: $1\mapsto 2, 2\mapsto 1, 3\mapsto 3$, 记 g 表示映射: $1\mapsto 3, 2\mapsto 2, 3\mapsto 1$. 显然 f 和 g 都是双射. 进一步知, $(f\circ g)(1)=3$ 且 $g\circ f(1)=2$, 故 $f\circ g\neq g\circ f$. 因此, $(\mathcal{S}(E),\circ)$ 不是交换群.

命题 5.2.2 设 $(G,*)$ 是一个群, 则代数运算 $*$ 满足消去律, 即

$$\forall(x,y,a)\in G^3,\quad (a*x=a*y\Longrightarrow x=y)\ \text{且}\ (x*a=y*a\Longrightarrow x=y)$$

证 明 设 $(G,*)$ 是一个群, e 是 $(G,*)$ 的单位元, 并设 $(x,y,a)\in G^3$ 满足 $x*a=y*a$, 则 $(x*a)*a^{-1}=(y*a)*a^{-1}$. 根据结合律知, $x*(a*a^{-1})=y*(a*a^{-1})$, 即 $x=y$. 同理可证另一个蕴含式成立.

5.2.2 子 群

定义 5.2.2 设 $(G,*)$ 是一个群, H 是 G 的子集. 如果

(1) $e_G\in H$;

(2) $\forall(x,y)\in H^2, x*y\in H$;

(3) $\forall x\in H, x^{-1}\in H$.

则称 $(H,*)$ 是 $(G,*)$ 的**子群**, 记为 $(H,*)\leqslant(G,*)$.

例 5.2.6 (1) $(\mathbb{Z},+)\leqslant(\mathbb{Q},+)\leqslant(\mathbb{R},+)\leqslant(\mathbb{C},+)$.

(2) $(\mathbb{Q}^*,\times)\leqslant(\mathbb{R}^*,\times)\leqslant(\mathbb{C}^*,\times)$.

证 明 只证明 $(\mathbb{Q}^*,\times)$ 是 $(\mathbb{R}^*,\times)$ 的子群, 其他例子类似可证. 显然 $\mathbb{Q}^*$ 是 $\mathbb{R}^*$ 的子集. 易验证:

- $(\mathbb{R}^*,\times)$ 的单位元 1 属于 $\mathbb{Q}^*$;
- 设 $(x,y)\in(\mathbb{Q}^*)^2$, 则 $xy\in\mathbb{Q}^*$;
- 设 $x\in\mathbb{Q}^*$, 则 x 在 $\mathbb{R}$ 中的逆元 $\dfrac{1}{x}$ 仍属于 $\mathbb{Q}^*$.

综上, $(\mathbb{Q}^*,\times)$ 是 $(\mathbb{R}^*,\times)$ 的子群.

例 5.2.7 设 $(G,*)$ 是一个群, $a\in G$, 令 $H=\{a^n\mid n\in\mathbb{Z}\}$, 则 $(H,*)$ 是 $(G,*)$ 的子群.

证 明 显然, H 是 G 的子集.

- 由于 $e_G=a^0$, 故 $e_G\in H$;
- 设 $(x,y)\in H^2$, 则存在整数 m,n, 使得 $x=a^m$ 且 $y=a^n$. 从而 $xy=a^ma^n=a^{m+n}\in H$;
- 设 $x\in H$, 则存在整数 m, 使得 $x=a^m$. 因为 $a^{-m}a^m=a^ma^{-m}=e_G$, 所以 a^{-m} 为 a^m 在 G 中的逆元, 即 $x^{-1}=a^{-m}$. 又由于 $(-m)\in\mathbb{Z}$, 故 $x^{-1}=a^{-m}\in H$.

综上, $(H,*)$ 是 $(G,*)$ 的子群.

命题 5.2.3 设 $(G,*)$ 是一个群, H 是 G 的一个非空子集, 则 $(H,*)$ 是 $(G,*)$ 的子群当且仅当

$$\forall(a,b)\in H^2,\ a*b^{-1}\in H$$

证　明　必要性: 设 $(H,*)$ 是 $(G,*)$ 的子群, $(a,b)\in H^2$. 由子群的定义知, $b^{-1}\in H$, 从而 $a*b^{-1}\in H$.

充分性: 假设对于任意 $(a,b)\in H^2$, $a*b^{-1}\in H$.

(i) 设 $a\in H$, 取 $b=a$, 则 $e_G=a*a^{-1}\in H$;

(ii) 设 $b\in H$, 取 $a=e$, 则 $b^{-1}=e*b^{-1}\in H$;

(iii) 设 $(a,b)\in H$, 则 $a*b=a*(b^{-1})^{-1}\in H$.

根据子群的定义知, $(H,*)$ 是 $(G,*)$ 的子群.

例 5.2.8　记 $\mathbb{U}=\{z\in\mathbb{C}\mid |z|=1\}$, $\mathbb{U}_n=\{z\in\mathbb{C}\mid z^n=1\}$, 则 $(\mathbb{U}_n,\times)$ 是 $(\mathbb{U},\times)$ 的子群.

证　明　显然 $\mathbb{U}_n$ 是 $\mathbb{U}$ 的非空子集. 设 $(a,b)\in(\mathbb{U}_n)^2$, 则 $a^n=b^n=1$. 从而 $(ab^{-1})^n=a^nb^{-n}=1$, 故 $ab^{-1}\in\mathbb{U}_n$. 根据命题 5.2.3 知, $(\mathbb{U}_n,\times)$ 是 $(\mathbb{U},\times)$ 的子群.

命题 5.2.4　设 $(G,*)$ 是一个群, $(H,*)$ 是 $(G,*)$ 的子群, 则如下结论成立:

(1) e_G 是 $(H,*)$ 的单位元;

(2) 设 $h\in H$, 则 h 在 $(H,*)$ 中可逆且 h 在 $(G,*)$ 中的逆元 h^{-1} 是 h 在 $(H,*)$ 中的逆元.

证　明　(1) 设 $h\in H\subseteq G$. 因为 e_G 是 G 的单位元, 所以 $e_G*h=h$, 故 e_G 是 H 的单位元.

(2) 设 $h\in H$. 首先, 在 $(G,*)$ 中, $h*h^{-1}=h^{-1}*h=e_G$. 根据子群的定义知, $h^{-1}\in H$. 根据 (1) 可知, 在 $(H,*)$ 中, $h*h^{-1}=h^{-1}*h=e_G=e_H$. 故 h^{-1} 就是 h 在 H 中的逆元.

命题 5.2.5　设 $(G,*)$ 是一个群, H 是 G 的一个非空子集, 则 $(H,*)$ 是 $(G,*)$ 的子群当且仅当 $(H,*)$ 是一个群.

证　明　必要性: 根据子群的定义, 有

$$\forall(x,y)\in H^2,\ x*y\in H$$

故$*$ 是 H 上的一个代数运算. 又因为 $(G,*)$ 是一个群, 所以 $*$ 在 $(G,*)$ 中满足结合律, 于是

$$\forall(x,y,z)\in H^3,\ (x*y)*z=x*(y*z)\in H$$

故 $*$ 在 $(H,*)$ 中满足结合律. 根据命题 5.2.4知, $(H,*)$ 存在单位元且每个元素都是可逆元. 故 $(H,*)$ 是一个群.

充分性: 假设 $(H,*)$ 是一个群. 根据群的定义, 有

$$\forall(x,y)\in H^2,\quad x*y\in H$$

设 $h\in H$. 类似命题 5.2.4 可证, h 在 $(H,*)$ 中的逆元就是 h 在 $(G,*)$ 中的逆元 h^{-1}. 进而, 对于任意 $(x,y)\in H^2$, 有 $x*y^{-1}\in H$. 根据命题 5.2.3知, $(H,*)$ 是 $(G,*)$ 的子群.

注 5.2.2　命题 5.2.5 常用来证明给定集合关于某种运算构成一个群. 例如, 根据例 5.2.8, $(\mathbb{U}_n,\times)$ 是 $(\mathbb{U},\times)$ 的子群. 根据命题 5.2.5 知, $(\mathbb{U}_n,\times)$ 是一个群.

命题 5.2.6　设 $(H,+)$ 是 $(\mathbb{Z},+)$ 的子群, 则存在 $n\in\mathbb{N}$, 使得 $H=n\mathbb{Z}$.

证　明　若 $H=\{0\}$, 则取 $n=0$ 即可. 假设 $H\neq\{0\}$, 由子群的定义知 $H\cap\mathbb{N}^*$ 是 $\mathbb{N}$ 的一个非空子集, 记 $A=H\cap\mathbb{N}^*$. 根据自然数集的性质知, A 存在最小元, 记为 n. 下面证明 $H=n\mathbb{Z}$.

- 由于 H 是 $\mathbb{Z}$ 的子群且 $n \in H$, 递归可证 $\forall a \in \mathbb{Z}, na \in H$. 故 $n\mathbb{Z} \subseteq H$.
- 设 $a \in H$. 根据带余除法知, 存在 $q \in \mathbb{Z}, r \in [\![0, n-1]\!]$, 使得 $a = nq + r$, 从而 $r = a - nq \in H$. 由于 n 是 A 的最小元, 因此 $r = 0$, $a = nq \in n\mathbb{Z}$. 故 $H \subseteq n\mathbb{Z}$.

综上, $H = n\mathbb{Z}$.

5.2.3 群同态

定义 5.2.3 设 $(G, *), (G', \star)$ 是两个群, $f \in \mathcal{F}(G, G')$. 如果

$$\forall (x, y) \in G^2,\ f(x * y) = f(x) \star f(y)$$

则称 f 是从 $(G, *)$ 到 $(G', \star)$ 的一个**群同态**.

定义 5.2.4 设 f 是从 $(G, *)$ 到 $(G', \star)$ 的一个群同态.

(1) 如果 f 是单射, 则称 f 是**单同态**; 如果 f 是满射, 则称 f 是**满同态**; 如果 f 是双射, 则称 f 是**同构映射**.

(2) 如果 $G = G'$, 则称 f 是 G 上的**自同态**; 进一步, 如果 f 还是一个双射, 则称 f 是 G 上的**自同构**.

例 5.2.9 指数运算 exp 是从 $(\mathbb{R}, +)$ 到 $(\mathbb{R}_+^*, \times)$ 的同构映射.

证 明 显然 exp 是双射. 设 $(x, y) \in \mathbb{R}^2$, 则 $\exp(x + y) = \exp(x) \times \exp(y)$, 故 exp 是一个群同态. 因此, exp 是从 $(\mathbb{R}, +)$ 到 $(\mathbb{R}_+^*, \times)$ 的同构映射.

例 5.2.10 对数运算 ln 是从 $(\mathbb{R}_+^*, \times)$ 到 $(\mathbb{R}, +)$ 的同构映射.

定义 5.2.5 设 $(G, *), (G', \star)$ 是两个群. 如果存在从 G 到 G' 的同构映射, 则称群 $(G, *)$ 和 $(G', \star)$ **同构**.

命题 5.2.7 设 $f : (G, *) \to (G', \star)$ 是一个群同态, e 和 e' 分别是群 $(G, *)$ 和 $(G', \star)$ 的单位元, 则

(1) $f(e) = e'$;

(2) $\forall x \in G,\ f(x^{-1}) = \big(f(x)\big)^{-1}$.

证 明 (1) 根据单位元和群同态的定义, 有

$$e' \star f(e) = f(e) = f(e * e) = f(e) \star f(e)$$

由于群运算满足消去律, 故 $e' = f(e)$.

(2) 设 $x \in G$, 则

$$e' = f(e) = f(x * x^{-1}) = f(x) \star f(x^{-1})$$

同理, $e' = f(x^{-1}) \star f(x)$, 故 $f(x^{-1}) = \big(f(x)\big)^{-1}$.

定义 5.2.6 设 $(G, *)$ 和 $(G', \star)$ 是两个群, $f : (G, *) \to (G', \star)$ 是一个群同态.

(1) $f(G)$ 称为 f 的**像**, 记为 $\mathrm{Im}(f)$;

(2) $f^{-1}\big(\{e'\}\big)$ 称为 f 的**核**, 记为 $\mathrm{Ker}(f)$.

命题 5.2.8　设 $(G,*)$ 和 $(G',\star)$ 是两个群, $f:(G,*)\to(G',\star)$ 是一个群同态.
(1) 设 $(H,*)$ 是 $(G,*)$ 的子群, 则 $\big(f(H),\star\big)$ 是 $(G',\star)$ 的子群;
(2) 设 $(H',\star)$ 是 $(G',\star)$ 的子群, 则 $\big(f^{-1}(H'),*\big)$ 是 $(G,*)$ 的子群.
特别地, 群同态的像与核都是一个群.

证　明　设 e 和 e' 分别是 $(G,*)$ 和 $(G',\star)$ 的单位元.
先证明 (1). 设 $(H,*)$ 是 $(G,*)$ 的子群, 则 $e\in H$.

- 根据命题 5.2.7 (1) 有, $e'=f(e)\in f(H)$.
- 设 $y_1\in f(H), y_2\in f(H)$, 则存在 $(x_1,x_2)\in H^2$, 使得 $y_1=f(x_1)$ 且 $y_2=f(x_2)$. 由于 H 是 G 的子群, 故 $x_1*x_2\in H$, $y_1\star y_2=f(x_1)\star f(x_2)=f(x_1*x_2)\in f(H)$.
- 设 $y\in f(H)$, 则存在 $x\in H$, 使得 $y=f(x)$. 由于 H 是 G 的子群, 故 $x^{-1}\in H$. 根据命题 5.2.7, 有 $y^{-1}=\big(f(x)\big)^{-1}=f(x^{-1})\in f(H)$.

综上, $\big(f(H),\star\big)$ 是 $(G',\star)$ 的子群.
下面证明 (2). 设 $(H',\star)$ 是 $(G',\star)$ 的子群, 则 $e'\in H'$.

- 由于 $e'=f(e)$, 故 $e\in f^{-1}(H')$.
- 设 $x_1\in f^{-1}(H'), x_2\in f^{-1}(H')$, 则存在 $y_1\in H', y_2\in H'$, 使得 $y_1=f(x_1)$ 且 $y_2=f(x_2)$, 故
$$y_1\star y_2=f(x_1)\star f(x_2)=f(x_1*x_2)$$
由于 H' 是 G' 的子群, 故 $y_1\star y_2\in H'$, $x_1*x_2\in f^{-1}(H')$.
- 设 $x\in f^{-1}(H')$, 则存在 $y\in H'$, 使得 $y=f(x)$. 从而, $y^{-1}=\big(f(x)\big)^{-1}=f(x^{-1})$. 由于 H' 是 G' 的子群, 故 $y^{-1}\in H'$, $x^{-1}\in f^{-1}(H')$.

综上, $\big(f^{-1}(H'),*\big)$ 是 $(G,*)$ 的一个子群.
最后, 根据命题 5.2.5知, 群同态 f 的像与核都是一个群.

例 5.2.11　记 $\mathbb{U}_n=\{z\in\mathbb{C}\mid z^n=1\}$, 则 $(\mathbb{U}_n,\times)$ 是一个群.

证　明　定义映射
$$\begin{aligned} f:\mathbb{C}^* &\to \mathbb{C}^*\\ z &\mapsto z^n \end{aligned}$$
易验证 f 是从 $(\mathbb{C}^*,\times)$ 到 $(\mathbb{C}^*,\times)$ 的群同态且 $\mathbb{U}_n=\mathrm{Ker}(f)$. 根据前一命题知, $(\mathbb{U}_n,\times)$ 是一个群.

命题 5.2.9　设 $(G,*)$ 和 $(G',\star)$ 是两个群, f: $(G,*)\to(G',\star)$ 是一个群同态, 则 f 是单同态当且仅当 $\mathrm{Ker}(f)=\{e\}$, 其中 e 为 $(G,*)$ 的单位元.

证　明　设 e' 为 $(G',\star)$ 的单位元.

必要性: 假设 f 是单射. 由于 f 是一个群同态, 故 $f(e)=e'$, 从而有 $\{e\}\subseteq\mathrm{Ker}(f)$. 另外, 设 $x\in\mathrm{Ker}(f)$, 则 $f(x)=e'=f(e)$. 因为 f 是单射, 所以 $x=e$, 从而 $\mathrm{Ker}(f)\subseteq\{e\}$. 故 $\mathrm{Ker}(f)=\{e\}$.

充分性: 假设 $\mathrm{Ker}(f)=\{e\}$, $(x_1,x_2)\in G^2$ 满足 $f(x_1)=f(x_2)$, 则
$$f(x_1*x_2^{-1})=f(x_1)\star f(x_2^{-1})=f(x_1)\star\big(f(x_2)\big)^{-1}=e'$$

因为 $\mathrm{Ker}(f) = \{e\}$, 所以 $x_1 * x_2^{-1} = e$. 同理可证 $x_2^{-1} * x_1 = e$. 由逆元的唯一性可知, $x_1 = x_2$. 故 f 是单射.

例 5.2.12 定义

$$\begin{aligned} f: \quad (\mathbb{R}^3, +) &\rightarrow (\mathbb{R}^3, +) \\ (x, y, z) &\mapsto (x+y, y+z, x+y+z) \end{aligned}$$

则 f 是单同态.

证 明 易验证 f 是一个群同态. 设 $(x, y, z) \in \mathrm{Ker}(f)$, 则 $f(x, y, z) = 0$. 从而有

$$x + y = y + z = x + y + z = 0$$

解得 $(x, y, z) = (0, 0, 0)$, 故 $\mathrm{Ker}(f) = \{(0, 0, 0)\}$. 因为 $(0, 0, 0)$ 是 $(\mathbb{R}^3, +)$ 的单位元, 根据命题 5.2.9 知, f 是单同态.

5.3 环

5.3.1 定义及例子

本小节主要介绍环的概念. 与群不同, 环上有两个代数运算. 以实数集为例, 实数的加法运算 $+$ 和乘法运算 $\times$ 满足如下运算法则: (i) $(\mathbb{R}, +)$ 是一个交换群; (ii) 乘法运算满足结合律且 1 是乘法运算的单位元; (iii) 乘法运算对加法运算满足分配律.

类似的例子还有很多, 从中可抽象出环的定义.

定义 5.3.1 设 A 是一个集合, $\oplus$ 和 $\otimes$ 是 A 上的两个代数运算. 如果

(1) $(A, \oplus)$ 是一个交换群;

(2) $\otimes$ 满足结合律;

(3) $\otimes$ 存在一个单位元, 即存在 $e \in A$, 使得 $\forall x \in A, x \otimes e = e \otimes x = x$;

(4) $\otimes$ 对 $\oplus$ 满足分配律, 即

$$\forall (x, y, z) \in A^3, \qquad \begin{cases} x \otimes (y \oplus z) = (x \otimes y) \oplus (x \otimes z) \\ (x \oplus y) \otimes z = (x \otimes z) \oplus (y \otimes z) \end{cases}$$

则称 $(A, \oplus, \otimes)$ 是一个**环**, 简称 A 是一个环. 进一步, 如果 $\otimes$ 满足交换律, 则称 A 是一个**交换环**.

记号: 设 $(A, \oplus, \otimes)$ 是一个环.

(1) 称 $\oplus$ 为 A 的加法运算, $\otimes$ 为 A 的乘法运算. 常用 xy 表示 $x \otimes y$, 用 $x + y$ 表示 $x \oplus y$.

(2) 加法运算的单位元常记为 0_A 或 0, 乘法运算的单位元常记为 1_A 或 1.

(3) 设 $a \in A$, a 在 $(A, \oplus)$ 中的逆元记为 $(-a)$; 如果 a 在乘法运算下可逆, 其逆元记为 a^{-1}.

(4) 设 $a \in A$, $n \in \mathbb{N}^*$, 记 $na = \underbrace{a \oplus a \oplus \cdots \oplus a}_{n个}$, $a^n = \underbrace{a \otimes a \otimes \cdots \otimes a}_{n个}$, 规定 $a^0 = 1$, $0_A^0 = 1$.

例 5.3.1 根据定义 5.3.1, 可验证 $(\mathbb{Z}, +, \times)$, $(\mathbb{Q}, +, \times)$, $(\mathbb{R}, +, \times)$ 都是交换环.

命题 5.3.1 设 $(A, \oplus, \otimes)$ 是一个环, 则

(1) $\forall a \in A$, $0_A \otimes a = a \otimes 0_A = 0_A$;

(2) $\forall (a, b) \in A^2$, $(-a) \otimes b = a \otimes (-b) = -(a \otimes b)$.

证 明 (1) 设 $a \in A$. 根据分配律, 有

$$(a \otimes 0_A) \oplus (a \otimes 0_A) = a \otimes (0_A \oplus 0_A) = a \otimes 0_A = (a \otimes 0_A) \oplus 0_A$$

根据 $\oplus$ 的消去律, 有 $a \otimes 0_A = 0_A$. 同理可证 $0_A \otimes a = 0_A$.

(2) 设 $(a, b) \in A^2$. 根据分配律, 有

$$\big(a \otimes (-b)\big) \oplus (a \otimes b) = a \otimes \big((-b) \oplus b\big) = a \otimes 0_A = 0_A$$

最后一个等号根据 (1) 得出. 因此, $a \otimes (-b) = -(a \otimes b)$. 同理可证 $(-a) \otimes b = -(a \otimes b)$.

注 5.3.1 如果 $0_A = 1_A$, 则对于任意 $x \in A, x = x \otimes 1_A = x \otimes 0_A = 0_A$, 故 $A = \{0_A\}$. 此时, $(A, \oplus, \otimes)$ 称为零环. 本书讨论的所有环都是非零环, 即 $0_A \neq 1_A$.

命题 5.3.2 设 $(A, +, \times)$ 是一个环. 如果 $(a, b) \in A^2$ 满足 $ab = ba$, 则

$$\forall n \in \mathbb{N}^*, \ (a+b)^n = \sum_{p=0}^{n} C_n^p a^p b^{n-p}.$$

证 明 设 $n \in \mathbb{N}^*$, 定义 $\mathcal{P}(n)$: $(a+b)^n = \sum\limits_{p=0}^{n} C_n^p a^p b^{n-p}$.

- $\mathcal{P}(1)$ 成立: 因为 $(a+b) = C_1^0 a^0 b^1 + C_1^1 a^1 b^0 = a + b$.
- $\mathcal{P}(n) \Longrightarrow \mathcal{P}(n+1)$: 设 $n \in \mathbb{N}^*$, 假设 $\mathcal{P}(n)$ 成立. 根据 $ab = ba$ 以及 $C_n^{p-1} + C_n^p = C_{n+1}^p$, 有

$$\begin{aligned}
(a+b)^{n+1} &= (a+b)(a+b)^n = (a+b)\sum_{p=0}^{n} C_n^p a^p b^{n-p} \\
&= \sum_{p=0}^{n} C_n^p a^{p+1} b^{n-p} + \sum_{p=0}^{n} C_n^p a^p b^{n+1-p} \qquad (ab = ba) \\
&= \sum_{p=1}^{n+1} C_n^{p-1} a^p b^{n+1-p} + \sum_{p=0}^{n} C_n^p a^p b^{n+1-p} \\
&= C_n^n a^{n+1} + C_n^0 b^{n+1} + \sum_{p=1}^{n} (C_n^{p-1} + C_n^p) a^p b^{n+1-p} \\
&= C_n^n a^{n+1} + C_n^0 b^{n+1} + \sum_{p=1}^{n} C_{n+1}^p a^p b^{n+1-p} \\
&= \sum_{p=0}^{n+1} C_{n+1}^p a^p b^{n+1-p}.
\end{aligned}$$

故 $\mathcal{P}(n+1)$ 成立.

根据第一数学归纳法知, 对于任意 $n \in \mathbb{N}^*, \mathcal{P}(n)$ 成立.

定义 5.3.2 设 $(A,\oplus,\otimes)$ 是一个环, $x\in A$, 如果 x 关于乘法运算可逆, 即存在 $y\in A$, 使得 $x\otimes y=y\otimes x=1_A$, 则称 x 是 A 的一个**单位**. A 中所有单位构成的集合记为 A^*.

命题 5.3.3 设 $(A,\oplus,\otimes)$ 是一个环, 则 $(A^*,\otimes)$ 是一个群, 称为 A 的**单位元群**.

证 明 根据群的定义进行证明.

- 设 $(x,y)\in(A^*)^2$. 根据命题 5.1.3知, $x\otimes y$ 也可逆, 故 $x\otimes y\in A^*$. 于是 $\otimes$ 是 A^* 上的一个代数运算.
- 运算 $\otimes$ 在 A 上满足结合律, 故在 A^* 上也满足结合律.
- 1_A 是 $(A^*,\otimes)$ 的单位元.
- 设 $x\in A^*$. 根据可逆元的定义, $x^{-1}\in A^*$.

综上, $(A^*,\otimes)$ 是一个群.

例 5.3.2 在环 $(\mathbb{Q},+,\times)$ 中, $\mathbb{Q}^*$ 为所有非零有理数; 在环 $(\mathbb{R},+,\times)$ 中, $\mathbb{R}^*$ 为所有非零实数.

例 5.3.3 在环 $(\mathbb{Z},+,\times)$ 中, $\mathbb{Z}^*=\{1,-1\}$.

证 明 设 $a\in\mathbb{Z}$ 是 $(\mathbb{Z},+,\times)$ 的一个单位. 根据单位的定义, 存在 $b\in\mathbb{Z}$, 使得 $ab=ba=1$. 从而 $|a||b|=1$, 故 $|a|=1$, 即 a 等于 1 或 -1. 另一方面, 显然 1 和 -1 都是 $(\mathbb{Z},+,\times)$ 的单位. 因此, $\mathbb{Z}^*=\{1,-1\}$.

定义 5.3.3 设 $(A,\oplus,\otimes)$ 是一个环, $a\in A$ 且 $a\neq 0_A$. 如果存在 $x\in A$ 且 $x\neq 0_A$, 使得 $a\otimes x=0_A$, 则称 a 是 $(A,\oplus,\otimes)$ 的一个**零因子**.

定义 5.3.4 没有零因子的交换环称为**整环**.

例 5.3.4 $(\mathbb{Z},+,\times),(\mathbb{Q},+,\times),(\mathbb{R},+,\times)$ 都是整环.

定义 5.3.5 设 $(\mathbb{K},\oplus,\otimes)$ 是一个交换环. 如果 $\mathbb{K}$ 中除 0_A 外的所有元素都可逆, 则称 $(\mathbb{K},\oplus,\otimes)$ 是一个**域**, 简称 $\mathbb{K}$ 是一个域.

例 5.3.5 $(\mathbb{Q},+,\times)$, $(\mathbb{R},+,\times)$, $(\mathbb{C},+,\times)$ 都是域, 而 $(\mathbb{Z},+,\times)$ 不是域.

定义 5.3.6 设 $(A,\oplus,\otimes)$ 是一个环, $x\in A$. 如果存在 $n\in\mathbb{N}^*$, 使得 $x^n=0_A$, 则称 x 是 A 的一个**幂零元**.

5.3.2 子 环

定义 5.3.7 设 $(A,\oplus,\otimes)$ 是一个环, $B\subseteq A$. 如果

(1) $(B,\oplus)$ 是 $(A,\oplus)$ 的子群 ;

(2) $1_A\in B$;

(3) $\forall(x,y)\in B^2, x\otimes y\in B$.

则称 $(B,\oplus,\otimes)$ 是 $(A,\oplus,\otimes)$ 的**子环** .

注 5.3.2 与子群本身是一个群类似, 可以证明, 环 A 的每一个子环本身也是一个环.

例 5.3.6 根据子环的定义, 可以验证 $(\mathbb{Z},+,\times)$ 是 $(\mathbb{Q},+,\times)$ 的子环.

例 5.3.7 设 $\mathbb{Z}[\sqrt{2}]=\left\{a+\sqrt{2}b \mid a,b\in\mathbb{Z}\right\}$, 则 $\left(\mathbb{Z}[\sqrt{2}],+,\times\right)$ 是 $(\mathbb{R},+,\times)$ 的一个子环.

证 明
- 显然, $\mathbb{Z}[\sqrt{2}]\subseteq\mathbb{R}$ 且非空.
- 设 $(a_1,a_2,b_1,b_2)\in\mathbb{Z}^4$, 则 $(a_1+b_1\sqrt{2})-(a_2+b_2\sqrt{2})=(a_1-a_2)+(b_1-b_2)\sqrt{2}\in\mathbb{Z}[\sqrt{2}]$. 根据命题 5.2.3知, $\left(\mathbb{Z}[\sqrt{2}],+\right)$ 是 $(\mathbb{Z},+)$ 的子群.

- 因为 $1 = 1 + 0 \times \sqrt{2}$, 所以 $1 \in \mathbb{Z}[\sqrt{2}]$.
- 设 $(a_1, a_2, b_1, b_2) \in \mathbb{Z}^4$, 则

$$(a_1 + b_1\sqrt{2})(a_2 + b_2\sqrt{2}) = (a_1a_2 + 2b_1b_2) + (a_1b_2 + a_2b_1)\sqrt{2} \in \mathbb{Z}[\sqrt{2}]$$

综上, $(\mathbb{Z}[\sqrt{2}], +, \times)$ 是 $(\mathbb{R}, +, \times)$ 的一个子环.

5.3.3 环同态

定义 5.3.8 设 $(A, +, \times)$ 和 $(A', \oplus, \otimes)$ 是两个环, $f \in \mathcal{F}(A, A')$. 如果

(1) $\forall (x, y) \in A^2,\ f(x + y) = f(x) \oplus f(y)$;

(2) $\forall (x, y) \in A^2,\ f(x \times y) = f(x) \otimes f(y)$;

(3) $f(1_A) = 1_{A'}$.

则称 f 是从 $(A, +, \times)$ 到 $(A', \oplus, \otimes)$ 的一个**环同态**.

例 5.3.8 定义映射

$$\begin{aligned} f: \mathbb{Z} &\to \mathbb{Q} \\ x &\mapsto x \end{aligned}$$

显然, f 是从 $(\mathbb{Z}, +, \times)$ 到 $(\mathbb{Q}, +, \times)$ 的一个环同态.

例 5.3.9 定义映射

$$\begin{aligned} f: \mathbb{Z} &\to \mathbb{Z} \\ x &\mapsto 2x \end{aligned}$$

则 f 不是从 $(\mathbb{Z}, +, \times)$ 到 $(\mathbb{Z}, +, \times)$ 的环同态, 因为 $f(1) = 2 \neq 1$.

命题 5.3.4 设 $(A, +, \times)$ 和 $(A', \oplus, \otimes)$ 是两个环, f 是从 $(A, +, \times)$ 到 $(A', \oplus, \otimes)$ 的一个环同态, 则

(1) $f(0_A) = 0_{A'}$;

(2) $\forall x \in A, f(-x) = -f(x)$;

(2) 设 $x \in A$, 如果 x 在乘法运算下可逆, 则 $f(x^{-1}) = f(x)^{-1}$.

证　明 (1) 根据环同态的定义知, $f(0_A) = f(0_A) \oplus f(0_A)$. 由于 $0_{A'}$ 为群 $(A', \oplus)$ 的单位元, 故 $0_{A'} \oplus f(0_A) = f(0_A) \oplus f(0_A)$. 在 $(A', \oplus)$ 中利用群运算的消去律, 可得 $f(0_A) = 0_{A'}$.

(2) 设 $x \in A$. 根据 (1) 和群同态的定义知, $f(-x) \oplus f(x) = f(-x + x) = f(0_A) = 0_{A'}$, 故 $f(-x) = -f(x)$.

(3) 设 $x \in A$, 并假设 x 在乘法运算下可逆. 根据环同态定义, 有 $f(x) \otimes f(x^{-1}) = f(x \times x^{-1}) = f(1_A) = 1_{A'}$. 同理可证 $f(x^{-1}) \otimes f(x) = 1_{A'}$, 因此, $f(x^{-1}) = f(x)^{-1}$.

定义 5.3.9 设 $(A, +, \times)$ 和 $(A', \oplus, \otimes)$ 是两个环, f 是从 $(A, +, \times)$ 到 $(A', \oplus, \otimes)$ 的一个环同态.

(1) 称 $f(A) = \{y \in A' \mid \exists x \in A, y = f(x)\}$ 为 f 的**像**, 记为 $\mathrm{Im}(f)$;

(2) 称 $f^{-1}(\{0_{A'}\}) = \{x \in A \mid f(x) = 0_{A'}\}$ 为 f 的**核**, 记为 $\mathrm{Ker}(f)$.

命题 5.3.5 设 $(A, +, \times)$ 和 $(A', \oplus, \otimes)$ 是两个环, f 是从 $(A, +, \times)$ 到 $(A', \oplus, \otimes)$ 的一个环同态, 则 f 是单同态当且仅当 $\mathrm{Ker}(f) = \{0_A\}$.

5.4 模 n 剩余类环

前面学习了群、环、域的相关概念, 为了加深理解, 本节介绍一类重要的例子——模 n 剩余类环.

5.4.1 $\mathbb{Z}_n$ 中的元素

首先回顾整数集 $\mathbb{Z}$ 上的模 n 同余关系. 设 $n \in \mathbb{N}$ 且 $n \geqslant 2$, 定义 $\mathbb{Z}$ 上的二元关系:

$$\forall (x,y) \in \mathbb{Z}^2, \quad x \sim_n y \Longleftrightarrow (\exists k \in \mathbb{Z} : x - y = kn)$$

则 $\sim_n$ 是 $\mathbb{Z}$ 上的等价关系, $\mathbb{Z}$ 在此等价关系下的商集为 $\mathbb{Z}/\sim_n$.

命题 5.4.1 商集 $\mathbb{Z}/\sim_n = \{C_0, C_1, \cdots, C_{n-1}\}$, 以后常将这个商集记为 $\mathbb{Z}_n$.

证 明 设 $(a,b) \in [\![0, n-1]\!]^2$, 并假设 $C_a = C_b$, 则 $a \sim_n b$. 根据定义知, 存在 $k \in \mathbb{Z}$, 使得 $|a-b| = |kn| < n$. 于是 $a = b$ 且 $k = 0$. 故 $C_0, C_1, \cdots, C_{n-1}$ 互不相等. 记 $\mathbb{Z}_n = \{C_0, C_1, \cdots, C_{n-1}\}$.

- 根据等价类的定义知, $\mathbb{Z}_n \subseteq \mathbb{Z}/\sim_n$.
- 下面证明 $\mathbb{Z}/\sim_n \subseteq \mathbb{Z}_n$. 设 $x \in \mathbb{Z}$,

(i) 如果 $x \in [\![0, n-1]\!]$, 则 $C_x \in \mathbb{Z}_n$.

(ii) 假设 $x \notin [\![0, n-1]\!]$. 根据带余除法知, 存在 $(q, r) \in Z^2$, 使得 $x = nq + r$, 其中 $r \in [\![0, n-1]\!]$. 从而 $x - r = nq$. 根据定义 $x \sim_n r$, 从而有 $C_x = C_r \in \mathbb{Z}_n$.

综上, $\mathbb{Z}/\sim_n = \{C_0, C_1, \cdots, C_{n-1}\}$.

注 5.4.1 (1) 为书写方便, 简记 $\sim_n$ 为 $\sim$;

(2) 设 $k \in \mathbb{Z}$, 记 $[k]$ 代表 k 在等价关系 $\sim$ 下所代表的等价类 C_k.

5.4.2 $\mathbb{Z}_n$ 的代数结构

本小节, 将在 $\mathbb{Z}_n$ 上定义两个代数运算 $\oplus$ 和 $\otimes$, 问题在于如何构造从 $\mathbb{Z}_n \times \mathbb{Z}_n$ 到 $\mathbb{Z}_n$ 的映射 ψ 呢? 注意到在 $\mathbb{Z}_n$ 中, 同一个元素表示方式并不是唯一的, 比如 $[0] = [n]$, $[1] = [n+1]$. 从而 $([0], [1]) = ([n], [n+1])$. 根据映射的定义知, 定义域内的每一个元素有且只有一个像, 这就要求我们定义的映射 ψ 必须满足 $\psi([0], [1]) = \psi([n], [n+1])$. 映射 ψ 的这种性质是以前没有见过的.

下面首先给出 $\oplus$ 的定义.

命题 5.4.2 设 $n \in \mathbb{N}$ 且 $n \geqslant 2$, 定义:

$$\begin{aligned} \oplus: \quad \mathbb{Z}_n \times \mathbb{Z}_n &\to \mathbb{Z}_n \\ ([x], [y]) &\mapsto [x+y] \end{aligned}$$

则 $\oplus$ 是一个合理定义的映射, 即 $\oplus$ 是 $\mathbb{Z}_n$ 上的一个代数运算.

证 明 根据映射的定义, 需要证明:

$$\forall(a,b,m,p)\in\mathbb{Z}^4,\quad \big(([a],[b])=([m],[p])\big)\Longrightarrow\big([a+b]=[m+p]\big)$$

设 $(a,b,m,p)\in\mathbb{Z}^4$ 满足 $\big([a],[b]\big)=\big([m],[p]\big)$, 则 $[a]=[m]$ 且 $[b]=[p]$, 即 $a\sim m$ 且 $b\sim p$. 从而存在 $(k_1,k_2)\in\mathbb{Z}^2$, 使得 $a-m=k_1n$ 且 $b-p=k_2n$. 进而有 $(a+b)-(m+p)=(k_1+k_2)n$, 因此 $(a+b)\sim(m+p)$. 故 $[a+b]=[m+p]$.

设 $(m,n,p)\in\mathbb{Z}^3$, 容易验证如下等式成立:

(1) $[m]\oplus\big([n]\oplus[p]\big)=\big([m]\oplus[n]\big)\oplus[p]$;

(2) $[m]\oplus[0]=[0]\oplus[m]=[m]$;

(3) $[m]\oplus[-m]=[0]$;

(4) $[m]\oplus[n]=[n]\oplus[m]$.

于是证明了如下结论 (命题 5.4.3):

命题 5.4.3 设 $n\in\mathbb{N}$ 且 $n\geqslant 2$, 则 $(\mathbb{Z}_n,\oplus)$ 是一个交换群.

下面在 $\mathbb{Z}_n$ 上定义另一个代数运算 $\otimes$.

命题 5.4.4 设 $n\in\mathbb{N}$ 且 $n\geqslant 2$, 定义:

$$\begin{aligned}\otimes:\ \mathbb{Z}_n\times\mathbb{Z}_n &\ \to\ \mathbb{Z}_n\\ \big([x],[y]\big) &\ \mapsto\ [xy]\end{aligned}$$

则 $\otimes$ 是一个合理定义的映射, 即 $\otimes$ 是 $\mathbb{Z}_n$ 上的一个代数运算.

证 明 根据映射的定义, 需要证明:

$$\forall(a,b,m,p)\in\mathbb{Z}^4,\ \big(([a],[b])=([m],[p])\big)\Longrightarrow\big([ab]=[mp]\big)$$

设 $(a,b,m,p)\in\mathbb{Z}^4$ 满足 $([a],[b])=([m],[p])$, 则 $[a]=[m]$ 且 $[b]=[p]$, 即 $a\sim m$ 且 $b\sim p$. 从而存在 $(k_1,k_2)\in\mathbb{Z}^2$, 使得 $a-m=k_1n$ 且 $b-p=k_2n$. 进而 $ab=(m+k_1n)(p+k_2n)=mp+(mk_2+pk_1+k_1k_2)n$, 因此 $ab\sim mp$. 故 $[ab]=[mp]$.

设 $(m,n,p)\in\mathbb{Z}^3$, 容易验证如下等式成立:

(1) $\big([m]\otimes[n]\big)\otimes[p]=[m]\otimes\big([n]\otimes[p]\big)$;

(2) $[1]\otimes[m]=[m]\otimes[1]=[m]$;

(3) $[m]\otimes[n]=[n]\otimes[m]$.

进一步, 可以验证 $\otimes$ 对 $\oplus$ 满足分配律. 于是证明了如下结论 (命题 5.4.5):

命题 5.4.5 (模 n 剩余类环) 设 $n\in\mathbb{N}$ 且 $n\geqslant 2$, 则 $(\mathbb{Z}_n,\oplus,\otimes)$ 是一个交换环.

命题 5.4.6 设 $n\in\mathbb{N}$ 且 $n\geqslant 2$.

(1) 设 $m\in\mathbb{Z}$, 则 $[m]$ 是 $(\mathbb{Z}_n,\oplus,\otimes)$ 的一个单位当且仅当 m 与 n 互素.

(2) $(\mathbb{Z}_n,\oplus,\otimes)$ 是一个域当且仅当 n 是素数.

证 明 (1) 设 $m\in\mathbb{Z}$, 则

$[m]$ 是 $(\mathbb{Z}_n,\oplus,\otimes)$ 的一个单位 $\Longleftrightarrow \exists\ [p]\in\mathbb{Z}_n,\ [m][p]=[mp]=[1]$

$\Longleftrightarrow \exists\ k\in\mathbb{Z},\ mp-1=kn$

$\Longleftrightarrow mp-kn=1$ (命题 4.1.3)

$\Longleftrightarrow m$ 与 n 互素.

(2) $(\mathbb{Z}_n,\oplus,\otimes)$ 是一个域 $\iff \forall m\in[\![1,n-1]\!],[m]$ 可逆

$\iff \forall m\in[\![1,n-1]\!],m$ 与 n 互素

$\iff n$ 是素数.

例 5.4.1 考虑环 $(\mathbb{Z}_8,\oplus,\otimes)$. 根据命题 5.4.6 知, $[3],[5],[7]$ 都是 $\mathbb{Z}_8$ 的可逆元. 因为 $[2][4]=[0]$ 且 $[2]$ 和 $[4]$ 均非零, 所以 $[2]$ 和 $[4]$ 都是 $\mathbb{Z}_8$ 的零因子. 因为 $[2]^3=[0]$, 所以 $[2]$ 是 $\mathbb{Z}_8$ 的幂零元.

例 5.4.2 在 $\mathbb{Z}_5$ 中, $[1]^{-1}=[1]$, $[2]^{-1}=[3]$, $[3]^{-1}=[2]$, $[4]^{-1}=[4]$. 因此, $(\mathbb{Z}_5,\oplus,\otimes)$ 是一个域.

下面通过两个例子简要介绍模 n 剩余类环在数论中的应用.

例 5.4.3 求 2^{100} 除以 13 的余数.

解 因为 $2\wedge 13=1$, 由费马小定理知, $13\mid(2^{12}-1)$. 于是在 $\mathbb{Z}_{13}$ 中, $[2^{12}]=[2]^{12}=[1]$. 进一步, $[2^{100}]=[(2^{12})^8\times 16]=[2^{12}]^8\times[16]=[16]=[3]$. 因此, 2^{100} 除以 13 的余数为 3.

例 5.4.4 证明: $\forall n\in\mathbb{N},\ 7\mid(3^{2n+1}+2^{n+2})$.

证明 设 $n\in\mathbb{N}$. 在 $\mathbb{Z}_7$ 中, $[9]=[2]$ 且 $[7]=[0]$, 因此

$$[3^{2n+1}+2^{n+2}]=[3][9^n]+[4][2^n]=[3][2^n]+[4][2^n]=[7][2^n]=[0]$$

故 $7\mid(3^{2n+1}+2^{n+2})$.

习题 5

★ 基础题

5.1 判断下列代数运算是否满足结合律, 是否满足交换律.

(1) $\mathbb{R}^2$ 上的运算: $\forall\,(x,y),(x',y')\in\mathbb{R}^2$, $(x,y)*(x',y')=(xx',xy'+y)$;

(2) 最大公因数运算 $\mathrm{pgcd}:\mathbb{N}^*\times\mathbb{N}^*\to\mathbb{N}^*$, $(a,b)\mapsto a\wedge b$ (提示: 利用素因子分解定理);

(3) 最小公倍数运算 $\mathrm{ppcm}:\mathbb{N}^*\times\mathbb{N}^*\to\mathbb{N}^*$, $(a,b)\mapsto a\vee b$;

(4) $\mathbb{R}^3$ 中向量的矢量积运算: 设 $\vec{m}=(x_1,y_1,z_1)$, $\vec{n}=(x_2,y_2,z_2)$. 定义

$$\vec{m}\times\vec{n}=\big(y_1z_2-y_2z_1,-x_1z_2+x_2z_1,x_1y_2-x_2y_1\big)$$

上述集合在相应的代数运算下是否存在单位元? 若存在, 写出单位元并给出集合中元素可逆需要满足的条件.

5.2 (1) 证明: $\mathbb{R}$ 上的最大值运算 max 对最小值运算 min 满足分配律;

(2) 证明: $\mathbb{N}^*$ 上的最小公倍数运算对最大公因数运算满足分配律, 即

$$\forall\,(a,b,c)\in(\mathbb{N}^*)^3\quad (a\wedge b)\vee c=(a\vee c)\wedge(b\vee c)\ \text{且}\ a\vee(b\wedge c)=(a\vee b)\wedge(a\vee c)$$

5.3 在下列情形中, 证明 $*$ 是 G 上的一个代数运算, $(G,*)$ 是一个群.

(1) $G=]-1,1[$, 映射 $*:G\times G\to G$, $(x,y)\mapsto \dfrac{x+y}{1+xy}$;

(2) $G=\mathbb{R}\backslash\{-1\}$, 映射 $*:G\times G\to G$, $(x,y)\mapsto x+y+xy$.

5.4 设 $n\in\mathbb{N}^*$, 定义 $\mathbb{U}=\{z\in\mathbb{C}\mid |z|=1\}$, $\mathbb{U}_n=\{z\in\mathbb{C}\mid z^n=1\}$.

(1) 证明 $(\mathbb{U},\times)$ 是 $(\mathbb{C}^*,\times)$ 的子群, $(\mathbb{U}_n,\times)$ 是 $(\mathbb{U},\times)$ 的子群;

(2) 设 $m\in\mathbb{N}^*$. 证明 $(\mathbb{U}_m,\times)$ 是 $(\mathbb{U}_n,\times)$ 的子群当且仅当 m 整除 n.

5.5 设 E 是一个非空集合, $a\in E$. 记 $(S(E),\circ)$ 为 E 上所有双射构成的群.

(1) 记 $S_a=\{f\in S(E)\mid f(a)=a\}$. 证明 $(S_a,\circ)$ 是 $(S(E),\circ)$ 的子群;

(2) 假设 $(E,*)$ 是一个群, a^{-1} 是 a 的逆元, 记 $S'_a=\{f\in S(E)\mid f(a)=a^{-1}\}$. 研究 $(S'_a,\circ)$ 是否是 $(S(E),\circ)$ 的子群.

5.6 设 $n\in\mathbb{N}^*$, d 是 n 的一个正因数. 记 $\mathbb{U}_n=\{z\in\mathbb{C}\mid z^n=1\}$, $q=\dfrac{n}{d}$.

(1) 证明映射 $f:\mathbb{U}_n\to\mathbb{U}_d,\ z\mapsto z^q$ 是一个合理定义的群同态;

(2) 计算 f 的核 $\mathrm{Ker}(f)$, 给出 d 需要满足的一个充要条件使得 f 是同构映射.

5.7 设 $(a,b,c,d)\in\mathbb{R}^4$. 考虑群 $(\mathbb{R}^2,+)$ 上的映射

$$f:(\mathbb{R}^2,+)\to(\mathbb{R}^2,+),\ (x,y)\mapsto(ax+by,cx+dy)$$

(1) 证明 f 是群同态, 并计算 $\mathrm{Ker}(f)$;

(2) 分别讨论当 (a,b,c,d) 满足什么条件时, f 是单同态、满同态和同构映射.

5.8 设 $(G,\cdot)$ 是一个群, $a\in G$.

(1) 证明 $\tau_a:G\to G,\ x\mapsto a\cdot x\cdot a^{-1}$ 是一个自同构;

(2) 记 $G_a=\{x\in G\mid x\cdot a=a\cdot x\}$. 证明 $(G_a,\cdot)$ 是 $(G,\cdot)$ 的一个子群.

5.9 设 $(G,*)$ 是一个群, $a\in G$. 定义 G 上代数运算 $x\cdot y=x*a*y$.

(1) 证明 $(G,\cdot)$ 是一个群;

(2) 记 a^{-1} 为 a 在 $(G,*)$ 中的逆元. 证明 $f:(G,*)\to(G,\cdot),\ x\mapsto x*a^{-1}$ 是一个同构映射.

5.10 设 G 是一个有限群, $|G|=3$. 记 $G=\{e,a,b\}$, 其中 e 为单位元.

(1) 证明: $ab=ba=e$;

(2) 计算 a^2, b^2, 并给出 G 的乘法表.

5.11 (Klein 4-群) 设 $K_4=\{e,a,b,c\}$ 是一个阶数为 4 的有限群, 其中 e 为单位元且满足 $a^2=b^2=c^2=e$. 给出 K_4 的乘法表.

5.12 证明 Klein 4-群 K_4 与群 $\mathbb{U}_4$ 不同构 (*提示: 假设存在同构 f, 研究 $f(a)$ 可能的取值*).

5.13 考虑 $\mathbb{C}$ 的子集 $A=\{x+yj\mid (x,y)\in\mathbb{Z}^2\}$, 其中 $j=\exp\left(\dfrac{2\pi i}{3}\right)$.

(1) 证明 $(A,+,\times)$ 是一个环;

(2) 证明: $\forall z\in A, |z|^2\in\mathbb{N}$, 进而证明若 $z\in A^*$, 则 $|z|=1$;

(3) 写出 A^* 中的所有元素, 并说明 A^* 与 $\mathbb{U}_n$ 有什么关系?

5.14 利用模 n 剩余类环 $\mathbb{Z}_n$ 的性质, 证明下列结论:

(1) $\forall m\in\mathbb{Z},\ 6\mid(5m^3+m)$.

(2) $\forall m\in\mathbb{Z},\ 8\mid(m^5-5m^3+4m)$.

5.15 记 $\mathbb{U}_n=\left\{z\in\mathbb{C}\mid z^n=1\right\}$ 为 1 的 $n\in\mathbb{N}^*$ 次单位根, 设 $(k,l)\in[\![0,n-1]\!]^2$, 定义映射

$$\oplus:\quad \mathbb{U}_n\times\mathbb{U}_n\to\mathbb{U}_n,\qquad \left(\mathrm{e}^{\frac{2k\pi}{n}i},\mathrm{e}^{\frac{2l\pi}{n}i}\right)\mapsto \mathrm{e}^{\frac{2(k+l)\pi}{n}i}$$
$$\otimes:\quad \mathbb{U}_n\times\mathbb{U}_n\to\mathbb{U}_n,\qquad \left(\mathrm{e}^{\frac{2k\pi}{n}i},\mathrm{e}^{\frac{2l\pi}{n}i}\right)\mapsto \mathrm{e}^{\frac{2(kl)\pi}{n}i}$$

(1) 证明 $(\mathbb{U}_n,\oplus,\otimes)$ 是一个交换环;

(2) 设 $m\in[\![0,n-1]\!]$, 证明 $\mathrm{e}^{\frac{2m\pi}{n}i}$ 是可逆元当且仅当 m 与 n 互素;

(3) 证明: 若 n 是素数, 则 $(\mathbb{U}_n,\oplus,\otimes)$ 是一个域;

(4) 给出 $\mathbb{U}_{11}^*$ 中每个元素的逆元.

★ 提高题

5.16 设 $(G,*)$ 是一个有限群, f 是 $(G,*)$ 的一个自同构. 记 $A=\{x\in G\mid f(x)=x^{-1}\}$. 证明: 若 $|A|>\dfrac{1}{2}|G|$, 则 $f\circ f=\mathrm{id}_G$.

5.17 设 $(G,*)$ 是一个有限群, $(H,*)$ 是 $(G,*)$ 的子群. 证明: 若 $|H|>\dfrac{1}{2}|G|$, 则 $H=G$.

5.18 证明群 $(\mathbb{Q},+)$ 与群 $(\mathbb{Q}_+^*,\times)$ 不同构, 群 $(\mathbb{R}^*,\times)$ 与群 $(\mathbb{C}^*,\times)$ 不同构.

5.19 设 $A=\left\{\dfrac{m}{n}\mid m\in\mathbb{Z},n\text{为奇数}\right\}$. 证明: $(A,+,\times)$ 是 $(\mathbb{Q},+,\times)$ 的子环, 并给出 A 的所有可逆元.

5.20 设 A_1, A_2 分别是如下由 $\mathbb{C}$ 到它自身的映射构成的集合:

$$A_1=\left\{z\mapsto az+b\mid a\in\mathbb{C}^*,b\in\mathbb{C}\right\},\qquad A_2=\left\{z\mapsto a\overline{z}+b\mid a\in\mathbb{C}^*,b\in\mathbb{C}\right\}$$

另设 $A=A_1\cup A_2$, $n\in\mathbb{N}$, $n\geqslant 3$. 记 $\mathbb{U}_n=\left\{\mathrm{e}^{\frac{2k\pi i}{n}}\mid k\in[\![0,n-1]\!]\right\}$.

(1) 证明 $(A,\circ)$ 是一个群;

(2) 证明 $(A_1,\circ)$ 是的 $(A,\circ)$ 的子群;

(3) 说明 $(A_2,\circ)$ 是否为 $(A,\circ)$ 的子群;

(4) 设 $f\in A$ 满足 $f(\mathbb{U}_n)=\mathbb{U}_n$. 证明存在 $a\in\mathbb{U}_n$, 使得

$$(\ \forall z\in\mathbb{C}, f(z)=az\ )\ \text{或}\ (\ \forall z\in\mathbb{C}, f(z)=a\overline{z}\ )$$

(5) 记 $D_n=\left\{f\in A\mid f(\mathbb{U}_n)=\mathbb{U}_n\right\}$, 证明 $(D_n,\circ)$ 是 $(A,\circ)$ 的子群;

(6) 写出 D_3 与 D_4 中的所有元素, 并描述它们表示的几何意义.

☞ 综合问题　佩尔–费马方程的整数解

在本章综合问题中, n 是一个给定的正整数且满足 $\sqrt{n}$ 是一个无理数. 本章综合问题的目标是研究佩尔–费马方程

$$|x^2-ny^2|=1 \tag{E}$$

的整数解.

一、环 $\mathbb{Z}[\sqrt{n}]$

设 $\mathbb{Z}[\sqrt{n}]=\{a+b\sqrt{n}\mid(a,b)\in\mathbb{Z}^2\}$, 分别记 $+$ 和 $\times$ 表示实数的加法和乘法. 同时设 $z=a+b\sqrt{n}\in\mathbb{Z}[\sqrt{n}]$, 记 $\overline{z}=a-b\sqrt{n}$, $N(z)=z\overline{z}$.

1. 设 $(a,b,a',b')\in\mathbb{Q}^4$. 证明: 若 $a+b\sqrt{n}=a'+b'\sqrt{n}$, 则 $a=a'$ 且 $b=b'$.

2. 证明 $(\mathbb{Z}[\sqrt{n}],+,\times)$ 是 $(\mathbb{R},+,\times)$ 的子环. (注: 根据课堂结论, $(\mathbb{Z}[\sqrt{n}],+,\times)$ 是一个环)

3. 证明: $\forall z\in\mathbb{Z}[\sqrt{n}]$, $N(z)$ 是整数.

4. 证明映射

$$\begin{array}{rccc}\psi: & \mathbb{Z}[\sqrt{n}] & \to & \mathbb{Z}[\sqrt{n}]\\ & z & \mapsto & \overline{z}\end{array}$$

是一个环自同构.

5. 证明: $\forall(z,z')\in\mathbb{Z}[\sqrt{n}]^2$, $N(zz')=N(z)N(z')$.

二、佩尔–费马方程的解集

记 G 是环 $\mathbb{Z}[\sqrt{n}]$ 中的所有单位构成的集合.

1. 证明 $(G,\times)$ 是一个群.

2. 设 $z\in\mathbb{Z}[\sqrt{n}]$. 证明: $z\in G$ 当且仅当 $N(z)=\pm1$.

3. 设 $z=a+b\sqrt{n}\in G$, 证明下列结论:

(1) $(a\geqslant0$ 且 $b\geqslant0)\Longrightarrow(z\geqslant1)$;

(2) $(a\leqslant0$ 且 $b\leqslant0)\Longrightarrow(z\leqslant-1)$;

(3) $ab\leqslant0\Longrightarrow|z|\leqslant1$.

设 $H=\{z\in G\mid z>1\}$. 在本部分余下各题中, 假设 H 不是空集.

4. 设 $z=a+b\sqrt{n}\in H$, $z'=a'+b'\sqrt{n}\in H$. 证明: $a<a'$ 当且仅当 $b<b'$.

5. 证明 H 存在最小元, 记为 u_0, 并求当 $n=2$ 时 u_0 的值.

6. 设 $z\in H$. 证明存在 $p\in\mathbb{N}$, 使得 $u_0^p\leqslant z<u_0^{p+1}$; 然后证明 $z=u_0^p$; 最后证明 $H=\{u_0^p\mid p\in\mathbb{N}^*\}$.

7. 给出方程 (E) 的所有整数解.

8. 当 $n=2$ 时, 给出方程 (E) 满足 $0\leqslant a\leqslant100$ 且 $0\leqslant b\leqslant100$ 的所有整数解 (a,b).

三、佩尔–费马方程解的存在性

下面证明第 2 部分中的集合 H 不是空集.

1. 设 $m\in\mathbb{N}^*$.

(1) 设 $b\in[\![0,m]\!]$. 证明存在 $a\in\mathbb{Z}$, 使得 $b\sqrt{n}-a\in[0,1[$.

(2) 证明存在 $a_m\in\mathbb{Z}$ 和 $b_m\in[\![1,m]\!]$, 使得 $0<|a_m-b_m\sqrt{n}|\leqslant\dfrac{1}{m}$. (提示: 结合 (1) 利用抽屉原理)

(3) 证明 $|a_m^2-nb_m^2|<1+2\sqrt{n}$.

2. 证明集合 $\{(a,b)\in\mathbb{Z}^2\mid|a^2-nb^2|<1+2\sqrt{n}\}$ 是无限集.

3. 证明存在非零整数 k_0, 使得方程 $x^2 - ny^2 = k_0$ 有无穷多个整数解.

4. 证明存在 $(a, a', b, b') \in \mathbb{Z}^4$ 满足: $k_0 \mid (a - a'), k_0 \mid (b - b')$ 且 $a^2 - nb^2 = a'^2 - nb'^2$. (提示：考虑剩余类环 $\mathbb{Z}_{k_0}$, 利用抽屉原理)

5. 保持 3.4 中的记号. 记 $A = \dfrac{aa' - nbb'}{k_0}$, $B = \dfrac{ab' - ba'}{k_0}$. 证明 A 和 B 都是整数且 $A^2 - nB^2 = 1$.

6. 证明 H 不是空集.

第 6 章　多项式和有理分式

本章内容分为多项式和有理分式两部分. 多项式部分主要介绍多项式环上的算术, 多项式根与导数的关系, 以及多项式的不可约分解定理; 有理分式部分主要证明有理分式的单项式分解定理, 并介绍常用的分解方法.

本章若无特殊说明, $\mathbb{K}$ 表示有理数域、实数域或复数域.

6.1　多项式环

6.1.1　多项式的定义

多项式对我们来说并不陌生, 初中学习的二次函数就与多项式密切相关. 本小节从数列的角度给出多项式的抽象定义, 并在定义多项式的乘法以后, 给出多项式的变量表示.

设 $A=(a_i)_{i\in\mathbb{N}}\in\mathbb{K}^{\mathbb{N}}$, 称集合 $\{i\in\mathbb{N}\mid a_i\neq 0\}$ 为 A 的支撑集, 记为 $\mathrm{supp}(A)$.

定义 6.1.1　设 $A=(a_i)_{i\in\mathbb{N}}\in\mathbb{K}^{\mathbb{N}}$. 若 $|\mathrm{supp}(A)|<\infty$, 则称 A 是域 $\mathbb{K}$ 上的一个**一元多项式**.

注 6.1.1　设 $A=(a_i)_{i\in\mathbb{N}}\in\mathbb{K}^{\mathbb{N}}$.

(1)　如果对于任意 $i\in\mathbb{N}, a_i=0$, 则称 A 是**零多项式**, 记为 $A=0$.

(2)　如果对于任意 $i\in\mathbb{N}^*, a_i=0$, 则称 A 是**常数多项式**, 记为 $A=a_0$.

定义 6.1.2　设 $k\in\mathbb{K}$, $(p,q)\in\mathbb{N}^2$ 且 $p\leqslant q$, 另设

$$A=(a_0,a_1,\cdots,a_p,0,0,\cdots)\in\mathbb{K}^{\mathbb{N}},\ B=(b_0,b_1,\cdots,b_q,0,0,\cdots)\in\mathbb{K}^{\mathbb{N}}$$

(1)　A 和 B 的加法定义为

$$A+B=(a_0+b_0,a_1+b_1,\cdots,a_p+b_p,b_{p+1},\cdots,b_q,0,\cdots)$$

(2)　定义 $kA=(ka_0,ka_1,\cdots,ka_p,0,0,\cdots)$.

(3)　A 和 B 的乘积记为 AB, 定义为 $C=(c_i)_{i\in\mathbb{N}}$:

$$\forall i\in\mathbb{N},\quad c_i=\sum_{l+k=i}a_lb_k$$

AB 中的各项对应图 6.1 中每条虚线上元素之和.

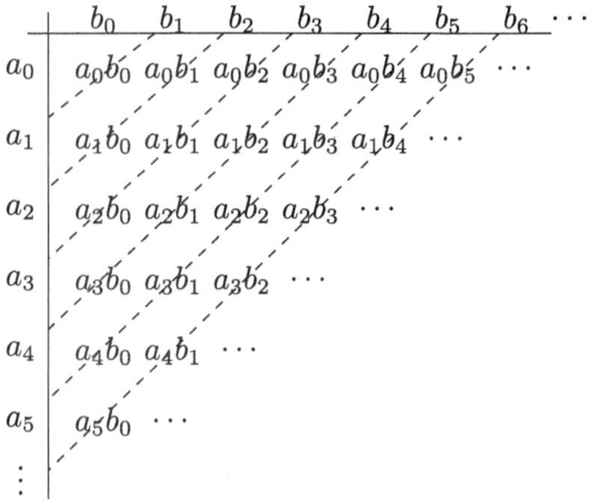

图 6.1

显然, $A+B, kA, AB$ 都是 $\mathbb{K}$ 上的多项式.

多项式的变量表示: 记 $X=(0,1,0,\cdots,0,\cdots)$, 规定 $X^0=(1,0,0,\cdots)$, 并设 $n\in\mathbb{N}^*$, 记

$$X^n=\underbrace{XX\cdots X}_{n\text{个}}$$

根据多项式乘法的定义, 可以验证:

$$\forall(p,q)\in\mathbb{N}^2,\quad X^pX^q=X^{p+q}=(0,\cdots,0,\underset{p+q}{1},0,\cdots)$$

设 $A=(a_n)_{n\in\mathbb{N}}\in\mathbb{K}^{\mathbb{N}}$, $p\in\mathbb{N}$. 若对于任意 $n>p, a_n=0$, 则 $A=\sum\limits_{i=0}^{p}a_iX^i$.

(1) 之后都用 $\sum\limits_{i=0}^{p}a_iX^i$ 代替 A.

(2) 也可将 A 形式上表示为 $\sum\limits_{i=0}^{\infty}a_iX^i$ (当 $i>p$ 时, $a_i=0$).

(3) 域 $\mathbb{K}$ 上的所有一元多项式构成的集合记为 $\mathbb{K}[X]$.

例 6.1.1 设 $A=(1,0,2,0,\cdots,0\cdots)$, 则 A 的变量表示为 $A=1+2X^2$.

注 6.1.2 设 $A=\sum\limits_{i=0}^{\infty}a_iX^i\in\mathbb{K}[X], B=\sum\limits_{i=0}^{\infty}b_iX^i\in\mathbb{K}[X]$. 根据定义 6.1.1 知, $A=B$ 当且仅当 $\forall i\in\mathbb{N}, a_i=b_i$.

6.1.2 多项式集合的代数结构

命题 6.1.1 设 $(p,q)\in\mathbb{N}^2$ 且 $p\leqslant q$, $A=\sum\limits_{i=0}^{p}a_iX^i\in\mathbb{K}[X], B=\sum\limits_{j=0}^{q}b_jX^j\in\mathbb{K}[X]$, 则

(1) $A+B=\sum\limits_{i=0}^{q}(a_i+b_i)X^i$ (当 $i>p$ 时 $a_i=0$);

(2) $AB=\sum\limits_{i=0}^{p}\sum\limits_{j=0}^{q}a_ib_jX^{i+j}=\sum\limits_{n=0}^{p+q}(\sum\limits_{i+j=n}a_ib_j)X^n$.

证 明 根据定义 6.1.2 验证即可.

注 6.1.3 设 $A=\sum\limits_{i=0}^{p}a_iX^i, B=\sum\limits_{j=0}^{q}b_jX^j$. 表达式 $\sum\limits_{i=0}^{p}\sum\limits_{j=0}^{q}a_ib_jX^{i+j}$ 就是将 A 和 B 的乘积按照分配律展开, 而表达式 $\sum\limits_{n=0}^{p+q}(\sum\limits_{i+j=n}a_ib_j)X^n$ 恰为将展开式合并同类项. 例如, 设 $A=1+X, B=1+X+X^2$, 则

$$AB=(1+X+X^2)+(X+X^2+X^3)=1+2X+2X^2+X^3$$

命题 6.1.2 $(\mathbb{K}[X],+)$ 是一个交换群.

证 明 根据多项式加法的定义, $+$ 是 $\mathbb{K}[X]$ 上的代数运算. 显然, 运算 $+$ 满足结合律. 进一步, 零多项式是运算 $+$ 的单位元. 设 $A\in\mathbb{K}[X]$, $(-A)$ 是 A 关于运算 $+$ 的逆元. 显然, 对于任意 $(A,B)\in\mathbb{K}[X]^2$, $A+B=B+A$.

综上, $(\mathbb{K}[X],+)$ 是一个交换群.

命题 6.1.3 设 $(A,B,C)\in\mathbb{K}[X]^3$, 则

(1) $\mathbf{1}A=A$, $AB=BA$, 其中 $\mathbf{1}$ 表示常数多项式 $P=1$;

(2) $A(B+C)=AB+AC$, $(B+C)A=BA+CA$;

(3) $(AB)C=A(BC)$.

证 明 设 $(p,q,r)\in\mathbb{N}^3$, $A=\sum\limits_{i=0}^{p}a_iX^i, B=\sum\limits_{j=0}^{q}b_jX^j, C=\sum\limits_{k=0}^{r}c_kX^k$.

(1) 根据定义 6.1.2, 易知 $\mathbf{1}A=A$. 根据命题 6.1.1(2), 有

$$AB=\sum_{i=0}^{p}\sum_{j=0}^{q}a_ib_jX^{i+j}=\sum_{j=0}^{q}\sum_{i=0}^{p}b_ja_iX^{i+j}=BA$$

(2) 不妨设 $q\geqslant r$. 根据命题 6.1.1, 有

$$A(B+C)=\left(\sum_{i=0}^{p}a_iX^i\right)\left(\sum_{j=0}^{q}(b_j+c_j)X^j\right)=\sum_{i=0}^{p}\sum_{j=0}^{q}a_i(b_j+c_j)X^{i+j}$$
$$=\sum_{i=0}^{p}\sum_{j=0}^{q}a_ib_jX^{i+j}+\sum_{i=0}^{p}\sum_{j=0}^{q}a_ic_jX^{i+j}=AB+AC$$

根据 (1), 得

$$(B+C)A=A(B+C)=AB+AC=BA+CA$$

(3) 根据 (2), 得

$$(AB)C=\sum_{k=0}^{r}c_kABX^k=\sum_{k=0}^{r}c_k\left(\sum_{i=0}^{p}\sum_{j=0}^{q}a_ib_jX^{i+j}\right)X^k$$
$$=\sum_{k=0}^{r}\left(\sum_{i=0}^{p}\sum_{j=0}^{q}a_ib_jc_kX^{i+j+k}\right)$$
$$=\sum_{i=0}^{p}\sum_{j=0}^{q}\sum_{k=0}^{r}a_ib_jc_kX^{i+j+k}$$

同理可证 $A(BC)=\sum\limits_{i=0}^{p}\sum\limits_{j=0}^{q}\sum\limits_{k=0}^{r}a_ib_jc_kX^{i+j+k}$. 因此, $(AB)C=A(BC)$.

定理 6.1.1 (多项式环) $\left(\mathbb{K}[X],+,\times\right)$ 是一个交换环.

证 明 根据命题 6.1.2和 6.1.3, 结论得证.

定义 6.1.3 设 $(P,Q)\in\mathbb{K}[X]^2$, $P=\sum\limits_{k=0}^{n}a_kX^k$, 则多项式 $\sum\limits_{k=0}^{n}a_kQ^k$ 称为 P 和 Q 的**复合**, 记为 $P\circ Q$ 或 $P(Q)$.

例6.1.2 设 $P=X^2+1, Q=X^2$, 则 $P\circ Q=X^4+1, Q\circ P=(X^2+1)^2=X^4+2X^2+1$.

6.1.3 多项式的次数

定义 6.1.4 (多项式的次数) 设 $A=(a_0,a_1,\cdots,a_n,\cdots)=\sum\limits_{i=0}^{\infty}a_iX^i\in\mathbb{K}[X]$ 非零, 称

$$\max\{k\in\mathbb{N}\mid a_k\neq 0\}$$

为 A 的**次数**, 记为 $\deg(A)$. 约定零多项式的次数为 $-\infty$.

注 6.1.4 (1) 根据定义 6.1.4 知, 非零常数多项式的次数是 0.

(2) 设 $A\in\mathbb{K}[X]$ 非零. 若 $\deg(A)=n$, 则称 a_n 是 A 的**首系数**或**主系数**. 进一步, 首系数为 1 的多项式称为**首一多项式**.

命题 6.1.4 设 $(A,B)\in\mathbb{K}[X]^2$, 则

(1) $\deg(A+B)\leqslant\max\left\{\deg(A),\deg(B)\right\}$, 当 A 和 B 次数不相等时取等号;

(2) $\deg(AB)=\deg(A)\deg(B)$.

证 明 若 $A=0$ 或 $B=0$, 结论显然成立. 假设 $A\neq 0$ 且 $B\neq 0$, $\deg(A)=p,\deg(B)=q$, $A=\sum\limits_{i=0}^{p}a_iX^i, B=\sum\limits_{i=0}^{q}b_iX^i$, 则 $a_p\neq 0, b_q\neq 0$.

(1) 由于 $A+B=\sum\limits_{i=0}^{\max\{p,q\}}(a_i+b_i)X^i$, 故 $\deg(A+B)\leqslant\max\left\{\deg(A),\deg(B)\right\}$. 设 $\deg(A)\neq\deg(B)$, $p>q$, 则 $a_p\neq 0, b_p=0$. 从而 $a_p+b_p\neq 0$, 故

$$\deg(A+B)=p=\max\left\{\deg(A),\deg(B)\right\}$$

(2) 根据定义 6.1.2, 有 $C=AB=\sum\limits_{n=0}^{p+q}\left(\sum\limits_{i+j=n}a_ib_j\right)X^n$. 由于 $a_p\neq 0, b_q\neq 0$, 因此 C 的首系数 $a_pb_q\neq 0$. 故

$$\deg(AB)=p+q=\deg(A)+\deg(B)$$

命题 6.1.5 (1) 设 $(A,B)\in\mathbb{K}[X]^2$. 若 $AB=0$, 则 $A=0$ 或 $B=0$. 因此, 多项式环 $\mathbb{K}[X]$ 是一个整环.

(2) 设 $A\in\mathbb{K}[X]$, 则 A 是 $\mathbb{K}[X]$ 中的可逆元当且仅当存在 $\lambda\in\mathbb{K}^*$ 使得 $A=\lambda$.

证 明 (1) 假设 A 和 B 都不为零. 根据命题 6.1.4, 有 $\deg(AB) = \deg(A)+\deg(B) \geqslant 0$, 故 $AB \neq 0$. 根据原命题和逆否命题的等价性, 结论得证.

(2) 假设存在 $\lambda \in \mathbb{K}^*$ 使得 $A = \lambda$. 记 $C = \lambda^{-1}$, 则 $AC = CA = 1$, 从而 A 可逆. 反过来, 假设 A 可逆, 则存在 $C \in \mathbb{K}[X]$, 使得 $AC = 1$, 显然 A 和 C 均非零. 由于 $0 = \deg(AC) = \deg(A) + \deg(C)$, 故 $\deg(A) = 0$. 进而, 存在 $\lambda \in \mathbb{K}^*$, 使得 $A = \lambda$.

6.2 多项式环上的算术

本节主要介绍多项式环上的算术.

6.2.1 因式和倍式

定义 6.2.1 设 $(A, B) \in \mathbb{K}[X]^2$. 若存在 $C \in \mathbb{K}[X]$, 使得 $A = BC$, 则称 B 整除 A, 记为 $B \mid A$, 称 B 是 A 的**因式**, A 是 B 的**倍式**.

注 6.2.1 (1) 非零常数多项式整除任意多项式.

(2) 由于 $0 = P \times 0$, 故任意多项式都整除零多项式.

命题 6.2.1 设 $(A, B) \in \mathbb{K}[X]^2$. 如果 $A \mid B$ 且 $B \mid A$, 则存在 $\lambda \in \mathbb{K}^*$, 使得 $A = \lambda B$.

证 明 由于 $A \mid B$ 且 $B \mid A$, 故存在 $(C_1, C_2) \in \mathbb{K}[X]^2$, 使得 $A = C_1 B$ 且 $B = C_2 A$. 从而 $A = AC_1C_2$, 即 $A(C_1C_2 - 1) = 0$. 若 $A = 0$, 则 $B = 0$, 取 $\lambda = 1$ 即可. 若 $A \neq 0$, 由于 $\mathbb{K}[X]$ 是整环, 故 $C_1C_2 = 1$. 根据命题 6.1.5知, 存在 $\lambda \in \mathbb{K}^*$ 使得 $C_1 = \lambda$, 故 $A = \lambda B$.

6.2.2 带余除法

定理 6.2.1 (带余除法) 设 $(A, B) \in \mathbb{K}[X]^2$ 且 $\deg(B) > 0$, 则存在唯一 $(Q, R) \in \mathbb{K}[X]^2$, 使得

$$A = BQ + R$$

其中, $\deg(R) < \deg(B)$, Q 和 R 分别称为 A 除以 B 的**商**和**余式**.

证 明 唯一性: 假设存在 $(Q_1, R_1, Q_2, R_2) \in \mathbb{K}[X]^4$, 使得

$$A = BQ_1 + R_1 = BQ_2 + R_2$$

其中, R_1 和 R_2 的次数严格小于 B 的次数. 从而 $B(Q_1 - Q_2) = R_2 - R_1$, 进而有

$$\deg(B) + \deg(Q_1 - Q_2) = \deg\left(B(Q_1 - Q_2)\right) = \deg(R_2 - R_1) < \deg(B)$$

于是有 $\deg(Q_1 - Q_2) < 0$, 故 $Q_1 = Q_2$. 进而 $R_1 = R_2$, 唯一性得证.

存在性: 假设 $\deg(B) = m$, 并设 $n \in \mathbb{N}$ 且 $n \geqslant m$. 定义 $\mathcal{P}(n)$: 设 $A \in \mathbb{K}[X]$, 若 $\deg(A) < n$, 则存在 $(Q, R) \in \mathbb{K}[X]^2$, 使得 $A = BQ + R$, 其中 $\deg(R) < \deg(B)$.

(i) 设 $A \in \mathbb{K}[X]$ 且 $\deg(A) < m$, 取 $Q = 0, R = A$, 则 $A = BQ + R$ 且 $\deg(R) < \deg(B)$, 故 $\mathcal{P}(m)$ 成立.

(ii) 设 $n \in \mathbb{N}$ 且 $n \geqslant m$, 并假设 $\mathcal{P}(n)$ 成立. 另设 $A \in \mathbb{K}[X]$ 且 $\deg(A) < n+1$. 若 $\deg(A) < n$, 根据归纳假设，结论成立. 假设 $\deg(A) = n$, 令 a_n, a_m 分别为 A, B 的首项系数, $A_1 = A - a_n b_m^{-1} X^{n-m} B$, 则 $\deg(A_1) < n$. 根据归纳假设, 存在 $(Q_1, R_1) \in \mathbb{K}[X]^2$, 使得 $A_1 = BQ_1 + R_1$, 其中 $\deg(R_1) < \deg(B)$. 于是

$$A = BQ_1 + R_1 + a_n b_m^{-1} X^{n-m} B = B(Q_1 + a_n b_m^{-1} X^{n-m}) + R_1$$

令 $Q = Q_1 + a_n b_m^{-1} X^{n-m}$, 知 $\mathcal{P}(n+1)$ 成立.

根据数学归纳法, 对于任意 $n \in [\![m, +\infty[\![$, $\mathcal{P}(n)$ 成立, 存在性得证.

多项式的带余除法与整数的带余除法十分相似, 下面通过一个例子说明这一点.

例 6.2.1 设 $A = X^5 + 4X^4 + 2X^3 + X^2 - X - 1$, $B = X^3 - 2X + 3$, 求 A 除以 B 的商和余式.

解 与两个整数作带余除法类似, 有

$$\begin{array}{r|rrrrrr}
 & & & X^2 & +4X & +4 & \\
\hline
X^3 - 2X + 3 & X^5 & +4X^4 & +2X^3 & +X^2 & -X & -1 \\
 & -X^5 & & +2X^3 & -3X^2 & & \\
\cline{2-5}
 & & 4X^4 & +4X^3 & -2X^2 & -X & \\
 & & -4X^4 & & +8X^2 & -12X & \\
\cline{3-6}
 & & & 4X^3 & +6X^2 & -13X & -1 \\
 & & & -4X^3 & & +8X & -12 \\
\cline{4-7}
 & & & & 6X^2 & -5X & -13
\end{array}$$

故 $Q = X^2 + 4X + 4, R = 6X^2 - 5X - 13$.

6.2.3 最大公因式

命题 6.2.2 设 $(A, B) \in \mathbb{K}[X]^2$ 且 $AB \neq 0$, 则存在唯一的首一多项式 $D \in \mathbb{K}[X]$ 满足 $D \mid A, D \mid B$ 且

$$\forall P \in \mathbb{K}[X], \quad (P \mid A \text{ 且 } P \mid B) \Longrightarrow P \mid D$$

D 称为 A 与 B 的**最大公因式**, 记为 $\operatorname{pgcd}(A, B)$ 或 $A \wedge B$.

证 明 先证唯一性. 设 D_1, D_2 都满足命题条件, 则 $D_1 \mid A$ 且 $D_1 \mid B$, 进而 $D_1 \mid D_2$. 同理 $D_2 \mid D_1$. 根据命题 6.2.1知, 存在 $\lambda \in \mathbb{K}$, 使得 $D_1 = \lambda D_2$, 又因为 D_1, D_2 都是首一多项式, 所以 $\lambda = 1$, 从而 $D_1 = D_2$.

下面证明存在性. 设 $n \in \mathbb{N}$. 定义 $\mathcal{P}(n)$: 设 $A \in \mathbb{K}[X], B \in \mathbb{K}[X]$, 另假设 $\deg(B) < n$, 则存在首一多项式 $D \in \mathbb{K}[X]$, 满足 $D \mid A, D \mid B$ 且

$$\forall P \in \mathbb{K}[X], \quad (P \mid A \text{ 且 } P \mid B) \Longrightarrow P \mid D$$

- 若 $n = 0$, 则 $B = 0$, 从而 $A \neq 0$. 记 $D = \dfrac{1}{\lambda} A$ 即可, 其中 λ 为 A 的首系数.

- 设 $n \in \mathbb{N}$, 假设 $\mathcal{P}(n)$ 成立. 另设 $A \in \mathbb{K}[X], B \in \mathbb{K}[X]$ 且 $\deg(B) < n+1$. 若 $\deg(B) < n$, 根据归纳假设, 结论成立. 下面假设 $\deg(B) = n$, 此时 $B \neq 0$. 根据带余除法, 存在 $(Q,R) \in \mathbb{K}[X]^2$, 使得 $A = BQ + R$, 其中 $\deg(R) < \deg(B) = n$. 对 B, R 应用归纳假设, 则存在首一多项式 $D \in \mathbb{K}[X]$, 使得 $D \mid B, D \mid R$ 且

$$\forall P \in \mathbb{K}[X], \quad (P \mid B \text{ 且 } P \mid R) \Longrightarrow P \mid D$$

可验证 D 满足 $D \mid A, D \mid B$ 且

$$\forall P \in \mathbb{K}[X], \quad (P \mid A \text{ 且 } P \mid B) \Longrightarrow P \mid D$$

故 $\mathcal{P}(n+1)$ 成立.

根据数学归纳法知, 对于任意 $n \in \mathbb{N}, \mathcal{P}(n)$ 成立.

命题 6.2.3 设 $(A,B) \in \mathbb{K}[X]^2$ 且 $B \neq 0$. 记 Q 和 R 分别为 A 除以 B 的商和余式, 即 $A = BQ + R$, 则 $A \wedge B = B \wedge R$.

证 明 易验证, $\{P \in \mathbb{K}[X] \mid P \mid A \text{ 且 } P \mid B\} = \{P \in \mathbb{K}[X] \mid P \mid R \text{ 且 } P \mid B\}$. 根据命题 6.2.2, 结论得证.

注 6.2.2 设 $A = 5, B = 10$ 是两个常数多项式, 则 $5 \wedge 10 = 1$, 这与整数的最大公因数不一样, 因为两个多项式的最大公因式必须是首一多项式.

例 6.2.2 设 $A = 2(X-3)^2(X+4)^2, B = 3(X-1)^2(X-3)(X+4)^3$, 则 $A \wedge B = (X-3)(X+4)^2$.

例 6.2.2 说明, 当两个多项式已经完全因式分解时, 它们的最大公因式是很容易求出的. 但一般情况下, 对多项式进行因式分解并不容易. 与求两个整数的最大公因数类似, 一般利用辗转相除法求两个多项式的最大公因式.

注 6.2.3 (辗转相除法求最大公因式) 设 $(A,B) \in \mathbb{K}[X]^2$ 且 $B \neq 0$, 另设 A 除以 B 的商和余式分别为 Q 和 R, 即 $A = BQ + R$. 根据命题 6.2.3有, $A \wedge B = B \wedge R$.

- 若 $R = 0$, 则 $A \wedge B = \dfrac{1}{\lambda}B$, 其中 λ 是 B 的首系数.
- 若 $R \neq 0$, 则用 B 对 R 作带余除法.

后面的步骤与求两个自然数的最大公因数步骤完全一样, 在此不再赘述.

命题 6.2.4 设 $(A,B) \in \mathbb{R}[X]^2$, 则 A 和 B 在 $\mathbb{R}[X]$ 中的最大公因式等于 A 和 B 在 $\mathbb{C}[X]$ 中的最大公因式.

证 明 由于 $(A,B) \in \mathbb{R}[X]^2$, 因此在 $\mathbb{R}[X]$ 中利用辗转相除法求最大公因式的过程就是在 $\mathbb{C}[X]$ 中利用辗转相除法求最大公因式的过程. 故两种情况下求得的最大公因式相同.

定理 6.2.2 (贝祖定理) 设 $(A,B) \in \mathbb{K}[X]^2$ 且 $B \neq 0$, 则存在 $(U,V) \in \mathbb{K}[X]^2$, 使得

$$AU + BV = A \wedge B$$

(U,V) 称为 A 和 B 的一组**贝祖系数**.

证 明 设 $n \in \mathbb{N}$, 并定义 $P(n)$: 设 $B \in \mathbb{K}[X]$ 且 $\deg(B) = n$, 则对于任意 $A \in \mathbb{K}[X]$, 存在 $(U,V) \in \mathbb{K}[X]^2$, 使得 $AU + BV = A \wedge B$.

- 假设 $\deg(B)=0$. 由于 $A\times 0+\dfrac{1}{B}\times B=1=A\wedge B$, 故 $P(0)$ 成立.
- 设 $n\in\mathbb{N}$, 并假设对于任意 $k\in[\![0,n]\!]$, $P(k)$ 成立. 另设 $(A,B)\in\mathbb{K}[X]^2$ 且 $\deg(B)=n+1$. 根据带余除法知, 存在 $(Q,R)\in\mathbb{K}[X]^2$, 使得 $A=BQ+R$ 且 $\deg(R)\leqslant n$. 根据归纳假设知, 存在 $(U,V)\in\mathbb{K}[X]^2$, 使得 $BU+RV=B\wedge R=A\wedge B$, 第二个等号成立是根据命题 6.2.3得到的. 进而有

$$A\wedge B=BU+(A-BQ)V=AV+B(U-QV)$$

因此, $P(n+1)$ 成立.

根据数学归纳法, 定理得证.

例 6.2.3 求 $A=X^4+1$ 和 $B=X^3-1$ 的最大公因式和一组贝祖系数.

解 根据辗转相除法, 有

$$\begin{aligned}X^4+1&=(X^3-1)X+(X+1)\\X^3-1&=(X+1)(X^2-X+1)+(-2)\\X+1&=(-2)\times\left(-\frac{1}{2}X-\frac{1}{2}\right)\end{aligned}$$

因此, $A\wedge B=(X^3-1)\wedge(X+1)=(X+1)\wedge(-2)=1$. 类似命题 4.2.3, 可得到表 6.1.

表 6.1

n	Q	α	β
-1		0	1
0	X	1	0
1	X^2-X+1	$-X$	1
2	$-\frac{1}{2}X-\frac{1}{2}$	X^3-X^2+X+1	$-X^2+X-1$

于是

$$(-X^2+X-1)(X^4+1)+(X^3-X^2+X+1)(X^3-1)=-2$$

从而

$$\left(\frac{1}{2}X^2-\frac{1}{2}X+\frac{1}{2}\right)(X^4+1)+\left(-\frac{1}{2}X^3+\frac{1}{2}X^2-\frac{1}{2}X-\frac{1}{2}\right)(X^3-1)=1$$

记 $U=\frac{1}{2}X^2-\frac{1}{2}X+\frac{1}{2}$, $V=\frac{1}{2}X^3+\frac{1}{2}X^2-\frac{1}{2}X-\frac{1}{2}$, 则 (U,V) 是 A 和 B 的一组贝祖系数.

定义 6.2.2 (互素多项式) 设 $(A,B)\in\mathbb{K}[X]^2$. 若 $A\wedge B=1$, 则称 A 和 B **互素**.

命题 6.2.5 设 $(A,B)\in\mathbb{K}[X]^2$, 则 A 和 B 互素当且仅当存在 $(U,V)\in\mathbb{K}[X]^2$, 使得 $AU+BV=1$.

证 明 根据贝祖定理, 必要性得证. 下面证明充分性. 假设存在 $(U,V)\in\mathbb{K}[X]^2$, 使得 $AU+BV=1$. 由于 $A\wedge B$ 既整除 A 又整除 B, 故 $(A\wedge B)\mid 1$. 因此, $A\wedge B=1$, 即 A 和 B 互素.

定理 6.2.3 (高斯定理 1) 设 $(A,B,C)\in\mathbb{K}[X]^3$. 若 $A\wedge B=1$ 且 $A\mid BC$, 则 $A\mid C$.

证 明 因为 $A\wedge B=1$, 根据贝祖定理知, 存在 $(U,V)\in\mathbb{K}[X]^2$, 使得 $AU+BV=1$. 从而有 $AUC+BVC=C$. 由于 $A\mid BC$ 且 $A\mid AUC$, 故 $A\mid C$.

定理 6.2.4 (高斯定理 2) 设 $(A,B,C)\in\mathbb{K}[X]^3$ 且 A 与 B 互素. 若 $A\mid C$ 且 $B\mid C$, 则 $AB\mid C$.

证 明 因为 A 与 B 互素, 根据贝祖定理知, 存在 $(U,V)\in\mathbb{K}[X]^2$, 使得 $AU+BV=1$. 从而有 $AUC+BVC=C$. 因为 $A\mid C$, 所以 $AB\mid BVC$. 因为 $B\mid C$, 所以 $AB\mid AUC$. 故 $AB\mid C$.

命题 6.2.6 设 $(A,B,C)\in\mathbb{K}[X]^3$. 若 $A\wedge B=1$ 且 $A\wedge C=1$, 则 $A\wedge BC=1$.

证 明 因为 $A\wedge B=1$ 且 $A\wedge C=1$, 根据贝祖定理知, 存在 $(U,V)\in\mathbb{K}[X]^2$, 使得 $AU+BV=1$; 存在 $(W,Q)\in\mathbb{K}[X]^2$, 使得 $AW+CQ=1$, 从而有

$$BCVQ=(1-AU)(1-AW)=1-A(U+W)+AAUW$$

即 $BCVQ+A(U+W-AUW)=1$. 根据命题 6.2.5, 得 $A\wedge BC=1$

6.2.4 最小公倍式

命题 6.2.7 设 $(A,B)\in\mathbb{K}[X]^2$ 均非零, 则存在唯一的首一多项式 $M\in\mathbb{K}[X]$, 满足 $A\mid M$, $B\mid M$ 且

$$\forall P\in\mathbb{K}[X],\quad (A\mid P\text{且}B\mid P)\Longrightarrow M\mid P$$

M 称为 A 和 B 的**最小公倍式**, 记为 $\mathrm{ppcm}(A,B)$ 或 $A\vee B$.

证 明 先证唯一性. 假设 M_1,M_2 满足命题假设, 则 $A\mid M_1$ 且 $B\mid M_1$, 从而 $M_2\mid M_1$. 同理可证 $M_1\mid M_2$. 由于 M_1,M_2 都是首一多项式，故 $M_1=M_2$.

下面证明存在性. 记 $\mathscr{A}=\{Q\in\mathbb{K}[X]\mid A\mid Q\text{且}B\mid Q\}$. 因为 $AB\in\mathscr{A}$, 所以 $\mathscr{A}$ 非空. 设 M 为 $\mathscr{A}$ 中次数最低的首一多项式, $P\in\mathbb{K}[X]$ 满足 $A\mid P$ 且 $B\mid P$. 根据带余除法知, 存在 $(Q,R)\in\mathbb{K}[X]^2$, 使得 $P=MQ+R$, 其中 $\deg(R)<\deg(M)$. 又因为 $A\mid M$ 且 $B\mid M$, 所以 $A\mid R$ 且 $B\mid R$, 于是 $R\in\mathscr{A}$. 因为 $\deg(R)<\deg(M)$, 所以 $R=0$. 故 $M\mid P$.

6.3 多项式的根与导数

6.3.1 多项式的根

定义 6.3.1 设 $n\in\mathbb{N}, A=\sum\limits_{i=0}^{n}a_iX^i\in\mathbb{K}[X]$, 映射

$$\begin{aligned}\widetilde{A}:\ &\mathbb{K}\to\mathbb{K}\\ &x\mapsto\widetilde{A}(x)=\sum_{i=0}^{n}a_ix^i\end{aligned}$$

称为由 A 定义的**多项式函数**.

注 6.3.1 在不引起混淆的情况下, 也将多项式函数 $\widetilde{A}$ 直接记为 A.

例 6.3.1 设 $A=X^3+2X^2+1$, 则 A 定义的多项式函数 $\widetilde{A}$ 为

$$\forall x\in\mathbb{K},\ \widetilde{A}(x)=x^3+2x^2+1$$

定义 6.3.2 设 $A\in\mathbb{K}[X]$, $a\in\mathbb{K}$. 若 $\widetilde{A}(a)=0$, 则称 a 是 A 的一个**根**.

例 6.3.2 设 $A=X^2+1$, 则在 $\mathbb{R}[X]$ 中, A 没有根, 而在 $\mathbb{C}[X]$ 中, i 和 $-i$ 都是 A 的根.

命题 6.3.1 设 $A\in\mathbb{K}[X], a\in\mathbb{K}$, 则 a 是 A 的根当且仅当 $(X-a)\mid A$.

证 明 根据带余除法知, 存在 $(Q,R)\in\mathbb{K}[X]^2$, 使得

$$A=(X-a)Q+R$$

其中, $\deg(R)\leqslant 0$, 故 R 是一个常数多项式.

若 $(X-a)\mid A$, 则 $(X-a)\mid R$, 从而 $R=0$, 进而 $\widetilde{A}(a)=0$. 反过来, 若 $\widetilde{A}(a)=0$, 则 $\widetilde{R}(a)=0$. 又因为 R 是一个常数多项式, 所以 R =0. 故 $(X-a)\mid A$.

命题 6.3.1 的证明方法常用来求两个多项式相除的余式.

例 6.3.3 求 X^5+2X^3+1 除以 X^2-1 的余式 R.

解 根据带余除法知，存在 $(a,b)\in\mathbb{R}^2$ 和 $Q\in\mathbb{R}[X]$, 使得

$$X^5+2X^3+1=(X^2-1)Q+(aX+b).$$

考虑对应多项式函数, 分别取 $x=1$ 和 $x=-1$, 得

$$\begin{cases} a+b=4\\ -a+b=-2\end{cases}$$

解得 $a=3$ 且 $b=1$, 故 $R=3X+1$.

例 6.3.4 设 $n\in\mathbb{N}$ 且 $n\geqslant 2$, 求 X^n 除以 $(X-1)^2$ 的余式 R.

解 根据带余除法知，存在 $(a,b)\in\mathbb{R}^2$ 和 $Q\in\mathbb{R}[X]$, 使得

$$X^n=(X-1)^2Q+(aX+b)$$

考虑对应多项式函数, 取 $x=1$, 得 $a+b=1$. 对等式 $X^n=(X-1)^2Q+(aX+b)$ 两边求导, 得

$$nX^{n-1}=2(X-1)Q+(X-1)^2Q'+a$$

考虑对应多项式函数, 取 $x=1$, 得 $a=n$, 从而 $b=1-n$. 故 $R=nX+(1-n)$.

命题 6.3.2 设 $p\in\mathbb{N}^*, A\in\mathbb{K}[X]$, $(a_1,a_2,\cdots,a_p)\in\mathbb{K}^p$ 是 A 的 p 个互不相等的根, 则 $\prod\limits_{i=1}^{p}(X-a_i)\mid A$.

证 明 设 $p \in \mathbb{N}^*$. 定义 $\mathcal{P}(p)$: 若 $(a_1, a_2, \cdots, a_p) \in \mathbb{K}^p$ 是 A 的 p 个互不相等的根, 则 $\prod_{i=1}^{p}(X - a_i) \mid A$.

- 根据命题 6.3.1知, $\mathcal{P}(1)$ 成立.
- 设 $p \in \mathbb{N}^*$, 并假设 $\mathcal{P}(p)$ 成立. 又设 $(a_1, a_2, \cdots, a_{p+1}) \in \mathbb{K}^{p+1}$ 是 A 的 $p+1$ 个互不相等的根. 根据归纳假设知, $\prod_{i=1}^{p}(X - a_i) \mid A$, 从而存在 $B \in \mathbb{K}[X]$, 使得 $A = B\prod_{i=1}^{p}(X - a_i)$. 由于为 $A(a_{p+1}) = B(a_{p+1})\prod_{i=1}^{p}(a_{p+1} - a_i) = 0$ 且 $\prod_{i=1}^{p}(a_{p+1} - a_i) \neq 0$, 故 $B(a_{p+1}) = 0$. 根据命题 6.3.1知, 存在 $B_1 \in \mathbb{K}[X]$, 使得 $B = B_1(X - a_{p+1})$. 因此, $A = B_1\prod_{i=1}^{p+1}(X - a_i)$, 即 $\prod_{i=1}^{p+1}(X - a_i) \mid A$, $\mathcal{P}(p+1)$ 成立得证.

根据数学归纳法知, 对于任意 $p \in \mathbb{N}^*$, $\mathcal{P}(p)$ 成立.

推论 6.3.1 设 $A \in \mathbb{K}[X]$ 且 $\deg(A) = n \in \mathbb{N}^*$, 则

(1) A 至多有 n 个互不相等的根;

(2) 若 A 恰有 n 个互不相等的根 $a_1, \cdots, a_n$, 则存在 $\lambda \in \mathbb{K}^*$, 使得 $A = \lambda\prod_{i=1}^{n}(X - a_i)$.

证 明 (1) 假设 A 有 $(n+1)$ 个互不相等的根 $a_1, a_2, \cdots, a_n, a_{n+1}$. 根据命题 6.3.2 知, $\prod_{i=1}^{n+1}(X - a_i) \mid A$, 这与 $\deg(A) = n$ 的假设矛盾. 故 A 至多有 n 个互不相等的根.

(2) 假设 A 有 n 个互不相等的根 $a_1, a_2, \cdots, a_n$, 根据命题 6.3.2 知, $\prod_{i=1}^{n}(X - a_i) \mid A$. 由于 $\deg(A) = n$, 故存在 $\lambda \in \mathbb{K}^*$, 使得 $A = \lambda\prod_{i=1}^{n}(X - a_i)$.

例 6.3.5 (1) 设 $n \in \mathbb{N}^*$, 则在 $\mathbb{C}[X]$ 中, $X^n - 1 = \prod_{k=1}^{n}(X - \mathrm{e}^{\frac{2k\pi\mathrm{i}}{n}})$.

(2) 设 $n \in \mathbb{N}^*$, 记 $P = (X-2)^{2n} + (X-1)^n - 1$, 则 $(X^2 - 3X + 2) \mid P$.

证 明: 因为 $P(1) = P(2) = 0$, 根据命题 6.3.2知, $(X-1)(X-2) \mid P$, 即 $(X^2 - 3X + 2) \mid P$.

(3) 设 $(P, Q) \in \mathbb{K}[X]^2$. 若对于任意 $n \in \mathbb{N}, P(n) = Q(n) = 0$, 则 $P = Q$.

证 明: 假设 $\max\{\deg(P), \deg(Q)\} \leqslant m$. 根据假设知, $\forall n \in \mathbb{N}, (P-Q)(n) = 0$, 这说明 $P - Q$ 有无穷多个根. 由于 $\deg(P - Q) \leqslant m$, 根据推论 6.3.1知, 若 $P - Q$ 非零, 则 $P - Q$ 至多有 m 个互不相等的根. 因此, $P - Q = 0$, 即 $P = Q$.

6.3.2 重 根

定义 6.3.3 设 $a \in \mathbb{K}$, $r \in \mathbb{N}^*$, $A \in \mathbb{K}[X]$. 若 $(X-a)^r \mid A$ 且 $(X-a)^{r+1} \nmid A$, 则称 a 是 A 的 r 重根. 若 $r = 1$, 则称 a 为 A 的**单根**; 若 $r > 1$, 则称 a 为 A 的**重根**.

例 6.3.6 设 $P = X^3(X-1)$, 则 0 是 P 的 3 重根, 1 是 P 的单根.

命题 6.3.3 设 $(A, B) \in \mathbb{K}[X]^2$, $a \in \mathbb{K}$, $r \in \mathbb{N}^*$. 另假设 $A = (X-a)^r B$, 则 a 是 A 的

r 重根当且仅当 $B(a) \neq 0$.

证 明 根据假设知, $(X-a)^r \mid A$. 根据定义 6.3.3 知, a 是 A 的 r 重根当且仅当 $(X-a)^{r+1} \nmid A$, 当且仅当 $(X-a) \nmid B$, 当且仅当 $B(a) \neq 0$. 最后一个等价是根据命题 6.3.1得出的.

命题 6.3.4 设 $A \in \mathbb{K}[X]$, $n \in \mathbb{N}^*$. 另设 $a_1, a_2, \cdots, a_n$ 是 A 的 n 个互不相等的根且重数分别为 $r_1, r_2, \cdots, r_n$, 则

(1) $\prod\limits_{i=1}^{n}(X-a_i)^{r_i} \mid A$;

(2) 若 $r_1+r_2+\cdots+r_n=\deg(A)$, 则存在 $\lambda \in \mathbb{K}^*$, 使得 $A=\lambda \prod\limits_{i=1}^{n}(X-a_i)^{r_i}$.

证 明 (1) 对互不相等的根的个数 n 应用数学归纳法.

- 根据重根的定义, 当 $n=1$ 时, 结论成立.
- 设 $n \in \mathbb{N}^*$, 假设 A 有 n 个不同的根时结论成立. 下面证明 A 有 $n+1$ 个不同的根时结论成立.

  设 $a_1, a_2, \cdots, a_{n+1}$ 是 A 的 $n+1$ 个互不相等的根, 其重数分别为 $r_1, r_2, \cdots, r_{n+1}$. 根据归纳假设知, $\prod\limits_{i=1}^{n}(X-a_i)^{r_i} \mid A$. 从而存在 $B \in \mathbb{K}[X]$, 使得 $A=B\prod\limits_{i=1}^{n}(X-a_i)^{r_i}$. 因为 a_{n+1} 是 A 的 r_{n+1} 重根, 所以 $(X-a_{n+1})^{r_{n+1}} \mid A$. 又由于 $a_1, a_2, \cdots, a_{n+1}$ 互不相等, 故 $(X-a_{n+1})^{r_{n+1}}$ 与 $\prod\limits_{i=1}^{n}(X-a_i)^{r_i}$ 互素. 根据高斯定理知, $(X-a_{n+1})^{r_{n+1}} \mid B$, 从而存在 $B_1 \in \mathbb{K}[X]$, 使得 $B=(X-a_{n+1})^{r_{n+1}}B_1$. 于是 $A=B_1\prod\limits_{i=1}^{n+1}(X-a_i)^{r_i}$, 即 $\prod\limits_{i=1}^{n+1}(X-a_i)^{r_i} \mid A$.

根据数学归纳法, (1) 得证.

(2) 根据 (1), 并比较等式两端多项式的次数知结论成立.

定义 6.3.4 设 $A \in \mathbb{K}[X]$. 若存在 $\lambda \in \mathbb{K}^*$, $(a_1, a_2, \cdots, a_n) \in \mathbb{K}^n$, 使得 $A=\lambda\prod\limits_{i=1}^{n}(X-a_i)$, 则称 A 是 $\mathbb{K}$ 上的一个**可裂多项式**, 或称 A **可裂**. 否则称 A **不可裂**.

注 6.3.2 (1) 在多项式可裂的定义中, 并不要求 $a_1, a_2, \cdots, a_n$ 互不相等. 例如, $A=(X-1)(X-2)$ 和 $B=(X-2)^2$ 都是 $\mathbb{R}[X]$ 中的可裂多项式.

(2) 多项式是否可裂与 $\mathbb{K}$ 的选取有关. 例如, $A=X^2+1$ 在 $\mathbb{R}[X]$ 中不可裂, 但在 $\mathbb{C}[X]$ 中是可裂的, 因为此时 $A=(X-i)(X+i)$.

6.3.3 多项式的导数

定义 6.3.5 (多项式的导数) 设 $n \in \mathbb{N}, A=\sum\limits_{k=0}^{n} a_k X^k \in \mathbb{K}[X]$, 则 A 的**导数** A' 定义为

$$A'=\sum_{k=1}^{n} k a_k X^{k-1}$$

注 6.3.3 (1) 若 A 是一个常数多项式, 则 $A'=0$. 进一步, 非常数多项式的导数不等于 0.

(2) 设 $k\in\mathbb{N}^*$. 根据定义 6.3.5 知, $(X^k)'=kX^{k-1}$.

(3) 记 $1=X^0$, 则多项式 $A=\sum\limits_{k=0}^{n}a_kX^k\in\mathbb{K}[X]$ 的导数 $A'=\sum\limits_{k=0}^{n}a_k(X^k)'$.

例 6.3.7 设 $A=X^4+5X^3+2X+1$, 则 $A'=4X^3+15X^2+2$.

根据定义 6.3.5, 容易验证如下结论 (命题 6.3.5):

命题 6.3.5 设 $(A,B)\in\mathbb{K}[X]^2$, $(\alpha,\beta)\in\mathbb{K}^2$, 则

(1) 若 $\deg(A)>0$, 则 $\deg(A')=\deg(A)-1$;

(2) A 是常数多项式当且仅当 $A'=0$;

(3) $(\alpha A+\beta B)'=\alpha A'+\beta B'$.

命题 6.3.6 设 $(A,B)\in\mathbb{K}[X]^2$, 则 $(AB)'=A'B+AB'$.

证 明 设 $A=\sum\limits_{j=0}^{m}a_jX^j, B=\sum\limits_{k=0}^{n}b_kX^k$. 根据注 6.3.3 (3), 有

$$A'=\sum_{j=0}^{m}a_j(X^j)',\quad B'=\sum_{k=0}^{n}b_k(X^k)'$$

根据命题 6.1.1 (2), 有

$$A'B=\sum_{j=0}^{m}\sum_{k=0}^{n}a_jb_k(X^j)'X^k,\quad AB'=\sum_{j=0}^{m}\sum_{k=0}^{n}a_jb_kX^j(X^k)'$$

从而

$$A'B+AB'=\sum_{j=0}^{m}\sum_{k=0}^{n}a_jb_k\left[(X^j)'X^k+X^j(X^k)'\right]$$

同时, $AB=\sum\limits_{j=0}^{m}\sum\limits_{k=0}^{n}a_jb_kX^{j+k}$, 进而有

$$(AB)'=\sum_{j=0}^{m}\sum_{k=0}^{n}a_jb_k(X^{j+k})'$$

因为 $(X^j)'X^k+X^j(X^k)'=jX^{j-1}X^k+kX^jX^{k-1}=(j+k)X^{j+k-1}=(X^{j+k})'$, 所以 $(AB)'=A'B+AB'$

定义 6.3.6 (高阶导数) 设 $n\in\mathbb{N}$. 多项式 A 的 n 阶导数递归定义为

$$A^{(0)}=A\quad 且\quad \forall n\geqslant 0,\quad A^{(n+1)}=(A^{(n)})'$$

根据高阶导数定义 (定义 6.3.6) 及命题 6.3.5, 有如下结论:

命题 6.3.7 (1) 设 $n \in \mathbb{N}, p \in [\![0, n]\!]$, 则

$$(X^n)^{(p)} = n(n-1)\cdots(n-p+1)X^{n-p} = p!C_n^p X^{n-p}$$

(2) 设 $n \in \mathbb{N}^*$, $A \in \mathbb{K}[X]$. 若 $\deg(A) < n$, 则 $A^{(n)} = 0$.

命题 6.3.8 (莱布尼兹公式) 设 $(A, B) \in \mathbb{K}[X]^2$, $n \in \mathbb{N}^*$, 则

$$(AB)^{(n)} = \sum_{k=0}^{n} C_n^k A^{(k)} B^{(n-k)}$$

证 明 设 $n \in \mathbb{N}^*$. 定义 $\mathcal{P}(n)$:

$$(AB)^{(n)} = \sum_{k=0}^{n} C_n^k A^{(k)} B^{(n-k)}$$

- 根据命题 6.3.6知, $\mathcal{P}(1)$ 成立.
- $\mathcal{P}(n) \Rightarrow \mathcal{P}(n+1)$: 设 $n \in \mathbb{N}^*$. 另假设 $(AB)^{(n)} = \sum\limits_{k=0}^{n} C_n^k A^{(k)} B^{(n-k)}$. 于是有

$$\begin{aligned}
(AB)^{(n+1)} &= \left((AB)^{(n)}\right)' = \sum_{k=0}^{n} C_n^k \left(A^{(k)} B^{(n-k)}\right)' \qquad \text{(归纳假设)}\\
&= \sum_{k=0}^{n} C_n^k \left(A^{(k+1)} B^{(n-k)} + A^{(k)} B^{(n+1-k)}\right)\\
&= \sum_{k=0}^{n} C_n^k A^{(k+1)} B^{(n-k)} + \sum_{k=0}^{n} C_n^k A^{(k)} B^{(n+1-k)}\\
&= A^{(n+1)} + B^{(n+1)} + \sum_{k=0}^{n-1} C_n^k A^{(k+1)} B^{(n-k)} + \sum_{k=1}^{n} C_n^k A^{(k)} B^{(n+1-k)}\\
&= A^{(n+1)} + B^{(n+1)} + \sum_{k=1}^{n} C_n^{k-1} A^{(k)} B^{(n+1-k)} + \sum_{k=1}^{n} C_n^k A^{(k)} B^{(n+1-k)}\\
&= A^{(n+1)} + B^{(n+1)} + \sum_{k=1}^{n} (C_n^{k-1} + C_n^k) A^{(k)} B^{(n+1-k)}\\
&= A^{(n+1)} + B^{(n+1)} + \sum_{k=1}^{n} C_{n+1}^k A^{(k)} B^{(n+1-k)}\\
&= \sum_{k=0}^{n+1} C_{n+1}^k A^{(k)} B^{(n+1-k)}
\end{aligned}$$

  故 $\mathcal{P}(n+1)$ 成立得证.

根据数学归纳法知, 对于任意 $n \in \mathbb{N}^*, \mathcal{P}(n)$ 成立.

命题 6.3.9 (泰勒公式) 设 $a \in \mathbb{K}$, $A \in \mathbb{K}[X]$ 且 $\deg(A) = m \in \mathbb{N}^*$, 则

$$A(X) = \sum_{p=0}^{m} \frac{A^{(p)}(a)}{p!}(X-a)^p$$

证 明 设 $n \in \mathbb{N}, p \in [\![0, n]\!]$. 根据命题 6.3.5知, $(X^n)^{(p)} = p!C_n^p X^{n-p}$. 从而有

$$\sum_{p=0}^{n} \frac{(X^n)^{(p)}(a)}{p!}(X-a)^p = \sum_{p=0}^{n} \frac{p!C_n^p a^{n-p}}{p!}(X-a)^p = \sum_{p=0}^{n} C_n^p a^{n-p}(X-a)^p = X^n$$

设 $A=\sum\limits_{n=0}^{m}a_nX^n$, 则有

$$\begin{aligned}A&=\sum_{n=0}^{m}a_n\sum_{p=0}^{n}\frac{(X^n)^{(p)}(a)}{p!}(X-a)^p=\sum_{n=0}^{m}\sum_{p=0}^{n}a_n\frac{(X^n)^{(p)}(a)}{p!}(X-a)^p\\&=\sum_{p=0}^{m}\sum_{n=p}^{m}a_n\frac{(X^n)^{(p)}(a)}{p!}(X-a)^p=\sum_{p=0}^{m}\frac{(X-a)^p}{p!}\sum_{n=0}^{m}a_n(X^n)^{(p)}(a)\\&=\sum_{p=0}^{m}\frac{A^{(p)}(a)}{p!}(X-a)^p\end{aligned}$$

其中, 第三个等号根据命题 3.2.3得到, 第四个等号根据命题 6.3.7得到.

6.3.4 根的重数与高阶导数的关系

命题 6.3.10 设 $a\in\mathbb{K}$, $r\in\mathbb{N}^*$, $A\in\mathbb{K}[X]$. 若 a 是 A 的 r 重根, 则 a 是 A' 的 $r-1$ 重根.

证 明 假设 a 是 A 的 r 重根. 根据命题 6.3.3知, 存在 $B\in\mathbb{K}[X]$, 使得 $A=(X-a)^rB$ 且 $B(a)\neq 0$. 由多项式乘积的求导公式知:

$$A'=r(X-a)^{r-1}B+(X-a)^rB'=(X-a)^{r-1}[rB+(X-a)B']$$

因为 $[rB+(X-a)B'](a)=rB(a)\neq 0$, 所以根据命题 6.3.3知, a 是 A' 的 $r-1$ 重根.

命题 6.3.11 设 $a\in\mathbb{K}$, $r\in\mathbb{N}^*$, $A\in\mathbb{K}[X]$, 则下面两个论述等价:

(1) a 是 A 的 r 重根;

(2) $A(a)=A'(a)=\cdots=A^{(r-1)}(a)=0$ 且 $A^{(r)}(a)\neq 0$.

证 明 先证明 (1) $\Rightarrow$ (2).

假设 a 是 A 的 r 重根, 另设 $p\in[\![0,r-1]\!]$, 则 $r-p\in\mathbb{N}^*$. 根据命题 6.3.10知, a 是 $A^{(p)}$ 的 $r-p$ 重根, 故 $A^{(p)}(a)=0$. 进一步, a 是 $A^{(r-1)}$ 的单根. 根据命题 6.3.3知, 存在 $B\in\mathbb{K}[X]$, 使得 $A^{(r-1)}=(X-a)B$ 且 $B(a)\neq 0$. 进而 $A^{(r)}=(X-a)B'+B$, 故 $A^{(r)}(a)=B(a)\neq 0$.

下面证明 (2) $\Rightarrow$ (1)

假设 (2) 成立, 并假设 $\deg(A)=m$. 根据泰勒公式, 有

$$A(X)=\sum_{p=0}^{m}\frac{(A)^{(p)}(a)}{p!}(X-a)^p=\sum_{p=r}^{m}\frac{(A)^{(p)}(a)}{p!}(X-a)^p=(X-a)^r\Big[\sum_{p=r}^{m}\frac{(A)^{(p)}(a)}{p!}(X-a)^{(p-r)}\Big]$$

记 $B(X)=\sum\limits_{p=r}^{m}\frac{(A)^{(p)}(a)}{p!}(X-a)^{(p-r)}$, 则 $A(X)=(X-a)^rB(X)$. 因为 $B(a)=\frac{(A)^{(r)}(a)}{r!}\neq 0$, 所以根据命题 6.3.3知, a 是 A 的 r 重根.

例 6.3.8 设 $P=X^4-2X^3+2X-1$, 则 $P'=4X^3-6X^2+2$, $P''=12X^2-12X$, $P'''=24X-12$. 从而 $P(1)=P'(1)=P''(1)=0$ 且 $P'''(1)=12\neq 0$. 故 1 是 P 的 3 重根.

又因为 $P(-1)=0$ 且 $P'(-1)=-8\neq 0$, 所以 -1 是 P 的单根. 根据推论 6.3.1知, $P=(X-1)^3(X+1)$.

命题 6.3.12 设 $A\in\mathbb{K}[X]$. 若 $A\wedge A'=1$, 则 A 没有重根.

证 明 假设 a 是 A 的重根. 根据命题 6.3.12 知, $A(a)=A'(a)=0$, 故 $(X-a)$ 既整除 A 又整除 A'. 于是 $(X-a)\mid(A\wedge A')$, 故 $A\wedge A'\neq 1$. 根据原命题与逆否命题的等价性, 结论得证.

6.4 多项式的不可约分解

6.4.1 不可约多项式的定义

定义 6.4.1 设 $A\in\mathbb{K}[X]$ 且 $\deg(A)\geqslant 1$. 如果

$$\forall(A_1,A_2)\in\mathbb{K}[X]^2,\quad (A=A_1A_2)\Longrightarrow\Big(\deg(A)=\deg(A_1)\ \text{或}\ \deg(A)=\deg(A_2)\Big)$$

即 A 不可分解为两个比它次数更低的多项式的乘积, 则称 A 是一个**不可约多项式**, 否则称 A 是一个**可约多项式**.

例 6.4.1 (1) 任意次数为 1 的多项式都是不可约多项式.

(2) 设 $A=X^2+1$, 则 A 是 $\mathbb{R}[X]$ 中的不可约多项式 . 但 A 是 $\mathbb{C}[X]$ 中的可约多项式, 因为此时 $A=(X+i)(X-i)$.

引理 6.4.1 设 $(A,B)\in\mathbb{K}[X]^2$. 若 A 是一个首一不可约多项式, 则 A 和 B 的最大公因式是 1 或 A. 特别地, 两个不相等的首一不可约多项式是互素的.

证 明 (1) 因为 $(A\wedge B)\mid A$, 根据不可约多项式的定义知, $A\wedge B$ 等于 1 或 A.

(2) 设 A 和 B 是两个首一不可约多项式且 $A\neq B$, 并假设 $A\wedge B=A$, 则 $A\mid B$. 由于 B 是不可约多项式且 $A\neq 1$, 故 $A=B$, 与 $A\neq B$ 的假设矛盾. 根据 (1) 知, $A\wedge B=1$, 即 A 和 B 互素.

引理 6.4.2 设 $(A,B)\in\mathbb{K}[X]^2$ 是两个首一不可约多项式. 若 $A\neq B$, 则

$$\forall(m,n)\in(\mathbb{N}^*)^2,\quad A^m\wedge B^n=1$$

证 明 设 $(m,n)\in(\mathbb{N}^*)^2$, 并假设 $A^m\wedge B^n\neq 1$. 另设 R 是 $A^m\wedge B^n$ 的一个首一不可约因式, 则 $R\mid A^m$ 且 $R\mid B^n$. 假设 $R\neq A$, 根据引理 6.4.1知, $R\wedge A=1$. 由高斯定理知, $R\mid A^{m-1}$. 多次利用高斯定理可得 $R\mid A$, 与 $R\wedge A=1$ 矛盾. 因此, $R=A$. 同理可证 $R=B$. 故 $A=B$. 根据原命题与逆否命题的等价性, 结论得证.

6.4.2 不可约分解定理

定理 6.4.1 (多项式不可约分解定理) 设 $P\in\mathbb{K}[X]$ 且 $\deg(P)>0$, 则存在 $\lambda\in\mathbb{K}^*$, $(r,s_1,s_2,\cdots,s_r)\in(\mathbb{N}^*)^{r+1}$, 以及互不相等的首一不可约多项式 $P_1,P_2,\cdots,P_r$, 使得

$$P=\lambda P_1^{s_1}P_2^{s_2}\cdots P_r^{s_r}\tag{6.4.1}$$

进一步, 在不考虑顺序的情况下, 分解式 (6.4.1) 是唯一的, 称为 P 的**不可约分解式**.

证　明　(1) 存在性: 对多项式的次数应用数学归纳法. 设 $n \in \mathbb{N}^*$, 定义 $\mathcal{P}(n)$: 设 $P \in \mathbb{K}[X]$ 且 $\deg(P) = n$, 则存在 $\lambda \in \mathbb{K}^*$, $(r, s_1, s_2, \cdots, s_r) \in (\mathbb{N}^*)^{r+1}$, 以及互不相等的首一不可约多项式 $P_1, P_2, \cdots, P_r$, 使得 $P = \lambda P_1^{s_1} P_2^{s_2} \cdots P_r^{s_r}$.

- 设 $P \in \mathbb{K}[X]$ 且 $\deg(P) = 1$, 记 λ 是 P 的首系数, 则 $P = \lambda P_1$, 其中 $P_1 = \dfrac{1}{\lambda} P$ 是首一不可约多项式, 故 $\mathcal{P}(1)$ 成立.
- 设 $n \in \mathbb{N}^*$, 并假设 $\mathcal{P}(1) \wedge \cdots \wedge \mathcal{P}(n)$ 成立. 另设 $P \in \mathbb{K}[X]$ 且 $\deg(P) = n + 1$.

(i) 若 P 是不可约多项式, 记 λ 是 P 的首系数, 则 $P = \lambda P_1$, 其中 $P_1 = \dfrac{1}{\lambda} P$ 是首一不可约多项式.

(ii) 若 P 是可约多项式, 则存在 $(Q, R) \in \mathbb{K}[X]^2$, 使得 $P = QR$ 且 Q 和 R 的次数都小于 $n + 1$. 根据归纳假设知, 存在 $\lambda_1 \in \mathbb{K}^*$, $(r_1, s_1, s_2, \cdots, s_{r_1}) \in (\mathbb{N}^*)^{r_1+1}$, 以及互不相等的首一不可约多项式 $Q_1, Q_2, \cdots, Q_{r_1}$, 使得 $Q = \lambda_1 Q_1^{s_1} Q_2^{s_2} \cdots Q_{r_1}^{s_{r_1}}$; 同时存在 $\lambda_2 \in \mathbb{K}^*$, $(r_2, s_1', s_2', \cdots, s_{r_2}') \in (\mathbb{N}^*)^{r_2+1}$, 以及互不相等的首一不可约多项式 $R_1, R_2, \cdots, R_{r_2}$, 使得 $R = \lambda_2 R_1^{s_1'} R_2^{s_2'} \cdots R_{r_2}^{s_{r_2}'}$. 于是

$$P = QR = \lambda_1 \lambda_2 Q_1^{s_1} Q_2^{s_2} \cdots Q_{r_1}^{s_{r_1}} R_1^{s_1'} R_2^{s_2'} \cdots R_{r_2}^{s_{r_2}'}$$

等式右边合并 $Q_1, Q_2, \cdots, Q_{r_1}, R_1, R_2 \cdots R_{r_2}$ 中相同的多项式可得具有形如式 (6.4.1) 的分解式.

根据 (i) 和 (ii) 知, $\mathcal{P}(n+1)$ 成立.

根据数学归纳法, 对于任意 $n \in \mathbb{N}^*, \mathcal{P}(n)$ 成立.

(2) 唯一性: 不妨设 P 是首一多项式, 并假设 P 有两个不可约分解式:

$$P = P_1^{\alpha_1} \cdots P_r^{\alpha_r} = Q_1^{\beta_1} \cdots Q_t^{\beta_t}$$

其中, $(r, t) \in (\mathbb{N}^*)^2$, $(\alpha_1, \cdots, \alpha_r, \beta_1, \cdots, \beta_t) \in (\mathbb{N}^*)^{r+t}$, $P_1, \cdots, P_r$ 是互不相等的首一不可约多项式, $Q_1, \cdots, Q_t$ 是互不相等的首一不可约多项式.

(i) 假设 $P_1 \notin \{Q_1, \cdots, Q_t\}$, 则 $P_1 \neq Q_1$. 根据引理 6.4.1知, $P_1 \wedge Q_1 = 1$; 根据引理 6.4.2知, $P_1^{\alpha_1} \wedge Q_1^{\beta_1} = 1$; 根据高斯定理知, $P_1^{\alpha_1} \mid Q_2^{\beta_2} \cdots Q_t^{\beta_t}$. 多次利用高斯定理, 可得 $P_1^{\alpha_1} \mid Q_t^{\beta_t}$. 又因为 $P_1 \neq Q_t$, 根据引理 6.4.2, 得 $P_1^{\alpha_1} \wedge Q_t^{\beta_t} = 1$, 与 $P_1^{\alpha_1} | Q_t^{\beta_t}$ 矛盾. 因此, $P_1 \in \{Q_1, \cdots, Q_t\}$. 同理可证, $\{P_2, \cdots, P_r\} \subseteq \{Q_1, \cdots, Q_t\}$, $\{Q_1, \cdots, Q_t\} \subseteq \{P_1, \cdots, P_r\}$. 故 $\{P_1, \cdots, P_r\} = \{Q_1, \cdots, Q_t\}$, 从而 $r = t$. 在不考虑顺序的情况下, 不妨设 $P = P_1^{\alpha_1} \cdots P_r^{\alpha_r} = P_1^{\beta_1} \cdots P_r^{\beta_r}$.

(ii) 假设 $\alpha_1 < \beta_1$. 上式两边同时除以 $P_1^{\alpha_1}$ 得 $P_2^{\alpha_1} \cdots P_r^{\alpha_r} = P_1^{\beta_1 - \alpha_1} Q_2^{\beta_2} \cdots Q_r^{\beta_r}$. 根据 (i) 的证明知, $P_1 \in \{P_2, \cdots, P_r\}$, 与 $P_1, P_2, \cdots, P_r$ 互不相等矛盾. 因此, $\alpha_1 \geqslant \beta_1$. 同理可证 $\alpha_1 \leqslant \beta_1$. 因此, $\alpha_1 = \beta_1$. 递归可证 $\alpha_2 = \beta_2, \cdots, \alpha_r = \beta_r$. 故在不考虑顺序的情况下, 分解式 (6.4.1) 是唯一的.

命题 6.4.1 设 $(A,B)\in\mathbb{K}[X]^2$ 分别有分解式:

$$A=\lambda\prod_{i=1}^{r}A_i^{s_i},\quad B=\mu\prod_{i=1}^{r}A_i^{t_i}$$

其中, $r\in\mathbb{N}^*$, $(s_1,\cdots,s_r,t_1,\cdots,t_r)\in\mathbb{N}^{2r}$, $(A_1,A_2,\cdots,A_r)\in\mathbb{K}[X]^r$ 是互不相等的首一不可约多项式, 则

(1) $A\mid B\Longleftrightarrow(\forall i\in[\![1,r]\!],s_i\leqslant t_i)$;

(2) $A\wedge B=\prod\limits_{i=1}^{r}A_i^{\min\{s_i,t_i\}}$ 且 $A\vee B=\prod\limits_{i=1}^{r}A_i^{\max\{s_i,t_i\}}$;

(3) $AB=\lambda\mu(A\wedge B)(A\vee B)$.

6.4.3 复系数不可约多项式

首先承认下面这个定理 (定理 6.4.2).

定理 6.4.2 (代数学基本定理) 复数域上每个次数大于 0 的多项式都存在一个根.

推论 6.4.1 设 $n\in\mathbb{N}^*$. 复数域上任意次数为 n 的多项式都可以分解成 n 个一次多项式的乘积. 等价地, $\mathbb{C}[X]$ 中的不可约多项式都是一次多项式.

证 明 对多项式的次数应用数学归纳法.

- 设 $A\in\mathbb{C}[X]$ 次数为 1, 结论显然成立.
- 设 $n\in\mathbb{N}^*$, 并假设 $\mathbb{C}[X]$ 中次数为 n 的多项式都可以分解成 n 个一次多项式的乘积. 另设 $A\in\mathbb{C}[X]$ 且 $\deg(A)=n+1$. 根据代数学基本定理知, A 存在一个根, 记为 a. 根据命题 6.3.1知, $(X-a)\mid A$. 从而存在 $Q\in\mathbb{C}[X]$, 使得 $A=(X-a)Q$. 因为 $\deg(Q)=n$, 再根据归纳假设知, Q 可以分解成 n 个一次多项式的乘积. 故 A 可以分解成 $n+1$ 个一次多项式的乘积.

根据数学归纳法, 结论得证.

定义 6.4.2 设 $n\in\mathbb{N}, A=\sum\limits_{i=0}^{n}a_iX^i\in\mathbb{C}[X]$, A 的共轭 $\overline{A}$ 定义为

$$\overline{A}=\sum_{i=0}^{n}\overline{a}_iX^i$$

命题 6.4.2 设 $(A,B)\in\mathbb{C}[X]^2, a\in\mathbb{C}$, 则下列等式成立:

(1) $\overline{\overline{A}}=A,\ \overline{A(a)}=\overline{A}(\overline{a})$;

(2) $\overline{A+B}=\overline{A}+\overline{B},\ \overline{AB}=\overline{A}\cdot\overline{B}$;

(3) $A\in\mathbb{R}[X]\Longleftrightarrow\overline{A}=A$.

命题 6.4.3 设 $a\in\mathbb{C}\backslash\mathbb{R}, n\in\mathbb{N}^*$. 另设 $A\in\mathbb{C}[X]$, 则 a 是 A 的 n 重根当且仅当 $\overline{a}$ 是 $\overline{A}$ 的 n 重根.

证 明 假设 a 是 A 的 n 重根, 则存在 $B\in\mathbb{C}[X]$, 使得 $A=(X-a)^nB$ 且 $B(a)\neq0$. 由于 $\overline{A}=(X-\overline{a})^n\overline{B}$, 故 $(X-\overline{a})^n\mid\overline{A}$. 假设 $\overline{B}(\overline{a})=0$, 则 $\overline{B(a)}=0$, 与 $B(a)\neq0$ 矛盾. 于是 $\overline{B}(\overline{a})\neq0$. 故 $\overline{a}$ 是 $\overline{A}$ 的 n 重根. 反过来, 假设 $\overline{a}$ 是 $\overline{A}$ 的 n 重根, 由前面推导知, $a=\overline{\overline{a}}$ 是 $A=\overline{\overline{A}}$ 的 n 重根.

设 $A \in \mathbb{R}[X]$, 则 $A = \overline{A}$. 根据命题 6.4.3, 有如下结论 (命题 6.4.4):

命题 6.4.4 设 $a \in \mathbb{C}\backslash\mathbb{R}, n \in \mathbb{N}^*$. 另设 $A \in \mathbb{R}[X]$, 则 a 是 A 的 n 重根当且仅当 $\overline{a}$ 是 A 的 n 重根.

6.4.4 实系数不可约多项式

定理 6.4.3 (实系数多项式不可约分解定理) 每一个实系数多项式 A 可以分解为

$$A = \lambda \prod_{k=1}^{p}(X - a_k)^{t_k} \prod_{l=1}^{q}(X^2 + b_l X + c_l)^{s_l}$$

其中, p, q 是自然数, λ 是实数; 对于任意 $k \in [\![1, p]\!], a_k$ 是实数, t_k 是正整数; 对于任意 $l \in [\![1, q]\!], s_l$ 是正整数, b_l 和 c_l 是实数且满足 $b_l^2 - 4c_l < 0$.

证 明 根据推论 6.4.1和命题 6.4.4, A 可以分解为

$$A = \lambda \prod_{k=1}^{p}(X - a_k)^{t_k} \prod_{l=1}^{q}(X - w_l)^{s_l} \prod_{l=1}^{q}(X - \overline{w_l})^{s_l}$$

其中, λ 是 A 的首系数, 故为实数; $a_1, a_2, \cdots, a_p$ 是 A 的所有实数根, $w_l, w_2, \cdots, w_q$ 是 A 的所有非实数根; $t_1, t_2, \cdots, t_p, s_1, s_2, \cdots, s_q$ 都是正整数. 由于 $(X - w_l)(X - \overline{w_l}) = X^2 - (w_l + \overline{w_l})X + w_l\overline{w_l}$, 记

$$b_l = -(w_l + \overline{w_l}) = -2\mathrm{Re}(w_l), \quad c_l = w_l\overline{w_l} = |w_l|^2$$

则 b_l 和 c_l 都是实数, 且满足 $b_l^2 - 4c_l < 0$, 定理得证.

根据定理 6.4.3, 有如下结论 (推论 6.4.2):

推论 6.4.2 $\mathbb{R}[X]$ 中的不可约多项式有且仅有以下两类:

(1) 一次多项式;

(2) 判别式小于 0 的二次多项式.

推论 6.4.3 任意奇数次实系数多项式至少存在一个实数根.

证 明 设 $A \in \mathbb{R}[X]$, 并假设 A 没有实数根. 根据实系数多项式不可约分解定理知, $\deg(A)$ 是偶数. 根据原命题与逆否命题的等价性, 结论得证.

例 6.4.2 设 $A = X^4 - 5X^3 + 10X^2 - 10X + 4$, 分别求 A 在 $\mathbb{R}[X]$ 和 $\mathbb{C}[X]$ 中的不可约分解式.

解 因为 A 是整系数多项式, 可利用 Eisenstein 判别法寻找 A 的有理根(见习题 6.23), 可验证 $\widetilde{A}(1) = 0$, 故 $(X-1) \mid A$. 将 A 对 $X-1$ 作带余除法, 得 $A = (X-1)(X^3-4X^2+6X-4)$. 记 $B = X^3 - 4X^2 + 6X - 4$, 可验证 $\widetilde{B}(2) = 0$, 同理可得 $B = (X - 2)(X^2 - 2X + 2)$. 显然, $X^2 - 2X + 2$ 是 $\mathbb{R}[X]$ 中的不可约多项式, 故 A 在 $\mathbb{R}[X]$ 中的不可约分解式为

$$A = (X - 1)(X - 2)(X^2 - 2X + 2)$$

进一步, 在 $\mathbb{C}[X]$ 中 $X^2 - 2X + 2 = \left[X - (1 + i)\right]\left[X - (1 - i)\right]$, 故 A 在 $\mathbb{C}[X]$ 中的不可约分解式为

$$A = (X - 1)(X - 2)\left[X - (1 + i)\right]\left[X - (1 - i)\right]$$

6.4.5 根与系数的关系

本小节讨论可裂多项式的根与系数的关系.

首先, 回忆初中学过的韦达定理. 设 $A = a_2X^2 + a_1X + a_0 \in \mathbb{K}[X]$ 且 $a_2 \neq 0$, 并假设 $A = a_2(X-\lambda_1)(X-\lambda_2)$, 则

$$a_2X^2 + a_1X + a_0 = a_2(X-\lambda_1)(X-\lambda_2) = a_2\big[X^2 - (\lambda_1+\lambda_2)X + \lambda_1\lambda_2\big]$$

比较等式两端多项式的系数得

$$\lambda_1 + \lambda_2 = -\frac{a_1}{a_2}, \qquad \lambda_1\lambda_2 = \frac{a_0}{a_2}$$

这样就得到了 A 的根与它的系数之间的关系式.

下面考虑次数为 3 的可裂多项式. 设 $A = a_3X^3 + a_2X^2 + a_1X + a_0 \in \mathbb{K}[X]$ 且 $a_3 \neq 0$, 并假设 $A = a_3(X-\lambda_1)(X-\lambda_2)(X-\lambda_3)$, 则

$$a_3X^3 + a_2X^2 + a_1X + a_0 = a_3\big(X^3 - (\lambda_1+\lambda_2+\lambda_3)X^2 + (\lambda_1\lambda_2+\lambda_1\lambda_3+\lambda_2\lambda_3)X - \lambda_1\lambda_2\lambda_3\big)$$

比较等式两端多项式的系数得

$$\lambda_1+\lambda_2+\lambda_3 = -\frac{a_2}{a_3}, \quad \lambda_1\lambda_2+\lambda_1\lambda_3+\lambda_2\lambda_3 = \frac{a_1}{a_3}, \quad \lambda_1\lambda_2\lambda_3 = -\frac{a_0}{a_3}$$

一般地, 有如下结论 (命题 6.4.5):

命题 6.4.5 设 $n \in \mathbb{N}$ 且 $n \geqslant 2$, $k \in [\![1,n]\!]$, 记 $\sigma_k = \sum\limits_{1\leqslant i_1<\cdots<i_k\leqslant n} \lambda_{i_1}\cdots\lambda_{i_k}$, 则

$$\prod_{k=1}^{n}(X-\lambda_k) = \sum_{k=0}^{n}(-1)^k\sigma_kX^{n-k} = X^n - \sigma_1X^{n-1} + \sigma_2X^{n-2} - \cdots + (-1)^{n-1}\sigma_{n-1}X + (-1)^n\sigma_n$$

定理 6.4.4 (韦达定理) 设 $n \in \mathbb{N}^*$, $A = \sum\limits_{k=0}^{n} a_kX^k$ 且 $a_n \neq 0$, 并假设

$$A = a_n(X-\lambda_1)(X-\lambda_2)\cdots(X-\lambda_n)$$

其中, $(\lambda_1,\lambda_2,\cdots,\lambda_n) \in \mathbb{K}^n$, 则 $\forall k \in [\![1,n]\!]$, $\sigma_k = (-1)^k\dfrac{a_{n-k}}{a_n}$. 特别地, A 的所有根的和为 $-\dfrac{a_{n-1}}{a_n}$, A 的所有根的乘积为 $(-1)^n\dfrac{a_0}{a_n}$.

证 明 首先, 有

$$A = a_nX^n + a_{n-1}X^{n-1} + a_{n-2}X^{n-2} + \cdots + a_1X + a_0$$

根据命题 6.4.5, 有

$$A = a_nX^n - \sigma_1a_nX^{n-1} + \sigma_2a_nX^{n-2} - \cdots + (-1)^{n-1}\sigma_{n-1}a_nX + (-1)^n\sigma_na_n$$

比较上述两个表达式系数可得 $\forall k \in [\![1,n]\!]$, $a_{n-k} = (-1)^k\sigma_k a_n$. 故 $\forall k \in [\![1,n]\!]$, $\sigma_k = (-1)^k\dfrac{a_{n-k}}{a_n}$. 取 $k=1$, 则 A 的所有根的和 $\sigma_1 = -\dfrac{a_{n-1}}{a_n}$; 取 $k=n$, 则 A 的所有根的乘积 $\sigma_n = (-1)^n\dfrac{a_0}{a_n}$.

例 6.4.3 设 $n\in\mathbb{N}^*$. 因为 $X^n-1=\prod\limits_{k=1}^{n}(X-\mathrm{e}^{\frac{2k\pi\mathrm{i}}{n}})$, 根据定理 6.4.4, 有

$$\prod_{k=1}^{n}\mathrm{e}^{\frac{2k\pi\mathrm{i}}{n}}=(-1)^{n+1},\qquad \sum_{k=1}^{n}\mathrm{e}^{\frac{2k\pi\mathrm{i}}{n}}=0$$

6.5 有理分式

6.5.1 有理分式域

本小节将从多项式出发给出有理分式的定义, 这与从整数出发给出有理数定义的过程类似. 为书写方便, 记 $E=\mathbb{K}[X]\times(\mathbb{K}[X]\backslash\{0\})$.

命题 6.5.1 定义二元关系:

$$\forall(P,Q)\in E,\quad \forall(R,S)\in E,\quad (P,Q)\sim(R,S)\Longleftrightarrow PS=QR$$

则 $\sim$ 是 E 上的一个等价关系.

证 明 按定义验证 $\sim$ 满足等价关系的三个条件即可.

(1) 自反性: 设 $(P,Q)\in E$, 则 $PQ=QP$, 故 $(P,Q)\sim(P,Q)$.

(2) 对称性: 设 $(P,Q)\in E,(R,S)\in E$, 并假设 $(P,Q)\sim(R,S)$, 则 $PS=QR$. 于是 $RQ=SP$, 从而 $(R,S)\sim(P,Q)$.

(3) 传递性: 设 $(P,Q)\in E,(R,S)\in E$, $(T,W)\in E$, 并假设 $(P,Q)\sim(R,S)$ 且 $(R,S)\sim(T,W)$, 则 $PS=QR$ 且 $RW=ST$. 两式相乘得 $PRSW=RTQS$, 即 $RS(PW-TQ)=0$. 因为 $\mathbb{K}[X]$ 是整环且 $S\neq0$, 所以 $R=0$ 或 $PW=QT$. 若 $R=0$, 由于 S 非零, 从而 $P=T=0$, 进而 $PW=QT=0$; 若 $R\neq0$, 则 $PW-QT=0$, 即 $PW=QT$. 故 $(P,Q)\sim(T,W)$.

综上, $\sim$ 是 E 上的一个等价关系.

设 $(P,Q)\in E$, 在等价关系 $\sim$ 下, 以 (P,Q) 代表元的等价类记为 $\dfrac{P}{Q}$, 称为 $\mathbb{K}$ 上的一个**有理分式**. E 在等价关系 $\sim$ 下的商集 $E/\sim$ 记为 $\mathbb{K}(X)$.

命题 6.5.2 定义

$$\begin{array}{rccc}+: & \mathbb{K}(X)\times\mathbb{K}(X) & \to & \mathbb{K}(X)\\ & \left(\dfrac{P}{Q},\dfrac{T}{W}\right) & \mapsto & \dfrac{PW+QT}{QW}\end{array}$$

则 $+$ 是 $\mathbb{K}(X)$ 上的一个代数运算, 称为 $\mathbb{K}(X)$ 上的加法运算.

证　明　设 $\left(\dfrac{P_1}{Q_1},\dfrac{P_2}{Q_2},\dfrac{T_1}{W_1},\dfrac{T_2}{W_2}\right)\in\mathbb{K}(X)^4$, 并假设 $\dfrac{P_1}{Q_1}=\dfrac{P_2}{Q_2}$ 且 $\dfrac{T_1}{W_1}=\dfrac{T_2}{W_2}$, 则 $P_1Q_2-Q_1P_2=0$ 且 $T_1W_2-W_1T_2=0$. 根据定义, 有

$$\frac{P_1}{Q_1}+\frac{T_1}{W_1}=\frac{P_1W_1+T_1Q_1}{Q_1W_1},\quad \frac{P_2}{Q_2}+\frac{T_2}{W_2}=\frac{P_2W_2+Q_2T_2}{Q_2W_2}$$

从而

$$\begin{aligned}&(P_1W_1+T_1Q_1)(Q_2W_2)-(P_2W_2+Q_2T_2)(Q_1W_1)\\=&(P_1Q_2-Q_1P_2)W_1W_2+(T_1W_2-W_1T_2)Q_1Q_2\\=&0\end{aligned}$$

因此, $\dfrac{P_1}{Q_1}+\dfrac{T_1}{W_1}=\dfrac{P_2}{Q_2}+\dfrac{T_2}{W_2}$. 这就证明了 $+$ 是一个合理定义的映射, 从而是 $\mathbb{K}(X)$ 上的一个代数运算.

命题 6.5.3　$(\mathbb{K}(X),+)$ 是一个交换群.

证　明　根据命题 6.5.2知, $+$ 是 $\mathbb{K}(X)$ 上的代数运算. 易验证 $+$ 满足结合律和交换律. 进一步, $\dfrac{0}{1}$ 是 $+$ 的单位元; 最后，对于任意 $\dfrac{P}{Q}\in\mathbb{K}(X)$, $\dfrac{-P}{Q}$ 是 $\dfrac{P}{Q}$ 的逆元. 故 $(\mathbb{K}(X),+)$ 是一个交换群.

命题 6.5.4　定义

$$\begin{aligned}\times:\ \mathbb{K}(X)\times\mathbb{K}(X)&\to\mathbb{K}(X)\\ \left(\frac{P}{Q},\frac{T}{W}\right)&\mapsto\frac{PT}{QW}\end{aligned}$$

则 $\times$ 是 $\mathbb{K}(X)$ 上的一个代数运算, 称为 $\mathbb{K}(X)$ 上的乘法运算.

证　明　保持命题 6.5.2证明中的记号不变. 假设 $\dfrac{P_1}{Q_1}=\dfrac{P_2}{Q_2}$ 且 $\dfrac{T_1}{W_1}=\dfrac{T_2}{W_2}$, 则 $P_1Q_2-Q_1P_2=0$ 且 $T_1W_2-W_1T_2=0$. 根据定义, 有

$$\frac{P_1}{Q_1}\frac{T_1}{W_1}-\frac{P_2}{Q_2}\frac{T_2}{W_2}=\frac{P_1T_1Q_2W_2-Q_1W_1P_2T_2}{Q_1Q_2W_1W_2}=0$$

因此, $\dfrac{P_1}{Q_1}\dfrac{T_1}{W_1}=\dfrac{P_2}{Q_2}\dfrac{T_2}{W_2}$. 这就证明了 $\times$ 是一个合理定义的映射, 从而是 $\mathbb{K}(X)$ 上的一个代数运算.

命题 6.5.5　乘法运算 $\times$ 具有如下性质:

- $\times$ 满足结合律和交换律;
- $\times$ 对 $+$ 满足分配律;
- $\dfrac{1}{1}$ 是乘法运算的单位元;
- 设 $(P,Q)\in\mathbb{K}[X]^2$ 均非零, 则 $\dfrac{Q}{P}\times\dfrac{P}{Q}=\dfrac{1}{1}$.

根据命题 6.5.3和 6.5.5, 有如下结论 (定理 6.5.1):

定理 6.5.1 (有理分式域)　$(\mathbb{K}(X),+,\times)$ 是一个域.

注 6.5.1　设 $P\in\mathbb{K}[X]$, 将 P 等同于 $\frac{P}{1}$. 特别地, $0=\frac{0}{1}$, $1=\frac{1}{1}$.

命题 6.5.6　设 $\left(\frac{P}{Q},\frac{R}{S}\right)\in\mathbb{C}(X)^2$. 若 $\frac{P}{Q}=\frac{R}{S}$, 则 $\frac{\overline{P}}{\overline{Q}}=\frac{\overline{R}}{\overline{S}}$. 一般把 $\frac{\overline{P}}{\overline{Q}}$ 称为 $\frac{P}{Q}$ 的共轭, 记为 $\overline{\left(\frac{P}{Q}\right)}$.

6.5.2　有理分式的不可约表示

定义 6.5.1　设 $F\in\mathbb{K}(X)$. 如果 $(P,Q)\in\mathbb{K}[X]^2$ 满足 $F=\frac{P}{Q}$, 则称 $\frac{P}{Q}$ 是 F 的一个**表示**; 进一步, 若 $P\wedge Q=1$, 则称 $\frac{P}{Q}$ 是 F 的一个**不可约表示**, 若 Q 还是首一多项式, 则称 $\frac{P}{Q}$ 是 F 的一个**单位不可约表示**.

例 6.5.1　在 $\mathbb{R}(X)$ 中, $F=\frac{X^4+1}{X^2+1}$ 是一个不可约表示, 而 $\frac{X^2-1}{X^2+3X+2}$ 不是一个不可约表示.

命题 6.5.7　设 $F=\frac{P_1}{Q_1}\in\mathbb{K}(X)$.

(1) 若 $\frac{P}{Q}$ 是 F 的一个不可约表示, 则存在 $R\in\mathbb{K}[X]$, 使得

$$P_1=RP\ \text{且}\ Q_1=RQ$$

(2) 若 $\frac{P}{Q}$ 和 $\frac{P_1}{Q_1}$ 都是 F 的不可约表示, 则存在 $\lambda\in\mathbb{K}^*$, 使得

$$P_1=\lambda P\ \text{且}\ Q_1=\lambda Q$$

(3) F 存在唯一一个单位不可约表示.

证　明　(1) 根据假设, 有 $\frac{P}{Q}=\frac{P_1}{Q_1}$, 故 $PQ_1=QP_1$, 于是 $Q\mid PQ_1$. 由于 $\frac{P}{Q}$ 不可约, 故 $P\wedge Q=1$. 根据高斯定理知, $Q\mid Q_1$. 从而存在 $R\in\mathbb{K}[X]$, 使得 $Q_1=RQ$. 于是, $PRQ=QP_1$. 由于 $Q\neq 0$, 故 $P_1=RP$.

(2) 设 $\frac{P}{Q}$ 和 $\frac{P_1}{Q_1}$ 是 F 的两个不可约表示. 根据 (1), 有 $Q\mid Q_1$ 且 $Q_1\mid Q$. 根据命题 6.2.1知, 存在 $\lambda\in\mathbb{K}^*$, 使得 $Q_1=\lambda Q$. 将 $PQ_1=QP_1$ 代入, 得 $P_1=\lambda P$.

(3) 存在性显然成立, 下面证明唯一性.

设 $\frac{P}{Q}$ 和 $\frac{P_1}{Q_1}$ 都是 F 的单位不可约表示. 根据 (2) 知, 存在 $\lambda\in\mathbb{K}^*$, 使得 $Q_1=\lambda Q$. 由于 Q 和 Q_1 都是首一多项式, 故 $\lambda=1$. 从而 $P=P_1$ 且 $Q=Q_1$.

6.5.3 有理分式的次数

定义 6.5.2 设 $F=\dfrac{P}{Q}\in\mathbb{K}(X)$, 则 $\big(\deg(P)-\deg(Q)\big)$ 不依赖于 F 的表示的选取, 称为 F 的**次数**, 记为 $\deg(F)$. 若 $\deg(F)<0$, 则称 F 是一个**真分式**, 否则称 F 是一个**假分式**.

命题 6.5.8 设 $(F,G)\in\mathbb{K}(X)^2$, 则

(1) $\deg(FG)=\deg(F)+\deg(G)$;

(2) $\deg(F+G)\leqslant\max\big\{\deg(F),\deg(G)\big\}$.

证 明 设 $F=\dfrac{P}{Q},G=\dfrac{R}{S}$, 则 $F+G=\dfrac{PS+QR}{QS}$, $FG=\dfrac{PR}{QS}$.

(1) 根据有理分式次数的定义和多项式次数的运算法则, 有

$$\begin{aligned}\deg(FG)&=\deg(PR)-\deg(QS)=\deg(P)+\deg(R)-\deg(Q)-\deg(S)\\&=\deg(F)+\deg(G)\end{aligned}$$

(2) 不妨设 $\deg(F)\geqslant\deg(G)$, 从而

$$\deg(P)-\deg(Q)\geqslant\deg(R)-\deg(S)$$

即 $\deg(P)+\deg(S)\geqslant\deg(R)+\deg(Q)$. 因此, $\deg(PS)\geqslant\deg(RQ)$. 根据定义 6.5.2, 有

$$\deg(F+G)=\deg(PS+QR)-\deg(QS)$$

而 $\deg(PS+QR)\leqslant\max\big(\deg(PS),\deg(RQ)\big)=\deg(PS)=\deg(P)+\deg(S)$. 于是

$$\deg(F+G)\leqslant\deg(P)+\deg(S)-\deg(Q)-\deg(S)=\deg(F)$$

因此, $\deg(F+G)\leqslant\max\big\{\deg(F),\deg(G)\big\}$.

6.5.4 有理分式的根和极点

定义 6.5.3 设 $F\in\mathbb{K}(X)$, $\dfrac{P}{Q}$ 是 F 的一个不可约表示.

(1) 设 $a\in\mathbb{K}$. 若 a 是 P 的 n 重根, 则称 a 是 F 的 n **重根**. 特别地, 若 $n=1$, 则称 a 是 F 的**单根**.

(2) 设 $b\in\mathbb{K}$. 若 b 是 Q 的 m 重根, 则称 b 是 F 的 m **重极点**. 特别地, 若 $m=1$, 则称 b 是 F 的**单极点**.

例 6.5.2 设 $F=\dfrac{X(X-1)^2}{(X-2)(X^3+1)^2}\in\mathbb{R}(X)$, 则 0 是 F 的单根, 1 是 2 重根; 2 是 F 的单极点, -1 是 2 重极点.

定义 6.5.4 (有理函数) 设 $\frac{P}{Q}$ 是有理分式 $F \in \mathbb{K}(X)$ 的一个不可约表示. 记 A 为由 F 的所有极点构成的集合, 映射

$$\begin{array}{rccc} \widetilde{F}: & \mathbb{K}\backslash A & \to & \mathbb{K} \\ & x & \mapsto & \dfrac{\widetilde{P}(x)}{\widetilde{Q}(x)} \end{array}$$

称为由 F 定义的**有理函数**. 为书写方便, 也将 $\widetilde{F}$ 简记为 F.

6.5.5 有理分式单项式分解定理

命题 6.5.9 设 $F = \frac{P}{Q} \in \mathbb{K}(X)$, 则存在唯一 $(R, S) \in \mathbb{K}[X]^2$, 使得 $F = S + \frac{R}{Q}$, 其中 $\deg(R) < \deg(Q)$. 多项式 S 称为 F 的**整式部分**.

证 明 唯一性: 假设存在 $(S_1, S_2, R_1, R_2) \in \mathbb{K}[X]^4$, 使得

$$F = S_1 + \frac{R_1}{Q} = S_2 + \frac{R_2}{Q}$$

其中, $\deg(R_1) < \deg(Q)$ 且 $\deg(R_2) < \deg(Q)$. 于是有 $S_1 - S_2 = \frac{R_2 - R_1}{Q}$. 比较等式两端次数知, $S_1 = S_2$ 且 $R_1 = R_2$.

存在性: 根据带余除法知, 存在 $(S, R) \in \mathbb{K}[X]^2$, 使得 $P = QS + R$, 其中 $\deg(R) < \deg(Q)$. 于是 $F = \frac{P}{Q} = S + \frac{R}{Q}$.

命题 6.5.10 设 $F = \frac{P}{Q_1 Q_2} \in \mathbb{K}(X)$ 是一个真分式. 若 $Q_1 \wedge Q_2 = 1$, 则存在唯一 $(P_1, P_2) \in \mathbb{K}[X]^2$, 使得

$$\frac{P}{Q_1 Q_2} = \frac{P_1}{Q_1} + \frac{P_2}{Q_2}$$

其中, $\frac{P_1}{Q_1}$ 和 $\frac{P_2}{Q_2}$ 都是真分式.

证 明 唯一性: 假设存在 $(P_1, P_2, T_1, T_2) \in \mathbb{K}[X]^4$, 使得

$$\frac{P}{Q_1 Q_2} = \frac{P_1}{Q_1} + \frac{P_2}{Q_2} = \frac{T_1}{Q_1} + \frac{T_2}{Q_2}$$

并且 $\frac{P_1}{Q_1}, \frac{P_2}{Q_2}, \frac{T_1}{Q_1}, \frac{T_2}{Q_2}$ 都是真分式. 从而有 $P_1 Q_2 + P_2 Q_1 = T_1 Q_2 + T_2 Q_1$, 进而 $Q_2(P_1 - T_1) = Q_1(T_2 - P_2)$. 因为 $Q_1 \wedge Q_2 = 1$, 再由高斯定理知, $Q_2 \mid (T_2 - P_2)$. 由于 $\deg(T_2 - P_2) < \deg(Q_2)$, 故 $T_2 = P_2$, 进而 $T_1 = P_1$.

存在性: 因为 $Q_1 \wedge Q_2 = 1$, 再根据贝祖定理知, 存在 $(U,V) \in \mathbb{K}[X]^2$, 使得 $Q_1U + Q_2V = 1$, 故

$$\frac{P}{Q_1Q_2} = \frac{P(Q_1U + Q_2V)}{Q_1Q_2} = \frac{PV}{Q_1} + \frac{PU}{Q_2}$$

根据命题 6.5.9知, 存在 $(P_1, P_2, S_1, S_2) \in \mathbb{K}[X]^4$, 使得

$$\frac{PV}{Q_1} = S_1 + \frac{P_1}{Q_1} \quad 且 \quad \frac{PU}{Q_2} = S_2 + \frac{P_2}{Q_2}$$

并且 $\frac{P_1}{Q_1}$ 和 $\frac{P_2}{Q_2}$ 都是真分式. 从而有 $\frac{P}{Q_1Q_2} = \frac{P_1}{Q_1} + \frac{P_2}{Q_2} + S_1 + S_2$. 比较等式两端次数, 有 $S_1 + S_2 = 0$. 故 $\frac{P}{Q_1Q_2} = \frac{P_1}{Q_1} + \frac{P_2}{Q_2}$.

命题6.5.11 设 $F = \frac{P}{Q} \in \mathbb{K}(X)$ 是一个真分式. 若 $Q = Q_1Q_2 \cdots Q_s$ 且 $Q_1, Q_2, \cdots, Q_s$ 两两互素 $(s \geqslant 2)$, 则存在唯一 $(P_1, P_2, \cdots, P_s) \in \mathbb{K}[X]^s$, 使得

$$\frac{P}{Q} = \frac{P_1}{Q_1} + \frac{P_2}{Q_2} + \cdots + \frac{P_s}{Q_s}$$

且对于任意 $i \in [\![1, s]\!]$, $\frac{P_i}{Q_i}$ 是真分式.

证　明 对 s 应用数学归纳法.

- 根据命题 6.5.10知, $s = 2$ 时结论成立.
- 设 $s \in \mathbb{N}$ 且 $s \geqslant 2$, 并假设当 Q 等于 s 个两两互素的多项式相乘时结论成立. 另设 $Q = Q_1Q_2 \cdots Q_sQ_{s+1}$ 且 $Q_1, Q_2, \cdots, Q_s, Q_{s+1}$ 两两互素, 则 $Q_1Q_2 \cdots Q_s$ 和 Q_{s+1} 互素. 根据命题 6.5.10知, 存在唯一 $(R_1, P_{s+1}) \in \mathbb{K}[X]^2$, 使得

$$\frac{P}{Q} = \frac{R_1}{Q_1Q_2 \cdots Q_s} + \frac{P_{s+1}}{Q_{s+1}}$$

且 $\frac{R_1}{Q_1Q_2 \cdots Q_s}$ 和 $\frac{P_{s+1}}{Q_{s+1}}$ 都是真分式. 根据归纳假设知, 存在唯一 $(P_1, P_2, \cdots, P_s) \in \mathbb{K}[X]^s$, 使得

$$\frac{R_1}{Q_1Q_2 \cdots Q_s} = \frac{P_1}{Q_1} + \frac{P_2}{Q_2} + \cdots + \frac{P_s}{Q_s}$$

且对于任意 $i \in [\![1, s]\!]$, $\frac{P_i}{Q_i}$ 是真分式. 因此,

$$\frac{P}{Q} = \frac{P_1}{Q_1} + \frac{P_2}{Q_2} + \cdots + \frac{P_s}{Q_s} + \frac{P_{s+1}}{Q_{s+1}}$$

并且对于任意 $i \in [\![1, s+1]\!]$, $\frac{P_i}{Q_i}$ 是真分式.

根据数学归纳法, 结论得证.

例 6.5.3 设 $F = \dfrac{1}{X^4+X^2+1} \in \mathbb{R}(X)$. 已知

$$X^4+X^2+1 = (X^2+X+1)(X^2-X+1)$$

且 $(X^2+X+1) \wedge (X^2-X+1) = 1$, 根据命题 6.5.11知, 存在 $(a,b,c,d) \in \mathbb{R}^4$, 使得

$$\frac{1}{X^4+X^2+1} = \frac{aX+b}{X^2+X+1} + \frac{cX+d}{X^2-X+1}$$

等式右边通分得 $(aX+b)(X^2-X+1)+(cX+d)(X^2+X+1)=1$. 用待定系数法求得 $a=b=d=\dfrac{1}{2}, c=-\dfrac{1}{2}$. 故 $\dfrac{1}{X^4+X^2+1} = \dfrac{1}{2}\left(\dfrac{X+1}{X^2+X+1} + \dfrac{-X+1}{X^2-X+1}\right)$.

命题 6.5.12 设 $n \in \mathbb{N}^*, a \in \mathbb{K}$, $P \in \mathbb{K}[X]$ 且 $\deg(P) < n$, 则存在唯一 $(\lambda_1, \cdots, \lambda_n) \in \mathbb{K}^n$, 使得

$$\frac{P}{(X-a)^n} = \frac{\lambda_1}{X-a} + \frac{\lambda_2}{(X-a)^2} + \cdots + \frac{\lambda_n}{(X-a)^n}$$

证 明 存在性: 对 n 应用数学归纳法.

- 若 $n=1$, 则 P 是常数多项式, 结论显然成立.
- 设 $n \in \mathbb{N}^*$, 假设结论对形如 $\dfrac{P}{(X-a)^n}$ 的真分式成立. 另设 $F = \dfrac{P}{(X-a)^{n+1}}$ 是真分式. 根据带余除法知, 存在 $Q \in \mathbb{K}[X]$, 存在 $\lambda_{n+1} \in \mathbb{K}$, 使得 $P = (X-a)Q + \lambda_{n+1}$. 从而有

$$\frac{P}{(X-a)^{n+1}} = \frac{(X-a)Q+\lambda_{n+1}}{(X-a)^{n+1}} = \frac{Q}{(X-a)^n} + \frac{\lambda_{n+1}}{(X-a)^{n+1}}$$

易知 $\deg(Q) < n$. 根据归纳假设知, 存在 $(\lambda_1, \lambda_2, \cdots, \lambda_n) \in \mathbb{K}^n$, 使得

$$\frac{Q}{(X-a)^n} = \frac{\lambda_1}{X-a} + \frac{\lambda_2}{(X-a)^2} + \cdots + \frac{\lambda_n}{(X-a)^n}$$

因此,

$$\frac{P}{(X-a)^{n+1}} = \frac{\lambda_1}{X-a} + \frac{\lambda_2}{(X-a)^2} + \cdots + \frac{\lambda_n}{(X-a)^n} + \frac{\lambda_{n+1}}{(X-a)^{n+1}}$$

根据数学归纳法, 存在性得证.

唯一性: 假设存在 $(\lambda_1, \lambda_2, \cdots, \lambda_n) \in \mathbb{K}^n$ 和 $(\mu_1, \mu_2, \cdots, \mu_n) \in \mathbb{K}^n$, 使得

$$\begin{aligned}\frac{P}{(X-a)^n} &= \frac{\lambda_1}{X-a} + \frac{\lambda_2}{(X-a)^2} + \cdots + \frac{\lambda_n}{(X-a)^n} \\ &= \frac{\mu_1}{X-a} + \frac{\mu_2}{(X-a)^2} + \cdots + \frac{\mu_n}{(X-a)^n}\end{aligned}$$

从而有

$$\frac{\lambda_1-\mu_1}{X-a}+\frac{\lambda_2-\mu_2}{(X-a)^2}+\cdots+\frac{\lambda_n-\mu_n}{(X-a)^n}=0$$

等式两边同时乘以 $(X-a)^n$ 得

$$(\lambda_1-\mu_1)(X-a)^{n-1}+(\lambda_2-\mu_2)(X-a)^{n-2}+\cdots+(\lambda_n-\mu_n)=0$$

等式左边最高次项系数为 $\lambda_1-\mu_1$, 故 $\lambda_1=\mu_1$, 递归可得

$$(\lambda_1,\lambda_2,\cdots,\lambda_n)=(\mu_1,\mu_2,\cdots,\mu_n)$$

唯一性得证.

例 6.5.4 设 $F=\dfrac{X+1}{(X-1)^2}\in\mathbb{R}(X)$. 根据命题 6.5.12知, 存在 $(a,b)\in\mathbb{R}^2$, 使得

$$\frac{X+1}{(X-1)^2}=\frac{a}{X-1}+\frac{b}{(X-1)^2}$$

等式两边同时乘以 $(X-1)^2$, 并考虑对应有理函数, 取 $x=1$, 得 $b=2$. 进而可求得 $a=1$. 因此,

$$\frac{X+1}{(X-1)^2}=\frac{1}{X-1}+\frac{2}{(X-1)^2}$$

根据命题 6.5.9、命题 6.5.11和命题 6.5.12, 可以证明下面这个定理:

定理 6.5.2 (复系数有理分式单项式分解定理) 设 $F=\dfrac{P}{Q}\in\mathbb{C}(X)$, 并假设 Q 在 $\mathbb{C}[X]$ 中有不可约分解式:

$$Q=(X-a_1)^{s_1}(X-a_2)^{s_2}\cdots(X-a_r)^{s_r}$$

其中, $(r,s_1,s_2,\cdots,s_r)\in(\mathbb{N}^*)^{r+1}$, $(a_1,a_2,\cdots,a_r)\in\mathbb{C}^r$ 互不相等, 则存在 $S\in\mathbb{C}[X]$ 和复数域中的元素族 $(\lambda_{i,j})_{\substack{i\in[\![1,r]\!]\\ j\in[\![1,s_i]\!]}}$, 使得

$$F=S+\sum_{i=1}^{r}\left[\sum_{j=1}^{s_i}\frac{\lambda_{i,j}}{(X-a_i)^j}\right]\tag{6.5.1}$$

进一步, 在不考虑顺序的情况下, 分解式 (6.5.1) 是唯一的, 称为 F 的**单项式分解式**.

根据定理 6.5.2, 可以证明下面这个定理:

定理 6.5.3 (实系数有理分式单项式分解定理) 设 $F=\dfrac{P}{Q}\in\mathbb{R}(X)$ 且 Q 在 $\mathbb{R}[X]$ 中有不可约分解式:

$$Q=\left[\prod_{i=1}^{r}(X-a_i)^{s_i}\right]\left[\prod_{j=1}^{q}(X^2+b_jX+c_j)^{t_j}\right]$$

其中, $(r,q)\in\mathbb{N}^2$, $(s_1,s_2,\cdots,s_r)\in(\mathbb{N}^*)^r$, $(a_1,a_2,\cdots,a_r)\in\mathbb{R}^r$ 互不相等; 对于任意 $j\in[\![1,q]\!], t_j\in\mathbb{N}^*, (b_j,c_j)\in\mathbb{R}^2$ 满足 $b_j^2-4c_j<0$ 且 $(X^2+b_jX+c_j)_{j\in[\![1,q]\!]}$ 两两互素, 则存在 $S\in\mathbb{R}[X]$ 和实数域中的元素族 $(\alpha_{i,k})_{\substack{i\in[\![1,r]\!]\\k\in[\![1,s_i]\!]}}$, $(\beta_{j,k})_{\substack{j\in[\![1,q]\!]\\k\in[\![1,t_j]\!]}}$ 和 $(\gamma_{j,k})_{\substack{j\in[\![1,q]\!]\\k\in[\![1,t_j]\!]}}$, 使得

$$F=S+\sum_{i=1}^{r}\left[\sum_{k=1}^{s_i}\frac{\alpha_{i,k}}{(X-a_i)^k}\right]+\sum_{j=1}^{q}\left[\sum_{k=1}^{t_j}\frac{\beta_{j,k}X+\gamma_{j,k}}{(X^2+b_jX+c_j)^k}\right]\tag{6.5.2}$$

进一步, 在不考虑顺序的情况下, 分解式 (6.5.2) 是唯一的, 称为 F 的**单项式分解式**.

6.5.6 单项式分解方法

在 6.5.5 小节, 利用待定系数法和取特殊值的方法对有理分式进行了单项式分解, 这也是单项式分解中最常用的两种方法. 本小节介绍几种特殊形式的有理分式的单项式分解方法.

1. 单极点

设 $\dfrac{P}{Q}$ 为 $F\in\mathbb{K}(X)$ 的不可约表示, $a\in\mathbb{K}, n\in\mathbb{N}^*$. 另假设 a 是 F 的 n 重极点且 $Q=(X-a)^nQ_1$. 根据单项式分解定理知, 存在 $(\lambda_1,\lambda_2,\cdots,\lambda_n)\in\mathbb{K}^n$ 和有理分式 F_1, 使得 a 不是 F_1 的极点且

$$F=\frac{P}{(X-a)^nQ_1}=F_1+\sum_{i=1}^{n}\frac{\lambda_i}{(X-a)^i}$$

等式两边乘以 $(X-a)^n$, 再考虑对应有理函数, 取 $x=a$, 得 $\lambda_n=\dfrac{P(a)}{Q_1(a)}$.

下面求 $Q_1(a)$. 根据莱布尼兹公式, 有

$$Q^{(n)}=\left[(X-a)^nQ_1\right]^{(n)}=\sum_{k=0}^{n}C_n^k\left[(X-a)^n\right]^{(n-k)}Q_1^{(k)}$$

从而有 $Q^{(n)}(a)=n!Q_1(a)$, 即 $Q_1(a)=\dfrac{Q^{(n)}(a)}{n!}$. 因此, $\lambda_n=\dfrac{n!P(a)}{Q^{(n)}(a)}$. 特别地, 当 a 是 F 的单极点, 即 $n=1$ 时, $\lambda_1=\dfrac{P(a)}{Q'(a)}$.

例 6.5.5　求 $F=\dfrac{4X}{X^4-1}$ 在 $\mathbb{C}(X)$ 中的单项式分解式.

解　根据定理 6.5.2知, 存在 $(a,b,c,d)\in\mathbb{C}^4$, 使得

$$\frac{4X}{X^4-1}=\frac{a}{X-1}+\frac{b}{X+1}+\frac{c}{X-i}+\frac{d}{X+i}$$

记 $G=\dfrac{4X}{(X^4-1)'}=\dfrac{1}{X^2}$, 则

$$a=G(1)=1,\quad b=G(-1)=1,\quad c=G(-i)=-1,\quad d=G(i)=-1$$

故
$$\frac{4X}{X^4-1}=\frac{1}{X-1}+\frac{1}{X+1}-\frac{1}{X-i}-\frac{1}{X+i}$$

例 6.5.6 设 $n\in\mathbb{N}$ 且 $n\geqslant 2$, 求 $\dfrac{1}{X^n-1}$ 在 $\mathbb{C}(X)$ 中的单项式分解式.

解 设 $w_k=\mathrm{e}^{\frac{2k\pi\mathrm{i}}{n}}$, 则 $X^n-1=\prod\limits_{k=1}^{n}(X-w_k)$. 根据定理 6.5.2知, 存在 $(\lambda_k)_{k\in[\![1,n]\!]}\in\mathbb{C}^n$, 使得 $\dfrac{1}{X^n-1}=\sum\limits_{k=1}^{n}\dfrac{\lambda_k}{X-w_k}$. 设 $k\in[\![1,n]\!]$, 注意到 $w_k^n=1$. 根据前面的推导知, $\lambda_k=\dfrac{1}{nw_k^{n-1}}=\dfrac{w_k}{n}$. 故 $\dfrac{1}{X^n-1}=\dfrac{1}{n}\sum\limits_{k=1}^{n}\dfrac{w_k}{X-w_k}$.

2. 复极点

设 $r\in\mathbb{N}^*, F\in\mathbb{R}(X)$, $a\in\mathbb{C}\backslash\mathbb{R}$ 是 F 的 r 重极点, 则 $\overline{a}$ 也是 F 的 r 重极点. 根据定理 6.5.2知, 存在有理分式 F_1, 使得 a 和 $\overline{a}$ 都不是 F_1 的极点, 并且

$$F=F_1+\sum_{i=1}^{r}\frac{\lambda_i}{(X-a)^i}+\sum_{i=1}^{r}\frac{\mu_i}{(X-\overline{a})^i}$$

其中, $\lambda_1,\lambda_2,\cdots,\lambda_r,\mu_1,\mu_2,\cdots,\mu_r$ 都是复数. 从而有

$$\overline{F}=\overline{F}_1+\sum_{i=1}^{r}\frac{\overline{\lambda_i}}{(X-\overline{a})^i}+\sum_{i=1}^{r}\frac{\overline{\mu_i}}{(X-a)^i}$$

因为 $F\in\mathbb{R}(X)$, 所以 $F=\overline{F}$. 根据单项式分解的唯一性知, $\forall i\in[\![1,r]\!],\mu_i=\overline{\lambda_i}$.

3. 具有奇偶性的有理分式

例 6.5.7 求 $F=\dfrac{X^2+1}{X^4+X^2+1}$ 在 $\mathbb{R}(X)$ 中的单项式分解式.

解 首先将分母因式分解:

$$X^4+X^2+1=(X^2+X+1)(X^2-X+1)$$

根据定理 6.5.3知, 存在 $(a,b,c,d)\in\mathbb{R}^4$, 使得 $F=\dfrac{aX+b}{X^2+X+1}+\dfrac{cX+d}{X^2-X+1}$. 由于 $F(X)=F(-X)$, 故

$$\frac{aX+b}{X^2+X+1}+\frac{cX+d}{X^2-X+1}=\frac{-aX+b}{X^2-X+1}+\frac{-cX+d}{X^2+X+1}$$

根据单项式分解的唯一性, 得 $a=-c$ 且 $b=d$; 由 $F(i)=0$ 得 $(a-c)i+(b-d)=0$, 从而有 $a=c$; 由 $F(0)=1$ 得 $b+d=1$. 联立以上各式得 $a=c=0$ 且 $b=d=\dfrac{1}{2}$.

综上

$$\frac{X^2+1}{X^4+X^2+1}=\frac{1}{2}\left(\frac{1}{X^2+X+1}+\frac{1}{X^2-X+1}\right)$$

习题 6

若无特殊说明, n 表示一个自然数.

★ 基础题

6.1 分别求满足下列方程的实系数多项式 P.

(1) $P(X^2)=(X+1)P$; (2) $P(X^2)=(X^2+1)P$

6.2 设 $n\in\mathbb{N}^*$.

(1) 利用两种方法展开 $(1+X)^{2n}$, 进而化简和式 $\sum\limits_{k=0}^{n}(C_n^k)^2$.

(2) 设 $k\in[\![0,n]\!]$. 利用两种方法计算 $(X^2-1)^n$ 的 $2k$ 次项的系数, 进而化简和式 $\sum\limits_{k=0}^{2n}(-1)^k(C_{2n}^k)^2$.

(3) 利用两种方法展开 $(1+X)^{p+q}$, 能得出什么结论?

(4) 化简和式 $\sum\limits_{k=0}^{n}C_n^k(X-1)^k$, 能得出什么结论?

6.3 求下列多项式 A 除以 B 的余式.

(1) $A=X^5+X^4+2X^3-2X+3$, $B=X^4+3X^3+7X^2+8X+6$;

(2) $A=3X^5+X^4-6X^2+5X-1$, $B=2X^3-X+1$;

(3) $A=2X^4-5X+7$, $B=3X^2+7X-2$.

6.4 求下列多项式 A 和 B 的最大公因式.

(1) $A=2X^4+3X^3+4X^2+2X+1$, $B=3X^3+4X^2+4X+1$;

(2) $A=X^5+X^4+2X^3-2X+3$, $B=X^4+3X^3+7X^2+8X+6$;

(3) $A=X^5-3X^4+2X^3+X^2-3X+2$, $B=X^4-2X^3+2X^2-7X+6$.

6.5 计算多项式 $A=3X^3-X^2-4$ 和 $B=3X^2-3X+2$ 的最大公因式, 并给出一组贝祖系数.

6.6 利用多项式的带余除法解答下列问题.

(1) 证明: $\forall n\in\mathbb{N}^*$, (X^2-3X+2) 整除 $(X-2)^{2n}+(X-1)^n-1$;

(2) 求 $n\in\mathbb{N}$ 使得 (X^2+X+1) 整除 $(X^{2n}+X^n+1)$;

(3) 设 $n\in\mathbb{N}$, $\alpha\in\mathbb{R}$, 求 $P=\left[(\sin\alpha)X+(\cos\alpha)\right]^n$ 除以 $B=X^2+1$ 的余式;

(4) 设 $P\in\mathbb{R}[X]$, $(a,b)\in\mathbb{R}^2$, $a\neq b$, 利用 $P(a)$, $P(b)$ 表示 P 除以 $(X-a)(X-b)$ 的余式;

(5) 已知 $P\in\mathbb{R}[X]$ 除以 $(X-1)$, $(X-2)$, $(X-3)$ 的余式分别为 3, 7, 13, 求 P 除以 $(X-1)(X-2)(X-3)$ 的余式.

6.7 设 m,n 是两个正整数, 记 $d=m\wedge n$.

(1) 证明 (X^d-1) 整除 (X^m-1) 和 (X^n-1);

(2) 证明存在 $(r,s)\in(\mathbb{N}^*)^2$ 使得 $mr-ns=d$;

(3) 证明存在实系数多项式 U,V 使得 $X^d-1=(X^m-1)U-(X^n-1)V$;

(4) 求 (X^m-1) 与 (X^n-1) 的最大公因式.

6.8 分别求满足下列条件的实系数多项式 P.

(1) $P(X+1)=P(X)$;

(2) $P(X+1)=-P(X)$;

(3) P 对应的多项式函数 $\widetilde{P}$ 的值域是有限集.

6.9 设 $n\in\mathbb{N}^*,p\in\mathbb{N}$, 计算下列多项式的 p 阶导数.

(1) $P=(X-1)^n$;　　(2) $P=(2X+1)^n$;　　(3) $P=X^2(X+1)^n$.

6.10 求满足方程 $X(X+1)P''+(X+2)P'-P=0$ 的实系数多项式 P.

6.11 设 $n\in\mathbb{N}^*$. 计算下列多项式 P 的根 a 的重数.

(1) $P=nX^{n+2}-(4n+1)X^{n+1}+4(n+1)X^n-4X^{n-1}$, $a=2$;

(2) $P=nX^{n+2}-(n+2)X^{n+1}+(n+2)X-n$, $a=1$.

6.12 设 $P=X^4-4X^2+c$, 是否存在 $c\in\mathbb{R}$, 使得 P 存在一个 2 重根?

6.13 设 $n\in\mathbb{N}^*$, 证明多项式 $P=\sum\limits_{k=0}^{n}\dfrac{1}{k!}X^k$ 的所有复根都是单根.

6.14 分别给出下列多项式在 $\mathbb{C}[X]$ 中与 $\mathbb{R}[X]$ 中的不可约分解式, 并指出哪些多项式在 $\mathbb{R}[X]$ 中可裂, 哪些多项式在 $\mathbb{R}[X]$ 中可裂且无重根.

(1) $P=X^3+1$;　　(2) $P=X^4-1$;　　(3) $P=X^4+1$;　　(4) $P=X^4+X^2+1$;

(5) $P=X^4+X^3+X^2+X+1$;　　(6) $P=X^4-X^3+X^2-X+1$.

6.15 求下列有理分式的单项式分解式.

(1) $F(X)=\dfrac{X^2+2X+5}{X^2-3X+2}$;　　(2) $F(X)=\dfrac{1}{X(X-1)^2}$;

(3) $F(X)=\dfrac{1}{(X+1)^3X(X-1)}$;　　(4) $F(X)=\dfrac{1}{X^4+X^2+1}$;

(5) $F(X)=\dfrac{1}{(X-1)^3(X^2+1)}$;　　(6) $F(X)=\dfrac{1}{(X^2+1)^2(X^2-1)}$.

6.16 (1) 设数列 $(S_n)_{n\in\mathbb{N}^*}$ 的通项公式为 $S_n=\sum\limits_{k=1}^{n}\dfrac{1}{k(k+1)(k+2)}$, 证明 $(S_n)_{n\in\mathbb{N}^*}$ 收敛, 并求它的极限.

(2) 设数列 $(T_n)_{n\in\mathbb{N}^*}$ 的通项公式为 $T_n=\sum\limits_{k=1}^{n}\dfrac{4k+5}{k(k+2)(k+4)}$, 证明 $(T_n)_{n\in\mathbb{N}^*}$ 收敛, 并求它的极限.

6.17 设 $m\in\mathbb{N}$ 且 $m\geqslant 2$. 记 $\omega=\dfrac{2\pi\mathrm{i}}{m}$.

(1) 设复系数多项式 $P=a_nX^n+\cdots+a_1X+a_0$ 满足 $P(\omega X)=P(X)$.

(a) 证明 $a_k=0$ 当且仅当 $m\nmid k$;

(b) 证明存在 $Q\in\mathbb{C}[X]$ 使得 $P(X)=Q(X^m)$.

(2) 求有理分式 $F(X)=\sum\limits_{k=0}^{m-1}\dfrac{X+\omega^k}{X-\omega^k}$ 的不可约表示;

(3) 求有理分式 $G(X)=\sum\limits_{k=1}^{m}\dfrac{1}{X-\omega^k}$ 的不可约表示;

(4) 求有理分式 $H(X)=\sum\limits_{k=1}^{m}\dfrac{\omega^{pk}}{X-\omega^k}$ 的不可约表示, 其中 $p\in[\![0,m-1]\!]$ 且 $p\wedge m=1$.

6.18 设 $n \geqslant 2$, $P \in \mathbb{R}_n[X]$ 有 n 个两两不等的非零实数根 $\lambda_1, \lambda_2, \cdots, \lambda_n$.

(1) 求有理分式 $\dfrac{1}{XP(X)}$ 的单项式分解式;

(2) 证明 $\sum\limits_{k=1}^{n} \dfrac{1}{\lambda_k P'(\lambda_k)} = -\dfrac{1}{P(0)}$.

★ 提高题

6.19 设 $n \geqslant 2$.

(1) 求多项式 $P = (X+1)^{2n+1} - (X-1)^{2n+1}$ 在 $\mathbb{C}[X]$ 中的不可约分解式, 并由此计算 $\prod\limits_{k=1}^{n} \cot\left(\dfrac{k\pi}{2n+1}\right)$ 的值;

(2) 设 $\alpha \in \mathbb{R}$, 求多项式 $Q = (X+1)^n - \mathrm{e}^{2n\alpha \mathrm{i}}$ 在 $\mathbb{C}[X]$ 中的不可约分解式, 并由此计算 $\prod\limits_{k=0}^{n-1} \sin\left(\alpha + \dfrac{k\pi}{n}\right)$ 和 $\prod\limits_{k=1}^{n-1}\left(1 - \mathrm{e}^{\frac{2k\pi \mathrm{i}}{n}}\right)$ 的值

6.20 利用韦达定理解答下列问题.

(1) 记多项式 $P = X^3 + 2X + X + 1$ 的复根为 $\lambda_1, \lambda_2, \lambda_3$, 分别求以

$$\text{(a) } \frac{1}{\lambda_1}, \frac{1}{\lambda_2}, \frac{1}{\lambda_3} \qquad \text{(b) } \lambda_1^2, \lambda_2^2, \lambda_3^2 \qquad \text{(c) } \lambda_1^3, \lambda_2^3, \lambda_3^3$$

为根的三次首一多项式;

(2) 在 $\mathbb{C}$ 中求解下列方程组.

$$\text{(a) } \begin{cases} x+y+z = 1 \\ \dfrac{1}{x} + \dfrac{1}{y} + \dfrac{1}{z} = 1 \\ xyz = -4 \end{cases}; \qquad \text{(b) } \begin{cases} x+y+z = 2 \\ x^2+y^2+z^2 = 14 \\ x^3+y^3+z^3 = 20 \end{cases}.$$

6.21 (Eisenstein 判别法) 设

$$P = a_n X^n + a_{n-1} X^{n-1} + \cdots + a_1 X + a_0$$

是一个 n 次整系数多项式. 另设 $a \in \mathbb{Z}^*, b \in \mathbb{Z}$ 且 $a \wedge b = 1$. 证明: 若 $\dfrac{b}{a}$ 是 P 的一个根, 则 $a \,|\, a_n$ 且 $b \,|\, a_0$. 特别地, 若 P 是首一多项式, 则 P 的有理根均为整数. 利用此结论解答下列问题:

(1) 证明多项式 $Q = X^3 - 6X^2 + 18X + 6$ 没有有理根;

(2) 证明: 若一个自然数的平方根是有理数, 则这个自然数一定是一个平方数;

(3) 求多项式 $R = 36X^4 + 12X^3 - 11X^2 - 2X + 1$ 在 $\mathbb{R}[X]$ 中的不可约分解式.

6.22 (**拉格朗日插值定理**) 设 $n \in \mathbb{N}^*$, $P \in \mathbb{K}_n[X]$, $(a_0, a_1, \cdots, a_n) \in \mathbb{K}^{n+1}$ 两两不等.

(1) 设 $i \in [\![0, n]\!]$, 证明存在 n 次多项式 L_i 满足:

$$L_i(a_j) = \begin{cases} 1, & j = i \\ 0, & j \neq i \end{cases}$$

(2) 设 $(b_0,b_1,\cdots,b_n)\in\mathbb{K}^{n+1}$. 证明存在唯一多项式 $P\in\mathbb{K}_n[X]$ 满足: $\forall i\in[\![0,n]\!]$, $P(a_i)=b_i$.

6.23 (1) 设 $(P,Q)\in\mathbb{Q}[X]^2$. 证明在 $\mathbb{Q}[X]$ 中 $P\wedge Q=1$ 当且仅当在 $\mathbb{C}[X]$ 中 $P\wedge Q=1$.

(2) 设 $P\in\mathbb{Q}[X]$. 证明: 若 P 在 $\mathbb{Q}[X]$ 中是不可约的, 则 P 在 $\mathbb{C}$ 中的根均为单根.

(3) 设 $P\in\mathbb{Q}[X]$ 且 $\deg(P)=3$. 证明 P 不可约当且仅当 P 在 $\mathbb{Q}$ 中没有根. 当 $\deg(P)\geqslant 4$ 时, 该结论是否仍成立?

(4) 设 $P\in\mathbb{Q}[X]$ 且 $\deg(P)=5$. 假设 P 有一个 2 重复数根, 证明 P 存在一个有理根.

6.24 设 $\alpha=\sqrt[3]{2}$, 记 $\mathbb{Q}[\alpha]=\big\{a+b\alpha+c\alpha^2\mid(a,b,c)\in\mathbb{Q}^3\big\}$.

(1) 证明 $\mathbb{Q}[\alpha]$ 是 $\mathbb{R}$ 的子环;

(2) 证明 X^3-2 是 $\mathbb{Q}[X]$ 中的不可约多项式;

(3) 证明 $\mathbb{Q}[\alpha]$ 是一个域.

☞ 综合问题 切比雪夫 (Tchebychev) 多项式

1. (切比雪夫多项式的存在唯一性)

(1) 证明存在唯一一个实系数多项式 T_n 满足:

$$\forall\theta\in\mathbb{R},\ T_n\big(\cos\theta\big)=\cos(n\theta)$$

T_n 称为第一类切比雪夫多项式.

(2) 证明存在唯一一个实系数多项式 U_n 满足:

$$\forall\theta\in\mathbb{R},\ \sin\theta\times U_n\big(\cos\theta\big)=\sin(n\theta).$$

U_n 称为第二类比雪夫多项式.

2. 证明: $\forall n\in\mathbb{N}^*$, $U_n=\dfrac{1}{n}T_n'$.

3.(切比雪夫多项式的递推关系)

(1) 设 $\theta\in\mathbb{R}$, 计算 $T_n\big(\cos\theta\big)+T_{n+2}\big(\cos\theta\big)$, 并由此给出 $T_n\big(\cos\theta\big),T_{n+1}\big(\cos\theta\big)$ 和 $T_{n+2}\big(\cos\theta\big)$ 之间的一个关系表达式.

(2) 证明: $\forall n\in\mathbb{N},T_{n+2}-2XT_{n+1}+T_n=0$.

(3) 计算 T_0,T_1,T_2,T_3 和 T_4, 并求 U_0,U_1,U_2,U_3 和 U_4.

4. (切比雪夫多项式的基本性质)

(1) 求 T_n 的次数和主系数, 并推出 U_n 的次数和主系数.

(2) 分别讨论由 T_n 和 U_n 定义的多项式函数的奇偶性.

(3) 求 $T_n(1),T_n'(1),T_n(-1)$ 和 $T_n(0)$ 的值.

5.(切比雪夫多项式的系数)

根据 4(2), 可假设 $T_n=\sum\limits_{k=0}^{E(\frac{n}{2})}a_kX^{n-2k}$, 其中 E 为取整函数.

(1) 证明: $\forall n\in\mathbb{N}^*$, $(1-X^2)T_n''-XT_n'+n^2T_n=0$;

(2) 证明: $\forall n \in \mathbb{N}^*$, $T_n = \sum\limits_{k=0}^{E(\frac{n}{2})} \left[(-1)^k \dfrac{n}{n-k} 2^{n-2k-1} C_{n-k}^k\right] X^{n-2k}$.

6. 设 $n \in \mathbb{N}^*$, 求 T_n 的所有根, 进而证明 $T_n = 2^{n-1} \prod\limits_{k=0}^{n-1} \left[X - \cos\left(\dfrac{(2k+1)\pi}{2n}\right)\right]$.

7. 设 $n \in \mathbb{N}^*$, 求 $\prod\limits_{k=0}^{n-1} \cos\dfrac{(2k+1)\pi}{2n}$ 和 $\prod\limits_{k=0}^{n-1} \sin^2\dfrac{(2k+1)\pi}{4n}$ 的值.

8. 应用: 求数列 $\left(\sum\limits_{k=1}^{n} \dfrac{1}{k^2}\right)_{n\in\mathbb{N}^*}$ 的极限.

设 $n \in \mathbb{N}^*, k \in [\![0, n-1]\!]$, 记 $x_k = \dfrac{\pi}{2n} + \dfrac{k\pi}{n}$.

(1) 证明 $\left(\sum\limits_{k=1}^{n} \dfrac{1}{k^2}\right)_{n\in\mathbb{N}^*}$ 收敛, 其极限记为 $\sum\limits_{n=1}^{\infty} \dfrac{1}{n^2}$.

(2) 证明 $\dfrac{T_n'}{T_n} = \sum\limits_{k=0}^{n-1} \dfrac{1}{X - \cos x_k}$.

(3) 证明 $\sum\limits_{k=0}^{n-1} \dfrac{1}{1-\cos x_k} = n^2$, 并推出 $\sum\limits_{k=0}^{n-1} \dfrac{1}{\sin^2\left(\dfrac{x_k}{2}\right)}$ 和 $\sum\limits_{k=0}^{n-1} \dfrac{1}{\tan^2\left(\dfrac{x_k}{2}\right)}$ 的值.

(4) 证明数列 $\left(\sum\limits_{k=0}^{n-1} \dfrac{1}{(2k+1)^2}\right)_{n\in\mathbb{N}^*}$ 收敛并求其极限. (可利用不等式:$\forall x \in [0, \dfrac{\pi}{2}[$, $\sin x \leqslant x \leqslant \tan x$)

(5) 证明 $\sum\limits_{n=1}^{\infty} \dfrac{1}{n^2} = \dfrac{\pi^2}{6}$.

第2部分

线性代数

第 7 章　向量空间与线性映射

向量空间是在平面向量和空间向量的基础上抽象出来的一个代数概念, 是线性代数的基本概念和核心内容之一. 向量空间和线性映射因其特殊的代数性质, 在自然科学的许多领域都有广泛的应用. 本章主要介绍向量空间和线性映射的基本概念, 后续章节再对这些概念进行更深入的学习.

本章中, $\mathbb{K}$ 表示实数域或复数域.

7.1　向量空间

7.1.1　定义及例子

在给出向量空间的定义之前, 先看几个例子.

例 7.1.1　设 $\mathscr{P}$ 表示所有平面向量构成的集合. 已知, 两个平面向量相加仍然是一个平面向量. 同时, 一个实数乘以一个平面向量仍然是一个平面向量. 分别记 $+$ 和 $\cdot$ 是向量的加法运算和数乘运算. 第 5 章证明了 $(\mathscr{P},+)$ 是一个交换群. 除此之外, 平面向量的加法运算和数乘运算还满足如下运算法则:

(1) $\forall (k_1,k_2)\in\mathbb{R}^2, \forall\, u\in\mathscr{P},\ k_1\cdot(k_2\cdot u)=(k_1k_2)\cdot u$;

(2) $\forall (k_1,k_2)\in\mathbb{R}^2, \forall\, u\in\mathscr{P},\ (k_1+k_2)\cdot u=k_1\cdot u+k_2\cdot u$;

(3) $\forall k\in\mathbb{R}, \forall (u,v)\in\mathscr{P}^2,\ k\cdot(u+v)=k\cdot u+k\cdot v$;

(4) $\forall\, u\in\mathscr{P}, 1\cdot u=u$.

当 $\mathscr{P}$ 为所有空间向量构成的集合时, 上述运算法则仍然成立.

例 7.1.2　设 $k\in\mathbb{R}, (a_1,a_2,\cdots,a_n)\in\mathbb{R}^n, (b_1,b_2,\cdots,b_n)\in\mathbb{R}^n$. 定义

$$(a_1,a_2,\cdots,a_n)+(b_1,b_2,\cdots,b_n)=(a_1+b_1,a_2+b_2,\cdots,a_n+b_n)$$
$$k\cdot(a_1,a_2,\cdots,a_n)=(ka_1,ka_2,\cdots,ka_n)$$

则 $(\mathbb{R}^n,+)$ 是一个交换群. 易验证这里定义的运算 $+$ 和 $\cdot$ 也满足上述运算法则 (1)~(4).

例 7.1.3　记 $+$ 和 $\cdot$ 分别表示多项式的加法运算和数乘运算, 则 $(\mathbb{K}[X],+)$ 是一个交换群, 同时可验证 $+$ 和 $\cdot$ 也满足运算法则 (1)~(4).

例 7.1.4　设 I 是一个非空集合, $(f,g)\in\mathcal{F}(I,\mathbb{K})^2, k\in\mathbb{K}$. 定义映射 $f+g$ 和 $k\cdot f$ 如下:

$$f+g: I\to\mathbb{K},\ x\mapsto f(x)+g(x)$$
$$k\cdot f: I\to\mathbb{K},\ x\mapsto kf(x)$$

则 $\big(\mathcal{F}(I,\mathbb{K}),+\big)$ 是一个交换群, 同样可验证这里定义的运算 $+$ 和 $\cdot$ 也满足运算法则 (1)~(4).

上述列举了 4 个完全不一样的集合: 所有平面向量构成的集合 $\mathscr{P}$, 实数域上所有 n 元数组构成的集合 $\mathbb{R}^n$, 域 $\mathbb{K}$ 上所有多项式构成的集合 $\mathbb{K}[X]$, 以及非空集合 I 上所有取值在 $\mathbb{K}$ 中的函数构成的集合 $\mathcal{F}(I,\mathbb{K})$, 在每个集合上定义了不同的"加法"运算和"数乘"运算, 但它们却满足相同的运算法则. 下面从这些例子中抽象出向量空间的定义.

定义 7.1.1 设 $\mathbb{K}$ 是一个域, E 是一个非空集合, $+$ 是 E 上的一个代数运算, $\cdot$ 是从 $\mathbb{K}\times E$ 到 E 的映射, 即

$$\begin{aligned} \cdot \quad \mathbb{K}\times E &\to E \\ (k,x) &\mapsto k\cdot x \end{aligned}$$

如果

(1) $(E,+)$ 是一个交换群;

(2) $\forall (k_1,k_2)\in\mathbb{K}^2, \forall x\in E,\ k_1\cdot(k_2\cdot x)=(k_1k_2)\cdot x$ 且 $(k_1+k_2)\cdot x=k_1\cdot x+k_2\cdot x$;

(3) $\forall k\in\mathbb{K}, \forall (x,y)\in E^2,\ k\cdot(x+y)=k\cdot x+k\cdot y$;

(4) $\forall x\in E, 1\cdot x=x$.

则称 $(E,+,\ \cdot\ )$ 是一个 $\mathbb{K}$-**向量空间**, 简称 E 是一个 $\mathbb{K}$-向量空间, 或称 E 是一个向量空间; E 中的元素称为**向量**, $\mathbb{K}$ 中的元素称为**标量**; 代数运算 $+$ 称为 E 上的**加法运算**或**内部运算**, 映射 $\cdot$ 称为 E 上的**数乘运算**或**外部运算**.

注 7.1.1 (1) $(E,+)$ 的单位元称为**零向量**, 记为 $\mathbf{0}_E$, 在不引起混淆的情况下简记为 $\mathbf{0}$.

(2) 为书写方便, $k\cdot x$ 简记为 kx.

例 7.1.1 设 $+$ 和 $\cdot$ 分别表示实数或复数的加法和乘法, 则

(1) $(\mathbb{C},+,\ \cdot\ )$ 既是一个 $\mathbb{R}$-向量空间, 又是一个 $\mathbb{C}$-向量空间.

(2) $(\mathbb{R},+,\ \cdot\ )$ 是一个 $\mathbb{R}$-向量空间.

(3) $(\mathbb{R},+,\ \cdot\ )$ 不是一个 $\mathbb{C}$-向量空间, 因为 $\cdot$ 不是从 $\mathbb{C}\times\mathbb{R}$ 到 $\mathbb{R}$ 的映射.

例 7.1.2 (1) 设 $n\in\mathbb{N}^*$, 记

$$\mathbb{K}^n=\big\{(a_1,a_2,\cdots,a_n)\in\mathbb{K}^n \mid \forall i\in[\![1,n]\!], a_i\in\mathbb{K}\big\}$$

设 $k\in\mathbb{K}$, $(a_1,a_2,\cdots,a_n),(b_1,b_2,\cdots,b_n)\in\mathbb{K}^n$, 定义

$$\begin{aligned} (a_1,a_2,\cdots,a_n)+(b_1,b_2,\cdots,b_n)&=(a_1+b_1,a_2+b_2,\cdots,a_n+b_n) \\ k\cdot(a_1,a_2,\cdots,a_n)&=(ka_1,ka_2,\cdots,ka_n) \end{aligned}$$

则 $(\mathbb{K}^n,+,\ \cdot\ )$ 是一个 $\mathbb{K}$-向量空间.

(2) 设 I 是一个非空集合, $k\in\mathbb{K}$, $(f,g)\in\mathcal{F}(I,\mathbb{K})^2$. 定义映射 $f+g$ 和 $k\cdot f$ 如下:

$$\begin{aligned} f+g: I\to\mathbb{K}, &\quad t\mapsto f(t)+g(t) \\ k\cdot f: I\to\mathbb{K}, &\quad t\mapsto kf(t) \end{aligned}$$

则 $\big(\mathcal{F}(I,\mathbb{K}),+,\ \cdot\ \big)$ 是一个 $\mathbb{K}$-向量空间.

(3) 特别地, 在 (2) 中取 $I=\mathbb{N}$, 则 $\mathcal{F}(\mathbb{N},\mathbb{K})=\mathbb{K}^{\mathbb{N}}$, 故 $\mathbb{K}$ 中所有数列构成的集合是一个 $\mathbb{K}$-向量空间.

(4) 设 $+$ 和 $\cdot$ 分别表示多项式的加法运算和数乘运算, 则 $\big(\mathbb{K}[X],+,\ \cdot\ \big)$ 是一个 $\mathbb{K}$-向量空间.

定义 7.1.2 设 E, F 是两个 $\mathbb{K}$-向量空间, $k \in \mathbb{K}$, $(x,y) \in E \times F, (x',y') \in E \times F$. 定义

$$(x,y)+(x',y')=(x+x',y+y'); \qquad k\cdot(x,y)=(kx,ky)$$

根据定义, 可验证 $(E\times F,+,\cdot)$ 是一个 $\mathbb{K}$-向量空间, 称为 E 和 F 的**乘积空间**.

7.1.2 运算的基本性质

命题 7.1.1 设 E 是一个 $\mathbb{K}$-向量空间, 记 $0_{\mathbb{K}}$ 表示实数 0. 又设 $x \in E, k \in \mathbb{K}$, 则

(1) $0_{\mathbb{K}}x = \mathbf{0}_E$, $k\mathbf{0}_E = \mathbf{0}_E$;

(2) $-(kx) = k(-x) = (-k)x$;

(3) $(kx = \mathbf{0}_E) \Longrightarrow (k = 0_{\mathbb{K}}$ 或 $x = \mathbf{0}_E)$.

证 明 设 $k \in \mathbb{K}, x \in E$.

(1) 因为 $\mathbf{0}_E + 0_{\mathbb{K}}x = 0_{\mathbb{K}}x = (0_{\mathbb{K}}+0_{\mathbb{K}})x = 0_{\mathbb{K}}x + 0_{\mathbb{K}}x$, 所以 $0_{\mathbb{K}}x = \mathbf{0}_E$. 另一方面, 因为 $k\mathbf{0}_E = k(\mathbf{0}_E+\mathbf{0}_E) = k\mathbf{0}_E + k\mathbf{0}_E$, 所以 $k\mathbf{0}_E = \mathbf{0}_E$.

(2) 因为 $kx + (-k)x = \big[k+(-k)\big]x = 0_{\mathbb{K}}x = \mathbf{0}_E$, 所以 $(-k)x = -kx$. 另一方面, 因为 $k(-x)+kx = k(-x+x) = k\mathbf{0}_E = \mathbf{0}_E$, 所以 $k(-x) = -(kx)$.

(3) 假设 $kx = \mathbf{0}_E$. 若 $k \neq 0_{\mathbb{K}}$, 则 k 可逆. 根据 (1), $k^{-1}\mathbf{0}_E = \mathbf{0}_E$, 进而 $\mathbf{0}_E = k^{-1}\mathbf{0}_E = k^{-1}(kx) = (k^{-1}k)x = 1x = x$.

7.2 子空间

7.2.1 定义及例子

定义 7.2.1 设 E 是一个 $\mathbb{K}$-向量空间, F 是 E 的一个非空子集. 如果

(1) $\forall (x,y) \in F^2$, $x+y \in F$;

(2) $\forall k \in \mathbb{K}, \forall x \in F$, $kx \in F$.

则称 F 是 E 的**子空间**.

注 7.2.1 (1) 根据定义中的 (2) 和命题 7.1.1(1), 零向量 $\mathbf{0}_E$ 属于 E 的任意子空间.

(2) 根据定义, $\{\mathbf{0}_E\}$ 和 E 都是 E 的子空间, 称为 E 的**平凡子空间**. 设 F 是 E 的子空间, 若 $F \neq \{\mathbf{0}_E\}$ 且 $F \neq E$, 则称 F 是 E 的**非平凡子空间**.

例 7.2.1 设

$$F = \left\{\boldsymbol{x} = (x_1, x_2, \cdots, x_n) \in \mathbb{K}^n \;\middle|\; \sum_{i=1}^{n} x_i = 0\right\}$$

则 F 是 $\mathbb{K}^n$ 的子空间.

证 明 显然 $\mathbb{K}^n$ 的零向量属于 F, 故 F 是 $\mathbb{K}^n$ 的非空子集, 设 $k \in \mathbb{K}$,

$$\boldsymbol{x} = (x_1, x_2, \cdots, x_n) \in F, \quad \boldsymbol{y} = (y_1, y_2, \cdots, y_n) \in F$$

则 $\sum_{i=1}^{n} x_i = \sum_{i=1}^{n} y_i = 0$. 从而 $\sum_{i=1}^{n}(x_i + y_i) = 0$ 且 $\sum_{i=1}^{n} kx_i = k\sum_{i=1}^{n} x_i = 0$, 于是 $\boldsymbol{x}+\boldsymbol{y} \in F$ 且 $k\boldsymbol{x} \in F$. 因此, F 是 $\mathbb{K}^n$ 的子空间.

例 7.2.2 设 $F = \left\{\boldsymbol{x} = (x_1, x_2, \cdots, x_n) \in \mathbb{R}^n \mid \sum_{i=1}^{n} x_i = 1\right\}$, 则 F 不是 $\mathbb{R}^n$ 的子空间, 因为 $\mathbb{R}^n$ 的零向量不属于 F.

命题 7.2.1 设 F 是 $\mathbb{K}$-向量空间 $(E, +, \cdot)$ 的子空间, 则 $(F, +, \cdot)$ 是一个 $\mathbb{K}$-向量空间.

证 明 根据假设, F 是 E 的非空子集. 设 $(x, y) \in F^2$. 因为 F 是 E 的子空间, 所以 $x + y \in F$ 且 $-x \in F$. 于是 $(F, +)$ 是交换群 $(E, +)$ 的子群, 从而 $(F, +)$ 也是一个交换群. 进一步, 因为 F 是 E 的子空间, 所以 F 关于加法运算和数乘运算也满足向量空间定义中的 (2)~(4). 因此, $(F, +, \cdot)$ 是一个 $\mathbb{K}$-向量空间.

注 7.2.2 命题 7.2.1 常用来证明一个集合在给定运算下构成一个向量空间. 显然, 按定义证明集合 F 是一个向量空间是十分繁琐的, 可以先选取一个向量空间 E 包含 F, 然后证明 F 是 E 的子空间, 进而说明 F 是一个向量空间.

命题 7.2.2 设 F 是 E 的一个非空子集, 则 F 是 E 的子空间当且仅当

$$\forall (x, y) \in F^2,\ \forall k \in \mathbb{K}, \quad kx + y \in F$$

证 明 必要性: 设 $k \in \mathbb{K}, (x, y) \in F^2$, 因为 F 是 E 的子空间, 所以 $kx \in F$, 进而 $kx + y \in F$. 充分性: 设 $k \in \mathbb{K}, (x, y) \in F^2$. 根据假设, 取 $k = 1$, 有 $x + y \in F$; 取 $y = \mathbf{0}_E$, 有 $kx \in F$. 因此, F 是 E 的子空间.

例 7.2.3 设 $n \in \mathbb{N}^*$. 记 $\mathbb{K}_n[X] = \{P \in \mathbb{K}[X] \mid \deg(P) \leqslant n\}$, 则 $\mathbb{K}_n[X]$ 是 $\mathbb{K}[X]$ 的子空间, 从而 $\mathbb{K}_n[X]$ 是一个向量空间.

证 明 显然 $\mathbb{K}_n[X]$ 是 $\mathbb{K}[X]$ 的非空子集. 设 $(P, Q) \in \mathbb{K}_n[X]^2$, $k \in \mathbb{K}$, 则 $\deg(kP + Q) \leqslant n$, 即 $kP + Q \in \mathbb{K}_n[X]$. 根据命题 7.2.2 知, $\mathbb{K}_n[X]$ 是 $\mathbb{K}[X]$ 的子空间.

例 7.2.4 记 $\mathcal{C}^0([0,1], \mathbb{R})$ 为从 $[0,1]$ 到 $\mathbb{R}$ 的所有连续函数构成的集合, 则 $\mathcal{C}^0([0,1], \mathbb{R})$ 是 $\mathcal{F}([0,1], \mathbb{R})$ 的子空间, 从而 $\mathcal{C}^0([0,1], \mathbb{R})$ 是一个向量空间.

证 明 显然 $\mathcal{C}^0([0,1], \mathbb{R})$ 是 $\mathcal{F}([0,1], \mathbb{R})$ 的非空子集. 设 $k \in \mathbb{R}$, $(f, g) \in \mathcal{C}^0([0,1], \mathbb{R})^2$, 则 f 和 g 都连续. 根据连续函数的性质知, $f + g$ 和 kf 都连续, 故 $f + g$ 和 kf 都属于 $\mathcal{C}^0([0,1], \mathbb{R})$. 因此, $\mathcal{C}^0([0,1], \mathbb{R})$ 是 $\mathcal{F}([0,1], \mathbb{R})$ 的子空间.

例 7.2.5 设 I 为 $\mathbb{R}$ 的一个多于两点的区间, $n \in \mathbb{N}$, 则 $\mathcal{C}^n(I, \mathbb{R})$ 和 $\mathcal{D}^n(I, \mathbb{R})$ 都是 $\mathcal{F}(I, \mathbb{R})$ 的子空间, 进而 $\mathcal{C}^n(I, \mathbb{R})$ 和 $\mathcal{D}^n(I, \mathbb{R})$ 都是向量空间.

7.2.2 子空间的直和

命题 7.2.3 设 E 是一个 $\mathbb{K}$-向量空间, E_1 和 E_2 是 E 的两个子空间, E_1 与 E_2 的和定义为

$$E_1 + E_2 = \{v_1 + v_2 \mid v_1 \in E_1, v_2 \in E_2\}$$

则 $E_1 + E_2$ 是 E 的子空间, 称为 E_1 与 E_2 的**和空间**.

证 明 根据子空间的定义知, E_1+E_2 是 E 的非空子集. 设 $u \in E_1+E_2, v \in E_1+E_2$, 则存在 $(u_1,v_1) \in E_1^2, (u_2,v_2) \in E_2^2$, 使得 $u = u_1 + u_2$ 且 $v = v_1 + v_2$. 设 $k \in \mathbb{K}$, 则

$$ku + v = k(u_1 + u_2) + (v_1 + v_2) = (ku_1 + v_1) + (ku_2 + v_2)$$

因为 E_1 和 E_2 都是 E 的子空间, 所以 $(ku_1 + v_1) \in E_1$ 且 $(ku_2 + v_2) \in E_2$. 进而 $(ku_1 + v_1) + (ku_2 + v_2) \in E_1 + E_2$, 故 $ku + v \in E_2 + E_2$. 根据子空间的定义, $E_1 + E_2$ 是 E 的子空间.

注 7.2.3 两个子空间的和空间一般不等于它们的并集. 例如, 设 $E = \mathbb{R}^2$, 记

$$E_1 = \{(0,x) \mid x \in \mathbb{R}\}, \quad E_2 = \{(x,0) \mid x \in \mathbb{R}\}$$

易验证 E_1 和 E_2 都是 E 的子空间. 设 $\boldsymbol{v} = (1,1)$, 则 $\boldsymbol{v} = (0,1) + (1,0) \in E_1 + E_2$, 但 $\boldsymbol{v} \notin E_1 \cup E_2$. 因此, $E_1 + E_2 \neq E_1 \cup E_2$.

定义 7.2.2 设 E_1 和 E_2 是向量空间 E 的两个子空间. 若 $E_1 \cap E_2 = \{\mathbf{0}_E\}$, 则称 $E_1 + E_2$ 为**直和**, 记为 $E_1 \oplus E_2$. 进一步, 若 $E = E_1 \oplus E_2$, 则称 E_1 和 E_2 为 E 的**互补子空间**, 称 E_1 是 E_2 的**一个补空间**.

注 7.2.4 若 E_1 是 E_2 的一个补空间, 则 E_2 也是 E_1 的一个补空间.

例 7.2.6 (1) 设 $V_1 = \{(x,y,0) \mid (x,y) \in \mathbb{R}^2\}$, $V_2 = \{(0,0,z) \mid z \in \mathbb{R}\}$, 则 V_1, V_2 都是 $\mathbb{R}^3$ 的子空间. 易验证 $V_1 \cap V_2 = \{(0,0,0)\}$, 故 $V_1 + V_2$ 是直和. 又因为

$$\forall (x,y,z) \in \mathbb{R}^3, \ (x,y,z) = (x,y,0) + (0,0,z)$$

所以 $\mathbb{R}^3 = V_1 + V_2$. 因此, $\mathbb{R}^3 = V_1 \oplus V_2$, 即 V_1, V_2 为 $\mathbb{R}^3$ 的互补子空间.

(2) 设 $V_1 = \{(x,y,0) \mid (x,y) \in \mathbb{R}^2\}$, $V_2 = \{(0,y,z) \mid (y,z) \in \mathbb{R}^2\}$, 则 V_1, V_2 都是 $\mathbb{R}^3$ 的子空间. 由于 $(0,y,0) \in V_1 \cap V_2$, 其中 $y \in \mathbb{R}$, 故 $V_1 + V_2$ 不是直和.

命题 7.2.4 设 E_1 和 E_2 是向量空间 E 的两个子空间, 则下面两个论述等价:

(1) $E = E_1 \oplus E_2$;

(2) 任意 $v \in E$, 存在唯一 $(v_1, v_2) \in E_1 \times E_2$, 使得 $v = v_1 + v_2$.

此时, 称 $v_1 + v_2$ 为 v 在 $E_1 \oplus E_2$ 下的**直和分解**.

证 明 (1) ⇒ (2) 假设 $E = E_1 \oplus E_2$. 设 $v \in E$, 则存在 $(v_1, v_2) \in E_1 \times E_2$, 使得 $v = v_1 + v_2$. 假设还存在 $(w_1, w_2) \in E_1 \times E_2$, 使得 $v = w_1 + w_2$, 则 $v_1 + v_2 = w_1 + w_2$. 于是 $v_1 - w_1 = w_2 - v_2 \in E_1 \cap E_2 = \{\mathbf{0}_E\}$. 因此, $v_1 = w_1$ 且 $v_2 = w_2$.

(2) ⇒ (1) 假设 (2) 成立. 设 $v \in E$, 则根据存在性假设, 存在 $(v_1, v_2) \in E_1 \times E_2$, 使得 $v = v_1 + v_2$, 故 $v \in E_1 + E_2$. 于是 $E \subseteq E_1 + E_2$, 显然 $E_1 + E_2 \subseteq E$. 因此, $E = E_1 + E_2$. 下证 $E_1 \cap E_2 = \{\mathbf{0}_E\}$. 因为 $\mathbf{0}_E$ 属于 E 的任意子空间, 所以 $\{\mathbf{0}_E\} \subseteq E_1 \cap E_2$. 设 $v \in E_1 \cap E_2$, 则 $v = v + \mathbf{0}_E = \mathbf{0}_E + v$. 根据唯一性假设, $v = \mathbf{0}_E$. 因此, $E_1 \cap E_2 = \{\mathbf{0}_E\}$.

注 7.2.5 向量空间的一个给定子空间的补空间不是唯一的.

例 7.2.7 设 $E = \mathbb{R}^2$, 且

$$E_1 = \{(x,0) \mid x \in \mathbb{R}\}, \quad E_2 = \{(0,x) \mid x \in \mathbb{R}\}, \quad E_3 = \{(x,x) \mid x \in \mathbb{R}\}$$

则 E_1, E_2, E_3 都是 E 的子空间, 并且 $E = E_1 \oplus E_2 = E_1 \oplus E_3$, 这说明 E_1 有两个不同的补空间.

证 明 易验证 E_1, E_2, E_3 都是 E 的子空间, 下证 $E = E_1 \oplus E_3$. 同理可证 $E = E_1 \oplus E_2$.

(1) 设 $(x,y) \in E$, 则 $(x,y) = (x-y,0) + (y,y)$, 而 $(x-y,0) \in E_1$ 且 $(y,y) \in E_3$, 故 $(x,y) \in E_1 + E_3$. 因此, $E \subseteq E_1 + E_3$, 进而 $E = E_1 + E_3$.

(2) 设 $(x,y) \in E_1 \cap E_3$. 由 $(x,y) \in E_1$ 知 $y = 0$; 由 $(x,y) \in E_3$ 知 $x = y$. 于是 $(x,y) = (0,0)$. 因此, $E_1 \cap E_3 = \{\mathbf{0}_E\}$.

综上, $E = E_1 \oplus E_3$.

7.3 线性映射

本节介绍一类重要的映射——线性映射. 线性映射因其保持"线性性", 具有比一般映射更为简单的性质, 因而在理论和实际中都有着十分广泛的应用.

在本节, E 和 F 表示两个 $\mathbb{K}$-向量空间.

7.3.1 定义及例子

定义 7.3.1 设 E, F 是两个 $\mathbb{K}$-向量空间, $f \in \mathcal{F}(E,F)$. 如果

$$\forall k \in \mathbb{K}, \quad \forall (x,y) \in E^2, \quad f(kx+y) = kf(x) + f(y)$$

则称 f 是从 E 到 F 的一个**线性映射**. 从 E 到 F 的所有线性映射构成的集合记为 $\mathscr{L}(E,F)$.

定义 7.3.2 设 E, F 是两个 $\mathbb{K}$-向量空间, $f \in \mathscr{L}(E,F)$.

- 若 f 是单射, 则称 f 是一个**单同态**;
- 若 f 是满射, 则称 f 是一个**满同态**;
- 若 f 是双射, 则称 f 是一个**同构映射**;
- 若 $E = F$, 则称 f 是一个**线性变换**, 或称 f 是一个**自同态**; 进一步, 若 f 还是双射, 则称 f 是 E 上的一个**自同构**.

定义 7.3.3 设 E, F 是两个 $\mathbb{K}$-向量空间, 若存在一个从 E 到 F 的同构映射, 则称 E 和 F **同构**.

例 7.3.1 定义映射

$$f : \mathbb{R}^2 \to \mathbb{R}, \quad (x,y) \mapsto x$$

则 f 是一个线性映射.

证 明 设 $k \in \mathbb{R}$, $\boldsymbol{x} = (x_1, x_2) \in \mathbb{R}^2$, $\boldsymbol{y} = (y_1, y_2) \in \mathbb{R}^2$. 根据定义, 有

$$f(k\boldsymbol{x} + \boldsymbol{y}) = f(kx_1 + y_2, x_2 + y_2) = kx_1 + y_1 = kf(\boldsymbol{x}) + f(\boldsymbol{y})$$

因此, f 是一个线性映射.

定义 7.3.4 设 E 是一个 $\mathbb{K}$-向量空间, $\lambda \in \mathbb{K}$. 定义映射

$$f : E \to E, \quad x \mapsto \lambda x$$

则 f 是一个线性映射, 称为以 λ 为位似比的**位似变换**.

证 明 设 $k \in \mathbb{R}$, $(x, y) \in E^2$. 根据定义, 有

$$f(kx + y) = \lambda(kx + y) = k\lambda x + \lambda y = kf(x) + f(y)$$

故 f 是一个线性映射.

例 7.3.2 记 $\mathcal{D}(I, \mathbb{R})$ 为区间 I 上所有可导函数构成的向量空间, 则求导运算

$$D : \mathcal{D}(I, \mathbb{R}) \to \mathcal{F}(I, \mathbb{R}), \quad f \mapsto f'$$

是一个线性映射.

证 明 设 $(f, g) \in \mathcal{D}(I, \mathbb{R})^2$, $k \in \mathbb{R}$. 根据导数运算法则, 有

$$D(kf + g) = (kf + g)' = kf' + g' = kD(f) + D(g)$$

因此, D 是一个线性映射.

命题 7.3.1 设 E, F 是两个 $\mathbb{K}$-向量空间, $f \in \mathscr{L}(E, F)$, 则

(1) $f(\mathbf{0}_E) = \mathbf{0}_F$;

(2) 设 $n \in \mathbb{N}^*$, $(k_1, k_2, \cdots, k_n) \in \mathbb{K}^n$, $(x_1, x_2, \cdots, x_n) \in E^n$, 则

$$f\Big(\sum_{i=1}^{n} k_i x_i\Big) = \sum_{i=1}^{n} k_i f(x_i)$$

证 明 (1) 因为 f 是线性映射, 所以

$$f(\mathbf{0}_E) = f(\mathbf{0}_E + \mathbf{0}_E) = f(\mathbf{0}_E) + f(\mathbf{0}_E)$$

故 $f(\mathbf{0}_E) = \mathbf{0}_F$.

(2) 对 n 应用数学归纳法. 设 $n \in \mathbb{N}^*$, 定义 $\mathcal{P}(n)$:

$$\forall (k_1, k_2, \cdots, k_n) \in \mathbb{K}^n, \quad \forall (x_1, x_2, \cdots, x_n) \in E^n, \quad f\Big(\sum_{i=1}^{n} k_i x_i\Big) = \sum_{i=1}^{n} k_i f(x_i)$$

- 由线性映射的定义知 $\mathcal{P}(1)$ 成立.
- 设 $n \in \mathbb{N}^*$, 并假设 $\mathcal{P}(n)$ 成立. 又设 $(k_1, k_2, \cdots, k_{n+1}) \in \mathbb{K}^{n+1}$, $(x_1, x_2, \cdots, x_{n+1}) \in$

E^{n+1}, $x = \sum\limits_{i=1}^{n+1} k_i x_i$, 则 $x = k_{n+1}x_{n+1} + \sum\limits_{i=1}^{n} k_i x_i$. 根据归纳假设, 有 $f\Big(\sum\limits_{i=1}^{n} k_i x_i\Big) = \sum\limits_{i=1}^{n} k_i f(x_i)$. 又因为 f 是线性映射, 所以

$$\begin{aligned} f(x) &= f\Big(k_{n+1}x_{n+1} + \sum_{i=1}^{n} k_i x_i\Big) = f(k_{n+1}x_{n+1}) + f\Big(\sum_{i=1}^{n} k_i x_i\Big) \\ &= k_{n+1} f(x_{n+1}) + \sum_{i=1}^{n} k_i f(x_i) = \sum_{i=1}^{n+1} k_i f(x_i) \end{aligned}$$

因此, $\mathcal{P}(n+1)$ 成立.

根据数学归纳法, 结论得证.

定义 7.3.5 设 E, F 是两个 $\mathbb{K}$-向量空间, $f \in \mathscr{L}(E, F)$, 则

(1) 称 $f(E)$ 为映射 f 的**像**, 记为 $\operatorname{Im}(f)$;

(2) 称 $f^{-1}(\{\mathbf{0}_F\})$ 为 f 的**核**, 记为 $\operatorname{Ker}(f)$.

命题 7.3.2 设 E, F 是两个 $\mathbb{K}$-向量空间, $f \in \mathscr{L}(E, F)$.

(1) 若 E_1 是 E 的子空间, 则 $f(E_1)$ 是 F 的子空间;

(2) 若 F_1 是 F 的子空间, 则 $f^{-1}(F_1)$ 是 E 的子空间.

特别地, 线性映射的像与核分别是 F 和 E 的子空间, 从而都是向量空间.

证 明 (1) 显然 $f(E_1)$ 是 F 的非空子集. 设 $k \in \mathbb{K}$, $y_1 \in f(E_1), y_2 \in f(E_1)$, 则存在 $(x_1, x_2) \in E_1^2$, 使得 $y_1 = f(x_1)$ 且 $y_2 = f(x_2)$. 因为 E_1 是 E 的子空间, 所以 $kx_1 + x_2 \in E_1$. 又由于 f 是线性映射, 故

$$ky_1 + y_2 = kf(x_1) + f(x_2) = f(kx_1 + x_2) \in f(E_1)$$

因此, $f(E_1)$ 是 F 的子空间.

(2) 显然 $f^{-1}(F_1)$ 是 E 的非空子集. 设 $k \in \mathbb{K}$, $x_1 \in f^{-1}(F_1), x_2 \in f^{-1}(F_1)$, 则存在 $(y_1, y_2) \in F_1^2$, 使得 $y_1 = f(x_1)$ 且 $y_2 = f(x_2)$. 因为 f 是线性映射且 F_1 是 F 的子空间, 所以

$$f(kx_1 + x_2) = kf(x_1) + f(x_2) = ky_1 + y_2 \in F_1$$

于是 $kx_1 + x_2 \in f^{-1}(F_1)$. 因此, $f^{-1}(F_1)$ 是 E 的子空间.

根据 (1) 和 (2) 知, 线性映射的像与核分别是 F 和 E 的子空间, 从而都是向量空间.

命题 7.3.3 设 E, F 是两个 $\mathbb{K}$-向量空间, $f \in \mathscr{L}(E, F)$, 则 f 是单同态当且仅当 $\operatorname{Ker}(f) = \{\mathbf{0}_E\}$.

证 明 必要性: 设 $x \in \operatorname{Ker}(f)$, 则 $f(x) = f(\mathbf{0}_E) = \mathbf{0}_F$. 由于 f 是单射, 故 $x = \mathbf{0}_E$. 从而 $\operatorname{Ker}(f) \subseteq \{\mathbf{0}_E\}$. 根据命题 7.3.1 知, $\{\mathbf{0}_E\} \subseteq \operatorname{Ker}(f)$, 故 $\operatorname{Ker}(f) = \{\mathbf{0}_E\}$.

充分性: 设 $(x, y) \in E^2$ 且 $f(x) = f(y)$. 因为 f 是线性映射, 所以 $f(x - y) = f(x) - f(y) = \mathbf{0}_F$. 于是 $x - y \in \operatorname{Ker}(f) = \{\mathbf{0}_E\}$, 故 $x = y$. 因此, f 是单同态.

例 7.3.3 定义映射

$$\begin{aligned} f: \quad \mathbb{R}^2 &\mapsto \mathbb{R}^2 \\ (x, y) &\mapsto (x + y, x - y) \end{aligned}$$

则 f 是单同态.

证 明 易验证 f 是一个线性映射. 设 $(x, y) \in \operatorname{Ker}(f)$, 则 $f(x, y) = (0, 0)$. 于是 $x + y = x - y = 0$, 进而 $x = y = 0$. 因此, $\operatorname{Ker}(f) = \big\{(0, 0)\big\}$. 根据命题 7.3.3 知, f 是单同态.

7.3.2 线性映射空间

设 E, F 是两个 $\mathbb{K}$-向量空间, $k \in \mathbb{K}, (f, g) \in \mathcal{F}(E, F)^2$, $x \in E$, 因为 F 是一个向量空间, 所以 $f(x) + g(x) \in F$ 且 $kf(x) \in F$. 于是可以定义映射

$$f+g:\ \ E\to F,\ \ x\mapsto f(x)+g(x)$$
$$k\cdot f:\ \ E\to F,\ \ x\mapsto kf(x)$$

根据向量空间的定义, 可验证 $\big(\mathcal{F}(E,F),+,\cdot\,\big)$ 是一个 $\mathbb{K}$-向量空间.

命题 7.3.4 $\mathscr{L}(E,F)$ 是 $\big(\mathcal{F}(E,F),+,\cdot\,\big)$ 的子空间, 从而是一个 $\mathbb{K}$-向量空间.

证 明 设 $(\alpha,k)\in\mathbb{K}^2,(f,g)\in\mathscr{L}(E,F)^2,(x,y)\in E^2$, 则

$$\begin{aligned}(\alpha f+g)(kx+y)&=\alpha f(kx+y)+g(kx+y)\\&=\alpha\big[kf(x)+f(y)\big]+\big[kg(x)+g(y)\big]\\&=k\big(\alpha f+g\big)(x)+\big(\alpha f+g\big)(y)\end{aligned}$$

因此, $\alpha f+g\in\mathscr{L}(E,F)$. 故 $\mathscr{L}(E,F)$ 是 $\mathcal{F}(E,F)$ 的子空间. 根据命题 7.2.1 知, $\mathscr{L}(E,F)$ 是一个 $\mathbb{K}$-向量空间.

命题 7.3.5 设 E,F,G 是三个 $\mathbb{K}$-向量空间.

(1) 若 $f\in\mathscr{L}(E,F)$ 且 $g\in\mathscr{L}(F,G)$, 则 $g\circ f\in\mathscr{L}(E,G)$;

(2) 设 $f\in\mathscr{L}(E,F)$, 若 f 是一个同构映射, 则 f^{-1} 也是一个同构映射.

证 明 (1) 设 $k\in\mathbb{K},(x,y)\in E^2$, 因为 f 和 g 都是线性映射, 所以

$$\begin{aligned}(g\circ f)(kx+y)&=g\big(f(kx+y)\big)=g\big(kf(x)+f(y)\big)=kg\big(f(x)\big)+g\big(f(y)\big)\\&=k\big(g\circ f\big)(x)+\big(g\circ f\big)(y)\end{aligned}$$

因此, $g\circ f\in\mathscr{L}(E,G)$.

(2) 设 f 是一个同构映射, 则 f 是双射, 从而 f 可逆且 $f\circ f^{-1}=\mathrm{id}_F$. 另设 $k\in\mathbb{K},(x,y)\in F^2$. 因为 f 是线性映射, 所以

$$f\big(kf^{-1}(x)+f^{-1}(y)\big)=kf\big(f^{-1}(x)\big)+f\big(f^{-1}(y)\big)=kx+y$$

又因为 f 是双射, 所以 $f^{-1}(kx+y)=kf^{-1}(x)+f^{-1}(y)$. 因此, f^{-1} 是线性映射. 又由于 f^{-1} 是双射, 故 f^{-1} 是一个同构映射.

命题 7.3.6 设 E,F,G 是三个 $\mathbb{K}$-向量空间, $(\alpha,\beta)\in\mathbb{K}^2,f\in\mathscr{L}(E,F),g\in\mathscr{L}(F,G)$, 则

(1) $\forall(\psi,\phi)\in\mathscr{L}(F,G)^2$, $(\alpha\psi+\beta\phi)\circ f=\alpha(\psi\circ f)+\beta(\phi\circ f)$;

(2) $\forall(\psi,\phi)\in\mathscr{L}(E,F)^2$, $g\circ(\alpha\psi+\beta\phi)=\alpha(g\circ\psi)+\beta(g\circ\phi)$.

证 明 根据定义验证即可.

命题 7.3.7 设 $+$ 和 $\circ$ 分别表示映射的加法运算和复合运算, 则 $\big(\mathscr{L}(E),+,\circ\big)$ 是一个环.

证 明 首先, 根据命题 7.3.4 知, $\mathscr{L}(E)$ 是一个向量空间, 从而 $\big(\mathscr{L}(E),+\big)$ 是一个交换群. 其次, 运算 $\circ$ 满足结合律且 id_E 是 $\circ$ 的单位元. 最后, 根据命题 7.3.6 知, $\circ$ 对 $+$ 满足分配律. 因此, $\big(\mathscr{L}(E),+,\circ\big)$ 是一个环.

命题 7.3.8 记 $\mathscr{GL}(E)$ 为 E 上所有自同构映射构成的集合, 则 $\big(\mathscr{GL}(E),\circ\big)$ 是一个群.

证 明 首先, 由于双射的复合仍是双射且线性映射的复合仍是线性映射, 故 $\circ$ 是 $\mathscr{GL}(E)$ 上的一个代数运算. 其次, $\circ$ 满足结合律且 id_E 是 $\circ$ 的单位元. 最后, 根据命题 7.3.5 知, 对于任意 $f\in\mathscr{GL}(E)$, f 的逆映射 f^{-1} 为 f 关于 $\circ$ 的逆元. 因此, $(\mathscr{GL}(E),\circ)$ 是一个群.

7.3.3 投影与对称

在本小节, 总假设 F,G 是向量空间 E 的互补子空间, 即 $E=F\oplus G$.

1. 投 影

设 $v\in E$, 根据命题 7.2.4, v 在 $F\oplus G$ 下存在直和分解 $v=x+y$, 其中 $(x,y)\in F\times G$. 根据直和分解的唯一性, p: $E\to E$, $v\mapsto x$ 是一个合理定义的映射.

定义 7.3.6 设 $E=F\oplus G$. 定义

$$\begin{aligned} p:\ E &\to E \\ v &\mapsto x \end{aligned}$$

其中, $v=x+y$ 为 v 在 $F\oplus G$ 下的直和分解, 映射 p 称为平行于 G 在 F 上的**投影**, 简称 p 是一个投影.

例 7.3.4 设 $E=\mathbb{R}^2$, 记

$$E_1=\big\{(x,0)\mid x\in\mathbb{R}\big\},\quad E_2=\big\{(0,y)\mid y\in\mathbb{R}\big\},\quad E_3=\big\{(x,x)\mid x\in\mathbb{R}\big\}$$

根据例 7.2.7, 有 $E=E_1\oplus E_2=E_1\oplus E_3$. 进一步,

- 映射 $p_1:\ \mathbb{R}^2\to\mathbb{R}^2$, $(x,y)\mapsto(x,0)$ 是平行于 E_2 在 E_1 上的投影, 它对应平面内平行于 y 轴在 x 轴上的投影.
- 映射 $p_2:\ \mathbb{R}^2\to\mathbb{R}^2$, $(x,y)\mapsto(0,y)$ 是平行于 E_1 在 E_2 上的投影, 它对应平面内平行于 x 轴在 y 轴上的投影.
- 设 $(x,y)\in E$, 则 (x,y) 在 $E_1\oplus E_3$ 上的直和分解为 $(x,y)=(x-y,0)+(y,y)$. 映射 $p_3:\ \mathbb{R}^2\to\mathbb{R}^2$, $(x,y)\mapsto(x-y,0)$ 是平行于 E_3 在 E_1 上的投影, 它对应平面内平行于直线 $y=x$ 在 x 轴上的投影.

映射 p_1,p_2,p_3 代表的几何意义如图 7-1 所示.

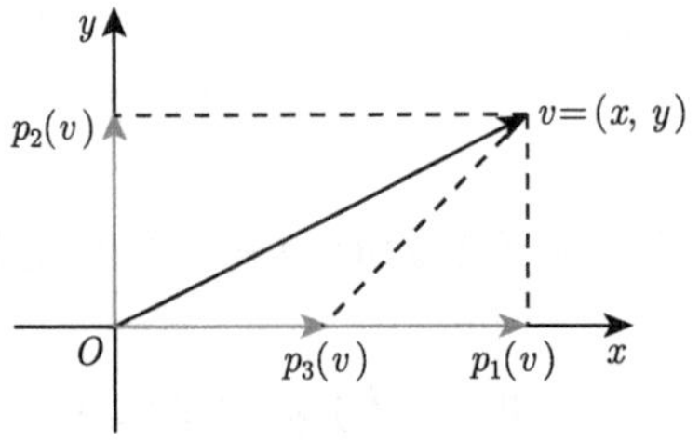

图 7-1

命题 7.3.9 设 $E=F\oplus G$, p 是平行于 G 在 F 上的投影, 则

(1) p 是线性映射;

(2) $\operatorname{Ker}(p)=G$, $\operatorname{Im}(p)=F$;

(3) $p\circ p=p$;

(4) $\forall u\in\operatorname{Im}(p)$, $p(u)=u$.

证 明 (1) 设 $k\in\mathbb{K},(x_1,x_2)\in F^2,(y_1,y_2)\in G^2$, $u=x_1+y_1,v=x_2+y_2$, 则

$$ku+v=k(x_1+y_1)+(x_2+y_2)=(kx_1+x_2)+(ky_1+y_2)$$

由于 F,G 是 E 的子空间, 故 $kx_1+x_2\in F$ 且 $ky_1+y_2\in G$. 根据投影的定义, 有

$$p(ku+v)=kx_1+x_2=kp(u)+p(v)$$

故 p 是线性映射.

(2) 设 $u\in G$, 则 $p(u)=p(\mathbf{0}_E+u)=\mathbf{0}_E$, 故 $u\in\operatorname{Ker}(p)$, 从而 $G\subseteq\operatorname{Ker}(p)$. 反过来, 设 $u\in\operatorname{Ker}(p)$, 则 $p(u)=\mathbf{0}_E$. 由于 $E=F\oplus G$, 故存在 $(x,y)\in F\times G$ 使得 $u=x+y$. 根据投影的定义知, $x=p(x+y)=p(u)=\mathbf{0}_E$, 故 $u=y\in G$, 这证明了 $\operatorname{Ker}(p)\subseteq G$. 因此, $\operatorname{Ker}(p)=G$.

下证 $\operatorname{Im}(p)=F$. 根据定义知, $\operatorname{Im}(p)\subseteq F$. 反过来, 设 $u\in F$, 则 $p(u)=p(u+\mathbf{0}_E)=u$, 故 $u\in\operatorname{Im}(p)$. 于是 $F\subseteq\operatorname{Im}(p)$. 因此, $F=\operatorname{Im}(p)$.

(3) 根据 (2) 知, $E=\operatorname{Im}(p)\oplus\operatorname{Ker}(p)$. 设 $u\in E$, 则存在 $x\in\operatorname{Im}(p),y\in\operatorname{Ker}(p)$, 使得 $u=x+y$. 根据 p 的定义, 有 $p(u)=p(x+y)=x$. 进一步,

$$\big(p\circ p\big)(u)=p\big(p(u)\big)=p(x)=p(x+\mathbf{0}_E)=x$$

于是 $\big(p\circ p\big)(u)=p(u)$. 因此, $p\circ p=p$.

(4) 设 $u\in\operatorname{Im}(p)$, 则存在 $v\in E$, 使得 $u=p(v)$. 根据 (3) 知, $p(u)=p\big(p(v)\big)=p(v)=u$.

命题 7.3.10 设 E 是一个向量空间, $p\in\mathscr{L}(E)$. 若 $p\circ p=p$, 则 $E=\operatorname{Im}(p)\oplus\operatorname{Ker}(p)$. 进一步, p 是平行于 $\operatorname{Ker}(p)$ 在 $\operatorname{Im}(p)$ 上的投影.

证 明 令 $F=\operatorname{Im}(p),G=\operatorname{Ker}(p)$. 根据命题 7.3.2 知, F 和 G 都是 E 的子空间. 下证 $E=F\oplus G$.

(1) 设 $x\in F\cap G$. 由 $x\in G$ 知 $p(x)=\mathbf{0}_E$. 由 $x\in F$ 知, 存在 $v\in E$ 使得 $x=p(v)$. 因为 $p\circ p=p$, 所以

$$x=p(v)=(p\circ p)(v)=p\big(p(v)\big)=p(x)=\mathbf{0}_E$$

故 $F\cap G=\{\mathbf{0}_E\}$.

(2) 设 $v\in E$, 将 v 表示为 $v=p(v)+v-p(v)$. 显然, $p(v)\in\operatorname{Im}(p)$. 因为 p 是线性映射且 $p\circ p=p$, 所以 $p\big(v-p(v)\big)=p(v)-p\big(p(v)\big)=\mathbf{0}_E$, 故 $v-p(v)\in\operatorname{Ker}(p)$. 因此, $E=F+G$. 综上, $E=F\oplus G$.

设 $(x,y)\in F\times G$. 由于 p 是线性映射, 故 $p(x+y)=p(x)+p(y)$. 因为 $y\in G=\operatorname{Ker}(p)$, 所以 $p(y)=\mathbf{0}_E$. 因为 $x\in F=\operatorname{Im}(p)$, 所以存在 $v\in E$ 使得 $x=p(v)$. 于是 $x=p(v)=\big(p\circ p\big)(v)=p\big(p(v)\big)=p(x)$. 综上, $p(x+y)=p(x)+p(y)=x$. 因此, p 是平行于 $\operatorname{Ker}(p)$ 在 $\operatorname{Im}(p)$ 上的投影.

例 7.3.5 设 $E=\mathbb{R}^2$, 则映射 f: $E\to E$, $(x,y)\mapsto (x-\dfrac{y}{2},0)$ 是一个投影.

证 明 易验证 f 是一个线性映射且 $f\circ f=f$. 根据命题 7.3.10 知, f 是一个投影. 计算得

$$\mathrm{Ker}(f)=\big\{(x,2x)\mid x\in\mathbb{R}\big\},\qquad \mathrm{Im}(f)=\big\{(x,0)\mid x\in\mathbb{R}\big\}$$

因此, f 对应平面内平行于直线 $y=2x$ 在 x 轴上的投影.

2. 对 称

设 $v\in E$, 根据命题 7.2.4 知, v 在 $F\oplus G$ 下存在直和分解 $v=x+y$, 其中 $(x,y)\in F\times G$. 根据直和分解的唯一性知, s: $E\to E$, $v\mapsto x-y$ 是一个合理定义的映射.

定义 7.3.7 设 $E=F\oplus G$, 定义

$$\begin{array}{rccc} s: & E & \to & E \\ & v & \mapsto & x-y \end{array}$$

其中, $v=x+y$ 为 v 在 $F\oplus G$ 下的直和分解, 映射 s 称为平行于 G 关于 F 的**对称**, 简称 s 是一个对称.

例 7.3.6 映射

$$s:\mathbb{R}^2\to\mathbb{R}^2,\quad (x,y)\mapsto (x,-y)$$

对应平面内平行于 y 轴关于 x 轴的对称. 事实上, $(x,y)=(x,0)+(0,y)$, $(x,-y)=(x,0)-(0,y)$.

命题 7.3.11 设 $E=F\oplus G$, s 是平行于 G 关于 F 的对称, 则 $s\in\mathscr{L}(E)$ 且 $s\circ s=\mathrm{id}_E$.

证 明 设 $(x,y)\in F\times G$. 根据定义知, $s(x+y)=x-y=\big(2p-\mathrm{id}_E\big)(x+y)$, 故 $s=2p-\mathrm{id}_E$. 由于 p 和 id_E 都是线性映射, 因此 s 也是线性映射. 进一步, 有

$$\big(s\circ s\big)(x+y)=s(x-y)=s\big[x+(-y)\big]=x-(-y)=x+y=\mathrm{id}_E(x+y)$$

故 $s\circ s=\mathrm{id}_E$.

命题 7.3.12 设 $s\in\mathscr{L}(E)$, 若 $s\circ s=\mathrm{id}_E$, 则 $E=\mathrm{Ker}(s-\mathrm{id}_E)\oplus\mathrm{Ker}(s+\mathrm{id}_E)$. 进一步, s 是平行于 $\mathrm{Ker}(s+\mathrm{id}_E)$ 关于 $\mathrm{Ker}(s-\mathrm{id}_E)$ 的对称.

证 明 由于 s 和 id_E 都是线性映射, 故 $s-\mathrm{id}_E$ 和 $s+\mathrm{id}_E$ 都是线性映射. 根据命题 7.3.2 知, $\mathrm{Ker}(s-\mathrm{id}_E)$ 和 $\mathrm{Ker}(s+\mathrm{id}_E)$ 都是 E 的子空间. 下证 $E=\mathrm{Ker}(s-\mathrm{id}_E)\oplus\mathrm{Ker}(s+\mathrm{id}_E)$.

(1) 设 $v\in E$, 根据 s 是线性映射且 $s\circ s=\mathrm{id}_E$, 可验证

$$\big(s-\mathrm{id}_E\big)[v+s(v)]=\big(s+\mathrm{id}_E\big)[v-s(v)]=\mathbf{0}_E$$

将 v 表示为 $v=\dfrac{v+s(v)}{2}+\dfrac{v-s(v)}{2}$, 则

$$\frac{v+s(v)}{2}\in\mathrm{Ker}(s-\mathrm{id}_E)\quad 且\quad \frac{v-s(v)}{2}\in\mathrm{Ker}(s+\mathrm{id}_E)$$

因此, $E=\mathrm{Ker}(s-\mathrm{id}_E)+\mathrm{Ker}(s+\mathrm{id}_E)$.

(2) 设 $v\in \mathrm{Ker}(s-\mathrm{id}_E)\cap\mathrm{Ker}(s+\mathrm{id}_E)$, 则 $s(v)=v=-v$, 从而 $v=\mathbf{0}_E$. 因此, $\mathrm{Ker}(s-\mathrm{id}_E)\cap\mathrm{Ker}(s+\mathrm{id}_E)=\{\mathbf{0}_E\}$.

根据 (1) 和 (2) 知, $E=\mathrm{Ker}(s-\mathrm{id}_E)\oplus\mathrm{Ker}(s+\mathrm{id}_E)$.

进一步, 设 $(x,y)\in\mathrm{Ker}(s-\mathrm{id}_E)\times\mathrm{Ker}(s+\mathrm{id}_E)$, 则 $s(x)=x$ 且 $s(y)=-y$. 因为 s 是线性映射, 所以 $s(x+y)=s(x)+s(y)=x-y$. 因此, s 是平行于 $\mathrm{Ker}(s+\mathrm{id}_E)$ 关于 $\mathrm{Ker}(s-\mathrm{id}_E)$ 的对称.

例 7.3.7 设 $E=\mathbb{R}^2$, 则映射 f: $E\to E,(x,y)\mapsto(x-2y,-y)$ 是一个对称.

证 明 易验证 f 是一个线性映射且 $f\circ f=\mathrm{id}_E$. 由命题 7.3.12 知, f 是一个对称. 进一步, 有

$$\mathrm{Ker}(f-\mathrm{id}_E)=\big\{(x,0)\mid x\in\mathbb{R}\big\},\qquad \mathrm{Ker}(f+\mathrm{id}_E)=\big\{(x,x)\mid x\in\mathbb{R}\big\}$$

因此, f 对应平面内平行于直线 $y=x$ 关于 x 轴的对称, f 代表的几何意义如图 7-2 所示.

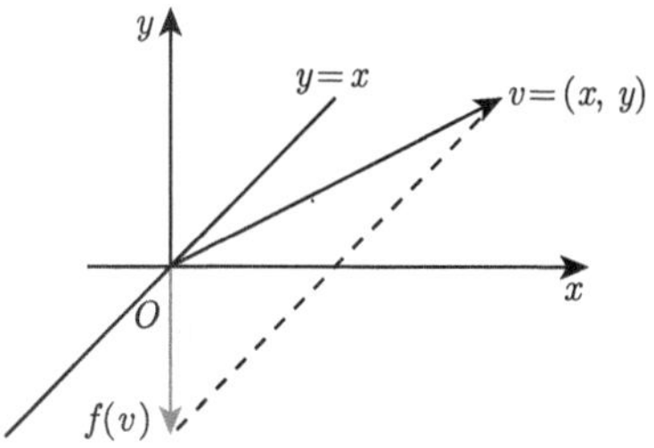

图 7-2

习题 7

若无特殊说明, n 表示一个正整数.

★ 基础题

7.1 判断下列集合是否构成一个 $\mathbb{R}$-向量空间.

(1) $\big\{(x,y)\in\mathbb{R}^2\mid y=kx\big\}$, 其中 $k\in\mathbb{R}$;
(2) $\big\{(x,y)\in\mathbb{R}^2\mid xy=0\big\}$;
(3) $\big\{(x,y)\in\mathbb{R}^2\mid x^2+y^2\leqslant 1\big\}$;
(4) $\big\{(z,w)\in\mathbb{R}^2\mid z=w^2\big\}$.

7.2 设 I 是一个多于两个点的闭区间, a 在 I 的内部. 判断下列集合是否构成 $\mathbb{R}$-向量空间 $\mathcal{F}(\mathrm{I},\mathbb{R})$ 的子空间.

(1) $\big\{f:I\to\mathbb{R}\mid f$ 在 a 处可导且 $f'(a)=c\big\}$, 其中 $c\in\mathbb{R}$;
(2) $\big\{f:I\to\mathbb{R}\mid f$ 在 I 上连续且 f 在 I 上积分为 $0\big\}$;
(3) $\big\{f:I\to\mathbb{R}\mid f$ 在 0 处连续$\big\}$;
(4) $\big\{f:I\to\mathbb{R}\mid f$ 在 I 上单调$\big\}$.

7.3 设 E 是一个向量空间, F 和 G 是 E 的两个子空间. 证明:

$$F\cup G \text{ 是 } E \text{ 的子空间当且仅当 } F\subseteq G \text{ 或 } G\subseteq F$$

特别地, $F\cup G=E$ 当且仅当 $F=E$ 或 $G=E$.

7.4 设 $F=\{(x,y,z)\in\mathbb{R}^3 \mid x+y+z=0\}$, $G=\{(a-b,a+b,a-3b)\in\mathbb{R}^3 \mid (a,b)\in\mathbb{R}^2\}$.

(1) 证明 F 和 G 都是 $\mathbb{R}^3$ 的子空间;

(2) 证明 $F+G=\mathbb{R}^3$. 判断 F 与 G 的和是否为直和.

7.5 考虑下列 $\mathbb{R}^n$ 的子集:

$$F=\{(x_1,x_2,\cdots,x_n)\in\mathbb{R}^n \mid x_1+x_2+\cdots+x_n=0\}$$
$$G=\{(x_1,x_2,\cdots,x_n)\in\mathbb{R}^n \mid x_1=x_2=\cdots=x_n\}$$

(1) 证明 F 和 G 都是 $\mathbb{R}^n$ 的子空间且 $\mathbb{R}^n=F\oplus G$;

(2) 设 $a=(a_1,a_2,\cdots,a_n)\in\mathbb{R}^n$, 给出 a 在 $F\oplus G$ 下的直和分解.

7.6 证明 $F=\{f\in\mathcal{F}(\mathbb{R},\mathbb{R}) \mid f(0)+f(1)=0\}$ 是 $\mathcal{F}(\mathbb{R},\mathbb{R})$ 的一个子空间, 并给出 F 的一个补空间.

7.7 设 $n\geqslant 2$, $(a,b)\in\mathbb{R}^2$ 且 $a\neq b$.

(1) 证明 $F=\{P\in\mathbb{R}_n[X] \mid \widetilde{P}(a)=\widetilde{P}(b)=0\}$ 是 $\mathbb{R}_n[X]$ 的一个子空间;

(2) 证明 $\mathbb{R}_1[X]$ 是 F 的一个补空间.

7.8 判断下列映射是否为线性映射. 若是, 判断它是否为单同态、满同态、同构映射、自同构.

(1) $f:\mathbb{R}^3\to\mathbb{R}$, $(x,y,z)\mapsto x+y+2z$;

(2) $f:\mathbb{R}^2\to\mathbb{R}$, $(x,y)\mapsto xy$;

(3) $f:\mathbb{R}^2\to\mathbb{R}^2$, $(x,y)\mapsto(ax+by,cx+dy)$, 其中 $(a,b,c,d)\in\mathbb{R}^4$ 且 $ad-bc\neq 0$;

(4) $f:\mathbb{R}^{n+1}\to\mathbb{R}_n[X]$, $(a_0,\cdots,a_n)\mapsto\sum\limits_{k=0}^{n}a_kX^k$;

(5) $f:\mathbb{R}_n[X]\to\mathbb{R}_n[X]$, $P\mapsto P'$.

7.9 设 E,F,G 是三个向量空间, $f\in\mathscr{L}(E,F)$, $g\in\mathscr{L}(F,G)$, 证明下列结论:

(1) $\operatorname{Ker}(g\circ f)=f^{-1}(\operatorname{Ker}(g))$;

(2) $\operatorname{Ker}(f)\subseteq\operatorname{Ker}(g\circ f)$;

(3) $\operatorname{Im}(g\circ f)\subseteq\operatorname{Im}(g)$.

7.10 判断下列映射 f 是否为投影或对称.

(1) $f:\mathbb{R}^2\to\mathbb{R}^2$, $f(x,y)=(y,x)$;

(2) $f:\mathbb{R}^3\to\mathbb{R}^3$, $f(x,y,z)=(z,-x+y+z,z)$;

(3) $f:\mathbb{R}^3\to\mathbb{R}^3$, $f(x,y,z)=(-x+2z,-2x+y+2z,z)$.

★ 提高题

7.11 设 E 是一个 $\mathbb{R}$-向量空间, 若线性映射 $f:E\to\mathbb{R}$ 和 $g:E\to\mathbb{R}$ 满足

$$\forall x\in E,\quad f(x)g(x)=0$$

证明 f 或 g 是零映射.

7.12 设 E 是一个向量空间, f 是 E 上的一个线性变换. 证明

$$\mathrm{Ker}\,(f\circ f)=\mathrm{Ker}\,(f)\ \text{当且仅当}\ \mathrm{Im}(f)\cap\mathrm{Ker}\,(f)=\{\mathbf{0}_E\}$$

7.13 考虑向量空间 $E=\{f:\mathbb{R}\to\mathbb{R}\mid f\,\text{在}\,0\,\text{处连续}\}$. 定义 $\varphi: E\to E$, $f\mapsto\varphi(f)$, 其中 $\varphi(f)$ 定义为

$$\forall\,x\in\mathbb{R},\quad \big[\varphi(f)\big](x)=f(x)+f(2x)$$

(1) 证明 φ 是一个线性映射;

(2) 证明 φ 是单同态.

7.14 设 E 是一个向量空间, $f\in\mathscr{L}(E)$, p 是 E 上的一个投影. 证明

$$f\circ p=p\circ f\ \text{当且仅当}\ \mathrm{Ker}\,(p)\subseteq f^{-1}\big(\mathrm{Ker}\,(p)\big)\ \text{且}\ \mathrm{Im}\,(p)\subseteq f^{-1}\big(\mathrm{Im}(p)\big)$$

7.15 设 E 是一个 $\mathbb{R}$-向量空间, 实数 $\lambda>0$. 设 $f\in\mathscr{L}(E)$ 满足 $f\circ f=\lambda^2\,\mathrm{id}_E$.

(1) 计算 $\mathrm{Ker}(f)$, 进而证明 f 是一个单同态;

(2) 证明 f 是一个同构映射;

(3) 记 $V_\lambda=\mathrm{Ker}\,(f-\lambda\mathrm{id}_E)$, $V_{-\lambda}=\mathrm{Ker}\,(f+\lambda\mathrm{id}_E)$, 证明 $E=V_\lambda\oplus V_{-\lambda}$;

(4) 设 h 是 E 上以 λ 为位似比的位似变换. 证明 $(h^{-1}\circ f)$ 是平行于 $V_{-\lambda}$ 关于 V_λ 的对称.

7.16 设 E 是一个 $\mathbb{R}$-向量空间, F 是 E 的非平凡子空间. 设 $f\in\mathscr{L}(E)$ 满足

$$\forall\,x\in E\backslash F,\ \exists\,\lambda_x\in\mathbb{R}\ \text{使得}\ f(x)=\lambda_x x$$

(1) 设 $(x,y)\in(E\backslash F)^2$. 证明若 $y\in\mathrm{Vect}(x)$, 则 $\lambda_x=\lambda_y$;

(2) 证明: $\forall\,(x,y)\in(E\backslash F)^2$, $\lambda_x=\lambda_y$; (*提示: 考虑* λ_{x+y})

(3) 证明 f 是一个位似变换.

7.17 设 E 是一个 $\mathbb{R}$-向量空间, 记 $\mathscr{GL}(E)=\{g\in\mathscr{L}(E)\mid g\text{是双射}\}$. 又设 f 是 E 上的一个线性变换, 并假设 f 与 $\mathscr{GL}(E)$ 中每一个映射可交换.

(1) 设 $g\in\mathscr{GL}(E)$, $x\in E\backslash\{\mathbf{0}_E\}$ 满足 $g(x)=x$. 证明 $g\circ f(x)=f(x)$.

(2) 设 $x\in E\backslash\{0\}$. 证明存在 $g\in\mathscr{GL}(E)$, 使得

$$\forall y\in E,\ g(y)=y\Longleftrightarrow y\in\mathrm{Vect}(x)$$

(*提示: 构造一个对称*)

(3) 证明 f 满足题目 7.16 的条件, 从而给出结论.

第 8 章　有限维向量空间

有限维向量空间是线性代数的核心内容之一. 本章首先介绍向量空间的生成族、线性无关族和基的概念, 然后给出有限维向量空间及其维数的定义, 并推导有限维向量空间的维数公式, 最后介绍有限维向量空间之间的线性映射的性质.

在本章, $\mathbb{K}$ 表示实数域或复数域, E 和 F 是两个非零 $\mathbb{K}$-向量空间. 若无特殊说明, n 是一个正整数.

8.1　向量空间的基

8.1.1　生成族

引理 8.1.1　设 I 是一个非空集合, $(F_i)_{i\in I}$ 是 E 的子空间族 (对于任意 $i\in I, F_i$ 是 E 的子空间), 则 $\bigcap\limits_{i\in I} F_i$ 是 E 的子空间, 即 E 的任意多个子空间的交集仍然是 E 的一个子空间.

证　明　由于零向量属于 E 的任意子空间, 故 $\bigcap\limits_{i\in I} F_i$ 非空. 设 $k\in\mathbb{K}, \alpha\in\bigcap\limits_{i\in I} F_i, \beta\in\bigcap\limits_{i\in I} F_i$, $i\in I$, 则 $\alpha\in F_i$ 且 $\beta\in F_i$. 由于 F_i 是 E 的子空间, 故 $k\alpha+\beta\in F_i$. 于是 $k\alpha+\beta\in\bigcap\limits_{i\in I} F_i$, 因此 $\bigcap\limits_{i\in I} F_i$ 是 E 的子空间.

定义 8.1.1　设 $\mathcal{V}$ 是 E 的一个向量族 (由 E 中向量构成的元素族), 记

$$\mathrm{Vect}(\mathcal{V}) = \bigcap_{\substack{\mathcal{V}\text{是}F\text{的向量族}\\ F\text{是}E\text{的子空间}}} F$$

则 $\mathrm{Vect}(\mathcal{V})$ 是 E 的包含向量族 $\mathcal{V}$ 的最小的子空间, 称为由 $\mathcal{V}$ **生成的** E **的子空间**.

命题 8.1.1　设 $\mathcal{V}=(x_1,x_2,\cdots,x_n)\in E^n$, 则

$$\mathrm{Vect}(\mathcal{V}) = \left\{\sum_{i=1}^{n} k_i x_i \mid \forall i\in [\![1,n]\!], k_i\in\mathbb{K}\right\}$$

子空间 $\mathrm{Vect}(\mathcal{V})$ 通常也记为 $\mathrm{Vect}(x_1,x_2,\cdots,x_n)$.

证　明　记 $V=\mathrm{Vect}(\mathcal{V})$, $W=\left\{\sum\limits_{i=1}^{n} k_i x_i \mid \forall i\in [\![1,n]\!], k_i\in\mathbb{K}\right\}$. 容易验证 W 是 E 的子空间. 显然 $\mathcal{V}\subseteq W$, 根据 $\mathrm{Vect}(\mathcal{V})$ 的定义, 有 $V\subseteq W$. 下面用数学归纳法证明 $W\subseteq V$.

设 $m \in [\![1, n]\!]$, 定义 $\mathcal{P}(m)$:

$$\forall (k_1, k_2, \cdots, k_m) \in \mathbb{K}^m, \quad \sum_{i=1}^{m} k_i x_i \in V$$

- $\mathcal{P}(1)$ 成立: 设 $k_1 \in \mathbb{K}$. 由于 $x_1 \in V$ 且 V 是 E 的子空间, 故 $k_1 x_1 \in V$.
- $\mathcal{P}(m) \Rightarrow \mathcal{P}(m+1)$: 设 $m \in [\![1, n-1]\!]$, 假设 $\mathcal{P}(m)$ 成立, $(k_1, k_2, \cdots, k_{m+1}) \in \mathbb{K}^{m+1}$.

根据归纳假设, $\sum\limits_{i=1}^{m} k_i x_i \in V$. 由 $\mathcal{P}(1)$ 成立知 $k_{m+1} x_{m+1} \in V$. 又因为 V 是 E 的子空间, 所以 $\sum\limits_{i=1}^{m+1} k_i x_i = k_{m+1} x_{m+1} + \sum\limits_{i=1}^{m} k_i x_i \in V$. 因此, $\mathcal{P}(m+1)$ 成立.

根据数学归纳法知, $W \subseteq V$. 综上, $W = V$.

定义 8.1.2 设 $(x_1, x_2, \cdots, x_n) \in E^n$, $(k_1, k_2, \cdots, k_n) \in \mathbb{K}^n$, 向量

$$k_1 x_1 + k_2 x_2 + \cdots + k_n x_n$$

称为 $(x_1, x_2, \cdots, x_n)$ 的一个**线性组合**.

定义 8.1.3 设 $\mathscr{A} = (x_1, x_2, \cdots, x_n) \in E^n$. 如果 $\mathrm{Vect}(x_1, x_2, \cdots, x_n) = E$, 即

$$\forall x \in E, \quad \exists\, (\lambda_1, \lambda_2, \cdots, \lambda_n) \in \mathbb{K}^n, \quad x = \sum_{i=1}^{n} \lambda_i x_i$$

则称 $\mathscr{A}$ 是 E 的一个**生成族**.

例 8.1.1 (1) 由于 $\mathbb{C} = \{a \cdot 1 \mid a \in \mathbb{C}\}$, 故 $\mathrm{Vect}(1) = \mathbb{C}$. 因此, (1) 是 $\mathbb{C}$-向量空间 $\mathbb{C}$ 的一个生成族.

(2) 因为 $\mathbb{C} = \{a + bi \mid (a, b) \in \mathbb{R}^2\}$, 所以 $\mathrm{Vect}(1, i) = \mathbb{C}$. 因此, $(1, i)$ 是 $\mathbb{R}$-向量空间 $\mathbb{C}$ 的一个生成族.

(3) 因为

$$\mathbb{R}^2 = \{a(1,0) + b(0,1) \mid (a, b) \in \mathbb{R}^2\}$$

所以 $\mathbb{R}^2 = \mathrm{Vect}\big((1,0), (0,1)\big)$. 因此, $\big((1,0), (0,1)\big)$ 是 $\mathbb{R}$-向量空间 $\mathbb{R}^2$ 的一个生成族.

(4) 因为

$$\mathbb{K}_n[X] = \{a_0 + a_1 X + \cdots a_n X^n \mid (a_0, a_1, \cdots, a_n) \in \mathbb{K}^{n+1}\}$$

所以 $\mathbb{K}_n[X] = \mathrm{Vect}(1, \mathrm{X}, \cdots, \mathrm{X^n})$. 因此, $(1, X, \cdots, X^n)$ 是 $\mathbb{K}$-向量空间 $\mathbb{K}_n[X]$ 的一个生成族.

命题 8.1.2 设 $\mathscr{A}$ 和 $\mathscr{B}$ 是 E 的两个向量族, 则

(1) $\mathscr{A}$ 是 $\mathrm{Vect}(\mathscr{A})$ 的生成族;

(2) 若 $\mathscr{A} \subseteq \mathrm{Vect}(\mathscr{B})$, 则 $\mathrm{Vect}(\mathscr{A}) \subseteq \mathrm{Vect}(\mathscr{B})$;

(3) 若 $\mathscr{A}$ 是 E 的生成族, 则 $\mathscr{B}$ 是 E 的生成族当且仅当 $\mathscr{A} \subseteq \mathrm{Vect}(\mathscr{B})$, 即 $\mathscr{A}$ 中每个向量都是 $\mathscr{B}$ 中向量的线性组合.

证　明　(1) 根据定义, 结论成立.

(2) 设 $x \in \mathrm{Vect}(\mathscr{A})$, 根据定义知, $(\lambda_1, \lambda_2, \cdots, \lambda_n) \in \mathbb{K}^n$, $(x_1, x_2, \cdots, x_n) \in \mathscr{A}^n$, 使得 $x = \sum\limits_{i=1}^{n} \lambda_i x_i$. 因为 $\mathscr{A} \subseteq \mathrm{Vect}(\mathscr{B})$, 所以 $\{x_1, x_2, \cdots, x_n\} \subseteq \mathrm{Vect}(\mathscr{B})$. 又因为 $\mathrm{Vect}(\mathscr{B})$ 是 E 的子空间, 所以 $x \in \mathrm{Vect}(\mathscr{B})$. 因此, $\mathrm{Vect}(\mathscr{A}) \subseteq \mathrm{Vect}(\mathscr{B})$.

(3) 假设 $\mathscr{A}$ 是 E 的生成族, 若 $\mathscr{B}$ 也是 E 的生成族, 则 $\mathrm{Vect}(\mathscr{B}) = E$, 故 $\mathscr{A} \subseteq \mathrm{Vect}(\mathscr{B})$. 反过来, 假设 $\mathscr{A} \subseteq \mathrm{Vect}(\mathscr{B})$. 由 (2) 知, $\mathrm{Vect}(\mathscr{A}) \subseteq \mathrm{Vect}(\mathscr{B})$. 又因为 $\mathscr{A}$ 是 E 的生成族, 所以 $E = \mathrm{Vect}(\mathscr{A}) \subseteq \mathrm{Vect}(\mathscr{B}) \subseteq E$. 因此, $E = \mathrm{Vect}(\mathscr{B})$, 即 $\mathscr{B}$ 是 E 的生成族.

注 8.1.1　命题 8.1.2 中的 (3) 提供了判断一个向量族是生成族的有效方法. 比如, 在例 8.1.2 中, 利用 $\mathscr{A}$ 是 $\mathbb{R}^3$ 的生成族来证明 $\mathscr{B}$ 也是 $\mathbb{R}^3$ 的生成族, 比直接证明 $\mathscr{B}$ 是 $\mathbb{R}^3$ 的生成族要容易很多.

例 8.1.2　记 $\boldsymbol{e}_1 = (1,0,0), \boldsymbol{e}_2 = (0,1,0), \boldsymbol{e}_3 = (0,0,1)$. 由于

$$\mathbb{R}^3 = \left\{ a\boldsymbol{e}_1 + b\boldsymbol{e}_2 + c\boldsymbol{e}_3 \mid (a,b,c) \in \mathbb{R}^3 \right\}$$

故 $\mathscr{A} = (\boldsymbol{e}_1, \boldsymbol{e}_2, \boldsymbol{e}_3)$ 是 $\mathbb{R}^3$ 的生成族. 设 $\boldsymbol{f}_1 = (1,1,1), \boldsymbol{f}_2 = (0,1,1), \boldsymbol{f}_3 = (0,0,1)$, 因为

$$\boldsymbol{e}_1 = \boldsymbol{f}_1 - \boldsymbol{f}_2, \quad \boldsymbol{e}_2 = \boldsymbol{f}_2 - \boldsymbol{f}_3, \quad \boldsymbol{e}_3 = \boldsymbol{f}_3$$

根据命题 8.1.2 知, $\mathscr{B} = (\boldsymbol{f}_1, \boldsymbol{f}_2, \boldsymbol{f}_3)$ 是 $\mathbb{R}^3$ 的生成族.

8.1.2　线性无关族

定义 8.1.4　设 $\mathscr{A} = (x_1, x_2, \cdots, x_n)$ 是 E 的一个向量族,

(1) 如果

$$\forall (\lambda_1, \lambda_2, \cdots, \lambda_n) \in \mathbb{K}^n, \quad \lambda_1 x_1 + \lambda_2 x_2 + \cdots + \lambda_n x_n = \mathbf{0}_E \implies \lambda_1 = \lambda_2 = \cdots = \lambda_n = 0$$

则称 $\mathscr{A}$ 是 E 的一个**线性无关族**, 或称 $\mathscr{A}$ **线性无关**.

(2) 如果存在非零 $(\lambda_1, \lambda_2, \cdots, \lambda_n) \in \mathbb{K}^n$, 即 $\lambda_1, \lambda_2, \cdots, \lambda_n$ 不全为零, 使得

$$\lambda_1 x_1 + \lambda_2 x_2 + \cdots + \lambda_n x_n = \mathbf{0}_E,$$

则称 $\mathscr{A}$ 是 E 的一个**线性相关族**, 或称 $\mathscr{A}$ **线性相关**.

例 8.1.3　(1) 因为 $1 \cdot \mathbf{0}_E = \mathbf{0}_E$, 所以 $(\mathbf{0}_E)$ 是 E 的一个线性相关族.

(2) 设 $\boldsymbol{u} = (1,1), \boldsymbol{v} = (-2,-2)$, 则 $2\boldsymbol{u} + \boldsymbol{v} = (0,0)$, 故 $(\boldsymbol{u}, \boldsymbol{v})$ 是 $\mathbb{R}^2$ 的一个线性相关族.

(3) 设 $(a,b) \in \mathbb{R}^2$, 若 $a + bi = 0$, 则 $a = b = 0$, 故 $(1, i)$ 是 $\mathbb{R}$-向量空间 $\mathbb{C}$ 的一个线性无关族.

(4) 设 $\boldsymbol{e}_1 = (1,0), \boldsymbol{e}_2 = (0,1)$, $(a,b) \in \mathbb{R}^2$, 若 $a\boldsymbol{e}_2 + b\boldsymbol{e}_2 = (0,0)$, 则 $(a,b) = (0,0)$, 因此 $a = b = 0$. 故 $(\boldsymbol{e}_1, \boldsymbol{e}_2)$ 是 $\mathbb{R}^2$ 的一个线性无关族.

(5) 设 $(\lambda_0, \lambda_1, \cdots, \lambda_n) \in \mathbb{K}^{n+1}$, 若 $\lambda_0 + \lambda_1 X + \cdots + \lambda_n X^n = 0$. 根据多项式的定义知, $\lambda_0 = \lambda_1 = \cdots = \lambda_n = 0$. 因此, $(1, X, \cdots, X^n)$ 是 $\mathbb{K}_n[X]$ 的一个线性无关族.

定义 8.1.5 设 $\mathscr{A}$ 和 $\mathscr{B}$ 是 E 的两个向量族. 若 $\mathscr{B}$ 中的每个向量都是 $\mathscr{A}$ 中的向量, 则称 $\mathscr{B}$ 是 $\mathscr{A}$ 的子族.

命题 8.1.3 设 $\mathscr{A}$ 和 $\mathscr{B}$ 是 E 的两个向量族且 $\mathscr{B}$ 是 $\mathscr{A}$ 的子族. 若 $\mathscr{A}$ 线性无关, 则 $\mathscr{B}$ 线性无关. 等价地, 若 $\mathscr{B}$ 线性相关, 则 $\mathscr{A}$ 线性相关.

证 明 设 $\mathscr{A}=(x_1,x_2,\cdots,x_n)$, $\mathscr{B}=(x_1,x_2,\cdots,x_p)$ $(p\in[\![1,n]\!])$. 另设 $(k_1.k_2,\cdots,k_p)\in\mathbb{K}^p$ 满足 $k_1x_1+k_2x_2+\cdots+k_px_p=\mathbf{0}_E$, 则 $k_1x_1+k_2x_2+\cdots+k_px_p+0\cdot x_{p+1}+\cdots+0\cdot x_n=\mathbf{0}_E$. 由于 $\mathscr{A}$ 线性无关, 故 $k_1=k_2=\cdots=k_p=0$. 因此, $\mathscr{B}$ 线性无关.

命题 8.1.4 设 $x\in E$. 若 $(x_1,x_2,\cdots,x_n)\in E^n$ 线性无关, 则下面两个论述等价:

(1) $(x,x_1,x_2,\cdots,x_n)$ 线性相关;

(2) x 可以表示成 $(x_1,x_2,\cdots,x_n)$ 的线性组合.

证 明 (1) $\Rightarrow$ (2): 假设 $(x,x_1,x_2,\cdots,x_n)$ 线性相关. 根据定义知, 存在不全为零的元素族 $(\lambda_0,\lambda_1,\cdots,\lambda_n)\in\mathbb{K}^{n+1}$, 使得 $\lambda_0x+\lambda_1x_1+\cdots+\lambda_nx_n=\mathbf{0}_E$. 假设 $\lambda_0=0$, 则 $\lambda_1x_1+\lambda_2x_2+\cdots+\lambda_nx_n=\mathbf{0}_E$. 由于 $(x_1,x_2,\cdots,x_n)$ 线性无关, 故 $\lambda_1=\lambda_2=\cdots=\lambda_n=0$, 与 $(\lambda_0,\lambda_1,\lambda_2,\cdots,\lambda_n)$ 不全为 0 的假设矛盾. 因此, $\lambda_0\neq 0$. 于是 $x=-\sum\limits_{i=1}^{n}\dfrac{\lambda_i}{\lambda_0}x_i$, 故 x 可以表示成 $(x_1,x_2,\cdots,x_n)$ 的线性组合.

(2) $\Rightarrow$ (1): 假设 x 可以表示成 $(x_1,x_2,\cdots,x_n)$ 的线性组合, 则存在 $(\lambda_1,\lambda_2,\cdots,\lambda_n)\in\mathbb{K}^n$, 使得 $x=\sum\limits_{i=1}^{n}\lambda_ix_i$. 从而有 $x-\lambda_1x_1-\lambda_2x_2-\cdots-\lambda_nx_n=\mathbf{0}_E$, 故 $(x,x_1,x_2,\cdots,x_n)$ 线性相关.

8.1.3 基

定义 8.1.6 向量空间 E 的每一个线性无关的生成族称为 E 的一组**基**.

根据例 8.1.1、8.1.2 和 8.1.3, 有如下结论:

例 8.1.4 (1) $(1,i)$ 是 $\mathbb{R}$-向量空间 $\mathbb{C}$ 的一组基.

(2) $\big((1,0),(0,1)\big)$ 是 $\mathbb{R}^2$ 的一组基.

(3) $(1,X,X^2,\cdots X^n)$ 是 $\mathbb{K}_n[X]$ 的一组基.

(4) 设 $i\in[\![1,n]\!]$, 记

$$\boldsymbol{e}_i=(0,0,\cdots,\overset{i}{1},0,\cdots,0)\in\mathbb{K}^n$$

则 $(\boldsymbol{e}_1,\boldsymbol{e}_2,\cdots,\boldsymbol{e}_n)$ 是 $\mathbb{K}^n$ 的一组基, 称为 $\mathbb{K}^n$ 的**典范基**.

命题 8.1.5 设 $\mathscr{B}=(e_1,e_2,\cdots,e_n)\in E^n$, 则 $\mathscr{B}$ 是 E 的一组基当且仅当

$$\forall x\in E,\quad \exists!\ (\lambda_1,\lambda_2,\cdots,\lambda_n)\in\mathbb{K}^n,\quad x=\sum_{i=1}^{n}\lambda_ie_i$$

此时, 称 $(\lambda_1,\lambda_2,\cdots,\lambda_n)$ 为 x 在 $\mathscr{B}$ 下的**坐标**, 记为 $(x)_{\mathscr{B}}$.

证　明　必要性: 假设 $\mathscr{B}$ 是 E 的一组基, 则 $(e_1,e_2,\cdots,e_n)$ 是 E 的生成族. 从而有

$$\forall x\in E,\quad \exists(\lambda_1,\lambda_2,\cdots,\lambda_n)\in\mathbb{K}^n,\quad x=\sum_{i=1}^{n}\lambda_i e_i$$

下证唯一性. 设 $x\in E$, 并假设存在 $(\lambda_1,\cdots,\lambda_n)\in\mathbb{K}^n$, $(\lambda_1',\cdots,\lambda_n')\in\mathbb{K}^n$, 使得

$$x=\sum_{i=1}^{n}\lambda_i e_i=\sum_{i=1}^{n}\lambda_i' e_i$$

则 $\sum\limits_{i=1}^{n}(\lambda_i-\lambda_i')e_i=\mathbf{0}_E$. 由于 $(e_1,e_2,\cdots,e_n)$ 线性无关, 故对于任意 $i\in[\![1,n]\!],\lambda_i=\lambda_i'$.

充分性: 假设对于任意 $x\in E$, 存在唯一 $(\lambda_1,\lambda_2,\cdots,\lambda_n)\in\mathbb{K}^n$, 使得 $x=\sum\limits_{i=1}^{n}\lambda_i e_i$. 根据存在性假设知, $(e_1,e_2,\cdots,e_n)$ 是 E 的生成族. 另一方面, 设 $(\lambda_1,\lambda_2,\cdots,\lambda_n)\in\mathbb{K}^n$ 满足 $\sum\limits_{i=1}^{n}\lambda_i e_i=\mathbf{0}_E$, 又因为 $\sum\limits_{i=1}^{n}0\cdot e_i=\mathbf{0}_E$, 根据唯一性假设知, $\forall i\in[\![1,n]\!],\lambda_i=0$. 因此, $(e_1,e_2,\cdots,e_n)$ 线性无关. 综上, $(e_1,e_2,\cdots,e_n)$ 是 E 的一组基.

例 8.1.5　(1) 设 $E=\mathbb{C},\mathscr{B}=(1,i)$, $x=1+2i$, $(x)_{\mathscr{B}}=(1,2)$.

(2) 设 $E=\mathbb{R}^3,\mathscr{B}=\big((1,0,0),(0,1,0),(0,0,1)\big)$. 则对于任意 $x=(a,b,c)\in\mathbb{R}^3,(x)_{\mathscr{B}}=(a,b,c)$.

(3) 设 $E=\mathbb{K}_n[X]$, $\mathscr{B}=(1,X,\cdots,X^n)$, $P=a_0+a_1X+\cdots+a_nX^n$, 则 $(P)_{\mathscr{B}}=(a_0,a_1,\cdots,a_n)$.

命题 8.1.6　设 $\mathscr{B}=(e_1,e_2,\cdots,e_n)$ 是 E 的一组基, $\varphi\in\mathscr{L}(E,F)$, 则

(1) $\mathrm{Im}(\varphi)=\mathrm{Vect}\big(\varphi(e_1),\varphi(e_2),\cdots,\varphi(e_n)\big)$;

(2) φ 是满同态当且仅当 $\big(\varphi(e_1),\varphi(e_2),\cdots,\varphi(e_n)\big)$ 是 F 的一个生成族;

(3) φ 是单同态当且仅当 $\big(\varphi(e_1),\varphi(e_2),\cdots,\varphi(e_n)\big)$ 是 F 的一个线性无关族;

(4) φ 是同构映射当且仅当 $\big(\varphi(e_1),\varphi(e_2),\cdots,\varphi(e_n)\big)$ 是 F 的一组基.

证　明　(1) 记 $V=\mathrm{Vect}\big(\varphi(e_1),\varphi(e_2),\cdots,\varphi(e_n)\big)$, 设 $x\in E$. 由于 $\mathscr{B}=(e_1,e_2,\cdots,e_n)$ 是 E 的一组基, 故存在 $(k_1,k_2,\cdots,k_n)\in\mathbb{K}^n$, 使得 $x=\sum\limits_{i=1}^{n}k_ie_i$. 因为 $\varphi\in\mathscr{L}(E,F)$, 根据命题 7.3.1 知, $\varphi(x)=\varphi\big(\sum\limits_{i=1}^{n}k_ie_i\big)=\sum\limits_{i=1}^{n}k_i\varphi(e_i)\in V$. 因此, $\mathrm{Im}(\varphi)\subseteq V$. 另一方面, 设 $y\in V$, 则存在 $(k_1,k_2,\cdots,k_n)\in\mathbb{K}^n$, 使得 $y=\sum\limits_{i=1}^{n}k_i\varphi(e_i)$. 由于 φ 是线性映射, 故 $y=\varphi\big(\sum\limits_{i=1}^{n}k_ie_i\big)\in\mathrm{Im}(\varphi)$. 因此, $V\subseteq\mathrm{Im}(\varphi)$. 综上, $V=\mathrm{Im}(\varphi)$.

(2) 根据 (1) 和满同态的定义知, φ 是满同态当且仅当 $F=\mathrm{Im}(\varphi)=\mathrm{Vect}\big(\varphi(e_1),\varphi(e_2),\cdots,\varphi(e_n)\big)$, 当且仅当 $\big(\varphi(e_1),\varphi(e_2),\cdots,\varphi(e_n)\big)$ 是 F 的生成族.

(3) 充分性: 设 $x=\sum\limits_{i=1}^{n}k_ie_i\in E$ 满足 $\varphi(x)=\mathbf{0}_F$, 则 $\sum\limits_{i=1}^{n}k_i\varphi(e_i)=\mathbf{0}_F$. 因为

$(\varphi(e_1), \varphi(e_2), \cdots, \varphi(e_n))$ 线性无关, 所以 $k_1 = k_2 = \cdots = k_n = 0$, 从而 $x = \mathbf{0}_E$. 因此 $\mathrm{Ker}(\varphi) = \{\mathbf{0}_E\}$. 又因为 φ 是线性映射, 所以 φ 是单同态.

必要性: 设 $(k_1, k_2, \cdots, k_n) \in \mathbb{K}^n$ 满足 $\sum\limits_{i=1}^{n} k_i\varphi(e_i) = \mathbf{0}_F$, 则 $\varphi\big(\sum\limits_{i=1}^{n} k_i e_i\big) = \mathbf{0}_F$. 由于 φ 是单射, 故 $\sum\limits_{i=1}^{n} k_i e_i = \mathbf{0}_E$. 因为 $(e_1, e_2, \cdots, e_n)$ 线性无关, 所以 $k_1 = k_2 = \cdots = k_n = 0$. 因此, $(\varphi(e_1), \varphi(e_2), \cdots, \varphi(e_n))$ 线性无关.

(4) 根据 (2) 和 (3), 结论得证.

例 8.1.6 定义

$$f : \mathbb{K}_n[X] \to \mathbb{K}_{n-1}[X], \quad P \mapsto P'$$

则 f 是满同态但不是单同态.

证 明 根据例 8.1.4 知, $(1, X, X^2, \cdots, X^n)$ 是 $\mathbb{K}_n[X]$ 的一组基. 由于 $f(1) = 0$, 故

$$\big(f(1), f(X), \cdots, f(X^n)\big)$$

线性相关. 根据命题 8.1.6 知, f 不是单同态. 另一方面, 根据命题 8.1.6, 有

$$\mathrm{Im}(f) = \mathrm{Vect}\big(f(1), f(X), f(X^2), \cdots, f(X^n)\big) = \mathrm{Vect}(1, 2X, \cdots, nX^{n-1})$$

易验证 $\mathbb{K}_{n-1}[X] = \mathrm{Vect}(1, 2X, \cdots, nX^{n-1})$, 故 f 是满同态.

8.2 有限维向量空间维数的定义

8.2.1 基的存在性

设 $\mathscr{A}$ 是 E 的一个生成族, 总假设 $\mathscr{A}$ 中的向量互不相同且都不是零向量, 同时称 $\mathscr{A}$ 中包含的向量的个数为 $\mathscr{A}$ 的基数, 记为 $|\mathscr{A}|$. 进一步, 若 $\mathscr{A}$ 的基数有限, 则称 A 是一个有限生成族.

定义 8.2.1 设 E 是一个向量空间. 若 E 存在一个有限生成族, 则称 E 是一个**有限维向量空间**, 否则称 E 是一个**无限维向量空间**.

命题 8.2.1 设 E 是一个有限维向量空间, $\mathscr{A}$ 是 E 的一个有限生成族, 则 $\mathscr{A}$ 的每个线性无关的子族都可以扩充成为 E 的一组基, 且这组基中的每个向量都是 $\mathscr{A}$ 中的向量.

证 明 设 $\mathscr{A} = (e_1, e_2, \cdots, e_n)$, $\mathscr{B}$ 是 $\mathscr{A}$ 的一个线性无关的子族. 由于向量族的线性无关性与向量族中向量的顺序无关, 不妨设 $\mathscr{B} = (e_1, e_2, \cdots, e_p)$, 其中 $p \in [\![1, n]\!]$. 令

$$\mathcal{N} = \big\{\mathrm{card}(I) \bigm| [\![1, p]\!] \subseteq I \subseteq [\![1, n]\!] \text{ 且 } (e_i)_{i \in I} \text{ 线性无关}\big\}$$

则 $\mathcal{N}$ 是自然数集 $\mathbb{N}$ 的一个有界非空子集, 从而存在最大元. 记 $r = \max(\mathcal{N})$, 对应的子集记为 I_r, 则

$$[\![1, p]\!] \subseteq I_r \subseteq [\![1, n]\!] \text{ 且 } (e_i)_{i \in I_r}\text{线性无关}$$

下证 $\mathscr{A} \subseteq \mathrm{Vect}(e_i)_{i\in I_r}$. 设 $k \in [\![1,n]\!]$, 若 $k \in I_r$, 则 $e_k \in \mathrm{Vect}(e_i)_{i\in I_r}$; 若 $k \notin I_r$, 则 $\big((e_i)_{i\in I_r}, e_k\big)$ 线性相关. 根据命题 8.1.4 知, e_k 可以表示成 $(e_i)_{i\in I_r}$ 的线性组合, 即 $e_k \in \mathrm{Vect}(e_i)_{i\in I_r}$. 因此, $\mathscr{A} \subseteq \mathrm{Vect}(e_i)_{i\in I_r}$. 根据命题 8.1.2 知, $(e_i)_{i\in I_r}$ 是 E 的生成族. 又因为 $(e_i)_{i\in I_r}$ 线性无关, 所以 $(e_i)_{i\in I_r}$ 是 E 的一组基.

根据命题 8.2.1, 有如下定理:

定理 8.2.1 每一个有限维向量空间都存在一组基.

8.2.2 维数的定义

命题 8.2.2 设 $\mathscr{B} = (e_1, e_2, \cdots, e_n) \in E^n$. 若 $\mathscr{B}$ 线性无关, 则 $\mathrm{Vect}(\mathscr{B})$ 中任意基数为 $n+1$ 的向量族线性相关, 即 $\mathrm{Vect}(\mathscr{B})$ 中线性无关族的基数不会超过 $\mathscr{B}$ 的基数.

证 明 设 $n \in \mathbb{N}^*$. 定义 $\mathcal{P}(n)$: 设 $\mathscr{B} = (e_1, e_2, \cdots, e_n) \in E^n$ 线性无关. 若 $\mathscr{A}$ 是 $\mathrm{Vect}(\mathscr{B})$ 中基数为 $n+1$ 的向量族, 则 $\mathscr{A}$ 线性相关.

• 设 $\mathscr{B} = (e_1)$. 假设 $\mathscr{A} = (x_1, x_2)$ 为 $\mathrm{Vect}(e_1)$ 中的向量族且 $x_1 \neq x_2$. 根据定义知, 存在 $(\lambda_1, \lambda_2) \in \mathbb{K}^2$, 使得 $x_1 = \lambda_1 e_1$ 且 $x_2 = \lambda_2 e_1$. 由于 $x_1 \neq x_2$, 故 λ_1 和 λ_2 不同时为零. 不妨设 $\lambda_2 \neq 0$, 则 $x_1 = \dfrac{\lambda_1}{\lambda_2} x_2$. 从而 (x_1, x_2) 线性相关, 故 $\mathcal{P}(1)$ 成立.

• 设 $n \in \mathbb{N}^*$, 假设 $\mathcal{P}(n)$ 成立. 另设 $\mathscr{B} = (e_1, \cdots, e_{n+1}) \in E^{n+1}$ 线性无关, 并假设 $\mathscr{A} = (x_1, \cdots, x_{n+2})$ 是 $\mathrm{Vect}(\mathscr{B})$ 中基数为 $n+2$ 的向量族. 又设 $i \in [\![1, n+2]\!]$, 则存在 $(\lambda_{i,1}, \cdots, \lambda_{i,n+1}) \in \mathbb{K}^{n+1}$, 使得

$$x_i = \left(\sum_{k=1}^{n} \lambda_{i,k} e_k\right) + \lambda_{i,n+1} e_{n+1}$$

(i) 若对于任意 $i \in [\![1, n+2]\!]$, $\lambda_{i,n+1} = 0$, 则 $\{x_1, x_2, \cdots, x_{n+1}\} \subseteq \mathrm{Vect}(e_1, e_2, \cdots, e_n)$. 根据归纳假设知, $(x_1, x_2, \cdots, x_{n+1})$ 线性相关, 从而 $(x_1, x_2, \cdots, x_{n+2})$ 线性相关.

(ii) 假设 $\lambda_{1,n+1}, \cdots, \lambda_{n+2,n+1}$ 不全为零, 不妨设 $\lambda_{1,n+1} \neq 0$, $i \in [\![2, n+2]\!]$, 令

$$z_i = x_i - \frac{\lambda_{i,n+1}}{\lambda_{1,n+1}} x_1$$

则 $z_2, z_3, \cdots, z_{n+2} \in \mathrm{Vect}(e_1, e_2, \cdots, e_n)$. 根据归纳假设知, $(z_2, z_3, \cdots, z_{n+2})$ 线性相关. 于是存在不全为零的 $(k_2, k_3, \cdots, k_{n+2}) \in \mathbb{K}^n$, 使得 $\sum\limits_{i=2}^{n+2} k_i z_i = \mathbf{0}_E$, 即

$$k_2\Big(x_2 - \frac{\lambda_{2,n+1}}{\lambda_{1,n+1}} x_1\Big) + k_3\Big(x_3 - \frac{\lambda_{3,n+1}}{\lambda_{1,n+1}} x_1\Big) + \cdots + k_{n+1}\Big(x_{n+1} - \frac{\lambda_{n+1,n+1}}{\lambda_{1,n+1}} x_1\Big) = \mathbf{0}_E$$

从而有 $\sum\limits_{i=1}^{n+2} k_i x_i = \mathbf{0}_E$, 其中 $k_1 = -\sum\limits_{i=2}^{n+2} \dfrac{k_i \lambda_{i,n+1}}{\lambda_{1,n+1}}$, 故 $(x_1, x_2, \cdots, x_{n+2})$ 线性相关.

根据 (i) 和 (ii), $\mathcal{P}(n+1)$ 成立.

根据数学归纳法, 对于任意 $n \in \mathbb{N}^*$, $\mathcal{P}(n)$ 成立.

定理 8.2.2 设 E 是一个有限维 $\mathbb{K}$-向量空间, 则 E 中任意两组基的基数相等, 这个基数定义为 E 的**维数**, 记为 $\dim_{\mathbb{K}}(E)$, 简记为 $\dim(E)$. 约定零向量空间的维数是 0.

证 明 设 $\mathscr{A}$ 和 $\mathscr{B}$ 是 E 的两组基. 由于 $\mathscr{A}$ 是 E 的生成族, 故 $\mathscr{B} \subseteq \mathrm{Vect}(\mathscr{A})$. 又因为 $\mathscr{B}$ 线性无关, 根据命题 8.2.2 可知, $|\mathscr{B}| \leqslant |\mathscr{A}|$. 同理可证 $|\mathscr{A}| \leqslant |\mathscr{B}|$. 因此, $|\mathscr{B}| = |\mathscr{A}|$.

注 8.2.1 根据定理 8.2.2 知, 只需找到有限维向量空间 E 的一组基, 就可以确定 E 的维数.

根据例 8.1.4, 有如下结论:

例 8.2.1 (1) $\dim_{\mathbb{R}}(\mathbb{C}) = 2$, $\dim_{\mathbb{C}}(\mathbb{C}) = 1$.

(2) $\dim(\mathbb{K}^n) = n$, $\dim(\mathbb{K}_n[X]) = n + 1$.

命题 8.2.3 设 E 是一个 n 维向量空间, $\mathscr{B}$ 是 E 中一个向量族, 则下列论述等价:

(1) $\mathscr{B}$ 是 E 的一组基;

(2) $\mathscr{B}$ 是 E 的线性无关族且 $|\mathscr{B}| = n$;

(3) $\mathscr{B}$ 是 E 的生成族且 $|\mathscr{B}| = n$.

证 明 (1) $\Rightarrow$ (2): 若 $\mathscr{B}$ 是 E 的一组基, 根据基的定义知, $\mathscr{B}$ 线性无关. 根据定理 8.2.2 知, $|\mathscr{B}| = n$.

(2) $\Rightarrow$ (3): 假设 $\mathscr{B}$ 不是 E 的生成族, 则 $\mathrm{Vect}(\mathscr{B}) \subsetneqq E$. 从而存在 $x \in E$ 但 $x \notin \mathrm{Vect}(\mathscr{B})$. 因为 $\mathscr{B}$ 线性无关, 根据命题 8.1.4 知, $(\mathscr{B}, x)$ 线性无关且基数为 $n + 1$. 另一方面, 根据命题 8.2.2, 由 $\dim(E) = n$ 可知 $(\mathscr{B}, x)$ 线性相关, 矛盾. 因此, $\mathscr{B}$ 是 E 的生成族.

(3) $\Rightarrow$ (1): 设 $\mathscr{B} = (e_1, e_2, \cdots, e_n)$ 是 E 的生成族, 则 $E = \mathrm{Vect}(\mathscr{B})$. 假设 $\mathscr{B}$ 线性相关, 不妨设 e_n 可以表示成 $(e_1, e_2, \cdots, e_{n-1})$ 的线性组合. 根据命题 8.1.2 知, $E = \mathrm{Vect}(\mathscr{B}) = \mathrm{Vect}(e_1, e_2, \cdots, e_{n-1})$, 故 $\dim(E) \leqslant n - 1$, 这与 $\dim(E) = n$ 的假设矛盾. 因此, $\mathscr{B}$ 线性无关, 进而 $\mathscr{B}$ 是 E 的一组基.

例 8.2.2 证明 $\big(X, X(X-1), (X-1)(X-2)\big)$ 是 $\mathbb{K}_2[X]$ 的一组基.

证 明 设 $(a, b, c) \in \mathbb{K}^3$ 满足 $aX + bX(X-1) + c(X-1)(X-2) = 0$. 取 $X = 1$, 知 $a = 0$; 取 $X = 0$, 知 $c = 0$, 进而 $b = 0$. 因此, $\big(X, X(X-1), (X-1)(X-2)\big)$ 线性无关. 又由于 $\dim\big(\mathbb{K}_2[X]\big) = 3$, 故 $\big(X, X(X-1), (X-1)(X-2)\big)$ 是 $\mathbb{K}_2[X]$ 的一组基.

例 8.2.3 设 $\boldsymbol{f}_1 = (1,1,1), \boldsymbol{f}_2 = (0,1,1), \boldsymbol{f}_3 = (0,0,1)$. 根据例 8.1.2, 有 $(\boldsymbol{f}_1, \boldsymbol{f}_2, \boldsymbol{f}_3)$ 是 $\mathbb{R}^3$ 的一个生成族. 又由于 $\dim(\mathbb{R}^3) = 3$, 故 $(\boldsymbol{f}_1, \boldsymbol{f}_2, \boldsymbol{f}_3)$ 是 $\mathbb{R}^3$ 的一组基.

命题 8.2.4 (基的扩充) 设 E 是一个有限维向量空间, 则 E 的每一个线性无关族都可以扩充成为 E 的一组基.

证 明 设 $\dim(E) = n$, $m \in [\![1, n]\!]$, 假设 $\mathscr{A} = (e_1, e_2, \cdots, e_m)$ 是 E 的一个基数为 m 的线性无关族.

- 若 $m = n$, 根据命题 8.2.3 知, $\mathscr{A}$ 是 E 的一组基.
- 假设 $m < n$. 若 $E = \mathrm{Vect}(\mathscr{A})$, 则 $\mathscr{A}$ 是 E 的一组基. 从而 $\dim(E) = m < n$, 矛盾. 于是存在 $e_{m+1} \in E$ 满足 $e_{m+1} \notin \mathrm{Vect}(\mathscr{A})$. 根据命题 8.1.4 知, $(e_1, \cdots, e_m, e_{m+1})$ 线性无关. 重复上述过程 $n - m$ 次, 可将 $\mathscr{A}$ 扩充成为一个基数为 n 的线性无关族 $\mathscr{B}$. 根据命题 8.2.3 知, $\mathscr{B}$ 是 E 的一组基.

定义 8.2.2 设 $\mathcal{V}$ 是 E 的一个有限向量族, 向量空间 $\mathrm{Vect}(\mathcal{V})$ 的维数称为 $\mathcal{V}$ 的**秩**, 记为 $\mathrm{rg}(\mathcal{V})$.

例 8.2.4 设 $\boldsymbol{v}_1 = (1,1,0), \boldsymbol{v}_2 = (1,0,1), \boldsymbol{v}_3 = (2,1,1)$. 记 $\mathcal{V} = (\boldsymbol{v}_1, \boldsymbol{v}_2, \boldsymbol{v}_3), V =$

$\mathrm{Vect}(\boldsymbol{v}_1, \boldsymbol{v}_2, \boldsymbol{v}_3)$. 由于 $\boldsymbol{v}_3 = \boldsymbol{v}_1 + \boldsymbol{v}_2$, 故 $V = \mathrm{Vect}(\boldsymbol{v}_1, \boldsymbol{v}_2)$. 又因为 $(\boldsymbol{v}_1, \boldsymbol{v}_2)$ 线性无关, 所以 $(\boldsymbol{v}_1, \boldsymbol{v}_2)$ 是 V 的一组基. 因此, $\mathrm{rg}(\mathcal{V}) = \dim V = 2$.

定理 8.2.3 设 E 是一个向量空间, 则 E 是无限维向量空间当且仅当 E 中存在向量族 $(e_n)_{n\in\mathbb{N}}$ 满足: 对于任意 $n \in \mathbb{N}$, $(e_0, e_1, \cdots, e_n)$线性无关.

证　明　充分性: 假设 E 是有限维向量空间且 $\dim(E) = m$. 根据命题假设知, E 中存在向量族 $(e_n)_{n\in\mathbb{N}}$ 满足 $(e_1, e_2, \cdots, e_{m+1})$ 线性无关, 与命题 8.2.2的结论矛盾. 因此, E 是无限维向量空间.

必要性: 假设 E 是无限维向量空间. 显然, E 不是零向量空间, 故 E 中存在非零向量 e_1, 显然 (e_1) 线性无关. 假设已经找到线性无关族 $(e_1, e_2, \cdots, e_n) \in E^n$, 由于 E 不是有限维向量空间, 故存在 $e_{n+1} \in E$ 满足 $e_{n+1} \notin \mathrm{Vect}(e_1, e_2, \cdots, e_n)$. 根据命题 8.1.4 知, $(e_1, e_2, \cdots e_n, e_{n+1})$ 线性无关. 根据数学归纳法, 结论得证.

例 8.2.5　$\mathbb{K}[X]$ 是一个无限维向量空间. 事实上, 向量族 $(X^n)_{n\in\mathbb{N}}$ 满足: 对于任意 $n \in \mathbb{N}$, $(1, X, \cdots, X^n)$ 线性无关.

8.3　维数公式

8.3.1　子空间的维数

命题 8.3.1　设 E 是一个有限维向量空间. 若 F 是 E 的子空间, 则 $\dim(F) \leqslant \dim(E)$. 进一步, 若 $\dim(F) = \dim(E)$, 则 $F = E$.

证　明　设 $\mathscr{B}$ 是 F 的一组基, 则 $\mathscr{B}$ 是 F 的一个线性无关族，从而也是 E 的一个线性无关族. 根据命题 8.2.4, $\mathscr{B}$ 可以扩充为 E 的一组基, 故 $\dim(F) \leqslant \dim(E)$.

假设 $\dim(F) = \dim(E) = n$, 另设 $\mathscr{B}$ 是 F 的一组基, 则 $\mathscr{B}$ 是 F 中含有 n 个向量的线性无关族, 从而也是 E 中含有 n 个向量的线性无关族. 由于 $\dim(E) = n$, 故 $\mathscr{B}$ 也是 E 的一组基. 因此, $F = \mathrm{Vect}(\mathscr{B}) = E$.

例 8.3.1　证明

$$F = \{(x_1, x_2, x_3, x_4) \in \mathbb{R}^4 \mid x_1 + x_2 + x_3 + x_4 = 0\}$$

是一个向量空间, 并求它的一组基.

解　因为 $(0,0,0,0) \in F$, 所以 F 非空. 设 $k \in \mathbb{R}$, $\boldsymbol{x} = (x_1, x_2, x_3, x_4) \in F$, $\boldsymbol{y} = (y_1, y_2, y_3, y_4) \in F$, 则 $x_1 + x_2 + x_3 + x_4 = y_1 + y_2 + y_3 + y_4 = 0$. 从而 $k\boldsymbol{x} + \boldsymbol{y} = (kx_1+y_1, kx_2+y_2, kx_3+y_3, kx_4+y_4)$ 且 $(kx_1+y_1)+(kx_2+y_2)+(kx_3+y_3)+(kx_4+y_4) = 0$, 故 $k\boldsymbol{x} + \boldsymbol{y} \in F$. 因此, F 是 $\mathbb{R}^4$ 的子空间, 从而 F 是一个向量空间.

由于 $(1,1,1,1) \notin F$, 故 $\dim(F) < \dim(\mathbb{R}^4) = 4$, 从而 $\dim(F) \leqslant 3$. 记

$$\boldsymbol{e}_1 = (1, -1, 0, 0), \boldsymbol{e}_2 = (1, 0, -1, 0), \boldsymbol{e}_3 = (1, 0, 0, -1)$$

易验证 $(\boldsymbol{e}_1, \boldsymbol{e}_2, \boldsymbol{e}_3)$ 是 F 的一个线性无关族. 记 $V = \mathrm{Vect}(\boldsymbol{e}_1, \boldsymbol{e}_2, \boldsymbol{e}_3)$, 由于 $(\boldsymbol{e}_1, \boldsymbol{e}_2, \boldsymbol{e}_3)$ 是 V 的一个线性无关的生成族, 故它是 V 的一组基, 从而 $\dim(V) = 3$. 因为 V 是 F 的子空

间, 根据前一命题, 有 $\dim(F) \geqslant \dim V = 3$, 故 $\dim(F) = 3$, 进而 $F = V$. 因此, $(\boldsymbol{e}_1, \boldsymbol{e}_2, \boldsymbol{e}_3)$ 是 F 的一组基.

命题 8.3.2 有限维向量空间的每个子空间都存在一个补空间.

证 明 设 $\dim(E) = n$, F 是 E 的子空间. 若 $F = \{\mathbf{0}_E\}$, 则 E 是 F 的补空间; 若 $F = E$, 则 $\{\mathbf{0}_E\}$ 是 F 的补空间. 假设 $F \neq \{\mathbf{0}_E\}$ 且 $F \neq E$, 并设 $\dim(F) = p$, 其中 $p \in [\![1, n-1]\!]$, $\mathscr{C} = (e_1, e_2, \cdots, e_p)$ 是 F 的一组基. 根据命题 8.2.4 知, $\mathscr{C}$ 可以扩充成 E 的一组基

$$\mathscr{B} = (e_1, e_2, \cdots, e_p, e_{p+1}, \cdots, e_n)$$

令 $G = \mathrm{Vect}(e_{p+1}, \cdots, e_n)$, 下证 $E = F \oplus G$.

- 设 $x \in E$. 由于 $\mathscr{B}$ 是 E 的一组基, 故存在 $(\lambda_1, \lambda_2, \cdots, \lambda_n) \in \mathbb{K}^n$, 使得 $x = \sum\limits_{i=1}^{p} \lambda_i e_i + \sum\limits_{i=p+1}^{n} \lambda_i e_i$. 由于 $\sum\limits_{i=1}^{p} \lambda_i e_i \in F$, $\sum\limits_{i=p+1}^{n} \lambda_i e_i \in G$, 故 $x \in F + G$. 于是 $E \subseteq F + G$. 显然 $F + G \subseteq E$. 因此, $E = F + G$.

- 设 $x \in F \cap G$, 则存在 $(k_1, k_2, \cdots, k_p, k_{p+1}, \cdots, k_n) \in \mathbb{K}^n$, 使得 $x = \sum\limits_{i=1}^{p} k_i e_i = \sum\limits_{i=p+1}^{n} k_i e_i$. 从而 $\sum\limits_{i=1}^{p} k_i e_i - \sum\limits_{i=p+1}^{n} k_i e_i = \mathbf{0}_E$. 由于 $\mathscr{B}$ 线性无关, 故 $k_1 = \cdots = k_p = k_{p+1} = \cdots = k_n = 0$, 进而 $x = \mathbf{0}_E$. 因此, $F \cap G = \{\mathbf{0}_E\}$.

综上, $E = F \oplus G$. 因此, G 是 F 的补空间.

注 8.3.1 子空间的补空间不是唯一的. 例如, 设 $E = \mathbb{R}^2$, $F = \big\{(x, x) \mid x \in \mathbb{R}\big\}$, $k \in \mathbb{R}$, 记 $G_k = \big\{(x, kx) \mid x \in \mathbb{R}\big\}$. 容易验证, 对于任意不等于 1 的实数 k, G_k 都是 F 的补空间.

8.3.2 乘积空间的维数

命题 8.3.3 设 E 和 F 是两个有限维向量空间, 则

$$\dim(E \times F) = \dim(E) + \dim(F)$$

证 明 设 $\mathscr{A} = (e_1, e_2, \cdots, e_n)$ 和 $\mathscr{B} = (f_1, f_2, \cdots, f_m)$ 分别是 E 和 F 的一组基. 下证

$$\mathscr{D} = \big((e_1, \mathbf{0}_F), (e_2, \mathbf{0}_F), \cdots, (e_n, \mathbf{0}_F), (\mathbf{0}_E, f_1), (\mathbf{0}_E, f_2) \cdots, (\mathbf{0}_E, f_m)\big)$$

是 $E \times F$ 的一组基. 设 $(x, y) \in E \times F$, 则存在 $(\lambda_i)_{i \in [\![1,n]\!]} \in \mathbb{K}^n$, $(\mu_i)_{i \in [\![1,m]\!]} \in \mathbb{K}^m$, 使得

$$(x, y) = \left(\sum_{i=1}^{n} \lambda_i e_i, \sum_{i=1}^{m} \mu_i f_i\right) = \left(\sum_{i=1}^{n} \lambda_i e_i, \mathbf{0}_F\right) + (\mathbf{0}_E, \sum_{i=1}^{m} \mu_i f_i) = \sum_{i=1}^{n} \lambda_i (e_i, \mathbf{0}_F) + \sum_{i=1}^{m} \mu_i (\mathbf{0}_E, f_i)$$

因此, $\mathscr{D}$ 是 $E \times F$ 的生成族. 另一方面, 根据定义可验证 $\mathscr{D}$ 线性无关. 因此, $\mathscr{D}$ 是 $E \times F$ 的一组基, 故 $\dim(E \times F) = m + n = \dim(E) + \dim(F)$.

8.3.3 直和空间的维数

命题 8.3.4 设 E_1 和 E_2 是有限维向量空间 E 的两个子空间. 若 E_1 与 E_2 的和是直和, 则

$$\dim(E_1 \oplus E_2) = \dim(E_1) + \dim(E_2)$$

证　明　设 $(e_1, e_2, \cdots, e_p)$ 和 $(e_{p+1}, e_{p+2}, \cdots, e_n)$ 分别是 E_1 和 E_2 的一组基. 下证 $(e_1, e_2, \cdots, e_n)$ 是 $E_1 \oplus E_2$ 的一组基.

- 设 $x \in E_1 \oplus E_2$, 则存在 $(x_1, x_2) \in E_1 \times E_2$, 使得 $x = x_1 + x_2$. 进而存在 $(\lambda_i)_{i\in[\![1,n]\!]} \in \mathbb{K}^n$, 使得 $x_1 = \sum\limits_{i=1}^{p} \lambda_i e_i$ 且 $x_2 = \sum\limits_{i=p+1}^{n} \lambda_i e_i$. 从而有 $x = x_1 + x_2 = \sum\limits_{i=1}^{n} \lambda_i e_i$, 故 $(e_1, e_2, \cdots, e_n)$ 是 E 的生成族.
- 设 $(\lambda_1, \lambda_2, \cdots, \lambda_n) \in \mathbb{K}^n$ 满足 $\sum\limits_{i=1}^{n} \lambda_i e_i = \mathbf{0}_E$, 则 $\sum\limits_{i=1}^{p} \lambda_i e_i = -\sum\limits_{i=p+1}^{n} \lambda_i e_i$, 记此向量为 v, 则 $v \in E_1 \cap E_2$. 因为 $E_1 \cap E_2 = \{\mathbf{0}_E\}$, 所以 $\sum\limits_{i=1}^{p} \lambda_i e_i = \sum\limits_{i=p+1}^{n} \lambda_i e_i = \mathbf{0}_E$. 因为 $(e_1, \cdots, e_p)$ 和 $(e_{p+1}, \cdots, e_n)$ 都线性无关, 所以 $\lambda_1 = \lambda_2 = \cdots = \lambda_n = 0$, 于是 $(e_1, e_2, \cdots, e_n)$ 线性无关.

综上, $(e_1, e_2, \cdots, e_n)$ 是 E 的一组基. 因此, $\dim(E_1 \oplus E_2) = \dim(E_1) + \dim(E_2)$.

8.3.4 和空间的维数

命题 8.3.5 (维数公式)　设 E_1 和 E_2 是有限维向量空间 E 的两个子空间, 则

$$\dim(E_1 + E_2) = \dim(E_1) + \dim(E_2) - \dim(E_1 \cap E_2)$$

证　明　设 $\dim(E_1) = m, \dim(E_2) = n$. 若 $E_1 \cap E_2 = \{\mathbf{0}_E\}$, 则 $\dim(E_1 \cap E_2) = 0$. 根据命题 8.3.4, 结论成立.

假设 $\dim(E_1 \cap E_2) = p \in \mathbb{N}^*$, 另设 $(e_1, e_2, \cdots, e_p)$ 是 $E_1 \cap E_2$ 的一组基. 将 $(e_1, e_2, \cdots, e_p)$ 分别扩充为 E_1 的一组基 $(e_1, e_2, \cdots, e_p, e_{p+1}, \cdots, e_m)$ 和 E_2 的一组基 $(e_1, e_2, \cdots, e_p, f_{p+1}, \cdots, f_n)$. 下证 $\mathscr{B} = (e_1, e_2, \cdots, e_p, e_{p+1}, \cdots, e_m, f_{p+1}, \cdots, f_n)$ 是 $E_1 + E_2$ 的一组基. 易验证 $\mathscr{B}$ 是 $E_1 + E_2$ 的生成族.

下证 $\mathscr{B}$ 线性无关. 设 $(\lambda_1, \lambda_2, \cdots, \lambda_m) \in \mathbb{K}^m$, $(\gamma_{p+1}, \cdots, \gamma_n) \in \mathbb{K}^{n-p}$ 满足 $\sum\limits_{i=1}^{m} \lambda_i e_i + \sum\limits_{i=p+1}^{n} \gamma_i f_i = \mathbf{0}_E$, 则 $\sum\limits_{i=1}^{m} \lambda_i e_i = -\sum\limits_{i=p+1}^{n} \gamma_i f_i$, 记此向量为 v, 则 $v \in E_1 \cap E_2$. 从而存在 $(\mu_i)_{i\in[\![1,p]\!]} \in \mathbb{K}^p$, 使得 $\sum\limits_{i=p+1}^{n} \gamma_i f_i = \sum\limits_{i=1}^{p} \mu_i e_i$. 于是 $\sum\limits_{i=p+1}^{n} \gamma_i f_i + \sum\limits_{i=1}^{p} (-\mu_i) e_i = \mathbf{0}_E$. 由于 $(e_1, \cdots, e_p, f_{p+1}, \cdots, f_n)$ 线性无关, 故 $\gamma_{p+1} = \cdots = \gamma_n = 0$. 进而 $\sum\limits_{i=1}^{m} \lambda_i e_i = \mathbf{0}_E$. 又因为 $(e_1, \cdots, e_p, e_{p+1}, \cdots, e_m)$ 线性无关, 所以 $\lambda_1 = \cdots = \lambda_m = 0$. 因此, $\mathscr{B}$ 线性无关.

综上, $\mathscr{B}$ 是 E_1+E_2 的一组基. 因此, $\dim(E_1+E_2)=m+n-p=\dim(E_1)+\dim(E_2)-\dim(E_1\cap E_2)$.

8.4　有限维向量空间之间的线性映射

8.4.1　向量空间的同构

命题 8.4.1　设 E 和 F 是两个有限维向量空间, 则 E 和 F 同构当且仅当 $\dim(E)=\dim(F)$.

证　明　必要性: 假设 E 和 F 同构, 则存在一个同构映射 $\psi: E\to F$. 假设 $\dim(E)=n$, 另设 $\mathscr{B}=(e_1,e_2,\cdots,e_n)$ 是 E 的一组基, 根据命题 8.1.6 知, $\big(\psi(e_1),\psi(e_2),\cdots,\psi(e_n)\big)$ 是 F 的一组基, 故 $\dim(F)=n=\dim(E)$.

充分性: 假设 $\dim(F)=\dim(E)=n$, 另设 $\mathscr{B}=(e_1,e_2,\cdots,e_n)$ 和 $\mathscr{C}=(f_1,f_2,\cdots,f_n)$ 分别是 E 和 F 的一组基. 定义映射

$$\phi: E\to F,\quad \sum_{i=1}^{n}\lambda_i e_i\mapsto\sum_{i=1}^{n}\lambda_i f_i$$

易验证 ϕ 是线性映射, 且对于任意 $k\in[\![1,n]\!]$, $\phi(e_k)=f_k$. 因此, ϕ 将 E 的一组基 $\mathscr{B}$ 映射成了 F 的一组基 $\mathscr{C}$. 根据命题 8.1.6 知, ϕ 是一个同构映射. 因此, E 和 F 同构.

推论 8.4.1　设 E 是一个 n 维向量空间, $\mathscr{B}$ 是 E 的一组基. 定义映射

$$\begin{aligned}\psi:\ E&\ \to\ \mathbb{K}^n\\ x&\ \mapsto\ (x)_{\mathscr{B}}\end{aligned}$$

其中, $(x)_{\mathscr{B}}$ 表示 x 在 $\mathscr{B}$ 下的坐标, 则 ψ 是一个同构映射. 因此, 每一个 n 维 $\mathbb{K}$-向量空间都和 $\mathbb{K}^n$ 同构.

证　明　先证 ψ 是线性映射. 设 $\mathscr{B}=(e_1,e_2,\cdots,e_n)$, $k\in\mathbb{K}$, $x=\sum\limits_{i=1}^{n}x_ie_i\in E, y=\sum\limits_{i=1}^{n}y_ie_i\in E$, 则 $kx+y=\sum\limits_{i=1}^{n}(kx_i+y_i)e_i$. 根据定义, 有

$$\begin{aligned}\psi(kx+y)&=(kx_1+y_2,kx_2+y_2,\cdots,kx_n+y_n)\\&=k(x_1,x_2,\cdots,x_n)+(y_1,y_2,\cdots,y_n)=k\psi(x)+\psi(y)\end{aligned}$$

因此, ψ 是线性映射.

设 $k\in[\![1,n]\!]$, 则 $\psi(e_k)=(e_k)_{\mathscr{B}}=(0,\cdots,0,\overset{i}{1},0,\cdots,0)$, 故 ψ 将 E 的一组基 $\mathscr{B}$ 映射为 $\mathbb{K}^n$ 的典范基. 根据命题 8.1.6 知, ψ 是一个同构映射.

定理 8.4.1　设 E 和 F 是两个有限维向量空间且 $\dim(E)=\dim(F)$, $f\in\mathscr{L}(E,F)$, 则下列论述等价:

(1) f 是单同态;　　(2) f 是满同态;　　(3) f 是同构映射.

证 明 当 E 和 F 都是零向量空间时结论显然成立. 假设 $\dim(E)=\dim(F)=n\in\mathbb{N}^*$, 另设 $\mathscr{B}=(e_1,e_2,\cdots,e_n)$ 是 E 的一组基.

(1) $\Rightarrow$ (2): 假设 f 是单同态, 定义映射

$$\widetilde{f}:E\to\mathrm{Im}(f),\quad x\mapsto f(x)$$

则 $\widetilde{f}$ 是满同态，从而是同构映射. 根据命题 8.4.1 知, $\dim(E)=\dim\big(\mathrm{Im}(f)\big)$. 由于 $\mathrm{Im}(f)$ 是 F 的子空间, 故 $\dim(\mathrm{Im}(f))\leqslant\dim(F)$. 又因为 $\dim(E)=\dim(F)$, 所以 $\dim(F)=\dim\big(\mathrm{Im}(f)\big)$. 根据命题 8.3.1 知, $F=\mathrm{Im}(f)$. 因此, f 是满同态.

(2) $\Rightarrow$ (3): 假设 f 是满同态, 则 $\mathrm{Im}(f)=F$. 根据命题 8.1.6 知, $\mathrm{Im}(f)=\mathrm{Vect}\big(f(e_1),f(e_2),\cdots,f(e_n)\big)$, 故

$$\dim\big(\mathrm{Vect}(f(e_1),f(e_2),\cdots,f(e_n))\big)=\dim\big(\mathrm{Im}(f)\big)=\dim(F)=n$$

于是 $\big(f(e_1),f(e_2),\cdots,f(e_n)\big)$ 是 F 的一组基. 根据命题 8.1.6 知, f 是一个同构映射.

(3) $\Rightarrow$ (1): 根据定义结论成立.

例 8.4.1 设 $a_0,a_1,\cdots,a_n$ 是 $n+1$ 个互不相等的实数, 定义映射

$$\begin{aligned}\phi:\ \mathbb{R}_n[X]&\longrightarrow\mathbb{R}^{n+1}\\ P&\longmapsto\big(P(a_0),P(a_1),\cdots,P(a_n)\big)\end{aligned}$$

则 ϕ 是一个同构映射.

证 明 易验证 ϕ 是线性映射. 设 $P\in\mathrm{Ker}(\phi)$, 则 $P(a_0)=P(a_1)=\cdots=P(a_n)=0$. 于是 P 有 $n+1$ 个互不相等的根. 而 $\deg(P)\leqslant n$, 故 $P=0$. 因此, $\mathrm{Ker}(\phi)=\{0\}$, 从而知 ϕ 是单同态. 又因为 $\dim(\mathbb{R}_n[X])=\dim(\mathbb{R}^{n+1})=n+1$, 根据定理 8.4.1 知, ϕ 是一个同构映射.

8.4.2 秩定理

定义 8.4.1 (线性映射的秩) 设 E 和 F 是两个有限维向量空间, $u\in\mathscr{L}(E,F)$, 称 $\mathrm{Im}(u)$ 的维数为 u 的**秩**, 记为 $\mathrm{rg}(u)$.

定理 8.4.2 (秩定理) 设 E 和 F 是两个有限维向量空间, $u\in\mathscr{L}(E,F)$, 则

$$\dim(E)=\dim\big(\mathrm{Ker}(u)\big)+\mathrm{rg}(u)$$

证 明 设 E_0 是 $\mathrm{Ker}(u)$ 的补空间. 记 v 表示 u 在 E_0 上的限制映射:

$$v:E_0\to\mathrm{Im}(u),\quad x\mapsto u(x)$$

下证 v 是一个同构映射. 易知 v 是合理定义的线性映射. 下证 v 是双射.

- 设 $x\in\mathrm{Ker}(v)$, 则 $v(x)=u(x)=\mathbf{0}_F$, 故 $x\in\mathrm{Ker}(u)\cap E_0$. 因为 $\mathrm{Ker}(u)\cap E_0=\{\mathbf{0}_E\}$, 所以 $x=0_E$. 于是 $\mathrm{Ker}(v)=\{\mathbf{0}_E\}$. 又由于为 v 是线性映射, 故 v 是单同态.

• 设 $y \in \mathrm{Im}(u)$, 则存在 $x \in E$ 使得 $y = u(x)$. 由于 $E = \mathrm{Ker}(u) \oplus E_0$, 故存在唯一 $(x_1, x_2) \in \mathrm{Ker}(u) \times E_0$, 使得 $x = x_1 + x_2$. 于是 $y = u(x) = u(x_1 + x_2) = u(x_1) + u(x_2) = u(x_2) = v(x_2)$, 故 v 是满同态.

综上, v 是一个同构映射, 于是 $\dim(E_0) = \dim\big(\mathrm{Im}(u)\big)$. 因此,

$$\dim(E) = \dim\big(\mathrm{Im}(u)\big) + \dim\big(\mathrm{Ker}(u)\big) = \mathrm{rg}(u) + \dim\big(\mathrm{Ker}(u)\big)$$

例 8.4.2 定义

$$\Delta : \mathbb{R}_n[X] \to \mathbb{R}_n[X], \quad P \mapsto P(X+1) - P(X)$$

证明 Δ 是线性映射, 并求 Δ 的核和像.

解 易验证 Δ 是线性映射.

• 设 $P \in \mathrm{Ker}(\Delta)$, 则 $P(X+1) - P(X) = 0$. 递归可证: $\forall n \in \mathbb{N}$, $P(n) = P(0)$. 从而 $P(X) - P(0)$ 有无数多个根. 由于 $\deg\big(P(X) - P(0)\big) \leqslant n$, 故 $P(X) - P(0) = 0$. 因此 P 是一个常数多项式. 显然, 若 P 是一个常数多项式, 则 $\Delta(P) = 0$. 因此, $\mathrm{Ker}(\Delta) = \mathbb{R}_0[X]$.

• 因为 $\mathrm{Ker}(\Delta) = \mathbb{R}_0[X]$, 所以 $\dim\big(\mathrm{Ker}(\Delta)\big) = 1$. 根据秩定理知, $\dim\big(\mathrm{Im}(\Delta)\big) = n$. 易知 $\mathrm{Im}(\Delta) \subseteq \mathbb{R}_{n-1}[X]$. 又由于 $\dim\big(\mathrm{Im}(\Delta)\big) = \dim\big(\mathbb{R}_{n-1}[X]\big) = n$, 故 $\mathrm{Im}(\Delta) = \mathbb{R}_{n-1}[X]$.

8.4.3 线性型和超平面

定义 8.4.2 设 E 是一个 $\mathbb{K}$-向量空间, 每一个从 E 到 $\mathbb{K}$ 的线性映射称为 E 上的一个**线性型**.

命题 8.4.2 设 E 是一个 n 维向量空间, H 是 E 的子空间, 则下列论述等价:

(1) $\dim(H) = n - 1$;

(2) 存在 E 的一维子空间 D 使得 $E = H \oplus D$;

(3) 存在 E 上的非零线性型 f 使得 $\mathrm{Ker}(f) = H$.

满足上述等价条件之一的子空间 H 称为 E 的一个**超平面**.

证 明 (1) $\Rightarrow$ (2): 取 D 为 H 在 E 中的一个补空间即可.

(2) $\Rightarrow$ (3) : 设 $a \in D$ 非零, 则 $D = \mathrm{Vect}(a) = \{ka \mid k \in \mathbb{K}\}$. 定义

$$f : E \to \mathbb{K}, \quad x + ka \mapsto k$$

其中, $x \in H$, 易验证 f 是一个线性映射. 显然 $H \subseteq \mathrm{Ker}(f)$. 由于 $f(a) = 1 \neq 0$ 且 $\dim(\mathbb{K}) = 1$, 故 f 非零从而 $\mathrm{rg}\,(f) = 1$. 根据秩定理知, $\dim\big(\mathrm{Ker}(f)\big) = n - \mathrm{rg}(f) = n - 1 = \dim(H)$. 因此, $\mathrm{Ker}(f) = H$.

(3) $\Rightarrow$ (1) : 假设存在 E 上的非零线性型 f 使得 $\mathrm{Ker}(f) = H$. 由于 $f \neq 0$, 故存在 $x_0 \in E$, 使得 $f(x_0) \neq 0$, 记 $a = f(x_0)$. 设 $b \in \mathbb{K}$, 则 $f\left(\dfrac{b}{a}x_0\right) = \dfrac{b}{a}f(x_0) = b$, 故 $\mathrm{Im}(f) = \mathbb{K}$. 根据秩定理, 有 $\dim(H) = \dim\big(\mathrm{Ker}(f)\big) = n - 1$.

命题 8.4.3 设 E 是一个有限维向量空间, f 和 g 是 E 上两个非零线性型. 若 $\mathrm{Ker}(f) = \mathrm{Ker}(g)$, 则存在 $\lambda \in \mathbb{K}^*$, 使得 $f = \lambda g$.

证 明 因为 f 是 E 上一个非零线性型, 根据命题 8.4.2 知, 存在一维子空间 D, 使得 $E=\mathrm{Ker}(f)\oplus D$. 从而存在非零 $a\in E$, 使得 $D=\mathrm{Vect}(a)$. 设 $x\in E$, 则存在唯一 $(x_1,k)\in\mathrm{Ker}(f)\times\mathbb{K}$, 使得 $x=x_1+ka$. 于是 $f(x)=f(x_1)+f(ka)=f(ka)=kf(a)$. 由于 $\mathrm{Ker}(f)=\mathrm{Ker}(g)$, 故 $g(x_1)=0$, 从而 $g(x)=g(ka)=kg(a)$. 因为 $a\notin\mathrm{Ker}(f)$, 所以 $f(a)\neq 0$ 且 $g(a)\neq 0$. 令 $\lambda=\dfrac{f(a)}{g(a)}$, 则 $\lambda\neq 0$ 且 $f(x)=\lambda g(x)$. 因此, $f=\lambda g$.

习题 8

★ 基础题

8.1 判断下列向量构成的向量族是否是 $\mathbb{R}^3$ 的生成族.

(1) $\boldsymbol{v}_1=(1,1,1)$, $\boldsymbol{v}_2=(1,1,0)$, $\boldsymbol{v}_3=(1,0,0)$;

(2) $\boldsymbol{v}_1=(1,1,0)$, $\boldsymbol{v}_2=(0,1,1)$, $\boldsymbol{v}_3=(1,2,1)$.

8.2 判断下列向量构成的向量族是否是 $\mathbb{R}^3$ 的线性无关族, 哪些可构成 $\mathbb{R}^3$ 的一组基? 其中 $\alpha\in\mathbb{R}$.

(1) $\boldsymbol{v}_1=(-3,1,5)$, $\boldsymbol{v}_2=(2,4,5)$, $\boldsymbol{v}_3=(1,1,1)$;

(2) $\boldsymbol{v}_1=(3,1,2)$, $\boldsymbol{v}_2=(4,-12,28)$, $\boldsymbol{v}_3=(-7,21,-49)$;

(3) $\boldsymbol{v}_1=(1,2,3)$, $\boldsymbol{v}_2=(2,5,7)$, $\boldsymbol{v}_3=(3,7,\alpha)$;

(4) $\boldsymbol{v}_1=(1,2,1)$, $\boldsymbol{v}_2=(1,1,-1)$, $\boldsymbol{v}_3=(1,3,3)$, $\boldsymbol{v}_4=(1,2,2)$.

8.3 设 E 是一个 $\mathbb{R}$-向量空间.

(1) 设 $\mathscr{A}=(u,v)$ 是 E 上的一个线性无关族, 当 $\lambda\in\mathbb{R}$ 满足什么条件时, $(\lambda u+v,u+\lambda v)$ 是线性无关族;

(2) 设 $\mathscr{A}=(x_1,x_2,x_3)$ 是 E 上的一个线性无关族, 证明对于任意 $(\alpha,\beta,\gamma)\in\mathbb{R}^3$,

$$(\alpha x_1-\beta x_2,\gamma x_2-\alpha x_3,\beta x_3-\gamma x_1)$$

是线性相关族;

(3) 设 $n\geqslant 3$, $\mathscr{A}=(x_1,x_2,\cdots,x_n)$ 是 E 上的一个线性无关族, 研究下列向量族是否线性无关:

(a) $v_1=x_1-x_2$, $v_2=x_2-x_3$, $\cdots$, $v_{n-1}=x_{n-1}-x_n$, $v_n=x_n-x_1$;

(b) $v_1=x_1+x_2$, $v_2=x_2+x_3$, $\cdots$, $v_{n-1}=x_{n-1}+x_n$, $v_n=x_n+x_1$.

8.4 设 $\mathbb{R}^4$ 中的向量

$$\boldsymbol{v}_1=(3,-2,0,0),\quad \boldsymbol{v}_2=(0,0,1,0),\quad \boldsymbol{v}_3=(0,0,0,1)$$

记 $G=\mathrm{Vect}(\mathscr{A})$ 为由向量族 $\mathscr{A}=(\boldsymbol{v}_1,\boldsymbol{v}_2,\boldsymbol{v}_3)$ 生成的子空间. 记

$$F=\{(a,b,c,d)\in\mathbb{R}^4 \mid 2a+3b=0, c=d\}$$

(1) 证明 F 是 $\mathbb{R}^4$ 的一个子空间并给出 F 的一组基 $\mathscr{B}$;

(2) 证明 F 是 G 的子空间.

8.5 考虑 $\mathbb{R}^3$ 中的向量 $\boldsymbol{v}_1=(2,1,0)$, $\boldsymbol{v}_2=(1,0,2)$, $\boldsymbol{v}_3=(2,2,-5)$.

(1) 证明向量族 $\mathscr{B}=(\boldsymbol{v}_1,\boldsymbol{v}_2,\boldsymbol{v}_3)$ 是 $\mathbb{R}^3$ 的一组基;

(2) 证明 $F=\mathrm{Vect}(\boldsymbol{v}_1,\boldsymbol{v}_2)$ 与 $G=\mathrm{Vect}(\boldsymbol{v}_3)$ 是 $\mathbb{R}^3$ 的互补子空间;

(3) 记 $p\in\mathscr{L}(\mathbb{R}^3)$ 为平行于 G 在 F 上的投影. 对于 $(x,y,z)\in\mathbb{R}^3$, 给出 $p(x,y,z)$ 的具体表达式;

(4) 记 $s\in\mathscr{L}(\mathbb{R}^3)$ 为平行于 G 关于 F 的对称. 对于 $(x,y,z)\in\mathbb{R}^3$, 给出 $s(x,y,z)$ 的具体表达式.

对于 $\mathbb{R}^4$ 中的向量

$$\boldsymbol{v}_1=(1,1,1,1),\quad \boldsymbol{v}_2=(-1,-2,0,1),\quad \boldsymbol{v}_3=(-1,-1,1,-1),\quad \boldsymbol{v}_4=(2,2,0,1)$$

以及子空间 $F=\mathrm{Vect}(\boldsymbol{v}_1,\boldsymbol{v}_2)$, $G=\mathrm{Vect}(\boldsymbol{v}_3,\boldsymbol{v}_4)$, 再次求解 (1)~(4).

8.6 设 $(a,b,c)\in\mathbb{R}^3$ 两两不等, 证明 $\big((X-a)(X-b),\ (X-b)(X-c),\ (X-c)(X-a)\big)$ 是 $\mathbb{R}_2[X]$ 的一组基.

8.7 (1) 设 $k\in[\![0,n]\!]$, $P_k=(X-a)^k$. 证明 $\mathscr{B}_1=(P_0,P_1,\cdots,P_n)$ 是 $\mathbb{R}_n[X]$ 的一组基.

(2) 设 $k\in[\![0,n]\!]$, $Q_k=X^k(X-1)^{n-k}$. 证明 $\mathscr{B}_2=(Q_0,Q_1,\cdots,Q_n)$ 是 $\mathbb{R}_n[X]$ 的一组基.

(3) 分别求多项式 $P=X^n$ 在 $\mathscr{B}_1$ 和 $\mathscr{B}_2$ 下的坐标.

8.8 设实数 $\alpha_1,\cdots,\alpha_{n+1}$ 两两不等, 记 $\mathscr{B}=(e_1,\cdots,e_{n+1})$ 为 $\mathbb{R}^{n+1}$ 的典范基. 考虑映射

$$\begin{aligned}\varphi:\mathbb{R}_n[X]&\to\mathbb{R}^{n+1}\\ P&\mapsto\Big(\widetilde{P}(\alpha_1),\widetilde{P}(\alpha_2),\cdots,\widetilde{P}(\alpha_{n+1})\Big)\end{aligned}$$

其中, $\widetilde{P}$ 为 P 对应的多项式函数.

(1) 证明 φ 是一个同构映射;

(2) 证明 $\mathscr{C}=(P_1,P_2,\cdots,P_{n+1})$ 是 $\mathbb{R}_n[X]$ 的一组基, 其中 $P_k=\varphi^{-1}(e_k)$;

(3) 给出多项式 $P=X$ 在 $\mathscr{C}$ 下的坐标.

8.9 计算下列线性映像的核和像, 并分别给出核空间 $\mathrm{Ker}(f)$ 和像空间 $\mathrm{Im}(f)$ 的一组基.

(1) $f:\mathbb{R}^3\to\mathbb{R}^3$, $\quad (x,y,z)\mapsto(2x+y+z,y+z,x)$;

(2) $f:\mathbb{R}^3\to\mathbb{R}^2$, $\quad (x,y,z)\mapsto(x+y-z,2x-y+z)$;

(3) $f:\mathbb{R}_n[X]\to\mathbb{R}_n[X]$, $\quad P\mapsto X\big(P'-P'(0)\big)$;

(4) $f:\mathbb{R}_n[X]\to\mathbb{R}_n[X]$, $\quad P\mapsto P(X+1)+P(X)$;

(5) $f:\mathbb{R}_n[X]\to\mathbb{R}_n[X]$, $\quad P\mapsto P(X+1)-P(X-1)$.

8.10 设 E 是一个有限维向量空间, $f\in\mathscr{L}(E)$. 若存在 $k\in\mathbb{N}^*$ 使得 $f^k=0$, 则称 f 是**幂零的**, 称满足 $f^k=0$ 的最小正整数 k 为 f 的**幂零指数**.

(1) 研究下列线性变换 f 是否是幂零的, 若是求出其幂零指数.

(a) $f:\mathbb{R}^3\to\mathbb{R}^3$, $(x,y,z)\mapsto(x+y+3z,5x+2y+6z,-2x-y-3z)$;

(b) $f:\mathbb{R}_n[X]\to\mathbb{R}_n[X]$, $P\mapsto P'$.

(2) 假设 $\dim(E)=n$ 且 f 的幂零指数为 n.

(a) 证明存在向量 $v \in E$ 使得 $\big(v, f(v), \cdots, f^{n-1}(v)\big)$ 是 E 的一组基, 计算 f 的秩;

(b) 证明 $(f+\mathrm{id}_E)$ 是 E 上的一个自同构.

8.11　设 $\mathscr{A}=(v_1, v_2, \cdots, v_n) \in E^n$. 定义向量族的初等变换:

- 第一类初等变换: 交换 $\mathscr{A}$ 中的两个向量;
- 第二类初等变换: 将 $\mathscr{A}$ 中的某一向量乘以一个非零常数;
- 第三类初等变换: 将 $\mathscr{A}$ 中的某一向量乘以一个非零常数加至另一个向量.

设 $\mathscr{A}$ 经有限次初等变换变为 $\mathscr{A}'=(v_1', v_2', \cdots, v_n')$. 证明 $\mathrm{Vect}(\mathscr{A})=\mathrm{Vect}(\mathscr{A}')$, 进而证明初等变换不改变向量族的秩.

★ 提高题

8.12　设 E 是一个有限维向量空间, $f \in \mathscr{L}(E)$.

(1) 证明: $\mathrm{Ker}(f)=\mathrm{Ker}(f^2)$ 当且仅当 $\mathrm{Im}(f)=\mathrm{Im}(f^2)$, 当且仅当 $\mathrm{Ker}(f)+\mathrm{Im}(f)=E$, 给出一个满足 $\mathrm{Ker}(f)=\mathrm{Ker}(f^2)$ 的非平凡线性变换 f 的例子;

(2) 证明 $\mathrm{Ker}(f)=\mathrm{Im}(f)$ 当且仅当 $f^2=0$ 且 $\dim(E)=2\mathrm{rg}(f)$;

(3) 设 $g \in \mathscr{L}(E)$. 证明若 $\mathrm{Ker}(f)+\mathrm{Ker}(g)=\mathrm{Im}(f)+\mathrm{Im}(g)=E$, 则 $\mathrm{Ker}(f)$ 与 $\mathrm{Ker}(g)$ 的和以及 $\mathrm{Im}(f)$ 与 $\mathrm{Im}(g)$ 的和均为直和.

8.13　设 E 是一个有限维向量空间, F 和 G 是 E 的两个子空间. 证明存在 E 的子空间 H 满足 $F \oplus H=G \oplus H=E$ 当且仅当 $\dim(F)=\dim(G)$. (*提示: 对 F 和 G 的维数应用数学归纳法.*)

8.14　设 E, F 是两个有限维向量空间, $(f, g) \in \mathscr{L}(E, F)^2$. 证明 f 和 g 的秩满足如下不等式:

$$\big|\mathrm{rg}\,(f)-\mathrm{rg}\,(g)\big| \leqslant \mathrm{rg}(f+g) \leqslant \mathrm{rg}\,(f)+\mathrm{rg}\,(g)$$

(*提示: 证明 $\mathrm{Im}(f+g)$ 是 $\mathrm{Im}\,(f)+\mathrm{Im}\,(g)$ 的子空间*)

8.15　设 E, F, G 是三个有限维向量空间, $u \in \mathscr{L}(E, F)$, $v \in \mathscr{L}(F, G)$.

(1) 证明 $\dim\big[\mathrm{Ker}\,(v \circ u)\big] \leqslant \dim(\mathrm{Ker}\,u)+\dim(\mathrm{Ker}\,v)$;

(2) 证明 $\mathrm{rg}\,(u)+\mathrm{rg}\,(v)-\dim\,(F) \leqslant \mathrm{rg}\,(v \circ u) \leqslant \min\{\mathrm{rg}\,(u), \mathrm{rg}\,(v)\}$.

8.16　设 E 是一个有限维实向量空间, $f \in \mathscr{L}(E)$ 满足 $f^3=\mathrm{id}_E$. 记 $F=\mathrm{Im}(f-\mathrm{id}_E)$.

(1) 证明 $F \subseteq \mathrm{Ker}(f^2+f+\mathrm{id}_E)$;

(2) 证明 $E=\mathrm{Ker}(f-\mathrm{id}_E) \oplus F$;

(3) 证明: $\forall v \in F \setminus \{\mathbf{0}_F\}$, $\big(v, f(v)\big)$ 线性无关;

(4) 证明 $\dim(F)$ 是偶数.

8.17　记 $\mathcal{F}(\mathbb{R}, \mathbb{R})$ 为定义在 $\mathbb{R}$ 上的所有实值函数构成的向量空间. 设实数 $a_1, a_2, \cdots, a_n$ 两两不等. 考虑函数 $f_k: \mathbb{R} \to \mathbb{R}$, $x \mapsto \mathrm{e}^{a_k x}$, 其中 $k \in [\![1, n]\!]$. 证明向量族 $(f_1, f_2, \cdots, f_n)$ 线性无关. 进而证明 $\mathcal{F}(\mathbb{R}, \mathbb{R})$ 是无限维向量空间.

8.18　设 $k \in \mathbb{N}^*$, 定义 $f_k: \mathbb{R} \to \mathbb{R}$, $x \mapsto \sin(kx)$. 证明对于任意正整数 n, 向量族 $(f_1, f_2, \cdots, f_n)$ 线性无关, 进而证明 $\mathcal{F}(\mathbb{R}, \mathbb{R})$ 是无限维向量空间.

8.19　设 E 是一个有限维向量空间, $f_1, f_2, \cdots, f_p, f$ 都是 E 上的线性型. 证明

$$f \in \mathrm{Vect}(f_1, f_2, \cdots, f_p) \text{ 当且仅当 } \bigcap_{k=1}^{p} \mathrm{Ker}\,(f_k) \subseteq \mathrm{Ker}\,(f)$$

(提示: 在证明充分性时, 假设 $(f_1, \cdots, f_p)$ 线性无关, 证明线性映射

$$\Phi: E \to \mathbb{K}^{p+1}, \quad x \mapsto \big(f_1(x), \cdots, f_p(x), f(x)\big)$$

不是满射, 进而说明存在一个包含 $\mathrm{Im}(\Phi)$ 的超平面)

8.20 设 E 是一个 n 维向量空间, $f \in \mathscr{L}(E)$, $p \in \mathbb{N}$, 记 $K_p = \mathrm{Ker}(f^p)$, $I_p = \mathrm{Im}(f^p)$.

(1) 证明: $\forall p \in \mathbb{N}$, $K_p \subseteq \mathrm{K}_{p+1}$ 且 $I_{p+1} \subseteq I_p$;

(2) 证明存在 $p \in [\![0, n]\!]$, 使得 $K_p = K_{p+1}$ 且 $I_p = I_{p+1}$;

(3) 记 p_0 为使 (2) 中等式成立的最小自然数是 p. 证明 $\forall p \geqslant p_0$, $K_p = K_{p_0}$ 且 $I_p = I_{p_0}$;

(4) 证明 $E = \mathrm{Ker}(f^{p_0}) \oplus \mathrm{Im}(f^{p_0})$;

(5) 记 $x_p = \dim(K_{p+1}) - \dim(K_p)$. 证明数列 $(x_p)_{p \in \mathbb{N}}$ 单调递减.

(提示: 设 F_{p+1} 为 K_{p+1} 在 K_{p+2} 中的一个补空间, 考虑限制映射 $f|_{F_{p+1}}$)

(6) 证明若 f 是幂零的, 则 $f^n = 0$.

☞ 综合问题　二阶递归数列的通项公式

设 $(a, b, c) \in \mathbb{K}^3$ 且 $a \neq 0$, $u = (u_n)_{n \in \mathbb{N}} \in \mathbb{K}^{\mathbb{N}}$ 满足:

$$\forall n \in \mathbb{N}, \quad au_{n+2} + bu_{n+1} + cu_n = 0$$

本问题的目标是推导 u_n 的通项公式. 记 E 为由 $\mathbb{K}^{\mathbb{N}}$ 中所有满足如上递推关系的数列 $(u_n)_{n \in \mathbb{N}}$ 构成的集合, $P = aX^2 + bX + c$.

(1) 证明 E 是一个 $\mathbb{K}$-向量空间.

(2) 设 $v = (v_n)_{n \in \mathbb{N}} \in E$ 满足 $v_0 = 1$ 且 $v_1 = 0$, $w = (w_n)_{n \in \mathbb{N}} \in E$ 满足 $w_0 = 0$ 且 $w_1 = 1$. 证明 (v, w) 是 E 的一组基.

(3) 设 $r \in \mathbb{K}$ 是 P 的根, 证明 $u = (r^n)_{n \in \mathbb{N}} \in E$.

(4) 设 $r \in \mathbb{K}$ 是 P 的 2 重根, 证明 $u = (nr^n)_{n \in \mathbb{N}} \in E$.

(5) 设 P 有两个不同的根 r_1, r_2. 证明对于任意 $u = (u_n)_{n \in \mathbb{N}} \in E$, 存在 $(\lambda, \mu) \in \mathbb{K}^2$, 使得

$$\forall n \in \mathbb{N}, \quad u_n = \lambda r_1^n + \mu r_2^n$$

(6) 设 P 有一个二重根 r, 证明对于任意 $u = (u_n)_{n \in \mathbb{N}} \in E$, 存在 $(\lambda, \mu) \in \mathbb{K}^2$, 使得

$$\forall n \in \mathbb{N}, \quad u_n = (\lambda + \mu n) r^n$$

(7) 设 $P \in \mathbb{R}[X]$ 且 $b^2 - 4ac < 0$, $r = \rho \mathrm{e}^{i\theta}$ 是 P 的一个复数根, 其中 $(\rho, \theta) \in \mathbb{R} \times \mathbb{R}^*$. 证明对于任意 $u = (u_n)_{n \in \mathbb{N}} \in E$, 存在 $(\lambda, \mu) \in \mathbb{K}^2$, 使得

$$\forall n \in \mathbb{N}, \quad u_n = \rho^n \big[\lambda \cos(n\theta) + \mu \sin(n\theta)\big]$$

(8) 设 $u = (u_n)_{n \in \mathbb{N}} \in \mathbb{K}^{\mathbb{N}}$.

(a) 设 u 满足 $u_0 = u_1 = 1$ 且 $\forall n \in \mathbb{N}, u_{n+2} = u_{n+1} + u_n$, 求 u_n 的通项公式;

(b) 设 u 满足 $u_0 = u_1 = 1$ 且 $\forall n \in \mathbb{N}, u_{n+2} = 2u_{n+1} - u_n$, 求 u_n 的通项公式;

(c) 设 u 满足 $u_0 = 1$, $u_1 = 0$ 且 $\forall n \in \mathbb{N}, u_{n+2} = 2u_{n+1} - 2u_n$, 求 u_n 的通项公式.

第 9 章　矩　阵

本章学习线性代数中一个十分重要的概念——矩阵. 一方面, 矩阵概念的引入, 可以将向量空间和线性映射中许多抽象的代数问题转化为更为直观的数学计算, 有利于更好地理解线性映射的本质. 另一方面, 矩阵在自然科学的很多领域也有着十分广泛的应用. 本章是线性代数中承上启下的一章, 主要内容包括矩阵的基本概念、矩阵的运算、线性映射的表示矩阵、矩阵的秩以及矩阵的初等变换.

在本章, $\mathbb{K}$ 表示实数域或复数域, E 和 F 是两个有限维 $\mathbb{K}$-向量空间. 若无特殊说明, n 和 p 是两个正整数.

9.1　矩阵的基本概念

9.1.1　矩阵的定义

在给出矩阵的定义之前, 先看几个例子.

例 9.1.1　设 $E=\mathbb{R}^3$. 如果将 E 的典范基按行逐次排放, 可得到一个数表:

$$\begin{bmatrix} 1 & 0 & 0 \\ 0 & 1 & 0 \\ 0 & 0 & 1 \end{bmatrix}$$

这个数表可以完全确定向量空间 E, 因为 E 中的每一个向量都可以写成数表中三行的线性组合.

例 9.1.2　设 $u=(1,2,3,4), v=(2,3,5,7), w=(3,5,8,11)$, 记 $V=\mathrm{Vect}(u,v,w)$. 将 u,v,w 按行逐次排放, 得到一个数表

$$\begin{bmatrix} 1 & 2 & 3 & 4 \\ 2 & 3 & 5 & 7 \\ 3 & 5 & 8 & 11 \end{bmatrix}$$

在习题 8.11 中, 我们通过对 (u,v,w) 进行初等变换求出了 V 的维数. 显然, 对 (u,v,w) 进行初等变换, 实际上就是对数表中的三行进行相应变换.

例 9.1.3　设 $\mathscr{B}_c=(1,X,X^2,X^3)$, 则 $\mathscr{B}_c$ 是 $\mathbb{R}_3[X]$ 的一组基. 定义映射

$$\begin{aligned} f:\ \mathbb{R}_3[X] &\to \mathbb{R}_3[X] \\ P &\mapsto P(X+1)-P(X) \end{aligned}$$

根据命题 8.1.6 知, $\operatorname{Im}(f)=\operatorname{Vect}\big(f(1),f(X),f(X^2),f(X^3)\big)$, 其中

$$f(1)=0,\quad f(X)=1,\quad f(X^2)=1+2X,\quad f(X^3)=1+3X+3X^2$$

这四个向量在 $\mathscr{B}_c$ 下的坐标分别为

$$(0,0,0,0),(1,0,0,0),(1,2,0,0),(1,3,3,0)$$

将这四个坐标按列逐次排放, 可以得到数表

$$\begin{bmatrix}0&1&1&1\\0&0&2&3\\0&0&0&3\\0&0&0&0\end{bmatrix}$$

于是, 这个数表某种程度上可以完全确定映射 f.

上述数表一方面可以从一定程度上刻画有限维向量空间, 另一方面还可以刻画有限维向量空间之间的线性映射. 这类数表的应用十分广泛, 它们是线性代数主要的研究对象之一. 下面给出与上述数表密切相关的一个数学概念——矩阵的定义.

定义 9.1.1 每一个从 $[\![1,n]\!]\times[\![1,p]\!]$ 到 $\mathbb{K}$ 的映射 ϕ 称为系数在 $\mathbb{K}$ 中的一个 n 行 p 列**矩阵**, 系数在 $\mathbb{K}$ 中的所有 n 行 p 列矩阵构成的集合记为 $\mathcal{M}_{n,p}(\mathbb{K})$. 若 $n=p,\mathcal{M}_{n,p}(\mathbb{K})$ 简记为 $\mathcal{M}_n(\mathbb{K})$

设 $(i,j)\in[\![1,n]\!]\times[\![1,p]\!]$, 元素 $\phi(i,j)$ 通常记为 a_{ij} 或 $a_{i,j}$, 矩阵 ϕ 通常表示为

$$\boldsymbol{A}=(a_{ij})_{\substack{1\leqslant i\leqslant n\\1\leqslant j\leqslant p}},\quad \boldsymbol{A}=(a_{ij})_{(i,j)\in[\![1,n]\!]\times[\![1,p]\!]},\quad \boldsymbol{A}=(a_{ij})_{n\times p},$$

或

$$\boldsymbol{A}=\begin{bmatrix}a_{11}&a_{12}&\cdots&a_{1j}&\cdots&a_{1p}\\a_{21}&a_{22}&\cdots&a_{2j}&\cdots&a_{2p}\\\vdots&\vdots&&\vdots&&\vdots\\a_{i1}&a_{i2}&\cdots&a_{ij}&\cdots&a_{ip}\\\vdots&\vdots&&\vdots&&\vdots\\a_{n1}&a_{n2}&\cdots&a_{nj}&\cdots&a_{np}\end{bmatrix}.$$

a_{ij} 称为 $\boldsymbol{A}$ 的 (i,j) 位置的元素, 通常也用 $\boldsymbol{A}_{ij}$ 或 $\boldsymbol{A}_{i,j}$ 表示.

例 9.1.1 例 9.1.1、例 9.1.2、例 9.1.3 介绍的三个数表分别是 3 行 3 列、3 行 4 列、4 行 4 列矩阵.

定义 9.1.2 设 $\boldsymbol{A}=(a_{ij})_{n\times p}\in\mathcal{M}_{n,p}(\mathbb{K})$.

(1) 设 $i\in[\![1,n]\!]$, 称 $(a_{i1},a_{i2},\cdots,a_{ip})$ 为 $\boldsymbol{A}$ 的第 i 个**行向量**.

(2) 设 $j\in[\![1,p]\!]$, 称 $(a_{1j},a_{2j},\cdots,a_{nj})$ 为 $\boldsymbol{A}$ 的第 j 个**列向量**.

(3) 若 $n=p$, 则称 $\boldsymbol{A}$ 是一个 n 阶**方阵**. 此时称 $a_{11},a_{22},\cdots,a_{nn}$ 为 $\boldsymbol{A}$ 的**对角元**.

(4) 若 $n=1$, 则称 $\boldsymbol{A}$ 为**行矩阵**; 若 $p=1$, 则称 $\boldsymbol{A}$ 为**列矩阵**.

(5) 若对于任意 $(i,j)\in[\![1,n]\!]\times[\![1,p]\!]$, $a_{ij}=0$, 则称 $\boldsymbol{A}$ 是**零矩阵**, 记为 $\boldsymbol{O}_{n\times p}$. 在不引起混淆的情况下, 零矩阵也简单记为 $\boldsymbol{O}$.

(6) 若 $\mathbb{K}=\mathbb{C}$, $\boldsymbol{A}$ 的**共轭矩阵**定义为 $(\overline{a_{ij}})_{n\times p}$, 记为 $\overline{\boldsymbol{A}}$.

注 9.1.1 设 $\lambda\in\mathbb{K}$, 一般将一阶方阵 $[\lambda]$ 等同于 λ.

9.1.2 矩阵的转置

定义 9.1.3 设 $\boldsymbol{A}=(a_{ij})_{n\times p}\in\mathcal{M}_{n,p}(\mathbb{K})$, 则 $\boldsymbol{A}$ 的**转置**, 记为 $\boldsymbol{A}^{\mathrm{T}}$, 定义为

$$\forall(i,j)\in[\![1,p]\!]\times[\![1,n]\!],\quad (\boldsymbol{A}^{\mathrm{T}})_{ij}=a_{ji}$$

例 9.1.2 设 $\boldsymbol{A}=\begin{bmatrix}1&2\\3&4\end{bmatrix}$, 则 $\boldsymbol{A}^{\mathrm{T}}=\begin{bmatrix}1&3\\2&4\end{bmatrix}$; 设 $\boldsymbol{B}=\begin{bmatrix}a&b&c\\d&e&f\end{bmatrix}$, 则 $\boldsymbol{B}^{\mathrm{T}}=\begin{bmatrix}a&d\\b&e\\c&f\end{bmatrix}$.

9.1.3 特殊矩阵

设 $\boldsymbol{A}=(a_{ij})_{n\times n}\in\mathcal{M}_n(\mathbb{K})$.

• 若 $\boldsymbol{A}=\boldsymbol{A}^{\mathrm{T}}$, 则称 $\boldsymbol{A}$ 是**对称矩阵**; 若 $\boldsymbol{A}=-\boldsymbol{A}^{\mathrm{T}}$, 则称 $\boldsymbol{A}$ 是**反对称矩阵**.

• 如果对于任意 $(i,j)\in[\![1,n]\!]^2$, 当 $i>j$ 时, $a_{ij}=0$, 则称 $\boldsymbol{A}$ 为**上三角矩阵**. 此时, $\boldsymbol{A}$ 具有如下形式:

$$\begin{bmatrix}a_{11}&a_{12}&\cdots&a_{1n}\\&a_{22}&\cdots&a_{2n}\\&&\ddots&\vdots\\&&&a_{nn}\end{bmatrix}$$

其中左下空白处全为 0.

• 如果对于任意 $(i,j)\in[\![1,n]\!]^2$, 当 $i<j$ 时 $a_{ij}=0$, 则称 A 为**下三角矩阵**. 此时, $\boldsymbol{A}$ 具有如下形式:

$$\begin{bmatrix}a_{11}&&&\\a_{21}&a_{22}&&\\\vdots&\vdots&\ddots&\\a_{n1}&a_{n2}&\cdots&a_{nn}\end{bmatrix}$$

其中右上空白处全为 0.

• 如果对于任意 $(i,j)\in[\![1,n]\!]^2$, 当 $i\neq j$ 时 $a_{ij}=0$, 则称 $\boldsymbol{A}$ 为**对角矩阵**. 此时, $\boldsymbol{A}$ 具有如下形式:

$$\begin{bmatrix}a_{11}&&&\\&a_{22}&&\\&&\ddots&\\&&&a_{nn}\end{bmatrix}$$

通常记为 diag $(a_{11}, a_{22}, \cdots, a_{nn})$. 进一步, 若 $\boldsymbol{A}$ 是对角矩阵并且 $a_{11}=a_{22}=\cdots=a_{nn}$, 则称 $\boldsymbol{A}$ 是**数量矩阵**; 特别地, 若 $a_{11}=a_{22}=\cdots=a_{nn}=1$, 则称 $\boldsymbol{A}$ 是**单位矩阵**, 记为 $\boldsymbol{I}_n$.

常用记号

$\mathcal{M}_{n,p}(\mathbb{K})$: 系数在 $\mathbb{K}$ 中的所有 n 行 p 列矩阵构成的集合.

$\mathcal{M}_n(\mathbb{K})$: 系数在 $\mathbb{K}$ 中的所有 n 阶方阵构成的集合.

$\mathcal{T}_n(\mathbb{K})$: $\mathcal{M}_n(\mathbb{K})$ 中所有上三角矩阵构成的集合.

$\mathcal{D}_n(\mathbb{K})$: $\mathcal{M}_n(\mathbb{K})$ 中所有对角矩阵构成的集合.

$\mathcal{S}_n(\mathbb{K})$: $\mathcal{M}_n(\mathbb{K})$ 中所有对称矩阵构成的集合.

$\mathcal{A}_n(\mathbb{K})$: $\mathcal{M}_n(\mathbb{K})$ 中所有反对陈矩阵构成的集合.

9.1.4 矩阵空间

设 $\lambda \in \mathbb{K}, \boldsymbol{A}=(a_{ij})_{n\times p} \in \mathcal{M}_{n,p}(\mathbb{K}), \boldsymbol{B}=(b_{ij})_{n\times p} \in \mathcal{M}_{n,p}(\mathbb{K})$. 定义:

$$\lambda \cdot \boldsymbol{A}=(\lambda a_{ij})_{n\times p}, \quad \boldsymbol{A}+\boldsymbol{B}=(a_{ij}+b_{ij})_{n\times p}$$

命题 9.1.1 $\left(\mathcal{M}_{n,p}(\mathbb{K}), +, \cdot\right)$ 是一个 $\mathbb{K}$-向量空间.

证 明 事实上, $\mathcal{M}_{n,p}(\mathbb{K})$ 就是向量空间 $\mathcal{F}([\![1,n]\!] \times [\![1,p]\!], \mathbb{K})$.

设 $(i,j) \in [\![1,n]\!] \times [\![1,p]\!]$, 记 $\boldsymbol{E}_{i,j}$ 为 $\mathcal{M}_{n,p}(\mathbb{K})$ 中 (i,j) 位置为 1, 其他位置都为零的矩阵.

命题 9.1.2 记 $\mathscr{B}=(\boldsymbol{E}_{i,j})_{(i,j)\in[\![1,n]\!]\times[\![1,p]\!]}$, 则 $\mathscr{B}$ 是 $\mathcal{M}_{n,p}(\mathbb{K})$ 的一组基, 称为 $\mathcal{M}_{n,p}(\mathbb{K})$ 的**典范基**. 特别地, $\dim\left(\mathcal{M}_{n,p}(\mathbb{K})\right)=np$.

证 明 易验证 $\mathscr{B}$ 线性无关. 设 $\boldsymbol{A}=(a_{ij})_{n\times p}$, 则 $\boldsymbol{A}=\sum\limits_{\substack{1\leqslant i\leqslant n\\1\leqslant j\leqslant p}} a_{ij}\boldsymbol{E}_{i,j}$. 从而 $\mathscr{B}$ 是 $\mathcal{M}_{n,p}(\mathbb{K})$ 的生成族. 因此, $\mathscr{B}$ 是 $\mathcal{M}_{n,p}(\mathbb{K})$ 的一组基. 显然 $|\mathscr{B}|=np$, 故 $\dim\left(\mathcal{M}_{n,p}(\mathbb{K})\right)=np$.

命题 9.1.3 设 $\lambda\in\mathbb{K}, (\boldsymbol{A},\boldsymbol{B})\in\mathcal{M}_{n,p}(\mathbb{K})^2$, 则 $(\boldsymbol{A}^{\mathrm{T}})^{\mathrm{T}}=\boldsymbol{A}$ 且 $(\boldsymbol{A}+\lambda\boldsymbol{B})^{\mathrm{T}}=\boldsymbol{A}^{\mathrm{T}}+\lambda\boldsymbol{B}^{\mathrm{T}}$.

证 明 根据定义验证即可.

命题 9.1.4 $\mathcal{S}_n(\mathbb{K})$ 和 $\mathcal{A}_n(\mathbb{K})$ 都是 $\mathcal{M}_n(\mathbb{K})$ 的子空间且 $\mathcal{M}_n(\mathbb{K})=\mathcal{S}_n(\mathbb{K})\bigoplus\mathcal{A}_n(\mathbb{K})$.

证 明 设 $\lambda\in\mathbb{K}$, $(\boldsymbol{A},\boldsymbol{B})\in\mathcal{S}_n(\mathbb{K})^2$, 则 $\boldsymbol{A}^{\mathrm{T}}=\boldsymbol{A}$ 且 $\boldsymbol{B}^{\mathrm{T}}=\boldsymbol{B}$. 于是 $(\boldsymbol{A}+\lambda\boldsymbol{B})^{\mathrm{T}}=\boldsymbol{A}^{\mathrm{T}}+\lambda\boldsymbol{B}^{\mathrm{T}}=\boldsymbol{A}+\lambda\boldsymbol{B}$, 故 $\boldsymbol{A}+\lambda\boldsymbol{B}\in\mathcal{S}_n(\mathbb{K})$. 因此, $\mathcal{S}_n(\mathbb{K})$ 是 $\mathcal{M}_n(\mathbb{K})$ 的子空间. 同理可证 $\mathcal{A}_n(\mathbb{K})$ 是 $\mathcal{M}_n(\mathbb{K})$ 的子空间.

设 $\boldsymbol{A}\in\mathcal{M}_n(\mathbb{K})$, 则 $\boldsymbol{A}$ 可以表示为 $\boldsymbol{A}=\dfrac{\boldsymbol{A}+\boldsymbol{A}^{\mathrm{T}}}{2}+\dfrac{\boldsymbol{A}-\boldsymbol{A}^{\mathrm{T}}}{2}$. 易知 $\dfrac{\boldsymbol{A}+\boldsymbol{A}^{\mathrm{T}}}{2}\in\mathcal{S}_n(\mathbb{K})$ 且 $\dfrac{\boldsymbol{A}-\boldsymbol{A}^{\mathrm{T}}}{2}\in\mathcal{A}_n(\mathbb{K})$. 因此, $\mathcal{M}_n(\mathbb{K})=\mathcal{S}_n(\mathbb{K})+\mathcal{A}_n(\mathbb{K})$. 设 $\boldsymbol{A}\in\mathcal{S}_n(\mathbb{K})\cap\mathcal{A}_n(\mathbb{K})$, 则 $\boldsymbol{A}^{\mathrm{T}}=\boldsymbol{A}$ 且 $\boldsymbol{A}^{\mathrm{T}}=-\boldsymbol{A}$, 从而 $\boldsymbol{A}=\boldsymbol{O}_{n\times n}$. 因此, $\mathcal{S}_n(\mathbb{K})\cap\mathcal{A}_n(\mathbb{K})=\{\boldsymbol{O}_{n\times n}\}$. 综上, $\mathcal{M}_n(\mathbb{K})=\mathcal{S}_n(\mathbb{K})\bigoplus\mathcal{A}_n(\mathbb{K})$.

9.1.5 矩阵的乘法

定义 9.1.4 设 $\boldsymbol{A}=(a_{ij})_{n\times p}\in\mathcal{M}_{n,p}(\mathbb{K}), \boldsymbol{B}=(b_{ij})_{p\times m}\in\mathcal{M}_{p,m}(\mathbb{K})$, 则 $\boldsymbol{A}$ 和 $\boldsymbol{B}$ 的乘积, 记为 $\boldsymbol{AB}$, 定义为

$$\forall(i,j)\in[\![1,n]\!]\times[\![1,m]\!],\quad (\boldsymbol{AB})_{ij}=\sum_{k=1}^{p}a_{ik}b_{kj}$$

该定义可表示为

$$\begin{bmatrix} a_{11}\ a_{12}\cdots a_{1p} \\ \cdots\cdots\cdots\cdots \\ \boxed{a_{i1}\ \ a_{i2}\cdots\ \ a_{ip}} \\ \cdots\cdots\cdots\cdots \\ a_{n1}\ a_{n2}\cdots a_{np} \end{bmatrix} \begin{bmatrix} b_{11}\cdots & \boxed{\begin{matrix} b_{1j} \\ b_{2j} \\ \vdots \\ \vdots \\ b_{pj} \end{matrix}} & \cdots b_{1m} \\ b_{21}\cdots & & \cdots b_{2m} \\ \vdots\ \cdots & & \cdots\ \vdots \\ \vdots\ \cdots & & \cdots\ \vdots \\ b_{p1}\cdots & & \cdots b_{pm} \end{bmatrix} = \begin{bmatrix} & \vdots & \\ \cdots\cdots & \sum_{k=1}^{p}a_{ik}b_{kj} & \cdots\cdots \\ & \vdots & \end{bmatrix} i$$
$$\qquad\qquad\qquad\qquad\qquad\qquad\qquad\qquad\qquad j$$

注 9.1.2 (1) 矩阵乘法的定义来源于线性映射的复合运算, 命题 9.2.4 将说明这一点.

(2) 根据矩阵乘法的定义可知, 两个矩阵 $\boldsymbol{A}$ 和 $\boldsymbol{B}$ 可相乘当且仅当 $\boldsymbol{A}$ 的列数等于 $\boldsymbol{B}$ 的行数.

例 9.1.3 (1) 设 $\boldsymbol{A}=\begin{bmatrix}1&2&3\\1&1&1\end{bmatrix}, \boldsymbol{B}=\begin{bmatrix}1&1\\2&1\\1&2\end{bmatrix}$, 则 $\boldsymbol{AB}=\begin{bmatrix}8&9\\4&4\end{bmatrix}, \boldsymbol{BA}=\begin{bmatrix}2&3&4\\3&5&7\\3&4&5\end{bmatrix}$.

(2) 设 $\boldsymbol{A}=\begin{bmatrix}1&1&1\end{bmatrix}, \boldsymbol{B}=\begin{bmatrix}1\\1\\1\end{bmatrix}$, 则 $\boldsymbol{AB}=[3]$ (1×1 的矩阵), $\boldsymbol{BA}=\begin{bmatrix}1&1&1\\1&1&1\\1&1&1\end{bmatrix}$.

(3) 设 $\boldsymbol{A}=\begin{bmatrix}1&1&1\end{bmatrix}, \boldsymbol{B}=\begin{bmatrix}1\\1\end{bmatrix}$, 则 $\boldsymbol{BA}=\begin{bmatrix}1&1&1\\1&1&1\end{bmatrix}$, 但 $\boldsymbol{AB}$ 没有定义.

注 9.1.3 矩阵的乘法不满足交换律.

例如, 设 $\boldsymbol{A}=\begin{bmatrix}1&2\\3&4\end{bmatrix}, \boldsymbol{B}=\begin{bmatrix}1&0\\0&0\end{bmatrix}$, 则 $\boldsymbol{AB}=\begin{bmatrix}1&0\\3&0\end{bmatrix}, \boldsymbol{BA}=\begin{bmatrix}1&2\\0&0\end{bmatrix}$. 显然 $\boldsymbol{AB}\neq\boldsymbol{BA}$.

命题 9.1.5 设 $(\lambda,\mu)\in\mathbb{K}^2, (\boldsymbol{A},\boldsymbol{A}')\in\mathcal{M}_{n,p}(\mathbb{K})^2, (\boldsymbol{B},\boldsymbol{B}')\in\mathcal{M}_{p,q}(\mathbb{K})^2, \boldsymbol{C}\in\mathcal{M}_{q,r}(\mathbb{K})$, 则

(1) $(\boldsymbol{AB})\boldsymbol{C}=\boldsymbol{A}(\boldsymbol{BC})$;

(2) $\boldsymbol{I}_n\boldsymbol{A}=\boldsymbol{A}=\boldsymbol{AI}_p$;

(3) $(\lambda\boldsymbol{A}+\mu\boldsymbol{A}')\boldsymbol{B}=\lambda\boldsymbol{AB}+\mu\boldsymbol{A}'\boldsymbol{B}$, $\boldsymbol{A}(\lambda\boldsymbol{B}+\mu\boldsymbol{B}')=\lambda\boldsymbol{AB}+\mu\boldsymbol{AB}'$;

(4) $(\boldsymbol{AB})^{\mathrm{T}}=\boldsymbol{B}^{\mathrm{T}}\boldsymbol{A}^{\mathrm{T}}$.

证 明 根据定义, 可验证 (2) 和 (3) 成立.

(1) 根据矩阵乘法的定义知, $(\boldsymbol{AB})\boldsymbol{C}$ 与 $\boldsymbol{A}(\boldsymbol{BC})$ 都是 n 行 r 列矩阵. 设 $(i,j)\in[\![1,n]\!]\times[\![1,r]\!]$, 则

$$\begin{aligned}\big((\boldsymbol{AB})\boldsymbol{C}\big)_{ij}&=\sum_{k=1}^{q}(\boldsymbol{AB})_{ik}\boldsymbol{C}_{kj}=\sum_{k=1}^{q}\Big(\sum_{s=1}^{p}a_{is}b_{sk}\Big)c_{kj}\\&=\sum_{s=1}^{p}a_{is}\Big(\sum_{k=1}^{q}b_{sk}c_{kj}\Big)=\sum_{s=1}^{p}a_{is}(\boldsymbol{BC})_{sj}\\&=\big(\boldsymbol{A}(\boldsymbol{BC})\big)_{ij}\end{aligned}$$

因此, $(\boldsymbol{AB})\boldsymbol{C}=\boldsymbol{A}(\boldsymbol{BC})$.

(4) 根据矩阵乘法的定义知, $(\boldsymbol{AB})^{\mathrm{T}}$ 与 $\boldsymbol{B}^{\mathrm{T}}\boldsymbol{A}^{\mathrm{T}}$ 都是 q 行 n 列矩阵. 设 $(i,j)\in[\![1,q]\!]\times[\![1,n]\!]$, 则

$$\begin{aligned}(\boldsymbol{AB})_{ij}^{\mathrm{T}}&=(\boldsymbol{AB})_{ji}=\sum_{k=1}^{p}a_{jk}b_{ki}\\(\boldsymbol{B}^{\mathrm{T}}\boldsymbol{A}^{\mathrm{T}})_{ij}&=\sum_{k=1}^{p}(\boldsymbol{B}^{\mathrm{T}})_{ik}(\boldsymbol{A}^{\mathrm{T}})_{kj}=\sum_{k=1}^{p}b_{ki}a_{jk}\end{aligned}$$

因此, $(\boldsymbol{AB})^{\mathrm{T}}=\boldsymbol{B}^{\mathrm{T}}\boldsymbol{A}^{\mathrm{T}}$.

命题 9.1.6 $\big(\mathcal{M}_n(\mathbb{K}),+,\times\big)$ 是一个环.

证 明 根据命题 9.1.1 和 9.1.5, 结论得证.

例 9.1.4 设 $\boldsymbol{J}_2=\begin{bmatrix}0&1\\0&0\end{bmatrix}$, 则 $\boldsymbol{J}_2^2=\begin{bmatrix}0&0\\0&0\end{bmatrix}$, 故 $\boldsymbol{J}_2$ 是 $\big(\mathcal{M}_2(\mathbb{K}),+,\times\big)$ 的幂零元. 显然 $\boldsymbol{J}_2\neq\boldsymbol{O}_{2\times2}$, 故 $\boldsymbol{J}_2$ 也是 $\mathcal{M}_2(\mathbb{K})$ 的零因子.

命题 9.1.7 设 $(\boldsymbol{e}_i)_{1\leqslant i\leqslant n}$ 和 $(\boldsymbol{E}_{i,j})_{1\leqslant i,j\leqslant n}$ 分别是 $\mathcal{M}_{1,n}(\mathbb{K})$ 和 $\mathcal{M}_n(\mathbb{K})$ 的典范基, 则

(1) $\forall(i,j)\in[\![1,n]\!]^2$, $\boldsymbol{e}_i^{\mathrm{T}}\boldsymbol{e}_j=\boldsymbol{E}_{i,j}$ 且 $\boldsymbol{e}_i\boldsymbol{e}_j^{\mathrm{T}}=\begin{cases}1, & i=j;\\0, & i\neq j.\end{cases}$

(2) $\forall(i,j,k,l)\in[\![1,n]\!]^4$, $\boldsymbol{E}_{i,j}\boldsymbol{E}_{k,l}=\begin{cases}\boldsymbol{E}_{i,l}, & j=k;\\\boldsymbol{O}, & j\neq k.\end{cases}$

证 明 直接计算知 (1) 成立. 设 $(i,j,k,l)\in[\![1,n]\!]^4$. 因为矩阵乘法满足结合律, 根据 (1), 有

$$\boldsymbol{E}_{i,j}\boldsymbol{E}_{k,l}=\big(\boldsymbol{e}_i^{\mathrm{T}}\boldsymbol{e}_j\big)\big(\boldsymbol{e}_k^{\mathrm{T}}\boldsymbol{e}_l\big)=\boldsymbol{e}_i^{\mathrm{T}}\big(\boldsymbol{e}_j\boldsymbol{e}_k^{\mathrm{T}}\big)\boldsymbol{e}_l=\begin{cases}\boldsymbol{E}_{i,l}, & j=k\\\boldsymbol{O}, & j\neq k\end{cases}$$

9.1.6 矩阵的迹

定义 9.1.5 设 $\boldsymbol{A}=(a_{ij})_{n\times n}\in\mathcal{M}_n(\mathbb{K})$, 称 $\sum\limits_{i=1}^{n}a_{ii}$ 为 $\boldsymbol{A}$ 的**迹**, 记为 $\mathrm{tr}(\boldsymbol{A})$.

注 9.1.4 根据定义, $\mathrm{tr}(\boldsymbol{A})=\mathrm{tr}(\boldsymbol{A}^{\mathrm{T}})$.

例 9.1.5 设 $\boldsymbol{A}=\begin{bmatrix}1&2&3\\4&0&2\\5&8&7\end{bmatrix}$, 则 $\mathrm{tr}(\boldsymbol{A})=1+0+7=8$.

命题 9.1.8 定义

$$\mathrm{tr}:\ \mathcal{M}_n(\mathbb{K})\to\mathbb{K},\quad \boldsymbol{A}\mapsto\mathrm{tr}(\boldsymbol{A})$$

则 tr 是一个线性映射, 称为**迹映射**. 进一步, $\forall(\boldsymbol{A},\boldsymbol{B})\in\mathcal{M}_n(\mathbb{K})^2,\mathrm{tr}(\boldsymbol{AB})=\mathrm{tr}(\boldsymbol{BA})$.

证 明 设 $\lambda\in\mathbb{K}$, $\boldsymbol{A}=(a_{ij})_{n\times n}\in\mathcal{M}_n(\mathbb{K}),\boldsymbol{B}=(b_{ij})_{n\times n}\in\mathcal{M}_n(\mathbb{K})$. 根据定义, 有 $\boldsymbol{A}+\lambda\boldsymbol{B}=(a_{ij}+\lambda b_{ij})_{n\times n}$, 故

$$\mathrm{tr}(\boldsymbol{A}+\lambda\boldsymbol{B})=\sum_{i=1}^{n}(a_{ii}+\lambda b_{ii})=\sum_{i=1}^{n}a_{ii}+\lambda\sum_{i=1}^{n}b_{ii}=\mathrm{tr}(\boldsymbol{A})+\lambda\mathrm{tr}(\boldsymbol{B})$$

因此, tr 是一个线性映射. 另一方面,

$$\mathrm{tr}(\boldsymbol{AB})=\sum_{i=1}^{n}(\boldsymbol{AB})_{ii}=\sum_{i=1}^{n}\sum_{k=1}^{n}a_{ik}b_{ki}=\sum_{k=1}^{n}\sum_{i=1}^{n}b_{ki}a_{ik}=\sum_{k=1}^{n}(\boldsymbol{BA})_{kk}=\mathrm{tr}(\boldsymbol{BA})$$

9.2 线性映射的表示矩阵

9.2.1 表示矩阵的定义

定义 9.2.1 设 $\mathscr{B}=(e_1,e_2,\cdots,e_n)$ 是 E 的一组基, $\mathcal{V}=(v_1,v_2,\cdots,v_p)\in E^p$. 假设

$$\forall j\in[\![1,p]\!],\quad v_j=\sum_{i=1}^{n}a_{ij}e_i$$

称矩阵

$$\begin{bmatrix}a_{11}&a_{12}&\cdots&a_{1p}\\a_{21}&a_{22}&\cdots&a_{2p}\\\vdots&\vdots&&\vdots\\a_{n1}&a_{n2}&\cdots&a_{np}\end{bmatrix}$$

为 $\mathcal{V}$ 在 $\mathscr{B}$ 下的表示矩阵, 记为 $\mathrm{Mat}_{\mathscr{B}}(v_1,v_2,\cdots,v_p)$. 特别地, 若 $x=\sum\limits_{i=1}^{n}x_ie_i\in E$, 则 $\mathrm{Mat}_{\mathscr{B}}(x)$ 即为向量 x 在 $\mathscr{B}$ 下的坐标确定的列矩阵, 记为 $[x]_{\mathscr{B}}$.

定义 9.2.2 设 $\mathscr{B}_1=(e_1,e_2,\cdots,e_p)$, $\mathscr{B}_2=(\varepsilon_1,\varepsilon_2,\cdots,\varepsilon_n)$ 分别是 E, F 的一组基. 设 $f\in\mathscr{L}(E,F)$, 假设

$$\forall j\in[\![1,p]\!],\quad f(e_j)=\sum_{i=1}^{n}a_{ij}\varepsilon_i$$

称矩阵

$$\begin{bmatrix} a_{11} & a_{12} & \cdots a_{1p} \\ a_{21} & a_{22} & \cdots a_{2p} \\ \vdots & \vdots & \vdots \\ a_{n1} & a_{n2} & \cdots a_{np} \end{bmatrix}$$

为 f 在 $(\mathscr{B}_1, \mathscr{B}_2)$ 下的**表示矩阵**, 记为 $\mathrm{Mat}_{\mathscr{B}_1,\mathscr{B}_2}(f)$. 进一步, 若 $f \in \mathscr{L}(E)$ 且 $\mathscr{B}_1 = \mathscr{B}_2 = \mathscr{B}$, 则记 $\mathrm{Mat}_{\mathscr{B}}(f) = \mathrm{Mat}_{\mathscr{B},\mathscr{B}}(f)$, 称为 f 在 $\mathscr{B}$ 下的**表示矩阵**, 此时 $\mathrm{Mat}_{\mathscr{B}}(f)$ 是方阵.

注 9.2.1 (1) 元素 a_{ij} 为 $f(e_j)$ 在 $(\varepsilon_1, \varepsilon_2, \cdots, \varepsilon_n)$ 下的第 i 个坐标.

(2) 若 $(e_1, e_2, \cdots, e_n)$ 或 $(v_1, v_2, \cdots, v_p)$ 中的向量顺序发生改变, 则对应的表示矩阵也会随之改变.

例 9.2.1 设 $\mathscr{B}_c = (e_1, e_2)$ 为 $\mathbb{R}^2$ 的典范基, $\mathscr{B} = \big((\cos\theta, \sin\theta), (-\sin\theta, \cos\theta)\big)$. 平面内以原点为中心、以 θ 角度的（逆时针）旋转变换定义为

$$\begin{aligned} f: \quad \mathbb{R}^2 &\to \mathbb{R}^2 \\ (x, y) &\mapsto (x\cos\theta - y\sin\theta, x\sin\theta + y\cos\theta) \end{aligned}$$

求 $\mathrm{Mat}_{\mathscr{B}_c}(f)$ 和 $\mathrm{Mat}_{\mathscr{B}_c,\mathscr{B}}(f)$.

解 由于 $f(e_1) = f(1,0) = (\cos\theta, \sin\theta)$, $f(e_2) = f(0,1) = (-\sin\theta, \cos\theta)$, 故

$$\mathrm{Mat}_{\mathscr{B}_c}(f) = \begin{bmatrix} \cos\theta & -\sin\theta \\ \sin\theta & \cos\theta \end{bmatrix} \qquad \text{且} \qquad \mathrm{Mat}_{\mathscr{B}_c,\mathscr{B}}(f) = \begin{bmatrix} 1 & 0 \\ 0 & 1 \end{bmatrix}$$

例 9.2.2 设 $\mathscr{B}_c = (1, X, X^2)$. 定义映射

$$\begin{aligned} f: \quad \mathbb{R}_2[X] &\to \mathbb{R}_2[X] \\ P &\mapsto P(X+1) - P(X) \end{aligned}$$

求 $\mathrm{Mat}_{\mathscr{B}_c}(f)$.

解 由于 $f(1) = 0, f(X) = 1, f(X^2) = 1 + 2X$, 故

$$\mathrm{Mat}_{\mathscr{B}_c}(f) = \begin{bmatrix} 0 & 1 & 1 \\ 0 & 0 & 2 \\ 0 & 0 & 0 \end{bmatrix}$$

命题 9.2.1 (线性映射的坐标表示公式) 设 $\mathscr{B}_1 = (e_1, e_2, \cdots, e_p)$, $\mathscr{B}_2 = (\varepsilon_1, \varepsilon_2, \cdots, \varepsilon_n)$ 分别是 E, F 的一组, $f \in \mathscr{L}(E, F)$, 则

$$\forall x \in E, \quad \big[f(x)\big]_{\mathscr{B}_2} = \mathrm{Mat}_{\mathscr{B}_1,\mathscr{B}_2}(f)\ \big[x\big]_{\mathscr{B}_1}$$

证 明 设 $x = \sum\limits_{i=1}^{p} x_i e_i$, $f(x) = \sum\limits_{j=1}^{n} y_j \varepsilon_j$, $\mathrm{Mat}_{\mathscr{B}_1,\mathscr{B}_2}(f) = (a_{ij})_{n\times p}$, 由于 f 是线性映

射, 故

$$f(x)=f\Big(\sum_{i=1}^{p}x_ie_i\Big)=\sum_{i=1}^{p}x_if(e_i)=\sum_{i=1}^{p}x_i\Big(\sum_{j=1}^{n}a_{ji}\varepsilon_j\Big)$$
$$=\sum_{i=1}^{p}\sum_{j=1}^{n}a_{ji}x_i\varepsilon_j=\sum_{j=1}^{n}\Big(\sum_{i=1}^{p}a_{ji}x_i\Big)\varepsilon_j$$

根据坐标的唯一性知, $\forall j\in[\![1,n]\!]$, $y_j=\sum\limits_{i=1}^{p}a_{ji}x_i$, 即

$$\begin{bmatrix}y_1\\y_2\\\vdots\\y_n\end{bmatrix}=\begin{bmatrix}a_{11}&a_{12}&\cdots&a_{1p}\\a_{21}&a_{22}&\cdots&a_{2p}\\\vdots&\vdots&&\vdots\\a_{n1}&a_{n2}&\cdots&a_{np}\end{bmatrix}\begin{bmatrix}x_1\\x_2\\\vdots\\x_p\end{bmatrix}$$

因此, $\big[f(x)\big]_{\mathscr{B}_2}=\mathrm{Mat}_{\mathscr{B}_1,\mathscr{B}_2}(f)\ [x]_{\mathscr{B}_1}$.

例 9.2.3 设 $\mathscr{B}=(1,X,X^2)$, $f\in\mathscr{L}\big(\mathbb{R}_2[X]\big)$ 且

$$\mathrm{Mat}_{\mathscr{B}}(f)=\begin{bmatrix}0&1&0\\0&0&2\\0&0&0\end{bmatrix}$$

求 f 的表达式.

解 设 $P=a_0+a_1X+a_2X^2\in\mathbb{R}_2[X]$, 则 $[P]_{\mathscr{B}}=[a_0,a_1,a_2]^{\mathrm{T}}$. 根据命题 9.2.1, 有

$$\big[f(P)\big]_{\mathscr{B}}=\mathrm{Mat}_{\mathscr{B}}(f)\ [P]_{\mathscr{B}}=\begin{bmatrix}0&1&0\\0&0&2\\0&0&0\end{bmatrix}\begin{bmatrix}a_0\\a_1\\a_2\end{bmatrix}=\begin{bmatrix}a_1\\2a_2\\0\end{bmatrix}$$

因此, $f(a_0+a_1X+a_2X^2)=a_1+2a_2X$. 实际上, f 就是多项式的求导运算.

9.2.2 过渡矩阵

定义 9.2.3 设 $\mathscr{B}=(e_1,e_2,\cdots,e_n)$ 和 $\mathscr{C}=(\varepsilon_1,\varepsilon_2,\cdots,\varepsilon_n)$ 是 E 的两组基, 假设

$$\forall j\in[\![1,n]\!],\quad \varepsilon_j=\sum_{i=1}^{n}a_{ij}e_i$$

称矩阵

$$\mathrm{Mat}_{\mathscr{B}}(\mathscr{C})=\mathrm{Mat}_{\mathscr{B}}(\varepsilon_1,\varepsilon_2,\cdots,\varepsilon_n)=\begin{bmatrix}a_{11}&a_{12}&\cdots&a_{1n}\\a_{21}&a_{22}&\cdots&a_{2n}\\\vdots&\vdots&&\vdots\\a_{n1}&a_{n2}&\cdots&a_{nn}\end{bmatrix}$$

为从 $\mathscr{B}$ 到 $\mathscr{C}$ 的**过渡矩阵**, 记为 $\boldsymbol{P}(\mathscr{B},\mathscr{C})$. 此时,

$$\boldsymbol{P}(\mathscr{B},\mathscr{C})=\mathrm{Mat}_{\mathscr{B}}(\mathscr{C})=\mathrm{Mat}_{\mathscr{C},\mathscr{B}}(\mathrm{id}_E)$$

例 9.2.4 设 $E=\mathbb{R}_2[X]$, $\mathscr{B}=\big(1,X,X^2\big)$, $\mathscr{C}=\big(X(X-1),X(X-2),(X-1)(X-2)\big)$. 证明 $\mathscr{C}$ 是 E 的一组基, 并求 $\boldsymbol{P}(\mathscr{B},\mathscr{C})$.

解 设 $(\lambda_1,\lambda_2,\lambda_3)\in\mathbb{R}^3$, 并假设

$$\lambda_1X(X-1)+\lambda_2X(X-2)+\lambda_3(X-1)(X-2)=0$$

分别令 $X=0,1,2$ 代入得 $\lambda_3=\lambda_2=\lambda_1=0$, 故 $\mathscr{C}$ 线性无关. 又由于 $\dim\big(\mathbb{R}_2[X]\big)=3$, 故 $\mathscr{C}$ 是 E 的一组基. 因为 $X(X-1)=X^2-X, X(X-2)=X^2-2X$ 且 $(X-1)(X-2)=X^2-3X+2$, 所以

$$\boldsymbol{P}(\mathscr{B},\mathscr{C})=\begin{bmatrix}0&0&2\\-1&-2&-3\\1&1&1\end{bmatrix}$$

命题 9.2.2 (坐标变换公式) 设 $\mathscr{B}=(e_1,e_2,\cdots,e_n)$, $\mathscr{C}=(\varepsilon_1,\varepsilon_2,\cdots,\varepsilon_n)$ 是 E 的两组基, 则

$$\forall x\in E,\quad [x]_{\mathscr{B}}=\boldsymbol{P}(\mathscr{B},\mathscr{C})\ [x]_{\mathscr{C}}$$

证 明 设 $x=\sum\limits_{i=1}^{n}x_ie_i=\sum\limits_{j=1}^{n}x'_j\varepsilon_j$, $\boldsymbol{P}(\mathscr{B},\mathscr{C})=(a_{ij})_{n\times n}$, 则

$$x=\sum_{j=1}^{n}x'_j\varepsilon_j=\sum_{j=1}^{n}x'_j\Big(\sum_{i=1}^{n}a_{ij}e_i\Big)=\sum_{j=1}^{n}\sum_{i=1}^{n}x'_ja_{ij}e_i=\sum_{i=1}^{n}\Big(\sum_{j=1}^{n}x'_ja_{ij}\Big)e_i$$

根据坐标的唯一性知, $\forall i\in[\![1,n]\!]$, $x_i=\sum\limits_{j=1}^{n}x'_ja_{ij}$, 即

$$\begin{bmatrix}x_1\\x_2\\\vdots\\x_n\end{bmatrix}=\begin{bmatrix}a_{11}&a_{12}&\cdots&a_{1n}\\a_{21}&a_{22}&\cdots&a_{2n}\\\vdots&\vdots&&\vdots\\a_{n1}&a_{n2}&\cdots&a_{nn}\end{bmatrix}\begin{bmatrix}x'_1\\x'_2\\\vdots\\x'_n\end{bmatrix}$$

因此, $[x]_{\mathscr{B}}=\boldsymbol{P}(\mathscr{B},\mathscr{C})\ [x]_{\mathscr{C}}$.

例 9.2.5 设 $u=(2,3), v=(4,5)$, $x=(1,1)$. 证明 $\mathscr{B}=(u,v)$ 是 $\mathbb{R}^2$ 的一组基, 并求 x 在 $\mathscr{B}$ 下的坐标.

解 显然 (u,v) 线性无关, 从而是 $\mathbb{R}^2$ 的一组基. 根据定义, 有

$$\boldsymbol{P}(\mathscr{B}_c,\mathscr{B})=\begin{bmatrix}2&4\\3&5\end{bmatrix}$$

设 x 在 (u,v) 下的坐标为 (x',y'), 即 $x=x'u+y'v$. 根据坐标变换公式, 有

$$\begin{bmatrix}1\\1\end{bmatrix}=\begin{bmatrix}2&4\\3&5\end{bmatrix}\begin{bmatrix}x'\\y'\end{bmatrix}$$

即

$$\begin{cases}2x'+4y'=1\\3x'+5y'=1\end{cases}$$

解得 $(x',y')=\left(-\dfrac{1}{2},\dfrac{1}{2}\right)$, 故 x 在 $\mathscr{B}$ 下的坐标为 $\left(-\dfrac{1}{2},\dfrac{1}{2}\right)$.

9.2.3 矩阵空间和线性映射空间的同构

引理 9.2.1 设 $\mathscr{B}_1=(e_1,e_2,\cdots,e_p)$, $\mathscr{B}_2=(\varepsilon_1,\varepsilon_2,\cdots,\varepsilon_n)$ 分别是 E, F 的一组基, $\boldsymbol{A}=(a_{ij})_{n\times p}\in\mathcal{M}_{n,p}(\mathbb{K})$, 定义映射

$$\begin{aligned}f:\quad E&\to F\\ \sum_{j=1}^{p}x_je_j&\mapsto\sum_{i=1}^{n}\Big(\sum_{j=1}^{p}a_{ij}x_j\Big)\varepsilon_i\end{aligned}$$

则 $f\in\mathscr{L}(E,F)$ 且 $\boldsymbol{A}=\mathrm{Mat}_{\mathscr{B}_1,\mathscr{B}_2}(f)$.

证　明　设 $\lambda\in\mathbb{K}$, $x=\sum\limits_{j=1}^{p}x_je_j, y=\sum\limits_{j=1}^{p}y_je_j$, 则

$$\begin{aligned}f(\lambda x+y)&=f\Big(\sum_{j=1}^{p}(\lambda x_j+y_j)e_j\Big)=\sum_{i=1}^{n}\Big(\sum_{j=1}^{p}a_{ij}(\lambda x_j+y_j)\Big)\varepsilon_i\\&=\lambda\sum_{i=1}^{n}\Big(\sum_{j=1}^{p}a_{ij}x_j\Big)\varepsilon_i+\sum_{i=1}^{n}\Big(\sum_{j=1}^{p}a_{ij}y_j\Big)\varepsilon_i\\&=\lambda f(x)+f(y),\end{aligned}$$

故 f 是线性映射. 设 $k\in[\![1,p]\!]$, 则 $f(e_k)=\sum\limits_{i=1}^{n}a_{ik}\varepsilon_i$. 因此, $\boldsymbol{A}=\mathrm{Mat}_{\mathscr{B}_1,\mathscr{B}_2}(f)$.

定理 9.2.1 设 $\mathscr{B}_1=(e_1,e_2,\cdots,e_p)$, $\mathscr{B}_2=(\varepsilon_1,\varepsilon_2,\cdots,\varepsilon_n)$ 分别是 E, F 的一组基. 定义映射

$$\begin{aligned}\Psi:\ \mathscr{L}(E,F)&\to\mathcal{M}_{n,p}(\mathbb{K})\\ f&\mapsto\mathrm{Mat}_{\mathscr{B}_1,\mathscr{B}_2}(f)\end{aligned}$$

则 Ψ 是一个同构映射.

证　明

- 设 $\lambda\in\mathbb{K}$,

$$\begin{aligned}\boldsymbol{A}&=\mathrm{Mat}_{\mathscr{B}_1,\mathscr{B}_2}(f)=(a_{ij})_{n\times p}\\ \boldsymbol{B}&=\mathrm{Mat}_{\mathscr{B}_1,\mathscr{B}_2}(g)=(b_{ij})_{n\times p}\\ \boldsymbol{C}&=\mathrm{Mat}_{\mathscr{B}_1,\mathscr{B}_2}(\lambda f+g)=(c_{ij})_{n\times p}\end{aligned}$$

若 $j \in [\![1,p]\!]$, 则

$$(\lambda f+g)(e_j)=\lambda f(e_j)+g(e_j)=\lambda\sum_{k=1}^{n}a_{kj}\varepsilon_k+\sum_{k=1}^{n}b_{kj}\varepsilon_k=\sum_{k=1}^{n}(\lambda a_{kj}+b_{kj})\varepsilon_k$$

因为 c_{ij} 为 $(\lambda f+g)(e_j)$ 在 $(\varepsilon_1,\varepsilon_2,\cdots,\varepsilon_n)$ 下的第 i 个坐标, 所以

$$\forall (i,j)\in [\![1,n]\!]\times[\![1,p]\!],\quad c_{ij}=\lambda a_{ij}+b_{ij}$$

于是 $\boldsymbol{C}=\lambda\boldsymbol{A}+\boldsymbol{B}$, 即 $\Psi(\lambda f+g)=\lambda\Psi(f)+\Psi(g)$. 因此, Ψ 是线性映射.

- 设 $\boldsymbol{A}\in\mathcal{M}_{n,p}(\mathbb{K})$, 定义映射

$$\begin{array}{rccc} f: & E & \to & F \\ & \sum\limits_{j=1}^{p}x_je_j & \mapsto & \sum\limits_{i=1}^{n}(\sum\limits_{j=1}^{p}a_{ij}x_j)\varepsilon_i \end{array}$$

根据引理 9.2.1 知, $f\in\mathscr{L}(E,F)$ 且 $\Psi(f)=\mathrm{Mat}_{\mathscr{B}_1,\mathscr{B}_2}(f)=\boldsymbol{A}$, 故 Ψ 是满射.

- 设 $f\in\mathscr{L}(E,F)$. 若 $\mathrm{Mat}_{\mathscr{B}_1,\mathscr{B}_2}(f)=\boldsymbol{O}_{n\times p}$, 则 $\mathrm{Im}(f)=\mathrm{Vect}\big(f(e_1),f(e_2),\cdots,f(e_p)\big)=\{\boldsymbol{0}_F\}$, 故 f 是零映射. 又因为 Ψ 是线性映射, 所以 Ψ 是单射.

综上, Ψ 是一个同构映射.

因为同构的向量空间有相同的维数, 所以有如下结论:

推论 9.2.1 设 E,F 是两个有限维向量空间, 则 $\mathscr{L}(E,F)$ 是有限维向量空间且

$$\dim\big(\mathscr{L}(E,F)\big)=\dim(E)\dim(F).$$

特别地, $\mathscr{L}(E,\mathbb{K})$ 是一个有限维向量空间, 称为 E 的对偶空间, 记为 E^*. 显然 $\dim(E^*)=\dim(E)$.

命题 9.2.3 设 $\boldsymbol{A}=(a_{ij})_{n\times p}\in\mathcal{M}_{n,p}(\mathbb{K})$, 定义映射

$$\begin{array}{rccc} f_{\boldsymbol{A}}: & \mathcal{M}_{p,1}(\mathbb{K}) & \to & \mathcal{M}_{n,1}(\mathbb{K}) \\ & \boldsymbol{X} & \to & \boldsymbol{AX} \end{array}$$

则 $f_{\boldsymbol{A}}$ 是一个线性映射, 称为由 $\boldsymbol{A}$ 定义的线性映射. 进一步, 设 $\mathscr{B}_c^1$ 和 $\mathscr{B}_c^2$ 分别是 $\mathcal{M}_{p,1}(\mathbb{K})$ 和 $\mathcal{M}_{n,1}(\mathbb{K})$ 的典范基, 则 $\boldsymbol{A}=\mathrm{Mat}_{\mathscr{B}_c^1,\mathscr{B}_c^2}(f_{\boldsymbol{A}})$.

证 明 设 $\lambda\in\mathbb{K}$, $(\boldsymbol{X},\boldsymbol{Y})\in\mathcal{M}_{n,1}(\mathbb{K})^2$, 则

$$f_{\boldsymbol{A}}(\lambda\boldsymbol{X}+\boldsymbol{Y})=\boldsymbol{A}(\lambda\boldsymbol{X}+\boldsymbol{Y})=\lambda\boldsymbol{AX}+\boldsymbol{AY}=\lambda f_{\boldsymbol{A}}(\boldsymbol{X})+f_{\boldsymbol{A}}(\boldsymbol{Y})$$

故 $f_{\boldsymbol{A}}$ 是线性映射. 设 $\mathscr{B}_c^1=(\boldsymbol{E}_1,\boldsymbol{E}_2,\cdots,\boldsymbol{E}_p)$, $i\in[\![1,p]\!]$, 则

$$f_{\boldsymbol{A}}(\boldsymbol{E}_i)=\boldsymbol{AE}_i=[a_{1i},a_{2i},\cdots,a_{ni}]^{\mathrm{T}}$$

因此, $\mathrm{Mat}_{\mathscr{B}_c^1,\mathscr{B}_c^2}(f_{\boldsymbol{A}})=\boldsymbol{A}$.

注 9.2.2 设 $\boldsymbol{A}\in\mathcal{M}_{n,p}(\mathbb{K})$, 通常用 $f_{\boldsymbol{A}}$ 表示这里定义的映射, 同时引入记号:

- $\mathrm{Ker}(\boldsymbol{A})=\mathrm{Ker}(f_{\boldsymbol{A}})=\big\{\boldsymbol{X}\in\mathcal{M}_{p,1}(\mathbb{K})\mid \boldsymbol{AX}=\boldsymbol{0}\big\}$;
- $\mathrm{Im}(\boldsymbol{A})=\mathrm{Im}(f_{\boldsymbol{A}})=\big\{\boldsymbol{AX}\mid \boldsymbol{X}\in\mathcal{M}_{p,1}(\mathbb{K})\big\}$.

9.2.4　复合映射的表示矩阵

命题 9.2.4　设 E,F,G 是三个有限维向量空间, $\mathscr{B}_1,\mathscr{B}_2,\mathscr{B}_3$ 分别是 E,F,G 的一组基. 设 $f\in\mathscr{L}(E,F)$ 且 $g\in\mathscr{L}(F,G)$, 则 $\mathrm{Mat}_{\mathscr{B}_1,\mathscr{B}_3}(g\circ f)=\mathrm{Mat}_{\mathscr{B}_2,\mathscr{B}_3}(g)\,\mathrm{Mat}_{\mathscr{B}_1,\mathscr{B}_2}(f)$.

证　明　设 $\mathscr{B}_1=(e_1,e_2,\cdots,e_p),\mathscr{B}_2=(\varepsilon_1,\varepsilon_2,\cdots,\varepsilon_n),\mathscr{B}_3=(\gamma_1,\gamma_2,\cdots,\gamma_m)$, 且 $\mathrm{Mat}_{\mathscr{B}_1,\mathscr{B}_2}(f)=(a_{ij})_{n\times p}$, $\mathrm{Mat}_{\mathscr{B}_2,\mathscr{B}_3}(g)=(b_{ij})_{m\times n}$, $\mathrm{Mat}_{\mathscr{B}_1,\mathscr{B}_3}(g\circ f)=(c_{ij})_{m\times p}$. 又设 $j\in[\![1,p]\!]$, 由于 g 和 f 都是线性映射, 故

$$\begin{aligned}g\circ f(e_j)&=g\Big(\sum_{k=1}^{n}a_{kj}\varepsilon_k\Big)=\sum_{k=1}^{n}a_{kj}g(\varepsilon_k)=\sum_{k=1}^{n}a_{kj}\sum_{i=1}^{m}b_{ik}\gamma_i\\&=\sum_{k=1}^{n}\sum_{i=1}^{m}a_{kj}b_{ik}\gamma_i=\sum_{i=1}^{m}\Big(\sum_{k=1}^{n}a_{kj}b_{ik}\Big)\gamma_i=\sum_{i=1}^{m}\Big(\sum_{k=1}^{n}b_{ik}a_{kj}\Big)\gamma_i\end{aligned}$$

因为 c_{ij} 是 $(g\circ f)(e_j)$ 在 $\mathscr{B}_3$ 下的第 i 个坐标, 所以

$$\forall(i,j)\in[\![1,m]\!]\times[\![1,p]\!],\quad c_{ij}=\sum_{k=1}^{n}b_{ik}a_{kj}$$

因此, $\mathrm{Mat}_{\mathscr{B}_1,\mathscr{B}_3}(g\circ f)=\mathrm{Mat}_{\mathscr{B}_2,\mathscr{B}_3}(g)\,\mathrm{Mat}_{\mathscr{B}_1,\mathscr{B}_2}(f)$.

命题 9.2.5　设 E 是一个 n 维向量空间, $\mathscr{B}$ 是 E 的一组基, 则映射

$$\begin{aligned}\varPhi:\ (\mathscr{L}(E),+,\circ)&\ \to\ (\mathcal{M}_n(\mathbb{K}),+,\times)\\u&\ \mapsto\ \mathrm{Mat}_{\mathscr{B}}(u)\end{aligned}$$

是一个环同构.

证　明　易验证 $\varPhi(\mathrm{id}_E)=\boldsymbol{I}_n$. 根据定理 9.2.1 知, $\varPhi$ 是双射且

$$\forall(f,g)\in\mathscr{L}(E)^2,\quad \varPhi(f+g)=\varPhi(f)+\varPhi(g)$$

根据命题 9.2.4 知, $\forall(f,g)\in\mathscr{L}(E)^2,\varPhi(g\circ f)=\varPhi(g)\varPhi(f)$. 因此, $\varPhi$ 是一个环同态.

综上, $\varPhi$ 是一个环同构.

9.2.5　可逆矩阵

定义 9.2.4　设 $\boldsymbol{A}\in\mathcal{M}_n(\mathbb{K})$. 若存在 $\boldsymbol{B}\in\mathcal{M}_n(\mathbb{K})$, 使得

$$\boldsymbol{AB}=\boldsymbol{BA}=\boldsymbol{I}_n$$

则称 $\boldsymbol{A}$ 为**可逆矩阵**, $\boldsymbol{B}$ 称为 $\boldsymbol{A}$ 的**逆矩阵**, 记为 $\boldsymbol{A}^{-1}$. 所有 n 阶可逆矩阵构成的集合记为 $GL_n(\mathbb{K})$.

注 9.2.3　设 $\boldsymbol{A}\in\mathcal{M}_n(\mathbb{K})$ 可逆, 根据可逆矩阵的定义知, $\boldsymbol{A}^{-1}$ 可逆且 $\left(\boldsymbol{A}^{-1}\right)^{-1}=\boldsymbol{A}$.

例 9.2.6　(1) 单位矩阵是可逆矩阵.

(2) 设

$$\boldsymbol{A}=\begin{bmatrix}1&1\\2&3\end{bmatrix},\qquad \boldsymbol{B}=\begin{bmatrix}3&-1\\-2&1\end{bmatrix}$$

则 $\boldsymbol{AB}=\boldsymbol{BA}=\boldsymbol{I}_2$, 故 $\boldsymbol{A}$ 是可逆矩阵.

命题 9.2.6 设 E, F 是两个 n 维向量空间, $\mathscr{B}_1, \mathscr{B}_2$ 分别是 E, F 的一组基, $f \in \mathscr{L}(E, F)$, 则 f 是同构映射当且仅当 $\operatorname{Mat}_{\mathscr{B}_1,\mathscr{B}_2}(f)$ 是可逆矩阵, 此时 $\big(\operatorname{Mat}_{\mathscr{B}_1,\mathscr{B}_2}(f)\big)^{-1} = \operatorname{Mat}_{\mathscr{B}_2,\mathscr{B}_1}(f^{-1})$.

证 明 必要性: 假设 f 是同构映射, 则 $f \circ f^{-1} = \mathrm{id}_F$ 且 $f^{-1} \circ f = \mathrm{id}_E$. 根据命题 9.2.4, 有

$$\operatorname{Mat}_{\mathscr{B}_2,\mathscr{B}_1}(f^{-1}) \operatorname{Mat}_{\mathscr{B}_1,\mathscr{B}_2}(f) = \operatorname{Mat}_{\mathscr{B}_1}(f^{-1} \circ f) = \operatorname{Mat}_{\mathscr{B}_1}(\mathrm{id}_E) = \boldsymbol{I}_n$$
$$\operatorname{Mat}_{\mathscr{B}_1,\mathscr{B}_2}(f) \operatorname{Mat}_{\mathscr{B}_2,\mathscr{B}_1}(f^{-1}) = \operatorname{Mat}_{\mathscr{B}_2}(f \circ f^{-1}) = \operatorname{Mat}_{\mathscr{B}_2}(\mathrm{id}_F) = \boldsymbol{I}_n$$

故 $\operatorname{Mat}_{\mathscr{B}_1,\mathscr{B}_2}(f)$ 可逆且 $\big(\operatorname{Mat}_{\mathscr{B}_1,\mathscr{B}_2}(f)\big)^{-1} = \operatorname{Mat}_{\mathscr{B}_2,\mathscr{B}_1}(f^{-1})$.

充分性: 假设$\operatorname{Mat}_{\mathscr{B}_1,\mathscr{B}_2}(f)$可逆, 根据定理 9.2.1 知, 存在$g \in \mathscr{L}(F, E)$, 使得$\operatorname{Mat}_{\mathscr{B}_2,\mathscr{B}_1}(g) = \big(\operatorname{Mat}_{\mathscr{B}_1,\mathscr{B}_2}(f)\big)^{-1}$. 进而有

$$\operatorname{Mat}_{\mathscr{B}_1}(\mathrm{id}_E) = \boldsymbol{I}_n = \operatorname{Mat}_{\mathscr{B}_2,\mathscr{B}_1}(g) \operatorname{Mat}_{\mathscr{B}_1,\mathscr{B}_2}(f) = \operatorname{Mat}_{\mathscr{B}_1}(g \circ f)$$

$$\operatorname{Mat}_{\mathscr{B}_2}(\mathrm{id}_F) = \boldsymbol{I}_n = \operatorname{Mat}_{\mathscr{B}_1,\mathscr{B}_2}(f) \operatorname{Mat}_{\mathscr{B}_2,\mathscr{B}_1}(g) = \operatorname{Mat}_{\mathscr{B}_2}(f \circ g)$$

根据定理 9.2.1 知, $g \circ f = \mathrm{id}_E$ 且 $f \circ g = \mathrm{id}_F$, 故 f 是同构.

命题 9.2.7 设 $\boldsymbol{A} \in \mathcal{M}_n(\mathbb{K})$, 若

$$\forall \boldsymbol{X} \in \mathcal{M}_{n,1}(\mathbb{K}), \quad \boldsymbol{AX} = \boldsymbol{0} \Longrightarrow \boldsymbol{X} = \boldsymbol{0}$$

则 $\boldsymbol{A}$ 是可逆矩阵.

证 明 根据假设知, 线性映射

$$\begin{array}{rccc} f_{\boldsymbol{A}}: & \mathcal{M}_{n,1}(\mathbb{K}) & \to & \mathcal{M}_{n,1}(\mathbb{K}) \\ & \boldsymbol{X} & \to & \boldsymbol{AX} \end{array}$$

是单射. 根据定理 8.4.1 知, $f_{\boldsymbol{A}}$ 是同构. 根据命题 9.2.3 和命题 9.2.6 知, $\boldsymbol{A}$ 是可逆矩阵.

命题 9.2.8 设 $(\boldsymbol{A}, \boldsymbol{B}) \in \mathcal{M}_n(\mathbb{K})^2$. 若 $\boldsymbol{AB} = \boldsymbol{I}_n$, 则 $\boldsymbol{A}$ 可逆且 $\boldsymbol{A}^{-1} = \boldsymbol{B}$. 特别地, $\boldsymbol{BA} = \boldsymbol{I}_n$.

证 明 设 $f_{\boldsymbol{A}}, f_{\boldsymbol{B}}$ 如命题 9.2.3 定义. 由于 $\boldsymbol{AB} = \boldsymbol{I}_n$, 故 $f_{\boldsymbol{A}} \circ f_{\boldsymbol{B}} = \mathrm{id}_{\mathcal{M}_{n,1}(\mathbb{K})}$, 于是 $f_{\boldsymbol{A}}$ 是满射. 根据定理 8.4.1 知, $f_{\boldsymbol{A}}$ 是同构. 根据命题 9.2.3 和命题 9.2.6 知, $\boldsymbol{A}$ 是可逆矩阵. 从而有 $\boldsymbol{B} = \boldsymbol{A}^{-1}\boldsymbol{AB} = \boldsymbol{A}^{-1}$, 进而 $\boldsymbol{BA} = \boldsymbol{I}_n$.

命题 9.2.9 设 $\mathscr{B} = (e_1, e_2, \cdots, e_n)$ 是 E 的一组基, $\mathscr{A} = (v_1, v_2, \cdots, v_n) \in E^n$, 则 $\mathscr{A}$ 是 E 的一组基当且仅当 $\operatorname{Mat}_{\mathscr{B}}(v_1, v_2, \cdots, v_n)$ 是可逆矩阵.

证 明 定义映射

$$f : E \to E, \quad \sum_{i=1}^{n} k_i e_i \mapsto \sum_{i=1}^{n} k_i v_i$$

其中, $(k_1, k_2, \cdots, k_n) \in \mathbb{K}^n$. 易验证 f 是一个线性映射. 进一步,

$$\operatorname{Mat}_{\mathscr{B}}(f) = \operatorname{Mat}_{\mathscr{B}}\big(f(e_1), f(e_2), \cdots, f(e_n)\big) = \operatorname{Mat}_{\mathscr{B}}(v_1, v_2, \cdots, v_n)$$

根据命题 8.1.6 和命题 9.2.6, $\mathscr{A}$ 是 E 的一组基当且仅当 f 是同构, 当且仅当 $\operatorname{Mat}_{\mathscr{B}}(v_1, v_2, \cdots, v_n)$ 是可逆矩阵.

命题 9.2.10 设 $\mathscr{B},\mathscr{C}$ 是 E 的两组基, 则 $\boldsymbol{P}(\mathscr{B},\mathscr{C})$ 是可逆矩阵且 $\boldsymbol{P}(\mathscr{C},\mathscr{B})=\big(\boldsymbol{P}(\mathscr{B},\mathscr{C})\big)^{-1}$.

证 明 假设 $\dim(E)=n$, 根据命题 9.2.4, 有

$$\boldsymbol{P}(\mathscr{B},\mathscr{C})\ \boldsymbol{P}(\mathscr{C},\mathscr{B})=\mathrm{Mat}_{\mathscr{C},\mathscr{B}}(\mathrm{id}_E)\ \mathrm{Mat}_{\mathscr{B},\mathscr{C}}(\mathrm{id}_E)=\mathrm{Mat}_{\mathscr{B},\mathscr{B}}(\mathrm{id}_E)=\boldsymbol{I}_n$$

根据命题 9.2.8 知, $\boldsymbol{P}(\mathscr{B},\mathscr{C})$ 是可逆矩阵且 $\boldsymbol{P}(\mathscr{C},\mathscr{B})=\big(\boldsymbol{P}(\mathscr{B},\mathscr{C})\big)^{-1}$.

命题 9.2.11 设 $(\boldsymbol{A},\boldsymbol{B})\in\mathcal{M}_n(\mathbb{K})^2$ 是两个可逆矩阵, 则

(1) $\boldsymbol{AB}$ 是可逆矩阵且 $(\boldsymbol{AB})^{-1}=\boldsymbol{B}^{-1}\boldsymbol{A}^{-1}$;

(2) $\boldsymbol{A}^{\mathrm{T}}$ 是可逆矩阵且 $(\boldsymbol{A}^{\mathrm{T}})^{-1}=(\boldsymbol{A}^{-1})^{\mathrm{T}}$.

证 明 设 $(\boldsymbol{A},\boldsymbol{B})\in GL_n(\mathbb{K})^2$,

(1) 因为 $(\boldsymbol{AB})(\boldsymbol{B}^{-1}\boldsymbol{A}^{-1})=\boldsymbol{I}_n$, 根据命题 9.2.8 知, $\boldsymbol{AB}$ 可逆且 $(\boldsymbol{AB})^{-1}=\boldsymbol{B}^{-1}\boldsymbol{A}^{-1}$.

(2) 因为 $\boldsymbol{A}^{\mathrm{T}}(\boldsymbol{A}^{-1})^{\mathrm{T}}=(\boldsymbol{A}^{-1}\boldsymbol{A})^{\mathrm{T}}=\boldsymbol{I}_n$, 根据命题 9.2.8 知, $\boldsymbol{A}^{\mathrm{T}}$ 可逆且 $(\boldsymbol{A}^{\mathrm{T}})^{-1}=(\boldsymbol{A}^{-1})^{\mathrm{T}}$.

命题 9.2.12 设 $\times$ 表示矩阵的乘法运算, 则 $\big(GL_n(\mathbb{K}),\times\big)$ 是一个群.

证 明 首先, 根据前一命题, 矩阵的乘法运算 $\times$ 是 $GL_n(\mathbb{K})$ 上的一个代数运算. 其次, 运算 $\times$ 满足结合律且单位矩阵是 $\times$ 的单位元. 最后, 对于任意可逆矩阵 $\boldsymbol{A}$, $\boldsymbol{A}^{-1}$ 是 $\boldsymbol{A}$ 关于 $\times$ 的逆元. 综上, $\big(GL_n(\mathbb{K}),\times\big)$ 是一个群.

注 9.2.4 有限维向量空间之间的线性映射与矩阵之间有如下对应关系:

- 线性映射的加法对应矩阵的加法;
- 线性映射的复合对应矩阵的乘法;
- 线性映射的数乘对应矩阵的数乘;
- 线性映射的逆映射对应矩阵的逆矩阵.

在以后的学习过程中, 会经常在矩阵和线性映射之间进行转换. 例如, 在证明矩阵的某些性质时, 会用到线性映射的性质, 如命题 9.2.7 的证明; 在计算线性映射的核和像等问题时, 又会把问题转化为矩阵的计算.

9.3 矩阵的秩

9.3.1 相似矩阵

命题 9.3.1 设 E,F 是两个有限维向量空间, $f\in\mathscr{L}(E,F)$. 设 $\mathscr{B}_1,\mathscr{B}_1'$ 是 E 的两组基, $\mathscr{B}_2,\mathscr{B}_2'$ 是 F 的两组基. 记 $\boldsymbol{P}=\boldsymbol{P}(\mathscr{B}_1,\mathscr{B}_1')$, $\boldsymbol{Q}=\boldsymbol{P}(\mathscr{B}_2,\mathscr{B}_2')$, $\boldsymbol{A}=\mathrm{Mat}_{\mathscr{B}_1,\mathscr{B}_2}(f)$, $\boldsymbol{A}'=\mathrm{Mat}_{\mathscr{B}_1',\mathscr{B}_2'}(f)$, 则 $\boldsymbol{A}'=\boldsymbol{Q}^{-1}\boldsymbol{AP}$.

证 明 根据命题 9.2.4, 有

$$\begin{aligned}\mathrm{Mat}_{\mathscr{B}_1',\mathscr{B}_2'}(f)&=\mathrm{Mat}_{\mathscr{B}_1',\mathscr{B}_2'}(\mathrm{id}_F\circ f\circ\mathrm{id}_E)\\&=\mathrm{Mat}_{\mathscr{B}_2,\mathscr{B}_2'}(\mathrm{id}_F)\ \mathrm{Mat}_{\mathscr{B}_1,\mathscr{B}_2}(f)\ \mathrm{Mat}_{\mathscr{B}_1',\mathscr{B}_1}(\mathrm{id}_E)\\&=\boldsymbol{P}(\mathscr{B}_2',\mathscr{B}_2)\ \mathrm{Mat}_{\mathscr{B}_1,\mathscr{B}_2}(f)\ \boldsymbol{P}(\mathscr{B}_1,\mathscr{B}_1')\\&=\boldsymbol{P}(\mathscr{B}_2,\mathscr{B}_2')^{-1}\ \mathrm{Mat}_{\mathscr{B}_1,\mathscr{B}_2}(f)\ \boldsymbol{P}(\mathscr{B}_1,\mathscr{B}_1')\end{aligned}$$

最后一个等式成立的根据是命题 9.2.10. 因此, $\boldsymbol{A}'=\boldsymbol{Q}^{-1}\boldsymbol{A}\boldsymbol{P}$.

定义 9.3.1 设 $(\boldsymbol{A},\boldsymbol{B})\in\mathcal{M}_n(\mathbb{K})^2$, 若存在可逆矩阵 $\boldsymbol{P}\in\mathcal{M}_n(\mathbb{K})$, 使得 $\boldsymbol{B}=\boldsymbol{P}^{-1}\boldsymbol{A}\boldsymbol{P}$, 则称 $\boldsymbol{A}$ 和 $\boldsymbol{B}$ **相似**.

根据命题 9.3.1, 有如下结论:

命题 9.3.2 设 $\mathscr{B},\mathscr{C}$ 是 E 的两组基, $f\in\mathscr{L}(E)$. 记 $\boldsymbol{A}=\mathrm{Mat}_{\mathscr{B}}(f)$, $\boldsymbol{A}'=\mathrm{Mat}_{\mathscr{C}}(f)$, $\boldsymbol{P}=\boldsymbol{P}(\mathscr{B},\mathscr{C})$, 则 $\boldsymbol{A}'=\boldsymbol{P}^{-1}\boldsymbol{A}\boldsymbol{P}$, 即 $\boldsymbol{A}$ 和 $\boldsymbol{A}'$ 相似.

9.3.2 秩的定义

定义 9.3.2 设 $\boldsymbol{A}\in\mathcal{M}_{n,p}(\mathbb{K})$, 由 $\boldsymbol{A}$ 的所有列向量生成的向量空间的维数称为 $\boldsymbol{A}$ 的**秩**, 记为 $\mathrm{rg}(\boldsymbol{A})$.

例 9.3.1 (1) 设 $\boldsymbol{A}=\begin{bmatrix}1&1&2\\0&1&1\\1&0&1\end{bmatrix}$. 记 $\boldsymbol{A}$ 的列向量为 $\boldsymbol{v}_1=\begin{bmatrix}1\\0\\1\end{bmatrix}$, $\boldsymbol{v}_2=\begin{bmatrix}1\\1\\0\end{bmatrix}$, $\boldsymbol{v}_3=\begin{bmatrix}2\\1\\1\end{bmatrix}$. 因为 $(\boldsymbol{v}_1,\boldsymbol{v}_2)$ 线性无关且 $\boldsymbol{v}_3=\boldsymbol{v}_1+\boldsymbol{v}_2$, 所以 $\mathrm{rg}(\boldsymbol{A})=\dim(\mathrm{Vect}(\boldsymbol{v}_1,\boldsymbol{v}_2,\boldsymbol{v}_3))=\dim(\mathrm{Vect}(\boldsymbol{v}_1,\boldsymbol{v}_2))=2$.

(2) 设 $\boldsymbol{A}=\begin{bmatrix}1&1&1&5&2\\0&1&2&3&4\end{bmatrix}$. 记 $\boldsymbol{A}$ 的列向量为 $\boldsymbol{v}_1=\begin{bmatrix}1\\0\end{bmatrix}$, $\boldsymbol{v}_2=\begin{bmatrix}1\\1\end{bmatrix}$, $\boldsymbol{v}_3=\begin{bmatrix}1\\2\end{bmatrix}$, $\boldsymbol{v}_4=\begin{bmatrix}5\\3\end{bmatrix}$, $\boldsymbol{v}_5=\begin{bmatrix}2\\4\end{bmatrix}$. 由于 $(\boldsymbol{v}_1,\boldsymbol{v}_2)$ 是 $\mathbb{R}^2$ 的一组基, 故 $\mathrm{rg}(\boldsymbol{A})=\dim(\mathrm{Vect}(\boldsymbol{v}_1,\boldsymbol{v}_2,\boldsymbol{v}_3,\boldsymbol{v}_4,\boldsymbol{v}_5))=\dim\left(\mathbb{R}^2\right)=2$.

注 9.3.1 考虑映射

$$\begin{array}{rccc}f_{\boldsymbol{A}}: & \mathcal{M}_{p,1}(\mathbb{K}) & \to & \mathcal{M}_{n,1}(\mathbb{K})\\ & \boldsymbol{X} & \mapsto & \boldsymbol{A}\boldsymbol{X}\end{array}$$

根据定义, $\mathrm{rg}(f_{\boldsymbol{A}})=\dim\left(\mathrm{Im}(f_{\boldsymbol{A}})\right)$. 设 $(\boldsymbol{e}_1,\boldsymbol{e}_2,\cdots,\boldsymbol{e}_p)$ 为 $\mathcal{M}_{p,1}(\mathbb{K})$ 的典范基, 则

$$\mathrm{Im}(f_{\boldsymbol{A}})=\mathrm{Vect}(\boldsymbol{A}\boldsymbol{e}_1,\boldsymbol{A}\boldsymbol{e}_2,\cdots,\boldsymbol{A}\boldsymbol{e}_p)$$

而 $(\boldsymbol{A}\boldsymbol{e}_1,\boldsymbol{A}\boldsymbol{e}_2,\cdots,\boldsymbol{A}\boldsymbol{e}_p)$ 就是 $\boldsymbol{A}$ 的所有列向量. 因此, $\boldsymbol{A}$ 的秩就是 $f_{\boldsymbol{A}}$ 的秩.

推论 9.3.1 设 $\boldsymbol{A}\in\mathcal{M}_n(\mathbb{K})$, 则 $\boldsymbol{A}$ 是可逆矩阵当且仅当 $\mathrm{rg}(\boldsymbol{A})=n$.

证 明 设 $f_{\boldsymbol{A}}$ 是由 $\boldsymbol{A}$ 定义的线性映射. 根据命题 9.2.6 知, $\boldsymbol{A}$ 是可逆矩阵当且仅当 $f_{\boldsymbol{A}}$ 是同构映射，当且仅当 $\mathrm{Im}(f_{\boldsymbol{A}})=\mathbb{K}^n$, 当且仅当 $\mathrm{rg}(\boldsymbol{A})=\mathrm{rg}(f_{\boldsymbol{A}})=n$.

9.3.3 秩的性质

命题 9.3.3 (1) 设 E 是一个 n 维向量空间, $\mathscr{B}$ 是 E 的一组基, 则向量族 $(v_1,v_2,\cdots,v_p)\in E^p$ 的秩等于矩阵 $\mathrm{Mat}_{\mathscr{B}}(v_1,v_2,\cdots,v_p)$ 的秩.

(2) 设 $\mathscr{B}_1, \mathscr{B}_2$ 分别是 E, F 的一组基, $f \in \mathscr{L}(E, F)$, 则 $\mathrm{rg}(f) = \mathrm{rg}\big(\mathrm{Mat}_{\mathscr{B}_1, \mathscr{B}_2}(f)\big)$.

证 明   (1) 定义映射

$$\psi: \quad E \quad \to \quad \mathcal{M}_{n,1}(\mathbb{K})$$
$$x \quad \mapsto \quad [x]_{\mathscr{B}}$$

易验证 ψ 是一个同构映射, 从而映射

$$\widetilde{\psi}: \quad \mathrm{Vect}(v_1, v_2, \cdots, v_p) \quad \to \quad \mathrm{Vect}([v_1]_{\mathscr{B}}, [v_2]_{\mathscr{B}}, \cdots, [v_p]_{\mathscr{B}})$$
$$x \quad \mapsto \quad [x]_{\mathscr{B}}$$

也是一个同构映射. 进而 $\dim\big(\mathrm{Vect}(v_1, v_2, \cdots, v_p)\big) = \dim\big(\mathrm{Vect}([v_1]_{\mathscr{B}}, [v_2]_{\mathscr{B}}, \cdots, [v_p]_{\mathscr{B}})\big)$. 因此,

$$\mathrm{rg}(v_1, v_2, \cdots, v_p) = \mathrm{rg}\big([v_1]_{\mathscr{B}}, [v_2]_{\mathscr{B}}, \cdots, [v_p]_{\mathscr{B}}\big) = \mathrm{rg}\big(\mathrm{Mat}_{\mathscr{B}}(v_1, v_2, \cdots, v_p)\big)$$

(2) 设 $\mathscr{B}_1 = (e_1, e_2, \cdots, e_n)$. 由于 $\mathrm{Im}(f) = \mathrm{Vect}\big(f(e_1), f(e_2), \cdots, f(e_n)\big)$, 故 $\mathrm{rg}(f) = \mathrm{rg}\big(f(e_1), f(e_2), \cdots, f(e_n)\big)$. 根据 (1) 知, $\mathrm{rg}(f) = \mathrm{rg}(\mathrm{Mat}_{\mathscr{B}_2}(f(e_1), f(e_2), \cdots, f(e_n)) = \mathrm{rg}(\mathrm{Mat}_{\mathscr{B}_1, \mathscr{B}_2}(f))$.

命题 9.3.4   设 E, F, G 是三个有限维向量空间, $f \in \mathscr{L}(E, F), g \in \mathscr{L}(F, G)$.

(1) 若 f 是满同态, 则 $\mathrm{rg}(g \circ f) = \mathrm{rg}(g)$;

(2) 若 g 是单同态, 则 $\mathrm{rg}(g \circ f) = \mathrm{rg}(f)$.

证 明   (1) 若 f 是满同态, 则 $\mathrm{Im}(g \circ f) = \mathrm{Im}(g)$, 故 $\mathrm{rg}(g \circ f) = \mathrm{rg}(g)$.

(2) 若 g 是单同态, 则映射

$$\widetilde{g}: \mathrm{Im}(f) \to \mathrm{Im}(g \circ f), \quad x \mapsto g(x)$$

是一个同构映射, 从而 $\mathrm{rg}(g \circ f) = \mathrm{rg}(f)$.

推论 9.3.2   设 $A \in \mathcal{M}_p(\mathbb{K}), B \in \mathcal{M}_{p,q}(\mathbb{K}), C \in \mathcal{M}_q(\mathbb{K})$.

(1) 若 A 可逆, 则 $\mathrm{rg}(AB) = \mathrm{rg}(B)$;

(2) 若 C 可逆, 则 $\mathrm{rg}(BC) = \mathrm{rg}(B)$.

证 明   分别设 f_A, f_B, f_C 为由 A, B, C 定义的线性映射, 根据命题 9.3.4, 结论得证.

设 $r \in \mathbb{N}^*$ 且 $r \leqslant \min\{n, p\}$. 记 $J_r = (a_{ij})_{n,p} \in \mathcal{M}_{n,p}(\mathbb{K})$, 并定义为

$$
\begin{array}{c}
\qquad\qquad r \qquad\qquad p \\
\begin{array}{c} \\ \\ r \\ \\ \\ n \end{array}
\left[
\begin{array}{cccccc}
1 & & & & & \\
& \ddots & & & & \\
& & 1 & & & \\
& & & 0 & & \\
& & & & \ddots & \\
& & & & & 0
\end{array}
\right]
\end{array}
$$

即 J_r 满足: $\forall i \in [\![1, r]\!], a_{ii} = 1$, 且其余位置元素全为 0.

命题 9.3.5 设 $r \in \mathbb{N}^*$, $\boldsymbol{M} \in \mathcal{M}_{n,p}(\mathbb{K})$, 则下面两个论述等价:

(1) $\mathrm{rg}(\boldsymbol{M}) = r$;

(2) 存在 p 阶可逆矩阵 $\boldsymbol{P}$ 和 n 阶可逆矩阵 $\boldsymbol{Q}$, 使得 $\boldsymbol{M} = \boldsymbol{Q}\boldsymbol{J}_r\boldsymbol{P}$.

证 明 (2) $\Rightarrow$ (1): 根据推论 9.3.2, 结论得证.

(1) $\Rightarrow$ (2): 设 $\mathscr{B}_1, \mathscr{B}_2$ 分别为 $\mathcal{M}_{p,1}(\mathbb{K}), \mathcal{M}_{n,1}(\mathbb{K})$ 的典范基. 考虑由 M 定义的线性映射:

$$\begin{array}{rccc} f_{\boldsymbol{M}}: & \mathcal{M}_{p,1}(\mathbb{K}) & \rightarrow & \mathcal{M}_{n,1}(\mathbb{K}) \\ & \boldsymbol{X} & \mapsto & \boldsymbol{M}\boldsymbol{X} \end{array}$$

记 $u = f_{\boldsymbol{M}}$. 假设 $\mathcal{M}_{p,1}(\mathbb{K}) = \mathrm{Ker}(u) \oplus E_0$. 定义映射

$$\begin{array}{rccc} v: & E_0 & \rightarrow & \mathrm{Im}(u) \\ & x & \mapsto & u(x) \end{array}$$

则 v 是一个满同态. 设 $x \in E_0$ 满足 $v(x) = \mathbf{0}$, 则 $u(x) = \mathbf{0}$. 从而 $x \in E_0 \cap \mathrm{Ker}(u) = \{\mathbf{0}\}$, 故 $x = \mathbf{0}$. 因此, $\mathrm{Ker}(v) = \{\mathbf{0}\}$. 综上, v 是一个同构映射, 故 $\dim(E_0) = \dim\big(\mathrm{Im}(u)\big) = \mathrm{rg}(u) = \mathrm{rg}(\boldsymbol{M}) = r$. 设 $(\boldsymbol{e}_1, \boldsymbol{e}_2, \cdots, \boldsymbol{e}_r)$ 为 E_0 的一组基, 将它扩充为 $\mathcal{M}_{p,1}(\mathbb{K})$ 的一组基 $\mathscr{C}_1 = (\boldsymbol{e}_1, \boldsymbol{e}_2, \cdots, \boldsymbol{e}_r, \cdots, \boldsymbol{e}_p)$. 因为 v 是同构映射, 所以 $\big(u(\boldsymbol{e}_1), u(\boldsymbol{e}_2), \cdots, u(\boldsymbol{e}_r)\big)$ 是 $\mathrm{Im}(u)$ 的一组基, 将它扩充为 $\mathcal{M}_{n,1}(\mathbb{K})$ 的一组基

$$\mathscr{C}_2 = \big(u(\boldsymbol{e}_1), u(\boldsymbol{e}_2), \cdots, u(\boldsymbol{e}_r), \boldsymbol{f}_{r+1} \cdots, \boldsymbol{f}_n\big)$$

注意到 $\boldsymbol{M} = \mathrm{Mat}_{\mathscr{B}_1,\mathscr{B}_2}(u)$, $\boldsymbol{J}_r = \mathrm{Mat}_{\mathscr{C}_1,\mathscr{C}_2}(u)$. 根据命题 9.3.1, $\boldsymbol{M} = \boldsymbol{P}(\mathscr{B}_2, \mathscr{C}_2)\ J_r\ \boldsymbol{P}(\mathscr{B}_1, \mathscr{C}_1)^{-1}$. 令 $\boldsymbol{Q} = \boldsymbol{P}(\mathscr{B}_2, \mathscr{C}_2), \boldsymbol{P} = \boldsymbol{P}(\mathscr{B}_1, \mathscr{C}_1)^{-1}$, 结论得证.

命题 9.3.6 设 $\boldsymbol{A} \in \mathcal{M}_{n,p}(\mathbb{K})$, 则 $\mathrm{rg}(\boldsymbol{A}) = \mathrm{rg}(\boldsymbol{A}^{\mathrm{T}})$, 故 $\boldsymbol{A}$ 的秩等于 $\boldsymbol{A}$ 的行向量族的秩.

证 明 设 $\mathrm{rg}(\boldsymbol{A}) = r$. 根据命题 9.3.1, 存在 p 阶可逆矩阵 $\boldsymbol{P}$ 和 n 阶可逆矩阵 $\boldsymbol{Q}$, 使得 $\boldsymbol{A} = \boldsymbol{Q}\boldsymbol{J}_r\boldsymbol{P}$. 从而 $\boldsymbol{A}^{\mathrm{T}} = (\boldsymbol{Q}\boldsymbol{J}_r\boldsymbol{P}) = \boldsymbol{P}^{\mathrm{T}}\boldsymbol{J}_r^{\mathrm{T}}\boldsymbol{Q}^{\mathrm{T}} = \boldsymbol{P}^{\mathrm{T}}\boldsymbol{J}_r\boldsymbol{Q}^{\mathrm{T}}$. 再根据命题 9.3.1 知, $\mathrm{rg}(\boldsymbol{A}^{\mathrm{T}}) = r = \mathrm{rg}(\boldsymbol{A})$.

命题 9.3.7 设 $(\boldsymbol{A}, \boldsymbol{B}) \in \mathcal{M}_{n,p}(\mathbb{K})^2$, 则

$$|\mathrm{rg}(\boldsymbol{A}) - \mathrm{rg}(\boldsymbol{B})| \leqslant \mathrm{rg}(\boldsymbol{A} + \boldsymbol{B}) \leqslant \mathrm{rg}(\boldsymbol{A}) + \mathrm{rg}(\boldsymbol{B})$$

证 明 设 $f_{\boldsymbol{A}}, f_{\boldsymbol{B}}$ 分别是由 $\boldsymbol{A}, \boldsymbol{B}$ 定义的线性映射. 由于 $\mathrm{Im}(f_{\boldsymbol{A}} + f_{\boldsymbol{B}}) \subseteq \mathrm{Im}(f_{\boldsymbol{A}}) + \mathrm{Im}(f_{\boldsymbol{B}})$, 故 $\mathrm{rg}(f_{\boldsymbol{A}} + f_{\boldsymbol{B}}) \leqslant \mathrm{rg}(f_{\boldsymbol{A}}) + \mathrm{rg}(f_{\boldsymbol{B}})$. 根据命题 9.3.3 知, $\mathrm{rg}(\boldsymbol{A} + \boldsymbol{B}) \leqslant \mathrm{rg}(\boldsymbol{A}) + \mathrm{rg}(\boldsymbol{B})$. 进一步, 有

$$\mathrm{rg}(\boldsymbol{A}) = \mathrm{rg}\big((\boldsymbol{A} + \boldsymbol{B}) + (-\boldsymbol{B})\big) \leqslant \mathrm{rg}(\boldsymbol{A} + \boldsymbol{B}) + \mathrm{rg}(-\boldsymbol{B}) = \mathrm{rg}(\boldsymbol{A} + \boldsymbol{B}) + \mathrm{rg}(\boldsymbol{B})$$

交换 $\boldsymbol{A}, \boldsymbol{B}$ 的位置得 $\mathrm{rg}(\boldsymbol{B}) \leqslant \mathrm{rg}(\boldsymbol{A} + \boldsymbol{B}) + \mathrm{rg}(\boldsymbol{A})$. 因此, $|\mathrm{rg}(\boldsymbol{A}) - \mathrm{rg}(\boldsymbol{B})| \leqslant \mathrm{rg}(\boldsymbol{A} + \boldsymbol{B})$.

命题 9.3.8 设 $\boldsymbol{A} \in \mathcal{M}_{n,p}(\mathbb{K})$, $\boldsymbol{B} \in \mathcal{M}_{p,q}(\mathbb{K})$, 则

$$\mathrm{rg}(\boldsymbol{A}) + \mathrm{rg}(\boldsymbol{B}) - p \leqslant \mathrm{rg}(\boldsymbol{A}\boldsymbol{B}) \leqslant \min\big\{\mathrm{rg}(\boldsymbol{A}), \mathrm{rg}(\boldsymbol{B})\big\}$$

证 明 设 $f_{\boldsymbol{A}}, f_{\boldsymbol{B}}$ 分别是由 $\boldsymbol{A}, \boldsymbol{B}$ 定义的线性映射.

(i) 由于 $\mathrm{Im}(f_{\boldsymbol{A}} \circ f_{\boldsymbol{B}}) \subseteq \mathrm{Im}(f_{\boldsymbol{A}})$, 故 $\mathrm{rg}(f_{\boldsymbol{A}} \circ f_{\boldsymbol{B}}) \leqslant \mathrm{rg}(f_{\boldsymbol{A}})$.

(ii) 定义映射

$$\begin{aligned} v: \ \mathrm{Im}(f_{\boldsymbol{B}}) &\to \mathrm{Im}(f_{\boldsymbol{A}} \circ f_{\boldsymbol{B}}) \\ x &\to f_{\boldsymbol{A}}(x) \end{aligned}$$

则 v 是一个满同态. 根据秩定理, $\mathrm{rg}(f_{\boldsymbol{A}} \circ f_{\boldsymbol{B}}) = \dim\big(\mathrm{Im}(f_{\boldsymbol{B}})\big) - \mathrm{Ker}(v) \leqslant \mathrm{rg}(f_{\boldsymbol{B}})$.

(iii) 根据 (ii) 及秩定理, 有

$$\mathrm{rg}(f_{\boldsymbol{B}}) = \dim\big(\mathrm{Im}(f_{\boldsymbol{B}})\big) = \dim\big(\mathrm{Ker}(v)\big) + \mathrm{rg}(v) = \dim\big(\mathrm{Ker}(v)\big) + \mathrm{rg}(f_{\boldsymbol{A}} \circ f_{\boldsymbol{B}})$$

因为 $\mathrm{Ker}(v) \subseteq \mathrm{Ker}(f_{\boldsymbol{A}})$, 所以

$$\dim(\mathrm{Ker}(v)) \leqslant \dim\big(\mathrm{Ker}(f_{\boldsymbol{A}})\big) = p - \mathrm{rg}(f_{\boldsymbol{A}})$$

因此, $\mathrm{rg}(f_{\boldsymbol{A}}) + \mathrm{rg}(f_{\boldsymbol{B}}) - p \leqslant \mathrm{rg}(f_{\boldsymbol{A}} \circ f_{\boldsymbol{B}})$.

根据命题 9.3.3, 结论得证.

9.4 矩阵的初等变换

9.4.1 初等变换的定义

定义 9.4.1 以下三种变换称为矩阵的**初等行（列）变换**:

(1) 第一类初等变换: 交换矩阵的两行（列）;

(2) 第二类初等变换: 将矩阵的某一行（列）乘以一个非零常数;

(3) 第三类初等变换: 将矩阵的某一行（列）乘以一个非零常数加到另一行（列）.

初等行变换和初等列变换统称为**初等变换**.

为叙述方便, 将初等变换按表 9-1 所列进行表示.

表 9-1

初等变换描述	一次初等变换表示
交换矩阵第 i 行和第 j 行	$\boldsymbol{L}_i \leftrightarrow \boldsymbol{L}_j$
矩阵的第 i 行乘以一个非零常数 λ	$\boldsymbol{L}_i \leftarrow \lambda \boldsymbol{L}_i$
矩阵的第 j 行乘以非零常数 λ 加到第 i 行	$\boldsymbol{L}_i \leftarrow \boldsymbol{L}_i + \lambda \boldsymbol{L}_j$
交换矩阵第 i 列和第 j 列	$\boldsymbol{C}_i \leftrightarrow \boldsymbol{C}_j$
矩阵的第 i 列乘以一个非零常数 λ	$\boldsymbol{C}_i \leftarrow \lambda \boldsymbol{C}_i$
矩阵的第 j 列乘以非零常数 λ 加到第 i 列	$\boldsymbol{C}_i \leftarrow \boldsymbol{C}_i + \lambda \boldsymbol{C}_j$

定义 9.4.2 对单位矩阵进行一次初等变换得到的矩阵称为**初等矩阵**.

为叙述方便, 初等行变换对应的矩阵表示如表 9-2 所列.

表 9-2

原矩阵	一次初等行变换	变换后矩阵
$\boldsymbol{I}_n$	$\boldsymbol{L}_i \leftrightarrow \boldsymbol{L}_j$	$\boldsymbol{T}_{i,j}$
$\boldsymbol{I}_n$	$\boldsymbol{L}_i \leftarrow \lambda \boldsymbol{L}_i$	$\boldsymbol{D}_i(\lambda)$
$\boldsymbol{I}_n$	$\boldsymbol{L}_i \leftarrow \boldsymbol{L}_i + \lambda \boldsymbol{L}_j$	$\boldsymbol{L}_{i,j}(\lambda)$

容易验证, 初等列变换对应的矩阵如表 9-3 所列.

表 9-3

原矩阵	一次初等列变换	变换后矩阵
$\boldsymbol{I}_n$	$\boldsymbol{C}_i \leftrightarrow \boldsymbol{C}_j$	$\boldsymbol{T}_{i,j}$
$\boldsymbol{I}_n$	$\boldsymbol{C}_i \leftarrow \lambda \boldsymbol{C}_i$	$\boldsymbol{D}_i(\lambda)$
$\boldsymbol{I}_n$	$\boldsymbol{C}_i \leftarrow \boldsymbol{C}_i + \lambda \boldsymbol{C}_j$	$\boldsymbol{L}_{i,j}(\lambda)^{\mathrm{T}}$

表 9-2 和表 9-3 中, $\boldsymbol{T}_{i,j}=\begin{array}{c}\begin{matrix} & & i & & j & & \end{matrix}\\ \begin{bmatrix} 1 & & & & & & \\ & \ddots & & & & & \\ & & 0 & & 1 & & \\ & & & \ddots & & & \\ & & 1 & & 0 & & \\ & & & & & \ddots & \\ & & & & & & 1 \end{bmatrix}\end{array}\begin{matrix} \\ \\ i \\ \\ j \\ \\ \\ \end{matrix}$, $\boldsymbol{D}_i(\lambda)=\begin{array}{c}\begin{matrix} & & & i & & & \end{matrix}\\ \begin{bmatrix} 1 & & & & & & \\ & \ddots & & & & & \\ & & 1 & & & & \\ & & & \lambda & & & \\ & & & & 1 & & \\ & & & & & \ddots & \\ & & & & & & 1 \end{bmatrix}\end{array}\begin{matrix} \\ \\ \\ i \\ \\ \\ \\ \end{matrix}$,

$$\boldsymbol{L}_{i,j}(\lambda)=\begin{array}{c}\begin{matrix} & & i & & j & & \end{matrix}\\ \begin{bmatrix} 1 & & & & & & \\ & \ddots & & & & & \\ & & 1 & & \lambda & & \\ & & & \ddots & & & \\ & & 0 & & 1 & & \\ & & & & & \ddots & \\ & & & & & & 1 \end{bmatrix}\end{array}\begin{matrix} \\ \\ i \\ \\ j \\ \\ \\ \end{matrix}.$$

命题 9.4.1 设 $\boldsymbol{A} \in \mathcal{M}_{n,p}(\mathbb{K})$. 若 $\boldsymbol{A}'$ 是对 $\boldsymbol{A}$ 进行一次初等变换后得到的矩阵, 则变换过程和表示如表 9-4 和表 9-5 所列.

表 9-4

原矩阵	一次初等行变换	变换后矩阵
$\boldsymbol{A}$	$\boldsymbol{L}_i \leftrightarrow \boldsymbol{L}_j$	$\boldsymbol{A}' = \boldsymbol{T}_{i,j}\ \boldsymbol{A}$
$\boldsymbol{A}$	$\boldsymbol{L}_i \leftarrow \lambda \boldsymbol{L}_i$	$\boldsymbol{A}' = \boldsymbol{D}_i(\lambda)\ \boldsymbol{A}$
$\boldsymbol{A}$	$\boldsymbol{L}_i \leftarrow \boldsymbol{L}_i + \lambda \boldsymbol{L}_j$	$\boldsymbol{A}' = \boldsymbol{L}_{i,j}(\lambda)\ \boldsymbol{A}$

表 9-5

原矩阵	一次初等列变换	变换后矩阵
$\boldsymbol{A}$	$\boldsymbol{C}_i \leftrightarrow \boldsymbol{C}_j$	$\boldsymbol{A}' = \boldsymbol{A}\ \boldsymbol{T}_{i,j}$
$\boldsymbol{A}$	$\boldsymbol{C}_i \leftarrow \lambda \boldsymbol{C}_i$	$\boldsymbol{A}' = \boldsymbol{A}\ \boldsymbol{D}_i(\lambda)$
$\boldsymbol{A}$	$\boldsymbol{C}_i \leftarrow \boldsymbol{C}_i + \lambda \boldsymbol{C}_j$	$\boldsymbol{A}' = \boldsymbol{A}\ \boldsymbol{L}_{i,j}(\lambda)^{\mathrm{T}}$

9.4.2 初等变换与矩阵的秩

命题 9.4.2 设 $\boldsymbol{A} \in \mathcal{M}_{n,p}(\mathbb{K})$. 若对 $\boldsymbol{A}$ 进行有限次初等变换得到 $\boldsymbol{A}'$, 则 $\mathrm{rg}(\boldsymbol{A}) = \mathrm{rg}(\boldsymbol{A}')$, 即初等变换不改变矩阵的秩. 特别地, 初等矩阵都是可逆矩阵.

证 明 设 $\boldsymbol{A} \in \mathcal{M}_{n,p}(\mathbb{K})$, 记 $\boldsymbol{C}_1, \boldsymbol{C}_2, \cdots, \boldsymbol{C}_p$ 为 $\boldsymbol{A}$ 的所有列向量. 根据矩阵的秩的定义, 有

$$\mathrm{rg}(\boldsymbol{A}) = \dim\left(\mathrm{Vect}(\boldsymbol{C}_1, \boldsymbol{C}_2, \cdots, \boldsymbol{C}_p)\right)$$

设 $\lambda \in \mathbb{K}$, $(i,j) \in [\![1,p]\!]^2$ 且 $i \neq j$.

• 因为 $\mathrm{Vect}(\boldsymbol{C}_1, \cdots, \boldsymbol{C}_i, \cdots, \boldsymbol{C}_j, \cdots, \boldsymbol{C}_p) = \mathrm{Vect}(\boldsymbol{C}_1, \cdots, \boldsymbol{C}_j, \cdots, \boldsymbol{C}_i, \cdots, \boldsymbol{C}_p)$, 所以进行一次第一类初等列变换不改变矩阵的秩.

• 因为 $\mathrm{Vect}(\boldsymbol{C}_1, \cdots, \boldsymbol{C}_i, \cdots, \boldsymbol{C}_p) = \mathrm{Vect}(\boldsymbol{C}_1, \cdots, \lambda\boldsymbol{C}_i, \cdots, \boldsymbol{C}_p)$, 所以进行一次第二类初等列变换不改变矩阵的秩.

• 因为 $\mathrm{Vect}(\boldsymbol{C}_1, \cdots, \boldsymbol{C}_i, \cdots, \boldsymbol{C}_j, \cdots, \boldsymbol{C}_p) = \mathrm{Vect}(\boldsymbol{C}_1, \cdots, \boldsymbol{C}_i + \lambda\boldsymbol{C}_j, \cdots, \boldsymbol{C}_j, \cdots, \boldsymbol{C}_p)$, 所以进行一次第三类初等列变换不改变矩阵的秩.

因此, 进行初等列变换不改变矩阵的秩. 由于 $\boldsymbol{A}$ 和 $\boldsymbol{A}^{\mathrm{T}}$ 秩相等, 故进行初等行变换也不改变矩阵的秩.

命题 9.4.3 设 $a \in \mathbb{K}^*$, $\boldsymbol{A} \in \mathcal{M}_{n,p}(\mathbb{K})$, 并假设 $\boldsymbol{A}$ 具有如下形式:

$$\boldsymbol{A} = \left[\begin{array}{c|ccc} a & * & \cdots & * \\ \hline 0 & & & \\ \vdots & & \boldsymbol{A}' & \\ 0 & & & \end{array}\right]$$

则 $\mathrm{rg}(\boldsymbol{A}) = 1 + \mathrm{rg}(\boldsymbol{A}')$.

证 明 设 $\boldsymbol{L}_1, \boldsymbol{L}_2, \cdots, \boldsymbol{L}_n$ 为 $\boldsymbol{A}$ 的所有行向量, $\boldsymbol{v} \in \mathrm{Vect}(\boldsymbol{L}_1) \cap \mathrm{Vect}(\boldsymbol{L}_2, \boldsymbol{L}_3, \cdots, \boldsymbol{L}_n)$, 则存在 $(\lambda_1, \lambda_2, \cdots, \lambda_n) \in \mathbb{K}^n$, 使得 $\boldsymbol{v} = \lambda_1\boldsymbol{L}_1 = \sum\limits_{k=2}^{n} \lambda_k\boldsymbol{L}_k$. 比较 $\lambda_1\boldsymbol{L}_1$ 和 $\sum\limits_{k=2}^{n} \lambda_k\boldsymbol{L}_k$ 的第一个坐标得 $\lambda_1 a = \boldsymbol{0}$. 因为 $a \neq 0$, 所以 $\lambda_1 = 0$, 进而 $\boldsymbol{v} = \boldsymbol{0}$. 这就证明了

$$\mathrm{Vect}(\boldsymbol{L}_1) \cap \mathrm{Vect}(\boldsymbol{L}_2, \boldsymbol{L}_3, \cdots, \boldsymbol{L}_n) = \{\boldsymbol{0}\}$$

从而 $\mathrm{Vect}(\boldsymbol{L}_1, \boldsymbol{L}_2, \cdots, \boldsymbol{L}_n) = \mathrm{Vect}(\boldsymbol{L}_1) \oplus \mathrm{Vect}(\boldsymbol{L}_2, \boldsymbol{L}_3, \cdots, \boldsymbol{L}_n)$. 因此,

$\mathrm{rg}(\boldsymbol{A}) = \dim\left(\mathrm{Vect}(\boldsymbol{L}_1, \boldsymbol{L}_2, \cdots, \boldsymbol{L}_n)\right) = \dim\left(\mathrm{Vect}(\boldsymbol{L}_1)\right) + \dim\left(\mathrm{Vect}(\boldsymbol{L}_2, \boldsymbol{L}_3, \cdots, \boldsymbol{L}_n)\right) = 1 + \mathrm{rg}(\boldsymbol{A}')$

根据命题 9.4.3, 递归可以证明如下结论:

推论 9.4.1 设 $\boldsymbol{A}$ 是一个 n 阶上三角矩阵. 若 $\boldsymbol{A}$ 的对角元都不为零, 则 $\mathrm{rg}(\boldsymbol{A}) = n$, 从而 $\boldsymbol{A}$ 是可逆矩阵.

定义 9.4.3 设 $\boldsymbol{A} \in \mathcal{M}_{n,p}(\mathbb{K})$; $\boldsymbol{L}_1, \boldsymbol{L}_2, \cdots, \boldsymbol{L}_n$ 为矩阵 $\boldsymbol{A}$ 的所有行向量. 若对于任意 $i \in [\![1, n-1]\!]$, $\boldsymbol{L}_{i+1}$ 的第一个非零元素的列标大于 $\boldsymbol{L}_i$ 的第一个非零元素的列标, 则称 $\boldsymbol{A}$ 是一个**行阶梯矩阵**.

例 9.4.1 矩阵 $\begin{bmatrix} 1 & 2 & 3 & 4 \\ 0 & 0 & 0 & 2 \\ 0 & 0 & 1 & 3 \end{bmatrix}$ 不是一个行阶梯矩阵, 交换矩阵的第二行和第三行可得到一个行阶梯矩阵 $\begin{bmatrix} 1 & 2 & 3 & 4 \\ 0 & 0 & 1 & 3 \\ 0 & 0 & 0 & 2 \end{bmatrix}$.

定理 9.4.1 $\mathcal{M}_{n,p}(\mathbb{K})$ 中的每一个矩阵都可以通过进行初等行变换变为行阶梯矩阵.

证 明 设 $n \in \mathbb{N}^*$. 定义 $\mathcal{P}(n)$: 对于任意 $p \in \mathbb{N}^*$, $\mathcal{M}_{n,p}(\mathbb{K})$ 中的每一个矩阵 $\boldsymbol{A}$ 可以通过进行初等行变换变为行阶梯矩阵.

若 $\boldsymbol{A} = \boldsymbol{O}_{n\times p}$, 结论显然成立. 下面假设 $\boldsymbol{A} \neq \boldsymbol{O}_{n\times p}$.

- 若 $n = 1$, 结论显然成立.
- 设 $n \in \mathbb{N}^*$, 并假设 $\mathcal{P}(n)$ 成立. 另设 $\boldsymbol{A} = (a_{ij})_{(n+1)\times p} \in \mathcal{M}_{n+1,p}(\mathbb{K})$.

(i) 假设存在 $i \in [\![1, n+1]\!]$, 使得 $a_{i1} \neq 0$. 因为初等变换包含交换矩阵的两行, 不妨设 $a_{11} \neq 0$. 对 $\boldsymbol{A}$ 进行如下行变换: 对于任意 $j \in [\![2, n+1]\!]$, 将 $\boldsymbol{A}$ 的第一行的 $-\dfrac{a_{j1}}{a_{11}}$ 倍加至第 j 行, 变换后的矩阵具有如下形式:

$$\left[\begin{array}{c|ccc} a_{11} & * & \cdots & * \\ \hline 0 & & & \\ \vdots & & \boldsymbol{A}' & \\ 0 & & & \end{array}\right]$$

根据归纳假设, 进行初等行变换可将 $\boldsymbol{A}'$ 变为行阶梯矩阵. 因此, 进行初等行变换可将 $\boldsymbol{A}$ 变为行阶梯矩阵.

(ii) 假设存在 $k \in [\![1, p-1]\!]$, 使得 $\boldsymbol{A}$ 的前 k 列都为零, 第 $k+1$ 列不全为零. 不妨设 $a_{1,k+1} \neq 0$, 则 $\boldsymbol{A}$ 具有如下形式:

$$\left[\begin{array}{ccc|cccc} 0 & \cdots & 0 & a_{1,k+1} & * & \cdots & * \\ \hline 0 & \cdots & 0 & & & & \\ \vdots & \ddots & \vdots & & \boldsymbol{A}'' & & \\ 0 & \cdots & 0 & & & & \end{array}\right]$$

利用初等行变换将此矩阵进一步变为

$$\left[\begin{array}{ccc|c|ccc} 0 & \cdots & 0 & a_{1,k+1} & * & \cdots & * \\ \hline 0 & \cdots & 0 & 0 & & & \\ \vdots & \ddots & \vdots & \vdots & & \boldsymbol{A}''' & \\ 0 & \cdots & 0 & 0 & & & \end{array}\right]$$

根据归纳假设, 进行初等行变换可将 $\boldsymbol{A}'''$ 变为行阶梯矩阵, 进而可将 $\boldsymbol{A}$ 变为行阶梯矩阵.

根据数学归纳法, 定理得证.

定义 9.4.4　设 $\boldsymbol{A} \in \mathcal{M}_{n,p}(\mathbb{K})$. 若 $\boldsymbol{A}^{\mathrm{T}}$ 是一个行阶梯矩阵, 则称 $\boldsymbol{A}$ 是一个**列阶梯矩阵**.

根据定义及定理 9.4.1, 有如下结论:

定理 9.4.2　$\mathcal{M}_{n,p}(\mathbb{K})$ 中的每一个矩阵都可以通过进行初等列变换变成列阶梯矩阵.

类似定理 9.4.1, 可以证明如下结论:

推论 9.4.2　每一个可逆矩阵都可以通过进行初等行变换变成单位矩阵.

9.4.3　初等变换的应用

本小节介绍初等变换的两个应用: 求矩阵的秩、求可逆矩阵的逆矩阵, 后续还将看到初等变换在其他方面的应用.

1. 求矩阵的秩

例 9.4.2　设 $\boldsymbol{A} = \begin{bmatrix} 1 & 2 & 3 & 4 \\ 4 & 5 & 6 & 7 \\ 7 & 8 & 9 & 10 \end{bmatrix}$, 求 $\mathrm{rg}(\boldsymbol{A})$.

解　对 $\boldsymbol{A}$ 进行初等行变换:

$$\begin{bmatrix} 1 & 2 & 3 & 4 \\ 4 & 5 & 6 & 7 \\ 7 & 8 & 9 & 10 \end{bmatrix} \xrightarrow[L_3 \leftarrow L_3 + L_1]{L_3 \leftarrow L_3 - 2L_2} \begin{bmatrix} 1 & 2 & 3 & 4 \\ 4 & 5 & 6 & 7 \\ 0 & 0 & 0 & 0 \end{bmatrix} \xrightarrow{L_2 \leftarrow L_2 - 4L_1} \begin{bmatrix} 1 & 2 & 3 & 4 \\ 0 & -3 & -6 & -9 \\ 0 & 0 & 0 & 0 \end{bmatrix} = \boldsymbol{A}'$$

因为 $\boldsymbol{A}'$ 的第一行和第二行线性无关, 所以 $\mathrm{rg}(\boldsymbol{A}') = 2$. 由于初等变换不改变矩阵的秩, 故 $\mathrm{rg}(\boldsymbol{A}) = 2$.

2. 求可逆矩阵的逆矩阵

命题 9.4.4　设 $\boldsymbol{A} \in GL_n(\mathbb{K})$. 若对 $[\boldsymbol{A}, \boldsymbol{I}_n]$ 进行初等行变换得到矩阵 $[\boldsymbol{I}_n, \boldsymbol{B}]$, 则 $\boldsymbol{B} = \boldsymbol{A}^{-1}$.

证　明　假设对 $[\boldsymbol{A}, \boldsymbol{I}_n]$ 进行 m 次初等行变换得到矩阵 $[\boldsymbol{I}_n, \boldsymbol{B}]$. 根据命题 9.4.1 知, 存在初等矩阵 $\boldsymbol{P}_1, \boldsymbol{P}_2, \cdots, \boldsymbol{P}_m$, 使得

$$[\boldsymbol{I}_n, \boldsymbol{B}] = \boldsymbol{P}_m \cdots \boldsymbol{P}_2 \boldsymbol{P}_1 [\boldsymbol{A}, \boldsymbol{I}_n] = [\boldsymbol{P}_m \cdots \boldsymbol{P}_2 \boldsymbol{P}_1 \boldsymbol{A}, \boldsymbol{P}_m \cdots \boldsymbol{P}_2 \boldsymbol{P}_1 \boldsymbol{I}_n]$$

从而 $\boldsymbol{B} = \boldsymbol{P}_m \cdots \boldsymbol{P}_2 \boldsymbol{P}_1 \boldsymbol{I}_n = \boldsymbol{P}_m \cdots \boldsymbol{P}_2 \boldsymbol{P}_1$ 且 $\boldsymbol{I}_n = \boldsymbol{P}_m \cdots \boldsymbol{P}_2 \boldsymbol{P}_1 \boldsymbol{A} = \boldsymbol{B}\boldsymbol{A}$, 故 $\boldsymbol{B} = \boldsymbol{A}^{-1}$.

例 9.4.3　设 $\boldsymbol{A} = \begin{bmatrix} 1 & 1 & 1 \\ 0 & 1 & 1 \\ 0 & 0 & 1 \end{bmatrix}$, 证明 $\boldsymbol{A}$ 可逆并求 $\boldsymbol{A}^{-1}$.

解　易知 $\mathrm{rg}(\boldsymbol{A}) = 3$, 故 $\boldsymbol{A}$ 可逆. 对 $\boldsymbol{A}$ 进行初等行变换:

$$\left[\begin{array}{ccc:ccc} 1 & 1 & 1 & 1 & 0 & 0 \\ 0 & 1 & 1 & 0 & 1 & 0 \\ 0 & 0 & 1 & 0 & 0 & 1 \end{array}\right] \xrightarrow{L_1 \leftarrow L_1 - L_2} \left[\begin{array}{ccc:ccc} 1 & 0 & 0 & 1 & -1 & 0 \\ 0 & 1 & 1 & 0 & 1 & 0 \\ 0 & 0 & 1 & 0 & 0 & 1 \end{array}\right]$$

$$\xrightarrow{L_2\leftarrow L_2-L_3}\left[\begin{array}{ccc:ccc}1&0&0&1&-1&0\\0&1&0&0&1&-1\\0&0&1&0&0&1\end{array}\right]$$

根据命题 9.4.4 知, $\boldsymbol{A}^{-1}=\begin{bmatrix}1&-1&0\\0&1&-1\\0&0&1\end{bmatrix}$.

9.5 分块矩阵

实际应用中, 经常会碰到一些阶数很大但形式特殊的矩阵, 比如矩阵中的元素大部分都是 0, 或具有某种对称性. 为方便书写或简化计算, 会对这类矩阵进行适当分块. 比如, 命题 9.3.5 中的 $\boldsymbol{J}_r$ 可分块表示为

$$\boldsymbol{J}_r=\left[\begin{array}{c:c}\boldsymbol{I}_r&\boldsymbol{O}_1\\ \hdashline \boldsymbol{O}_2&\boldsymbol{O}_3\end{array}\right]$$

其中, $\boldsymbol{O}_1,\boldsymbol{O}_2,\boldsymbol{O}_3$ 表示全零矩阵, $\boldsymbol{I}_r$ 表示 r 阶单位矩阵.

矩阵的乘法也可以用分块矩阵表示. 例如, 设 $\boldsymbol{A}\in\mathcal{M}_{s,n}(\mathbb{K}),\boldsymbol{B}\in\mathcal{M}_{n,m}(\mathbb{K})$. 将 $\boldsymbol{B}$ 按列分块:

$$\boldsymbol{B}=[\boldsymbol{C}_1,\boldsymbol{C}_2,\cdots,\boldsymbol{C}_m]$$

根据矩阵乘法的定义, 有

$$\boldsymbol{AB}=[\boldsymbol{AC}_1,\boldsymbol{AC}_2,\cdots,\boldsymbol{AC}_m]$$

更一般地, 设 $\boldsymbol{B}=[\boldsymbol{B}_1,\boldsymbol{B}_2]$, 其中 $\boldsymbol{B}_1\in\mathcal{M}_{n,m_1}(\mathbb{K})$, $\boldsymbol{B}_2\in\mathcal{M}_{n,m_2}(\mathbb{K})$ 且 $m_1+m_2=m$, 则

$$\boldsymbol{AB}=[\boldsymbol{AB}_1,\ \boldsymbol{AB}_2]$$

下面通过一个具体例子说明分块矩阵在矩阵计算中的应用. 将矩阵 $\boldsymbol{A},\boldsymbol{B}$ 按如下方式分块:

$$\boldsymbol{A}=\left[\begin{array}{cc:ccc}1&0&0&0&0\\0&1&0&0&0\\ \hdashline -1&2&1&0&0\\1&1&0&1&1\end{array}\right],\qquad \boldsymbol{B}=\left[\begin{array}{cc:cc}1&0&3&2\\-1&2&0&1\\ \hdashline 1&0&4&1\\-1&-1&2&0\\0&1&0&0\end{array}\right]$$

记为

$$\boldsymbol{A}=\begin{bmatrix}\boldsymbol{I}_2&\boldsymbol{O}\\\boldsymbol{A}_1&\boldsymbol{A}_2\end{bmatrix},\qquad \boldsymbol{B}=\begin{bmatrix}\boldsymbol{B}_{11}&\boldsymbol{B}_{12}\\\boldsymbol{B}_{21}&\boldsymbol{B}_{22}\end{bmatrix}$$

其中,

$$I_2 = \begin{bmatrix} 1 & 0 \\ 0 & 1 \end{bmatrix} \quad A_1 = \begin{bmatrix} -1 & 2 \\ 1 & 1 \end{bmatrix} \quad O = \begin{bmatrix} 0 & 0 & 0 \\ 0 & 0 & 0 \end{bmatrix} \quad A_2 = \begin{bmatrix} 1 & 0 & 0 \\ 0 & 1 & 1 \end{bmatrix}$$

$$B_{11} = \begin{bmatrix} 1 & 0 \\ -1 & 2 \end{bmatrix} \quad B_{12} = \begin{bmatrix} 3 & 2 \\ 0 & 1 \end{bmatrix} \quad B_{21} = \begin{bmatrix} 1 & 0 \\ -1 & -1 \\ 0 & 1 \end{bmatrix} \quad B_{22} = \begin{bmatrix} 4 & 1 \\ 2 & 0 \\ 0 & 0 \end{bmatrix}$$

将 A, B 中的矩阵分块视作一个元素来运算, 即

$$\begin{bmatrix} I_2 & O \\ A_1 & A_2 \end{bmatrix} \begin{bmatrix} B_{11} & B_{12} \\ B_{21} & B_{22} \end{bmatrix} = \begin{bmatrix} B_{11} & B_{12} \\ A_1B_{11} + A_2B_{21} & A_1B_{12} + A_2B_{22} \end{bmatrix}$$

计算等式右边的小块矩阵代入得

$$\begin{bmatrix} I_2 & O \\ A_1 & A_2 \end{bmatrix} \begin{bmatrix} B_{11} & B_{12} \\ B_{21} & B_{22} \end{bmatrix} = \left[\begin{array}{cc:cc} 1 & 0 & 3 & 2 \\ -1 & 2 & 0 & 1 \\ \hdashline -2 & 4 & 1 & 1 \\ -1 & 2 & 5 & 3 \end{array}\right]$$

可以验证, 这与按矩阵乘法的定义计算 AB 得到的结果是一致的.

一般地, 有如下结论:

命题 9.5.1 设 $A \in \mathcal{M}_{s,n}(\mathbb{K}), B \in \mathcal{M}_{n,m}(\mathbb{K})$. 将 A, B 按如下方式分块:

$$A = \begin{array}{c} \\ s_1 \\ s_2 \\ \vdots \\ s_t \end{array} \begin{array}{c} \begin{array}{cccc} n_1 & n_2 & \cdots & n_l \end{array} \\ \begin{bmatrix} A_{11} & A_{12} & \cdots & A_{1l} \\ A_{21} & A_{22} & \cdots & A_{2l} \\ \vdots & \vdots & \vdots & \vdots \\ A_{t1} & A_{t2} & \cdots & A_{tl} \end{bmatrix} \end{array} \qquad B = \begin{array}{c} \\ n_1 \\ n_2 \\ \vdots \\ n_l \end{array} \begin{array}{c} \begin{array}{cccc} m_1 & m_2 & \cdots & m_r \end{array} \\ \begin{bmatrix} B_{11} & B_{12} & \cdots & B_{1r} \\ B_{21} & B_{22} & \cdots & B_{2r} \\ \vdots & \vdots & \vdots & \vdots \\ B_{l1} & B_{l2} & \cdots & B_{lr} \end{bmatrix} \end{array}$$

其中 $A_{ij} \in \mathcal{M}_{s_i,n_j}(\mathbb{K}), B_{ij} \in \mathcal{M}_{n_i,m_j}(\mathbb{K})$. 记 $C_{ij} = \sum\limits_{k=1}^{l} A_{ik}B_{kj}$, 则

$$AB = \begin{array}{c} \\ s_1 \\ s_2 \\ \vdots \\ s_t \end{array} \begin{array}{c} \begin{array}{cccc} m_1 & m_2 & \cdots & m_r \end{array} \\ \begin{bmatrix} C_{11} & C_{12} & \cdots & C_{1r} \\ C_{21} & C_{22} & \cdots & C_{2r} \\ \vdots & \vdots & \vdots & \vdots \\ C_{t1} & C_{t2} & \cdots & C_{tr} \end{bmatrix} \end{array}$$

注 9.5.1 对 A, B 进行分块时, A 的列的划分必须与 B 的行的划分一致.

与矩阵相似, 也可以对分块矩阵进行初等变换.

注 9.5.2 (分块矩阵的初等变换) 设 $\boldsymbol{\Lambda} \in \mathcal{M}_n(\mathbb{K})$, $(\boldsymbol{A},\boldsymbol{B},\boldsymbol{C},\boldsymbol{D}) \in \mathcal{M}_n(\mathbb{K})^4$. 分块矩阵的初等变换可用分块矩阵的乘法表示.

- 第一类初等行变换:

$$\begin{bmatrix} \boldsymbol{O} & \boldsymbol{I}_n \\ \boldsymbol{I}_n & \boldsymbol{O} \end{bmatrix} \begin{bmatrix} \boldsymbol{A} & \boldsymbol{B} \\ \boldsymbol{C} & \boldsymbol{D} \end{bmatrix} = \begin{bmatrix} \boldsymbol{C} & \boldsymbol{D} \\ \boldsymbol{A} & \boldsymbol{B} \end{bmatrix}$$

- 第一类初等列变换:

$$\begin{bmatrix} \boldsymbol{A} & \boldsymbol{B} \\ \boldsymbol{C} & \boldsymbol{D} \end{bmatrix} \begin{bmatrix} \boldsymbol{O} & \boldsymbol{I}_n \\ \boldsymbol{I}_n & \boldsymbol{O} \end{bmatrix} = \begin{bmatrix} \boldsymbol{B} & \boldsymbol{A} \\ \boldsymbol{D} & \boldsymbol{C} \end{bmatrix}$$

- 第二类初等行变换:

$$\begin{bmatrix} \boldsymbol{I}_n & \boldsymbol{O} \\ \boldsymbol{O} & \boldsymbol{\Lambda} \end{bmatrix} \begin{bmatrix} \boldsymbol{A} & \boldsymbol{B} \\ \boldsymbol{C} & \boldsymbol{D} \end{bmatrix} = \begin{bmatrix} \boldsymbol{A} & \boldsymbol{B} \\ \boldsymbol{\Lambda C} & \boldsymbol{\Lambda D} \end{bmatrix}$$

- 第二类初等列变换:

$$\begin{bmatrix} \boldsymbol{A} & \boldsymbol{B} \\ \boldsymbol{C} & \boldsymbol{D} \end{bmatrix} \begin{bmatrix} \boldsymbol{I}_n & \boldsymbol{O} \\ \boldsymbol{O} & \boldsymbol{\Lambda} \end{bmatrix} = \begin{bmatrix} \boldsymbol{A} & \boldsymbol{B\Lambda} \\ \boldsymbol{C} & \boldsymbol{D\Lambda} \end{bmatrix}$$

- 第三类初等行变换:

$$\begin{bmatrix} \boldsymbol{I}_n & \boldsymbol{O} \\ \boldsymbol{\Lambda} & \boldsymbol{I}_n \end{bmatrix} \begin{bmatrix} \boldsymbol{A} & \boldsymbol{B} \\ \boldsymbol{C} & \boldsymbol{D} \end{bmatrix} = \begin{bmatrix} \boldsymbol{A} & \boldsymbol{B} \\ \boldsymbol{C}+\boldsymbol{\Lambda A} & \boldsymbol{D}+\boldsymbol{\Lambda B} \end{bmatrix}$$

- 第三类初等列变换:

$$\begin{bmatrix} \boldsymbol{A} & \boldsymbol{B} \\ \boldsymbol{C} & \boldsymbol{D} \end{bmatrix} \begin{bmatrix} \boldsymbol{I}_n & \boldsymbol{\Lambda} \\ \boldsymbol{O} & \boldsymbol{I}_n \end{bmatrix} = \begin{bmatrix} \boldsymbol{A} & \boldsymbol{B}+\boldsymbol{A\Lambda} \\ \boldsymbol{C} & \boldsymbol{D}+\boldsymbol{C\Lambda} \end{bmatrix}$$

例 9.5.1 设 $(\boldsymbol{A},\boldsymbol{B}) \in GL_n(\mathbb{K})^2, \boldsymbol{C} \in \mathcal{M}_n(\mathbb{K}), \boldsymbol{T} = \begin{bmatrix} \boldsymbol{A} & \boldsymbol{O} \\ \boldsymbol{C} & \boldsymbol{B} \end{bmatrix}$. 证明 $\boldsymbol{T}$ 可逆并求 $\boldsymbol{T}^{-1}$.

解 由于 $\boldsymbol{A}$ 和 $\boldsymbol{B}$ 可逆，故 $\begin{bmatrix} \boldsymbol{A} & \boldsymbol{O} \\ \boldsymbol{O} & \boldsymbol{B} \end{bmatrix}$ 可逆且

$$\begin{bmatrix} \boldsymbol{A} & \boldsymbol{O} \\ \boldsymbol{O} & \boldsymbol{B} \end{bmatrix}^{-1} = \begin{bmatrix} \boldsymbol{A}^{-1} & \boldsymbol{O} \\ \boldsymbol{O} & \boldsymbol{B}^{-1} \end{bmatrix}$$

对 $\boldsymbol{T}$ 进行分块矩阵的第三类初等行变换:

$$\begin{bmatrix} \boldsymbol{I}_n & \boldsymbol{O} \\ -\boldsymbol{C}\boldsymbol{A}^{-1} & \boldsymbol{I}_n \end{bmatrix} \begin{bmatrix} \boldsymbol{A} & \boldsymbol{O} \\ \boldsymbol{C} & \boldsymbol{B} \end{bmatrix} = \begin{bmatrix} \boldsymbol{A} & \boldsymbol{O} \\ \boldsymbol{O} & \boldsymbol{B} \end{bmatrix}$$

因此，$\boldsymbol{T}$ 可逆且

$$\boldsymbol{T}^{-1}=\begin{bmatrix}\boldsymbol{A}^{-1} & \boldsymbol{O}\\ \boldsymbol{O} & \boldsymbol{B}^{-1}\end{bmatrix}\begin{bmatrix}\boldsymbol{I}_n & \boldsymbol{O}\\ -\boldsymbol{C}\boldsymbol{A}^{-1} & \boldsymbol{I}_n\end{bmatrix}=\begin{bmatrix}\boldsymbol{A}^{-1} & \boldsymbol{O}\\ -\boldsymbol{B}^{-1}\boldsymbol{C}\boldsymbol{A}^{-1} & \boldsymbol{B}^{-1}\end{bmatrix}$$

习题 9

★ 基础题

9.1 举例说明矩阵的乘法运算不满足消去律.

9.2 分别给出向量空间 $\mathcal{S}_n(\mathbb{K})$ 和 $\mathcal{A}_n(\mathbb{K})$ 的一组基.

9.3 对于下列方阵 $\boldsymbol{A}$, 计算 $\boldsymbol{A}^n$.

(1) $\boldsymbol{A}=\begin{bmatrix}\cos\theta & -\sin\theta\\ \sin\theta & \cos\theta\end{bmatrix}$; (2) $\boldsymbol{A}=\begin{bmatrix}1 & 1\\ 0 & 2\end{bmatrix}$; (3) $\boldsymbol{A}=\begin{bmatrix}a & b\\ 0 & a\end{bmatrix}$

其中, θ, a, b 是实数.

9.4 对于下列方阵 $\boldsymbol{A}$, 计算 $\boldsymbol{A}^n$.

(1) $\boldsymbol{A}=\begin{bmatrix}1 & 1 & 1\\ 1 & 1 & 1\\ 1 & 1 & 1\end{bmatrix}$; (2) $\boldsymbol{A}=\begin{bmatrix}0 & 1 & 1\\ 1 & 0 & 1\\ 1 & 1 & 0\end{bmatrix}$; (3) $\boldsymbol{A}=\begin{bmatrix}1 & 1 & 1\\ 0 & 1 & 1\\ 0 & 0 & 1\end{bmatrix}$

9.5 设 $\boldsymbol{A}=\begin{bmatrix}-1 & -2\\ 3 & 4\end{bmatrix}$.

(1) 计算 $\boldsymbol{A}^2-3\boldsymbol{A}+2\boldsymbol{I}_2$;

(2) 求 X^n 除以 X^2-3X+2 的余式;

(3) 计算 $\boldsymbol{A}^n$.

9.6 (1) 求 $\mathcal{M}_n(\mathbb{K})$ 中与所有上三角矩阵可交换的矩阵;

(2) 求 $\mathcal{M}_n(\mathbb{K})$ 中与所有对角矩阵可交换的矩阵.

9.7 记 E 为 $\mathcal{M}_2(\mathbb{K})$ 中所有形如

$$\boldsymbol{A}=\begin{bmatrix}a+b & b\\ -b & a-b\end{bmatrix}$$

的矩阵构成的集合, 其中 $(a,b)\in\mathbb{K}^2$.

(1) 证明 E 是 $\mathcal{M}_2(\mathbb{K})$ 的子空间并给出 E 的一组基;

(2) 证明 E 是 $\mathcal{M}_2(\mathbb{K})$ 的子环;

(3) 求 E 关于矩阵乘法运算的可逆元;

(4) 求 E 的所有零因子.

9.8 求下列线性映射在对应向量空间的典范基下的表示矩阵.

(1) $$\begin{array}{rccc} f: & \mathbb{R}^3 & \to & \mathbb{R}^2\\ & (x,y,z) & \mapsto & (x+y, y-2x+z)\end{array}$$

(2) $f: \begin{array}{ccc} \mathbb{R}^3 & \to & \mathbb{R}^3 \\ (x,y,z) & \mapsto & (y+z, z+x, x+y) \end{array}$

(3) $f: \begin{array}{ccc} \mathbb{R}_3[X] & \to & \mathbb{R}^4 \\ P & \mapsto & \big(P(1), P(2), P(3), P(4)\big) \end{array}$

9.9 设 $f \in \mathscr{L}\big(\mathbb{R}_2[X]\big)$ 且 f 在 $\mathbb{R}_2[X]$ 的典范基 $\mathscr{B}_c = (1, X, X^2)$ 下的表示矩阵为

$$\begin{bmatrix} 1 & 1 & 1 \\ -1 & 2 & -2 \\ 0 & 3 & -1 \end{bmatrix}$$

另设 $P \in \mathbb{R}_2[X]$, 利用 P 的系数给出 $f(P)$ 的表达式. 求 $\mathrm{Ker}(f)$ 和 $\mathrm{Im}(f)$.

9.10 定义 $\mathbb{R}_2[X]$ 上的线性变换 f:

$$\forall P \in \mathbb{R}_2[X], f(P) = P + P'.$$

记 $\mathscr{B}_c = (1, X, X^2)$, $\mathscr{B} = \big((X-1)(X-2), X(X-2), X(X-1)\big)$.

(1) 证明 $\mathscr{B}$ 是 $\mathbb{R}_2[X]$ 的一组基, 并求从 $\mathscr{B}_c$ 到 $\mathscr{B}$ 的过渡矩阵;

(2) 分别求 f 在 $(\mathscr{B}_c, \mathscr{B}_c)$ 和 $(\mathscr{B}, \mathscr{B}_c)$ 下的表示矩阵;

(3) 求 f 在 $(\mathscr{B}, \mathscr{B})$ 下的表示矩阵.

9.11 设 $\mathscr{B} = (e_1, e_2, e_3)$ 是向量空间 E 的一组基, $f \in \mathscr{L}(E)$ 且 f 在 $\mathscr{B}$ 下的表示矩阵为

$$\boldsymbol{A} = \begin{bmatrix} 2 & -1 & 0 \\ -2 & 1 & -2 \\ 1 & 1 & 3 \end{bmatrix}$$

记 $\varepsilon_1 = e_1 + e_2 - e_3$, $\varepsilon_2 = e_1 - e_3$, $\varepsilon_3 = e_1 - e_2$.

(1) 证明 $\mathscr{C} = (\varepsilon_1, \varepsilon_2, \varepsilon_3)$ 是 E 的一组基, 并求从 $\mathscr{B}$ 到 $\mathscr{C}$ 的过渡矩阵;

(2) 求 f 在 $\mathscr{C}$ 下的表示矩阵;

(3) 利用 f 在 $\mathscr{B}$ 和 $\mathscr{C}$ 的表示矩阵之间的关系计算 $\boldsymbol{A}^n$.

9.12 (1) 设 h 为 $\mathbb{R}^3$ 上以 5 为位似比的位似变换, 即 $\forall \boldsymbol{x} \in \mathbb{R}^3$, $h(\boldsymbol{x}) = 5\boldsymbol{x}$, 求 h 在典范基下的表示矩阵;

(2) 设 $F = \mathrm{Vect}\big((1,2,1)\big)$, $G = \big\{(x,y,z) \in \mathbb{R}^3 \mid x + y + 2z = 0\big\}$, p 为平行于 F 在 G 上的投影. 求 p 在典范基下的表示矩阵;

(3) 求 $h \circ p$ 在典范基下的表示矩阵.

9.13 设

$$\boldsymbol{M} = \begin{bmatrix} 2 & -2 & 1 \\ 2 & -3 & 2 \\ -1 & 2 & 0 \end{bmatrix}$$

计算 $(\boldsymbol{M} - \boldsymbol{I}_3)(\boldsymbol{M} + 3\boldsymbol{I}_3)$, 进而推出 $\boldsymbol{M}$ 是可逆矩阵并求 $\boldsymbol{M}^{-1}$.

9.14 记 $\omega = \exp(\dfrac{2\pi i}{n})$, 设

$$A = \left(w^{(k-1)(l-1)}\right)_{n\times n} \in \mathcal{M}_n(\mathbb{C}).$$

计算 $A\overline{A}$, 其中 $\overline{A} = \left(\overline{w}^{(k-1)(l-1)}\right)_{n\times n}$. 推出 A 可逆并求 A^{-1}.

9.15 证明

$$\mathscr{B} = \left(X^3 + 2X + 1, X^3 - 2X^2 + 2, X^3 - 2X^2 + 1, X^3 + X\right)$$

是 $\mathbb{R}_3[X]$ 的一组基.

9.16 (1) 设 $A \in \mathcal{M}_{n,p}(\mathbb{K})$ 秩为 1, 证明存在 $C \in \mathcal{M}_{n,1}(\mathbb{K})$ 和 $L \in \mathcal{M}_{1,p}(\mathbb{K})$, 使得 $A = CL$.

(2) 记 $A = \begin{bmatrix} a^2 & ab & ac \\ ab & b^2 & bc \\ ac & bc & c^2 \end{bmatrix}$. 求 A 的秩, 并计算 A^n.

9.17 利用初等行变换将下列矩阵化为行阶梯型, 从而求各矩阵的秩, 同时判断下列矩阵是否可逆, 若可逆求其逆矩阵.

(1) $\begin{bmatrix} 1 & 2 & 3 & 6 \\ 4 & 5 & 6 & 0 \\ 7 & 8 & 9 & 1 \end{bmatrix}$; (2) $\begin{bmatrix} 1 & -1 & 2 \\ 3 & 0 & 4 \\ 11 & -2 & 16 \end{bmatrix}$; (3) $\begin{bmatrix} 0 & 1 & 0 & 4 \\ 4 & 2 & 1 & 3 \\ 13 & 2 & 1 & 9 \\ 7 & 2 & 1 & 5 \end{bmatrix}$;

(4) $\begin{bmatrix} 1 & 1 & 1 \\ 1 & 2 & 3 \\ 1 & 4 & 9 \end{bmatrix}$; (5) $\begin{bmatrix} 2 & 2 & 3 \\ 1 & -1 & 0 \\ -1 & 2 & 0 \end{bmatrix}$; (6) $\begin{bmatrix} 2 & -1 & -1 & -1 \\ -1 & 2 & -1 & -1 \\ -1 & -1 & 2 & -1 \\ -1 & -1 & -1 & 2 \end{bmatrix}$;

(7) $\begin{bmatrix} 2 & 1 & 0 & 1 \\ 5 & -1 & -7 & -3 \\ 3 & 2 & 1 & 2 \\ -1 & -2 & -3 & -2 \end{bmatrix}$; (8) $\begin{bmatrix} 0 & 1 & 0 & \cdots & 0 \\ 0 & 0 & 1 & \cdots & 0 \\ \vdots & \vdots & \ddots & \ddots & \vdots \\ 0 & 0 & \cdots & 0 & 1 \\ 0 & 0 & \cdots & 0 & 0 \end{bmatrix}$; (9) $\begin{bmatrix} 0 & 1 & 1 & 1 & 1 \\ 1 & 0 & 1 & 1 & 1 \\ 1 & 1 & 0 & 1 & 1 \\ 1 & 1 & 1 & 0 & 1 \\ 1 & 1 & 1 & 1 & 0 \end{bmatrix}$.

★ 提高题

9.18 设 $p \in \mathbb{N}^*$, $M \in \mathcal{M}_p(\mathbb{R})$ 定义如下:

$$M = \begin{bmatrix} 1 & 1 & 0 & \cdots & 0 \\ 0 & 1 & 1 & \ddots & \vdots \\ \vdots & \ddots & \ddots & \ddots & 0 \\ 0 & & \ddots & \ddots & 1 \\ 1 & 0 & \cdots & 0 & 1 \end{bmatrix}$$

(1) 求 $\boldsymbol{M}$ 的秩;

(2) 分别给出 $\mathrm{Ker}(\boldsymbol{M})$ 和 $\mathrm{Im}(\boldsymbol{M})$ 的一组基;

(3) 计算 $\boldsymbol{M}^p$.

9.19 设 f 是 $\mathcal{M}_n(\mathbb{K})$ 上的线性型, 假设

$$\forall(\boldsymbol{A},\boldsymbol{B})\in\mathcal{M}_n(\mathbb{K})^2,\ f(\boldsymbol{AB})=f(\boldsymbol{BA})$$

证明存在 $\lambda\in\mathbb{K}$, 使得 $f=\lambda\,\mathrm{tr}$, 其中 tr 表示迹映射.
(提示: 可利用 $\mathcal{M}_n(\mathbb{K})$ 的典范基进行证明)

9.20 本题的目标是证明 $\mathcal{M}_n(\mathbb{K})$ 的任意超平面都包含一个可逆矩阵. 设 $r\in[\![1,n]\!]$, 记 $\boldsymbol{J}_r=\begin{bmatrix}\boldsymbol{I}_r & \boldsymbol{O}\\ \boldsymbol{O} & \boldsymbol{O}\end{bmatrix}$.

(1) 设 $\boldsymbol{A}\in\mathcal{M}_n(\mathbb{K})$, 定义 $\mathcal{M}_n(\mathbb{K})$ 上的线性型 $\varPhi_{\boldsymbol{A}}$:

$$\forall\boldsymbol{M}\in\mathcal{M}_n(\mathbb{K}),\quad \varPhi_{\boldsymbol{A}}(\boldsymbol{M})=\mathrm{tr}(\boldsymbol{MA})$$

证明映射 $\boldsymbol{A}\mapsto\varPhi_{\boldsymbol{A}}$ 是一个从 $\mathcal{M}_n(\mathbb{K})$ 到 $\mathscr{L}(\mathcal{M}_n(\mathbb{K}),\mathbb{K})$ 的同构映射.
(提示: 利用 $\mathcal{M}_n(\mathbb{K})$ 的典范基进行证明)

(2) 设 $\mathcal{H}$ 是 $\mathcal{M}_n(\mathbb{K})$ 的一个超平面. 证明存在非零 $\boldsymbol{M}_0\in\mathcal{M}_n(\mathbb{K})$, 使得

$$\forall\boldsymbol{A}\in\mathcal{M}_n(\mathbb{K}),\quad \boldsymbol{A}\in\mathcal{H}\Longleftrightarrow\mathrm{tr}(\boldsymbol{AM}_0)=0$$

此时称 $\boldsymbol{M}_0$ 与 $\mathcal{H}$ 正交.

(3) 设 $\mathcal{H}$ 是 $\mathcal{M}_n(\mathbb{K})$ 的一个超平面, $r\in[\![1,n]\!]$. 假设 $\boldsymbol{J}_r$ 与 $\mathcal{H}$ 正交. 证明 $\mathcal{H}$ 包含一个可逆矩阵, 从而证明 $\mathcal{M}_n(\mathbb{K})$ 的任意超平面都包含一个可逆矩阵.

9.21 设 $f\in\mathscr{L}(\mathcal{M}_n(\mathbb{K}))$ 是一个自同构. 若 f 还是一个环同态, 则称 f 是一个代数自同构. 本题的目标是刻画 $\mathcal{M}_n(\mathbb{K})$ 上的所有代数自同构.

(1) 设 $\boldsymbol{P}\in GL_n(\mathbb{K})$, 定义

$$\begin{aligned}\varPhi_{\boldsymbol{P}}:\mathcal{M}_n(\mathbb{K})&\longrightarrow\mathcal{M}_n(\mathbb{K})\\ \boldsymbol{M}&\longmapsto\boldsymbol{P}^{-1}\boldsymbol{MP}\end{aligned}$$

证明 $\varPhi_{\boldsymbol{P}}$ 是 $\mathcal{M}_n(\mathbb{K})$ 上的一个代数自同构.

(2) 设 $\varPhi$ 是 $\mathcal{M}_n(\mathbb{K})$ 上的一个代数自同构, $(\boldsymbol{E}_{i,j})_{1\leqslant i,j\leqslant n}$ 是 $\mathcal{M}_n(\mathbb{K})$ 的典范基, 记 $\boldsymbol{F}_{i,j}=\varPhi(\boldsymbol{E}_{i,j})$.

(a) 计算 $\boldsymbol{F}_{i,j}\boldsymbol{F}_{k,l}$, 其中 $(i,j,k,l)\in[\![1,n]\!]^4$;

(b) 证明 $\boldsymbol{F}_{1,1}$ 非零且 $\boldsymbol{F}_{1,1}^2=\boldsymbol{F}_{1,1}$, 进而推出存在非零向量 $\boldsymbol{u}_1\in\mathbb{K}^n$, 使得 $\boldsymbol{F}_{1,1}\boldsymbol{u}_1=\boldsymbol{u}_1$;

(c) 设 $i\in[\![2,n]\!]$, 记 $\boldsymbol{u}_i=\boldsymbol{F}_{i,1}\boldsymbol{u}_1$, 计算 $\boldsymbol{F}_{i,j}\boldsymbol{u}_k$, 其中 $(i,j,k)\in[\![1,n]\!]^3$;

(d) 证明 $(\boldsymbol{u}_1,\cdots,\boldsymbol{u}_n)$ 是 $\mathbb{K}^n$ 的一组基;

(e) 记 $\boldsymbol{P}=\mathrm{Mat}_{\mathscr{B}}(\boldsymbol{u}_1,\cdots,\boldsymbol{u}_n)$, 证明 $\boldsymbol{P}\in GL_n(\mathbb{K})$ 且 $\varPhi=\varPhi_{\boldsymbol{P}^{-1}}$.

☞ 综合问题 伪逆矩阵

设 $\boldsymbol{A} \in \mathcal{M}_n(\mathbb{R})$. 如果存在 $\boldsymbol{B} \in \mathcal{M}_n(\mathbb{R})$ 满足下面三个条件:

$$\text{(i) } \boldsymbol{ABA} = \boldsymbol{A}, \quad \text{(ii) } \boldsymbol{BAB} = \boldsymbol{B}, \quad \text{(iii) } \boldsymbol{AB} = \boldsymbol{BA}$$

则称 $\boldsymbol{A}$ 是伪可逆的, 称 $\boldsymbol{B}$ 是 $\boldsymbol{A}$ 的 (一个) 伪逆矩阵.

本问题的目标是研究伪逆矩阵的存在性并给出一种计算方法.

一、伪逆矩阵的基本性质

1. 假设 $\boldsymbol{B}, \boldsymbol{B}'$ 都是 $\boldsymbol{A}$ 的伪逆矩阵, 证明 $\boldsymbol{BA} = \boldsymbol{AB}'$ (提示: 计算 $\boldsymbol{ABAB}'$). 进而证明 $\boldsymbol{B} = \boldsymbol{B}'$.

2. 证明若 $\boldsymbol{A}$ 是可逆矩阵, 则 $\boldsymbol{A}$ 是伪可逆的.

3. 假设 $\boldsymbol{A}$ 是伪可逆的, 伪逆矩阵为 $\boldsymbol{B}$. 证明矩阵 $\lambda\boldsymbol{A}$, $\boldsymbol{A}^{\mathrm{T}}$, $\boldsymbol{A}^k$ 和 $\boldsymbol{P}^{-1}\boldsymbol{AP}$ 都是伪可逆的, 并给出对应的伪逆矩阵, 其中 $\lambda \in \mathbb{R}^*$, $k \in \mathbb{N}^*$, $\boldsymbol{P} \in \mathcal{M}_n(\mathbb{R})$ 是可逆矩阵.

二、猜想伪逆矩阵存在的必要条件

设 $g \in \mathscr{L}(\mathbb{R}^3)$ 且在 $\mathbb{R}^3$ 的典范基下的表示矩阵为 $\boldsymbol{B} = \begin{bmatrix} 0 & 1 & 0 \\ 0 & 0 & 1 \\ 0 & 0 & 0 \end{bmatrix}$.

1. 计算 $\operatorname{Ker}(g)$ 和 $\operatorname{Im}(g)$. 是否有 $\operatorname{Ker}(g) \oplus \operatorname{Im}(g) = \mathbb{R}^3$?

2. 假设 $\boldsymbol{B}$ 是伪可逆的, 伪逆矩阵为 $\boldsymbol{V}$.

(1) 利用伪逆矩阵定义中的 (ii) , 证明存在 $(\lambda, \mu, \nu) \in \mathbb{R}^3$ 使得 $\boldsymbol{V} = \begin{bmatrix} \lambda & \mu & \nu \\ 0 & \lambda & \mu \\ 0 & 0 & \lambda \end{bmatrix}$;

(2) 利用伪逆矩阵定义中的 (i) 和 (ii), 给出矛盾.

3. 猜想伪逆矩阵存在的一个必要条件.

三、伪逆矩阵存在的充要条件

设 $f \in \mathscr{L}(\mathbb{R}^n)$, 记 $\boldsymbol{A}$ 为 f 在 $\mathbb{R}^n$ 的典范基下的表示矩阵.

1. 假设 $\boldsymbol{A}$ 是可伪逆的, 伪逆矩阵为 $\boldsymbol{X}$. 记 $g \in \mathscr{L}(\mathbb{R}^n)$ 为在 $\mathbb{R}^n$ 的典范基下表示矩阵为 $\boldsymbol{X}$ 的线性变换.

(1) 证明 $\operatorname{Ker}(f) = \operatorname{Ker}(g)$ 且 $\operatorname{Im}(f) = \operatorname{Im}(g)$;

(2) 证明 $(\boldsymbol{AX})^2 = \boldsymbol{AX}$. 进而证明 $f \circ g$ 是一个投影;

(3) 证明 $\operatorname{Ker}(f) \oplus \operatorname{Im}(f) = \mathbb{R}^n$.

2. 证明当 $\operatorname{Ker}(f)$ 或 $\operatorname{Im}(f)$ 是 $\mathbb{R}^n$ 的平凡子空间时, $\boldsymbol{A}$ 是伪可逆的.

3. 假设 $\operatorname{Ker}(f) \oplus \operatorname{Im}(f) = \mathbb{R}^n$ 且 $\operatorname{Ker}(f)$ 与 $\operatorname{Im}(f)$ 都是 $\mathbb{R}^n$ 的非平凡子空间.

(1) 证明存在 $\mathbb{R}^n$ 的一组基 $\mathcal{B} = (\epsilon_1, \cdots, \epsilon_n)$ 和 $r \in [\![1, n-1]\!]$, 使得 f 在 $\mathcal{B}$ 下的表示矩阵 $\boldsymbol{A}' = \operatorname{Mat}_{\mathcal{B}}(f)$ 有如下形式

$$\boldsymbol{A}' = \begin{bmatrix} \boldsymbol{A}_1 & \boldsymbol{O}_{r\times(n-r)} \\ \boldsymbol{O}_{(n-r)\times r} & \boldsymbol{O}_{r\times r} \end{bmatrix}$$

其中, $\boldsymbol{A}_1$ 为 r 阶可逆矩阵;

(2) 证明 $\boldsymbol{A}'$ 是伪可逆的, 利用含 $\boldsymbol{A}_1$ 的表达式给出 $\boldsymbol{A}'$ 的伪可逆矩阵 $\boldsymbol{U}'$;

(3) 证明 $\boldsymbol{A}$ 是伪可逆的, 给出 $\boldsymbol{A}$ 的伪逆矩阵的具体表达式.

4. 证明 $\mathrm{Ker}(f)\oplus\mathrm{Im}(f)=\mathbb{R}^n$ 当且仅当 $\mathrm{Im}(f)=\mathrm{Im}(f\circ f)$.

5. 证明 $\boldsymbol{A}$ 是伪可逆的当且仅当 $\mathrm{rg}(\boldsymbol{A})=\mathrm{rg}(\boldsymbol{A}^2)$.

四、举例应用

1. 给出计算一个伪可逆矩阵的伪逆矩阵的具体步骤.

2. 判断下列矩阵是否为伪可逆矩阵. 若是, 计算其伪逆矩阵.

(1) $\begin{bmatrix} 1 & 0 & -1 \\ -1 & 0 & 1 \\ 1 & 0 & -1 \end{bmatrix}$; (2) $\begin{bmatrix} 1 & 0 & 1 \\ 0 & 1 & 0 \\ 1 & 0 & 1 \end{bmatrix}$;

(3) $\begin{bmatrix} 1 & 1 & -1 & -1 \\ 1 & -1 & 1 & -1 \\ 1 & 1 & -1 & -1 \\ 1 & -1 & 1 & -1 \end{bmatrix}$; (4) $\begin{bmatrix} 1 & 1 & 0 & 0 \\ 1 & 0 & 0 & 0 \\ 1 & 1 & 0 & 0 \\ 1 & 0 & 0 & 0 \end{bmatrix}$.

第 10 章 线性方程组

本章利用向量空间、线性映射和矩阵的知识研究线性方程组解的结构，并介绍线性方程组的求解方法.

在本章, $\mathbb{K}$ 表示实数域或复数域. 若无特殊说明, n 和 p 是两个正整数.

10.1 线性方程组解的结构

10.1.1 定义及记号

定义 10.1.1 设 $\boldsymbol{A}=(a_{ij})_{n\times p}\in\mathcal{M}_{n,p}(\mathbb{K})$, $(b_1,b_2,\cdots,b_n)\in\mathbb{K}^n$, 称

$$\begin{cases} a_{11}x_1+a_{12}x_2+\cdots+a_{1j}x_j+\cdots+a_{1p}x_p=b_1\\ \qquad\qquad\vdots\\ a_{i1}x_1+a_{i2}x_2+\cdots+a_{ij}x_j+\cdots+a_{ip}x_p=b_i\\ \qquad\qquad\vdots\\ a_{n1}x_1+a_{n2}x_2+\cdots+a_{nj}x_j+\cdots+a_{np}x_p=b_n \end{cases} \tag{10.1.1}$$

为含有 n 个方程 p 个未知元的**线性方程组**, 也称为 p 元一次方程组.

注 10.1.1 (定义及记号)

- 矩阵 $\boldsymbol{A}$ 称为方程组 (10.1.1) 的**系数矩阵**.
- 设 $\boldsymbol{B}=[b_1,b_2,\cdots,b_n]^{\mathrm{T}}$, 称 $[\boldsymbol{A},\boldsymbol{B}]$ 为方程组 (10.1.1) 的**增广矩阵**.
- 若 $b_1=b_2=\cdots=b_n=0$, 则称 (10.1.1) 为**齐次线性方程组**.
- 记 $\boldsymbol{X}=[x_1,x_2,\cdots,x_n]^{\mathrm{T}}$, 利用矩阵的乘法, 方程组 (10.1.1) 可表示为

$$\boldsymbol{AX}=\boldsymbol{B} \tag{E}$$

此时方程组

$$\boldsymbol{AX}=\boldsymbol{0}$$

称为方程组 (E) 的**齐次方程组**, 记为 (E_0).

- 若存在 p 元数组 $(x_1,x_2,\cdots,x_p)\in\mathbb{K}^p$, 使得 (E) 中所有等式都成立, 则称方程组 (E) 有解, 同时称 $(x_1,x_2,\cdots,x_p)$ 为 (E) 的一个解; 否则称 (E) **无解.**
- 方程组 (E) 的解集记为 $S(E)$, 方程组 (E) 的齐次方程 (E_0) 的解集记为 $S_0(E)$.

10.1.2 线性方程组解的结构

设 $\boldsymbol{A}=(a_{ij})_{n\times p}\in\mathcal{M}_{n,p}(\mathbb{K}),\boldsymbol{B}\in\mathcal{M}_{n,1}(\mathbb{K})$, 方程组 (E) 表示线性方程组: $\boldsymbol{AX}=\boldsymbol{B}$.

1. 向量空间理解

设 $\boldsymbol{C}_1,\boldsymbol{C}_2,\cdots,\boldsymbol{C}_p$ 为方程组 (E) 的系数矩阵 $\boldsymbol{A}$ 的各列, 记 $\boldsymbol{B}=[b_1,b_2,\cdots,b_n]^{\mathrm{T}}$, 则方程组 (E) 可以表示为

$$x_1\boldsymbol{C}_1+x_2\boldsymbol{C}_2+\cdots+x_p\boldsymbol{C}_p=\boldsymbol{B}$$

因此, 方程组 (E) 有解当且仅当 $\boldsymbol{B}\in\mathrm{Vect}(\boldsymbol{C}_1,\boldsymbol{C}_2,\cdots,\boldsymbol{C}_p)$, 当且仅当

$$\mathrm{Vect}(\boldsymbol{C}_1,\boldsymbol{C}_2,\cdots,\boldsymbol{C}_p)=\mathrm{Vect}(\boldsymbol{C}_1,\boldsymbol{C}_2,\cdots,\boldsymbol{C}_p,\boldsymbol{B})$$

当且仅当 $\mathrm{rg}(\boldsymbol{A})=\mathrm{rg}\big([\boldsymbol{A},\boldsymbol{B}]\big)$. 于是证明了如下结论:

命题 10.1.1 线性方程组 (E) 有解当且仅当 (E) 的系数矩阵的秩等于增广矩阵的秩.

例 10.1.1 设 (E) 表示方程组

$$\begin{cases}x+y+z=1\\x+y+z=2\end{cases}$$

则 (E) 的系数矩阵和增广矩阵分别为

$$\begin{bmatrix}1&1&1\\1&1&1\end{bmatrix}\quad 和\quad \left[\begin{array}{ccc:c}1&1&1&1\\1&1&1&2\end{array}\right]$$

显然, 方程组 (E) 的系数矩阵的秩为 1, 增广矩阵的秩为 2. 因此, 方程组 (E) 无解.

2. 线性映射理解

定义映射

$$\begin{aligned}f_{\boldsymbol{A}}:\ \mathcal{M}_{p,1}(\mathbb{K})&\longrightarrow\mathcal{M}_{n,1}(\mathbb{K})\\\boldsymbol{X}&\longrightarrow\boldsymbol{AX}\end{aligned}$$

则 $S_0(E)=\mathrm{Ker}(f_{\boldsymbol{A}})$. 因为 $f_{\boldsymbol{A}}$ 是线性映射, 所以 $S_0(E)$ 是一个向量空间. 进一步, 根据秩定理, 有 $\dim\big(\mathrm{Ker}(f_{\boldsymbol{A}})\big)=p-\mathrm{rg}(f_{\boldsymbol{A}})=p-\mathrm{rg}(\boldsymbol{A})$. 于是证明了如下结论:

命题 10.1.2 齐次方程组 (E_0) 的解集是一个向量空间, 称为方程组 (E) 的齐次解空间. 进一步, 齐次解空间的维数等于未知数的个数减去系数矩阵的秩.

例 10.1.2 在实数域上解方程组 (E): $x_1+x_2+x_3+x_4=0$.

解 方程组 (E) 的系数矩阵是秩为 1 的矩阵 $[1,1,1,1]$. 根据命题 10.1.2 知, 方程组解空间的维数等于 3. 记 $\boldsymbol{v}_1=(1,-1,0,0),\boldsymbol{v}_2=(1,0,-1,0),\boldsymbol{v}_3=(1,0,0,-1)$, 易验证 $(\boldsymbol{v}_1,\boldsymbol{v}_2,\boldsymbol{v}_3)$ 线性无关且都是方程组 (E) 的解. 因此, $S(E)=\mathrm{Vect}(\boldsymbol{v}_1,\boldsymbol{v}_2,\boldsymbol{v}_3)$.

推论 10.1.1 设 $\boldsymbol{A}\in\mathcal{M}_n(\mathbb{K})$, 则齐次线性方程组 $\boldsymbol{AX}=\boldsymbol{0}$ 有非零解当且仅当 $\boldsymbol{A}$ 不可逆.

证 明 方程组 $\boldsymbol{AX}=\boldsymbol{0}$ 有非零解当且仅当 $\mathrm{Ker}(f_{\boldsymbol{A}})\neq\{\boldsymbol{0}\}$. 根据秩定理, 有 $\dim(\mathrm{Ker}\ (f_{\boldsymbol{A}}))=n-\mathrm{rg}(\boldsymbol{A})$. 因此, 方程组 $\boldsymbol{AX}=\boldsymbol{0}$ 有非零解当且仅当 $\mathrm{rg}(\boldsymbol{A})\neq n$, 当且仅当 $\boldsymbol{A}$ 不可逆.

命题 10.1.2 确定了线性方程组 (E) 的齐次方程 (E_0) 的解集. 下面这个命题 (命题 10.1.3) 确定了方程组 (E) 的解集.

命题 10.1.3 (线性方程组解的结构定理)

(1) *若 $\boldsymbol{X}$ 和 $\boldsymbol{Y}$ 都是方程组 (E) 的解, 则 $\boldsymbol{X}-\boldsymbol{Y}$ 是齐次方程组 (E_0) 的解.*

(2) *假设方程组 (E) 有解且 $\boldsymbol{X}_0$ 是方程组 (E) 的一个解, 则方程组 (E) 的解集为*

$$S(E)=\{\boldsymbol{X}_0+\boldsymbol{X}\mid\boldsymbol{X}\in S_0(E)\}$$

*此时称 $\boldsymbol{X}_0$ 为 (E) 的一个***特解**.

证 明 (1) 假设 $\boldsymbol{X}$ 和 $\boldsymbol{Y}$ 都是 (E) 的解, 则 $\boldsymbol{AX}=\boldsymbol{AY}=\boldsymbol{B}$, 从而 $\boldsymbol{A}(\boldsymbol{X}-\boldsymbol{Y})=\boldsymbol{0}$. 因此, $\boldsymbol{X}-\boldsymbol{Y}$ 是齐次方程 (E_0) 的解.

(2) 假设方程组 (E) 有解且 $\boldsymbol{X}_0$ 是 (E) 的一个解. 记 $\mathscr{A}=\{\boldsymbol{X}_0+\boldsymbol{X}\mid\boldsymbol{X}\in S_0(E)\}$. 设 $\boldsymbol{Y}$ 是 (E) 的另一个解. 由 (1) 知 $\boldsymbol{Y}-\boldsymbol{X}_0$ 是 (E_0) 的一个解. 从而 $\boldsymbol{Y}=\boldsymbol{X}_0+(\boldsymbol{Y}-\boldsymbol{X}_0)\in\mathscr{A}$. 因此, $S(E)\subseteq\mathscr{A}$. 反过来, 假设 $\boldsymbol{X}$ 是 (E_0) 的一个解, 则 $\boldsymbol{AX}=\boldsymbol{0}$. 因为 $\boldsymbol{X}_0$ 是 (E) 的一个解, 所以 $\boldsymbol{AX}_0=\boldsymbol{B}$. 从而 $\boldsymbol{A}(\boldsymbol{X}+\boldsymbol{X}_0)=\boldsymbol{AX}+\boldsymbol{AX}_0=\boldsymbol{B}$, 即 $\boldsymbol{X}_0+\boldsymbol{X}\in S(E)$. 因此, $\mathscr{A}\subseteq S(E)$. 综上, $\mathscr{A}=S(E)$.

例 10.1.3 *在实数域上解方程组 (E):*

$$\begin{cases}x_1+x_2+x_3+x_4=1\\x_1-x_2+x_3-x_4=-1\end{cases}$$

解 方程组 (E) 的系数矩阵和增广矩阵分别为

$$\boldsymbol{A}=\begin{bmatrix}1&1&1&1\\1&-1&1&-1\end{bmatrix}\qquad[\boldsymbol{A},\boldsymbol{B}]=\left[\begin{array}{cccc:c}1&1&1&1&1\\1&-1&1&-1&-1\end{array}\right]$$

显然 (E) 的系数矩阵和增广矩阵的秩都是 2, 从而 (E) 有解. 根据命题 10.1.2, 有 $\dim\left(S_0(E)\right)=2$. 记 $\boldsymbol{v}_1=(1,0,-1,0)$, $\boldsymbol{v}_2=(0,1,0,-1)$. 可验证 $\boldsymbol{v}_1$ 和 $\boldsymbol{v}_2$ 都是 (E_0) 的解且 $(\boldsymbol{v}_1,\boldsymbol{v}_2)$ 线性无关, 故 $S_0(E)=\mathrm{Vect}(\boldsymbol{v}_1,\boldsymbol{v}_2)$. 记 $\boldsymbol{v}=(1,0,-1,1)$, 则 $\boldsymbol{v}$ 是 E 的一个解. 根据命题 10.1.3 知, (E) 的解集为

$$S(E)=\{\boldsymbol{v}+\lambda_1\boldsymbol{v}_2+\lambda_2\boldsymbol{v}_2\mid(\lambda_1,\lambda_2)\in\mathbb{R}^2\}=\{(1+\lambda_1,\lambda_2,-1-\lambda_1,1-\lambda_2)\mid(\lambda_1,\lambda_2)\in\mathbb{R}^2\}$$

10.2 线性方程组求解

10.1 节刻画了线性方程组解的结构, 本节介绍线性方程组的常用解法. 设 $\boldsymbol{A}=(a_{ij})_{n\times p}\in\mathcal{M}_{n,p}(\mathbb{K}),\boldsymbol{B}\in\mathcal{M}_{n,1}(\mathbb{K})$, (E) 表示线性方程组 $\boldsymbol{AX}=\boldsymbol{B}$.

10.2.1 系数矩阵为上三角矩阵

若 $\boldsymbol{A}$ 是一个上三角矩阵, 则 (E) 为

$$\begin{cases} a_{11}x_1 + a_{12}x_2 + \cdots + a_{1j}x_j + \cdots + a_{1n}x_n = b_1 \\ \qquad a_{22}x_2 + \cdots + a_{2j}x_j + \cdots + a_{2n}x_n = b_2 \\ \qquad\qquad \vdots \\ \qquad\qquad a_{jj}x_j + \cdots + a_{jn}x_n = b_j \\ \qquad\qquad \vdots \\ \qquad\qquad\qquad a_{nn}x_n = b_n \end{cases}$$

如果 $a_{11}a_{22}\cdots a_{nn} \neq 0$, 则可以从 x_n 开始, 依次解出 $x_{n-1}, \cdots, x_2, x_1$.

10.2.2 一般情况

大多数情况下, 方程组 (E) 的系数矩阵并不是一个上三角矩阵, 此时, 需要利用矩阵的初等变换对方程组进行求解.

命题 10.2.1 假设对 $[\boldsymbol{A}, \boldsymbol{B}]$ 进行初等行变换得到矩阵 $[\boldsymbol{A}', \boldsymbol{B}']$, 则方程组 $\boldsymbol{AX} = \boldsymbol{B}$ 和 $\boldsymbol{A}'\boldsymbol{X} = \boldsymbol{B}'$ 有相同的解.

证 明 因为 $[\boldsymbol{A}', \boldsymbol{B}']$ 是通过对 $[\boldsymbol{A}, \boldsymbol{B}]$ 进行初等行变换而得, 根据命题 9.4.1 知, 存在可逆矩阵 $\boldsymbol{Q} \in \mathcal{M}_n(\mathbb{K})$, 使得 $\boldsymbol{Q}[\boldsymbol{A}, \boldsymbol{B}] = [\boldsymbol{A}', \boldsymbol{B}']$. 于是 $\boldsymbol{A}' = \boldsymbol{QA}, \boldsymbol{B}' = \boldsymbol{QB}$. 因此,

$$\boldsymbol{A}'\boldsymbol{X} = \boldsymbol{B}' \iff \boldsymbol{QAX} = \boldsymbol{QB} \iff \boldsymbol{AX} = \boldsymbol{B},$$

第二个等价关系成立是因为 $\boldsymbol{Q}$ 是可逆矩阵.

例 10.2.1 解线性方程组

$$\begin{cases} x_1 + x_2 + x_3 + x_4 = 1 \\ x_1 + 2x_2 + 3x_3 + 4x_4 = 2 \\ x_1 + 3x_2 + 6x_3 + 10x_4 = 3 \\ x_1 + 4x_2 + 10x_3 + 19x_4 = 7 \end{cases}$$

解 对方程组的增广矩阵作初等行变换:

$$\left[\begin{array}{cccc:c} 1 & 1 & 1 & 1 & 1 \\ 1 & 2 & 3 & 4 & 2 \\ 1 & 3 & 6 & 10 & 3 \\ 1 & 4 & 10 & 19 & 7 \end{array}\right] \xrightarrow[L_4 \leftarrow L_4 - L_1]{\substack{L_2 \leftarrow L_2 - L_1 \\ L_3 \leftarrow L_3 - L_1}} \left[\begin{array}{cccc:c} 1 & 1 & 1 & 1 & 1 \\ 0 & 1 & 2 & 3 & 1 \\ 0 & 2 & 5 & 9 & 2 \\ 0 & 3 & 9 & 18 & 6 \end{array}\right] \xrightarrow[L_4 \leftarrow L_4 - 3L_2]{L_3 \leftarrow L_3 - 2L_3} \left[\begin{array}{cccc:c} 1 & 1 & 1 & 1 & 1 \\ 0 & 1 & 2 & 3 & 1 \\ 0 & 0 & 1 & 3 & 0 \\ 0 & 0 & 3 & 9 & 3 \end{array}\right]$$

$$\xrightarrow{L_4 \leftarrow L_4 - 3L_3} \left[\begin{array}{cccc:c} 1 & 1 & 1 & 1 & 1 \\ 0 & 1 & 2 & 3 & 1 \\ 0 & 0 & 1 & 3 & 0 \\ 0 & 0 & 0 & 0 & 3 \end{array}\right]$$

变换后的方程组系数矩阵的秩为 3, 增广矩阵的秩为 4. 根据命题 10.1.2 和命题 10.2.1 知, 原方程组无解.

根据命题 10.2.1 知, 对线性方程组的增广矩阵进行初等行变换不改变方程组的解. 根据定理 9.4.1 知, 每一个矩阵都可以进行初等行变换变为行阶梯矩阵. 因此, 任意线性方程组求解都可以转化为系数矩阵为行阶梯矩阵的方程组求解.

例 10.2.2 解线性方程组 (E):

$$\begin{cases} 2x-y+2z &= 1 \\ 10x-5y+7z = 2 \\ 4x-2y+2z &= 0 \end{cases}$$

解 对方程组的增广矩阵进行初等行变换:

$$\begin{bmatrix} 2 & -1 & 2 & 1 \\ 10 & -5 & 7 & 2 \\ 4 & -2 & 2 & 0 \end{bmatrix} \xrightarrow[L_3\leftarrow L_3-2L_1]{L_2\leftarrow L_2-5L_1} \begin{bmatrix} 2 & -1 & 2 & 1 \\ 0 & 0 & -3 & -3 \\ 0 & 0 & -2 & -2 \end{bmatrix} \xrightarrow[L_3\leftarrow -\frac{1}{2}L_3]{L_2\leftarrow -\frac{1}{3}L_2} \begin{bmatrix} 2 & -1 & 2 & 1 \\ 0 & 0 & 1 & 1 \\ 0 & 0 & 1 & 1 \end{bmatrix}$$

$$\xrightarrow{L_3\leftarrow L_3-L_2} \begin{bmatrix} 2 & -1 & 2 & 1 \\ 0 & 0 & 1 & 1 \\ 0 & 0 & 0 & 0 \end{bmatrix}.$$

原方程等价于

$$\begin{cases} 2x-y+2z=1 \\ \qquad\qquad z=1 \end{cases}$$

因此, 原方程的解集为

$$S(E)=\{(\lambda,2\lambda+1,1)\mid \lambda\in\mathbb{R}\}$$

10.2.3 克兰姆方程组

定义 10.2.1 设 (E) 是含有 n 个方程 n 个未知数的线性方程组. 若 (E) 的系数矩阵可逆, 则称 (E) 为**克兰姆方程组**.

命题 10.2.2 克兰姆方程组存在唯一解.

证 明 设 $\boldsymbol{AX}=\boldsymbol{B}$ 是一个克兰姆方程组, 则 $\boldsymbol{A}$ 可逆; 设 $\boldsymbol{X}\in\mathcal{M}_{n,1}(\mathbb{K})$, 则 $\boldsymbol{AX}=\boldsymbol{B}$ 当且仅当 $\boldsymbol{X}=\boldsymbol{A}^{-1}\boldsymbol{B}$. 因此, $\boldsymbol{AX}=\boldsymbol{B}$ 存在唯一解 $\boldsymbol{X}=\boldsymbol{A}^{-1}\boldsymbol{B}$.

习题 10

本章习题考虑的都是实数域上的线性方程组.

10.1 求解下列线性方程组.

(1) $\begin{cases} 5x_1+3x_2+5x_3+12x_4=10 \\ 2x_1+2x_2+3x_3+5x_4=4 \\ x_1+7x_2+9x_3+4x_4=2 \end{cases}$;

(2) $\begin{cases} -9x_1+6x_2+7x_3+10x_4=3 \\ -6x_1+4x_2+2x_3+3x_4=2 \\ -3x_1+2x_2-11x_3-15x_4=1 \end{cases}$;

(3) $\begin{cases} -9x_1+10x_2+3x_3+7x_4=7 \\ -4x_1+7x_2+x_3+3x_4=5 \\ 7x_1+5x_2-4x_3-6x_4=3 \end{cases}$;

(4) $\begin{cases} 12x_1+9x_2+3x_3+10x_4=13 \\ 4x_1+3x_2+x_3+2x_4=3 \\ 8x_1+6x_2+2x_3+5x_4=7 \end{cases}$;

(5) $\begin{cases} -6x_1+9x_2+3x_3+2x_4=4 \\ -2x_1+3x_2+5x_3+4x_4=2 \\ -4x_1+6x_2+4x_3+3x_4=3 \end{cases}$;

(6) $\begin{cases} 8x_1+6x_2+5x_3+2x_4=21 \\ 3x_1+3x_2+2x_3+x_4=10 \\ 4x_1+2x_2+3x_3+x_4=8 \\ 3x_1+3x_2+x_3+x_4=15 \\ 7x_1+4x_2+5x_3+2x_4=18 \end{cases}$;

(7) $\begin{cases} 2x_1+5x_2-8x_3=8 \\ 4x_1+3x_2-9x_3=9 \\ 2x_1+3x_2-5x_3=7 \\ x_1+8x_2-7x_3=12 \end{cases}$;

(8) $\begin{cases} 6x_1+4x_2+5x_3+2x_4+3x_5=1 \\ 3x_1+2x_2-2x_3+x_4=7 \\ 9x_1+6x_2+x_3+3x_4+2x_5=2 \\ 3x_1+2x_2+4x_3+x_4+2x_5=3 \end{cases}$;

(9) $\begin{cases} -6x_1+8x_2-5x_3-x_4=9 \\ -2x_1+4x_2+7x_3+3x_4=1 \\ -3x_1+5x_2+4x_3+2x_4=3 \\ -3x_1+7x_2+17x_3+7x_4=4 \end{cases}$.

10.2 求解下列含参数 λ 的线性方程组.

(1) $\begin{cases} \lambda x_1 + x_2 + x_3 + x_4 = 1 \\ x_1 + \lambda x_2 + x_3 + x_4 = 1 \\ x_1 + x_2 + \lambda x_3 + x_4 = 1 \\ x_1 + x_2 + x_3 + \lambda x_4 = 1 \end{cases}$;

(2) $\begin{cases} -6x_1 + 8x_2 - 5x_3 - x_4 = 9 \\ -2x_1 + 4x_2 + 7x_3 + 3x_4 = 1 \\ -3x_1 + 5x_2 + 4x_3 + 2x_4 = 3 \\ -3x_1 + 7x_2 + 17x_3 + 7x_4 = \lambda \end{cases}$;

(3) $\begin{cases} 18x_1 + 6x_2 + 3x_3 + 2x_4 = 5 \\ -12x_1 - 3x_2 - 3x_3 + 3x_4 = 6 \\ 4x_1 + 5x_2 + 2x_3 + 3x_4 = 3 \\ \lambda x_1 + 4x_2 + x_3 + 4x_4 = 2 \end{cases}$;

(4) $\begin{cases} 2x_1 + 5x_2 + x_3 + 3x_4 = 2 \\ 4x_1 + 6x_2 + 3x_3 + 5x_4 = 4 \\ 4x_1 + 14x_2 + x_3 + 7x_4 = 4 \\ 2x_1 - 3x_2 + 3x_3 + \lambda x_4 = 7 \end{cases}$;

(5) $\begin{cases} 2x_1 - x_2 + 3x_3 + 4x_4 = 5 \\ 4x_1 - 2x_2 + 5x_3 + 6x_4 = 7 \\ 6x_1 - 3x_2 + 7x_3 + 8x_4 = 9 \\ \lambda x_1 - 4x_2 + 9x_3 + 10x_4 = 11 \end{cases}$;

(6) $\begin{cases} 2x_1 + 3x_2 + x_3 + 2x_4 = 3 \\ 4x_1 + 6x_2 + 3x_3 + 4x_4 = 5 \\ 6x_1 + 9x_2 + 5x_3 + 6x_4 = 7 \\ 8x_1 + 12x_2 + 7x_3 + \lambda x_4 = 9 \end{cases}$.

第 11 章　行列式

本章介绍线性代数中另一个重要的概念——行列式. 首先介绍对称群的基本概念、交错多线性映射的定义和基本性质; 然后给出行列式的定义, 推导行列式的基本性质和计算公式, 并介绍计算行列式的常用方法; 最后介绍行列式的应用, 包括求逆矩阵和解克兰姆方程组.

在本章, $\mathbb{K}$ 表示实数域或复数域, E 表示一个 n 维 $\mathbb{K}$-向量空间. 若无特殊说明, n 是一个大于 1 的自然数.

11.1　对称群

记 S_n 表示从 $[\![1,n]\!]$ 到 $[\![1,n]\!]$ 的所有双射构成的集合, $\circ$ 表示映射的复合运算. 在第 5 章, 我们证明了 $(S_n,\circ)$ 是一个群. 作为定义行列式的预备知识, 本节介绍 $(S_n,\circ)$ 的几个基本概念: 置换、循环、对换以及置换的符号.

11.1.1　定　义

定义 11.1.1　*群 $(S_n,\circ)$ 称为 n 阶***对称群***, S_n 中的每一个元素称为一个***置换***.*

下面介绍 S_n 中两类特殊的置换: 对换和循环.

例 11.1.1　*设 $(i,j)\in[\![1,n]\!]^2$ 且 $i\neq j$. 定义映射*

$$\begin{aligned}\tau:\ [\![1,n]\!] &\ \to\ [\![1,n]\!]\\ k &\ \mapsto\ \begin{cases} i, & k=j\\ j, & k=i\\ k, & k\notin\{i,j\}\end{cases}\end{aligned}$$

*根据定义, τ 只交换 i 和 j 而保持其他元素不变, 故 $\tau\in S_n$, τ 称为***一个对换***, 记为 (i,j) 或 (ij). 显然, $(ij)\circ(ij)$ 为恒等映射, 故 (ij) 的逆映射仍为 (ij).*

例 11.1.2　*设 $p\in[\![2,n]\!]$, $(a_1,a_2,\cdots,a_p)\in[\![1,n]\!]^p$ 且 $a_1<a_2<\cdots<a_p$. 定义映射*

$$\begin{aligned}\sigma:[\![1,n]\!]&\to[\![1,n]\!]\\ x &\mapsto \begin{cases} x, & x\notin\{a_1,a_2,\cdots,a_p\}\\ a_{k+1}, & x=a_k\ (k\in[\![1,p-1]\!])\\ a_1, & x=a_p\end{cases}\end{aligned}$$

则 $\sigma \in S_n$, σ 称为一个**p-循环**, 记为 $(a_1, a_2, \cdots, a_p)$ 或 $(a_1 a_2 \cdots a_p)$. 例如, S_3 中的 3-循环 $\sigma = (123)$ 表示 $\sigma(1) = 2, \sigma(2) = 3, \sigma(3) = 1$; 3-循环 $\sigma = (132)$ 表示 $\sigma(1) = 3, \sigma(3) = 2, \sigma(2) = 1$.

命题 11.1.1 S_n 中的每一个置换都可以分解为有限个对换的复合.

证 明 (1) 设 $k \in [\![1, n]\!]$. 定义 $\mathcal{P}(k)$: 设 $\tau \in S_n$, 若 τ 保持 $k, k+1, \cdots, n$ 不变, 则 τ 可以分解为有限个对换的复合.

- 若 $k = 1$, 则 $\tau = \mathrm{id} = (12) \circ (12)$, 故 $\mathcal{P}(1)$ 成立.
- 设 $k \in [\![1, n-1]\!]$, 并假设 $\mathcal{P}(k)$ 成立; 另设 $\tau \in S_n$, 并假设 τ 保持 $k+1, k+2, \cdots, n$ 不变.

(i) 若 $\tau(k) = k$, 根据归纳假设, τ 可以分解为有限个对换的复合.

(ii) 假设 $\tau(k) < k$. 令 $\tau' = \big(k, \tau(k)\big)$, 记 $\tau'' = \tau' \circ \tau$, 则 $\tau'' \in S_n$ 且 τ'' 保持 k, $k+1, \cdots, n$ 不变. 根据归纳假设, τ'' 可以分解为有限个对换的复合. 由于 τ' 是一个对换且 $\tau = \tau' \circ \tau''$, 故 τ 可以分解为有限个对换的复合.

因此, $\mathcal{P}(k+1)$ 成立.

根据数学归纳法, 对于任意 $k \in [\![1, n]\!], \mathcal{P}(k)$ 成立.

(2) 设 $\sigma \in S_n$ 且 $\sigma(n) \neq n$. 令 $\sigma' = \big(\sigma(n), n\big)$, 记 $\sigma'' = \sigma' \circ \sigma$, 则 $\sigma'' \in S_n$ 且 $\sigma''(n) = n$. 根据 (1) 知, σ'' 可以分解为有限个对换的复合. 由于 σ' 是一个对换且 $\sigma = \sigma' \circ \sigma''$, 故 σ 可以表示成有限个对换的复合.

根据 (1) 和 (2), 结论得证.

例 11.1.3 设 $\alpha = (a_1 a_2 \cdots a_p)$ 为例 11.1.2 中定义的 p-循环, 则

$$\alpha = (a_1 a_2) \circ (a_2 a_3) \circ \cdots \circ (a_{p-1} a_p)$$

例如, 在 S_3 中, $(123) = (12) \circ (23)$.

注 11.1.1 一个置换分解为对换的复合时, 分解方式不唯一. 例如, 在 S_3 中, $(123) = (12) \circ (23) = (13) \circ (12)$, $\mathrm{id} = (12) \circ (12) = (13) \circ (13)$.

11.1.2 置换的符号

定义 11.1.2 设 $\sigma \in S_n$, $(i, j) \in [\![1, n]\!]^2$. 若 $i < j$ 且 $\sigma(i) > \sigma(j)$, 则称 (i, j) 是 σ 的一个**逆序**, σ 的所有逆序的个数称为 σ 的**逆序数**, 记为 $I(\sigma)$, 即 $I(\sigma) = \mathrm{card}\,\big\{(i, j) \mid (i, j) \in [\![1, n]\!]^2, i < j \text{ 且 } \sigma(i) > \sigma(j)\big\}$.

例 11.1.4 (1) 设 $\sigma = (12 \cdots n)$, 则 σ 的逆序集为 $\big\{(i, n) \mid 1 \leqslant i \leqslant n-1\big\}$, 故 $I(\sigma) = n - 1$.

(2) 设 $\tau \in S_n$ 定义为

$$\forall x \in [\![1, n]\!], \qquad \tau(x) = n + 1 - x$$

则 τ 的逆序集为 $\big\{(i, j) \mid 1 \leqslant i < j \leqslant n\big\}$, 故 $I(\tau) = C_n^2$.

定义 11.1.3 设 $\sigma \in S_n$, 称 $(-1)^{I(\sigma)}$ 为 σ 的符号, 记为 $\varepsilon(\sigma)$. 若 $\varepsilon(\sigma) = 1$, 则称 σ 是**偶置换**; 若 $\varepsilon(\sigma) = -1$, 则称 σ 是**奇置换**.

命题 11.1.2 每一个对换的符号都是 -1.

证 明 设 $(i,j)\in[\![1,n]\!]^2$ 且 $i<j$. 记 $\sigma=(ij)$, 则 σ 的逆序集

$$\{(i,k)\mid k\in[\![1,n]\!],i<k<j\}\cup\{(k,j)\mid k\in[\![1,n]\!],i<k<j\}\cup\{(i,j)\}$$

因此 $I(\sigma)$ 是一个奇数, 故 $\varepsilon(\sigma)=-1$.

命题 11.1.3 设 $(\sigma,\tau)\in S_n^2$, 则 $\varepsilon(\sigma\circ\tau)=\varepsilon(\sigma)\varepsilon(\tau)$.

证 明 设 $A=\{(i,j)\in[\![1,n]\!]^2\mid i<j\}$, 记

$$\begin{aligned}
A_1&=\{(i,j)\in A\mid \tau(i)<\tau(j),\sigma(\tau(i))<\sigma(\tau(j))\}\\
A_2&=\{(i,j)\in A\mid \tau(i)<\tau(j),\sigma(\tau(i))>\sigma(\tau(j))\}\\
A_3&=\{(i,j)\in A\mid \tau(i)>\tau(j),\sigma(\tau(i))<\sigma(\tau(j))\}\\
A_4&=\{(i,j)\in A\mid \tau(i)>\tau(j),\sigma(\tau(i))>\sigma(\tau(j))\}
\end{aligned}$$

分别记这四个集合的基数为 n_1,n_2,n_3,n_4, 则 $I(\tau)=n_3+n_4, I(\sigma\circ\tau)=n_2+n_4$. 定义映射 $f\colon A\to A$ 如下:

$$\forall(i,j)\in A,\ f((i,j))=\begin{cases}(\tau(i),\tau(j)), & (i,j)\in A_1\cup A_2;\\ (\tau(j),\tau(i)), & (i,j)\in A_3\cup A_4.\end{cases}$$

则

$$\begin{aligned}
f(A_1)&=\{(i,j)\in A\mid \tau^{-1}(i)<\tau^{-1}(j),\sigma(i)<\sigma(j)\}\\
f(A_2)&=\{(i,j)\in A\mid \tau^{-1}(i)<\tau^{-1}(j),\sigma(i)>\sigma(j)\}\\
f(A_3)&=\{(i,j)\in A\mid \tau^{-1}(i)>\tau^{-1}(j),\sigma(i)>\sigma(j)\}\\
f(A_4)&=\{(i,j)\in A\mid \tau^{-1}(i)>\tau^{-1}(j),\sigma(i)<\sigma(j)\}
\end{aligned}$$

于是 $I(\sigma)=|f(A_2)\cup f(A_3)|$. 易知 $A=f(A_1)\cup f(A_2)\cup f(A_3)\cup f(A_4)$, 故 f 是满射. 由于 A 是有限集, 故 f 是单射. 从而 $f(A_2)\cap f(A_3)=\emptyset$, 进一步,

$$I(\sigma)=|f(A_2)\cup f(A_3)|=|f(A_2)|+|f(A_3)|=|A_2|+|A_3|=n_2+n_3$$

从而有

$$I(\sigma\circ\tau)-I(\sigma)-I(\tau)=n_2+n_4-(n_2+n_3)-(n_3+n_4)=-2n_3$$

故 $I(\sigma\circ\tau)$ 与 $I(\sigma)+I(\tau)$ 有相同的奇偶性. 因此, $\varepsilon(\sigma\circ\tau)=\varepsilon(\sigma)\varepsilon(\tau)$.

推论 11.1.1 (1) 设 $\sigma=\tau_1\circ\tau_2\cdots\tau_p$ 是 σ 的对换分解, 则 $\varepsilon(\sigma)=(-1)^p$.

(2) 若置换 σ 有两个对换分解, 则两个分解中包含的对换的个数有相同的奇偶性.

(3) 奇置换的逆置换是奇置换, 偶置换的逆置换是偶置换.

证 明 (1) 根据命题 11.1.2和 11.1.3, 结论得证.

(2) 假设 $\sigma=\tau_1\circ\tau_2\cdots\tau_p=\tau_1'\circ\tau_2'\cdots\tau_q'$, 则 $\varepsilon(\sigma)=(-1)^p=(-1)^q$, 故 p 和 q 有相同的奇偶性.

(3) 设 τ 是奇置换 σ 的逆置换, 则 $\tau\circ\sigma=\mathrm{id}$. 因为 $\varepsilon(\mathrm{id})=1$, 所以 $\varepsilon(\tau)=\varepsilon(\sigma)=-1$. 同理可证偶置换的逆置换是偶置换.

11.1.3 偶置换群

命题 11.1.4 记 $\mathcal{A}_n = \{\sigma \in S_n \mid \varepsilon(\sigma) = 1\}$, 则 $\mathcal{A}_n$ 是 S_n 的子群, 称为**偶置换群**.

证 明 首先, 恒等映射是一个偶置换. 根据推论 11.1.1 知, 若 $(\sigma, \tau) \in S_n^2$ 是两个偶置换, 则 $\sigma^{-1} \circ \tau$ 也是一个偶置换. 因此, $\mathcal{A}_n$ 是 S_n 的子群.

命题 11.1.5 设 τ 是一个奇置换, 记 $\mathcal{A}_n\tau = \{\sigma \circ \tau \mid \sigma \in \mathcal{A}_n\}$. 定义

$$\varPhi\colon \mathcal{A}_n \longrightarrow \mathcal{A}_n\tau, \quad \sigma \mapsto \sigma \circ \tau$$

则 $\varPhi$ 是双射. 特别地, $|\mathcal{A}_n| = \dfrac{n!}{2}$.

证 明 显然 $\varPhi$ 是满射. 设 $(\sigma_1, \sigma_2) \in S_n^2$, 并假设 $\sigma_1 \circ \tau = \sigma_2 \circ \tau$, 则

$$\sigma_1 = \sigma_1 \circ \tau \circ \tau^{-1} = \sigma_2 \circ \tau \circ \tau^{-1} = \sigma_2$$

故 $\varPhi$ 是单射. 因此 $\varPhi$ 是双射. 进一步, 由于 $\mathcal{A}_n\tau$ 中的每一个置换都是奇置换, 故 $\varPhi$ 给出了偶置换与奇置换之间的一一对应关系. 因此, $|\mathcal{A}_n| = \dfrac{|S_n|}{2} = \dfrac{n!}{2}$.

11.2 多线性映射

在本节中, p 是一个大于 1 的自然数, F 是一个 $\mathbb{K}$-向量空间.

11.2.1 定 义

定义 11.2.1 设 $i \in [\![1, p]\!]$, $f\colon E^p \to F$. 若对于任意 $(v_1, \cdots, v_{i-1}, v_{i+1}, \cdots, v_p) \in E^{p-1}$, 映射

$$\begin{array}{ccc} E & \to & F \\ x & \mapsto & f(v_1, \cdots, v_{i-1}, x, v_i, \cdots, v_p). \end{array}$$

是线性的, 则称 f 关于第 i 个变量是线性的.

例 11.2.1 映射 $f\colon \mathbb{R} \times \mathbb{R} \to \mathbb{R}, (x, y) \mapsto x^2 y$ 关于第二个变量是线性的, 但关于第一个变量不是线性的.

定义 11.2.2 设 $f\colon E^p \to F$. 若对于任意 $i \in [\![1, p]\!]$, f 关于第 i 个变量都是线性的, 则称 f 是从 E 到 F 的**p-线性映射**. 进一步, 若 $F = \mathbb{K}$, 则称 f 是 E 上的一个**p-线性型**. 特别地, 当 $p = 2$ 时, 称 f 是 E 上的一个双线性映射 (双线性型).

例 11.2.2 映射

$$\begin{array}{cccc} f\colon & \mathbb{C}^p & \to & \mathbb{C} \\ & (z_1, z_2, \cdots, z_p) & \mapsto & z_1 z_2 \cdots z_p \end{array}$$

是 $\mathbb{C}$ 上的一个 p-线性型.

证 明 设 $(z_1, z_1', z_2, z_3, \cdots, z_p, k) \in \mathbb{C}^{p+2}$. 根据定义, 有

$$\begin{aligned} f(kz_1 + z_1', z_2, \cdots, z_p) &= (kz_1 + z_1')z_2 \cdots z_p = kz_1z_2 \cdots z_p + z_1'z_2 \cdots z_p \\ &= kf(z_1, z_2, \cdots, z_p) + f(z_1', z_2, \cdots, z_p) \end{aligned}$$

故 f 关于第一个变量是线性的. 同理可证 f 关于其他变量都是线性的.

例 11.2.3 映射

$$\begin{array}{rccc} f: & \mathbb{R}^2 \times \mathbb{R}^2 & \to & \mathbb{R} \\ & \big((x_1, x_2), (y_1, y_2)\big) & \mapsto & x_1y_1 + x_2y_2 \end{array}$$

是 $\mathbb{R}^2$ 上的一个双线性型.

证 明 设 $k \in \mathbb{R}, \boldsymbol{x} = (x_1, x_2) \in \mathbb{R}^2, \boldsymbol{x}' = (x_1', x_2') \in \mathbb{R}^2, \boldsymbol{y} = (y_1, y_2) \in \mathbb{R}^2$. 根据定义,

$$\begin{aligned} f(k\boldsymbol{x} + \boldsymbol{x}', \boldsymbol{y}) &= (kx_1 + x_1')y_1 + (kx_2 + x_2')y_2 = k(x_1y_1 + x_2y_2) + x_1'y_2 + x_2'y_2 \\ &= kf(\boldsymbol{x}, \boldsymbol{y}) + f(\boldsymbol{x}', \boldsymbol{y}) \end{aligned}$$

故 f 关于第一变量是线性的. 同理可证 f 关于第二个变量是线性的.

11.2.2 有限维向量空间上的多线性映射

设 $\mathscr{B} = (e_1, e_2, \cdots, e_n)$ 是 E 的一组基.

- 双线性映射 $(p = 2)$:

  设 $u = \sum\limits_{i=1}^{n} a_ie_i \in E, v = \sum\limits_{i=1}^{n} b_ie_i \in E$, 则

$$\begin{aligned} f(u, v) &= f\Big(\sum_{k=1}^{n} a_ke_k, \sum_{l=1}^{n} b_le_l\Big) = \sum_{k=1}^{n} a_kf\Big(e_k, \sum_{l=1}^{n} b_le_l\Big) \\ &= \sum_{k=1}^{n} a_k\Big[\sum_{l=1}^{n} b_lf(e_k, e_l)\Big] = \sum_{k=1}^{n}\sum_{l=1}^{n} a_kb_lf(e_k, e_l) \end{aligned}$$

- 3-线性映射 $(p = 3)$: 设 $u = \sum\limits_{i=1}^{n} a_{i1}e_i \in E, v = \sum\limits_{i=1}^{n} a_{i2}e_i \in E, w = \sum\limits_{i=1}^{n} a_{i3}e_i \in E$, 则

$$\begin{aligned} f(u, v, w) &= f\Big(\sum_{k=1}^{n} a_{k1}e_k, \sum_{l=1}^{n} a_{l1}e_l, \sum_{m=1}^{n} a_{m3}e_m\Big) \\ &= \sum_{k=1}^{n}\sum_{l=1}^{n}\sum_{m=1}^{n} a_{k1}a_{l2}a_{m3}f(e_k, e_l, e_m) \end{aligned}$$

更一般地, 归纳可证如下结论:

命题 11.2.1 设 f 是从 E 到 F 的 p-线性映射, $(u_1, u_2, \cdots, u_p) \in E^p$ 满足对于任意 $j \in [\![1, p]\!]$, $u_j = \sum\limits_{i=1}^{n} a_{ij}e_i \in E$, 则

$$f(u_1, u_2, \cdots, u_p) = \sum_{1 \leqslant i_1, i_2, \cdots, i_p \leqslant n} a_{i_11}a_{i_22} \cdots a_{i_pp}f(e_{i_1}, e_{i_2}, \cdots, e_{i_p})$$

11.2.3 交错多线性映射

定义 11.2.3 设 f 是从 E 到 F 的 p-线性映射. 如果

$$\forall (u_1, u_2, \cdots, u_p) \in E^p, \quad \forall 1 \leqslant i \neq j \leqslant p, \quad u_i = u_j \Longrightarrow f(u_1, u_2, \cdots, u_p) = \mathbf{0}_F$$

则称 f 是**交错的**.

命题 11.2.2 设 f 是从 E 到 F 的交错 p-线性映射, $(u_1, u_2, \cdots, u_p) \in E^p$.

(1) 若 $(u_1, u_2, \cdots, u_p)$ 线性相关, 则 $f(u_1, u_2, \cdots, u_p) = \mathbf{0}_F$;

(2) 设 $v \in \mathrm{Vect}(u_1, \cdots, u_{j-1}, u_{j+1}, \cdots, u_p)$, 则

$$f(u_1, \cdots, u_{j-1}, v + u_j, u_{j+1}, \cdots, u_p) = f(u_1, \cdots, u_{j-1}, u_j, u_{j+1}, \cdots, u_p)$$

证 明 (1) 不妨设 $u_1 = \sum\limits_{i=2}^{p} \lambda_i u_i$. 由于 f 是 p-线性映射, 故

$$f(u_1, u_2, \cdots, u_p) = f\Big(\sum_{i=2}^{p} \lambda_i u_i, u_2, \cdots, u_p\Big) = \sum_{i=2}^{p} \lambda_i f(u_i, u_2, \cdots, u_p)$$

设 $i \in [\![2, p]\!]$. 因为 f 是交错的, 所以 $f(u_i, u_2, \cdots, u_p) = \mathbf{0}_F$. 因此, $f(u_1, u_2, \cdots, u_p) = \mathbf{0}_F$.

(2) 由于 f 是 p-线性映射, 故

$$\begin{aligned} f(u_1, \cdots, u_{j-1}, v + u_j, u_{j+1}, \cdots, u_p) = & f(u_1, \cdots, u_{j-1}, v, u_{j+1}, \cdots, u_p) \\ & + f(u_1, \cdots, u_{j-1}, u_j, u_{j+1}, \cdots, u_p) \end{aligned}$$

因为 $v \in \mathrm{Vect}(u_1, \cdots, u_{j-1}, u_{j+1}, \cdots, u_p)$, 所以 $(u_1, \cdots, u_{j-1}, v, u_{j+1}, \cdots, u_p)$ 线性相关. 根据 (1) 知, $f(u_1, \cdots, u_{j-1}, v, u_{j+1}, \cdots, u_p) = \mathbf{0}_F$. 因此,

$$f(u_1, \cdots, u_{j-1}, v + u_j, u_{j+1}, \cdots, u_p) = f(u_1, \cdots, u_{j-1}, u_j, u_{j+1}, \cdots, u_p)$$

命题 11.2.3 设 f 是从 E 到 F 的交错 p-线性映射, $(u_1, u_2, \cdots, u_p) \in E^p$, $(i, j) \in [\![1, p]\!]^2$ 且 $i < j$, 则 $f(u_1, \cdots, u_i, \cdots, u_j, \cdots, u_p) = -f(u_1, \cdots, u_j, \cdots, u_i, \cdots, u_p)$.

证 明 由于 f 是交错的, 故

$$f(u_1, \cdots, u_i + u_j, \cdots, u_j + u_i, \cdots, u_p) = \mathbf{0}_F$$

又因为 f 是 p-线性映射, 所以

$$\begin{aligned} & f(u_1, \cdots, u_i + u_j, \cdots, u_j + u_i, \cdots, u_p) \\ = & f(u_1, \cdots, u_i, \cdots, u_i, \cdots, u_p) + f(u_1, \cdots, u_j, \cdots, u_j, \cdots, u_p) \\ + & f(u_1, \cdots, u_i, \cdots, u_j, \cdots, u_p) + f(u_1, \cdots, u_j, \cdots, u_i, \cdots, u_p) \end{aligned}$$

由于 f 是交错的, 故

$$f(u_1, \cdots, u_i, \cdots, u_i, \cdots, u_p) = f(u_1, \cdots, u_j, \cdots, u_j, \cdots, u_p) = \mathbf{0}_F$$

因此, $f(u_1, \cdots, u_i, \cdots, u_j, \cdots, u_p) = -f(u_1, \cdots, u_j, \cdots, u_i, \cdots, u_p)$.

命题 11.2.4 设 f 是从 E 到 F 的交错 p-线性映射, $\sigma \in S_p$, 则

$$\forall (u_1, u_2, \cdots, u_p) \in E^p, \quad f(u_{\sigma(1)}, u_{\sigma(2)}, \cdots, u_{\sigma(p)}) = \varepsilon(\sigma) f(u_1, u_2, \cdots, u_p)$$

证 明 假设 σ 的对换分解为 $\sigma = \tau_1 \circ \tau_2 \cdots \tau_s$, 则通过作 s 次对换, 可以将 $(u_1, u_2, \cdots, u_p)$ 变换成

$$(u_{\sigma(1)}, u_{\sigma(2)}, \cdots, u_{\sigma(p)})$$

根据命题 11.2.3, 每作一次对换会产生一个负号, 作 s 次变换正好产生 s 个负号, 故

$$f(u_1, u_2, \cdots, u_p) = (-1)^s f(u_{\sigma(1)}, u_{\sigma(2)}, \cdots, u_{\sigma(p)})$$

因此, $f(u_{\sigma(1)}, u_{\sigma(2)}, \cdots, u_{\sigma(p)}) = (-1)^s f(u_1, u_2, \cdots, u_p) = \varepsilon(\sigma) f(u_1, u_2, \cdots, u_p)$.

11.3 行列式

本节利用 n 维向量空间上的交错 n-线性型给出行列式的定义, 并推导行列式的基本性质.

11.3.1 n 维向量空间上的交错 n-线性型

1. $\dim(E) = 2$

设 $\mathscr{B} = (e_1, e_2)$ 是 E 的一组基, ϕ 是 E 上的一个交错双线性型, 则 $\phi(e_1, e_1) = \phi(e_2, e_2) = 0$, 并且 $\phi(e_1, e_2) = -\phi(e_2, e_1)$. 设 $x = a_{11}e_1 + a_{21}e_2$, $y = a_{12}e_1 + a_{22}e_2$, 则

$$\begin{aligned}
\phi(x, y) &= \phi(a_{11}e_1 + a_{21}e_2, a_{12}e_1 + a_{22}e_2) \\
&= a_{11}a_{12}\ \phi(e_1, e_1) + a_{11}a_{22}\ \phi(e_1, e_2) + a_{21}a_{12}\ \phi(e_2, e_1) + a_{21}a_{22}\ \phi(e_2, e_2) \\
&= \big(a_{11}a_{22} - a_{21}a_{12}\big)\ \phi(e_1, e_2)
\end{aligned}$$

2. $\dim(E) = 3$

设 $\mathscr{B} = (e_1, e_2, e_3)$ 是 E 的一组基, ϕ 是 E 上的一个交错 3-线性型. 设 $(u_1, u_2, u_3) \in E^3$ 满足对于任意 $j \in [\![1, 3]\!]$, $u_j = \sum\limits_{i=1}^{3} a_{ij}e_i$.

(i) 因为 ϕ 是 3-线性型, 所以

$$\begin{aligned}
\phi(u_1, u_2, u_3) &= \phi\Big(\sum_{k=1}^{3} a_{k1}e_k, \sum_{l=1}^{3} a_{l2}e_l, \sum_{m=1}^{3} a_{m3}e_m\Big) \\
&= \sum_{k=1}^{3}\sum_{l=1}^{3}\sum_{m=1}^{3} a_{k1}a_{l2}a_{m3}\ \phi(e_k, e_l, e_m)
\end{aligned}$$

设 $(k, l, m) \in [\![1, 3]\!]^3$. 因为 ϕ 是交错的, 所以 $\phi(e_k, e_l, e_m) \neq 0$ 当且仅当 k, l, m 互不相等, 当且仅当 $\{k, l, m\} = \{1, 2, 3\}$.

(ii) 设 $\{k,l,m\}=\{1,2,3\}$, 则存在从 $\{1,2,3\}$ 到 $\{k,l,m\}$ 的双射, 即存在 $\sigma\in S_3$, 使得 $\sigma(1)=k,\sigma(2)=l,\sigma(3)=m$. 根据命题 11.2.4,

$$\begin{aligned}a_{k1}a_{l2}a_{m3}\ \phi(e_k,e_l,e_m)&=a_{\sigma(1)1}a_{\sigma(2)2}a_{\sigma(3)3}\ \phi(e_{\sigma(1)},e_{\sigma(2)},e_{\sigma(3)})\\&=\varepsilon(\sigma)a_{\sigma(1)1}a_{\sigma(2)2}a_{\sigma(3)3}\ \phi(e_1,e_2,e_3)\end{aligned}$$

(iii) 根据 (i) 和 (ii),

$$\begin{aligned}\phi(u_1,u_2,u_3)&=\sum_{k=1}^{3}\sum_{l=1}^{3}\sum_{m=1}^{3}a_{k1}a_{l2}a_{m3}\ \phi(e_k,e_l,e_m)\\&=\sum_{\sigma\in S_3}\varepsilon(\sigma)a_{\sigma(1)1}a_{\sigma(2)2}a_{\sigma(3)3}\ \phi(e_1,e_2,e_3)\\&=\left(\sum_{\sigma\in S_3}\varepsilon(\sigma)a_{\sigma(1)1}a_{\sigma(2)2}a_{\sigma(3)3}\right)\phi(e_1,e_2,e_3)\end{aligned}$$

其中, $\sum\limits_{\sigma\in S_3}\varepsilon(\sigma)a_{\sigma(1)1}a_{\sigma(2)2}a_{\sigma(3)3}$

$$\begin{aligned}&=\varepsilon(\mathrm{id})a_{11}a_{22}a_{33}+\varepsilon(123)a_{21}a_{32}a_{13}+\varepsilon(132)a_{31}a_{12}a_{23}\\&\quad+\varepsilon(23)a_{11}a_{32}a_{23}+\varepsilon(12)a_{21}a_{12}a_{33}+\varepsilon(13)a_{31}a_{22}a_{13}\\&=a_{11}a_{22}a_{33}+a_{21}a_{32}a_{13}+a_{31}a_{12}a_{23}-a_{11}a_{32}a_{23}-a_{21}a_{12}a_{33}-a_{31}a_{22}a_{13}\end{aligned}$$

3. 一般情况

设 $\mathscr{B}=(e_1,e_2,\cdots,e_n)$ 是 E 的一组基, ϕ 是 E 上的一个交错 n-线性型. 设 $(u_1,u_2,\cdots,u_n)\in E^n$ 满足对于任意 $j\in[\![1,n]\!]$, $u_j=\sum\limits_{i=1}^{n}a_{ij}e_i$. 根据命题 11.2.1 和命题 11.2.4,

$$\begin{aligned}\phi(u_1,u_2,\cdots,u_n)&=\sum_{1\leqslant i_1,i_2,\cdots,i_n\leqslant n}a_{i_11}a_{i_22}\cdots a_{i_nn}\ \phi(e_{i_1},e_{i_2},\cdots,e_{i_n})\\&=\sum_{\sigma\in S_n}a_{\sigma(1)1}a_{\sigma(2)2}\cdots a_{\sigma(n)n}\ \phi(e_{\sigma(1)},e_{\sigma(2)},\cdots,e_{\sigma(n)})\\&=\sum_{\sigma\in S_n}\varepsilon(\sigma)a_{\sigma(1)1}a_{\sigma(2)2}\cdots a_{\sigma(n)n}\ \phi(e_1,e_2,\cdots,e_n)\\&=\left(\sum_{\sigma\in S_n}\varepsilon(\sigma)a_{\sigma(1)1}a_{\sigma(2)2}\cdots a_{\sigma(n)n}\right)\phi(e_1,e_2,\cdots,e_n)\end{aligned}$$

因此,

$$\phi(u_1,u_2,\cdots,u_n)=\left(\sum_{\sigma\in S_n}\varepsilon(\sigma)a_{\sigma(1)1}a_{\sigma(2)2}\cdots a_{\sigma(n)n}\right)\phi(e_1,e_2,\cdots,e_n)\tag{11.3.1}$$

定理 11.3.1 设 E 是一个有限维向量空间且 $\dim(E)=n\geqslant 2$. 设 $\mathscr{B}=(e_1,e_2,\cdots,e_n)$ 是 E 的一组基, 则在 E 上存在唯一一个交错 n-线性型 ϕ_0 满足 $\phi_0(e_1,e_2,\cdots,e_n)=1$. 进一步, 设 ϕ 是 E 上另一个交错 n-线性型, 则存在 $\lambda\in\mathbb{K}$, 使得 $\phi=\lambda\phi_0$.

证 明 定义映射

$$\begin{aligned}\phi_0:\quad &E^n &&\to &&\mathbb{K}\\&(u_1,u_2,\cdots,u_n)&&\mapsto &&\sum_{\sigma\in S_n}\varepsilon(\sigma)a_{\sigma(1)1}a_{\sigma(2)2}\cdots a_{\sigma(n)n}\end{aligned}$$

其中 $u_j=\sum\limits_{i=1}^{n}a_{ij}e_i\ \big(j\in[\![1,n]\!]\big)$.

(i) 证 ϕ_0 是 n-线性型. 设 $k\in\mathbb{K}$, $u_1'=\sum\limits_{i=1}^{n}a_{i1}'e_i\in E$. 根据定义,

$$\begin{aligned}\phi_0(ku_1+u_1',u_2,\cdots,u_n)&=\sum_{\sigma\in S_n}\varepsilon(\sigma)(ka_{\sigma(1)1}+a'_{\sigma(1)1})a_{\sigma(2)2}\cdots a_{\sigma(n)n}\\&=k\sum_{\sigma\in S_n}\varepsilon(\sigma)a_{\sigma(1)1}a_{\sigma(2)2}\cdots a_{\sigma(n)n}+\sum_{\sigma\in S_n}\varepsilon(\sigma)a'_{\sigma(1)1}a_{\sigma(2)2}\cdots a_{\sigma(n)n}\\&=k\phi_0(u_1,u_2,\cdots,u_n)+\phi_0(u_1',u_2,\cdots,u_n)\end{aligned}$$

故 ϕ_0 关于第一个变量是线性的. 同理可证 ϕ_0 关于其他变量也是线性的. 因此, ϕ_0 是 n-线性型.

(ii) 证 ϕ_0 是交错的. 设 $(i,j)\in[\![1,n]\!]^2$ 且 $i<j$, 记 $\tau=(ij)$. 假设 $u_i=u_j$, 下证 $\phi_0(u_1,u_2,\cdots,u_n)=0$. 根据命题 11.1.5,

$$\begin{aligned}\phi_0(u_1,u_2,\cdots,u_n)&=\sum_{\sigma\in S_n}\varepsilon(\sigma)a_{\sigma(1)1}a_{\sigma(2)2}\cdots a_{\sigma(n)n}\\&=\sum_{\sigma\in\mathcal{A}_n}\varepsilon(\sigma)a_{\sigma(1)1}a_{\sigma(2)2}\cdots a_{\sigma(n)n}+\sum_{\sigma\tau\in\mathcal{A}_n\tau}\varepsilon(\sigma\tau)a_{\sigma\tau(1)1}a_{\sigma\tau(2)2}\cdots a_{\sigma\tau(n)n}\\&=\sum_{\sigma\in\mathcal{A}_n}\varepsilon(\sigma)a_{\sigma(1)1}a_{\sigma(2)2}\cdots a_{\sigma(n)n}-\sum_{\sigma\tau\in\mathcal{A}_n\tau}\varepsilon(\sigma)a_{\sigma\tau(1)1}a_{\sigma\tau(2)2}\cdots a_{\sigma\tau(n)n}\end{aligned}$$

设 $\sigma\in S_n$. 根据对换的定义, 可验证:

- 若 $k\notin\{i,j\}$, 则 $\sigma\tau(k)=\sigma(k)$, 故 $a_{\sigma\tau(k)k}=a_{\sigma(k)k}$;
- 因为 $\sigma\tau(i)=\sigma(j)$ 且 $u_i=u_j$, 所以 $a_{\sigma\tau(i)i}=a_{\sigma(j)i}=a_{\sigma(j)j}$;
- 因为 $\sigma\tau(j)=\sigma(i)$ 且 $u_i=u_j$, 所以 $a_{\sigma\tau(j)j}=a_{\sigma(i)j}=a_{\sigma(i)i}$.

于是我们证明了

$$\forall\sigma\in S_n,\quad a_{\sigma(1)1}a_{\sigma(2)2}\cdots a_{\sigma(n)n}=a_{\sigma\tau(1)1}a_{\sigma\tau(2)2}\cdots a_{\sigma\tau(n)n}$$

因此, $\phi_0(u_1,u_2,\cdots,u_n)=0$, 这就证明了 ϕ_0 是交错的.

(iii) 设 ϕ 是 E 上的另一个交错 n-线性型. 根据等式 (11.3.1), $\phi=\lambda\phi_0$, 其中 $\lambda=\phi(e_1,e_2,\cdots,e_n)$. 进一步, 若 $\phi(e_1,e_2,\cdots,e_n)=1$, 则 $\phi=\phi_0$.

(iv) 证 $\phi_0(e_1,e_2,\cdots,e_n)=1$. 记 $\boldsymbol{I}_n=(b_{ij})$, 则

$$\phi_0(e_1,e_2,\cdots,e_n)=\sum_{\sigma\in S_n}\varepsilon(\sigma)b_{\sigma(1)1}b_{\sigma(2)2}\cdots b_{\sigma(n)n}$$

显然 $\varepsilon(\sigma)b_{\sigma(1)1}b_{\sigma(2)2}\cdots b_{\sigma(n)n}\neq0$ 当且仅当 $\sigma=\mathrm{id}$, 故

$$\phi_0(e_1,e_2,\cdots,e_n)=\varepsilon(\mathrm{id})b_{11}b_{22}\cdots b_{nn}=1$$

11.3.2 行列式的定义

1. 向量族在一组基下的行列式

定义 11.3.1 设 $\mathscr{B}$ 是 E 的一组基, 记 ϕ_0 是 E 上满足 $\phi_0(\mathscr{B})=1$ 的唯一交错 n-线性型. 设 $(u_1,u_2,\cdots,u_n)\in E^n$, 称 $\phi_0(u_1,u_2,\cdots,u_n)$ 为向量族 $(u_1,u_2,\cdots,u_n)$ 在 $\mathscr{B}$ 下的

行列式. 记为 $\det_{\mathscr{B}}(u_1, u_2, \cdots, u_n)$. 映射

$$\begin{array}{rccc}\phi_0: & E^n & \longrightarrow & \mathbb{K} \\ & (u_1, u_2, \cdots, u_n) & \longmapsto & \det_{\mathscr{B}}(u_1, u_2, \cdots, u_n)\end{array}$$

通常记为 $\det_{\mathscr{B}}$.

注 11.3.1 设 $\mathrm{Mat}_{\mathscr{B}}(u_1, u_2, \cdots, u_n) = (a_{ij})_{n\times n} \in \mathcal{M}_n(\mathbb{K})$. 根据定理 11.3.1,

$$\det_{\mathscr{B}}(u_1, u_2, \cdots, u_n) = \sum_{\sigma\in S_n} \varepsilon(\sigma) a_{\sigma(1)1} a_{\sigma(2)2} \cdots a_{\sigma(n)n}$$

2. 方阵的行列式

定义 11.3.2 (方阵的行列式) 设 $\boldsymbol{A} \in \mathcal{M}_n(\mathbb{K})$, 记 $\boldsymbol{A}$ 的所有列向量为 $\boldsymbol{C}_1, \boldsymbol{C}_2, \cdots, \boldsymbol{C}_n$. 记 $\mathscr{B}_c$ 是 $\mathcal{M}_{n,1}(\mathbb{K})$ 的典范基, 称 $\det_{\mathscr{B}_c}(\boldsymbol{C}_1, \boldsymbol{C}_2, \cdots, \boldsymbol{C}_n)$ 为矩阵 $\boldsymbol{A}$ 的**行列式**, 记为 $\det(\boldsymbol{A})$.

记号 设 $\boldsymbol{A} = (a_{ij})_{n\times n} \in \mathcal{M}_n(\mathbb{K})$, 矩阵 $\boldsymbol{A}$ 的行列式 $\det(\boldsymbol{A})$ 一般记为 $|\boldsymbol{A}|$ 或

$$\begin{vmatrix} a_{11} & a_{12} & \cdots & a_{1n} \\ a_{21} & a_{22} & \cdots & a_{2n} \\ \cdots & \cdots & \cdots & \cdots \\ a_{n1} & a_{n2} & \cdots & a_{nn} \end{vmatrix}$$

命题 11.3.1 设 $\boldsymbol{A} = (a_{ij})_{n\times n} \in \mathcal{M}_n(\mathbb{K})$, 则

$$\det(\boldsymbol{A}) = \sum_{\sigma\in S_n} \varepsilon(\sigma) a_{\sigma(1)1} a_{\sigma(2)2} \cdots a_{\sigma(n)n}$$

特别地, $\det(\boldsymbol{I}_n) = 1$.

证 明 设 $\mathscr{B}_c = (e_1, e_2, \cdots, e_n)$ 是 $\mathcal{M}_{n,1}(\mathbb{K})$ 的典范基. 设 $j \in [\![1, n]\!]$, 则 $\boldsymbol{C}_j = \sum\limits_{i=1}^{n} a_{ij} e_i$. 根据定义 11.3.1和注 11.3.1,

$$\det(\boldsymbol{A}) = \det_{\mathscr{B}_c}(\boldsymbol{C}_1, \boldsymbol{C}_2, \cdots, \boldsymbol{C}_n) = \sum_{\sigma\in S_n} \varepsilon(\sigma) a_{\sigma(1)1} a_{\sigma(2)2} \cdots a_{\sigma(n)n}$$

设 $\boldsymbol{A} = \boldsymbol{I}_n$. 设 $\sigma \in S_n$, 则 $\varepsilon(\sigma) a_{\sigma(1)1} a_{\sigma(2)2} \cdots a_{\sigma(n)n} \neq 0$ 当且仅当 $\sigma = \mathrm{id}$, 故

$$\det(\boldsymbol{I}_n) = \varepsilon(\mathrm{id}) a_{\sigma(1)1} a_{\sigma(2)2} \cdots a_{\sigma(n)n} = 1$$

推论 11.3.1 (1) 设 $\boldsymbol{A} = (a_{ij})_{2\times 2} \in \mathcal{M}_2(\mathbb{K})$, 则

$$\begin{vmatrix} a_{11} & a_{12} \\ a_{21} & a_{22} \end{vmatrix} = a_{11} a_{22} - a_{12} a_{21}$$

(2) 设 $\boldsymbol{A}=(a_{ij})_{3\times 3}\in\mathcal{M}_3(\mathbb{K})$, 则

$$\begin{vmatrix}a_{11} & a_{12} & a_{13}\\ a_{21} & a_{22} & a_{23}\\ a_{31} & a_{32} & a_{33}\end{vmatrix}=(a_{11}a_{22}a_{33}+a_{12}a_{23}a_{31}+a_{13}a_{21}a_{32})-(a_{13}a_{22}a_{31}+a_{11}a_{23}a_{32}+a_{12}a_{21}a_{33})$$

3. 线性映射的行列式

设 $\mathscr{B}=(e_1,e_2,\cdots,e_n)$ 是 E 的一组基, $f\in\mathscr{L}(E)$, 记 $f(\mathscr{B})=\big(f(e_1),f(e_2),\cdots,f(e_n)\big)$.

命题 11.3.2 设 $f\in\mathscr{L}(E)$.

(1) 设 $\mathscr{B}$ 是 E 的一组基, 则 $\det_{\mathscr{B}}\circ f=\det_{\mathscr{B}}\big(f(\mathscr{B})\big)\det_{\mathscr{B}}$;

(2) 设 $\mathscr{B}_1,\mathscr{B}_2$ 是 E 的两组基, 则 $\det_{\mathscr{B}_1}\big(f(\mathscr{B}_1)\big)=\det_{\mathscr{B}_2}\big(f(\mathscr{B}_2)\big)$.

证 明 (1) 因为 f 是线性映射且 $\det_{\mathscr{B}}$ 是交错 n-线性型, 可验证映射

$$\det_{\mathscr{B}}\circ f:\ (u_1,u_2,\cdots,u_n)\mapsto\det_{\mathscr{B}}\big(f(u_1),f(u_2),\cdots,f(u_n)\big)$$

也是 E 上的交错 n-线性型. 根据定理 11.3.1, 存在 $\lambda\in\mathbb{K}$, 使得 $\det_{\mathscr{B}}\circ f=\lambda\det_{\mathscr{B}}$. 又因为 $\det_{\mathscr{B}}(\mathscr{B})=1$, 所以 $\det_{\mathscr{B}}\big(f(\mathscr{B})\big)=(\det_{\mathscr{B}}\circ f)(\mathscr{B})=\lambda\det_{\mathscr{B}}(\mathscr{B})=\lambda$. 因此, $\det_{\mathscr{B}}\circ f=\det_{\mathscr{B}}\big(f(\mathscr{B})\big)\det_{\mathscr{B}}$.

(2) 根据定义, $\det_{\mathscr{B}_1}$ 和 $\det_{\mathscr{B}_2}$ 都是非零的交错 n-线性型. 根据定理 11.3.1, 存在 $\mu\in\mathbb{K}^*$, 使得 $\det_{\mathscr{B}_2}=\mu\det_{\mathscr{B}_1}$. 于是 $\det_{\mathscr{B}_2}\circ f=\mu\det_{\mathscr{B}_1}\circ f$. 根据 (1), $\det_{\mathscr{B}_2}\circ f=\det_{\mathscr{B}_2}\big(f(\mathscr{B}_2)\big)\det_{\mathscr{B}_2}$. 进而有

$$\mu\det_{\mathscr{B}_1}\circ f=\det_{\mathscr{B}_2}\big(f(\mathscr{B}_2)\big)\det_{\mathscr{B}_2}=\mu\det_{\mathscr{B}_2}\big(f(\mathscr{B}_2)\big)\det_{\mathscr{B}_1}$$

因此, $\det_{\mathscr{B}_1}\circ f=\det_{\mathscr{B}_2}\big(f(\mathscr{B}_2)\big)\det_{\mathscr{B}_1}$. 又因为 $\det_{\mathscr{B}_1}\circ f=\det_{\mathscr{B}_1}\big(f(\mathscr{B}_1)\big)\det_{\mathscr{B}_1}$, 所以 $\det_{\mathscr{B}_1}(f(\mathscr{B}_1))=\det_{\mathscr{B}_2}(f(\mathscr{B}_2))$.

根据命题 11.3.2, 可定义线性映射的行列式:

定义 11.3.3 (线性映射的行列式) 设 $f\in\mathscr{L}(E)$, $\mathscr{B}$ 是 E 的一组基, 称 $\det_{\mathscr{B}}\big(f(\mathscr{B})\big)$ 为 f 的**行列式**, 记为 $\det(f)$.

命题 11.3.3 设 $f\in\mathscr{L}(E)$, $\mathscr{B}$ 是 E 的一组基, 记 $\boldsymbol{A}=\mathrm{Mat}_{\mathscr{B}}(f)$, 则 $\det(\boldsymbol{A})=\det(f)$.

11.3.3 行列式的性质

命题 11.3.4 设 $\boldsymbol{A}\in\mathcal{M}_n(\mathbb{K})$. 若 $\boldsymbol{A}$ 的列向量 $(\boldsymbol{C}_1,\boldsymbol{C}_2,\cdots,\boldsymbol{C}_n)$ 线性相关, 则 $\det(\boldsymbol{A})=0$. 特别地, 若矩阵 $\boldsymbol{A}$ 有两列成比例, 则 $\det(\boldsymbol{A})=0$.

证 明 根据定义, $\det(\boldsymbol{A})=\det_{\mathscr{B}_c}(\boldsymbol{C}_1,\boldsymbol{C}_2,\cdots,\boldsymbol{C}_n)$. 因为 $\det_{\mathscr{B}_c}$ 是交错 n-线性型, 根据命题 11.2.2, 结论得证.

例 11.3.1 设

$$\boldsymbol{A}=\begin{bmatrix}1 & 1 & 2\\ 1 & 2 & 3\\ 1 & 3 & 4\end{bmatrix}$$

因为 $\boldsymbol{A}$ 的第三列等于前两列之和, 所以 $\boldsymbol{A}$ 的三个列向量线性相关. 根据命题 11.3.4, $\det(\boldsymbol{A})=0$.

命题 11.3.5　设 $\mathscr{B}$ 是 E 的一组基, $\mathscr{C}=(u_1,u_2,\cdots,u_n)\in E^n$, 则 $\mathscr{C}$ 是 E 的一组基当且仅当 $\det_{\mathscr{B}}(u_1,u_2,\cdots,u_n)\neq 0$.

证　明　充分性: 记 $\boldsymbol{A}=\mathrm{Mat}_{\mathscr{B}}(u_1,u_2,\cdots,u_n)$. 假设 $(u_1,u_2,\cdots,u_n)$ 不是 E 的一组基, 则 $\boldsymbol{A}$ 的列向量族 $(\boldsymbol{C}_1,\boldsymbol{C}_2,\cdots,\boldsymbol{C}_n)$ 线性相关. 根据命题 11.3.4 知, $\det_{\mathscr{B}}(u_1,u_2,\cdots,u_n)=\det(\boldsymbol{A})=0$.

必要性: 假设 $\mathscr{C}=(u_1,u_2,\cdots,u_n)$ 是 E 的一组基. 根据定理 11.3.1 知, 存在非零 $\lambda\in\mathbb{K}$, 使得 $\det_{\mathscr{C}}=\lambda\det_{\mathscr{B}}$. 从而有 $1=\det_{\mathscr{C}}(\mathscr{C})=\lambda\det_{\mathscr{B}}(\mathscr{C})$, 故 $\det_{\mathscr{B}}(u_1,u_2,\cdots,u_n)=\det_{\mathscr{B}}(\mathscr{C})\neq 0$.

推论 11.3.2　设 $\boldsymbol{A}\in\mathcal{M}_n(\mathbb{K})$, 则 $\det(\boldsymbol{A})\neq 0$ 当且仅当 $\boldsymbol{A}$ 的秩为 n, 当且仅当 $\boldsymbol{A}$ 可逆.

命题 11.3.6　设 $(f,g)\in\mathscr{L}(E)^2$, $\lambda\in\mathbb{K}$, 则

(1) $\det(\lambda f)=\lambda^n\det(f)$;　　(2) $\det(f\circ g)=\det(f)\det(g)$.

证　明　设 $\mathscr{B}=(e_1,e_2,\cdots,e_n)$ 是 E 的一组基.

(1) 由于行列式运算是 n-线性映射, 故

$$\begin{aligned}\det(\lambda f)&=\det_{\mathscr{B}}\big(\lambda f(e_1),\lambda f(e_2),\cdots,\lambda f(e_n)\big)\\&=\lambda^n\det_{\mathscr{B}}\big(f(e_1),f(e_2),\cdots,f(e_n)\big)\\&=\lambda^n\det(f)\end{aligned}$$

(2) 根据命题 11.3.2 知, $\det_{\mathscr{B}}\circ f=\det_{\mathscr{B}}(f(\mathscr{B}))\det_{\mathscr{B}}$, 结合线性映射行列式的定义, 有

$$\begin{aligned}\det(f\circ g)&=\det_{\mathscr{B}}\big(f\circ g(e_1),f\circ g(e_2),\cdots,f\circ g(e_n)\big)\\&=\det_{\mathscr{B}}\big(f(g(e_1)),f(g(e_2)),\cdots,f(g(e_n))\big)\\&=\big(\det_{\mathscr{B}}\circ f\big)\big(g(e_1),g(e_2),\cdots,g(e_n)\big)\\&=\det_{\mathscr{B}}\big(f(\mathscr{B})\big)\ \det_{\mathscr{B}}\big(g(e_1),g(e_2),\cdots,g(e_n)\big)\\&=\det_{\mathscr{B}}\big(f(\mathscr{B})\big)\ \det_{\mathscr{B}}\big(g(\mathscr{B})\big)\\&=\det(f)\det(g)\end{aligned}$$

推论 11.3.3　设 $(\boldsymbol{A},\boldsymbol{B})\in\mathcal{M}_n(\mathbb{K})^2,\lambda\in\mathbb{K}$, 则 $\det(\lambda\boldsymbol{A})=\lambda^n\det(\boldsymbol{A})$ 且 $\det(\boldsymbol{AB})=\det(\boldsymbol{A})\det(\boldsymbol{B})$.

证　明　根据命题 11.3.3 和命题 11.3.6, 有

$$\det(\lambda\boldsymbol{A})=\det(f_{\lambda\boldsymbol{A}})=\det(\lambda f_{\boldsymbol{A}})=\lambda^n\det(f_{\boldsymbol{A}})=\lambda^n\det(\boldsymbol{A})$$

进一步, 有

$\det(\boldsymbol{AB})=\det(f_{\boldsymbol{AB}})=\det(f_{\boldsymbol{A}}\circ f_{\boldsymbol{B}})=\det(f_{\boldsymbol{A}})\det(f_{\boldsymbol{B}})=\det(\boldsymbol{A})\det(\boldsymbol{B})$

命题 11.3.7　设 $f\in\mathscr{L}(E)$, 则 f 是同构映射当且仅当 $\det(f)\neq 0$, 此时 $\det(f^{-1})=\big(\det(f)\big)^{-1}$.

证 明 设 $\mathscr{B}=(e_1,e_2,\cdots,e_n)$ 是 E 的一组基. 根据定义知, $\det(f)=\det_{\mathscr{B}}\big(f(e_1),f(e_2),\cdots,f(e_n)\big)$. 根据命题 8.1.6 和命题 11.3.5 知, f 是同构映射当且仅当 $\big(f(e_1),f(e_2),\cdots,f(e_n)\big)$ 是 E 的一组基, 当且仅当 $\det(f)\neq 0$. 假设 f 是同构映射, 则 $f\circ f^{-1}=\mathrm{id}_E$. 根据命题 11.3.6 知, $\det(f)\det(f^{-1})=\det(f\circ f^{-1})=\det(\mathrm{id}_E)=\det(\boldsymbol{I}_n)=1$, 故 $\det(f^{-1})=\big(\det(f)\big)^{-1}$.

推论 11.3.4 设 $\boldsymbol{A}\in\mathcal{M}_n(\mathbb{K})$, 则 $\boldsymbol{A}$ 可逆当且仅当 $\det(\boldsymbol{A})\neq 0$, 此时 $\det(\boldsymbol{A}^{-1})=\big(\det(\boldsymbol{A})\big)^{-1}$.

命题 11.3.8 设 $\boldsymbol{A}=(a_{ij})_{n\times n}\in\mathcal{M}_n(\mathbb{K})$, 则 $\det(\boldsymbol{A})=\det(\boldsymbol{A}^{\mathrm{T}})$.

证 明 根据命题 11.3.1 知, $\det(\boldsymbol{A}^{\mathrm{T}})=\sum\limits_{\sigma\in S_n}\varepsilon(\sigma)a_{1\sigma(1)}a_{2\sigma(2)}\cdots a_{n\sigma(n)}$. 设 $\sigma\in S_n$, 根据推论 11.1.1 知, $\varepsilon(\sigma)=\varepsilon(\sigma^{-1})$. 由于 σ 是双射, 故

$$\prod_{k=1}^{n}a_{k,\sigma(k)}=\prod_{k=1}^{n}a_{\sigma^{-1}(\sigma(k)),\sigma(k)}=\prod_{k=1}^{n}a_{\sigma^{-1}(k),k}$$

从而有

$$\forall\sigma\in S_n,\ \varepsilon(\sigma)a_{1\sigma(1)}a_{2\sigma(2)}\cdots a_{n\sigma(n)}=\varepsilon(\sigma^{-1})a_{\sigma^{-1}(1)1}a_{\sigma^{-1}(2)2}\cdots a_{\sigma^{-1}(n)n}$$

因此,

$$\begin{aligned}\det(\boldsymbol{A}^{\mathrm{T}})&=\sum_{\sigma\in S_n}\varepsilon(\sigma)a_{1\sigma(1)}a_{2\sigma(2)}\cdots a_{n\sigma(n)}\\&=\sum_{\sigma^{-1}\in S_n}\varepsilon(\sigma^{-1})a_{\sigma^{-1}(1)1}a_{\sigma^{-1}(2)2}\cdots a_{\sigma^{-1}(n)n}\\&=\sum_{\sigma\in S_n}\varepsilon(\sigma)a_{\sigma(1)1}a_{\sigma(2)2}\cdots a_{\sigma(n)n}\end{aligned}$$

即 $\det(\boldsymbol{A})=\det(\boldsymbol{A}^{\mathrm{T}})$.

注 11.3.2 等式 $\det(\boldsymbol{A})=\det(\boldsymbol{A}^{\mathrm{T}})$ 即

$$\sum_{\sigma\in S_n}\varepsilon(\sigma)a_{\sigma(1)1}a_{\sigma(2)2}\cdots a_{\sigma(n)n}=\sum_{\sigma\in S_n}\varepsilon(\sigma)a_{1\sigma(1)}a_{2\sigma(2)}\cdots a_{n\sigma(n)}$$

11.4 行列式的计算

显然, 从定义出发计算行列式是十分复杂的. 本节利用行列式的性质, 推导计算行列式的常用公式.

11.4.1 行列式的初等变换

命题 11.4.1 设 $\boldsymbol{A}\in\mathcal{M}_n(\mathbb{K})$.

(1) 若交换矩阵 $\boldsymbol{A}$ 的第 i 行 (列) 和第 j 行 (列) 得到矩阵 $\boldsymbol{A}'$, 则 $\det(\boldsymbol{A}')=-\det(\boldsymbol{A})$;

(2) 若将矩阵 $\boldsymbol{A}$ 的第 i 行 (列) 乘以一个非零常数 λ 得到矩阵 $\boldsymbol{A}'$, 则 $\det(\boldsymbol{A}')=\lambda\det(\boldsymbol{A})$;

(3) 若将矩阵 $\boldsymbol{A}$ 的第 j 行 (列) 乘以非零常数 λ 加到第 i 行 (列) 得到矩阵 $\boldsymbol{A}'$, 则 $\det(\boldsymbol{A}')=\det(\boldsymbol{A})$.

证 明 因 det 是一个交错 n-线性型, 故 (1) 和 (2) 成立. 根据命题 11.2.2 知 (3) 成立.

命题 11.4.2 设 $(\boldsymbol{A},\boldsymbol{B})\in\mathcal{M}_n(\mathbb{K})^2$ 定义如下:

$$\boldsymbol{A}=\left[\begin{array}{ccc:c} & & & 0\\ & \boldsymbol{A}' & & \vdots\\ & & & 0\\ \hdashline * & \cdots & * & a_{nn}\end{array}\right],\qquad \boldsymbol{B}=\left[\begin{array}{c:ccc} b_{11} & * & \cdots & *\\ \hdashline 0 & & & \\ \vdots & & \boldsymbol{B}' & \\ 0 & & & \end{array}\right]$$

则 $\det(\boldsymbol{A})=a_{nn}\det(\boldsymbol{A}')$ 且 $\det(\boldsymbol{B})=b_{11}\det(\boldsymbol{B}')$.

证 明 根据定义, 知

$$\begin{aligned}\det(\boldsymbol{A})&=\sum_{\sigma\in S_n}\varepsilon(\sigma)\ a_{\sigma(1)1}a_{\sigma(2)2}\cdots a_{\sigma(n-1),(n-1)}a_{\sigma(n)n}\\&=a_{nn}\sum_{\sigma\in S_n,\sigma(n)=n}\varepsilon(\sigma)\ a_{\sigma(1)1}a_{\sigma(2)2}\cdots a_{\sigma(n-1),(n-1)}\end{aligned}$$

第二个等式成立是因为 $\boldsymbol{A}$ 的最后一列只有可能 a_{nn} 不等于 0. 设 $\sigma\in S_n$ 且 $\sigma(n)=n$, 则 σ 可以看成从 $[\![1,n-1]\!]$ 到 $[\![1,n-1]\!]$ 的置换. 于是

$$\det(\boldsymbol{A})=a_{nn}\sum_{\sigma\in S_{n-1}}\varepsilon(\sigma)\ a_{\sigma(1)1}a_{\sigma(2)2}\cdots a_{\sigma(n-1),(n-1)}=a_{nn}\det(\boldsymbol{A}')$$

下面计算 $\det(\boldsymbol{B})$. 根据命题 11.4.1, 将 $\boldsymbol{B}$ 的第一行从上到下依次交换到最后一行, 然后将第一列从左至右依次交换到最后一列得

$$\det(\boldsymbol{B})=\left|\begin{array}{c:ccc} b_{11} & * & \cdots & *\\ \hdashline 0 & & & \\ \vdots & & \boldsymbol{B}' & \\ 0 & & & \end{array}\right|=(-1)^n\left|\begin{array}{c:ccc} 0 & & & \\ \vdots & & \boldsymbol{B}' & \\ 0 & & & \\ \hdashline b_{11} & * & \cdots & *\end{array}\right|=(-1)^{2n}\left|\begin{array}{ccc:c} & & & 0\\ & \boldsymbol{B}' & & \vdots\\ & & & 0\\ \hdashline * & \cdots & * & b_{11}\end{array}\right|$$

因此，$\det(\boldsymbol{B})=b_{11}\det(\boldsymbol{B}')$.

推论 11.4.1 设 $\boldsymbol{A}=(a_{ij})_{n\times n}\in\mathcal{T}_n(\mathbb{K})$, 则 $\det(\boldsymbol{A})=\prod\limits_{i=1}^{n}a_{ii}$.

例 11.4.1 计算行列式 $\begin{vmatrix}1&2&3\\4&5&6\\2&8&10\end{vmatrix}$.

解 对行列式进行初等行变换:

$$\begin{vmatrix}1&2&3\\4&5&6\\2&8&10\end{vmatrix}\xlongequal{L_2\leftarrow L_2-4L_1}\begin{vmatrix}1&2&3\\0&-3&-6\\2&8&10\end{vmatrix}\xlongequal{L_3\leftarrow L_3-2L_1}\begin{vmatrix}1&2&3\\0&-3&-6\\0&4&4\end{vmatrix}$$

$$\xlongequal{L_3 \leftarrow L_3 + \frac{4}{3}L_2} \begin{vmatrix} 1 & 2 & 3 \\ 0 & -3 & -6 \\ 0 & 0 & -4 \end{vmatrix} = 12$$

推论 11.4.2 设 $(\boldsymbol{A}, \boldsymbol{B}) \in \mathcal{M}_n(\mathbb{K})^2$, 则 $\begin{vmatrix} \boldsymbol{A} & \boldsymbol{O} \\ \boldsymbol{O} & \boldsymbol{B} \end{vmatrix} = |\boldsymbol{A}|\,|\boldsymbol{B}|$.

证　明　根据命题 11.4.2 递归可得 $\begin{vmatrix} \boldsymbol{I}_n & \boldsymbol{O} \\ \boldsymbol{O} & \boldsymbol{B} \end{vmatrix} = \det(\boldsymbol{B})$. 同理可得 $\begin{vmatrix} \boldsymbol{A} & \boldsymbol{O} \\ \boldsymbol{O} & \boldsymbol{I}_n \end{vmatrix} = \det(\boldsymbol{A})$. 因此,

$$\begin{vmatrix} \boldsymbol{A} & \boldsymbol{O} \\ \boldsymbol{O} & \boldsymbol{B} \end{vmatrix} = \det\left(\begin{bmatrix} \boldsymbol{A} & \boldsymbol{O} \\ \boldsymbol{O} & \boldsymbol{I}_n \end{bmatrix}\begin{bmatrix} \boldsymbol{I}_n & \boldsymbol{O} \\ \boldsymbol{O} & \boldsymbol{B} \end{bmatrix}\right) = \begin{vmatrix} \boldsymbol{A} & \boldsymbol{O} \\ \boldsymbol{O} & \boldsymbol{I}_n \end{vmatrix}\begin{vmatrix} \boldsymbol{I}_n & \boldsymbol{O} \\ \boldsymbol{O} & \boldsymbol{B} \end{vmatrix} = \det(\boldsymbol{A})\det(\boldsymbol{B})$$

11.4.2 行列式按行列展开的降阶公式

定义 11.4.1 设 $\boldsymbol{A} = (a_{ij})_{n\times n} \in \mathcal{M}_n(\mathbb{K})$, $(i,j) \in [\![1,n]\!]^2$.

- 去掉 $\boldsymbol{A}$ 的第 i 行和第 j 列得到的 $n-1$ 阶方阵的行列式称为 a_{ij} 的**余子式**, 记为 Δ_{ij};
- $(-1)^{i+j}\Delta_{ij}$ 称为 a_{ij} 的**代数余子式**.

定理 11.4.1 (行列式按列展开的降阶公式)　设 $\boldsymbol{A} = (a_{ij})_{n\times n} \in \mathcal{M}_n(\mathbb{K})$, 则

$$\forall j \in [\![1,n]\!], \quad \det(\boldsymbol{A}) = \sum_{i=1}^{n}(-1)^{i+j}a_{ij}\Delta_{ij}.$$

证　明　设 $\mathscr{B}_c = (\boldsymbol{e}_1, \boldsymbol{e}_2, \cdots, \boldsymbol{e}_n)$ 是 $\mathcal{M}_{n,1}(\mathbb{K})$ 的典范基, $j \in [\![1,n]\!]$, 则 $\boldsymbol{A}$ 的第 j 列 $\boldsymbol{C}_j = \sum\limits_{i=1}^{n} a_{ij}\boldsymbol{e}_i$. 由于行列式运算是 n-线性型, 故

$$\begin{aligned} \det(\boldsymbol{A}) &= \det\nolimits_{\mathscr{B}_c}(\boldsymbol{C}_1, \boldsymbol{C}_2, \cdots, \boldsymbol{C}_{j-1}, \sum_{i=1}^{n} a_{ij}\boldsymbol{e}_i, \boldsymbol{C}_{j+1}, \cdots, \boldsymbol{C}_n) \\ &= \sum_{i=1}^{n} a_{ij} \det\nolimits_{\mathscr{B}_c}(\boldsymbol{C}_1, \boldsymbol{C}_2, \cdots, \boldsymbol{C}_{j-1}, \boldsymbol{e}_i, \boldsymbol{C}_{j+1}, \cdots, \boldsymbol{C}_n) \end{aligned}$$

令　$D_{ij} = \det_{\mathscr{B}_c}(\boldsymbol{C}_1, \boldsymbol{C}_2, \cdots, \boldsymbol{C}_{j-1}, \boldsymbol{e}_i, \boldsymbol{C}_{j+1}, \cdots, \boldsymbol{C}_n)$

$$= \begin{vmatrix} a_{11} & a_{12} & \cdots & a_{1,j-1} & 0 & a_{1,j+1} & \cdots & a_{1n} \\ a_{21} & a_{22} & \cdots & a_{2,j-1} & 0 & a_{2,j+1} & \cdots & a_{2n} \\ \vdots & \vdots & & \vdots & \vdots & \vdots & & \vdots \\ a_{i-1,1} & a_{i-1,2} & \cdots & a_{i-1,j-1} & 0 & a_{i-1,j+1} & \cdots & a_{i-1,n} \\ a_{i1} & a_{i2} & \cdots & a_{i,j-1} & 1 & a_{i,j+1} & \cdots & a_{in} \\ a_{i+1,1} & a_{i+1,2} & \cdots & a_{i+1,j-1} & 0 & a_{i+1,j+1} & \cdots & a_{i+1,n} \\ \vdots & \vdots & & \vdots & \vdots & \vdots & & \vdots \\ a_{n1} & a_{n2} & \cdots & a_{n,j-1} & 0 & a_{n,j+1} & \cdots & a_{nn} \end{vmatrix}$$

进行 $j-1$ 次相邻列交换把第 j 列交换到第一列, 再进行 $i-1$ 次相邻行交换把第 i 行交换到第一行得

$$D_{ij}=(-1)^{i+j-2}\left|\begin{array}{c|cccccccc} 1 & a_{i1} & a_{i2} & \cdots & a_{i,j-1} & a_{i,j+1} & \cdots & a_{in} \\ \hline 0 & a_{11} & a_{12} & \cdots & a_{1,j-1} & a_{1,j+1} & \cdots & a_{1n} \\ 0 & a_{21} & a_{22} & \cdots & a_{2,j-1} & a_{2,j+1} & \cdots & a_{2n} \\ & \vdots & \vdots & & \vdots & \vdots & & \vdots \\ 0 & a_{i-1,1} & a_{i-1,2} & \cdots & a_{i-1,j-1} & a_{i-1,j+1} & \cdots & a_{i-1,n} \\ 0 & a_{i+1,1} & a_{i+1,2} & \cdots & a_{i+1,j-1} & a_{i+1,j+1} & \cdots & a_{i+1,n} \\ & \vdots & \vdots & & \vdots & \vdots & & \vdots \\ 0 & a_{n1} & a_{n2} & \cdots & a_{n,j-1} & a_{n,j+1} & \cdots & a_{nn} \end{array}\right|$$

根据命题 11.4.2 知, $D_{ij}=(-1)^{i+j}\Delta_{ij}$. 因此, $\det(\boldsymbol{A})=\sum\limits_{i=1}^{n}(-1)^{i+j}a_{ij}\Delta_{ij}$.

例 11.4.2 计算行列式 $\begin{vmatrix}1 & 2 & 3\\ 1 & 0 & 2\\ 3 & 0 & 1\end{vmatrix}$.

解 根据定理 11.4.1, 将行列式按第一列展开, 得

$$\begin{vmatrix}1 & 2 & 3\\ 1 & 0 & 2\\ 3 & 0 & 1\end{vmatrix}=1\times\begin{vmatrix}0 & 2\\ 0 & 1\end{vmatrix}-1\times\begin{vmatrix}2 & 3\\ 0 & 1\end{vmatrix}+3\times\begin{vmatrix}2 & 3\\ 0 & 2\end{vmatrix}=10$$

或按第二列展开, 得

$$\begin{vmatrix}1 & 2 & 3\\ 1 & 0 & 2\\ 3 & 0 & 1\end{vmatrix}=-2\times\begin{vmatrix}1 & 2\\ 3 & 1\end{vmatrix}=10$$

定理 11.4.2 (行列式按行展开的降阶公式) 设 $\boldsymbol{A}=(a_{ij})_{n\times n}\in\mathcal{M}_n(\mathbb{K})$, 则

$$\forall i\in[\![1,n]\!],\quad \det(\boldsymbol{A})=\sum_{j=1}^{n}(-1)^{i+j}a_{ij}\Delta_{ij}$$

证 明 根据定理 11.4.1 知, $\det(\boldsymbol{A})=\det(\boldsymbol{A}^{\mathrm{T}})$. 记 $\boldsymbol{A}^{\mathrm{T}}=(b_{ij})_{n\times n}$, 设 $(i,j)\in[\![1,n]\!]^2$, T_{ij} 为 b_{ij} 的余子式，则 $b_{ij}=a_{ji}, T_{ij}=\Delta_{ji}$. 根据行列式按列展开的降阶公式为

$$\det(\boldsymbol{A}^{\mathrm{T}})=\sum_{i=1}^{n}(-1)^{i+j}b_{ij}T_{ij}=\sum_{i=1}^{n}(-1)^{i+j}a_{ji}\Delta_{ji}=\sum_{j=1}^{n}(-1)^{i+j}a_{ij}\Delta_{ij}$$

因此，$\det(\boldsymbol{A})=\sum\limits_{j=1}^{n}(-1)^{i+j}a_{ij}\Delta_{ij}$.

例 11.4.3 计算行列式 $\begin{vmatrix} 1 & 2 & 3 \\ 1 & 1 & 2 \\ 3 & 1 & 1 \end{vmatrix}$.

解 根据定理 11.4.2, 将行列式按第一行展开, 得

$$\begin{vmatrix} 1 & 2 & 3 \\ 1 & 1 & 2 \\ 3 & 1 & 1 \end{vmatrix} = 1 \times \begin{vmatrix} 1 & 2 \\ 1 & 1 \end{vmatrix} - 2 \times \begin{vmatrix} 1 & 2 \\ 3 & 1 \end{vmatrix} + 3 \times \begin{vmatrix} 1 & 1 \\ 3 & 1 \end{vmatrix} = 3$$

11.4.3 行列式的常用计算方法

行列式的计算方法因矩阵形式的不同也大不相同, 本节介绍计算行列式的常用方法.

命题 11.4.3 设 $(a_0, a_1, \cdots, a_n) \in \mathbb{K}^{n+1}$, 则

$$V(a_0, a_1, \cdots, a_n) = \begin{vmatrix} 1 & 1 & \cdots & 1 \\ a_0 & a_1 & \cdots & a_n \\ \vdots & \vdots & & \vdots \\ a_0^n & a_1^n & \cdots & a_n^n \end{vmatrix} = \prod_{0 \leqslant i < j \leqslant n} (a_j - a_i)$$

$V(a_0, a_1, \cdots, a_n)$ 称为**范德蒙行列式**.

证 明 若 $a_0, a_1, \cdots, a_n$ 中存在两个元素相等, 则 $V(a_0, a_1, \cdots, a_n)$ 中必有两列相等, 从而等式两边都为 0, 结论成立.

下证当 $a_0, a_1, \cdots, a_n$ 互不相等时等式成立, 对 n 应用数学归纳法.

- 若 $n = 1$, 根据定义知, $\begin{vmatrix} 1 & 1 \\ a_0 & a_1 \end{vmatrix} = a_1 - a_0$, 故等式成立.

- 设 $n \in \mathbb{N}^*$, 并假设当 $(a_0, a_1, \cdots, a_n) \in \mathbb{K}^{n+1}$ 互不相等时等式成立. 另设 $(a_0, a_1, \cdots, a_{n+1}) \in \mathbb{K}^{n+2}$ 互不相等. 由于进行第三类初等变换不改变行列式的值, 故

$$V_{n+1} \xlongequal[i=n,n-1,\cdots,2]{L_i \leftarrow L_i - a_{n+1} L_{i-1}} \begin{vmatrix} 1 & 1 & \cdots & 1 & 1 \\ a_0 - a_{n+1} & a_1 - a_{n+1} & \cdots & a_n - a_{n+1} & 0 \\ a_0^2 - a_0 a_{n+1} & a_1^2 - a_1 a_{n+1} & \cdots & a_n^2 - a_n a_{n+1} & 0 \\ \vdots & \vdots & & \vdots & \vdots \\ a_0^{n+1} - a_0^n a_{n+1} & a_1^{n+1} - a_1^n a_{n+1} & \cdots & a_n^{n+1} - a_n^n a_{n+1} & 0 \end{vmatrix}$$

将行列式按最后一列展开, 得

$$V_{n+1} = (-1)^{n+3} \begin{vmatrix} a_0 - a_{n+1} & a_1 - a_{n+1} & \cdots & a_n - a_{n+1} \\ a_0^2 - a_0 a_{n+1} & a_1^2 - a_1 a_{n+1} & \cdots & a_n^2 - a_n a_{n+1} \\ \vdots & \vdots & & \vdots \\ a_0^{n+1} - a_0^n a_{n+1} & a_1^{n+1} - a_1^n a_{n+1} & \cdots & a_n^{n+1} - a_n^n a_{n+1} \end{vmatrix}$$

进一步, 有

$$V_{n+1}=(-1)^{n+3}\prod_{k=0}^{n}(a_k-a_{n+1})\begin{vmatrix}1 & 1 & \cdots & 1\\ a_0 & a_1 & \cdots & a_n\\ \vdots & \vdots & & \vdots\\ a_0^n & a_1^n & \cdots & a_n^n\end{vmatrix}$$

根据归纳假设, 有

$$\begin{aligned}V_{n+1}&=(-1)^{n+3}\prod_{k=0}^{n}(a_k-a_{n+1})\prod_{0\leqslant i<j\leqslant n}(a_j-a_i)\\&=(-1)^{n+3}(-1)^{n+1}\prod_{k=0}^{n}(a_{n+1}-a_k)\prod_{0\leqslant i<j\leqslant n}(a_j-a_i)\\&=\prod_{0\leqslant i<j\leqslant n+1}(a_j-a_i)\end{aligned}$$

根据数学归纳法, 结论得证.

注 11.4.1 范德蒙行列式的计算用到了两种常用的方法: **逐行相减法和数学归纳法**.

例 11.4.4 设 $(a,b)\in\mathbb{K}^2$ 且 $a\neq b$. 计算行列式

$$D_n=\begin{vmatrix}a+b & b & \cdots & b\\ a & a+b & \ddots & \vdots\\ \vdots & \ddots & \ddots & b\\ a & \cdots & a & a+b\end{vmatrix}_{n\times n}$$

方法一: 借助多项式

设 $x\in\mathbb{K}$, 记

$$P(x)=\begin{vmatrix}a+b+x & b+x & \cdots & b+x\\ a+x & a+b+x & \ddots & \vdots\\ \vdots & \ddots & \ddots & b+x\\ a+x & \cdots & a+x & a+b+x\end{vmatrix}\xlongequal[2\leqslant i\leqslant n]{L_i\leftarrow L_i-L_1}\begin{vmatrix}a+b+x & b+x & \cdots & b+x\\ -b & a & & \\ \vdots & & \ddots & (0)\\ -b & (a-b) & & a\end{vmatrix}.$$

将行列式按第一行展开, 则 $P:\ x\mapsto P(x)$ 是一个多项式函数且 $\deg(P)\leqslant 1$. 从而存在 $(\lambda,\mu)\in\mathbb{K}^2$, 使得 $P(x)=\lambda x+\mu$. 由于 $P(-a)=b^n$ 且 $P(-b)=a^n$, 故

$$\begin{cases}\lambda(-a)+\mu=b^n\\ \lambda(-b)+\mu=a^n\end{cases}$$

解得 $\lambda=\dfrac{b^n-a^n}{b-a}$ 且 $\mu=\dfrac{b^{n+1}-a^{n+1}}{b-a}$. 因此, $D_n=P(0)=\mu=\dfrac{b^{n+1}-a^{n+1}}{b-a}$.

方法二: 利用行列式的多线性性

将所求行列式第一列分解成两列相加, 利用行列式的多线性性得

$$\begin{vmatrix} a+b & b & \cdots & b \\ a & a+b & \ddots & \vdots \\ \vdots & \ddots & \ddots & b \\ a & \cdots & a & a+b \end{vmatrix} = \begin{vmatrix} a & b & \cdots & b \\ a & a+b & \ddots & \vdots \\ \vdots & \ddots & \ddots & b \\ a & \cdots & a & a+b \end{vmatrix} + \begin{vmatrix} b & b & \cdots & b \\ 0 & a+b & \ddots & \vdots \\ \vdots & \ddots & \ddots & b \\ 0 & \cdots & a & a+b \end{vmatrix}$$

而

$$\begin{vmatrix} a & b & \cdots & b \\ a & a+b & \ddots & \vdots \\ \vdots & \ddots & \ddots & b \\ a & \cdots & a & a+b \end{vmatrix} \xlongequal[2\leqslant i\leqslant n]{L_i\leftarrow L_i-L_1} \begin{vmatrix} a & b & \cdots & b \\ 0 & a & & \\ & & (0) & \\ \vdots & & \ddots & \\ 0 & (a-b) & & a \end{vmatrix} = a^n$$

故 $D_n = a^n + bD_{n-1}$. 归纳可证 $D_n = \sum\limits_{k=0}^{n} a^k b^{n-k} = \dfrac{b^{n+1}-a^{n+1}}{b-a}$.

例 11.4.5 设 $(x, a_1, \cdots, a_n) \in \mathbb{K}^{n+1}$, 计算行列式

$$D_{n+1} = \begin{vmatrix} x & a_1 & a_2 & \cdots & a_n \\ a_1 & x & a_2 & \cdots & a_n \\ \vdots & \ddots & \ddots & & \vdots \\ \vdots & & \ddots & \ddots & a_n \\ a_1 & a_2 & \cdots & a_n & x \end{vmatrix}$$

解 由于行列式各行之和相等, 将行列式的各列都加至第一列, 得

$$D_{n+1} = \begin{vmatrix} x & a_1 & a_2 & \cdots & a_n \\ a_1 & x & a_2 & \cdots & a_n \\ \vdots & \ddots & \ddots & & \vdots \\ \vdots & & \ddots & \ddots & a_n \\ a_1 & a_2 & \cdots & a_n & x \end{vmatrix} \xlongequal{C_1\leftarrow C_1+\cdots+C_{n+1}} (x+\sum_{k=1}^{n} a_k) \begin{vmatrix} 1 & a_1 & a_2 & \cdots & a_n \\ 1 & x & a_2 & \cdots & a_n \\ \vdots & \ddots & \ddots & & \vdots \\ \vdots & & \ddots & \ddots & a_n \\ 1 & a_2 & \cdots & a_n & x \end{vmatrix}$$

$$\xlongequal[2\leqslant i\leqslant n+1]{L_i\leftarrow L_i-L_1} (x+\sum_{k=1}^{n} a_k) \begin{vmatrix} 1 & a_1 & a_2 & \cdots & a_n \\ 0 & x-a_1 & 0 & \cdots & 0 \\ \vdots & \ddots & \ddots & & \vdots \\ \vdots & & \ddots & \ddots & 0 \\ 0 & a_2-a_1 & \cdots & \cdots & x-a_n \end{vmatrix} = (x+\sum_{k=1}^{n} a_k) \prod_{k=1}^{n} (x-a_k)$$

例 11.4.6　设 $a \in \mathbb{R}^*$. 计算行列式 $D_n = \begin{vmatrix} 2a & a & & \\ a & \ddots & \ddots & \\ & \ddots & \ddots & a \\ & & a & 2a \end{vmatrix}_{n\times n}$.

解　通过构造二阶递归数列计算行列式的值. 设 $n \geqslant 3$, 将 D_n 按第一列展开, 得

$$D_n = \begin{vmatrix} 2a & a & & & & \\ a & 2a & a & & & \\ & a & 2a & a & & \\ & & \ddots & \ddots & \ddots & \\ & & & \ddots & \ddots & a \\ & & & & a & 2a \end{vmatrix} = 2a\begin{vmatrix} 2a & a & & \\ a & 2a & a & \\ & \ddots & \ddots & \ddots \\ & & \ddots & \ddots & a \\ & & & a & 2a \end{vmatrix} - a\begin{vmatrix} a & 0 & & & \\ a & 2a & a & & \\ & \ddots & \ddots & \ddots & \\ & & \ddots & \ddots & a \\ & & & a & 2a \end{vmatrix},$$

故 $D_n = 2aD_{n-1} - a^2D_{n-2}$. 由于 $P = X^2 - 2aX + a^2 = (X-a)^2$, 故存在 $(\lambda, \mu) \in \mathbb{R}^2$, 使得

$$\forall n \in \mathbb{N}, \quad D_n = (\lambda + \mu n)a^n$$

因为 $D_1 = 2a$ 且 $D_2 = 3a^2$, 所以

$$\begin{cases} (\lambda+\mu)a = 2a \\ (\lambda+2\mu)a^2 = 3a^2 \end{cases}$$

解得 $\lambda = \mu = 1$. 因此, $\forall n \in \mathbb{N}^*, D_n = (n+1)a^n$.

11.5　行列式的应用

本节介绍行列式的两个应用: 利用伴随矩阵求逆矩阵、解克兰姆方程组.

11.5.1　伴随矩阵

定义 11.5.1　设 $\boldsymbol{A} = (a_{ij})_{n\times n} \in \mathcal{M}_n(\mathbb{K})$, 记

$$\mathrm{com}(\boldsymbol{A}) = \left((-1)^{i+j}\Delta_{ij}\right)_{n\times n}$$

$\mathrm{com}(\boldsymbol{A})$ 的转置称为 $\boldsymbol{A}$ 的**伴随矩阵**, 记为 $\boldsymbol{A}^*$.

命题 11.5.1　设 $\boldsymbol{A} = (a_{ij})_{n\times n} \in \mathcal{M}_n(\mathbb{K})$, 则

(1) $\boldsymbol{A}\boldsymbol{A}^* = \boldsymbol{A}^*\boldsymbol{A} = \det(\boldsymbol{A})\,\boldsymbol{I}_n$;

(2) 若 $\boldsymbol{A}$ 是可逆矩阵, 则 $\boldsymbol{A}^{-1} = \dfrac{\boldsymbol{A}^*}{\det(\boldsymbol{A})}$.

证 明 由 (1) 知 (2) 成立. 下证 (1). 记 $\boldsymbol{A}^* = (b_{ij})_{n\times n}$, $\boldsymbol{AA}^* = \boldsymbol{C} = (c_{ij})_{n\times n}$, 设 $(i,j) \in [\![1,n]\!]^2$, 则

$$c_{ij} = \sum_{k=1}^{n} a_{ik}b_{kj} = \sum_{k=1}^{n}(-1)^{j+k}a_{ik}\Delta_{jk}$$

- 若 $i=j$, 根据行列式按行展开的降阶公式, $c_{ii} = \det(\boldsymbol{A})$.
- 假设 $i \neq j$. 令 $\boldsymbol{M}$ 表示将矩阵 $\boldsymbol{A}$ 的第 j 行用 $\boldsymbol{A}$ 的第 i 行替换后得到的矩阵, 即

$$\boldsymbol{M} = \begin{bmatrix} a_{11} & a_{12} & \cdots & a_{1,j-1} & a_{1j} & a_{1,j+1} & \cdots & a_{1n} \\ \vdots & \vdots & & \vdots & \vdots & \vdots & & \vdots \\ a_{i1} & a_{i2} & \cdots & a_{i,j-1} & a_{ij} & a_{i,j+1} & \cdots & a_{in} \\ \vdots & \vdots & & \vdots & \vdots & \vdots & & \vdots \\ a_{j-1,1} & a_{j-1,2} & \cdots & a_{j-1,,j-1} & a_{j-1,j} & a_{j-1,j+1} & \cdots & a_{j-1,n} \\ a_{i1} & a_{i2} & \cdots & a_{i,j-1} & a_{ij} & a_{i,j+1} & \cdots & a_{in} \\ a_{j+1,1} & a_{j+1,2} & \cdots & a_{j+1,j-1} & a_{j+1,j} & a_{j+1,j+1} & \cdots & a_{j+1,n} \\ \vdots & \vdots & & \vdots & \vdots & \vdots & & \vdots \\ a_{n1} & a_{n2} & \cdots & a_{n,j-1} & a_{nj} & a_{n,j+1} & \cdots & a_{nn} \end{bmatrix}$$

则 c_{ij} 即为 $\boldsymbol{M}$ 的行列式按第 j 行展开. 因为 $\boldsymbol{M}$ 的第 i 行和第 j 行相同, 所以 $c_{ij} = \det(\boldsymbol{M}) = 0$. 因此, $\boldsymbol{AA}^* = \det(\boldsymbol{A})\boldsymbol{I}_n$

根据命题 9.2.8, $\boldsymbol{A}^*\boldsymbol{A} = \det(\boldsymbol{A})\boldsymbol{I}_n$.

例 11.5.1 证明 $\boldsymbol{A}$ 可逆并求它的逆矩阵, 其中

$$\boldsymbol{A} = \begin{bmatrix} 1 & 2 & 3 \\ 1 & 1 & 2 \\ 3 & 1 & 1 \end{bmatrix}$$

解 根据例 11.4.3 知, $\det(\boldsymbol{A}) = 3 \neq 0$, 故 $\boldsymbol{A}$ 可逆. 根据定义, 知

$$\operatorname{com}(\boldsymbol{A}) = \begin{bmatrix} -1 & 5 & -2 \\ 1 & -8 & 5 \\ 1 & 1 & -1 \end{bmatrix}$$

根据命题 11.5.1, 有

$$\boldsymbol{A}^{-1} = \frac{\operatorname{com}(\boldsymbol{A})^{\mathrm{T}}}{\det(\boldsymbol{A})} = \frac{1}{3}\begin{bmatrix} -1 & 1 & 1 \\ 5 & -8 & 1 \\ -2 & 5 & -1 \end{bmatrix}$$

11.5.2 克兰姆公式

设 $\boldsymbol{A} \in \mathcal{M}_n(\mathbb{K})$ 可逆, $\boldsymbol{B} \in \mathcal{M}_{n,1}(\mathbb{K})$. 在第 10 章, 证明了克兰姆方程组 $\boldsymbol{A}X = \boldsymbol{B}$ 有唯一解 $X = \boldsymbol{A}^{-1}\boldsymbol{B}$. 下一命题给出了一个解克兰姆方程组的新方法.

命题 11.5.2 (克兰姆公式) 设 $\boldsymbol{A} \in \mathcal{M}_n(\mathbb{K})$ 可逆, $\boldsymbol{B} \in \mathcal{M}_{n,1}(\mathbb{K})$, $i \in [\![1,n]\!]$, 令 $\boldsymbol{A}_i$ 表示将矩阵 $\boldsymbol{A}$ 的第 i 列用 $\boldsymbol{B}$ 替换后得到的矩阵. 另设 $(x_1, x_2, \cdots, x_n)$ 是克兰姆方程组 $\boldsymbol{A}X = \boldsymbol{B}$ 的唯一解, 则

$$\forall i \in [\![1,n]\!], \quad x_i = \frac{\det(\boldsymbol{A}_i)}{\det(\boldsymbol{A})}$$

证 明 设 $\boldsymbol{C}_1, \boldsymbol{C}_2, \cdots, \boldsymbol{C}_n$ 为 $\boldsymbol{A}$ 的所有列向量. 由于 $(x_1, x_2, \cdots, x_n)$ 是克兰姆方程组 $\boldsymbol{A}X = \boldsymbol{B}$ 的解, 故 $\sum\limits_{j=1}^{n} x_j \boldsymbol{C}_j = \boldsymbol{B}$. 设 $i \in [\![1,n]\!]$, 由于行列式运算是交错 n-线映射, 故

$$\begin{aligned}
\det(\boldsymbol{A}_i) &= \det(\boldsymbol{C}_1, \cdots \boldsymbol{C}_{i-1}, \boldsymbol{B}, \boldsymbol{C}_{i+1}, \cdots, \boldsymbol{C}_n) \\
&= \det(\boldsymbol{C}_1, \cdots \boldsymbol{C}_{i-1}, \sum_{j=1}^{n} x_j \boldsymbol{C}_j, \boldsymbol{C}_{i+1}, \cdots, \boldsymbol{C}_n) \\
&= \sum_{j=1}^{n} x_j \det(\boldsymbol{C}_1, \cdots \boldsymbol{C}_{i-1}, \boldsymbol{C}_j, \boldsymbol{C}_{i+1}, \cdots, \boldsymbol{C}_n) \\
&= x_i \det(\boldsymbol{C}_1, \cdots \boldsymbol{C}_{i-1}, \boldsymbol{C}_i, \boldsymbol{C}_{i+1}, \cdots, \boldsymbol{C}_n) = x_i \det(\boldsymbol{A})
\end{aligned}$$

因此, $x_i = \dfrac{\det(\boldsymbol{A}_i)}{\det(\boldsymbol{A})}$.

例 11.5.2 设 $\theta \in \mathbb{R}$, 解方程组

$$\begin{cases} x\cos\theta + y\sin\theta &= 1 \\ x\sin\theta - y\cos\theta &= 2 \end{cases}$$

解 方程组的系数矩阵 $\boldsymbol{A} = \left[\begin{smallmatrix} \cos\theta & \sin\theta \\ \sin\theta & -\cos\theta \end{smallmatrix}\right]$. 由于 $\det(\boldsymbol{A}) = -1 \neq 0$, 故 $\boldsymbol{A}$ 可逆, 从而所求方程组为克兰姆方程组, 进而有唯一解. 根据克兰姆公式, 有

$$x = \frac{\begin{vmatrix} 1 & \sin\theta \\ 2 & -\cos\theta \end{vmatrix}}{\begin{vmatrix} \cos\theta & \sin\theta \\ \sin\theta & -\cos\theta \end{vmatrix}} = \cos\theta + 2\sin\theta \quad 且 \quad y = \frac{\begin{vmatrix} \cos\theta & 1 \\ \sin\theta & 2 \end{vmatrix}}{\begin{vmatrix} \cos\theta & \sin\theta \\ \sin\theta & -\cos\theta \end{vmatrix}} = -2\cos\theta + \sin\theta$$

习题 11

★ 基础题

11.1 计算下列置换的逆序数.

(1) $\sigma = \begin{pmatrix} 1 & 2 & 3 & 4 \\ 3 & 4 & 1 & 2 \end{pmatrix}$; (2) $\sigma = \begin{pmatrix} 1 & 2 & 3 & 4 & 5 & 6 \\ 3 & 1 & 5 & 2 & 6 & 4 \end{pmatrix}$; (3) $\sigma = \begin{pmatrix} 1 & 2 & \cdots & n \\ n & n-1 & \cdots & 1 \end{pmatrix}$.

11.2 证明:

(1) S_n 中的每一个置换都可以写成形如 $(1, i), i \in [\![2, n]\!]$ 的对换的复合;

(2) S_n 中的每一个置换都可以写成形如 $(i, i+1), i \in [\![1, n-1]\!]$ 的对换的复合.

11.3 (1) 设 $\sigma \in S_n$. 在 $[\![1,n]\!]$ 上定义关系:

$$x \sim y \Longleftrightarrow \exists m \in \mathbb{N}^*, \quad \sigma^m(x) = y$$

证明 $\sim$ 是一个等价关系;

(2) 证明 S_n 中的每一个置换都可以写成循环的复合;

(3) 将下面的置换写成循环的复合:

$$\theta = \begin{pmatrix} 1 & 2 & 3 & 4 & 5 & 6 & 7 & 8 & 9 \\ 2 & 1 & 9 & 8 & 3 & 7 & 6 & 4 & 5 \end{pmatrix}$$

(4) 下图中的黑方块表示九宫格中的空格, 能否通过有限次移动空格旁边的方块将左图变成右图? 请说明理由.

1	2	3
4	5	6
7	8	■

2	1	■
8	3	7
6	4	5

11.4 设 $\boldsymbol{A} \in \mathcal{M}_n(\mathbb{C})$, 证明 $\det(\overline{\boldsymbol{A}}) = \overline{\det(\boldsymbol{A})}$.

11.5 设 $(a_{i,j})_{1\leqslant i,j\leqslant n}$ 是 $\mathbb{R}$ 上的可导函数族. 证明函数

$$f : x \mapsto \begin{vmatrix} a_{1,1}(x) & \cdots & a_{1,n}(x) \\ \vdots & & \vdots \\ a_{n,1}(x) & \cdots & a_{n,n}(x) \end{vmatrix}$$

是 $\mathbb{R}$ 上的可导函数, 并利用函数族 $(a_{i,j})_{1\leqslant i,j\leqslant n}$ 的导函数表示 f 的导函数. 进而计算行列式:

$$\begin{vmatrix} 1 & \cos a & \sin a \\ 1 & \cos(a+b) & \sin(a+b) \\ 1 & \cos(a+c) & \sin(a+c) \end{vmatrix}$$

其中, $(a,b,c) \in \mathbb{R}^3$.

11.6 设 $\boldsymbol{A} \in \mathcal{M}_{2n+1}(\mathbb{K})$ 是一个反对称矩阵, 证明 $\det(\boldsymbol{A}) = 0$.

11.7 计算下列行列式, 其中 $a, b, c, x_1, \cdots, x_n, y_1, \cdots, y_n$ 都是实数.

(1) $\begin{vmatrix} 0 & a & b \\ a & 0 & c \\ b & c & 0 \end{vmatrix}$; (2) $\begin{vmatrix} 1 & 1 & 1 \\ \cos a & \cos b & \cos c \\ \sin a & \sin b & \sin c \end{vmatrix}$; (3) $\begin{vmatrix} x_1+y_1 & \cdots & x_1+y_n \\ \vdots & & \vdots \\ x_n+y_1 & \cdots & x_n+y_n \end{vmatrix}$;

(4) $\begin{vmatrix} a & b & c \\ c & a & b \\ b & c & a \end{vmatrix}$; (5) $\begin{vmatrix} a & a & a & a \\ a & b & b & b \\ a & b & c & c \\ a & b & c & d \end{vmatrix}$; (6) $\begin{vmatrix} a+b & b+c & c+a \\ a^2+b^2 & b^2+c^2 & c^2+a^2 \\ a^3+b^3 & b^3+c^3 & c^3+a^3 \end{vmatrix}$.

11.8 设 $k \in \mathbb{N}^*$, 记 $s_k = \sum\limits_{i=1}^{k} i$, 计算行列式 $D_n = \begin{vmatrix} s_1 & s_1 & s_1 & \cdots & s_1 \\ s_1 & s_2 & s_2 & \cdots & s_2 \\ s_1 & s_2 & s_3 & \cdots & s_3 \\ \vdots & \vdots & \vdots & & \vdots \\ s_1 & s_2 & s_3 & \cdots & s_n \end{vmatrix}$.

11.9 设 $\boldsymbol{A} = (a_{ij})_{n \times n} \in \mathcal{M}_n(\mathbb{R})$, 其中 $a_{ij} = |i-j|$, 求 $\det(\boldsymbol{A})$.

11.10 计算下列行列式, 其中 a, b 是实数.

(1) $D_n = \begin{vmatrix} 1+a^2 & a & & \\ a & \ddots & \ddots & \\ & \ddots & \ddots & a \\ & & a & 1+a^2 \end{vmatrix}$; (2) $D_n = \begin{vmatrix} a+b & ab & & \\ 1 & \ddots & \ddots & \\ & \ddots & \ddots & ab \\ & & 1 & a+b \end{vmatrix}$.

11.11 设 $(a,b) \in \mathbb{R}^2$ 且 $a \neq b$, $(a_1, a_2, \cdots, a_n) \in \mathbb{R}^n$. 计算行列式

$$D_n = \begin{vmatrix} a_1 & b & \cdots & b \\ a & a_2 & \ddots & \vdots \\ \vdots & \ddots & \ddots & b \\ a & \cdots & a & a_n \end{vmatrix}$$

11.12 (1) 设 $P = X^n - X + 1$. 证明 P 有 n 个两两不等的复数根, 记为 $z_1, z_2, \cdots, z_n$.

(2) 计算行列式 $D_n = \begin{vmatrix} 1+z_1 & 1 & \cdots & 1 \\ 1 & 1+z_2 & \ddots & \vdots \\ \vdots & \ddots & \ddots & 1 \\ 1 & \cdots & 1 & 1+z_n \end{vmatrix}$.

11.13 设 $\boldsymbol{A} \in \mathcal{M}_n(\mathbb{K})$.

(1) 给出 com $(\boldsymbol{A})$ 的秩与 $\boldsymbol{A}$ 的秩的关系;

(2) 计算 com (com $(\boldsymbol{A})$);

(3) 证明若 $\boldsymbol{A}$ 是可逆的上三角矩阵, 则 $\boldsymbol{A}^{-1}$ 也是上三角矩阵.

11.14 证明下列方程组是克兰姆方程组, 并利用克兰姆法则求方程组的解.

(1) $\begin{cases} 2x_1 - x_2 = 1 \\ x_1 + 16x_2 = 17 \end{cases}$; (2) $\begin{cases} 2x_1 + 5x_2 = 1 \\ 3x_1 + 7x_2 = 2 \end{cases}$;

(3) $\begin{cases} x_1 + x_2 + x_3 = 6 \\ -x_1 + x_2 + x_3 = 0 \\ x_1 - x_2 + x_3 = 2 \end{cases}$; (4) $\begin{cases} 2x_1 + 3x_2 + 5x_3 = 10 \\ 3x_1 + 7x_2 + 4x_3 = 3 \\ x_1 + 2x_2 + 2x_3 = 3 \end{cases}$.

★ 提高题

11.15 设 $\boldsymbol{A} \in \mathcal{M}_n(\mathbb{K})$. 定义 $M_n(\mathbb{K})$ 上的线性变换 $f_{\boldsymbol{A}}$:

$$\forall X \in \mathcal{M}_n(\mathbb{K}), \quad f_{\boldsymbol{A}}(\boldsymbol{X}) = \boldsymbol{A}\boldsymbol{X}$$

求 $f_{\boldsymbol{A}}$ 的行列式, 结果用 $\boldsymbol{A}$ 的行列式表示.

11.16 设 $(\boldsymbol{A},\boldsymbol{B})\in\mathcal{M}_n(\mathbb{R})^2$. 定义函数 $P:\mathbb{R}\to\mathbb{R},\ \lambda\mapsto\det(\boldsymbol{A}+\lambda\boldsymbol{B})$. 证明 P 是多项式函数且 $\deg(\boldsymbol{P})\leqslant\mathrm{rg}(\boldsymbol{B})$.

11.17 设 $\alpha\in\mathbb{R}$, 计算行列式 $D_n=\begin{vmatrix}2\cos\alpha & 1 & & \\ 1 & \ddots & \ddots & \\ & \ddots & \ddots & 1\\ & & 1 & 2\cos\alpha\end{vmatrix}$.

11.18 设 $(x_1,\cdots,x_n,y_1,\cdots,y_n)\in\mathbb{C}^{2n}$, 计算行列式

$$D_n=\begin{vmatrix}1+x_1y_1 & x_1y_2 & \cdots & x_1y_n\\ x_2y_1 & 1+x_2y_2 & \cdots & x_2y_n\\ \vdots & \cdots & \ddots & \vdots\\ x_ny_1 & \cdots & \cdots & 1+x_ny_n\end{vmatrix}$$

11.19 设 $(a_1,a_2,\cdots,a_n)\in\mathbb{K}^n$, 计算行列式 $D_n=\begin{vmatrix}1 & 1 & \cdots & 1 & 1\\ a_1 & a_2 & \cdots & a_{n-1} & a_n\\ a_1^2 & a_2^2 & \cdots & a_{n-1}^2 & a_n^2\\ \vdots & \vdots & \cdots & \vdots & \vdots\\ a_1^{n-2} & a_2^{n-2} & \cdots & a_{n-1}^{n-2} & a_n^{n-2}\\ a_1^n & a_2^n & \cdots & a_{n-1}^n & a_n^n\end{vmatrix}$.

11.20 设 $(a_1,\cdots,a_n,b_1,\cdots,b_n)\in\mathbb{R}^{2n}$. 假设对于任意 $(i,j)\in[\![1,n]\!]^2$, $a_i+b_j\neq0$, 记 $\boldsymbol{A}=\left(\dfrac{1}{a_i+b_j}\right)_{n\times n}$, 计算 $\boldsymbol{A}$ 的行列式.

11.21 设 $(\boldsymbol{A},\boldsymbol{B},\boldsymbol{C},\boldsymbol{D})\in\mathcal{M}_n(\mathbb{K})^4$.

(1) 假设 $\boldsymbol{D}$ 可逆且 $\boldsymbol{DC}=\boldsymbol{CD}$, 证明

$$\begin{vmatrix}\boldsymbol{A} & \boldsymbol{B}\\ \boldsymbol{C} & \boldsymbol{D}\end{vmatrix}=\det(\boldsymbol{AD}-\boldsymbol{BC})$$

(2) 假设 $\boldsymbol{A}$ 可逆, 证明

$$\begin{vmatrix}\boldsymbol{A} & \boldsymbol{B}\\ \boldsymbol{C} & \boldsymbol{D}\end{vmatrix}=\det(\boldsymbol{A})\det(\boldsymbol{D}-\boldsymbol{CA}^{-1}\boldsymbol{B})$$

(3) 计算 $\begin{vmatrix}\boldsymbol{0} & \boldsymbol{B}\\ \boldsymbol{C} & \boldsymbol{D}\end{vmatrix}$, 结果用 $\boldsymbol{B},\boldsymbol{C}$ 及 $\boldsymbol{D}$ 的行列式表示;

(4) 证明 $\begin{vmatrix}\boldsymbol{A} & \boldsymbol{B}\\ \boldsymbol{B} & \boldsymbol{A}\end{vmatrix}=\det(\boldsymbol{A}+\boldsymbol{B})\det(\boldsymbol{A}-\boldsymbol{B})$;

(5) 设 $\mathbb{K}=\mathbb{R}$. 证明若 $\boldsymbol{AB}=\boldsymbol{BA}$, 则 $\det(\boldsymbol{A}^2+\boldsymbol{B}^2)\geqslant0$.

11.22　设 p, q 是两个不相等的正整数, $\boldsymbol{A}\in\mathcal{M}_{p,q}(\mathbb{K})$, $\boldsymbol{B}\in\mathcal{M}_{q,p}(\mathbb{K})$. 证明 $\det(\boldsymbol{AB}) = 0$ 或 $\det(\boldsymbol{BA}) = 0$.

11.23　设 $\boldsymbol{A} \in \mathcal{M}_n(\mathbb{K})$, 并假设

$$\forall \boldsymbol{M} \in \mathcal{M}_n(\mathbb{K}), \quad \det(\boldsymbol{A}+\boldsymbol{M}) = \det \boldsymbol{M}$$

证明 $\boldsymbol{A} = \boldsymbol{0}$. (提示：先考虑 $\boldsymbol{A} = \boldsymbol{J}_r$ 的情况)

11.24　设 $\boldsymbol{A} \in \mathcal{M}_{p,q}(\mathbb{K})$, $\boldsymbol{B} \in \mathcal{M}_{q,p}(\mathbb{K})$. 证明 $\det(\boldsymbol{I}_p + \boldsymbol{AB}) = \det(\boldsymbol{I}_q + \boldsymbol{BA})$.

第 12 章 线性变换的约化

线性映射的表示矩阵将线性映射与矩阵紧密地联系起来. 一方面, 同一个线性映射在不同基下的表示矩阵是相似的, 而相似矩阵具有相同的秩、相同的迹和相同的行列式. 另一方面, 线性映射的表示矩阵可以很好地刻画线性映射的性质, 而表示矩阵的形式越简单, 线性映射性质的研究过程就越容易. 因此, 如何选取合适的基, 使得给定线性映射的表示矩阵形式更为简单就显得十分重要. 本章主要介绍线性映射的表示矩阵是对角矩阵或三角矩阵的各种判别准则, 并介绍相关结论在求矩阵的方幂、求解齐次线性微分方程、以及推导线性递归数列的通项公式等方面的应用.

本章中, $\mathbb{K}$ 表示实数域或复数域, E 表示一个非零 $\mathbb{K}$-向量空间. 若无特殊说明, n 和 s 是两个大于 1 的自然数.

12.1 不变子空间

不变子空间在线性变换的约化过程中起着十分重要的作用, 线性变换的约化过程事实上就是寻找不变子空间的过程. 本节主要介绍不变子空间的定义和基本性质.

12.1.1 定义及例子

定义 12.1.1 设 $f \in \mathscr{L}(E)$, F 是 E 的子空间. 如果 $f(F) \subseteq F$, 则称 F 是 f 的一个**不变子空间.**

例 12.1.1 设 $f \in \mathscr{L}(E)$.

(1) 零空间 $\{\mathbf{0}_E\}$ 和全空间 E 都是 f 的不变子空间.

(2) f 的核与像都是 f 的不变子空间.

证 明 设 $x \in \operatorname{Ker}(f)$, 则 $f(x) = \mathbf{0}_E$, 因此 $f(x) \in \operatorname{Ker}(f)$. 故 $\operatorname{Ker}(f)$ 是 f 的不变子空间. 另一方面, 设 $y \in \operatorname{Im}(f)$, 则显然 $f(y) \in \operatorname{Im}(f)$. 故 $\operatorname{Im}(f)$ 是 f 的不变子空间.

(3) 如果 f 是一个位似变换, 即存在 $\lambda \in \mathbb{K}$, 使得 $\forall x \in E, f(x) = \lambda x$, 则 E 的每一个子空间都是 f 的不变子空间.

证 明 设 F 是 E 的子空间, $x \in F$. 由于 f 是位似变换, 故 $f(x) = \lambda x$. 由于 F 是 E 的子空间, 因此 $f(x) = \lambda x \in F$. 故 F 是 E 的不变子空间.

例 12.1.2 记 $\mathbb{R}^3$ 的典范基为 $\mathscr{B}_c = (e_1, e_2, e_3)$, 设 $f \in \mathscr{L}(\mathbb{R}^3)$ 且 f 在 $\mathscr{B}_c$ 下的表示矩阵为

$$\operatorname{Mat}_{\mathscr{B}_c}(f) = \begin{bmatrix} 1 & 1 & 0 \\ 0 & 1 & 0 \\ 0 & 0 & 1 \end{bmatrix}$$

记 $F=\mathrm{Vect}(e_1,e_2)$, 则 F 是 f 的一个不变子空间. 事实上, 设 $\boldsymbol{u}=(x,y,0)\in F$, 则 $f(\boldsymbol{u})=(x+y,y,0)\in F$. 几何上, 这表示 xoy 平面内任意向量在 f 作用下仍属于 xoy 平面, 如图 12.1 所示.

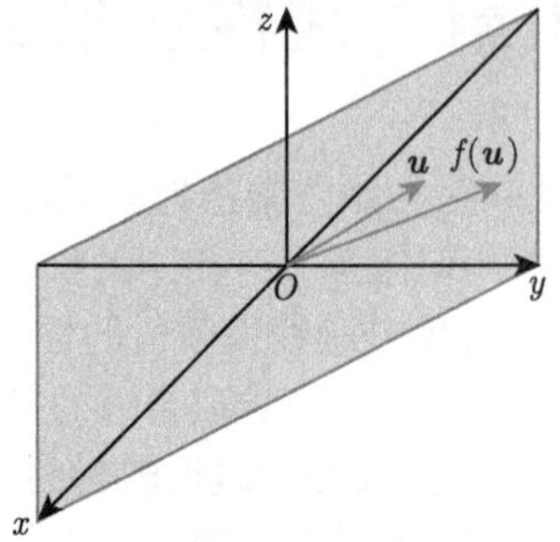

图 12.1

命题 12.1.1 设 $(f,g)\in\mathscr{L}(E)^2$. 若 $f\circ g=g\circ f$, 则 f 的核与像都是 g 的不变子空间.

证 明 设 $x\in\mathrm{Ker}(f)$, 则 $f(x)=\mathbf{0}_E$. 因为 $f\circ g=g\circ f$, 所以 $f\big(g(x)\big)=g\big(f(x)\big)=\mathbf{0}_E$, 故 $g(x)\in\mathrm{Ker}(f)$. 因此, $\mathrm{Ker}(f)$ 是 g 的不变子空间. 设 $y\in\mathrm{Im}(f)$, 则存在 $x\in E$ 使得 $y=f(x)$. 由于 $f\circ g=g\circ f$, 因此 $g(y)=g\big(f(x)\big)=f\big(g(x)\big)\in\mathrm{Im}(f)$. 故 $\mathrm{Im}(f)$ 是 g 的不变子空间.

12.1.2 诱导映射

定义 12.1.2 设 $f\in\mathscr{L}(E)$, F 是 f 的不变子空间, 称映射

$$\begin{aligned} f_F:\ F &\rightarrow F \\ x &\mapsto f(x) \end{aligned}$$

为 f 在子空间 F 上的**诱导映射**.

注 12.1.1 (1) 诱导映射 f_F 是 F 上的一个线性变换.

(2) 注意区分诱导映射和限制映射. 线性变换 f 在 F 上的限制映射的定义为

$$\begin{aligned} f|_F:\ F &\rightarrow E \\ x &\mapsto f(x) \end{aligned}$$

显然, f_F 的表示矩阵是一个方阵. 但是, 当 $F\neq E$ 时, $f|_F$ 的表示矩阵不是一个方阵.

命题 12.1.2 设 E 是一个有限维向量空间, $\mathscr{B}=(e_1,e_2,\cdots,e_n)$ 是 E 的一组基. 另设 $f\in\mathscr{L}(E)$, $F=\mathrm{Vect}(e_1,e_2,\cdots e_p)$, 其中 $p\in[\![1,n-1]\!]$, 则 F 是 f 的不变子空间当且仅当 f 在 $\mathscr{B}$ 下的表示矩阵有如下形式:

$$\mathrm{Mat}_{\mathscr{B}}(f)=\begin{bmatrix}\boldsymbol{A} & \boldsymbol{B}\\ \boldsymbol{O} & \boldsymbol{D}\end{bmatrix} \tag{12.1.1}$$

其中, $\boldsymbol{A} \in \mathcal{M}_p(\mathbb{K}), \boldsymbol{D} \in \mathcal{M}_{n-p}(\mathbb{K}), \boldsymbol{B} \in \mathcal{M}_{p,n-p}(\mathbb{K})$. 此时 $\boldsymbol{A} = \mathrm{Mat}_{\mathscr{B}_F}(f_F)$, 其中 $\mathscr{B}_F = (e_1, e_2, \cdots, e_p)$.

证 明 充分性: 假设 f 在 $\mathscr{B}$ 下的表示矩阵如式 (12.1.1) 所示, 记 $\boldsymbol{A} = (a_{ij})_{p\times p} \in \mathcal{M}_p(\mathbb{K})$, 设 $k \in [\![1, p]\!]$. 根据假设知, $f(e_k) = \sum\limits_{i=1}^{p} a_{ik}e_i \in F$. 由于 $F = \mathrm{Vect}(e_1, e_2, \cdots e_p)$ 且 f 是线性映射, 故 $f(F) \subseteq F$, 即 F 是 f 的不变子空间.

必要性: 假设 F 是 f 的不变子空间, 设 $k \in [\![1, p]\!]$, 则 $f(e_k) \in F = \mathrm{Vect}(e_1, e_2, \cdots e_p)$. 从而存在 $(a_{1k}, a_{2k}, \cdots, a_{pk}) \in \mathbb{K}^p$, 使得 $f(e_k) = a_{1k}e_1 + a_{2k}e_2 \cdots + a_{pk}e_p$. 记 $\boldsymbol{A} = (a_{ij})_{p\times p}$, 则 $\boldsymbol{A} = \mathrm{Mat}_{\mathscr{B}_F}(f_F)$. 进一步, 有

$$\mathrm{Mat}_{\mathscr{B}}(f) = \begin{bmatrix} \boldsymbol{A} & \boldsymbol{B} \\ \boldsymbol{O} & \boldsymbol{D} \end{bmatrix}$$

其中, $\boldsymbol{B} \in \mathcal{M}_{p,n-p}(\mathbb{K}), \boldsymbol{D} \in \mathcal{M}_{n-p}(\mathbb{K})$.

12.1.3 子空间的直和

设 $E_1, E_2, \cdots, E_s$ 是 E 的 s 个子空间, $E_1, E_2, \cdots, E_s$ 的和空间定义为

$$\sum_{k=1}^{s} E_k = \left\{ x_1 + x_2 + \cdots + x_s \mid (x_1, x_2, \cdots, x_s) \in E_1 \times E_2 \times \cdots \times E_s \right\}$$

定义 12.1.3 设 $E_1, E_2, \cdots, E_s$ 是 E 的 s 个子空间. 如果

$$\forall (x_1, x_2, \cdots, x_s) \in E_1 \times E_2 \times \cdots \times E_s, \quad \sum_{k=1}^{s} x_k = \mathbf{0}_E \Longrightarrow x_1 = x_2 = \cdots = x_s = \mathbf{0}_E$$

则称和式 $\sum\limits_{k=1}^{s} E_k$ 为**直和**, 记为 $\bigoplus\limits_{k=1}^{s} E_k$.

注 12.1.2 当 $s = 2$ 时, 此时的定义跟第 7 章两个子空间直和的定义是一致的.

例 12.1.3 设 $E = \mathbb{R}^3$, 记 $E_1 = \{(a, 0, 0) \mid a \in \mathbb{R}\}, E_2 = \{(0, a, 0) \mid a \in \mathbb{R}\}, E_3 = \{(0, 0, a) \mid a \in \mathbb{R}\}$, 则 $E_1 + E_2 + E_3$ 是直和.

命题 12.1.3 设 $E_1, E_2, \cdots, E_s$ 是有限维向量空间 E 的 s 个子空间, $\mathscr{B}_1, \mathscr{B}_2, \cdots, \mathscr{B}_s$ 分别是 $E_1, E_2, \cdots, E_s$ 的一组基. 如果 $E = \bigoplus\limits_{k=1}^{s} E_k$, 则 $\mathscr{B} = (\mathscr{B}_1, \mathscr{B}_2, \cdots, \mathscr{B}_s)$ 是 E 的一组基. 特别地, $\dim(E) = \sum\limits_{k=1}^{s} \dim(E_k)$.

证 明 设 $k \in [\![1, s]\!]$, 记 $\mathscr{B}_k = (e_1^k, e_2^k, \cdots, e_{n_k}^k)$, 其中 $n_k = \dim(E_k)$, $n = n_1 + n_2 + \cdots + n_s$, 并假设存在 $(\lambda_1^1, \cdots, \lambda_{n_1}^1, \cdots, \lambda_1^s, \cdots, \lambda_{n_s}^s) \in \mathbb{K}^n$, 使得

$$(\lambda_1^1 e_1^1 + \cdots + \lambda_{n_1}^1 e_{n_1}^1) + \cdots + (\lambda_1^s e_1^s + \cdots + \lambda_{n_s}^s e_{n_s}^s) = \mathbf{0}_E$$

因为 $E = \bigoplus\limits_{k=1}^{s} E_k$, 根据子空间直和的定义, 有

$$\lambda_1^1 e_1^1 + \cdots + \lambda_{n_1}^1 e_{n_1}^1 = \cdots = \lambda_1^s e_1^s + \cdots + \lambda_{n_s}^s e_{n_s}^s = \mathbf{0}_E$$

由于 $\mathscr{B}_1, \mathscr{B}_2, \cdots, \mathscr{B}_s$ 分别是 $E_1, E_2, \cdots, E_s$ 的一组基, 因此

$$\lambda_1^1 = \cdots = \lambda_{n_1}^1 = \cdots = \lambda_1^s = \cdots = \lambda_{n_s}^s = 0$$

故 $\mathscr{B} = (\mathscr{B}_1, \mathscr{B}_2, \cdots, \mathscr{B}_s)$ 线性无关. 又因为 $E = \sum\limits_{k=1}^{s} E_k$, 所以 $\mathscr{B}$ 是 E 的生成族. 因此, $\mathscr{B}$ 是 E 的一组基.

定义 12.1.4 设 $\boldsymbol{A}_1, \boldsymbol{A}_2, \cdots, \boldsymbol{A}_s$ 是 s 个方阵, 形如

$$\begin{bmatrix} \boldsymbol{A}_1 & & & \\ & \boldsymbol{A}_2 & & \\ & & \ddots & \\ & & & \boldsymbol{A}_s \end{bmatrix}$$

的矩阵称为**准对角矩阵**.

命题 12.1.4 设 E 是一个有限维向量空间, $f \in \mathscr{L}(E)$, 则下面两个论述等价:

(1) 存在 E 的一组基 $\mathscr{B}$, 使得 $\mathrm{Mat}_{\mathscr{B}}(f)$ 是准对角矩阵;

(2) 全空间 E 等于 f 的有限个不变子空间的直和.

证 明 (2) $\Rightarrow$ (1): 假设 $E = \bigoplus\limits_{k=1}^{s} E_k$ 且 $E_1, E_2, \cdots, E_s$ 都是 f 的不变子空间, 另设 $\mathscr{B}_1, \mathscr{B}_2, \cdots, \mathscr{B}_s$ 分别是 $E_1, E_2, \cdots, E_s$ 的一组基, 并记 $\mathscr{B} = (\mathscr{B}_1, \mathscr{B}_2, \cdots, \mathscr{B}_s)$. 根据命题 12.1.3 知, $\mathscr{B}$ 是 E 的一组基. 进一步, 有

$$\mathrm{Mat}_{\mathscr{B}}(f) = \begin{bmatrix} \mathrm{Mat}_{\mathscr{B}_1}(f_{E_1}) & & & \\ & \mathrm{Mat}_{\mathscr{B}_2}(f_{E_2}) & & \\ & & \ddots & \\ & & & \mathrm{Mat}_{\mathscr{B}_s}(f_{E_s}) \end{bmatrix}$$

故 $\mathrm{Mat}_{\mathscr{B}}(f)$ 为准对角矩阵.

(1) $\Rightarrow$ (2). 假设存在 E 的一组基 $\mathscr{B} = (e_1, e_2, \cdots, e_n)$, 使得

$$\mathrm{Mat}_{\mathscr{B}}(f) = \begin{bmatrix} \boldsymbol{A}_1 & & & \\ & \boldsymbol{A}_2 & & \\ & & \ddots & \\ & & & \boldsymbol{A}_s \end{bmatrix}$$

其中, $\boldsymbol{A}_1, \boldsymbol{A}_2, \cdots, \boldsymbol{A}_s$ 都是方阵. 设 $k \in [\![1, s]\!]$, 并假设 $\boldsymbol{A}_k$ 的阶为 n_k, 则 $n_1 + n_2 + \cdots n_s = \dim(E)$. 将 $\mathscr{B}$ 按顺序依次划分为含有 $n_1, \cdots, n_s$ 个向量的向量族 $\mathscr{B}_1, \mathscr{B}_2, \cdots, \mathscr{B}_s$, 记 $E_k = \mathrm{Vect}(\mathscr{B}_k)$, 则 $E = \bigoplus\limits_{k=1}^{s} E_k$. 容易验证, 对于任意 $k \in [\![1, s]\!]$, E_k 是 f 的不变子空间.

例 12.1.4 设 E 是一个有限维向量空间.

(1) 设 $p\in\mathscr{L}(E)$ 是一个投影, 则 $E=\mathrm{Ker}(p)\oplus\mathrm{Im}(p)$. 根据例 12.1.1(2) 知, $\mathrm{Ker}(p)$ 和 $\mathrm{Im}(p)$ 都是 p 的不变子空间. 假设 $\mathrm{Ker}(p)$ 和 $\mathrm{Im}(p)$ 的维数分别为 n_1 和 n_2, 设 $\mathscr{B}_1,\mathscr{B}_2$ 分别为 $\mathrm{Ker}(p),\mathrm{Im}(p)$ 的一组基, 记 $\mathscr{B}=(\mathscr{B}_1,\mathscr{B}_2)$, 则 $\mathscr{B}$ 是 E 的一组基且 $\mathrm{Mat}_{\mathscr{B}}(p)=\begin{bmatrix}\boldsymbol{O} & \boldsymbol{O}\\ \boldsymbol{O} & \boldsymbol{I}_{n_2}\end{bmatrix}$.

(2) 设 $s\in\mathscr{L}(E)$ 是一个对称, 则 $E=\mathrm{Ker}(s-\mathrm{id}_E)\oplus\mathrm{Ker}(s+\mathrm{id}_E)$. 因为 s 与 $s\pm\mathrm{id}_E$ 可交换, 根据命题 12.1.1 知, $\mathrm{Ker}(s-\mathrm{id}_E)$ 和 $\mathrm{Ker}(s+\mathrm{id}_E)$ 都是 s 的不变子空间. 假设 $\mathrm{Ker}(s+\mathrm{id}_E)$ 和 $\mathrm{Ker}(s-\mathrm{id}_E)$ 的维数分别为 n_1 和 n_2, 另设 $\mathscr{B}_1,\mathscr{B}_2$ 分别为 $\mathrm{Ker}(s-\mathrm{id}_E),\mathrm{Ker}(s+\mathrm{id}_E)$ 的一组基, 记 $\mathscr{B}=(\mathscr{B}_1,\mathscr{B}_2)$, 则 $\mathscr{B}$ 是 E 的一组基且 $\mathrm{Mat}_{\mathscr{B}}(s)=\begin{bmatrix}\boldsymbol{I}_{n_1} & \boldsymbol{O}\\ \boldsymbol{O} & -\boldsymbol{I}_{n_2}\end{bmatrix}$.

根据命题 12.1.4, 有如下结论 (注 12.1.3):

注 12.1.3 设 $E_1,E_2,\cdots,E_s$ 是 E 的 s 个子空间, $\mathscr{B}_1,\mathscr{B}_2,\cdots,\mathscr{B}_s$ 分别是 $E_1,E_2,\cdots,E_s$ 的一组基, 记 $\mathscr{B}=(\mathscr{B}_1,\mathscr{B}_2,\cdots,\mathscr{B}_s)$, 另设 $f\in\mathscr{L}(E)$, 若 $E=\bigoplus\limits_{k=1}^{s}E_k$ 且 $E_1,E_2,\cdots,E_s$ 都是 f 的不变子空间, 则

$$\mathrm{Mat}_{\mathscr{B}}(f)=\begin{bmatrix}\boldsymbol{A}_1 & & & \\ & \boldsymbol{A}_2 & & \\ & & \ddots & \\ & & & \boldsymbol{A}_s\end{bmatrix}$$

其中, $\forall i\in[\![1,s]\!]$, $\boldsymbol{A}_i=\mathrm{Mat}_{\mathscr{B}_i}(f_{E_i})$.

12.2 特征根和特征向量

设 E 是一个有限维向量空间, $f\in\mathscr{L}(E)$. 根据注 12.1.3, 若 E 等于 f 的不变子空间的直和, 则存在 E 的一组基 $\mathscr{B}$, 使得 f 在 $\mathscr{B}$ 下的表示矩阵是准对角矩阵, 从而可对 f 进行约化. 因此, 寻找线性映射的不变子空间是十分重要的. 本节将介绍一类特殊却又十分重要的不变子空间——特征子空间.

12.2.1 线性变换的特征根和特征向量

定义 12.2.1 设 $\lambda\in\mathbb{K}$, $f\in\mathscr{L}(E)$. 如果存在非零向量 $x\in E$ 使得 $f(x)=\lambda x$, 则称 λ 是 f 的一个**特征根**或**特征值**, f 的全部特征根构成的集合称为 f 的**谱**, 记为 $\mathrm{Sp}(f)$.

设 $x\in E,\lambda\in\mathrm{Sp}(f)$, 则 $f(x)=\lambda x$ 当且仅当 $x\in\mathrm{Ker}(f-\lambda\mathrm{id}_E)$. 由于 f 是线性映射, 故 $f-\lambda\mathrm{id}_E$ 也是线性映射, 从而 $\mathrm{Ker}(f-\lambda\mathrm{id}_E)$ 是 E 的一个子空间.

定义 12.2.2 设 $f\in\mathscr{L}(E),\lambda\in\mathrm{Sp}(f)$, 称 $\mathrm{Ker}(f-\lambda\mathrm{id}_E)$ 为 f 的属于 λ 的**特征子空间**, 记为 $E_\lambda(f)$. 子空间 $E_\lambda(f)$ 中的非零向量称为 f 的属于 λ 的**特征向量**.

注 12.2.1 (1) 根据定义 12.2.2 知, 特征向量都是非零向量. 特别地,

$$\forall\lambda\in\mathrm{Sp}(f),\ \dim\big(E_\lambda(f)\big)\geqslant 1$$

(2) 设 $\lambda\in\mathbb{K}$, 则 $\lambda\in\mathrm{Sp}(f)$ 当且仅当 $f-\lambda\mathrm{id_E}$ 不是同构映射. 特别地, $0_{\mathbb{K}}\in\mathrm{Sp}(f)$ 当且仅当 f 不是同构映射. 事实上, 有

$$\begin{aligned}\forall\lambda\in\mathbb{K},\lambda\in\mathrm{Sp}(f) &\iff \mathrm{Ker}(f-\lambda\mathrm{id}_E)\neq\{\mathbf{0}_E\}\\ &\iff (f-\lambda\mathrm{id}_E)\text{不是单同态}\\ &\iff (f-\lambda\mathrm{id}_E)\text{不是同构映射}\end{aligned}$$

例 12.2.1 设 $f\in\mathscr{L}(\mathbb{R}^3)$, 且 f 在典范基 $\mathscr{B}_c$ 下的表示矩阵为

$$A=\begin{bmatrix}1&1&0\\2&1&0\\0&0&2\end{bmatrix}$$

记 $\mathscr{B}_c=(e_1,e_2,e_3)$. 易验证 $f(e_3)=2e_3$. 故 2 是 f 的一个特征根, e_3 是 f 的属于特征根 2 的一个特征向量.

例 12.2.2 设 $E=\mathcal{C}^\infty(\mathbb{R},\mathbb{R})$, 定义映射

$$\psi:E\to E,\ f\mapsto f'$$

则 $\mathrm{Sp}(\psi)=\mathbb{R}$. 进一步有, $\forall\lambda\in\mathbb{R}$, $E_\lambda(\psi)=\left\{x\mapsto c\mathrm{e}^{\lambda x}\mid c\in\mathbb{R}\right\}$.

证 明 设 $\lambda\in\mathbb{R}$, 并假设 λ 是 ψ 的一个特征根. 根据特征根的定义知, 存在非零函数 $f\in E$, 使得 $\psi(f)=f'=\lambda f$. 根据微分方程的知识知, $f'=\lambda f$ 当且仅当存在 $c\in\mathbb{R}$, 使得 $\forall x\in\mathbb{R},f(x)=c\mathrm{e}^{\lambda x}$. 故 $\lambda\in\mathrm{Sp}(\psi)$ 且 $E_\lambda(\psi)=\{x\mapsto ce^{\lambda x}\mid c\in\mathbb{R}\}$.

例 12.2.3 (1) 设 $p\in\mathscr{L}(E)$ 是一个投影. 根据投影的性质知, $E=\mathrm{Im}(p)\oplus\mathrm{Ker}(p)$ 且 $\forall x\in\mathrm{Im}(p),p(x)=x$. 若 p 既不是零映射又不是恒等映射, 则 $\mathrm{Im}(p)\neq 0$ 且 $\mathrm{Ker}(p)\neq 0$. 因此, 0 和 1 都是 p 的特征根. 进一步有, $E_1(p)=\mathrm{Im}(p),E_0(p)=\mathrm{Ker}(p)$.

(2) 设 $s\in\mathscr{L}(E)$ 是一个对称. 若 $s\neq\mathrm{id}_E$ 且 $s\neq-\mathrm{id}_E$, 则 1 和 -1 都是 s 的特征根.

命题 12.2.1 设 $f\in\mathscr{L}(E)$, $\lambda\in\mathrm{Sp}(f)$, 则 $E_\lambda(f)$ 是 f 的不变子空间.

证 明 设 $x\in E_\lambda(f)$, 则 $f(x)=\lambda x$. 进而有 $f\big(f(x)\big)=f(\lambda x)=\lambda f(x)$, 因此 $f(x)\in E_\lambda(f)$. 故 $E_\lambda(f)$ 是 f 的不变子空间.

注 12.2.2 设 $f\in\mathscr{L}(E)$, $\lambda\in\mathrm{Sp}(f)$, 并假设 $\dim(E)=n$ 且 $\dim\big(E_\lambda(f)\big)=p$. 另设 $\mathscr{B}_\lambda=(e_1,\cdots,e_p)$ 是 $E_\lambda(f)$ 的一组基, 将它扩充为 E 的一组基 $\mathscr{B}=(e_1,\cdots,e_n)$. 根据命题 12.1.2, 有

$$\mathrm{Mat}_{\mathscr{B}}(f)=\begin{bmatrix}\lambda\boldsymbol{I}_p&\boldsymbol{B}\\\boldsymbol{O}_{(n-p)\times p}&\boldsymbol{C}\end{bmatrix}$$

其中, $\boldsymbol{B}\in\mathcal{M}_{p,n-p}(\mathbb{K}),\boldsymbol{C}\in\mathcal{M}_{n-p}(\mathbb{K})$.

定理 12.2.1 设 $f\in\mathscr{L}(E)$, $\lambda_1,\lambda_2,\cdots,\lambda_n$ 是 f 的 n 个互不相等的特征根, 则和式 $\sum\limits_{k=1}^{n}E_{\lambda_k}(f)$ 为直和.

证 明 设 $n\in\mathbb{N}$ 且 $n\geqslant 2$, 定义 $\mathcal{P}(n)$: 设 $f\in\mathscr{L}(E)$ 且 $\lambda_1,\lambda_2,\cdots\lambda_n$ 是 f 的 n 个互不相等的特征根, 则和式 $\sum\limits_{k=1}^{n}E_{\lambda_k}(f)$ 为直和.

- $\mathcal{P}(2)$ 成立: 设 $(\lambda_1,\lambda_2)\in\mathbb{K}^2$ 且 $\lambda_1\neq\lambda_2$, $x\in E_{\lambda_1}(f)\cap E_{\lambda_2}(f)$, 则 $f(x)=\lambda_1 x=\lambda_2 x$, 从而有 $(\lambda_1-\lambda_2)x=\mathbf{0}_E$. 由于 $\lambda_1-\lambda_2\neq 0$, 因此 $x=\mathbf{0}_E$. 故 $E_{\lambda_1}(f)\cap E_{\lambda_2}(f)=\{\mathbf{0}_E\}$, 从而 $E_{\lambda_1}(f)+E_{\lambda_2}(f)$ 是直和.
- $\mathcal{P}(n)\Rightarrow\mathcal{P}(n+1)$: 设 $n\in\mathbb{N}$ 且 $n\geqslant 2$, 并假设 $\mathcal{P}(n)$ 成立. 另设 $\lambda_1,\lambda_2,\cdots,\lambda_{n+1}$ 为 f 的 $n+1$ 个互不相等的特征根, $(x_1,x_2,\cdots,x_{n+1})\in E_{\lambda_1}(f)\times E_{\lambda_2}(f)\times\cdots\times E_{\lambda_{n+1}}(f)$ 满足

$$\sum_{i=1}^{n+1}x_i=\mathbf{0}_E \tag{12.2.1}$$

将 (12.2.1) 两边作用 f, 得

$$\mathbf{0}_E=f\Big(\sum_{i=1}^{n+1}x_i\Big)=\sum_{i=1}^{n+1}\lambda_i x_i \tag{12.2.2}$$

由 $\lambda_{n+1}\times(12.2.1)-(12.2.2)$ 得 $\sum\limits_{i=1}^{n}(\lambda_{n+1}-\lambda_i)x_i=\mathbf{0}_E$. 根据归纳假设, $\sum\limits_{k=1}^{n}E_{\lambda_k}(f)$ 为直和, 故 $\forall i\in[\![1,n]\!]$, $(\lambda_{n+1}-\lambda_i)x_i=\mathbf{0}_E$, 进而有 $\forall i\in[\![1,n]\!], x_i=\mathbf{0}_E$, 于是 $x_{n+1}=\mathbf{0}_E$. 根据子空间直和的定义知, $\sum\limits_{k=1}^{n+1}E_{\lambda_k}(f)$ 为直和.

根据数学归纳法, 定理得证.

推论 12.2.1 设 E 是一个有限维向量空间, $f\in\mathscr{L}(E)$. 若 $\dim(E)=n$, 则 $\mathrm{Sp}(f)$ 是有限集且 $|\mathrm{Sp}(f)|\leqslant n$.

证 明 假设 $|\mathrm{Sp}(f)|>n$, 设 $\lambda_1,\lambda_2,\cdots,\lambda_s$ 是 f 的 s 个互不相等的特征根且 $s>n$. 因为任意特征子空间的维数都大于 0, 所以 $\dim\Big(\bigoplus\limits_{k=1}^{s}E_{\lambda_k}(f)\Big)\geqslant s>n=\dim(E)$, 这与 $\bigoplus\limits_{k=1}^{s}E_{\lambda_k}(f)\subseteq E$ 矛盾. 故 $\mathrm{Sp}(f)$ 是有限集且 $|\mathrm{Sp}(f)|\leqslant n$.

12.2.2 矩阵的特征根和特征向量

设 E 是一个 n 维向量空间, $\mathscr{B}$ 是 E 的一组基, $f\in\mathscr{L}(E)$, 记 $\boldsymbol{A}=\mathrm{Mat}_{\mathscr{B}}(f)$. 另设 $\lambda\in\mathbb{K}$. 根据特征根的定义和线性映射的坐标表示公式, 有

$$\begin{aligned}\lambda\in\mathrm{Sp}(f)\quad&\Longleftrightarrow\quad\exists x\in E\backslash\{\mathbf{0}_E\},\ f(x)=\lambda x\\&\Longleftrightarrow\quad\exists x\in E\backslash\{\mathbf{0}_E\},\ [f(x)]_{\mathscr{B}}=[\lambda x]_{\mathscr{B}}\\&\Longleftrightarrow\quad\exists x\in E\backslash\{\mathbf{0}_E\},\ \boldsymbol{A}\,[x]_{\mathscr{B}}=\lambda[x]_{\mathscr{B}}\\&\Longleftrightarrow\quad\exists X\in\mathcal{M}_{n,1}(\mathbb{K})\backslash\{\mathbf{0}\},\ \boldsymbol{A}X=\lambda X\end{aligned}$$

由此, 下面给出矩阵的特征根和特征向量的定义.

定义 12.2.3 设 $\boldsymbol{A}\in\mathcal{M}_n(\mathbb{K}),\lambda\in\mathbb{K}$. 如果存在非零向量 $\boldsymbol{X}\in\mathcal{M}_{n,1}(\mathbb{K})$ 满足 $\boldsymbol{A}\boldsymbol{X}=\lambda\boldsymbol{X}$, 则称 λ 是 $\boldsymbol{A}$ 的一个**特征根**, 称 $\boldsymbol{X}$ 为 $\boldsymbol{A}$ 的属于 λ 的一个**特征向量**, 称 $\mathrm{Ker}(\boldsymbol{A}-\lambda\boldsymbol{I}_n)$

为 $\boldsymbol{A}$ 的属于 λ 的**特征子空间**, 记为 $E_\lambda(\boldsymbol{A})$, $\boldsymbol{A}$ 的所有特征根构成的集合称为 $\boldsymbol{A}$ 的**谱**, 记为 $\mathrm{Sp}(\boldsymbol{A})$

根据本小节开始的推导, 有如下结论 (推论 12.2.2):

推论 12.2.2 设 $\mathscr{B}$ 是有限维向量空间 E 的一组基, $f \in \mathscr{L}(E)$, 记 $\boldsymbol{A} = \mathrm{Mat}_{\mathscr{B}}(f)$. 另设 $\lambda \in \mathbb{K}$, 则 λ 是 f 的特征根当且仅当 λ 是 $\boldsymbol{A}$ 的特征根.

注 12.2.3 设 $\boldsymbol{A} \in \mathcal{M}_n(\mathbb{K})$, 回忆第 9 章定义的映射:

$$\begin{array}{rccc} f_{\boldsymbol{A}}: & \mathcal{M}_{n,1}(\mathbb{K}) & \to & \mathcal{M}_{n,1}(\mathbb{K}) \\ & \boldsymbol{X} & \mapsto & \boldsymbol{AX} \end{array}$$

根据定义 12.2.3 和推论 12.2.2 知, $\mathrm{Sp}(f_{\boldsymbol{A}}) = \mathrm{Sp}(\boldsymbol{A})$, 并且

$$\forall \lambda \in \mathrm{Sp}(\boldsymbol{A}),\ E_\lambda(\boldsymbol{A}) = E_\lambda(f_{\boldsymbol{A}}) = \left\{\boldsymbol{X} \in \mathcal{M}_{n,1}(\mathbb{K}) \mid \boldsymbol{AX} = \lambda \boldsymbol{X}\right\}$$

12.2.3 特征多项式

给定一个线性变换, 可以从定义出发求它的特征根和特征向量, 但实际求解起来并不容易. 但是, 当 E 是有限维向量空间时, 可以利用推论 12.2.2将问题转化为矩阵的计算.

设 $\boldsymbol{M} \in \mathcal{M}_n(\mathbb{K}), \lambda \in \mathbb{K}$, 则

$$\begin{aligned} \lambda \in \mathrm{Sp}(\boldsymbol{M}) &\iff \text{存在非零的} \boldsymbol{X} \in \mathcal{M}_{n,1}(\mathbb{K}), \text{使得} \boldsymbol{MX} = \lambda \boldsymbol{X} \\ &\iff (\boldsymbol{M} - \lambda \boldsymbol{I}_n)\boldsymbol{X} = \boldsymbol{0} \text{ 有非零解} \\ &\iff \det(\boldsymbol{M} - \lambda \boldsymbol{I}_n) = 0 \end{aligned}$$

根据行列式的定义知, 映射

$$\begin{array}{ccc} \mathbb{K} & \to & \mathbb{K} \\ x & \mapsto & \det(\boldsymbol{M} - x\boldsymbol{I}_n) \end{array}$$

是一个多项式函数, 对应的多项式记为 $\det(\boldsymbol{M} - X\boldsymbol{I}_n)$.

定义 12.2.4 设 $\boldsymbol{M} \in \mathcal{M}_n(\mathbb{K})$, 多项式 $\det(\boldsymbol{M} - X\boldsymbol{I}_n)$ 称为 $\boldsymbol{M}$ 的**特征多项式**, 记为 $\chi_{\boldsymbol{M}}$.

根据定义 12.2.4 及前面的推导, 有如下结论:

命题 12.2.2 设 $\boldsymbol{M} \in \mathcal{M}_n(\mathbb{K}), \lambda \in \mathbb{K}$, 则 λ 是 $\boldsymbol{M}$ 的特征根当且仅当 λ 是 $\chi_{\boldsymbol{M}}$ 的根.

例 12.2.4 设 $\boldsymbol{A} = \begin{bmatrix} -1 & -2 \\ 3 & 4 \end{bmatrix}$, 求 A 的特征极和对应的特征子空间.

解 根据定义 12.2.4, 有

$$\chi_{\boldsymbol{A}} = \begin{vmatrix} -1-X & -2 \\ 3 & 4-X \end{vmatrix} = (X+1)(X-4)+6 = (X-1)(X-2),$$

故 $\mathrm{Sp}(\boldsymbol{A})=\{1,2\}$. 计算得

$\bullet E_1(\boldsymbol{A})=\mathrm{Ker}(\boldsymbol{A}-\boldsymbol{I}_2)=\mathrm{Ker}\begin{bmatrix}-2&-2\\3&3\end{bmatrix}=\mathrm{Vect}\left(\begin{bmatrix}1\\-1\end{bmatrix}\right)$.

$\bullet E_2(\boldsymbol{A})=\mathrm{Ker}(\boldsymbol{A}-2\boldsymbol{I}_2)=\mathrm{Ker}\begin{bmatrix}-3&-2\\3&2\end{bmatrix}=\mathrm{Vect}\left(\begin{bmatrix}2\\-3\end{bmatrix}\right)$.

注 12.2.4 根据命题 12.2.3 知, 计算矩阵的特征根只需求它的特征多项式的根, 需要注意的是, 特征根的计算和域 $\mathbb{K}$ 有关.

例如, 设 $\boldsymbol{M}=\left[\begin{smallmatrix}0&1\\-1&0\end{smallmatrix}\right]$, 则 $\chi_{\boldsymbol{M}}=X^2+1$. 当 $\mathbb{K}=\mathbb{R}$ 时, $\boldsymbol{M}$ 没有特征根; 而当 $\mathbb{K}=\mathbb{C}$ 时, i 和 $-i$ 都是 $\boldsymbol{M}$ 的特征根.

命题 12.2.3 (1) 设 $\boldsymbol{M}\in\mathcal{M}_n(\mathbb{K})$, 则 $\chi_{\boldsymbol{M}}=\chi_{\boldsymbol{M}^{\mathrm{T}}}$;

(2) 设 $(\boldsymbol{M},\boldsymbol{N})\in\mathcal{M}_n(\mathbb{K})^2$. 如果 $\boldsymbol{M}$ 和 $\boldsymbol{N}$ 相似, 则 $\chi_{\boldsymbol{M}}=\chi_{\boldsymbol{N}}$, 即相似矩阵有相同的特征多项式.

证 明 (1) 由于任何一个方阵和它的转置矩阵有相同的行列式, 而 $(\boldsymbol{M}-X\boldsymbol{I}_n)^{\mathrm{T}}=\boldsymbol{M}^{\mathrm{T}}-X\boldsymbol{I}_n$, 故 $\det(\boldsymbol{M}-X\boldsymbol{I}_n)=\det(\boldsymbol{M}^{\mathrm{T}}-X\boldsymbol{I}_n)$, 即 $\chi_{\boldsymbol{M}}=\chi_{\boldsymbol{M}^{\mathrm{T}}}$.

(2) 假设 $\boldsymbol{M}$ 和 $\boldsymbol{N}$ 相似. 根据相似矩阵的定义知, 存在 $\boldsymbol{Q}\in GL_n(\mathbb{K})$, 使得 $\boldsymbol{M}=\boldsymbol{Q}\boldsymbol{N}\boldsymbol{Q}^{-1}$, 故

$$\chi_{\boldsymbol{M}}=|\boldsymbol{M}-X\boldsymbol{I}_n|=|\boldsymbol{Q}\boldsymbol{N}\boldsymbol{Q}^{-1}-X\boldsymbol{I}_n|=|\boldsymbol{Q}(\boldsymbol{N}-X\boldsymbol{I}_n)\boldsymbol{Q}^{-1}|=|\boldsymbol{N}-X\boldsymbol{I}_n|=\chi_{\boldsymbol{N}}$$

因为同一个线性变换在不同基下的表示矩阵相似, 根据命题 12.2.3, 可以定义线性变换的特征多项式.

定义 12.2.5 设 $\mathscr{B}$ 是有限维向量空间 E 的一组基, $f\in\mathscr{L}(E)$, 则 f 的特征多项式定义为表示矩阵 $\mathrm{Mat}_{\mathscr{B}}(f)$ 的特征多项式, 记为 χ_f.

命题 12.2.4 设 E 是一个有限维向量空间, $f\in\mathscr{L}(E)$. 如果 F 是 f 的不变子空间, 则 χ_{f_F} 整除 χ_f.

证 明 设 $\dim(E)=n$, $\mathscr{B}_F=(e_1,e_2,\cdots e_p)$ 是 F 的一组基. 将 $\mathscr{B}_F$ 扩充为 E 的一组基 $\mathscr{B}=(e_1,e_2,\cdots e_n)$. 由于 F 是 f 的不变子空间, 根据命题 12.1.2 知, 存在 $\boldsymbol{A}\in\mathcal{M}_p(\mathbb{K}),\boldsymbol{D}\in\mathcal{M}_{n-p}(\mathbb{K}),\boldsymbol{B}\in\mathcal{M}_{p,n-p}(\mathbb{K})$, 使得

$$\mathrm{Mat}_{\mathscr{B}}(f)=\begin{bmatrix}\boldsymbol{A}&\boldsymbol{B}\\\boldsymbol{O}&\boldsymbol{D}\end{bmatrix}$$

其中, $\boldsymbol{A}=\mathrm{Mat}_{\mathscr{B}_F}(f_F)$. 于是,

$$\chi_f=\chi_{\mathrm{Mat}_{\mathscr{B}}(f)}=\begin{vmatrix}\boldsymbol{A}-X\boldsymbol{I}_p&\boldsymbol{B}\\\boldsymbol{O}&\boldsymbol{D}-X\boldsymbol{I}_{n-p}\end{vmatrix}=|\boldsymbol{A}-X\boldsymbol{I}_p|\ |\boldsymbol{D}-X\boldsymbol{I}_{n-p}|=\chi_{f_F}\ |\boldsymbol{D}-X\boldsymbol{I}_{n-p}|$$

故 χ_{f_F} 整除 χ_f

命题 12.2.5 设 $\boldsymbol{M}\in\mathcal{M}_n(\mathbb{K})$, 则

$$\chi_{\boldsymbol{M}}=\det(\boldsymbol{M}-X\boldsymbol{I}_n)=(-X)^n+(-1)^{n-1}\mathrm{tr}(\boldsymbol{M})\ X^{n-1}+Q+\det(\boldsymbol{M}),$$

其中, $Q \in \mathbb{K}_{n-2}[X]$ 且 $Q(0)=0$.

证 明 记 $P=\det(\boldsymbol{M}-X\boldsymbol{I}_n)$, 显然 P 的常数项 $P(0)=\det(\boldsymbol{M})$. 又记 $\boldsymbol{M}=(m_{ij})_{n\times n}$, $\boldsymbol{M}-X\boldsymbol{I}_n=(c_{ij})_{n\times n}$, 根据行列式的定义, 有

$$|\boldsymbol{M}-X\boldsymbol{I}_n|=\prod_{i=1}^{n}(m_{ii}-X)+\sum_{\sigma\in S_n,\sigma\neq\mathrm{id}}\varepsilon(\sigma)\ c_{1\sigma(1)}c_{2\sigma(2)}\cdots c_{n\sigma(n)}$$

设 $\sigma\in S_n$. 若 $\sigma\neq\mathrm{id}$, 则存在 $k\in[\![1,n]\!]$, 使得 $\sigma(k)\neq k$. 从而乘积式 $\varepsilon(\sigma)c_{1\sigma(1)}c_{2\sigma(2)}\cdots c_{n\sigma(n)}$ 中不包含 $m_{kk}-X$ 和 $m_{\sigma(k),\sigma(k)}-X$, 故 $\deg\left(\varepsilon(\sigma)\ c_{1\sigma(1)}c_{2\sigma(2)}\cdots c_{n\sigma(n)}\right)\leqslant n-2$. 进而和式

$$\sum_{\sigma\in S_n,\sigma\neq\mathrm{id}}\varepsilon(\sigma)\ c_{1\sigma(1)}c_{2\sigma(2)}\cdots c_{n\sigma(n)}$$

的次数不超过 $n-2$. 因此, P 的最高次项为 $(-X)^n$. 进一步, X^{n-1} 系数为

$$(-1)^{n-1}(m_{11}+m_{22}+\cdots+m_{nn})=(-1)^{n-1}\mathrm{tr}(\boldsymbol{M})$$

命题 12.2.6 设 $\boldsymbol{M}\in\mathcal{M}_n(\mathbb{K})$, 并假设 $\chi_{\boldsymbol{M}}$ 在 $\mathbb{K}[X]$ 中可裂且不可约分解式为 $\chi_{\boldsymbol{M}}=\prod\limits_{\lambda\in\mathrm{Sp}(\boldsymbol{M})}(\lambda-X)^{m_\lambda}$, 则

$$\sum_{\lambda\in\mathrm{Sp}(\boldsymbol{M})}m_\lambda=n,\ \mathrm{tr}(\boldsymbol{M})=\sum_{\lambda\in\mathrm{Sp}(\boldsymbol{M})}m_\lambda\lambda,\ \det(\boldsymbol{M})=\prod_{\lambda\in\mathrm{Sp}(\boldsymbol{M})}\lambda^{m_\lambda}$$

证 明 根据命题 12.2.5, 有

$$\chi_{\boldsymbol{M}}=(-X)^n+(-1)^{n-1}\mathrm{tr}(\boldsymbol{M})\ X^{n-1}+Q+\det(\boldsymbol{M})=\prod_{\lambda\in\mathrm{Sp}(\boldsymbol{M})}(\lambda-X)^{m_\lambda}$$

其中, $Q\in\mathbb{K}_{n-2}[X]$ 且 $Q(0)=0$. 比较等式两边多项式的次数知, $\sum\limits_{\lambda\in\mathrm{Sp}(\boldsymbol{M})}m_\lambda=n$; 比较 X^{n-1} 的系数知, $\mathrm{tr}(\boldsymbol{M})=\sum\limits_{\lambda\in\mathrm{Sp}M}m_\lambda\lambda$; 比较常数项知, $\det(\boldsymbol{M})=\prod\limits_{\lambda\in\mathrm{Sp}(\boldsymbol{M})}\lambda^{m_\lambda}$.

12.3 对角化

本节假设 E 是一个有限维向量空间.

12.3.1 对角化的定义

定义 12.3.1 设 E 是一个有限维向量空间, $f\in\mathscr{L}(E)$. 如果存在 E 的一组基 $\mathscr{B}$, 使得 $\mathrm{Mat}_{\mathscr{B}}(f)$ 为对角矩阵, 则称 f **可对角化.**

例 12.3.1 有限维向量空间上的位似变换都可对角化.

证 明 设 $\dim(E)=n$ 且 $\mathscr{B}=(e_1,e_2,\cdots,e_n)$ 是 E 的一组基, $f\in\mathscr{L}(E)$ 是一个位似变换, 则存在 $\lambda\in\mathbb{K}$, 使得 $\forall x\in E$, $f(x)=\lambda x$. 于是 $\mathrm{Mat}_{\mathscr{B}}(f)=\lambda\boldsymbol{I}_n$, 故 f 可对角化.

例 12.3.2 根据线性变换可对角化的定义及例 12.1.4 知, 有限维向量空间上的投影和对称都可对角化.

12.3.2 等价判别准则一

定理 12.3.1 (等价判别准则一) 设 E 是一个有限维向量空间, $f\in\mathscr{L}(E)$, 则 f 可对角化当且仅当 $\mathrm{Sp}(f)\neq\emptyset$ 且 $E=\bigoplus\limits_{\lambda\in\mathrm{Sp}(f)}E_\lambda(f)$.

证 明 充分性: 设 $s\in\mathbb{N}^*,\mathrm{Sp}(f)=\{\lambda_1,\lambda_2,\cdots,\lambda_s\}$, $k\in[\![1,s]\!]$, 并假设 $\mathscr{B}_k$ 是 $E_{\lambda_k}(f)$ 的一组基且 $\dim\left(E_{\lambda_k}(f)\right)=n_k$. 记 $\mathscr{B}=(\mathscr{B}_1,\cdots,\mathscr{B}_s)$. 因为 $E=\bigoplus\limits_{\lambda\in\mathrm{Sp}(f)}E_\lambda(f)$, 根据命题 12.1.3 知, $\mathscr{B}$ 是 E 的一组基. 进一步, 有

$$\mathrm{Mat}_{\mathscr{B}}(f)=\begin{bmatrix}\lambda_1\boldsymbol{I}_{n_1} & & & \\ & \lambda_2\boldsymbol{I}_{n_2} & & \\ & & \ddots & \\ & & & \lambda_s\boldsymbol{I}_{n_s}\end{bmatrix}$$

故 f 可对角化.

必要性: 设 $\dim(E)=n$, 并假设 f 可对角化, 则存在 E 的一组基 $\mathscr{B}=(e_1,\cdots,e_n)$, 使得 f 在 $\mathscr{B}$ 下的表示矩阵 $\boldsymbol{A}=\mathrm{Mat}_{\mathscr{B}}(f)$ 是对角阵. 另设 $\boldsymbol{A}=\mathrm{diag}(m_1,\cdots,m_n)$, 记 $\mathscr{A}$ 为 $\boldsymbol{A}$ 的对角元构成的集合. 又设 $\lambda\in\mathbb{K}$, 则

$$\mathrm{Mat}_{\mathscr{B}}(f-\lambda\mathrm{id}_E)=\boldsymbol{A}-\lambda\boldsymbol{I}_n=\begin{bmatrix}m_1-\lambda & & \\ & \ddots & \\ & & m_n-\lambda\end{bmatrix}$$

- 若 $\lambda\notin\mathscr{A}$, 则 $\boldsymbol{A}-\lambda\boldsymbol{I}_n$ 可逆, 故 λ 不是 f 的特征根.
- 若 $\lambda\in\mathscr{A}$, 则 $\boldsymbol{A}-\lambda\boldsymbol{I}_n$ 不可逆, 故 λ 是 f 的特征根, 记

  $$\mathscr{A}_\lambda=\left\{k\in[\![1,n]\!]\mid m_k=\lambda\right\}\text{ 且 }F_\lambda=\mathrm{Vect}(e_k)_{k\in\mathscr{A}_\lambda}$$

  根据定义知, 对于任意 $k\in\mathscr{A}_\lambda$, $f(e_k)=m_ke_k=\lambda e_k$, 故 $F_\lambda\subseteq E_\lambda(f)$. 另一方面,

  $$\mathrm{rg}(f-\lambda\mathrm{id}_E)=\mathrm{rg}(\boldsymbol{A}-\lambda\boldsymbol{I}_n)=n-|\mathscr{A}_\lambda|=n-\dim(F_\lambda)$$

  根据秩定理, 有

  $$\dim\left(E_\lambda(f)\right)=\dim\left(\mathrm{Ker}(f-\lambda\mathrm{id}_E)\right)=n-\left(n-\dim\left(F_\lambda\right)\right)=\dim(F_\lambda)$$

故 $F_\lambda=E_\lambda(f)$.

由上可知, $\mathscr{A}=\mathrm{Sp}(f)$, 并且对于任意 $\lambda\in\mathscr{A}$, $E_\lambda(f)=F_\lambda$. 因为 $(\mathscr{A}_\lambda)_{\lambda\in\mathscr{A}}$ 两两不相交且并集为 $[\![1,n]\!]$, 所以 $n=\sum\limits_{\lambda\in\mathscr{A}}|\mathscr{A}_\lambda|=\sum\limits_{\lambda\in\mathrm{Sp}(f)}\dim\left(E_\lambda(f)\right)$. 故 $E=\bigoplus\limits_{\lambda\in\mathrm{Sp}(f)}E_\lambda(f)$.

推论 12.3.1 设 $f \in \mathscr{L}(E)$. 如果 χ_f 可裂且无重根, 则 f 可对角化.

证 明 设 $\dim(E)=n$. 因为 χ_f 可裂且无重根, 所以 f 有 n 个不同的特征根. 假设 $\mathrm{Sp}(f)=\{\lambda_1,\lambda_2,\cdots,\lambda_n\}$. 因为特征子空间的维数大于 0, 所以 $\dim\left(\bigoplus\limits_{k=1}^{n} E_{\lambda_k}(f)\right) \geqslant n$. 又因为 $\bigoplus\limits_{k=1}^{n} E_{\lambda_k}(f) \subseteq E$, 所以 $\bigoplus\limits_{k=1}^{n} E_{\lambda_k}(f)=E$. 根据定理 12.3.1 知, f 可对角化.

12.3.3 等价判别准则二

在给出等价判别准则二之前, 先介绍特征根的代数重数和几何重数的概念.

定义 12.3.2 设 E 是一个有限维向量空间, $f \in \mathscr{L}(E)$, $\lambda \in \mathrm{Sp}(f)$.

(1) 特征子空间 $E_\lambda(f)$ 的维数称为 λ 的**几何重数**, 记为 n_λ;

(2) 特征根 λ 在 χ_f 中的重数称为 λ 的**代数重数**, 记为 m_λ.

例 12.3.3 设

$$\boldsymbol{A}=\begin{bmatrix}0&1&0\\0&0&1\\0&0&0\end{bmatrix}$$

则 $\chi_{\boldsymbol{A}}=X^3$, 故 $\mathrm{Sp}(\boldsymbol{A})=\{0\}$ 且 0 的代数重数 $m_0=3$. 另外, 由于 $\mathrm{rg}(\boldsymbol{A})=2$, 根据秩定理有, $\dim\big(\mathrm{Ker}(\boldsymbol{A})\big)=1$, 故 0 的几何重数 $n_0=1$.

命题 12.3.1 设 E 是一个有限维向量空间, $f \in \mathscr{L}(E)$. 设 $\lambda \in \mathrm{Sp}(f)$, 则 $1 \leqslant n_\lambda \leqslant m_\lambda$. 特别地, 代数重数为 1 的特征根几何重数也是 1.

证 明 设 $\dim(E)=n$, $\lambda \in \mathrm{Sp}(f)$, 则 $\dim\big(E_\lambda(f)\big)=n_\lambda \geqslant 1$. 另设 $\mathscr{B}_\lambda$ 是 $E_\lambda(f)$ 的一组基, 将它扩充为 E 的一组基 $\mathscr{B}$, 则

$$\mathrm{Mat}_{\mathscr{B}}(f)=\begin{bmatrix}\lambda\boldsymbol{I}_{n_\lambda}&\boldsymbol{B}\\\boldsymbol{O}&\boldsymbol{C}\end{bmatrix}$$

于是, $\chi_f=\chi_{\mathrm{Mat}_{\mathscr{B}}(f)}=(\lambda-X)^{n_\lambda}\chi_{\boldsymbol{C}}$. 因此, λ 在 χ_f 中的重数至少为 n_λ. 故 $1 \leqslant n_\lambda \leqslant m_\lambda$.

定理 12.3.2 (等价判别准则二) 设 E 是一个有限维向量空间, $f \in \mathscr{L}(E)$, 则

$$\big(f\text{可对角化}\big) \Longleftrightarrow \big(\chi_f\text{可裂且}\forall\lambda \in \mathrm{Sp}(f), n_\lambda=m_\lambda\big)$$

证 明 必要性: 假设 f 可对角化, 根据定理 12.3.1 知, $\mathrm{Sp}(f)$ 非空且 $E=\bigoplus\limits_{k=1}^{s} E_{\lambda_k}(f)$, 其中 $s \in \mathbb{N}^*$. 另假设 $\mathrm{Sp}(f)=\{\lambda_1,\cdots,\lambda_s\}$, 设 $\mathscr{B}_1,\cdots,\mathscr{B}_s$ 分别是 $E_{\lambda_1}(f),\cdots,E_{\lambda_s}(f)$ 的一组基. 根据命题 12.1.3 知, $\mathscr{B}=(\mathscr{B}_1,\cdots,\mathscr{B}_s)$ 是 E 的一组基. 进一步, 有

$$\mathrm{Mat}_{\mathscr{B}}(f)=\begin{bmatrix}\lambda_1\boldsymbol{I}_{n_{\lambda_1}}&&\\&\ddots&\\&&\lambda_s\boldsymbol{I}_{n_{\lambda_s}}\end{bmatrix}$$

故 $\chi_f = \chi_{\mathrm{Mat}_{\mathscr{B}}(f)} = \prod_{k=1}^{s}(\lambda_k - X)^{n_{\lambda_k}}$. 因此, χ_f 可裂且 $\forall\lambda \in \mathrm{Sp}(f), n_\lambda = m_\lambda$.

充分性: 假设 $\chi_f = \prod_{\lambda\in\mathrm{Sp}(f)}(\lambda - X)^{m_\lambda}$ 且对于任意 $\lambda \in \mathrm{Sp}(f)$, $n_\lambda = m_\lambda$, 则

$$\dim\left(\bigoplus_{\lambda\in\mathrm{Sp}(f)} E_\lambda(f)\right) = \sum_{\lambda\in\mathrm{Sp}(f)} n_\lambda = \sum_{\lambda\in\mathrm{Sp}(f)} m_\lambda = \deg(\chi_f) = \dim(E)$$

又因为 $\bigoplus_{\lambda\in\mathrm{Sp}(f)} E_\lambda(f) \subseteq E$, 所以 $E = \bigoplus_{\lambda\in\mathrm{Sp}(f)} E_\lambda(f)$. 根据定理 12.3.1 知, f 可对角化.

12.3.4 方阵的对角化

定义 12.3.3 设 $\boldsymbol{A} \in \mathcal{M}_n(\mathbb{K})$. 如果映射

$$\begin{array}{rccc} f_{\boldsymbol{A}}: & \mathcal{M}_{n,1}(\mathbb{K}) & \to & \mathcal{M}_{n,1}(\mathbb{K}) \\ & \boldsymbol{X} & \mapsto & \boldsymbol{AX} \end{array}$$

可对角化, 则称 $\boldsymbol{A}$ **可对角化.**

命题 12.3.2 设 $\boldsymbol{A} \in \mathcal{M}_n(\mathbb{K})$, 则 $\boldsymbol{A}$ 可对角化当且仅当 $\boldsymbol{A}$ 相似于一个对角矩阵.

证 明 必要性: 假设 $\boldsymbol{A}$ 可对角化, 则存在 $\mathcal{M}_{n,1}(\mathbb{K})$ 的一组基 $\mathscr{B} = (\boldsymbol{X}_1, \boldsymbol{X}_2, \cdots, \boldsymbol{X}_n)$ 和对角矩阵 $\boldsymbol{D} = \mathrm{diag}(\lambda_1, \lambda_2, \cdots, \lambda_\mathrm{n})$, 使得 $\mathrm{Mat}_{\mathscr{B}}(f_{\boldsymbol{A}}) = \boldsymbol{D}$. 从而有 $\forall k \in [\![1, n]\!], \boldsymbol{AX}_k = \lambda_k \boldsymbol{X}_k$, 进而有

$$\boldsymbol{A}[\boldsymbol{X}_1, \boldsymbol{X}_2, \cdots, \boldsymbol{X}_n] = [\boldsymbol{X}_1, \boldsymbol{X}_2, \cdots, \boldsymbol{X}_n]\begin{bmatrix} \lambda_1 & & & \\ & \lambda_2 & & \\ & & \ddots & \\ & & & \lambda_n \end{bmatrix}$$

记 $\boldsymbol{P} = [\boldsymbol{X}_1, \boldsymbol{X}_2, \cdots, \boldsymbol{X}_n]$, 则 $\boldsymbol{P}$ 可逆且 $\boldsymbol{A} = \boldsymbol{PDP}^{-1}$. 因此, $\boldsymbol{A}$ 相似于一个对角矩阵.

充分性: 假设 $\boldsymbol{A}$ 相似于一个对角矩阵, 则存在可逆矩阵 $\boldsymbol{P}$ 和对角矩阵 $\boldsymbol{D}$, 使得 $\boldsymbol{A} = \boldsymbol{PDP}^{-1}$. 记 $\mathscr{B}$ 为 $\boldsymbol{P}$ 的列向量构成的向量族, 则 $\mathscr{B}$ 是 $\mathcal{M}_{n,1}(\mathbb{K})$ 的一组基且 $\boldsymbol{P}$ 为从 $\mathcal{M}_{n,1}(\mathbb{K})$ 的典范基 $\mathscr{B}_c$ 到 $\mathscr{B}$ 的过渡矩阵. 因此,

$$\boldsymbol{D} = \boldsymbol{P}^{-1}\boldsymbol{AP} = \mathrm{Mat}_{\mathscr{B}_c,\mathscr{B}}(\mathrm{id}_E)\ \mathrm{Mat}_{\mathscr{B}_c}(f_{\boldsymbol{A}})\mathrm{Mat}_{\mathscr{B},\mathscr{B}_c}(\mathrm{id}_E) = \mathrm{Mat}_{\mathscr{B}}(f_{\boldsymbol{A}}).$$

故 $f_{\boldsymbol{A}}$ 可对角化. 根据定义知, $\boldsymbol{A}$ 可对角化.

注 12.3.1 设 $\boldsymbol{A} \in \mathcal{M}_n(\mathbb{K})$. 根据方阵可对角化的定义 12.3.3, 结合线性映射可对角化的判别准则, 可得到方阵可对角化的判别准则:

- 如果 $\boldsymbol{A}$ 有 n 个不同的特征根, 则 $\boldsymbol{A}$ 可对角化;
- $\boldsymbol{A}$ 可对角化当且仅当 $\mathrm{Sp}(\boldsymbol{A}) \neq \emptyset$且$\mathcal{M}_{n,1}(\mathbb{K}) = \bigoplus_{\lambda\in\mathrm{Sp}(A)} E_\lambda(\boldsymbol{A})$;
- $\boldsymbol{A}$ 可对角化当且仅当 $\chi_{\boldsymbol{A}}$可裂且$\forall\lambda \in \mathrm{Sp}(\boldsymbol{A}), n_\lambda = m_\lambda$.

例 12.3.4 例 12.3.3中的矩阵不可对角化, 因为特征根 0 的代数重数和几何重数不相等.

注 12.3.2 (方阵对角化步骤) 设 $\boldsymbol{A} \in \mathcal{M}_n(\mathbb{K})$ 可对角化, 命题 12.3.2 必要性的证明过程给出了将 $\boldsymbol{A}$ 对角化的步骤:

(1) 计算 $\chi_{\boldsymbol{A}}$, 进而计算 $\boldsymbol{A}$ 的特征根;

(2) 计算 $\boldsymbol{A}$ 的特征根对应的特征子空间;

(3) 设 $\mathrm{Sp}(\boldsymbol{A}) = \{\lambda_1, \lambda_2, \cdots, \lambda_s\}$ $(s \in \mathbb{N}^*)$, $\mathscr{B}_1, \cdots, \mathscr{B}_s$ 分别是 $E_{\lambda_1}(\boldsymbol{A}), E_{\lambda_2}(\boldsymbol{A}) \cdots$, $E_{\lambda_s}(\boldsymbol{A})$ 的一组基, $\mathscr{B}_c$ 是 $\mathcal{M}_{n,1}(\mathbb{K})$ 的典范基, 记 $\boldsymbol{P} = \mathrm{Mat}_{\mathscr{B}_c}(\mathscr{B}_1, \mathscr{B}_2, \cdots, \mathscr{B}_s)$, 则

$$\boldsymbol{A} = \boldsymbol{P} \begin{bmatrix} \lambda_1 \boldsymbol{I}_{n_{\lambda_1}} & & \\ & \ddots & \\ & & \lambda_s \boldsymbol{I}_{n_{\lambda_s}} \end{bmatrix} \boldsymbol{P}^{-1}$$

例 12.3.5 设

$$\boldsymbol{M} = \begin{bmatrix} 0 & 2 & -1 \\ 3 & -2 & 0 \\ -2 & 2 & 1 \end{bmatrix}$$

证明 $\boldsymbol{M}$ 可对角化并将 $\boldsymbol{M}$ 对角化, 进而计算 $\boldsymbol{M}^n$.

解 (1) 先求 $\boldsymbol{M}$ 的特征根. 将 $|\boldsymbol{A} - X\boldsymbol{I}_3|$ 按第三列展开, 得

$$\begin{aligned}
\chi_M = |\boldsymbol{A} - X\boldsymbol{I}_3| &= \begin{vmatrix} -X & 2 & -1 \\ 3 & -2-X & 0 \\ -2 & 2 & 1-X \end{vmatrix} \\
&= (-1)\begin{vmatrix} 3 & -2-X \\ -2 & 2 \end{vmatrix} + (1-X)\begin{vmatrix} -X & 2 \\ 3 & -2-X \end{vmatrix} \\
&= -2(1-X) + (1-X)(X^2+2X-6) \\
&= (1-X)(X^2+2X-8) \\
&= (1-X)(2-X)(-4-X)
\end{aligned}$$

故 $\mathrm{Sp}(\boldsymbol{M}) = \{2, 1, -4\}$. 因为 χ_M 有 3 个不同的特征根, 所以 $\boldsymbol{M}$ 可对角化.

(2) 计算特征根对应的特征子空间. 因为 $\boldsymbol{A}$ 的特征根都是单根, 根据命题 12.3.1 知, 每一个特征根的几何重数都是 1. 进一步, 有

- $E_2(\boldsymbol{M}) = \mathrm{Ker}(\boldsymbol{M} - 2\boldsymbol{I}_3) = \mathrm{Ker}\begin{bmatrix} -2 & 2 & -1 \\ 3 & -4 & 0 \\ -2 & 2 & -1 \end{bmatrix} = \mathrm{Vect}(\begin{bmatrix} 4 \\ 3 \\ -2 \end{bmatrix})$.

- $E_1(\boldsymbol{M}) = \mathrm{Ker}(\boldsymbol{M} - \boldsymbol{I}_3) = \mathrm{Ker}\begin{bmatrix} -1 & 2 & -1 \\ 3 & -3 & 0 \\ -2 & 2 & 0 \end{bmatrix} = \mathrm{Vect}(\begin{bmatrix} 1 \\ 1 \\ 1 \end{bmatrix})$.

- $E_{-4}(\boldsymbol{M})=\mathrm{Ker}(\boldsymbol{M}+4\boldsymbol{I}_3)=\mathrm{Ker}\begin{bmatrix}4&2&-1\\3&2&0\\-2&2&5\end{bmatrix}=\mathrm{Vect}(\begin{bmatrix}2\\-3\\2\end{bmatrix})$.

记 $\boldsymbol{P}=\begin{bmatrix}4&1&2\\3&1&-3\\-2&1&2\end{bmatrix}$，计算得 $\boldsymbol{P}^{-1}=\dfrac{1}{30}\begin{bmatrix}5&0&-5\\0&12&18\\5&-6&1\end{bmatrix}$，根据注 12.3.2, 有

$$\boldsymbol{M}=\boldsymbol{P}\begin{bmatrix}2&0&0\\0&1&0\\0&0&-4\end{bmatrix}\boldsymbol{P}^{-1}$$

计算得

$$\begin{aligned}\boldsymbol{M}^n&=\boldsymbol{P}\begin{bmatrix}2^n&0&0\\0&1&0\\0&0&(-4)^n\end{bmatrix}\boldsymbol{P}^{-1}\\&=\frac{1}{30}\begin{bmatrix}10\cdot(2^{n+1}+(-4)^n)&12-12\cdot(-4)^n&-20\cdot2^n+2\cdot(-4)^n+18\\15\cdot(2^n-(-4^n))&12+18\cdot(-4)^n&-15\cdot2^n-3(-4)^n+18\\-10\cdot(2^n-(-4)^n)&12-12\cdot(-4)^n&10\cdot2^n+2\cdot(-4)^n+18\end{bmatrix}\end{aligned}$$

注 12.3.3 例 12.3.5 说明, 对于一个可对角化的矩阵, 可以通过将其对角化求它的方幂.

12.4 线性变换多项式

12.3 节给出了线性变换可对角化的两个等价判别准则, 这两个准则依赖于事先知道线性变换的谱, 对于谱未知的线性变换不再适用, 本节介绍一个新的等价判别准则, 它可用于判断此类线性变换是否可对角化.

12.4.1 定义及例子

定义 12.4.1 设 $m\in\mathbb{N}, P=\sum\limits_{k=0}^{m}a_kX^k\in\mathbb{K}[X]$ 且 $a_m\neq0$.

- 设 $\boldsymbol{A}\in\mathcal{M}_n(\mathbb{K})$, 定义 $P(\boldsymbol{A})=\sum\limits_{k=0}^{m}a_k\boldsymbol{A}^k$, 其中 $\boldsymbol{A}^0=\boldsymbol{I}_n$.
- 设 $f\in\mathscr{L}(E)$, 定义 $P(f)=\sum\limits_{k=0}^{m}a_kf^k$, 其中 $f^0=\mathrm{id}_E$. 由于 $\mathscr{L}(E)$ 既是一个向量空间又是一个环, 故 $P(f)\in\mathscr{L}(E)$.

例 12.4.1　设 $P = X^2 + X + 1$, $\boldsymbol{A} = \begin{bmatrix} 0 & 1 \\ 0 & 0 \end{bmatrix}$, 则 $\boldsymbol{A}^2 = \begin{bmatrix} 0 & 0 \\ 0 & 0 \end{bmatrix}$, 故

$$P(\boldsymbol{A}) = \boldsymbol{A}^2 + \boldsymbol{A} + \boldsymbol{I}_2 = \begin{bmatrix} 1 & 1 \\ 0 & 1 \end{bmatrix}$$

例 12.4.2　记 $E = \mathcal{C}^\infty(\mathbb{R}, \mathbb{C})$, 定义映射

$$\begin{array}{rccc} D: & E & \to & E \\ & f & \mapsto & f' \end{array}$$

则 $D \in \mathscr{L}(E)$. 记 $P = aX^2 + bX + c \in \mathbb{C}[X]$ $(a \neq 0)$, 则 $P(D) = aD^2 + bD + c\,\mathrm{id}_E$. 具体地,

$$\begin{array}{rccc} P(D): & E & \to & E \\ & f & \mapsto & af'' + bf' + cf \end{array}$$

特别地, 二阶常系数线性微分方程 $ay'' + by' + cy = 0$ 的解集为 $\mathrm{Ker}\big(P(D)\big)$.

例 12.4.3　记 $E = \mathbb{K}^{\mathbb{N}}$, 定义映射

$$\begin{array}{rccc} T: & E & \to & E \\ & (u_n)_{n\in\mathbb{N}} & \mapsto & (u_{n+1})_{n\in\mathbb{N}} \end{array}$$

则 $T \in \mathscr{L}(E)$. 记 $P = aX^2 + bX + c \in \mathbb{K}[X]$ $(a \neq 0)$, 则 $P(T) = aT^2 + bT + c\,\mathrm{id}_E$. 具体地,

$$\begin{array}{rccc} P(T): & E & \to & E \\ & (u_n)_{n\in\mathbb{N}} & \mapsto & (au_{n+2} + bu_{n+1} + cu_n)_{n\in\mathbb{N}} \end{array}$$

特别地, $\mathrm{Ker}\big(P(T)\big)$ 为 $\mathbb{K}$ 上所有满足 $au_{n+2} + bu_{n+1} + cu_n = 0$ 的二阶递归数列构成的集合.

命题 12.4.1　设 $f \in \mathscr{L}(E)$, 则如下结论成立:

(1) $\forall (P, Q) \in \mathbb{K}[X]^2, \forall \lambda \in \mathbb{K}, (\lambda P + Q)(f) = \lambda P(f) + Q(f)$;

(2) $\forall (P, Q) \in \mathbb{K}[X]^2, (PQ)(f) = P(f) \circ Q(f) = Q(f) \circ P(f) = (QP)(f)$;

(3) 若 F 是 f 的不变子空间, 则 $\forall x \in F, P(f)(x) = P(f_F)(x)$.

证　明　(1) 显然成立.

(2) 设 $(k, j) \in \mathbb{N}^2$, 根据定义 12.4.1, 有

$$(X^k X^j)(f) = X^{k+j}(f) = f^{k+j} = f^k \circ f^j = X^k(f) \circ X^j(f)$$

设 $P = \sum\limits_{k=0}^{n} a_k X^k$, $Q = \sum\limits_{k=0}^{m} b_k X^k$, 则

$$PQ(f) = \sum_{p=0}^{m+n} \Big(\sum_{k+j=p} a_k b_j \Big) X^k X^j(f) = \sum_{p=0}^{m+n} \Big(\sum_{k+j=p} a_k b_j \Big) X^k(f) \circ X^j(f) = P(f) \circ Q(f)$$

进一步, 根据 $PQ = QP$, (2) 得证.

(3) 设 $P = \sum\limits_{k=0}^{n} a_k X^k$, $x \in F$, 根据诱导映射的定义有, $f_F(x) = f(x)$. 故

$$P(f_F)(x) = \sum_{k=0}^{n} a_k f_F^k(x) = \sum_{k=0}^{n} a_k f^k(x) = P(f)(x)$$

12.4.2 零化多项式

定义 12.4.2 设 $f \in \mathscr{L}(E)$, $P \in \mathbb{K}[X]$. 如果 $P(f) = 0$, 则称 P 零化 f, 称 P 是 f 的**一个零化多项式**, f 的所有零化多项式构成的集合记为 $\operatorname{Ann}(f)$.

注 12.4.1 零多项式是任意线性变换的零化多项式.

命题 12.4.2 有限维向量空间上的线性变换一定存在一个非零的零化多项式.

证 明 设 $\dim(E) = n$ 且 $f \in \mathscr{L}(E)$. 因为 $\dim\big(\mathscr{L}(E)\big) = n^2$, 所以 $\big(\mathrm{id}_E, f, f^2, \cdots, f^{n^2}\big)$ 在向量空间 $\mathscr{L}(E)$ 中线性相关, 从而存在非零 $(a_0, a_1, \cdots, a_{n^2}) \in \mathbb{K}^{n^2+1}$ 使得 $\sum\limits_{k=0}^{n^2} a_k f^k = 0$. 记 $P = \sum\limits_{k=0}^{n^2} a_k X^k$, 则 P 非零且 P 零化 f.

例 12.4.4 设 $p \in \mathscr{L}(E)$ 是一个投影, 则 $p^2 = p$, 故 $P = X^2 - X$ 是 p 的零化多项式; 又设 $s \in \mathscr{L}(E)$ 是一个对称, 则 $s^2 = \mathrm{id}_E$, 故 $P = X^2 - 1$ 是 s 的零化多项式.

注 12.4.2 当 E 是无限维向量空间时, 命题 12.4.2 的结论不再成立.

例如, 设 $E = \mathcal{C}^\infty(\mathbb{R}, \mathbb{C})$, 定义映射

$$\begin{array}{rccc} D: & E & \longrightarrow & E \\ & f & \mapsto & f' \end{array}$$

显然 D 是线性映射. 设 $P = \sum\limits_{k=0}^{n} a_k X^k \in \mathbb{C}[X]$, 并假设 $P(D) = 0$, 则

$$\forall f \in E,\ P(D)(f) = 0$$

设 $\lambda \in \mathbb{C}$, 定义 $f_\lambda : \mathbb{R} \to \mathbb{C}, x \mapsto \exp(\lambda x)$. 于是 $P(D)(f_\lambda) = 0$, 即

$$\forall x \in \mathbb{R},\ \big(P(D)(f_\lambda)\big)(x) = \sum_{k=0}^{n} a_k \lambda^k \mathrm{e}^{\lambda x} = 0$$

特别地, 取 $x = 0$ 有 $\sum\limits_{k=0}^{n} a_k \lambda^k = 0$, 这说明 P 有无穷多个根, 因此 $P = 0$. 故 D 不存在非零的零化多项式.

命题 12.4.3 设 $f \in \mathscr{L}(E)$, $P \in \mathbb{K}[X]$ 是 f 的零化多项式, 则 f 的特征根都是 P 的根.

证 明 设 $\lambda \in \mathrm{Sp}(f)$, 则存在非零向量 $x \in E$, 使得 $f(x) = \lambda x$. 假设 $P = \sum\limits_{k=0}^{m} a_k X^k$ 零化 f, 则 $P(f) = 0$. 从而有

$$P(f)(x) = \sum_{k=0}^{m} a_k f^k(x) = \Big(\sum_{k=0}^{m} a_k \lambda^k\Big)(x) = \mathbf{0}_E$$

由于 x 非零, 故 $P(\lambda) = \sum\limits_{k=0}^{m} a_k \lambda^k = 0$, 即 λ 是 P 的根.

注 12.4.3 线性变换的特征根和它的零化多项式的根并不是一一对应的.

例如, 设 $\boldsymbol{A} = \begin{bmatrix} 0 & 1 \\ 0 & 0 \end{bmatrix}$, 则 $\boldsymbol{A}^2 = \boldsymbol{O}_{2\times 2}$, 故 X^2 零化 $\boldsymbol{A}$. 记 $P = (X-1)X^2$, 则 $P(\boldsymbol{A}) = (\boldsymbol{A} - \boldsymbol{I}_2)\boldsymbol{A}^2 = \boldsymbol{O}_{2\times 2}$, 故 P 也零化 $\boldsymbol{A}$. 显然, 1 是 P 的根, 但不是 $\boldsymbol{A}$ 的特征根. 事实上, 任意被 X^2 整除的多项式都是 $\boldsymbol{A}$ 的零化多项式.

12.4.3 等价判别准则三

定理 12.4.1 (核引理) 设 E 是一个有限维向量空间, $f \in \mathscr{L}(E)$, $m \in \mathbb{N}$ 且 $m \geqslant 2$, $(P_1, \cdots, P_m) \in \mathbb{K}[X]^m$ 两两互素, 记 $P = \prod\limits_{k=1}^{m} P_k$, 则 $\mathrm{Ker}\big(P(f)\big) = \bigoplus\limits_{k=1}^{m} \mathrm{Ker}\big(P_k(f)\big)$.

证 明 对多项式的个数 m 应用数学归纳法.

- 设 $P = P_1P_2$, 并假设 P_1 和 P_2 互素, 则存在多项式 Q_1 和 Q_2, 使得 $Q_1P_1 + Q_2P_2 = 1$.

  (i) 设 $x \in \mathrm{Ker}\big(P_1(f)\big)$, 则 $P_1(f)(x) = \mathbf{0}_E$. 进而有 $P(f)(x) = \big(P_2(f) \circ P_1(f)\big)(x) = P_2(f)\big(P_1(f)(x)\big) = \mathbf{0}_E$. 因此, $\mathrm{Ker}\big(P_1(f)\big) \subseteq \mathrm{Ker}\big(P(f)\big)$. 同理可证 $\mathrm{Ker}\big(P_2(f)\big) \subseteq \mathrm{Ker}\big(P(f)\big)$.

  (ii) 证明 $\mathrm{Ker}\big(P_1(f)\big) \cap \mathrm{Ker}\big(P_2(f)\big) = \{\mathbf{0}_E\}$. 设 $x \in \mathrm{Ker}\big(P_1(f)\big) \cap \mathrm{Ker}\big(P_2(f)\big)$, 则 $P_1(f)(x) = P_2(f)(x) = \mathbf{0}_E$. 由于 $Q_1P_1 + Q_2P_2 = 1$, 故 $\mathrm{id}_E = Q_1(f) \circ P_1(f) + Q_2(f) \circ P_2(f)$. 于是 $x = \big(Q_1(f) \circ P_1(f) + Q_2(f) \circ P_2(f)\big)(x) = \mathbf{0}_E$.

  (iii) 证明 $\mathrm{Ker}\big(P(f)\big) = \mathrm{Ker}\big(P_1(f)\big) + \mathrm{Ker}\big(P_2(f)\big)$. 设 $x \in \mathrm{Ker}\big(P(f)\big)$, 则 $P(f)(x) = 0$. 由于 $Q_1P_1 + Q_2P_2 = 1$, 故 $x = \big(Q_1(f) \circ P_1(f)\big)(x) + \big(Q_2(f) \circ P_2(f)\big)(x)$. 因为 $\big(P_1(f) \circ P_2(f)\big)(x) = \mathbf{0}_E$, 根据命题 12.4.1 有, $\big(Q_1(f) \circ P_1(f)\big)(x) \in \mathrm{Ker}\big(P_2(f)\big)$ 且 $\big(Q_2(f) \circ P_2(f)\big)(x) \in \mathrm{Ker}\big(P_1(f)\big)$.

  综上, $\mathrm{Ker}\big(P(f)\big) = \mathrm{Ker}\big(P_1(f)\big) \oplus \mathrm{Ker}\big(P_2(f)\big)$.

- 设 $m \geqslant 2$, 并假设结论对任意 m 个两两互素的多项式成立. 另设 $P = P_1 \cdots P_m P_{m+1}$ 且 $P_1, \cdots, P_{m+1}$ 两两互素, 则 $P_1 \cdots P_m$ 和 P_{m+1} 互素. 根据第一步证明, 有

  $$\mathrm{Ker}\big(P(f)\big) = \mathrm{Ker}\big(P_1 \cdots P_m(f)\big) \oplus \mathrm{Ker}\big(P_{m+1}(f)\big)$$

  根据归纳假设知, $\mathrm{Ker}\big(P_1 \cdots P_m(f)\big) = \bigoplus\limits_{k=1}^{m} \mathrm{Ker}\big(P_k(f)\big)$. 故 $\mathrm{Ker}\big(P(f)\big) = \bigoplus\limits_{k=1}^{m+1} \mathrm{Ker}\big(P_k(f)\big)$

根据数学归纳法, 定理得证.

例 12.4.5 设 $s \in \mathscr{L}(E)$ 是一个对称, 则 $s^2 = \mathrm{id}_E$. 记 $P = X^2 - 1 = (X-1)(X+1)$. 易验证 $P(s) = s^2 - \mathrm{id}_E = 0$, $(X-1)(s) = s - \mathrm{id}_E, (X+1)(s) = s + \mathrm{id}_E$. 根据定理 12.4.1 (核引理), 有

$$E = \mathrm{Ker}\big(P(s)\big) = \mathrm{Ker}\big((X-1)(s)\big) \oplus \mathrm{Ker}\big((X+1)(s)\big) = \mathrm{Ker}(s - \mathrm{id}_E) \oplus \mathrm{Ker}(s + \mathrm{id}_E)$$

例 12.4.6 设 $p \in \mathscr{L}(E)$ 是一个投影, 则 $p^2 = p$. 记 $P = X^2 - X = X(X-1)$. 易验证 $P(p) = p^2 - p = 0$, $(X-1)(p) = p - \mathrm{id}_E, X(p) = p$. 根据定理 12.4.1 (核引理), 有

$$E = \mathrm{Ker}\big(P(p)\big) = \mathrm{Ker}\big((X-1)(p)\big) \oplus \mathrm{Ker}\big(X(p)\big) = \mathrm{Ker}(p - \mathrm{id}_E) \oplus \mathrm{Ker}(p)$$

定理 12.4.2 (等价判别准则三) 设 E 是一个有限维向量空间, $f \in \mathscr{L}(E)$, 则 f 可对角化当且仅当存在一个可裂无重根的多项式零化 f.

证 明 假设 f 可对角化. 根据定理 12.3.1 知, $\mathrm{Sp}(f) \neq \emptyset$ 且 $E = \bigoplus\limits_{\lambda \in \mathrm{Sp}(f)} E_\lambda(f)$. 记 $P = \prod\limits_{\lambda \in \mathrm{Sp}(f)} (X - \lambda)$, 则 $P(f) = \prod\limits_{\lambda \in \mathrm{Sp}(f)} (f - \lambda \mathrm{id}_E)$. 设 μ 是 f 的一个特征根且 $x \in E_\mu(f)$, 则 $(f - \mu \mathrm{id}_E)(x) = \mathbf{0}_E$. 从而有

$$P(f)(x) = \Big[\prod_{\lambda \in \mathrm{Sp}(f),\ \lambda \neq \mu} (f - \lambda \mathrm{id}_E)\Big]\big((f - \mu \mathrm{id}_E)(x)\big) = \mathbf{0}_E$$

因此, $P(f)$ 在 f 的所有特征子空间上的取值都为零. 又因为 $P(f)$ 是线性映射, 所以 $P(f) = 0$. 显然 P 可裂无重根.

反过来, 假设存在一个可裂无重根的多项式 P 零化 f. 由于首项系数变化并不改变 P 零化 f 这一事实, 不妨设 P 首系数为 1, 并假设 $P = \prod\limits_{k=1}^{m} (X - \lambda_k)$ 且 $\lambda_1, \cdots, \lambda_m$ 两两不等, 则 $X - \lambda_1, \cdots, X - \lambda_m$ 两两互素. 根据定理 12.4.1 (核引理), 有

$$E = \mathrm{Ker}\big(P(f)\big) = \bigoplus_{k=1}^{m} \mathrm{Ker}(f - \lambda_k \mathrm{id}_E)$$

设 $\lambda \in \{\lambda_1, \cdots, \lambda_m\}$, 若 λ 不是 f 的特征根, 则 $\mathrm{Ker}(f - \lambda \mathrm{id}_E) = \{\mathbf{0}_E\}$; 若 λ 是 f 的特征根, 则 $\mathrm{Ker}(f - \lambda \mathrm{id}_E) = E_\lambda(f)$. 又因为 f 的特征根都是 P 的根, 所以 $E = \bigoplus\limits_{\lambda \in \mathrm{Sp}(f)} E_\lambda(f)$. 根据定理 12.3.1 知, f 可对角化.

例 12.4.7 设 $p \in \mathscr{L}(E)$ 是一个投影, 则 $P = X^2 - X$ 零化 p. 因为 P 可裂且无重根, 所以 p 可对角化; 设 s 是一个对称, 则 $Q = X^2 - 1$ 零化 s. 由于 Q 可裂且无重根, 故 s 可对角化.

推论 12.4.1 设 E 是一个有限维向量空间, $f \in \mathscr{L}(E)$, F 是 f 的不变子空间, 如果 $f \in \mathscr{L}(E)$ 可对角化, 则 f_F 也可对角化.

证 明 因为 f 可对角化, 所以存在可裂无重根的 $P \in \mathbb{K}[X]$ 零化 f. 根据命题 12.4.1, 有

$$\forall x \in F,\ P(f_F)(x) = P(f)(x) = \mathbf{0}_E$$

故 P 零化 f_F. 根据定理 12.4.2 知, f_F 可对角化.

引理 12.4.1 设 $(f,g) \in \mathscr{L}(E)^2$. 如果 $f \circ g = g \circ f$, 则 f 的特征子空间是 g 的不变子空间.

证 明 设 $\lambda \in \mathrm{Sp}(f)$, $x \in E_\lambda(f)$, 则 $f(x) = \lambda x$. 于是

$$(f \circ g)(x) = (g \circ f)(x) = g(\lambda x) = \lambda g(x)$$

因此 $g(x) \in E_\lambda(f)$. 故 $E_\lambda(f)$ 是 g 的不变子空间.

命题 12.4.4 设 E 是一个有限维向量空间, $(f,g) \in \mathscr{L}(E)^2$ 且 $f \circ g = g \circ f$. 如果 f 和 g 都可对角化, 则存在 E 的一组基 $\mathscr{B}$, 使得 f 和 g 在 $\mathscr{B}$ 下的表示矩阵都是对角矩阵.

证 明 因为 f 可对角化, 所以 $\mathrm{Sp}(f)$ 非空, 设 $\mathrm{Sp}(f) = \{\lambda_1, \lambda_2, \cdots, \lambda_s\}$ $(s \in \mathbb{N}^*)$, 则 $E = E_{\lambda_1}(f) \oplus E_{\lambda_2}(f) \oplus \cdots \oplus E_{\lambda_s}(f)$. 另设 $k \in [\![1, s]\!]$, 因为 $f \circ g = g \circ f$, 根据引理 12.4.1 知, $E_{\lambda_k}(f)$ 是 g 的不变子空间. 记 g_k 表示 g 在 $E_{\lambda_k}(f)$ 上的诱导映射. 因为 g 可对角化, 根据推论 12.4.1 知, g_k 可对角化. 从而存在 $E_{\lambda_k}(f)$ 的一组基 $\mathscr{B}_k$, 使得 $\mathrm{Mat}_{\mathscr{B}_k}(g_k)$ 是对角矩阵. 记 $\boldsymbol{D}_k = \mathrm{Mat}_{\mathscr{B}_k}(g_k)$, $\mathscr{B} = (\mathscr{B}_1, \mathscr{B}_2, \cdots, \mathscr{B}_s)$, 再设 $\dim\big(E_{\lambda_k}(f)\big) = n_k$, 则 $\mathscr{B}$ 是 E 的一组基且

$$\mathrm{Mat}_{\mathscr{B}}(f) = \begin{bmatrix} \lambda_1 \boldsymbol{I}_{n_1} & & \\ & \ddots & \\ & & \lambda_s \boldsymbol{I}_{n_s} \end{bmatrix}, \qquad \mathrm{Mat}_{\mathscr{B}}(g) = \begin{bmatrix} \boldsymbol{D}_1 & & \\ & \ddots & \\ & & \boldsymbol{D}_s \end{bmatrix}$$

故 f 和 g 在 $\mathscr{B}$ 下的表示矩阵都是对角矩阵.

12.4.4 极小多项式

设 E 是一个有限维向量空间, $f \in \mathscr{L}(E)$. 根据命题 12.4.2 知, f 一定存在一个非零的零化多项式. 根据命题 12.4.3 知, f 的特征根一定是它的零化多项式的根, 但两者并不相等. 为更好地通过零化多项式的根来刻画特征根, 需要引入极小多项式的概念.

命题 12.4.5 设 E 是一个有限维向量空间, $f \in \mathscr{L}(E)$. 若 P 是 f 的一个零化多项式, 则下列论述等价:

(1) P 为 $\mathrm{Ann}(f)$ 中次数最低的非零多项式;

(2) $\forall Q \in \mathrm{Ann}(f), P \mid Q$.

进一步, 满足上述等价论述的首系数为 1 的多项式是唯一的, 称为 f 的**极小多项式**, 记为 M_f.

证 明 若 (2) 成立, 则 (1) 显然成立. 反过来, 假设 (1) 成立, 并设 $Q \in \mathrm{Ann}(f)$. 根据带余除法, 存在 $(S,R) \in \mathbb{K}[X]^2$, 使得 $Q = PS + R$, 其中 $\deg(R) < \deg(P)$. 因为 $P(f) = Q(f) = 0$, 所以 $R(f) = 0$. 又因为 P 是 $\mathrm{Ann}(f)$ 中次数最低的非零多项式, 所以

$R=0$. 因此, $P \mid Q$, 这就证明了 (2) 成立. 最后, 假设 P_1 和 P_2 都满足 (2) 且首系数均为 1, 则 $P_1 \mid P_2$ 且 $P_2 \mid P_1$, 进而 $P_1 = P_2$.

注 12.4.4 根据极小多项式的定义知, f 的极小多项式整除它的任意零化多项式.

定义 12.4.3 设 $\boldsymbol{A} \in \mathcal{M}_n(\mathbb{K})$, 映射

$$\begin{aligned} f_{\boldsymbol{A}}: \quad \mathcal{M}_{n,1}(\mathbb{K}) &\to \mathcal{M}_{n,1}(\mathbb{K}) \\ \boldsymbol{X} &\mapsto \boldsymbol{AX} \end{aligned}$$

的极小多项式称为 $\boldsymbol{A}$ 的极小多项式, 记为 $M_{\boldsymbol{A}}$.

例 12.4.8 设 $\boldsymbol{A} = \left[\begin{smallmatrix} 0 & 1 \\ 0 & 0 \end{smallmatrix}\right]$, 则 $\boldsymbol{A}^2 = \boldsymbol{O}_{2\times 2} \neq \boldsymbol{A}$. 由于极小多项式整除零化多项式, 故 $\boldsymbol{A}$ 的极小多项式 $M_{\boldsymbol{A}} = X^2$.

12.4.5 汉密尔顿–凯莱定理

设 $P = X^n + a_{n-1}X^{n-1} + \cdots + a_1 X + a_0$, 记

$$\boldsymbol{C} = \begin{bmatrix} 0 & 0 & \cdots & \cdots & 0 & -a_0 \\ 1 & 0 & \cdots & \cdots & 0 & -a_1 \\ 0 & 1 & \ddots & & & \\ \vdots & \vdots & \ddots & \ddots & \vdots & \vdots \\ 0 & 0 & \cdots & 1 & 0 & -a_{n-2} \\ 0 & 0 & \cdots & 0 & 1 & -a_{n-1} \end{bmatrix}$$

引理 12.4.2 矩阵 $\boldsymbol{C}$ 的极小多项式为 P, 特征多项式为 $(-1)^n P$.

证 明 从最后一行开始, 依次将矩阵 $\boldsymbol{C} - X\boldsymbol{I}_n$ 的后一行乘以 X 加到前一行, 得

$$\chi_{\boldsymbol{C}} = \begin{vmatrix} 0 & 0 & \cdots & \cdots & 0 & -P \\ 1 & 0 & \cdots & \cdots & 0 & * \\ 0 & 1 & \ddots & & & \\ \vdots & \vdots & \ddots & \ddots & \vdots & \vdots \\ 0 & 0 & \cdots & 1 & 0 & * \\ 0 & 0 & \cdots & 0 & 1 & -a_{n-1} \end{vmatrix}$$

将行列式按第一行展开得 $\chi_{\boldsymbol{C}} = (-1)^n P$.

记 $(\boldsymbol{e}_1, \boldsymbol{e}_2, \cdots, \boldsymbol{e}_n)$ 为 $\mathcal{M}_{n,1}(\mathbb{K})$ 的典范基, 计算得

$$\begin{cases} \forall k \in [\![1, n-1]\!],\ \boldsymbol{C}\boldsymbol{e}_k = \boldsymbol{e}_{k+1} \\ \boldsymbol{C}\boldsymbol{e}_n = -(a_0\boldsymbol{e}_1 + a_1\boldsymbol{e}_2 + \cdots a_{n-1}\boldsymbol{e}_n) \end{cases}$$

进而有

$$\begin{cases} \forall k \in [\![1, n-1]\!],\ \boldsymbol{C}^k\boldsymbol{e}_1 = \boldsymbol{e}_{k+1} \\ \boldsymbol{C}\boldsymbol{e}_n + (a_0\boldsymbol{e}_1 + a_1\boldsymbol{e}_2 + \cdots a_{n-1}\boldsymbol{e}_n) = \boldsymbol{0} \end{cases}$$

从而有 $P(\boldsymbol{C})\boldsymbol{e}_1=\boldsymbol{C}\boldsymbol{e}_n+(a_0\boldsymbol{e}_1+a_1\boldsymbol{e}_2+\cdots a_{n-1}\boldsymbol{e}_n)=\mathbf{0}$. 进一步, 有

$$\forall k\in[\![2,n]\!],\ P(\boldsymbol{C})\boldsymbol{e}_k=P(\boldsymbol{C})\boldsymbol{C}^{k-1}\boldsymbol{e}_1=\boldsymbol{C}^{k-1}P(\boldsymbol{C})\boldsymbol{e}_1=\mathbf{0}$$

故 $P(\boldsymbol{C})=\boldsymbol{O}_{n\times n}$, 即 P 是 $\boldsymbol{C}$ 的一个零化多项式.

根据极小多项式的定义有, $M_{\boldsymbol{C}}\mid P$, 故 $\deg(M_{\boldsymbol{C}})\leqslant n$. 假设

$$Q=X^m+b_{m-1}X^{m-1}+\cdots+b_1X+b_0$$

且 $m<n$, 计算得

$$Q(\boldsymbol{C})\boldsymbol{e}_1=\boldsymbol{e}_{m+1}+b_{m-1}\boldsymbol{e}_m+\cdots+b_1\boldsymbol{e}_2+b_0\boldsymbol{e}_1$$

由于 $(\boldsymbol{e}_1,\boldsymbol{e}_2,\cdots,\boldsymbol{e}_{m+1})$ 线性无关, 故 $Q(\boldsymbol{C})\boldsymbol{e}_1\neq\mathbf{0}$. 因此, Q 不零化 $\boldsymbol{C}$, 这说明 $\deg(M_{\boldsymbol{C}})=n$. 又因为 $M_{\boldsymbol{C}}$ 首系数为 1 且 $M_{\boldsymbol{C}}\mid P$, 所以 $M_{\boldsymbol{C}}=P$.

引理 12.4.3 设 E 是一个有限维向量空间, $f\in\mathscr{L}(E)$, $x\in E$ 非零, 记 $V=\operatorname{Vect}\big(f^k(x)\big)_{k\in\mathbb{N}}$, 则 V 是 f 的不变子空间. 进一步, 存在 $p\in\mathbb{N}^*$, 使得 $\big(x,f(x),\cdots,f^{p-1}(x)\big)$ 线性无关且

$$V=\operatorname{Vect}\big(x,f(x),\cdots,f^{p-1}(x)\big).$$

证 明 根据 V 的定义知, V 是 f 的不变子空间. 设 $m\in\mathbb{N}^*$, 记 $V_m=\operatorname{Vect}\big(x,f(x),\cdots,f^{m-1}(x)\big)$, 则

$$V_1\subseteq V_2\subseteq\cdots V_m\subseteq\cdots$$

由于 E 是有限维向量空间, 故存在 $m_0\in\mathbb{N}$, 使得 $V_{m_0}=V_{m_0+1}$, 记 p 为满足该条件的最小正整数. 下面证明 $V=V_p$ 且 $\big(x,f(x),\cdots,f^{p-1}(x)\big)$ 线性无关.

- 根据假设 $V_p=V_{p+1}$, 从而有 $f^{p+1}(x)\in V_p$. 进而有 $f^{p+2}(x)=f\big(f^{p+1}(x)\big)\in V_{p+1}$, 故 $V_{p+1}=V_{p+2}$. 归纳可证: $\forall m\geqslant p$, $V_m=V_p$. 因此, $V=V_p$.
- 若 $p=1$, 因为 $x\neq\mathbf{0}_E$, 所以 (x) 线性无关, 结论成立. 设 $p\geqslant 2$, 并假设 $\big(x,f(x),\cdots,f^{p-1}(x)\big)$ 线性相关, 则存在 $q\in[\![1,p-1]\!]$ 及 $(\lambda_0,\lambda_1,\cdots,\lambda_q)\in\mathbb{K}^{q+1}$ 且 $\lambda_q\neq 0$, 使得 $\lambda_0x+\lambda_1f(x)+\cdots+\lambda_qf^q(x)=\mathbf{0}_E$, 从而有

$$f^q(x)=-\frac{1}{\lambda_q}\big(\lambda_0x+\lambda_1f(x)+\cdots+\lambda_{q-1}f^{q-1}(x)\big)$$

于是 $V_q=V_{q+1}$, 而 $q<p$, 与 p 的定义矛盾. 故 $\big(x,f(x),\cdots,f^{p-1}(x)\big)$ 线性无关.

定理 12.4.3 (汉密尔顿–凯莱定理) (线性变换形式) 设 E 是一个有限维向量空间, $f\in\mathscr{L}(E)$, 则 $\chi_f(f)=0$.

证 明 设 $x\in E$ 非零, 记 $V=\operatorname{Vect}(f^k(x))_{k\in\mathbb{N}}$. 根据引理 12.4.3 知, V 是 f 的不变子空间, 并且存在 $p\in\mathbb{N}^*$ 使得 $\mathscr{B}=\big(x,f(x),\cdots,f^{p-1}(x)\big)$ 线性无关且 $V=\operatorname{Vect}\big(x,f(x),\cdots,f^{p-1}(x)\big)$. 假设

$$f^p(x)=-a_0x-a_1f(x)-\cdots-a_{p-1}f^{p-1}(x)$$

记 $\tilde{f}$ 为 f 在 V 上的诱导映射, 则

$$\mathrm{Mat}_{\mathscr{B}}(\tilde{f}) = \begin{bmatrix} 0 & 0 & \cdots & \cdots & 0 & -a_0 \\ 1 & 0 & \cdots & \cdots & 0 & -a_1 \\ 0 & 1 & \ddots & & & \\ \vdots & \vdots & \ddots & \ddots & \vdots & \vdots \\ 0 & 0 & \cdots & 1 & 0 & -a_{p-2} \\ 0 & 0 & \cdots & 0 & 1 & -a_{p-1} \end{bmatrix}$$

记 $P = X^p + a_{p-1}X^{p-1} + \cdots + a_1X + a_0$. 根据引理 12.4.2 知, $\chi_{\tilde{f}} = (-1)^p P$ 且 $M_{\tilde{f}} = P$. 故 $\chi_{\tilde{f}}$ 零化 $\tilde{f}$. 特别地, $\chi_{\tilde{f}}(\tilde{f})(x) = \mathbf{0}_E$. 根据命题 12.2.4 知, $\chi_{\tilde{f}}$ 整除 χ_f, 从而存在 $Q \in \mathbb{K}[X]$, 使得 $\chi_f = Q\,\chi_{\tilde{f}}$. 于是有

$$\chi_f(f)(x) = \big(Q(f) \circ \chi_{\tilde{f}}(f)\big)(x) = \big(Q(f) \circ \chi_{\tilde{f}}(\tilde{f})\big)(x) = \mathbf{0}_E$$

根据 x 的任意性有, $\chi_f(f) = 0$.

设 $\boldsymbol{A} \in \mathcal{M}_n(\mathbb{K})$, 考虑由 $\boldsymbol{A}$ 定义的线性映射 $f_{\boldsymbol{A}}$, 可得到如下结论 (定理 12.4.4):

定理 12.4.4 (汉密尔顿–凯莱定理) (矩阵形式) 设 $\boldsymbol{A} \in \mathcal{M}_n(\mathbb{K})$, 则 $\chi_{\boldsymbol{A}}(\boldsymbol{A}) = \boldsymbol{O}_{n\times n}$.

例 12.4.9 设 $\boldsymbol{A} = \begin{bmatrix} -1 & -2 \\ 3 & 4 \end{bmatrix}$, 计算 $\boldsymbol{A}^n$.

解 计算得 $\chi_{\boldsymbol{A}} = (X-1)(X-2)$. 根据定理 12.4.4, 有 $(A - I_2)(A - 2I_2) = \boldsymbol{O}_{2\times 2}$. 根据带余除法知, 存在 $Q \in \mathbb{R}[X]$ 及 $(a, b) \in \mathbb{R}^2$, 使得

$$X^n = Q(X-1)(X-2) + aX + b$$

分别取 $X = 1, 2$, 得

$$\begin{cases} a + b = 1 \\ 2a + b = 2^n \end{cases}$$

解得 $a = 2^n - 1$ 且 $b = 2 - 2^n$. 因此,

$$\boldsymbol{A}^n = (2^n - 1)\boldsymbol{A} + (2 - 2^n)\boldsymbol{I}_2 = \begin{bmatrix} 3 - 2^{n+1} & 2 - 2^{n+1} \\ 3(2^n - 1) & 3 \cdot 2^n - 2 \end{bmatrix}$$

推论 12.4.2 设 E 是一个有限维向量空间, $f \in \mathscr{L}(E)$. 如果 χ_f 在 $\mathbb{K}[X]$ 中可裂且 $\chi_f = \prod\limits_{\lambda\in\mathrm{Sp}(f)} (\lambda - X)^{m_\lambda}$, 则 $E = \bigoplus\limits_{\lambda\in\mathrm{Sp}(f)} \mathrm{Ker}[(f - \lambda\,\mathrm{id}_E)^{m_\lambda}]$.

证 明 根据定理 12.4.3, $\chi_f(f) = \prod\limits_{\lambda\in\mathrm{Sp}(f)} (\lambda\,\mathrm{id}_E - f)^{m_\lambda} = 0$. 根据定理 12.4.1 (核引理), 有

$$E = \mathrm{Ker}\Big[\prod_{\lambda\in\mathrm{Sp}(f)} (\lambda\,\mathrm{id}_E - f)^{m_\lambda}\Big] = \bigoplus_{\lambda\in\mathrm{Sp}(f)} \mathrm{Ker}[(\lambda\,\mathrm{id}_E - f)^{m_\lambda}] = \bigoplus_{\lambda\in\mathrm{Sp}(f)} \mathrm{Ker}[(f - \lambda\,\mathrm{id}_E)^{m_\lambda}]$$

推论 12.4.3　设 E 是一个有限维向量空间, $f \in \mathscr{L}(E)$, 则

(1) M_f 整除 χ_f;

(2) f 可对角化当且仅当 f 的极小多项式可裂且无重根;

(3) 设 $\lambda \in \mathbb{K}$, 则 λ 是 f 的特征根当且仅当 λ 是 M_f 的根.

证　明　(1) 根据汉密尔顿–凯莱定理有, $\chi_f(f) = 0$, 故 $M_f \mid \chi_f$.

(2) 假设 f 的极小多项式可裂且无重根. 因为 $M_f(f) = 0$, 根据定理 12.4.2 知, f 可对角化. 反过来, 假设 f 可对角化. 根据定理 12.4.2 知, 存在可裂且无重根的多项式 Q 零化 f. 由于 M_f 整除 Q, 故 f 的极小多项式可裂且无重根.

(3) 因为 M_f 整除 χ_f, 所以 M_f 的根都是 χ_f 的根. 又因为 M_f 零化 f, 根据命题 12.4.3 知, χ_f 的根都是 M_f 的根.

推论 12.4.4　设 E 是一个有限维向量空间, $f \in \mathscr{L}(E)$ 且 $\mathrm{Sp}(f) = \{\lambda_1, \lambda_2, \cdots, \lambda_s\}$ $(s \in \mathbb{N}^*)$. 如果 f 可对角化, 则 $M_f = (X - \lambda_1)(X - \lambda_2) \cdots (X - \lambda_s)$.

12.5　三角化

12.5.1　定义及等价刻画

定义 12.5.1　(1) 设 E 是一个有限维向量空间, $f \in \mathscr{L}(E)$. 如果存在 E 的一组基 $\mathscr{B}$, 使得 f 在 $\mathscr{B}$ 下的表示矩阵是一个上三角矩阵, 则称 f **可三角化**.

(2) 设 $\boldsymbol{A} \in \mathcal{M}_n(\mathbb{K})$. 如果映射

$$f_{\boldsymbol{A}}:\ \begin{array}{ccc} \mathcal{M}_{n,1}(\mathbb{K}) & \to & \mathcal{M}_{n,1}(\mathbb{K}) \\ \boldsymbol{X} & \mapsto & \boldsymbol{AX} \end{array}$$

可三角化, 则称 $\boldsymbol{A}$ 可三角化.

命题 12.5.1　设 $\boldsymbol{A} \in \mathcal{M}_n(\mathbb{K})$, 则 $\boldsymbol{A}$ 可三角化当且仅当 $\boldsymbol{A}$ 相似于一个上三角矩阵, 即存在可逆矩阵 $\boldsymbol{Q} \in \mathcal{M}_n(\mathbb{K})$ 和上三角矩阵 $\boldsymbol{T} \in \mathcal{M}_n(\mathbb{K})$, 使得 $\boldsymbol{A} = \boldsymbol{QTQ}^{-1}$.

证　明　与方阵可对角化证明类似.

定理 12.5.1　设 E 是一个有限维向量空间, $f \in \mathscr{L}(E)$, 则 f 可三角化当且仅当存在一个可裂多项式零化 f.

证　明　必要性: 设 $\dim(E) = n$, 并假设 f 可三角化, 则存在 E 的一组基 $\mathscr{B}$, 使得

$$\mathrm{Mat}_{\mathscr{B}}(f) = \begin{bmatrix} \alpha_1 & * & \cdots & * \\ 0 & \ddots & \ddots & \vdots \\ \vdots & \ddots & \ddots & * \\ 0 & \cdots & 0 & \alpha_n \end{bmatrix}$$

于是 $\chi_f = \prod\limits_{k=1}^{n} (\alpha_k - X)$ 可裂. 根据汉密尔顿–凯莱定理, $\chi_f(f) = 0$, 故 χ_f 满足要求.

充分性: 对 E 的维数应用数学归纳法. 设 $n \in \mathbb{N}^*$, 定义 $\mathscr{P}(n)$: 设 E 是一个 n 维向量空间, $f \in \mathscr{L}(E)$. 若存在可裂多项式零化 f, 则 f 可三角化.

- $\mathscr{P}(1)$ 成立. 显然成立, 因为此时任何一个线性变换都可对角化.
- 设 $n \in \mathbb{N}^*$, 假设对于任意 $k \in [\![1, n]\!]$, $\mathscr{P}(k)$ 成立. 设 $\dim(E) = n+1$ 且 $f \in \mathscr{L}(E)$, 并假设存在可裂多项式 $P = \prod\limits_{k=1}^{s}(X - \lambda_k)$ $(s \in \mathbb{N}^*)$ 零化 f, 即 $(f - \lambda_1 \mathrm{id}_E) \circ \cdots \circ (f - \lambda_s \mathrm{id}_E) = 0$. 于是存在 $i \in [\![1, s]\!]$, 使得 $(f - \lambda_i \mathrm{id}_E)$ 不是满射. 不妨设 $i = 1$, 记 $V = \mathrm{Im}(f - \lambda_1 \mathrm{id}_E)$, 则 $\dim(V) < \dim(E)$. 容易验证 V 是 f 的不变子空间. 事实上, 设 $y \in V$, 则存在 $x \in E$, 使得 $y = (f - \lambda_1 \mathrm{id}_E)(x)$. 于是 $f(y) = f(f(x) - \lambda_1 x) = f(f(x)) - \lambda_1 f(x) = (f - \lambda_1 \mathrm{id}_E)(f(x)) \in V$. 记 f_V 为 f 在 V 上的诱导映射.

  (i) 若 $V = \{\mathbf{0}_E\}$, 则 $f = \lambda_1 \mathrm{id}_E$, 故 f 可三角化.

  (ii) 假设 $V \neq \{\mathbf{0}_E\}$. 记 $m = \dim(V)$. 由于 $P(f) = 0$, 故 $P(f_V) = 0$. 根据归纳假设知, f_V 可三角化. 从而存在 V 的一组基 $\mathscr{B}_V$, 使得 $\boldsymbol{T} = \mathrm{Mat}_{\mathscr{B}_V}(f_V)$ 是一个 m 阶上三角矩阵. 将 $\mathscr{B}_V$ 扩充为 E 的一组基 $\mathscr{B}$, 则 f 在 $\mathscr{B}$ 下的表示矩阵为如下形式:

$$\mathrm{Mat}_{\mathscr{B}}(f) = \begin{bmatrix} \boldsymbol{T} & \boldsymbol{C} \\ \boldsymbol{O} & \boldsymbol{D} \end{bmatrix} \tag{12.5.1}$$

  另一方面, 由于 V 是 $f - \lambda_1 \mathrm{id}_E$ 的像空间, 故 $f - \lambda_1 \mathrm{id}_E$ 在 $\mathscr{B}$ 下的表示矩阵为如下形式:

$$\mathrm{Mat}_{\mathscr{B}}(f - \lambda \mathrm{id}_E) = \begin{bmatrix} \boldsymbol{A} & \boldsymbol{B} \\ \boldsymbol{O} & \boldsymbol{O} \end{bmatrix}$$

  其中, $\boldsymbol{A}$ 是一个 m 阶方阵. 又因为 $f = f - \lambda_1 \mathrm{id}_E + \lambda_1 \mathrm{id}_E$, 所以

$$\mathrm{Mat}_{\mathscr{B}}(f) = \begin{bmatrix} \boldsymbol{A} & \boldsymbol{B} \\ \boldsymbol{O} & \boldsymbol{O} \end{bmatrix} + \lambda_1 \boldsymbol{I}_{n+1} = \begin{bmatrix} \boldsymbol{A} + \lambda_1 \boldsymbol{I}_m & \boldsymbol{B} \\ \boldsymbol{O} & \lambda_1 \boldsymbol{I}_{n+1-m} \end{bmatrix} \tag{12.5.2}$$

  比较等式 (12.5.1) 和等式 (12.5.2) 得

$$\mathrm{Mat}_{\mathscr{B}}(f) = \begin{bmatrix} \boldsymbol{T} & \boldsymbol{C} \\ \boldsymbol{O} & \lambda_1 \boldsymbol{I}_{n+1-m} \end{bmatrix}$$

  其中, $\boldsymbol{T}$ 是一个 m 阶上三角矩阵. 因此, $\mathrm{Mat}_{\mathscr{B}}(f)$ 是一个上三角矩阵, 这就证明了 $\mathscr{P}(n+1)$ 成立.

根据数学归纳法, 充分性得证.

推论 12.5.1 设 E 是一个有限维向量空间, $f \in \mathscr{L}(E)$, 则下列论述等价:

(1) f 可三角化;

(2) f 的特征多项式可裂;

(3) f 的极小多项式可裂.

证 明 (1) ⇒ (2): 设 $\dim(E) = n$, 并假设 f 可三角化, 则存在 E 的一组基 $\mathscr{B}$, 使得

$$\mathrm{Mat}_{\mathscr{B}}(f) = \begin{bmatrix} \alpha_1 & * & \cdots & * \\ 0 & \ddots & \ddots & \vdots \\ \vdots & \ddots & \ddots & * \\ 0 & \cdots & 0 & \alpha_n \end{bmatrix}$$

于是, $\chi_f = \prod\limits_{k=1}^{n} (\alpha_k - X)$ 可裂.

(2) ⇒ (3): 假设 χ_f 可裂. 因为 $M_f | \chi_f$, 所以 M_f 可裂.

(3) ⇒ (1): 假设 M_f 可裂. 因为 M_f 零化 f, 根据定理 12.5.1 知, f 可三角化.

例 12.5.1 设 $\boldsymbol{A} = \begin{bmatrix} 0 & 1 \\ -1 & 0 \end{bmatrix}$, 则 $\chi_{\boldsymbol{A}} = X^2 + 1$.

(1) 在 $\mathcal{M}_2(\mathbb{R})$ 中, $\chi_{\boldsymbol{A}}$ 不可裂, 故 $\boldsymbol{A}$ 不可三角化.

(2) 在 $\mathcal{M}_2(\mathbb{C})$ 中, $\chi_{\boldsymbol{A}} = (X+i)(X-i)$ 可裂, 故 $\boldsymbol{A}$ 可三角化. 事实上, 因为 $\boldsymbol{A}$ 有两个不同的特征根, 所以 $\boldsymbol{A}$ 还可对角化.

推论 12.5.2 复数域上任意方阵都可三角化.

证 明 设 $\boldsymbol{A} \in \mathcal{M}_n(\mathbb{C})$. 由于每一个复系数多项式都可裂, 故 $\chi_{\boldsymbol{A}}$ 可裂. 根据推论 12.5.1 知, $\boldsymbol{A}$ 可三角化.

命题 12.5.2 设 E 是一个有限维向量空间, $f \in \mathscr{L}(E)$, 假设 $\chi_f = \prod\limits_{k=1}^{s} (\lambda_k - X)^{m_k}$, 其中 $s \in \mathbb{N}^*$, $(\lambda_1, \cdots, \lambda_s) \in \mathbb{K}^s$ 两两不等, $(m_1, \cdots, m_s) \in (\mathbb{N}^*)^s$, 再设 $P \in \mathbb{K}[X]$, 则如下结论成立:

(1) $\chi_{P(f)}$ 可裂且 $\chi_{P(f)} = \prod\limits_{k=1}^{s} \big(P(\lambda_k) - X\big)^{m_{\lambda_k}}$;

(2) $\mathrm{Sp}\big(P(f)\big) = \big\{P(\lambda_1), \cdots, P(\lambda_s)\big\}$ 且 $\forall k \in [\![1, s]\!], m_{P(\lambda_k)} \geqslant m_{\lambda_k}$;

(3) $\mathrm{tr}\big(P(f)\big) = \sum\limits_{k=1}^{s} m_{\lambda_k} P(\lambda_k)$, $\det\big(P(f)\big) = \prod\limits_{k=1}^{s} P(\lambda_k)^{m_{\lambda_k}}$.

证 明 (2) 和 (3) 可由 (1) 直接推出. 下面证明 (1) 成立. 设 $\dim(E) = n$. 由于 χ_f 可裂, 故 f 三角化, 从而存在 E 的一组基 $\mathscr{B}$, 使得

$$\mathrm{Mat}_{\mathscr{B}}(f) = \begin{bmatrix} \mu_1 & * & \cdots & * \\ 0 & \mu_2 & \ddots & \vdots \\ \vdots & \ddots & \ddots & * \\ 0 & \cdots & 0 & \mu_n \end{bmatrix}$$

此时 $\chi_f = \prod\limits_{k=1}^{n} (\mu_k - X)$. 归纳可证:

$$\forall k \in \mathbb{N}, \operatorname{Mat}_{\mathscr{B}}(f^k) = \big(\operatorname{Mat}_{\mathscr{B}}(f)\big)^k = \begin{bmatrix} \mu_1^k & * & \cdots & * \\ 0 & \mu_2^k & \ddots & \vdots \\ \vdots & \ddots & \ddots & * \\ 0 & \cdots & 0 & \mu_n^k \end{bmatrix}$$

设 $P \in \mathbb{K}[X]$, 可验证

$$\operatorname{Mat}_{\mathscr{B}}\big(P(f)\big) = P\big(\operatorname{Mat}_{\mathscr{B}}(f)\big) = \begin{bmatrix} P(\mu_1) & * & \cdots & * \\ 0 & P(\mu_2) & \ddots & \vdots \\ \vdots & \ddots & \ddots & * \\ 0 & \cdots & 0 & P(\mu_n) \end{bmatrix}$$

于是证明了若 $\chi_f = \prod\limits_{k=1}^{n}(\mu_k - X)$, 则 $\chi_{P(f)} = \prod\limits_{k=1}^{n}\big(P(\mu_k) - X\big)$, 即证明了 (1).

注 12.5.1 在命题 12.5.2 中, f 的特征根 λ 和 $P(f)$ 的特征根 $P(\lambda)$ 的代数重数不一定相等.

例如, 考虑矩阵 $\boldsymbol{A} = \left[\begin{smallmatrix} -1 & 0 \\ 0 & 1 \end{smallmatrix}\right]$, 则 $\boldsymbol{A}^2 = \left[\begin{smallmatrix} 1 & 0 \\ 0 & 1 \end{smallmatrix}\right]$. 由于 $\chi_{\boldsymbol{A}} = (1-X)(-1-X)$, 故 $\operatorname{Sp}(\boldsymbol{A}) = \{-1, 1\}$, 此时 1 的代数重数是 1. 另一方面, 因为 $\chi_{\boldsymbol{A}^2} = (1-X)^2$, 所以 $\operatorname{Sp}(\boldsymbol{A}^2) = \{1\}$, 此时 1 的代数重数是 2.

12.5.2 三阶方阵的约化

引理 12.5.1 (1) 设 E 是一个 n 维向量空间, $f \in \mathscr{L}(E)$. 如果 $f^{n-1} \neq 0 = f^n$, 则存在 $x \in E$, 使得

$$\big(x, f(x), \cdots, f^{n-1}(x)\big)$$

是 E 的一组基.

(2) 设 $\boldsymbol{A} \in \mathcal{M}_n(\mathbb{K})$ 满足 $\boldsymbol{A}^{n-1} \neq \boldsymbol{O}_{n\times n} = \boldsymbol{A}^n$, 则存在 $\boldsymbol{X} \in \mathcal{M}_{n,1}(\mathbb{K})$, 使得

$$(\boldsymbol{X}, \boldsymbol{AX}, \cdots, \boldsymbol{A}^{n-1}\boldsymbol{X})$$

是 $\mathcal{M}_{n,1}(\mathbb{K})$ 的一组基.

证 明 只需证明 (1). 因为 $f^{n-1} \neq 0$, 所以存在 $x \in E$ 满足 $f^{n-1}(x) \neq \mathbf{0}_E$. 设 $(\lambda_0, \cdots, \lambda_{n-1}) \in \mathbb{K}^n$ 满足:

$$\lambda_0 x + \lambda_1 f(x) + \cdots + \lambda_{n-1} f^{n-1}(x) = \mathbf{0}_E$$

等式两边同时作用 f^{n-1} 得 $\lambda_0 f^{n-1}(x) = \mathbf{0}_E$. 由于 $f^{n-1}(x) \neq \mathbf{0}_E$, 故 $\lambda_0 = 0$. 进而有

$$\lambda_1 f(x) + \lambda_2 f^2(x) + \cdots + \lambda_{n-1} f^{n-1}(x) = \mathbf{0}_E$$

等式两边同时作用 f^{n-2} 得 $\lambda_1 f^{n-1}(x) = \mathbf{0}_E$. 由于 $f^{n-1}(x) \neq \mathbf{0}_E$, 故 $\lambda_1 = 0$. 递归可证 $\lambda_0 = \lambda_2 = \cdots = \lambda_{n-1} = 0$. 因此, $\big(x, f(x), \cdots, f^{n-1}(x)\big)$ 线性无关. 又由于 $\dim(E) = n$, 故 $\big(x, f(x), \cdots, f^{n-1}(x)\big)$ 是 E 的一组基.

引理 12.5.2 设 $(\boldsymbol{A},\boldsymbol{B})\in\mathcal{M}_n(\mathbb{K})^2$, 则

$$\mathrm{rg}(\boldsymbol{A})+\mathrm{rg}(\boldsymbol{B})-n\leqslant\mathrm{rg}(\boldsymbol{AB})\leqslant\min\big\{\mathrm{rg}(\boldsymbol{A}),\mathrm{rg}(\boldsymbol{B})\big\}.$$

设 $\boldsymbol{M}\in\mathcal{M}_3(\mathbb{K})$, 记 $\mathscr{B}_c$ 为 $\mathcal{M}_{3,1}(\mathbb{K})$ 的典范基, $f_{\boldsymbol{M}}$ 表示映射:

$$\begin{array}{ccc}\mathcal{M}_{3,1}(\mathbb{K}) & \to & \mathcal{M}_{3,1}(\mathbb{K})\\ \boldsymbol{X} & \mapsto & \boldsymbol{MX}\end{array}$$

再设 $\boldsymbol{A}\in\mathcal{M}_3(\mathbb{K})$. 下面分类对 $\boldsymbol{A}$ 进行约化.

(1) 若 $\boldsymbol{A}$ 有三个不同的特征根, 则 $\boldsymbol{A}$ 可对角化.

(2) 假设 $\chi_A=-(X-b)^2(X-a)\ (a\neq b)$.

(i) 若 $\dim\big(\mathrm{Ker}(\boldsymbol{A}-b\boldsymbol{I}_3)\big)=2$, 则 $\boldsymbol{A}$ 可对角化.

(ii) 若 $\dim\big(\mathrm{Ker}(\boldsymbol{A}-b\boldsymbol{I}_3)\big)=1$, 则 $\boldsymbol{A}$ 不可对角化. 根据汉密尔顿凯莱定理和定理 12.4.1 (核引理) 知, $\dim\mathrm{Ker}(\boldsymbol{A}-b\boldsymbol{I}_3)^2=2$. 取 $\boldsymbol{X}\in\mathcal{M}_{3,1}(\mathbb{K})$ 满足 $\boldsymbol{X}\in\mathrm{Ker}(\boldsymbol{A}-b\boldsymbol{I}_3)^2$ 但 $\boldsymbol{X}\notin\mathrm{Ker}(\boldsymbol{A}-b\boldsymbol{I}_3)$, 则 $(\boldsymbol{A}-b\boldsymbol{I}_3)^2\boldsymbol{X}=\boldsymbol{0}$ 且 $(\boldsymbol{A}-b\boldsymbol{I}_3)\boldsymbol{X}\neq\boldsymbol{0}$. 用类似引理 12.5.1 的证明方法可证 $\big((\boldsymbol{A}-b\boldsymbol{I}_3)\boldsymbol{X},\boldsymbol{X}\big)$ 线性无关. 取 $\boldsymbol{Y}\in\mathrm{Ker}(\boldsymbol{A}-a\boldsymbol{I}_3)$, 记 $\mathscr{B}=\big((\boldsymbol{A}-b\boldsymbol{I}_3)\boldsymbol{X},\boldsymbol{X},\boldsymbol{Y}\big)$, 则 $\mathscr{B}$ 是 $\mathcal{M}_{3,1}(\mathbb{K})$ 的一组基. 因为 $(\boldsymbol{A}-b\boldsymbol{I}_3)^2\boldsymbol{X}=\boldsymbol{0}$, 所以 $\boldsymbol{A}\big((\boldsymbol{A}-b\boldsymbol{I}_3)\boldsymbol{X}\big)=b(\boldsymbol{A}-b\boldsymbol{I}_3)\boldsymbol{X}$. 又由于 $\boldsymbol{AX}=(\boldsymbol{A}-b\boldsymbol{I}_3)\boldsymbol{X}+b\boldsymbol{X}$ 且 $\boldsymbol{AY}=a\boldsymbol{Y}$, 故

$$\mathrm{Mat}_{\mathscr{B}}(f_{\boldsymbol{A}})=\begin{bmatrix}b&1&0\\0&b&0\\0&0&a\end{bmatrix}$$

记 $\boldsymbol{P}$ 为从 $\mathscr{B}_c$ 到 $\mathscr{B}$ 的过渡矩阵, 则

$$\boldsymbol{A}=\mathrm{Mat}_{\mathscr{B}_c}(f_{\boldsymbol{A}})=\boldsymbol{P}\begin{bmatrix}b&1&0\\0&b&0\\0&0&a\end{bmatrix}\boldsymbol{P}^{-1}$$

(3) 假设 $\chi_{\boldsymbol{A}}=-(X-a)^3$.

(i) 若 $M_{\boldsymbol{A}}=X-a$, 则 $\boldsymbol{A}$ 可对角化.

(ii) 若 $M_{\boldsymbol{A}}=(X-a)^3$, 根据引理 12.5.1 知, 存在 $\boldsymbol{X}\in\mathcal{M}_{3,1}(\mathbb{K})$, 使得

$$\mathscr{B}=\big((\boldsymbol{A}-a\boldsymbol{I}_3)^2\boldsymbol{X},(\boldsymbol{A}-a\boldsymbol{I}_3)\boldsymbol{X},\boldsymbol{X}\big)$$

是 $\mathcal{M}_{3,1}(\mathbb{K})$ 的一组基. 计算得

$$\mathrm{Mat}_{\mathscr{B}}(f_{\boldsymbol{A}-a\boldsymbol{I}_3})=\begin{bmatrix}0&1&0\\0&0&1\\0&0&0\end{bmatrix}$$

由于 $f_{\boldsymbol{A}}=f_{\boldsymbol{A}-a\boldsymbol{I}_3}+f_{a\boldsymbol{I}_3}$, 故

$$\mathrm{Mat}_{\mathscr{B}}(f_{\boldsymbol{A}})=\mathrm{Mat}_{\mathscr{B}}(f_{\boldsymbol{A}}-a\boldsymbol{I}_3)+\mathrm{Mat}_{\mathscr{B}}(f_{a\boldsymbol{I}_3})=\begin{bmatrix}a&1&0\\0&a&1\\0&0&a\end{bmatrix}$$

记 $\boldsymbol{P}$ 为从 $\mathscr{B}_c$ 到 $\mathscr{B}$ 的过渡矩阵, 则

$$\boldsymbol{A}=\mathrm{Mat}_{\mathscr{B}_c}(f_{\boldsymbol{A}})=\boldsymbol{P}\begin{bmatrix}a&1&0\\0&a&1\\0&0&a\end{bmatrix}\boldsymbol{P}^{-1}$$

(iii) 若 $M_{\boldsymbol{A}}=(X-a)^2$, 则 $\boldsymbol{A}$ 不可对角化. 根据汉密尔顿-凯莱定理知, $\dim\big(\mathrm{Ker}(\boldsymbol{A}-a\boldsymbol{I}_3)^2\big)=3$. 根据秩定理知, $\mathrm{rg}(\boldsymbol{A}-a\boldsymbol{I}_3)^2=0$. 根据引理 12.5.2 知, $2\,\mathrm{rg}(\boldsymbol{A}-a\boldsymbol{I}_3)-3\leqslant 0$. 又由于 $\boldsymbol{A}-a\boldsymbol{I}_3\neq\boldsymbol{O}_{3\times3}$, 故 $\mathrm{rg}(\boldsymbol{A}-a\boldsymbol{I}_3)=1$. 再根据秩定理得 $\dim\big(\mathrm{Ker}(\boldsymbol{A}-a\boldsymbol{I}_3)\big)=2$. 取 $\boldsymbol{X}\in\mathcal{M}_{3,1}(\mathbb{K})$ 满足 $\boldsymbol{X}\in\mathrm{Ker}(\boldsymbol{A}-a\boldsymbol{I}_3)^2$ 但 $\boldsymbol{X}\notin\mathrm{Ker}(\boldsymbol{A}-a\boldsymbol{I}_3)$, 则 $(\boldsymbol{A}-a\boldsymbol{I}_3)\boldsymbol{X}\neq\boldsymbol{0}$ 且 $(\boldsymbol{A}-a\boldsymbol{I}_3)\boldsymbol{X}\in\mathrm{Ker}(\boldsymbol{A}-a\boldsymbol{I}_3)$. 因为 $\dim\big(\mathrm{Ker}(\boldsymbol{A}-a\boldsymbol{I}_3)\big)=2$, 所以可取 $\boldsymbol{Y}\in\mathrm{Ker}(\boldsymbol{A}-a\boldsymbol{I}_3)$ 满足 $((\boldsymbol{A}-a\boldsymbol{I}_3)\,\boldsymbol{X},\boldsymbol{Y})$ 线性无关. 类似 (2)-(ii) 可证 $\mathscr{B}=\big((\boldsymbol{A}-a\boldsymbol{I}_3)\boldsymbol{X},\boldsymbol{X},\boldsymbol{Y}\big)$ 是 $\mathcal{M}_{3,1}(\mathbb{K})$ 的一组基. 计算得

$$\mathrm{Mat}_{\mathscr{B}}(f_{\boldsymbol{A}})=\begin{bmatrix}a&1&0\\0&a&0\\0&0&a\end{bmatrix}$$

记 $\boldsymbol{P}$ 为从 $\mathscr{B}_c$ 到 $\mathscr{B}$ 的过渡矩阵, 则

$$\boldsymbol{A}=\mathrm{Mat}_{\mathscr{B}_c}(f_{\boldsymbol{A}})=\boldsymbol{P}\begin{bmatrix}a&1&0\\0&a&0\\0&0&a\end{bmatrix}\boldsymbol{P}^{-1}$$

例 12.5.2 在 $\mathcal{M}_3(\mathbb{R})$ 中将 $\boldsymbol{A}$ 进行约化, 其中

$$\boldsymbol{A}=\begin{bmatrix}1&0&1\\-1&2&1\\1&-1&1\end{bmatrix}$$

解 计算得 $\boldsymbol{A}$ 的特征多项式 $\chi_{\boldsymbol{A}}=-(X-1)^2(X-2)$, 并且 $E_1(\boldsymbol{A})=\mathrm{Vect}\,([1,1,0]^{\mathrm{T}})$, $E_2(\boldsymbol{A})=\mathrm{Vect}\,([1,0,1]^{\mathrm{T}})$. 记 $\boldsymbol{Y}=[1,0,1]^{\mathrm{T}}$. 由于特征根 1 的代数重数不等于几何重数, 故 $\boldsymbol{A}$ 不可对角化. 根据上述讨论中的 (2)-(ii), 取 $\boldsymbol{X}=[1,1,1]^{\mathrm{T}}$, 则 $\mathscr{B}=\big((\boldsymbol{A}-\boldsymbol{I}_3)\boldsymbol{X},\boldsymbol{X},\boldsymbol{Y}\big)$ 是 $\mathcal{M}_{3,1}(\mathbb{K})$ 的一组基. 计算得

$$\mathrm{Mat}_{\mathscr{B}}(f_{\boldsymbol{A}})=\begin{bmatrix}1&1&0\\0&1&0\\0&0&2\end{bmatrix}$$

记 $\boldsymbol{P}$ 为从 $\mathscr{B}_c$ 到 $\mathscr{B}$ 的过渡矩阵, 则

$$\boldsymbol{A} = \mathrm{Mat}_{\mathscr{B}_c}(f_{\boldsymbol{A}}) = \boldsymbol{P}\begin{bmatrix}1 & 1 & 0\\ 0 & 1 & 0\\ 0 & 0 & 2\end{bmatrix}\boldsymbol{P}^{-1}$$

12.6 核引理的应用

12.6.1 线性递归数列的通项公式

设 $p \in \mathbb{N}^*$, $u = (u_n)_{n\in\mathbb{N}} \in \mathbb{K}^{\mathbb{N}}$. 如果存在 $(a_0, a_1, \cdots, a_{p-1}) \in \mathbb{K}^p$, 使得

$$\forall n \in \mathbb{N},\ u_{n+p} + a_{p-1}u_{n+p-1} + \cdots + a_1u_{n+1} + a_0u_n = 0 \tag{12.6.1}$$

则称 u 是一个 p 阶线性递归数列. 本小节将推导此类递归数列的通项公式. 记 $\mathscr{R}$ 表示满足递推关系式 (12.6.1) 的所有 p 阶递归数列构成的集合, $E = \mathbb{K}^{\mathbb{N}}$. 定义映射

$$T : E \to E, (u_n)_{n\in\mathbb{N}} \mapsto (u_{n+1})_{n\in\mathbb{N}}$$

记 $P = X^p + \sum\limits_{k=0}^{p-1} \alpha_k X^k$, 称 P 为递推关系式 (12.6.1) 的**特征多项式**. 记 $L = P(T)$, 则

$$\begin{array}{rccc} L: & E & \longrightarrow & E \\ & (u_n)_{n\in\mathbb{N}} & \longmapsto & (u_{n+p} + a_{p-1}u_{n+p-1} + \cdots + a_1u_{n+1} + a_0u_n)_{n\in\mathbb{N}} \end{array}$$

因此 $\mathscr{R} = \mathrm{Ker}(L)$. 故 $\mathscr{R}$ 是一个向量空间.

引理 12.6.1 $\dim(\mathscr{R}) = p$.

证 明 定义映射

$$\begin{array}{rccc} f: & \mathscr{R} & \to & \mathbb{K}^p \\ & u & \mapsto & (u_0, u_1, \cdots, u_{p-1}) \end{array}$$

- 易验证 f 是一个线性映射.
- 设 $u \in \mathscr{R}$, 并假设 $f(u) = 0$, 则 $u_0 = u_1 = \cdots = u_{p-1} = 0$. 因为 $u_p = -(u_{p-1} + \cdots + a_1u_1 + a_0u_0)$, 所以 $u_p = 0$. 递归可证 $u = 0$. 又由于 f 是线性映射, 故 f 是单射.
- 设 $(w_0, w_1, \cdots, w_{p-1}) \in \mathbb{K}^p$. 递归定义数列 w :

$$\forall n \in \mathbb{N},\ w_{n+p} = -(a_{p-1}w_{n+p-1} + \cdots + a_1w_{n+1} + a_0w_n)$$

  则 $w \in \mathscr{R}$ 且 $f(w) = (w_0, w_1, \cdots, w_{p-1})$, 因此 f 是满射.

综上, f 是一个同构映射. 故 $\dim(\mathscr{R}) = p$.

设 $P=\prod_{k=1}^{s}(X-\lambda_k)^{m_k}$, 其中 $s\in\mathbb{N}^*$, $(\lambda_1,\lambda_2,\cdots,\lambda_s)\in\mathbb{K}^s$ 两两不等, 且均不为 0, $(m_1,m_2,\cdots,m_s)\in(\mathbb{N}^*)^s$. 根据核引理, 有

$$\mathscr{R}=\operatorname{Ker}\big(P(T)\big)=\bigoplus_{k=1}^{s}\operatorname{Ker}\Big((X-\lambda_k)^{m_k}(T)\Big)=\bigoplus_{k=1}^{s}\operatorname{Ker}\Big((T-\lambda_k\mathrm{id}_E)^{m_k}\Big)\qquad(12.6.2)$$

命题 12.6.1 保持上述记号不变, 则

$$\forall k\in[\![1,s]\!],\ \operatorname{Ker}\big(T-\lambda_k\mathrm{id}_E\big)^{m_k}=\big\{(Q(n)\lambda_k^n)_{n\in\mathbb{N}}\mid Q\in\mathbb{K}_{m_k-1}[X]\big\}$$

进一步, 有

$$\mathscr{R}=\left\{\Big(\sum_{k=1}^{s}Q_k(n)\lambda_k^n\Big)_{n\in\mathbb{N}}\ \Big|\ \forall k\in[\![1,s]\!],Q_k\in\mathbb{K}_{m_k-1}[X]\right\}$$

证 明 记 $V_k=\big\{(Q(n)\lambda_k^n)_{n\in\mathbb{N}}\mid Q\in\mathbb{K}_{m_k-1}[X]\big\}$, 设 $Q\in\mathbb{K}[X]$, 则

$$\big(T-\lambda_k\mathrm{id}_E\big)\big((Q(n)\lambda_k^n)_{n\in\mathbb{N}}\big)=\big((Q(n+1)-Q(n))\lambda_k^{n+1}\big)_{n\in\mathbb{N}}$$

记 $R=Q(X+1)-Q(X)$, 则 $(T-\lambda_k\mathrm{id}_E)((Q(n)\lambda_k^n)_{n\in\mathbb{N}})=(R(n)\lambda_k^{n+1})_{n\in\mathbb{N}}$ 且 $\deg(R)\leqslant\deg(Q)-1$. 递归可得, $(T-\lambda_k\mathrm{id}_E)^{m_k}\big((Q(n)\lambda_k^n)_{n\in\mathbb{N}}\big)=(0)_{n\in\mathbb{N}}$. 因此, $V_k\subseteq\operatorname{Ker}(T-\lambda_k\mathrm{id}_E)^{m_k}$. 从而有

$$\bigoplus_{k=1}^{s}V_k\subseteq\bigoplus_{k=1}^{s}\operatorname{Ker}\big(T-\lambda_k\mathrm{id}_E\big)^{m_k}=\mathscr{R}$$

由于 $\dim\Big(\bigoplus_{k=1}^{s}V_k\Big)=\sum_{k=1}^{s}m_k=p=\dim(\mathscr{R})$, 因此

$$\bigoplus_{k=1}^{s}V_k=\bigoplus_{k=1}^{s}\operatorname{Ker}\big(T-\lambda_k\mathrm{id}_E\big)^{m_k}$$

故 $\forall k\in[\![1,s]\!]$, $\operatorname{Ker}\big(T-\lambda_k\mathrm{id}_E\big)^{m_k}=V_k$. 根据 (12.6.2) 知, 命题得证.

例 12.6.1 设 $u=(u_n)_{n\in\mathbb{N}}\in\mathbb{K}^{\mathbb{N}}$ 满足 $u_0=0,u_1=u_2=1$ 且

$$\forall n\in\mathbb{N},\ u_{n+3}-3u_{n+2}+3u_{n+1}-u_n=0$$

求 $(u_n)_{n\in\mathbb{N}}$ 的通项公式.

解 记 $P=X^3-3X^2+3X-1=(X-1)^3$. 根据命题 12.6.1 知, 存在 $(a,b,c)\in\mathbb{K}^3$, 使得

$$\forall n\in\mathbb{N},u_n=an^2+bn+c$$

由于 $u_0=0$ 且 $u_1=u_2=1$, 因此

$$\begin{cases}a+b+c=1\\4a+2b+c=1\\c=0\end{cases}$$

解得 $a=-\frac{1}{2}, b=\frac{3}{2}, c=0$. 故 $\forall n\in\mathbb{N},\ u_n=-\frac{1}{2}n^2+\frac{3}{2}n$.

推论 12.6.1 设 $(a,b,c)\in\mathbb{K}^3$ 且 $ac\neq 0$, $u=(u_n)_{n\in\mathbb{N}}\in\mathbb{K}^{\mathbb{N}}$ 满足:

$$\forall n\in\mathbb{N},\ au_{n+2}+bu_{n+1}+cu_n=0 \tag{12.6.3}$$

记 $P=aX^2+bX+c$.

(1) 如果 P 有两个不同的根 r_1,r_2, 则存在 $(\lambda_1,\lambda_2)\in\mathbb{K}^2$, 使得

$$\forall n\in\mathbb{N}, u_n=\lambda_1r_1^n+\lambda_2r_2^n$$

(2) 如果 P 有一个二重根 r, 则存在 $(\lambda_1,\lambda_2)\in\mathbb{K}^2$, 使得

$$\forall n\in\mathbb{N}, u_n=(\lambda_1+\lambda_2n)r^n$$

(3) 设 $\mathbb{K}=\mathbb{R}$, 并假设 $b^2-4ac<0$ 且 P 的两个共轭根为 $r\mathrm{e}^{i\theta}$ 和 $r\mathrm{e}^{-i\theta}$ $(r\in\mathbb{R},\theta\in\mathbb{R}^*)$, 则存在 $(\lambda_1,\lambda_2)\in\mathbb{R}^2$, 使得

$$\forall n\in\mathbb{N}, u_n=r^n(\lambda_1\cos n\theta+\lambda_2\sin n\theta)$$

证 明 (1) 假设 P 有两个不同的根 r_1,r_2, 则 $P=a(X-r_1)(X-r_2)$. 根据核引理, 有

$$\mathscr{R}=\mathrm{Ker}(P(T))=\mathrm{Ker}(T-r_1\mathrm{id})\oplus\mathrm{Ker}(T-r_2\mathrm{id})$$

根据命题 12.6.1 知, $\mathrm{Ker}(T-r_1\mathrm{id})=\mathrm{Vect}\big((r_1^n)_{n\in\mathbb{N}}\big)$ 且 $\mathrm{Ker}(T-r_2\mathrm{id})=\mathrm{Vect}\big((r_2^n)_{n\in\mathbb{N}}\big)$, 故

$$\mathscr{R}=\mathrm{Vect}\big((r_1^n)_{n\in\mathbb{N}}\big)\oplus\mathrm{Vect}\big((r_2^n)_{n\in\mathbb{N}}\big)=\big\{(\lambda_1r_1^n+\lambda_2r_2^n)_{n\in\mathbb{N}}\mid(\lambda_1,\lambda_2)\in\mathbb{K}^2\big\}$$

(2) 如果 P 有一个二重根 r, 则 $P=a(X-r)^2$. 根据命题 12.6.1, 有

$$\mathscr{R}=\mathrm{Ker}\big(P(T)\big)=\mathrm{Ker}(T-r\mathrm{id})^2=\big\{\big((\lambda_1+\lambda_2n)r^n\big)_{n\in\mathbb{N}}\mid(\lambda_1,\lambda_2)\in\mathbb{K}^2\big\}$$

(3) 设 $\mathcal{S}$ 和 $\mathcal{T}$ 分别为满足递推关系式 (12.6.3) 的所有二阶递归实数列和所有二阶递归复数列构成的集合. 根据 (1), 有 $\big(u=(r^n\mathrm{e}^{in\theta})_{n\in\mathbb{N}}, v=(r^n\mathrm{e}^{-in\theta})_{n\in\mathbb{N}}\big)$ 是 $\mathcal{T}$ 的一组基, 从而 $\left(\dfrac{u+v}{2},\dfrac{u-v}{2i}\right)$ 仍然是 $\mathcal{T}$ 的一组基. 而 $\dfrac{u+v}{2}=\big(r^n\cos(n\theta)\big)_{n\in\mathbb{N}}$, $\dfrac{u-v}{2i}=\big(r^n\sin(n\theta)\big)_{n\in\mathbb{N}}$, 进而 $\left(\dfrac{u+v}{2},\dfrac{u-v}{2i}\right)$ 也是 $\mathcal{S}$ 的一组基. 因此,

$$\mathcal{S}=\big\{\big(r^n(\lambda_1\cos n\theta+\lambda_2\sin n\theta)\big)_{n\in\mathbb{N}}\mid(\lambda_1,\lambda_2)\in\mathbb{R}^2\big\}$$

12.6.2 常系数齐次线性微分方程的解

设 $E=\mathcal{C}^\infty(\mathbb{R},\mathbb{C}), p\in\mathbb{N}^*, (\alpha_0,\cdots,\alpha_{p-1})\in\mathbb{K}^p$. 本小节利用核引理求微分方程

$$y^{(p)}+\sum_{k=0}^{p-1}\alpha_ky^{(k)}=0 \tag{12.6.4}$$

的解集 $\mathscr{S}$. 定义

$$\begin{array}{rccc} D: & \mathcal{C}^\infty(\mathbb{R},\mathbb{C}) & \longrightarrow & \mathcal{C}^\infty(\mathbb{R},\mathbb{C}) \\ & f & \mapsto & f' \end{array}$$

记 $P = X^p + \sum\limits_{k=0}^{p-1} \alpha_k X^k$, 称 P 为微分方程 (12.6.4) 的**特征多项式**. 根据定义, 有

$$\begin{array}{rccc} P(D): & \mathcal{C}^\infty(\mathbb{R},\mathbb{C}) & \longrightarrow & \mathcal{C}^\infty(\mathbb{R},\mathbb{C}) \\ & f & \mapsto & f^{(p)} + \sum\limits_{k=0}^{p-1} \alpha_k f^{(k)} \end{array}$$

显然, $\mathscr{S} = \operatorname{Ker}\big(P(D)\big)$. 因此, $\mathscr{S}$ 是一个向量空间. 我们承认下面这个结论 (引理 12.6.2):

引理 12.6.2 向量空间 $\mathscr{S}$ 的维数是 p.

设 $P = \prod\limits_{k=1}^{s} (X - \lambda_k)^{m_k}$, 其中 $s \in \mathbb{N}^*$, $(\lambda_1, \cdots, \lambda_s) \in \mathbb{K}^s$ 两两不等, $(m_1, m_2, \cdots, m_s) \in (\mathbb{N}^*)^s$. 根据核引理, 有

$$\mathscr{S} = \operatorname{Ker}\big(P(D)\big) = \bigoplus_{k=1}^{s} \operatorname{Ker}\big((X-\lambda_k)^{m_k}(D)\big) = \bigoplus_{k=1}^{s} \operatorname{Ker}(D - \lambda_k \mathrm{id}_E)^{m_k}$$

因此, 问题转化为求 $\operatorname{Ker}(D - \lambda_k \mathrm{id}_E)^{m_k}$. 设 $k \in [\![1, s]\!]$, 定义函数

$$f_k : \mathbb{R} \to \mathbb{C},\ x \mapsto \mathrm{e}^{\lambda_k x}$$

则 $f_k \in E$ 且 $f_k' = \lambda_k f_k$

命题 12.6.2 设 $k \in [\![1, s]\!]$, 则

$$\operatorname{Ker}(D - \lambda_k \mathrm{id}_E)^{m_k} = \big\{ Q f_k \mid Q \in \mathbb{K}_{m_k - 1}[x] \big\}$$

其中, $\mathbb{K}_{m_k-1}[x]$ 表示次数小于等于 $m_k - 1$ 的多项式函数构成的集合. 进一步, 有

$$\mathscr{S} = \operatorname{Ker}\big(P(D)\big) = \left\{ \sum_{k=1}^{s} Q_k f_k \;\middle|\; \forall k \in [\![1, s]\!], Q_k \in \mathbb{K}_{m_k-1}[x] \right\}$$

证 明 记 $V_k = \big\{ Q f_k \mid Q \in \mathbb{K}_{m_k-1}[x] \big\}$, 设 $Q \in \mathbb{K}_{m_k-1}[x]$, 则

$$(D - \lambda_k \mathrm{id}_E)(Q f_k) = Q' f_k + \lambda_k Q f_k - \lambda_k Q f_k = Q' f_k$$

递归可得 $(D - \lambda_k \mathrm{id}_E)^{m_k}(Q f_k) = Q^{(m_k)} f_k = 0$. 因此, $V_k \subseteq \operatorname{Ker}(D - \lambda_k \mathrm{id}_E)^{m_k}$. 注意到

$$\bigoplus_{k=1}^{s} V_k \subseteq \bigoplus_{k=1}^{s} \operatorname{Ker}(D - \lambda_k \mathrm{id}_E)^{m_k} = \mathscr{S}.$$

根据引理 12.6.2 知, $\dim(\mathscr{S}) = p$. 又由于 $\dim\big(\bigoplus\limits_{k=1}^{s} V_k\big) = \sum\limits_{k=1}^{s} V_k = \sum\limits_{k=1}^{s} m_k = p$, 故 $\mathscr{S} = \bigoplus\limits_{k=1}^{s} V_k$. 进一步, 有

$$\forall k \in [\![1, r]\!],\ \operatorname{Ker}(D - \lambda_k \mathrm{id}_E)^{m_k} = \big\{ Q f_k \mid Q \in \mathbb{K}_{m_k-1}[x] \big\}$$

推论 12.6.2 设 $(a,b,c)\in\mathbb{K}^3$ 且 $a\neq 0$, $y\in\mathcal{C}^2(\mathbb{R},\mathbb{K})$ 满足

$$ay''+by'+cy=0 \tag{12.6.5}$$

记 $P=aX^2+bX+c$.

(1) 如果 P 有两个不同的根 λ_1,λ_2, 则存在 $(\mu,\gamma)\in\mathbb{K}^2$, 使得

$$\forall x\in\mathbb{R},\ y(x)=\mu e^{\lambda_1 x}+\gamma \mathrm{e}^{\lambda_2 x}.$$

(2) 如果 P 有一个二重根 λ, 则存在 $(\mu,\gamma)\in\mathbb{K}^2$, 使得

$$\forall x\in\mathbb{R},\ y(x)=(\mu x+\gamma)\mathrm{e}^{\lambda x}.$$

(3) 设 $\mathbb{K}=\mathbb{R}$, 并假设 $b^2-4ac<0$ 且 P 的两个共轭根为 $a+ib$ 和 $a-ib$ $(a\in\mathbb{R},b\in\mathbb{R}^*)$, 则存在 $(\mu,\gamma)\in\mathbb{R}^2$, 使得

$$\forall x\in\mathbb{R},\ y(x)=\big(\mu\cos(bx)+\gamma\sin(bx)\big)\mathrm{e}^{ax}.$$

证 明 根据命题 12.6.2 知, (1) 和 (2) 成立. 下面证明 (3) 成立. 设 $\mathcal{S}$ 和 $\mathcal{T}$ 分别是微分方程 (12.6.5) 的实值函数解空间和复值函数解空间. 定义

$$f:\mathbb{R}\to\mathbb{C},\ x\mapsto \mathrm{e}^{(a+ib)x},\qquad g:\mathbb{R}\to\mathbb{C},\ x\mapsto \mathrm{e}^{(a-ib)x}$$

根据 (1) 知, (f,g) 是 $\mathcal{T}$ 的一组基, 从而 $\left(\dfrac{f+g}{2},\dfrac{f-g}{2i}\right)$ 仍然是 $\mathcal{T}$ 的一组基. 由于

$$\forall x\in\mathbb{R},\frac{f+g}{2}(x)=\mathrm{e}^{ax}\cos(bx)\ 且\ \frac{f-g}{2i}(x)=\mathrm{e}^{ax}\sin(bx)$$

从而 $\left(\dfrac{f+g}{2},\dfrac{f-g}{2i}\right)$ 也是 $\mathcal{S}$ 的一组基, 因此

$$\mathcal{S}=\left\{f:\mathbb{R}\to\mathbb{R},x\mapsto\big(\mu\cos(bx)+\gamma\sin(bx)\big)\mathrm{e}^{ax}\mid(\mu,\gamma)\in\mathbb{R}^2\right\}$$

例 12.6.2 求解微分方程

$$y'''-y''-y'+y=0$$

其中, y 是关于未知变量 x 的实值函数.

解 记 $P=X^3-X^2-X+1=(X-1)^2(X+1)$. 根据命题 12.6.2 知, 原方程的通解为

$$\forall x\in\mathbb{R},\ y(x)=(ax+b)\mathrm{e}^{x}+c\mathrm{e}^{-x},其中(a,b,c)\in\mathbb{R}^3.$$

习题 12

★ 基础题

12.1 定义映射

$$\begin{array}{rccc}\psi: & \mathcal{C}^{\infty}(\mathbb{R},\mathbb{R}) & \to & \mathcal{C}^{\infty}(\mathbb{R},\mathbb{R}) \\ & f & \mapsto & f'' \end{array}$$

证明 ψ 是线性映射, 并求 ψ 的特征根和对应的特征子空间.

12.2 定义映射

$$\begin{array}{rccc}\Phi: & \mathbb{R}[X] & \longrightarrow & \mathbb{R}[X] \\ & P & \mapsto & (2X+1)P-(X^2-1)P' \end{array}$$

证明 Φ 是线性映射, 并求 Φ 的特征根和对应的特征子空间.

12.3 判断下列矩阵是否可对角化, 如果可对角化, 请将它对角化.

(1) $\begin{bmatrix} 0 & 1 & 2 \\ 1 & 1 & 1 \\ 1 & 0 & -1 \end{bmatrix}$; (2) $\begin{bmatrix} -1 & 8 & 6 \\ -4 & 11 & 6 \\ 4 & -8 & -3 \end{bmatrix}$; (3) $\begin{bmatrix} 3 & 1 & -1 \\ 1 & 1 & 1 \\ 2 & 0 & 2 \end{bmatrix}$; (4) $\begin{bmatrix} 3 & 0 & 8 \\ 3 & -1 & 6 \\ -2 & 0 & -5 \end{bmatrix}$

12.4 设 $a \in \mathbb{R}$, 并假设 2 是 $\boldsymbol{A}$ 的特征根, 其中

$$\boldsymbol{A} = \begin{bmatrix} 1 & -1 & 0 \\ a & 1 & 1 \\ 0 & 1+a & 3 \end{bmatrix}$$

求 a 的值, 证明 $\boldsymbol{A}$ 可对角化, 并将 $\boldsymbol{A}$ 对角化.

12.5 设实数列 $(u_n)_{n\in\mathbb{N}}, (v_n)_{n\in\mathbb{N}}$ 和 $(w_n)_{n\in\mathbb{N}}$ 满足

$$\forall n \in \mathbb{N}, \quad \begin{cases} u_{n+1} = u_n + \dfrac{2}{3}v_n - \dfrac{4}{3}w_n \\ v_{n+1} = -3u_n + \dfrac{5}{3}v_n + \dfrac{5}{3}w_n \\ w_{n+1} = -\dfrac{3}{2}u_n + \dfrac{2}{3}v_n + \dfrac{7}{6}w_n \end{cases}$$

求 $(u_n)_{n\in\mathbb{N}}, (v_n)_{n\in\mathbb{N}}$ 和 $(w_n)_{n\in\mathbb{N}}$ 的通项公式, 结果用 u_0, v_0 和 w_0 表示.

12.6 记 J_n 为每个位置都是 1 的 n 阶方阵, 证明 J_n 可对角化并将 J_n 对角化.

12.7 设 $(a,b) \in \mathbb{R}^2$, $\boldsymbol{A} = (a_{ij}) \in \mathcal{M}_n(\mathbb{R})$ 满足:

$$\forall (i,j) \in [\![1,n]\!]^2, \ a_{ij} = \begin{cases} a, & i = j \\ b, & i \neq j \end{cases}$$

证明 $\boldsymbol{A}$ 可对角化, 并将 $\boldsymbol{A}$ 对角化.

12.8 在 $\mathcal{M}_n(\mathbb{C})$ 中, 定义

$$\boldsymbol{J}=\begin{bmatrix}0&1&0&\cdots&0\\ \vdots&\ddots&\ddots&\ddots&\vdots\\ \vdots&&\ddots&\ddots&0\\ 0&\cdots&\cdots&0&1\\ 1&0&\cdots&\cdots&0\end{bmatrix},\qquad \boldsymbol{M}=\begin{bmatrix}a_1&a_2&a_3&\cdots&\cdots&a_n\\ a_n&a_1&a_2&a_3&\cdots&\vdots\\ \vdots&\ddots&\ddots&\ddots&\ddots&\vdots\\ \vdots&&\ddots&\ddots&\ddots&a_3\\ a_3&\cdots&\cdots&\ddots&\ddots&a_2\\ a_2&a_3&\cdots&\cdots&a_n&a_1\end{bmatrix}$$

(1) 计算 $\boldsymbol{J},\boldsymbol{J}^2,\cdots,\boldsymbol{J}^{n-1},\boldsymbol{J}^n$;

(2) 证明 $\boldsymbol{J}$ 可对角化, 并将 $\boldsymbol{J}$ 对角化;

(3) 证明 $\boldsymbol{M}$ 可对角化, 并推出 $\det(\boldsymbol{M})$ 的值.

12.9 记 $E=\mathcal{M}_n(\mathbb{R})$, $(a,b)\in\mathbb{R}^2$ 均非零. 设 $u\in\mathscr{L}(E)$ 定义为: $\forall \boldsymbol{M}\in E$, $u(\boldsymbol{M})=a\boldsymbol{M}+b\boldsymbol{M}^{\mathrm{T}}$.

(1) 证明 u 可对角化;

(2) 计算 $\mathrm{tr}(u)$ 和 $\det(u)$.

12.10 设 $(\boldsymbol{A},\boldsymbol{M})\in\mathcal{M}_n(\mathbb{R})^2$ 满足 $\boldsymbol{M}^2+\boldsymbol{M}+\boldsymbol{I}_n=0$ 且 $\boldsymbol{A}^2=\boldsymbol{M}$.

(1) 证明 $\boldsymbol{M}$ 可逆;

(2) 判断 $\boldsymbol{M}$ 在 $\mathcal{M}_n(\mathbb{C})$ 中是否可对角化, 在 $\mathcal{M}_n(\mathbb{R})$ 中呢?

(3) 证明 n 是偶数;

(4) 计算 $\boldsymbol{M}$ 的所有特征根, 进而计算 $\mathrm{tr}(\boldsymbol{M})$ 和 $\mathrm{dct}(\boldsymbol{M})$;

(5) 证明 $\boldsymbol{A}$ 在 $\mathcal{M}_n(\mathbb{C})$ 中可对角化;

(6) 假设 $\dfrac{n}{2}$ 是奇数, 证明 $\mathrm{tr}(\boldsymbol{A})\in\mathbb{Z}^*$.

12.11 定义 $\mathcal{M}_n(\mathbb{C})$ 上的线性变换 $\boldsymbol{\phi}:\boldsymbol{M}\mapsto\mathrm{tr}(\boldsymbol{M})\boldsymbol{I}_n-\boldsymbol{M}$.

(1) 计算 $\boldsymbol{\phi}^2$, 进而证明 $\boldsymbol{\phi}$ 可对角化;

(2) 计算 $\boldsymbol{\phi}$ 的特征根和对应的特征子空间;

(3) 计算 $\boldsymbol{\phi}$ 的迹和行列式;

(4) 推出 $\boldsymbol{\phi}$ 的特征多项式;

(5) 证明 $\boldsymbol{\phi}$ 可逆, 并求 $\boldsymbol{\phi}^{-1}$.

12.12 (1) 设 $\boldsymbol{M}\in\mathcal{M}_n(\mathbb{R})$ 满足 $\mathrm{tr}(\boldsymbol{M})=0$ 且 $\boldsymbol{M}^3-4\boldsymbol{M}^2+4\boldsymbol{M}=0$, 求 $\boldsymbol{M}$;

(2) 设 $\boldsymbol{M}\in\mathcal{M}_n(\mathbb{R})$ 满足 $\boldsymbol{M}^2=\boldsymbol{M}$ 且 $\mathrm{tr}(\boldsymbol{M})=0$, 求 $\boldsymbol{M}$;

(3) 设 $\boldsymbol{M}\in\mathcal{M}_n(\mathbb{R})$ 满足 $\mathrm{tr}(\boldsymbol{M})=n$ 且 $\boldsymbol{M}^5=\boldsymbol{M}^2$, 求 $\boldsymbol{M}$.

12.13 记 $E=\mathcal{M}_n(\mathbb{C})$, $(\boldsymbol{A},\boldsymbol{B})\in E^2$. 定义 E 上线性变换 $f:\boldsymbol{X}\mapsto\boldsymbol{A}\boldsymbol{X}$.

(1) 设 $(\boldsymbol{X}_1,\boldsymbol{X}_2\cdots,\boldsymbol{X}_n)$ 和 $(\boldsymbol{Y}_1,\boldsymbol{Y}_2\cdots,\boldsymbol{Y}_n)$ 是 $\mathcal{M}_{n,1}(\mathbb{C})$ 的两组基, 证明 $(\boldsymbol{X}_i\boldsymbol{Y}_j^{\mathrm{T}})_{1\leqslant i,j\leqslant n}$ 是 E 的一组基;

(2) 证明 f 可对角化当且仅当 $\boldsymbol{A}$ 可对角化;

(3) 定义 E 上线性变换 $g:\boldsymbol{X}\mapsto\boldsymbol{X}\boldsymbol{B}$, 证明 g 可对角化当且仅当 $\boldsymbol{B}$ 可对角化;

(4) 假设 $\boldsymbol{A}$ 和 $\boldsymbol{B}$ 都可对角化. 定义 E 上线性变换 $\phi : \boldsymbol{X} \mapsto \boldsymbol{AXB}$, 证明 ϕ 可对角化, 并说明逆命题是否成立.

12.14 将下列矩阵进行约化.

(1) $\begin{bmatrix} 3 & 1 & -1 \\ 1 & 1 & 1 \\ 2 & 0 & 2 \end{bmatrix}$; (2) $\begin{bmatrix} 3 & 0 & 8 \\ 3 & -1 & 6 \\ -2 & 0 & -5 \end{bmatrix}$

12.15 设 E 是一个 n 维复向量空间, $f \in \mathscr{L}(E)$. 证明下列论述等价:

(1) $\mathrm{Sp}(f) = \{0\}$;

(2) f 是幂零映射;

(3) 存在 E 的一组基 $\mathscr{B}$, 使得 $\mathrm{Mat}_{\mathscr{B}}(f)$ 是一个对角元全为 0 的上三角矩阵;

(4) $\forall k \in [\![1, n]\!], \mathrm{tr}(f^k) = 0$.

12.16 解微分方程 $y^{(4)}(t) - y^{(3)}(t) - 5y''(t) - 3y'(t) = 0$.

★ 提高题

12.17 设 $\boldsymbol{A} = (a_{ij}) \in \mathcal{M}_n(\mathbb{R})$ 定义如下:

$$\forall (i,j) \in [\![1,n]\!]^2,\ a_{ij} = \begin{cases} 1, & i = j-1 \text{ 或 } i = j+1 \\ 0, & \text{其他} \end{cases}$$

(1) 设 $\theta \in \mathbb{R}$, 记 $D_n(\theta) = \det\left[\boldsymbol{A} + (2\cos\theta)\boldsymbol{I}_n\right]$, 求 $D_n(\theta)$;

(2) 求 $\boldsymbol{A}$ 的特征根和对应的特征子空间.

12.18 设 $(\boldsymbol{A}, \boldsymbol{B}) \in \mathcal{M}_n(\mathbb{C})^2$.

(1) 证明 $\chi_{\boldsymbol{AB}} = \chi_{\boldsymbol{BA}}$;

(2) 计算矩阵 $\left[\begin{smallmatrix} \boldsymbol{A} & \boldsymbol{B} \\ \boldsymbol{B} & \boldsymbol{A} \end{smallmatrix}\right]$ 的特征多项式, 结果用 $\chi_{\boldsymbol{A}+\boldsymbol{B}}$ 和 $\chi_{\boldsymbol{A}-\boldsymbol{B}}$ 表示.

12.19 设 $\boldsymbol{A} \in \mathcal{M}_n(\mathbb{C})$, 记 $\boldsymbol{B} = \begin{bmatrix} 4\boldsymbol{A} & 2\boldsymbol{A} \\ -3\boldsymbol{A} & -\boldsymbol{A} \end{bmatrix}$. 证明 $\boldsymbol{B}$ 可对角化当且仅当 $\boldsymbol{A}$ 可对角化. $\mathrm{Sp}(\boldsymbol{A})$ 和 $\mathrm{Sp}(\boldsymbol{B})$ 之间有什么关系?

(提示: 先在 $\mathcal{M}_2(\mathbb{C})$ 中将矩阵 $\begin{bmatrix} 4 & 2 \\ -3 & -1 \end{bmatrix}$ 进行约化.)

12.20 设 $\boldsymbol{A} \in \mathcal{M}_n(\mathbb{R})$, 并假设 $\boldsymbol{A}^2$ 是上三角矩阵且对角元依次为 $1, 2, \cdots, n$. 证明 $\boldsymbol{A}$ 是上三角矩阵.

12.21 设 $a_1, \cdots, a_n, b_1, \cdots, b_{n-1}, c_1, \cdots, c_{n-1}$ 都是实数且满足: $\forall i \in [\![1, n-1]\!], b_i c_i > 0$, $\boldsymbol{M} = (m_{ij})_{n\times n} \in \mathcal{M}_n(\mathbb{R})$ 定义如下:

$$\forall (i,j) \in [\![1,n]\!]^2,\ m_{ij} = \begin{cases} a_i, & i = j \\ b_i, & i = j-1 \\ c_j, & i = j+1 \\ 0, & \text{其他} \end{cases}$$

证明 $\boldsymbol{M}$ 可对角化.

12.22 设 $\boldsymbol{A} \in GL_n(\mathbb{K})$. 比较 $\boldsymbol{A}$ 和 $\boldsymbol{A}^{-1}$ 的特征多项式和极小多项式.

12.23 设 $P = X^n + a_{n-1}X^{n-1} + \cdots + a_1 X + a_0 \in \mathbb{K}_n[X]$, 记

$$\boldsymbol{M}_P = \begin{bmatrix} 0 & 0 & \cdots & \cdots & 0 & -a_0 \\ 1 & 0 & \cdots & \cdots & 0 & -a_1 \\ 0 & 1 & \ddots & & & \\ \vdots & \vdots & \ddots & \ddots & \vdots & \vdots \\ 0 & 0 & \cdots & 1 & 0 & -a_{n-2} \\ 0 & 0 & \cdots & 0 & 1 & -a_{n-1} \end{bmatrix}$$

(1) 求 $\boldsymbol{M}_P$ 的特征多项式和极小多项式;

(2) 讨论 $\boldsymbol{M}_P$ 的特征根对应的特征子空间维数;

(3) 什么情况下 $\boldsymbol{M}_P$ 可对角化?

12.24 (汉密尔顿-凯莱定理)　设 E 是一个有限维向量空间, $f \in \mathscr{L}(E)$, $x \in E$ 非零, 记 $V_{f,x} = \mathrm{Vect}\big(f^k(x)\big)_{k\in\mathbb{N}}$.

(1) 证明 $V_{f,x}$ 是 f 的不变子空间.

(2) 假设 $p = \dim(V_{f,x})$, $\mathscr{B} = \big(x, f(x), \cdots, f^{p-1}(x)\big)$, $\widetilde{f}$ 为 f 在 $V_{f,x}$ 上的诱导映射.

(a) 证明 $\mathscr{B}$ 是 $V_{f,x}$ 的一组基;

(b) 求 $\widetilde{f}$ 在 $\mathscr{B}$ 下的表示矩阵 $\mathrm{Mat}_{\mathscr{B}}(\,\widetilde{f}\,)$;

(c) 求 $\widetilde{f}$ 的极小多项式.

(3) 证明 $\chi_f(f) = 0$.

☞ 综合问题: 约当（Jordan）标准型

本问题中, $\mathbb{K}$ 表示实数域或复数域, m 和 n 是两个大于 1 的自然数, E 是一个 n 维 $\mathbb{K}$-向量空间. 设整数 $r \geqslant 2$, 矩阵 $\boldsymbol{J}_r \in \mathcal{M}_r(\mathbb{K})$ 定义如下:

$$\forall (i,j) \in [\![1,r]\!]^2, (\boldsymbol{J}_r)_{ij} = \begin{cases} 1, & 若 j = i+1 \\ 0, & 其他 \end{cases}$$

即

$$\boldsymbol{J}_r = \begin{bmatrix} 0 & 1 & 0 & \cdots & 0 \\ 0 & 0 & 1 & \ddots & \vdots \\ \vdots & \ddots & \ddots & \ddots & 0 \\ 0 & \ddots & \ddots & 0 & 1 \\ 0 & 0 & \cdots & \cdots & 0 \end{bmatrix}$$

规定 $\boldsymbol{J}_1$ 为 1 阶零方阵, 即 $\boldsymbol{J}_1=[0]$. 设 $\lambda\in\mathbb{K}$, 称矩阵

$$\boldsymbol{J}_r(\lambda)=\begin{bmatrix}\lambda & 1 & 0 & \cdots & 0\\ 0 & \lambda & 1 & \ddots & \vdots\\ \vdots & \ddots & \ddots & \ddots & 0\\ 0 & \ddots & \ddots & \lambda & 1\\ 0 & 0 & \cdots & \cdots & \lambda\end{bmatrix}$$

为一个**约当块**. 设 $s\in\mathbb{N}^*$, $(k_1,k_2,\cdots k_s)\in\left(\mathbb{N}^*\right)^s$, $(\lambda_1,\lambda_2,\cdots,\lambda_s)\in\mathbb{K}^s$. 准对角矩阵

$$\begin{bmatrix}J_{k_1}(\lambda_1) & & & \\ & J_{k_2}(\lambda_2) & & \\ & & \ddots & \\ & & & J_{k_s}(\lambda_s)\end{bmatrix}$$

称为一个**约当标准型**. 本问题的目标是证明如下定理:

定理: 复数域上每一个 n 阶方阵都相似于一个约当标准型.

一、课堂基础知识

1. 设 $\boldsymbol{A}\in\mathcal{M}_m(\mathbb{K})$. 定义 $\operatorname{Ker}(\boldsymbol{A})=\{\boldsymbol{X}\in\mathcal{M}_{m,1}(\mathbb{K})\mid\boldsymbol{AX}=\boldsymbol{0}\}$. 证明 $\dim(\operatorname{Ker}(\boldsymbol{A}))=m-\operatorname{rg}(\boldsymbol{A})$.
2. 设 F 和 G 是两个向量空间, $h\in\mathscr{L}(F,G)$ 是一个单同态.
   (1) 设 H 是 F 的子空间. 证明映射 $\widetilde{h}:H\to h(H),x\mapsto h(x)$ 是一个同构映射.
   (2) 设 A,B 是 F 的两个子空间且 $A\cap B=\{\boldsymbol{0}_F\}$. 证明 $h(A)\cap h(B)=\{\boldsymbol{0}_G\}$ 且 $h(A\oplus B)=h(A)\oplus h(B)$.
3. 设 $f\in\mathscr{L}(E)$ 且 $f^n=0\neq f^{n-1}$, $x\in E$ 满足 $f^{n-1}(x)\neq\boldsymbol{0}_E$. 记

$$\mathscr{B}=(f^{n-1}(x),f^{n-2}(x),\cdots,f(x),x)$$

   (1) 证明 $\mathscr{B}$ 是 E 的一组基.
   (2) 求 f 在 $\mathscr{B}$ 下的表示矩阵 $\operatorname{Mat}_{\mathscr{B}}(f)$.

二、一个例子

定义矩阵

$$\boldsymbol{B}=\begin{bmatrix}0 & 1 & 0 & 0\\ 0 & 1 & -1 & 0\\ 0 & 1 & -1 & 0\\ 0 & 0 & 1 & 0\end{bmatrix}$$

1. 计算 $\boldsymbol{B}^2,\boldsymbol{B}^3$.

2. 分别求 $\mathrm{Ker}(\boldsymbol{B})$, $\mathrm{Ker}(\boldsymbol{B}^2)$ 和 $\mathrm{Ker}(\boldsymbol{B}^3)$ 的一组基.
3. 证明存在向量 $\boldsymbol{v}_4 \in \mathcal{M}_{4.1}(\mathbb{R})$, 使得 $\mathrm{Ker}(\boldsymbol{B}^3) = \mathrm{Ker}(\boldsymbol{B}^2) \oplus \mathrm{Vect}(\boldsymbol{v}_4)$.
4. 证明存在向量 $\boldsymbol{v}_1 \in \mathrm{Ker}(\boldsymbol{B})$, 使得 $(\boldsymbol{v}_1, \boldsymbol{B}^2\boldsymbol{v}_4, \boldsymbol{B}\boldsymbol{v}_4, \boldsymbol{v}_4)$ 是 $\mathcal{M}_{4.1}(\mathbb{R})$ 的一组基.
5. 证明存在约当标准型 $\boldsymbol{J}$ 和可逆矩阵 $\boldsymbol{P}$, 使得 $\boldsymbol{B} = \boldsymbol{P}\boldsymbol{J}\boldsymbol{P}^{-1}$, 并写出 $\boldsymbol{J}$ 和 $\boldsymbol{P}$.

三、核嵌套

设 $p \in [\![1, n]\!]$, $f \in \mathscr{L}(E)$ 满足 $f^p = 0 \neq f^{p-1}$, 考虑核嵌套序列:

$$\{\mathbf{0}_E\} = \mathrm{Ker}(f^0) \subseteq \mathrm{Ker}(f) \subseteq \mathrm{Ker}(f^2) \subseteq \cdots \subseteq \mathrm{Ker}(f^{p-1}) \subseteq \mathrm{Ker}(f^p) = E$$

1. 证明: $\forall i \in [\![1, p]\!]$, $\mathrm{Ker}(f^i) \neq \mathrm{Ker}(f^{i-1})$.
2. 证明: $\forall i \in [\![1, p]\!]$, $f\big(\mathrm{Ker}(f^i)\big) \subseteq \mathrm{Ker}(f^{i-1})$.
3. 设 $i \in [\![2, p]\!]$, 假设 $\mathrm{Ker}(f^i) = G_i \oplus \mathrm{Ker}(f^{i-1})$. 定义映射

$$f_i: \begin{array}{ccc} \mathrm{Ker}(f^i) & \longrightarrow & \mathrm{Ker}(f^{i-1}) \\ x & \mapsto & f(x) \end{array}$$

   证明 $f_i(G_i) \cap \mathrm{Ker}(f^{i-2}) = \{\mathbf{0}_E\}$.
4. 记 $F_0 = \{\mathbf{0}_E\}$. 证明存在 E 的子空间 $F_1, F_2, \cdots, F_p$ 满足:

$$\forall i \in [\![1, p]\!],\ \mathrm{Ker}(f^i) = F_i \oplus \mathrm{Ker}(f^{i-1}) \text{且} f(F_i) \subseteq F_{i-1}.$$

5. 保持 3.4 中 F_i 不变.

   (1) 设 $i \in [\![2, p]\!]$, 定义映射

$$\widetilde{f}_i: \begin{array}{ccc} F_i & \longrightarrow & F_{i-1} \\ x & \mapsto & f(x) \end{array}$$

   证明 $\widetilde{f}_i$ 是单射.

   (2) 证明数列 $\big(\dim(\mathrm{Ker}(f^i) - \dim(\mathrm{Ker}(f^{i-1})\big)_{i \in [\![1,p]\!]}$ 单调递减.

四、定理的证明: 幂零映射

保持第三部分记号不变. 记 $S_p = F_p$, 则

$$E = \mathrm{Ker}(f^p) = S_p \oplus \mathrm{Ker}(f^{p-1}).$$

1. 证明存在 F_{p-1} 的子空间 S_{p-1}, 使得 $E = S_p \oplus f(S_p) \oplus S_{p-1} \oplus \mathrm{Ker}(f^{p-2})$
2. 证明存在 F_{p-2} 的子空间 S_{p-2}, 使得

$$E = S_p \oplus f(S_p) \oplus f^2(S_p) \oplus S_{p-1} \oplus f(S_{p-1}) \oplus S_{p-2} \oplus \mathrm{Ker}(f^{p-3}).$$

3. 证明存在 E 的子空间 $S_1, S_2, \cdots, S_p$ (可能有零空间), 使得 $E = \bigoplus\limits_{k=1}^{p} V_k$, 其中

$$\forall k \in [\![1, p]\!], \quad V_k = S_k \oplus f(S_k) \oplus \cdots \oplus f^{k-1}(S_k).$$

4. 保持 4.3 中 S_k 不变, 设 $k \in [\![1,p]\!]$.
   (1) 证明 $\dim(S_k) = \dim\big(f(S_k)\big) = \cdots = \dim\big(f^{k-1}(S_k)\big)$.
   (2) 证明 V_k 是 f 的不变子空间.
   (3) 假设 $S_k \neq 0$. 证明存在 V_k 的一组基 $\mathscr{B}_k$, 使得 $\mathrm{Mat}_{\mathscr{B}_k}(f_{V_k})$ 是一个约当标准型.
   (4) 证明存在 E 的一组基 $\mathscr{B}$, 使得 f 在 $\mathscr{B}$ 下的表示矩阵是一个约当标准型.
5. (1) 设 $k \in [\![1,p]\!]$, 求 $\dim(S_k)$ 的维数, 结果用 $\dim\big(\mathrm{Ker}(f^i)\big)$ 表示, 其中 $i \in [\![0,p]\!]$.
   (2) 证明两个 n 阶幂零方阵 A 和 B 相似当且仅当 $\forall k \in [\![1,n]\!], \mathrm{rg}(\boldsymbol{A}^k) = \mathrm{rg}(\boldsymbol{B}^k)$.
6. 设 $\boldsymbol{A} \in \mathcal{M}_{13}(\mathbb{K})$ 满足 $\boldsymbol{A}^5 = \boldsymbol{O}_{5\times 5}$. 假设

$$\mathrm{rg}(\boldsymbol{A}) = 9, \mathrm{rg}(\boldsymbol{A}^2) = 5, \mathrm{rg}(\boldsymbol{A}^3) = 3, \mathrm{rg}(\boldsymbol{A}^4) = 1$$

   写出与 $\boldsymbol{A}$ 相似的约当标准型, 结果按约当块阶数从小到大的顺序书写.

五、定理的证明: 一般情况

设 $f \in \mathscr{L}(E)$ 且 $\chi_f = \prod_{k=1}^{s}(\lambda_k - X)^{m_k}$, 其中 $s \in \mathbb{N}^*, (\lambda_1, \lambda_2, \cdots, \lambda_s) \in \mathbb{K}^s$ 两两不等, $(m_1, m_2, \cdots, m_s) \in \big(\mathbb{N}^*\big)^s$.

1. 证明 $E = \bigoplus_{k=1}^{s} \mathrm{Ker}(f - \lambda_k \mathrm{id}_E)^{m_k}$. 下记 $W_k = \mathrm{Ker}(f - \lambda_k \mathrm{id}_E)^{m_k}$.
2. 证明 W_k 是 f 和 $f - \lambda_k \mathrm{id}_E$ 的不变子空间.
3. 证明存在 E 的一组基 $\mathscr{C}$, 使得 f 在 $\mathscr{C}$ 下的表示矩阵是一个约当标准型.
   (提示: 考虑 $f - \lambda_k \mathrm{id}_E$ 和 f 在 W_k 上的诱导映射)
4. 证明复数域上的每一个 n 阶方阵都相似于一个约当标准型.

第3部分

代数与几何

第 13 章　内积空间

本章将解析几何中内积的概念推广到一般的向量空间, 引入内积空间的概念, 并在内积空间中定义向量的范数、正交向量、正交投影与距离等概念, 同时将解析几何中的相关结论推广到内积空间中. 本章内容包括实内积空间和复内积空间两部分.

13.1　实内积空间

在本节, E 表示一个非零实向量空间. 若无特殊说明, n 是一个大于 1 的自然数. 解析几何中的内积运算具有双线性性、对称性和正定性, 下面先将这几个概念推广到实向量空间中.

13.1.1　双线性型

定义 13.1.1　设 E 是一个实向量空间, $f: E^2 \to \mathbb{R}$. 如果

$$\forall (x,y,z) \in E^3,\ \forall \lambda \in \mathbb{R},\ \begin{cases} f(\lambda x + y, z) = \lambda f(x,z) + f(y,z) \\ f(z, \lambda x + y) = \lambda f(z,x) + f(z,y) \end{cases}$$

则称 f 是 E 上的一个**双线性型**, E 上所有双线性型构成的集合记为 $\mathscr{BL}(E)$.

命题 13.1.1　设 f 是 E 上的一个双线性型, 则 $\forall x \in E, f(x, \mathbf{0}_E) = 0$. 特别地, $f(\mathbf{0}_E, \mathbf{0}_E) = 0$.

证　明　设 $x \in E$. 由于 f 是一个双线性型, 故

$$f(x, \mathbf{0}_E) = f(x, \mathbf{0}_E + \mathbf{0}_E) = f(x, \mathbf{0}_E) + f(x, \mathbf{0}_E)$$

从而 $f(x, \mathbf{0}_E) = 0$. 取 $x = \mathbf{0}_E$ 得 $f(\mathbf{0}_E, \mathbf{0}_E) = 0$.

例 13.1.1　(1) 定义

$$\begin{array}{rccc} f: & \mathbb{R}^2 & \to & \mathbb{R} \\ & (x,y) & \mapsto & xy \end{array}$$

则 f 是 $\mathbb{R}$ 上的一个双线性型.

(2) 定义

$$\begin{array}{rccc} f: & \mathbb{R}^3 \times \mathbb{R}^3 & \to & \mathbb{R} \\ & (\boldsymbol{x}, \boldsymbol{y}) & \mapsto & x_1y_1 + x_2y_2 + x_3y_3 \end{array}$$

其中, $\boldsymbol{x} = (x_1, x_2, x_3), \boldsymbol{y} = (y_1, y_2, y_3)$. 则 f 是 $\mathbb{R}^3$ 上的一个双线性型.

(3) 设 $(a,b)\in\mathbb{R}^2$ 且 $a<b$, 记 $E=\mathcal{C}([a,b],\mathbb{R})$. 定义

$$\begin{array}{rccc}\Phi: & E\times E & \to & \mathbb{R}\\ & (f,g) & \mapsto & \displaystyle\int_a^b f(t)g(t)\mathrm{d}t\end{array}$$

则 Φ 是 E 上的一个双线性型.

(4) 设 $E=\mathcal{M}_n(\mathbb{R})$. 定义

$$\begin{array}{rccc}f: & E\times E & \to & \mathbb{R}\\ & (\boldsymbol{A},\boldsymbol{B}) & \mapsto & \operatorname{tr}(\boldsymbol{A}^{\mathrm{T}}\boldsymbol{B})\end{array}$$

则 f 是 E 上的一个双线性型.

命题 13.1.2 设 $\lambda\in\mathbb{R}$, $(f,g)\in\mathscr{BL}(E)^2$. 定义 $f+g$ 和 $\lambda\cdot f$ 如下:

$$\forall(x,y)\in E^2,\ \begin{cases}\big(f+g\big)\ (x,y)=f(x,y)+g(x,y)\\ \big(\lambda\cdot f\big)\ (x,y)=\lambda f(x,y)\end{cases}$$

则 $\big(\mathscr{BL}(E),+,\cdot\big)$ 是一个 $\mathbb{R}$-向量空间.

证 明 首先, $\mathscr{BL}(E)$ 是实向量空间 $\mathcal{F}(E^2,\mathbb{R})$ 的非空子集. 设 $\lambda\in\mathbb{R}$, $(f,g)\in\mathscr{BL}(E)^2$, 根据定义, 可验证 $f+g\in\mathscr{BL}(E)$ 且 $\lambda\cdot f\in\mathscr{BL}(E)$. 故 $\mathscr{BL}(E)$ 是 $\mathcal{F}(E^2,\mathbb{R})$ 的子空间, 从而是一个实向量空间.

设 E 是一个 n 维实向量空间, $\mathscr{B}=(e_1,\cdots,e_n)$ 是 E 的一组基. 另设 $x=\sum\limits_{i=1}^n x_ie_i\in E, y=\sum\limits_{i=1}^n y_ie_i\in E$, $f\in\mathscr{BL}(E)$, 则

$$f(x,y)=f\Big(\sum_{i=1}^n x_ie_i,\sum_{j=1}^n y_je_j\Big)=\sum_{i=1}^n x_if\Big(e_i,\sum_{j=1}^n y_je_j\Big)=\sum_{i=1}^n x_i\ \Big[\sum_{j=1}^n f(e_i,e_j)y_j\Big]$$

该等式用矩阵的乘法可表示为

$$f(x,y)=[x_1,\cdots,x_n]\begin{bmatrix}f(e_1,e_1)&\cdots&f(e_1,e_n)\\ \vdots&&\vdots\\ f(e_n,e_1)&\cdots&f(e_n,e_n)\end{bmatrix}\begin{bmatrix}y_1\\ \vdots\\ y_n\end{bmatrix}$$

定义 13.1.2 设 E 是一个 n 维实向量空间, $\mathscr{B}=(e_1,\cdots,e_n)$ 是 E 的一组基, $f\in\mathscr{BL}(E)$, 称

$$\big(f(e_i,e_j)\big)_{1\leqslant i,j\leqslant n}$$

为 f 在 $\mathscr{B}$ 下的**度量矩阵**, 记为 $\mathrm{Mat}^2_{\mathscr{B}}(f)$.

命题 13.1.3 设 E 是一个 n 维实向量空间, $\mathscr{B}=(e_1,\cdots,e_n)$ 是 E 的一组基, $f\in\mathscr{BL}(E)$, 则

(1) $\forall(x,y)\in E^2, f(x,y)=[x]_{\mathscr{B}}^{\mathrm{T}}\ \mathrm{Mat}_{\mathscr{B}}^2(f)\ [y]_{\mathscr{B}}$;

(2) 设 $\boldsymbol{M}\in\mathcal{M}_n(\mathbb{R})$ 满足:

$$\forall(x,y)\in E^2, f(x,y)=[x]_{\mathscr{B}}^{\mathrm{T}}\boldsymbol{M}[y]_{\mathscr{B}}$$

则 $\boldsymbol{M}=\mathrm{Mat}_{\mathscr{B}}^2(f)$;

(3) 映射

$$\begin{array}{rccl}\mathrm{Mat}_{\mathscr{B}}^2: & \mathscr{BL}(E) & \to & \mathcal{M}_n(\mathbb{R}) \\ & f & \mapsto & \mathrm{Mat}_{\mathscr{B}}^2(f)\end{array}$$

是一个同构映射. 特别地, $\dim\mathscr{BL}(E)=n^2$.

证 明 (1) 根据定义 13.1.2 前面的推导知结论成立.

(2) 设 $(i,j)\in[\![1,n]\!]^2$, 则 $f(e_i,e_j)=[e_i]_{\mathscr{B}}^{\mathrm{T}}\boldsymbol{M}[e_j]_{\mathscr{B}}=\boldsymbol{M}_{i,j}$, 故 $\boldsymbol{M}=\mathrm{Mat}_{\mathscr{B}}^2(f)$.

(3) 易验证 $\mathrm{Mat}_{\mathscr{B}}^2$ 是一个线性映射. 设 $f\in\mathscr{BL}(E)$ 满足 $\mathrm{Mat}_{\mathscr{B}}^2(f)=\boldsymbol{O}_{n\times n}$. 根据 (1) 知 $f=0$, 故 $\mathrm{Mat}_{\mathscr{B}}^2$ 是单射. 另一方面, 设 $\boldsymbol{M}\in\mathcal{M}_n(\mathbb{R})$, 定义映射

$$f:E^2\to\mathbb{R},\quad (x,y)\mapsto[x]_{\mathscr{B}}^{\mathrm{T}}\boldsymbol{M}[y]_{\mathscr{B}}$$

则 f 是一个双线性型. 根据 (2) 知 $\boldsymbol{M}=\mathrm{Mat}_{\mathscr{B}}^2(f)$, 故 $\mathrm{Mat}_{\mathscr{B}}^2$ 是满射. 因此, $\mathrm{Mat}_{\mathscr{B}}^2$ 是一个同构映射.

命题 13.1.4 设 E 是一个有限维实向量空间, $\mathscr{B}$ 和 $\mathscr{B}'$ 是 E 的两组基, $f\in\mathscr{BL}(E)$. 记 $\boldsymbol{M}=\mathrm{Mat}_{\mathscr{B}}^2(f), \boldsymbol{M}'=\mathrm{Mat}_{\mathscr{B}'}^2(f)$. 设 $\boldsymbol{P}$ 是从 $\mathscr{B}$ 到 $\mathscr{B}'$ 的过渡矩阵, 则 $\boldsymbol{M}'=\boldsymbol{P}^{\mathrm{T}}\boldsymbol{M}\boldsymbol{P}$.

证 明 设 $(x,y)\in E^2$. 根据坐标变换公式, 有 $[x]_{\mathscr{B}}=\boldsymbol{P}[x]_{\mathscr{B}'}$, $[y]_{\mathscr{B}}=\boldsymbol{P}[y]_{\mathscr{B}'}$. 根据命题 13.1.3 (1), 有

$$f(x,y)=[x]_{\mathscr{B}}^{\mathrm{T}}\ \mathrm{Mat}_{\mathscr{B}}^2(f)\ [y]_{\mathscr{B}}=[x]_{\mathscr{B}'}^{\mathrm{T}}\ \left(\boldsymbol{P}^{\mathrm{T}}\ \mathrm{Mat}_{\mathscr{B}}^2(f)\ \boldsymbol{P}\right)\ [y]_{\mathscr{B}'}$$

根据命题 13.1.3 (2), 有 $\boldsymbol{M}'=\mathrm{Mat}_{\mathscr{B}'}^2(f)=\boldsymbol{P}^{\mathrm{T}}\boldsymbol{M}\boldsymbol{P}$.

定义 13.1.3 设 $(\boldsymbol{A},\boldsymbol{B})\in\mathcal{M}_n(\mathbb{R})^2$. 若存在可逆矩阵 $\boldsymbol{P}\in\mathcal{M}_n(\mathbb{R})$, 使得 $\boldsymbol{A}=\boldsymbol{P}^{\mathrm{T}}\boldsymbol{B}\boldsymbol{P}$, 则称 $\boldsymbol{A}$ 和 $\boldsymbol{B}$ 互为**合同矩阵**.

根据命题 13.1.4, 有如下结论 (命题 13.1.5):

命题 13.1.5 有限维实向量空间上同一个双线性型在不同基下的度量矩阵互为合同矩阵.

定义 13.1.4 设 E 是一个实向量空间, $f\in\mathscr{BL}(E)$. 如果

$$\forall(x,y)\in E^2, f(x,y)=f(y,x)$$

则称 f 是一个**对称双线性型**, E 上所有对称双线性型构成的集合记为 $\mathscr{BL}_s(E)$.

注 13.1.1 易验证 $\mathscr{BL}_s(E)$ 是 $\mathscr{BL}(E)$ 的子空间, 从而是一个实向量空间.

例 13.1.2 设 $(a,b)\in\mathbb{R}^2$ 且 $a<b$. 记 $E=\mathcal{C}([a,b],\mathbb{R})$, 则映射 $(f,g)\mapsto\int_a^b f(t)g(t)\mathrm{d}t$ 是 E 上的一个对称双线性型.

命题 13.1.6 设 E 是一个 n 维实向量空间, $\mathscr{B}$ 是 E 的一组基, 则

$$\begin{array}{ccc}\mathscr{BL}_s(E) & \to & \mathcal{S}_n(\mathbb{R}) \\ f & \mapsto & \mathrm{Mat}^2_{\mathscr{B}}(f)\end{array}$$

是一个合理定义的同构映射. 特别地, $\dim\left(\mathscr{BL}_s(E)\right)=\dfrac{n(n+1)}{2}$.

证 明 根据命题 13.1.3(3) 知, 只需证明 E 上的对称双线性型在 $\mathscr{B}$ 下的度量矩阵是对称矩阵. 设 f 是 E 上的对称双线性型, $\mathscr{B}=(e_1,e_2,\cdots,e_n)$, 则 $\forall(i,j)\in[\![1,n]\!]^2$, $f(e_i,e_j)=f(e_j,e_i)$. 故 $\mathrm{Mat}^2_{\mathscr{B}}(f)$ 是对称矩阵.

定义 13.1.5 设 E 是一个实向量空间, $f:E^2\to\mathbb{R}$ 是一个对称双线性型. 映射

$$q:E\to\mathbb{R},\ x\mapsto f(x,x)$$

称为 E 上由 f 定义的**二次型**.

假设 $\dim(E)=n$, $\mathscr{B}=(e_1,e_2,\cdots,e_n)$ 是 E 的一组基, 另设 f: $E^2\to\mathbb{R}$ 是一个对称双线性型, 记 $\mathrm{Mat}^2_{\mathscr{B}}(f)=(a_{ij})_{n\times n}$. 设 $x=\sum\limits_{i=1}^n x_ie_i\in E$, 则

$$q(x)=f(x,x)=[x]^{\mathrm{T}}_{\mathscr{B}}\ \mathrm{Mat}^2_{\mathscr{B}}(f)\ [x]_{\mathscr{B}}=\sum_{i-1}^n a_{ii}x_i^2+2\sum_{1\leqslant i<j\leqslant n}a_{ij}x_ix_j$$

定义 13.1.6 设 $f:E^2\to\mathbb{R}$ 是一个对称双线性型.

(1) 如果 $\forall x\in E, f(x,x)\geqslant 0$, 则称 f 是**半正定的**;

(2) 如果 $\forall x\in E\backslash\{\mathbf{0}_E\}, f(x,x)>0$, 则称 f 是**正定的**.

例 13.1.3 例 13.1.1中的双线性型都是正定的.

定义 13.1.7 设 $\boldsymbol{A}\in\mathcal{M}_n(\mathbb{R})$ 是对称矩阵.

(1) 如果 $\forall\boldsymbol{X}\in\mathcal{M}_{n,1}(\mathbb{R})$, $\boldsymbol{X}^{\mathrm{T}}\boldsymbol{AX}\geqslant 0$, 则称 $\boldsymbol{A}$ 是**半正定矩阵**;

(2) 如果 $\forall\boldsymbol{X}\in\mathcal{M}_{n,1}(\mathbb{R})\backslash\{\mathbf{0}\}$, $\boldsymbol{X}^{\mathrm{T}}\boldsymbol{AX}>0$, 则称 $\boldsymbol{A}$ 是**正定矩阵**.

定理 13.1.1 (柯西-施瓦茨不等式) 设 $f\in\mathscr{BL}_s(E)$. 若 f 是半正定的, 则

$$\forall(x,y)\in E^2,\ f(x,y)^2\leqslant f(x,x)f(y,y)$$

进一步, 若 f 是正定的, 则等号成立当且仅当 (x,y) 线性相关.

证 明 设 $(x,y)\in E^2$. 由于 f 是半正定的双线性型, 故

$$\forall\lambda\in\mathbb{R},\ f(\lambda x+y,\lambda x+y)=\lambda^2f(x,x)+2\lambda f(x,y)+f(y,y)\geqslant 0 \tag{13.1.1}$$

若 $f(x,x)=0$, 则 $\forall\lambda\in\mathbb{R}, 2\lambda f(x,y)+f(y,y)\geqslant 0$, 从而 $f(x,y)=0$, 故结论成立. 若 $f(x,x)\neq 0$, 则 $4f(x,y)^2-4f(x,x)f(y,y)\leqslant 0$, 故 $f(x,y)^2\leqslant f(x,x)f(y,y)$.

假设 f 是正定的. 若 (x,y) 线性相关, 不妨设 $y=\lambda x$, 其中 $\lambda\in\mathbb{R}$, 则 $f(x,y)^2=f(x,x)f(y,y)=\lambda^2 f(x,x)$, 故等号成立. 反过来, 假设等号成立. 若 $f(x,x)=0$, 因为 f 是正定的, 所以 $x=\mathbf{0}_E$, 从而 (x,y) 线性相关. 若 $f(x,x)\neq 0$, 根据等式 (13.1.1) 知, 存在 $\lambda\in\mathbb{R}$, 使得 $f(\lambda x+y,\lambda x+y)=0$. 由于 f 是正定的, 故 $\lambda x+y=\mathbf{0}_E$, 从而 (x,y) 线性相关.

13.1.2 内 积

定义 13.1.8 设 E 是一个实向量空间, $f:E^2\to\mathbb{R}$. 如果 f 是一个正定的对称双线性型, 则称 f 是 E 上的一个**内积**, 称 (E,f) 是一个**实内积空间**. 进一步, 若 E 是一个有限维向量空间, 则称 (E,f) 是一个**欧氏空间**.

注 13.1.2 设 $(x,y)\in E^2$, 定义中的 $f(x,y)$ 常记为 $(x\mid y)$, 称为 x 和 y 的内积. 因此, 内积运算常用符号 $(\cdot\mid\cdot)$ 表示.

命题 13.1.7 设 E 是一个实内积空间, 则内积运算 $(\cdot\mid\cdot)$ 是非退化的, 即

$$\forall a\in E,\ (\forall x\in E,(a\mid x)=0)\Longrightarrow a=\mathbf{0}_E$$

证 明 设 $a\in E$. 如果对于任意 $x\in E,(a\mid x)=0$, 则 $(a\mid a)=0$. 根据内积的正定性知, $a=\mathbf{0}_E$.

例 13.1.4 定义映射

$$\begin{array}{rccc}\psi: & \mathbb{R}^n\times\mathbb{R}^n & \to & \mathbb{R}\\ & (\boldsymbol{x},\boldsymbol{y}) & \mapsto & \sum\limits_{k=1}^{n} x_k y_k\end{array}$$

其中, $\boldsymbol{x}=(x_1,\cdots,x_n),\boldsymbol{y}=(y_1,\cdots,y_n)$. 则 ψ 是 $\mathbb{R}^n$ 上的一个内积, 称为 $\mathbb{R}^n$ 上的**典范内积**, 记为 $(\cdot\mid\cdot)_{\mathscr{B}_c}$.

证 明 设 $\lambda\in\mathbb{R}$, $\boldsymbol{x}=(x_1,\cdots,x_n)\in\mathbb{R}^n,\boldsymbol{y}=(y_1,\cdots,y_n)\in\mathbb{R}^n,\boldsymbol{z}=(z_1,\cdots,z_n)\in\mathbb{R}^n$.

- 对称性: $\psi(\boldsymbol{x},\boldsymbol{y})=\sum\limits_{k=1}^{n}x_k y_k=\sum\limits_{k=1}^{n}y_k x_k=\psi(\boldsymbol{y},\boldsymbol{x})$.
- 双线性性: $\psi(\lambda\boldsymbol{x}+\boldsymbol{y},\boldsymbol{z})=\sum\limits_{k=1}^{n}(\lambda x_k+y_k)z_k=\lambda\sum\limits_{k=1}^{n}x_k z_k+\sum\limits_{k=1}^{n}y_k z_k=\lambda\psi(\boldsymbol{x},\boldsymbol{z})+\psi(\boldsymbol{y},\boldsymbol{z})$. 根据对称性知, $\psi(\boldsymbol{z},\lambda\boldsymbol{x}+\boldsymbol{y})=\psi(\lambda\boldsymbol{x}+\boldsymbol{y},\boldsymbol{z})=\lambda\psi(\boldsymbol{x},\boldsymbol{z})+\psi(\boldsymbol{y},\boldsymbol{z})=\lambda\psi(\boldsymbol{z},\boldsymbol{x})+\psi(\boldsymbol{z},\boldsymbol{y})$.
- 正定性: 首先, $\psi(\boldsymbol{x},\boldsymbol{x})=\sum\limits_{k=1}^{n}x_k^2\geqslant 0$. 假设 $\psi(x,x)=0$, 则 $\sum\limits_{k=1}^{n}x_k^2=0$, 进而 $x=\mathbf{0}$.

综上, ψ 是 $\mathbb{R}^n$ 上的一个内积.

注 13.1.3 在内积空间 $(\mathbb{R}^n,(\cdot\mid\cdot)_{\mathscr{B}_c})$ 中利用柯西–施瓦茨不等式, 可得到如下结论:

$$\forall(x_1,\cdots,x_n)\in\mathbb{R}^n,\ \forall(y_1,\cdots,y_n)\in\mathbb{R}^n,\ \left(\sum_{k=1}^{n}x_k y_k\right)^2\leqslant\left(\sum_{k=1}^{n}x_k^2\right)\left(\sum_{k=1}^{n}y_k^2\right)$$

例 13.1.5 设 E 是一个有限维向量空间, $\mathscr{B}$ 是 E 的一组基. 定义

$$\begin{array}{rccc}\psi: & E\times E & \to & \mathbb{R}\\ & (x,y) & \mapsto & [x]_{\mathscr{B}}^{\mathrm{T}}[y]_{\mathscr{B}}\end{array}$$

可验证 ψ 是 E 上的一个内积. 随着基的选取不同, 定义的内积可能不同, 这说明同一个向量空间上可以定义不同的内积.

例 13.1.6 设 $E=\mathcal{M}_n(\mathbb{R})$. 定义

$$\begin{array}{rccc}\psi: & E\times E & \to & \mathbb{R}\\ & (\boldsymbol{A},\boldsymbol{B}) & \mapsto & \mathrm{tr}(\boldsymbol{A}^{\mathrm{T}}\boldsymbol{B})\end{array}$$

则 ψ 是 E 上的一个内积.

证 明 设 $\lambda\in\mathbb{R}$, $(\boldsymbol{A},\boldsymbol{B},\boldsymbol{C})\in E^3$.

- 对称性: $\psi(\boldsymbol{A},\boldsymbol{B})=\mathrm{tr}(\boldsymbol{A}^{\mathrm{T}}\boldsymbol{B})=\mathrm{tr}\big((\boldsymbol{A}^{\mathrm{T}}\boldsymbol{B})^{\mathrm{T}}\big)=\mathrm{tr}(\boldsymbol{B}^{\mathrm{T}}\boldsymbol{A})=\psi(\boldsymbol{B},\boldsymbol{A})$.
- 双线性性: $\psi(\boldsymbol{A},\boldsymbol{B}+\lambda\boldsymbol{C})=\mathrm{tr}\big(\boldsymbol{A}^{\mathrm{T}}(\boldsymbol{B}+\lambda\boldsymbol{C})\big)=\mathrm{tr}(\boldsymbol{A}^{\mathrm{T}}\boldsymbol{B})+\lambda\mathrm{tr}(\boldsymbol{A}^{\mathrm{T}}\boldsymbol{C})=\psi(\boldsymbol{A},\boldsymbol{B})+\lambda\psi(\boldsymbol{A},\boldsymbol{C})$. 结合对称性知, 双线性性成立.
- 正定性: 设 $\boldsymbol{A}=(a_{ij})$, 则 $\psi(\boldsymbol{A},\boldsymbol{A})=\sum\limits_{1\leqslant i,j\leqslant n}a_{ij}^2\geqslant 0$. 假设 $\psi(\boldsymbol{A},\boldsymbol{A})=0$, 则 $\sum\limits_{1\leqslant i,j\leqslant n}a_{ij}^2=0$, 于是 $\boldsymbol{A}=\boldsymbol{O}_{n\times n}$.

综上, ψ 是 E 上的一个内积.

例 13.1.7 设 $E=\mathcal{C}\big([0,1],\mathbb{R}\big)$, 定义

$$\begin{array}{rccc}\Psi: & E\times E & \to & \mathbb{R}\\ & (f,g) & \mapsto & \displaystyle\int_{[0,1]}fg\end{array}$$

则 Ψ 是 E 上的一个内积.

证 明 设 $\lambda\in\mathbb{R}$, $(f,g,h)\in E^3$.

- 对称性: $\Psi(f,g)=\displaystyle\int_{[0,1]}fg=\int_{[0,1]}gf=\Psi(g,f)$.
- 双线性性: $\Psi(f,g+\lambda h)=\displaystyle\int_{[0,1]}f(g+\lambda h)=\int_{[0,1]}fg+\lambda\int_{[0,1]}fh=\Psi(f,g)+\lambda\Psi(f,h)$. 结合对称性知, 双线性性成立.
- 正定性: 首先, $\Psi(f,f)=\displaystyle\int_{[0,1]}f^2\geqslant 0$. 假设 $\Psi(f,f)=0$. 由于 f^2 为非负的连续函数, 故 $f^2=0$, 从而 $f=0$. 因此, Ψ 是正定的.

综上, Ψ 是 E 上的一个内积.

注 13.1.4 在内积空间 $\big(\mathcal{C}([0,1],\mathbb{R}),\Psi\big)$ 中利用柯西-施瓦茨不等式, 我们得到如下结论:

$$\forall (f,g)\in\mathcal{C}([0,1],\mathbb{R})^2,\ \Big(\int_{[0,1]}fg\Big)^2\leqslant\Big(\int_{[0,1]}f^2\Big)\Big(\int_{[0,1]}g^2\Big).$$

13.1.3 范 数

定义 13.1.9 设 E 是一个 $\mathbb{K}$-向量空间, $\|\cdot\|$ 是从 E 到 $\mathbb{R}_+$ 的映射. 如果 $\|\cdot\|$ 满足:
(1) 正齐次性: $\forall x \in E, \forall \lambda \in \mathbb{K}, \|\lambda x\| = |\lambda|\ \|x\|$;
(2) 三角不等式: $\forall (x,y) \in E^2, \|x+y\| \leqslant \|x\| + \|y\|$;
(3) 分离性: $\forall x \in E, \|x\| = 0 \Rightarrow x = \mathbf{0}_E$.
则称 $\|\cdot\|$ 为 E 上的一个**范数**.

注 13.1.5 (1) 由正齐次性知 $\|\mathbf{0}_E\| = 0$;
(2) 范数为 1 的向量称为**单位向量**;
(3) 绝对值运算是 $\mathbb{R}$ 上的一个范数, 复数域上的求模运算是 $\mathbb{C}$ 上的一个范数.

命题 13.1.8 设 $\big(E, (\cdot \mid \cdot)\big)$ 是一个实内积空间. 定义

$$\begin{aligned} \|\cdot\|:\ E &\to \mathbb{R}_+ \\ x &\mapsto \sqrt{(x \mid x)} \end{aligned}$$

则 $\|\cdot\|$ 是 E 上的一个范数, 称为由内积 $(\cdot \mid \cdot)$ 定义的**欧氏范数**.

证 明 • 正齐次性: 设 $x \in E$, $\lambda \in \mathbb{R}$. 根据内积的双线性性, 有

$$\|\lambda x\|^2 = (\lambda x \mid \lambda x) = \lambda^2 \|x\|^2$$

故 $\|\lambda x\| = |\lambda|\ \|x\|$.

• 三角不等式: 设 $(x,y) \in E^2$. 根据内积的双线性性和柯西–施瓦茨不等式, 有

$$\begin{aligned} \|x+y\|^2 &= (x+y \mid x+y) = (x \mid x) + 2(x \mid y) + (y \mid y) \\ &\leqslant \|x\|^2 + 2\|x\|\ \|y\| + \|y\|^2 = \big(\|x\| + \|y\|\big)^2 \end{aligned}$$

故 $\|x+y\| \leqslant \|x\| + \|y\|$.

• 分离性: 设 $x \in E$. 假设 $\|x\| = 0$, 则 $(x \mid x) = \|x\|^2 = 0$. 根据内积的正定性知, $x = \mathbf{0}_E$.

综上, $\|\cdot\|$ 是 E 上的一个范数.

命题 13.1.9 (欧氏范数的性质) 设 E 是一个实内积空间, 则
(1) 平行四边形公式: $\forall (x,y) \in E^2$, $\|x+y\|^2 + \|x-y\|^2 = 2(\|x\|^2 + \|y\|^2)$;
(2) 极化恒等式:

$$\forall (x,y) \in E^2,\ (x \mid y) = \frac{1}{2}(\|x+y\|^2 - \|x\|^2 - \|y\|^2) = \frac{1}{4}(\|x+y\|^2 - \|x-y\|^2);$$

(3) (第二) 三角不等式: $\forall (x,y) \in E^2$, $\big|\|x\| - \|y\|\big| \leqslant \|x \pm y\| \leqslant \|x\| + \|y\|$;
(4) 设 $(x,y) \in E^2$, 则

$$\|x+y\| = \|x\| + \|y\| \Longleftrightarrow (x = \mathbf{0}_E \text{或存在} \lambda \in \mathbb{R}_+ \text{使得} y = \lambda x)$$

证　明　设 $(x,y)\in E^2$. 根据内积的对称性和双线性性, 有如下等式:

$$\begin{cases}\|x+y\|^2=(x+y\mid x+y)=(x\mid x)+(y\mid y)+2(x\mid y) & \text{(i)}\\ \|x-y\|^2=(x-y\mid x-y)=(x\mid x)+(y\mid y)-2(x\mid y) & \text{(ii)}\end{cases}$$

(1) 由等式 (i) 加等式 (ii) 得 $\|x+y\|^2+\|x-y\|^2=2(\|x\|^2+\|y\|^2)$.

(2) 由等式 (i) 知第一个等号成立. 等式 (i) 减等式 (ii) 得

$$(x\mid y)=\frac{1}{4}(\|x+y\|^2-\|x-y\|^2)$$

(3) 根据正齐次性和三角不等式, 有 $\|x-y\|=\|x+(-y)\|\leqslant\|x\|+\|-y\|=\|x\|+\|y\|$. 根据三角不等式, 有 $\|x\|=\|(x-y)+y\|\leqslant\|x-y\|+\|y\|$. 同理 $\|y\|\leqslant\|x-y\|+\|x\|$. 故 $\big|\|x\|-\|y\|\big|\leqslant\|x-y\|$, 进而 $\big|\|x\|-\|y\|\big|\leqslant\|x+y\|$.

(4) 先证充分性. 若 $x=\mathbf{0}_E$, 则 $\|x+y\|=\|x\|+\|y\|=\|y\|$; 若存在 $\lambda\geqslant 0$ 使得 $y=\lambda x$, 则 $\|x+y\|=\|x\|+\|y\|=(1+\lambda)\ \|x\|$.

下面证明必要性. 设 $(x,y)\in E^2$ 满足 $\|x+y\|=\|x\|+\|y\|$. 等式两边平方得 $(x\mid y)=\|x\|\ \|y\|$. 根据定理 13.1.1 知, (x,y) 线性相关. 如果 $x\neq\mathbf{0}_E$, 则存在 $\lambda\in\mathbb{R}$, 使得 $y=\lambda x$, 代入 $(x\mid y)=\|x\|\ \|y\|$ 得 $\lambda\ \|x\|^2=|\lambda|\ \|x\|^2$. 由于 $x\neq\mathbf{0}_E$, 故 $\|x\|^2\neq 0$. 于是 $|\lambda|=\lambda$, 故 $\lambda\geqslant 0$.

注 13.1.6　并非所有的范数都是欧氏范数.

例如, 设 $E=\mathbb{R}^2$, $\boldsymbol{x}=(x_1,x_2)\in E$, 定义 $\|\boldsymbol{x}\|=\max\big(|x_1|,|x_2|\big)$. 容易验证 $\|\cdot\|$ 是 E 上的一个范数, 但却不是欧氏范数. 事实上, 取 $\boldsymbol{u}=(2,1),\boldsymbol{v}=(1,2)$, 则 $\|\boldsymbol{u}+\boldsymbol{v}\|=3,\|\boldsymbol{u}-\boldsymbol{v}\|=1$ 且 $\|\boldsymbol{u}\|=\|\boldsymbol{v}\|=2$. 从而 $\|\boldsymbol{u}+\boldsymbol{v}\|^2+\|\boldsymbol{u}-\boldsymbol{v}\|^2=10$ 且 $2(\|\boldsymbol{u}\|^2+\|\boldsymbol{v}\|^2)=16$, 因此 $\|\cdot\|$ 不满足平行四边形公式. 故 $\|\cdot\|$ 不是由内积定义的范数.

13.1.4　正交性

1. 正交向量

定义 13.1.10　设 E 是一个实内积空间.

(1) 设 $(x,y)\in E^2$. 若 $(x\mid y)=0$, 则称 x 和 y **正交**, 记为 $x\perp y$.

(2) 设 $\mathscr{B}=(x_1,x_2,\cdots,x_n)\in E^n$. 如果 $x_1,x_2,\cdots,x_n$ 两两正交, 则称 $\mathscr{B}$ 为 E 的一组正交向量. 进一步, 若 $\mathscr{B}$ 中的每个向量都是单位向量, 则称 $\mathscr{B}$ 为 E 的一组单位正交向量.

(3) 设 $\mathscr{B}$ 是 E 的一组单位正交向量. 若 $\mathscr{B}$ 是 E 的一组基, 则称 $\mathscr{B}$ 为 E 的一组**单位正交基**.

注 13.1.7　(1) 设 $x\in E$ 非零, 约定 (x) 是一组正交向量.

(2) 零向量与任何一个向量正交, 即 $\forall x\in E,(x\mid\mathbf{0}_E)=0$. 事实上, 设 $x\in E$. 因为内积运算是双线性映射, 所以 $(x\mid\mathbf{0}_E)=(x\mid\mathbf{0}_E+\mathbf{0}_E)=(x\mid\mathbf{0}_E)+(x\mid\mathbf{0}_E)$. 因此, $(x\mid\mathbf{0}_E)=0$.

例 13.1.8　$\big((1,0),(0,1)\big)$ 是 $\big(\mathbb{R}^2,(\cdot\mid\cdot)_{\mathscr{B}_c}\big)$ 的一组单位正交基. 一般地, $\mathbb{R}^n$ 的典范基是 $\big(\mathbb{R}^n,(\cdot\mid\cdot)_{\mathscr{B}_c}\big)$ 的一组单位正交基.

例 13.1.9 设 $E=\mathcal{M}_n(\mathbb{R})$ 赋予内积:

$$\forall(\boldsymbol{A},\boldsymbol{B})\in E^2,\ (\boldsymbol{A}\mid\boldsymbol{B})=\operatorname{tr}(\boldsymbol{A}^{\mathrm{T}}\boldsymbol{B})$$

则 $(\boldsymbol{E}_{ij})_{(i,j)\in[\![1,n]\!]^2}$ 是 E 的一组单位正交基.

证 明 设 $(i,j,k,l)\in[\![1,n]\!]^4$, 则

$$\boldsymbol{E}_{ji}\boldsymbol{E}_{kl}=\begin{cases}\boldsymbol{E}_{jl}, & i=k\\ \boldsymbol{O}_{n\times n}, & i\neq k\end{cases}$$

从而有

$$(\boldsymbol{E}_{ij}\mid\boldsymbol{E}_{kl})=\operatorname{tr}(\boldsymbol{E}_{ij}^{\mathrm{T}}\boldsymbol{E}_{kl})=\operatorname{tr}(\boldsymbol{E}_{ji}\boldsymbol{E}_{kl})=\begin{cases}1, & (i,j)=(k,l)\\ 0, & \text{其他}\end{cases}$$

因此, $(\boldsymbol{E}_{ij})_{(i,j)\in[\![1,n]\!]^2}$ 是 E 的一组单位正交基.

命题 13.1.10 (勾股定理) 设 $(x_1,x_2,\cdots,x_n)$ 是实内积空间 E 的一组正交向量, 则

$$\|x_1+x_2+\cdots+x_n\|^2=\|x_1\|^2+\|x_2\|^2+\cdots+\|x_2\|^2$$

特别地, 设 $(x,y)\in E^2$, 若 x 与 y 正交, 则 $\|x+y\|^2=\|x\|^2+\|y\|^2$.

证 明 因为 $(x_1,x_2,\cdots,x_n)$ 是 E 的一组正交向量, 所以对于任意 $(i,j)\in[\![1,n]\!]^2$, 当 $i\neq j$ 时, $(x_i\mid x_j)=0$. 根据内积的双线性性和对称性, 有

$$\|x_1+x_2+\cdots+x_n\|^2=\left(\sum_{k=1}^n x_k\ \Big|\ \sum_{j=1}^n x_j\right)=\sum_{k=1}^n\sum_{j=1}^n(x_k\mid x_j)=\sum_{k=1}^n(x_k\mid x_k)=\sum_{k=1}^n\|x_k\|^2$$

命题 13.1.11 设 $(e_1,e_2,\cdots,e_n)$ 是实内积空间 E 的一组正交向量. 若 $(e_1,e_2,\cdots,e_n)$ 中不包含零向量, 则 $(e_1,e_2,\cdots,e_n)$ 线性无关.

证 明 设 $(k_1,k_2,\cdots,k_n)\in\mathbb{R}^n$ 满足 $k_1e_1+k_2e_2+\cdots+k_ne_n=\mathbf{0}_E$, $i\in[\![1,n]\!]$. 因为 $(e_1,e_2,\cdots,e_n)$ 两两正交, 根据内积的双线性性, 有

$$0=(e_i\mid k_1e_1+k_2e_2+\cdots+k_ne_n)=k_i(e_i\mid e_i).$$

由于 $e_i\neq\mathbf{0}_E$, 故 $(e_i\mid e_i)\neq 0$, 从而 $k_i=0$. 因此, $(e_1,e_2,\cdots,e_n)$ 线性无关.

命题 13.1.12 设 $\mathscr{B}=(e_1,e_2,\cdots,e_n)$ 是欧氏空间 E 的一组单位正交基, $x=\sum\limits_{i=1}^n x_ie_i, y=\sum\limits_{i=1}^n y_ie_i$, 则 $(x\mid y)=\sum\limits_{i=1}^n x_iy_i=[x]_{\mathscr{B}}^{\mathrm{T}}[y]_{\mathscr{B}}$. 特别地, $\|\sum\limits_{i=1}^n x_ie_i\|^2=\sum\limits_{i=1}^n\|x_i\|^2$.

证 明 因为 $\mathscr{B}$ 是 E 的一组单位正交基, 所以对于任意 $(i,j)\in[\![1,n]\!]^2$, 当 $i\neq j$ 时, $(e_i\mid e_j)=0$ 且 $(e_i\mid e_i)=1$. 根据内积的对称性和双线性性, 有

$$(x\mid y)=\left(\sum_{i=1}^n x_ie_i\ \Big|\ \sum_{j=1}^n y_je_j\right)=\sum_{i=1}^n\sum_{j=1}^n x_iy_j(e_i\mid e_j)=\sum_{i=1}^n x_iy_i(e_i\mid e_i)$$

因此, $(x\mid y)=\sum\limits_{i=1}^n x_iy_i$.

命题 13.1.13　设 $(e_1, e_2, \cdots, e_n)$ 是欧氏空间 E 的一组单位正交基, 则

$$\forall x \in E,\ x = \sum_{k=1}^{n} (e_k \mid x) e_k$$

证　明　设 $x \in E$. 由于 $(e_1, e_2, \cdots, e_n)$ 是 E 的一组基, 故存在 $(\lambda_1, \lambda_2, \cdots, \lambda_n) \in \mathbb{R}^n$, 使得 $x = \sum\limits_{k=1}^{n} \lambda_k e_k$. 由于 $(e_1, e_2, \cdots, e_n)$ 是单位正交基, 因此,

$$\forall k \in [\![1, n]\!],\ (e_k \mid x) = \left(e_k \mid \sum_{j=1}^{n} \lambda_j e_j\right) = \sum_{j=1}^{n} \lambda_j (e_k \mid e_j) = \lambda_k$$

故 $x = \sum\limits_{k=1}^{n} (e_k \mid x) e_k$.

2. 正交集

定义 13.1.11　设 E 是一个实内积空间, A 和 B 是 E 的非空子集. 如果

$$\forall (a, b) \in A \times B, (a \mid b) = 0$$

则称 A 与 B **正交**, 记作 $A \perp B$.

定义 13.1.12　设 E 是一个实内积空间, $A \subseteq E$ 非空. 称集合

$$A^\circ = \{x \in E \mid \forall a \in A, (x \mid a) = 0\}$$

为 A 的**正交集**. 根据定义知, $A \perp A^\circ$.

命题 13.1.14　设 E 是一个实内积空间, $A \subseteq E$ 非空, 则 A° 是 E 的子空间.

证　明　显然 $A^\circ \subseteq E$. 因为 $\mathbf{0}_E \in A^\circ$, 所以 A° 非空. 设 $x \in A^\circ, y \in A^\circ, \lambda \in \mathbb{R}$. 根据内积的双线性性, 有

$$\forall a \in A, (a \mid \lambda x + y) = \lambda (a \mid x) + (a \mid y) = 0$$

故 $\lambda x + y \in A^\circ$. 因此, A° 是 E 的子空间.

命题 13.1.15　设 E 是一个实内积空间, A 和 B 是 E 的非空子集, 则下列结论成立：

(1) $\{\mathbf{0}_E\}^\circ = E, E^\circ = \{\mathbf{0}_E\}$;

(2) 若 $A \subseteq B$, 则 $B^\circ \subseteq A^\circ$;

(3) $A \subseteq (A^\circ)^\circ$;

(4) $A^\circ = \big(\mathrm{Vect}(A)\big)^\circ$;

(5) $(A \cup B)^\circ = \big(\mathrm{Vect}(A) + \mathrm{Vect}(B)\big)^\circ = A^\circ \cap B^\circ$;

(6) $A^\circ + B^\circ \subseteq \big(\mathrm{Vect}(A) \cap \mathrm{Vect}(B)\big)^\circ$.

证　明　(1) 因为零向量与 E 中任意向量正交, 所以 $\{\mathbf{0}_E\}^\circ = E$. 另一方面, 设 $x \in E^\circ$, 则 $\forall y \in E, (x \mid y) = 0$. 特别地, $(x \mid x) = 0$, 故 $x = \mathbf{0}_E$. 因此, $E^\circ = \{\mathbf{0}_E\}$.

(2) 设 $x \in B^\circ$, 则 $\forall y \in B, x \perp y$. 因为 $A \subseteq B$, 所以 $\forall y \in A, x \perp y$, 于是 $x \in A^\circ$. 因此, $B^\circ \subseteq A^\circ$.

(3) 设 $x \in A$, 则 $\forall y \in A^{\circ}, x \perp y$, 即 $x \in (A^{\circ})^{\circ}$. 因此, $A \subseteq (A^{\circ})^{\circ}$.

(4) 因为 $A \subseteq \mathrm{Vect}(A)$, 根据 (2) 知, $\big(\mathrm{Vect}(A)\big)^{\circ} \subseteq A^{\circ}$. 反之, 设 $x \in A^{\circ}$, 则 x 和 A 中所有向量正交. 设 $n \in \mathbb{N}^*, (x_1, \cdots, x_n) \in A^n, (\lambda_1, \cdots, \lambda_n) \in \mathbb{R}^n$, 根据内积的双线性性, 有

$$\Big(x \mid \sum_{k=1}^{n} \lambda_k x_k\Big) = \sum_{k=1}^{n} \lambda_k \underbrace{(x \mid x_k)}_{=0} = 0$$

故 $x \in \big(\mathrm{Vect}(A)\big)^{\circ}$. 因此, $A^{\circ} \subseteq \big(\mathrm{Vect}(A)\big)^{\circ}$.

综上, $\big(\mathrm{Vect}(A)\big)^{\circ} = A^{\circ}$.

(5) 由于 $\mathrm{Vect}(A \cup B) = \mathrm{Vect}(A) + \mathrm{Vect}(B)$, 根据 (4), 有

$$(A \cup B)^{\circ} = \big(\mathrm{Vect}(A \cup B)\big)^{\circ} = \big(\mathrm{Vect}(A) + \mathrm{Vect}(B)\big)^{\circ}$$

由于 $A \subseteq A \cup B$, 故 $(A \cup B)^{\circ} \subseteq A^{\circ}$, 同理 $(A \cup B)^{\circ} \subseteq B^{\circ}$, 故 $(A \cup B)^{\circ} \subseteq A^{\circ} \cap B^{\circ}$. 反之, 设 $x \in A^{\circ} \cap B^{\circ}$, 则对于任意 $y \in A \cup B, (x \mid y) = 0$, 故 $x \in (A \cup B)^{\circ}$. 因此, $A^{\circ} \cap B^{\circ} \subseteq (A \cup B)^{\circ}$.

综上, $A^{\circ} \cap B^{\circ} = (A \cup B)^{\circ}$.

(6) 设 $x \in A^{\circ}, y \in B^{\circ}, z \in \mathrm{Vect}(A) \cap \mathrm{Vect}(B)$. 因为 $A^{\circ} = \big(\mathrm{Vect}(A)\big)^{\circ}$, 所以 $(x \mid z) = 0$. 同理, $(y \mid z) = 0$. 于是 $(x + y \mid z) = (x \mid z) + (y \mid z) = 0$, 故 $x + y \in \big(\mathrm{Vect}(A) \cap \mathrm{Vect}(B)\big)^{\circ}$. 因此, $A^{\circ} + B^{\circ} \subseteq \big(\mathrm{Vect}(A) \cap \mathrm{Vect}(B)\big)^{\circ}$.

3. 正交补空间

命题 13.1.16 设 E 是一个实内积空间, F 和 G 是 E 的子空间. 若 F 与 G 正交, 则 $F \cap G = \{\mathbf{0}_E\}$, 即 $F + G$ 是直和, 记为 $F \overset{\perp}{\oplus} G$.

证 明 设 $x \in F \cap G$. 由于 F 与 G 正交, 故 $(x \mid x) = 0$. 由内积的正定性知, $x = \mathbf{0}_E$. 因此, $F \cap G = \{\mathbf{0}_E\}$.

命题 13.1.17 设 F, G_1, G_2 是实内积空间 E 的三个子空间. 如果 $E = F \overset{\perp}{\oplus} G_1 = F \overset{\perp}{\oplus} G_2$, 则 $G_1 = G_2$, 此时称 G_1 为 F 的**正交补空间**, 记为 $F^{\perp}$.

证 明 设 $E = F \overset{\perp}{\oplus} G_1 = F \overset{\perp}{\oplus} G_2, x \in G_1 \subseteq E$, 则存在 $(y, z) \in F \times G_2$, 使得 $x = y + z$. 于是有 $(x \mid y) = (y \mid y) + (z \mid y)$. 由于 F 和 G_1, G_2 都正交, 故 $(x \mid y) = (z \mid y) = 0$, 进而 $(y \mid y) = 0$. 由内积的正定性知, $y = \mathbf{0}_E$. 于是 $x = z \in G_2$, 这就证明了 $G_1 \subseteq G_2$. 同理可证 $G_2 \subseteq G_1$. 故 $G_1 = G_2$.

例 13.1.10 设 $\mathbb{R}^3$ 赋予典范内积, $\mathscr{B} = (e_1, e_2, e_3)$ 是 $\mathbb{R}^3$ 的典范基, 记 $F = \mathrm{Vect}(e_1)$, $G = \mathrm{Vect}(e_2.e_3)$, 则 $\mathbb{R}^3 = F \overset{\perp}{\oplus} G$.

13.1.5 施密特正交化

根据命题 13.1.12 和命题 13.1.13 知, 若欧氏空间 E 存在一组单位正交基 $\mathscr{B}$, 则 E 中任意向量在 $\mathscr{B}$ 下的坐标可以直接给出, 并且 E 中任意两个向量的内积也可以直接算出. 我

们自然要问, 是否每个欧氏空间都存在一组单位正交基? 如果是, 如何去求它的一组单位正交基? 下面这个定理给出了答案.

定理 13.1.2 (施密特正交化定理) 设 $n \in \mathbb{N}^*$, E 是一个实内积空间, $(v_1, v_2, \cdots, v_n)$ 是 E 的一组线性无关的向量, 则存在 E 的一组单位正交向量 $(e_1, e_2, \cdots, e_n)$, 使得

$$\forall k \in [\![1, n]\!],\ \mathrm{Vect}(e_1, e_2, \cdots, e_k) = \mathrm{Vect}(v_1, v_2, \cdots, v_k)$$

证 明 设 $n \in \mathbb{N}^*$. 定义 $\mathscr{P}(n)$: 如果 $(v_1, \cdots, v_n) \in E^n$ 线性无关, 则存在 E 的一组单位正交向量 $(e_1, \cdots, e_n)$, 使得 $\forall k \in [\![1, n]\!]$, $\mathrm{Vect}(e_1, e_2, \cdots, e_k) = \mathrm{Vect}(v_1, v_2, \cdots, v_k)$.

- 当 $n = 1$ 时, 取 $e_1 = \dfrac{v_1}{\|v_1\|}$ 即可.
- 设 $n \in \mathbb{N}^*$, 假设 $\mathscr{P}(n)$ 成立, 并设 $(v_1, v_2, \cdots, v_{n+1}) \in E^{n+1}$ 线性无关, 则 $(v_1, v_2, \cdots, v_n)$ 线性无关. 根据归纳假设知, 存在一组单位正交向量 $(e_1, e_2, \cdots, e_n) \in E^n$, 使得

$$\forall k \in [\![1, n]\!],\ \mathrm{Vect}(e_1, e_2, \cdots, e_k) = \mathrm{Vect}(v_1, v_2, \cdots, v_k)$$

下面需要构造向量 $e_{n+1} \in E$, 使得 $(e_1, e_2, \cdots, e_n, e_{n+1})$ 是 E 的一组单位正交向量, 并且满足

$$\mathrm{Vect}(e_1, e_2, \cdots, e_n, e_{n+1}) = \mathrm{Vect}(v_1, v_2, \cdots, v_n, v_{n+1})$$

假设这样的向量 e_{n+1} 存在, 则 $e_{n+1} \in \mathrm{Vect}(v_1, v_2, \cdots, v_n, v_{n+1})$. 根据归纳假设, 有

$$\mathrm{Vect}(v_1, \cdots, v_n, v_{n+1}) = \mathrm{Vect}(e_1, \cdots, e_n, v_{n+1})$$

故 $e_{n+1} \in \mathrm{Vect}(e_1, \cdots, e_n, v_{n+1})$. 从而存在 $(\lambda_1, \lambda_2, \cdots, \lambda_{n+1}) \in \mathbb{R}^{n+1}$, 使得

$$e_{n+1} = \sum_{k=1}^{n} \lambda_k e_k + \lambda_{n+1} v_{n+1}$$

由于 $(e_1, \cdots, e_n, e_{n+1})$ 线性无关, 故 $\lambda_{n+1} \neq 0$. 由于 $(e_1, \cdots, e_n, e_{n+1})$ 是一组单位正交向量, 故

$$\forall j \in [\![1, n]\!],\ 0 = (e_j \mid e_{n+1}) = \lambda_j + \lambda_{n+1}(e_j \mid v_{n+1})$$

从而有 $\forall j \in [\![1, n]\!], \lambda_j = -\lambda_{n+1}(e_j \mid v_{n+1})$, 故

$$e_{n+1} = \lambda_{n+1}\Big(v_{n+1} - \sum_{k=1}^{n} (e_k \mid v_{n+1}) e_k\Big)$$

又因为 e_{n+1} 是单位向量, 所以 $\|v_{n+1} - \sum\limits_{k=1}^{n} (e_k \mid v_{n+1}) e_k)\| = \dfrac{1}{|\lambda_{n+1}|}$.

记 $w_{n+1} = v_{n+1} - \sum\limits_{k=1}^{n} (e_k \mid v_{n+1}) e_k$, 取 $e_{n+1} = \dfrac{w_{n+1}}{\|w_{n+1}\|}$. 根据上述求解过程知, e_{n+1} 即为所求, 这就证明了 $\mathscr{P}(n+1)$ 成立.

根据数学归纳法知, 对于任意 $n \in \mathbb{N}^*$, $\mathscr{P}(n)$ 成立.

注 13.1.8 定理的证明过程给出了将 E 的一组线性无关的向量 $(v_1, v_2, \cdots, v_n)$ 正交化的方法, 即

$$\begin{cases} e_1 = \dfrac{v_1}{\|v_1\|} & (k=1) \\ e_{k+1} = \dfrac{v_{k+1} - \sum\limits_{j=1}^{k}(e_j \mid v_{k+1})e_j}{\left\|v_{k+1} - \sum\limits_{j=1}^{k}(e_j \mid v_{k+1})e_j\right\|} & (k \in [\![1, n-1]\!]) \end{cases}$$

一般把这个过程称为将 $(v_1, v_2, \cdots, v_n)$ 施密特正交化或单位正交化.

例 13.1.11 设 $\mathbb{R}^3$ 赋予典范内积, $\boldsymbol{v}_1 = (1,0,0), \boldsymbol{v}_2 = (1,1,0), \boldsymbol{v}_3 = (1,1,1)$. 将 $(\boldsymbol{v}_1, \boldsymbol{v}_2, \boldsymbol{v}_3)$ 单位正交化.

解 • 由于 $\boldsymbol{v}_1$ 是单位向量, 取 $\boldsymbol{e}_1 = \boldsymbol{v}_1$.

• 记 $\boldsymbol{w}_2 = \boldsymbol{v}_2 - (\boldsymbol{v}_2 \mid \boldsymbol{e}_1)\boldsymbol{e}_1$. 由于 $(\boldsymbol{v}_2 \mid \boldsymbol{e}_1) = 1$, 所以 $\boldsymbol{w}_2 = \boldsymbol{v}_2 - \boldsymbol{e}_1 = (0,1,0)$. 由于 $\boldsymbol{w}_2$ 是单位向量, 故取 $\boldsymbol{e}_2 = \boldsymbol{w}_2$.

• 记 $\boldsymbol{w}_3 = \boldsymbol{v}_3 - (\boldsymbol{v}_3 \mid \boldsymbol{e}_1)\boldsymbol{e}_1 - (\boldsymbol{v}_3 \mid \boldsymbol{e}_2)\boldsymbol{e}_2$. 计算得 $\boldsymbol{w}_3 = (0,0,1)$. 由于 $\boldsymbol{w}_3$ 是单位向量, 故取 $\boldsymbol{e}_3 = (0,0,1)$.

根据施密特正交化定理知, $(\boldsymbol{e}_1, \boldsymbol{e}_2, \boldsymbol{e}_3)$ 即为所求.

例 13.1.12 设 $E = \mathbb{R}_2[X]$ 赋予内积:

$$\forall (P,Q) \in E^2,\ (P \mid Q) = \int_{-1}^{1} P(x)Q(x)\mathrm{d}x.$$

将 $(1, X, X^2)$ 单位正交化.

解 由于 $(1 \mid X) = \displaystyle\int_{-1}^{1} x\mathrm{d}x = 0$, 只需将 $(1, X)$ 单位化.

• 因为 $\|1\|^2 = \displaystyle\int_{-1}^{1} 1\mathrm{d}x = 2$, 所以 $\|1\| = \sqrt{2}$, 取 $e_1 = \dfrac{1}{\sqrt{2}}$.

• 因为 $\|X\|^2 = \displaystyle\int_{-1}^{1} x^2\mathrm{d}x = \dfrac{2}{3}$, 所以 $\|X\| = \sqrt{\dfrac{2}{3}}$, 取 $e_2 = \dfrac{\sqrt{6}X}{2}$.

• 记 $w_3 = X^2 - (X^2 \mid e_1)e_1 - (X^2 \mid e_2)e_2$. 计算得 $w_3 = X^2 - \dfrac{1}{3}$, 而

$$\|w_3\|^2 = \int_{-1}^{1} w_3^2\mathrm{d}t = \int_{-1}^{1} (x^2 - \frac{1}{3})^2\mathrm{d}t = \frac{8}{45}$$

取 $e_3 = \dfrac{3\sqrt{10}}{4}\left(X^2 - \dfrac{1}{3}\right)$.

根据施密特正交化定理知, (e_1, e_2, e_3) 是 E 的一组单位正交基.

下一结论是施密特正交化定理的直接推论 (推论 13.1.1):

推论 13.1.1 实内积空间的每一个非零有限维子空间都存在一组单位正交基. 特别地, 每一个欧氏空间都存在一组单位正交基.

推论 13.1.2 欧氏空间 E 的每一组单位正交向量都可扩充成为 E 的一组单位正交基.

证 明 首先将 E 的一组单位正交向量扩充为 E 的一组基, 然后将这组基单位正交化即可.

13.1.6 正交投影与距离

命题 13.1.18 设 F 是实内积空间 E 的子空间. 假设 $\dim(F) = n \in \mathbb{N}^*$ 且 $(e_1, e_2, \cdots, e_n)$ 是 F 的一组单位正交基. 另设 $x \in E$, 记 $p_F(x) = \sum\limits_{k=1}^{n}(e_k \mid x)e_k$, 则

(1) $p_F(x) \in F$ 且 $x - p_F(x) \in F^{\circ}$;

(2) $p_F(x) = x \Longleftrightarrow x \in F$.

证 明 (1) 显然 $p_F(x) \in F$. 设 $j \in [\![1, n]\!]$. 因为 $(e_1, e_2, \cdots, e_n)$ 为 F 的一组单位正交基, 根据内积的双线性性, 所以有

$$\big(e_j \mid p_F(x)\big) = \left(e_j \;\middle|\; \sum_{k=1}^{n}(e_k \mid x)e_k\right) = \sum_{k=1}^{n}(e_k \mid x)(e_j \mid e_k) = (e_j \mid x)$$

进而有

$$\big(e_j \mid x - p_F(x)\big) = (e_j \mid x) - \big(e_j \mid p_F(x)\big) = (e_j \mid x) - (e_j \mid x) = 0$$

因此, $x - p_F(x) \in F^{\circ}$.

(2) 若 $p_F(x) = x$, 显然 $x \in F$. 反过来, 假设 $x \in F$, 根据命题 13.1.13 知, $x = p_F(x)$.

注 13.1.9 命题 13.1.18的内容可总结为表 13.1.

表 13.1

图形	关系式
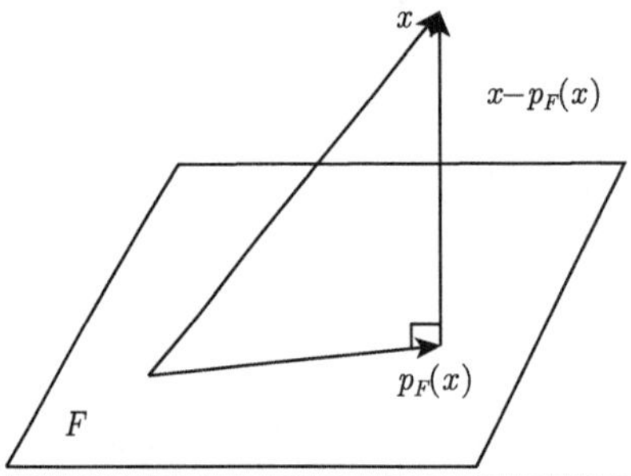	$F=\mathrm{Vect}(e_1, \cdots, e_n)$ $x-p_F(x) \perp p_F(x)$ $p_F(x)=\sum\limits_{k=1}^{n}(e_k\vert x)e_k$

命题 13.1.19 设 F 是实内积空间 E 的有限维子空间, 则

(1) $E = F \overset{\perp}{\oplus} F^{\circ}$, 故 $F^{\circ} = F^{\perp}$;

(2) $F = F^{\circ\circ}$.

证 明 若 $F = \{\mathbf{0}_E\}$, 结论显然成立. 下面假设 F 不是零空间.

(1) 设 $(e_1, e_2, \cdots, e_n)$ 是 F 的一组单位正交基, $x \in E$. 记 $p_F(x) = \sum\limits_{k=1}^{n}(e_k \mid x)e_k$, 则 $x = x - p_F(x) + p_F(x)$. 根据命题 13.1.18 知, $x - p_F(x) \in F^{\circ}$ 且 $p_F(x) \in F$, 故 $E = F + F^{\circ}$. 又因为 $F \perp F^{\circ}$, 所以 $E = F \overset{\perp}{\oplus} F^{\circ}$.

(2) 根据命题 13.1.15 知, $F \subseteq F^{\circ\circ}$. 设 $y \in F^{\circ\circ}$, 由于 $F^{\circ\circ} \subseteq E = F \oplus F^{\circ}$, 故存在 $(y_1, y_2) \in F \times F^{\circ}$, 使得 $y = y_1 + y_2$. 由于 $y_1 \in F$ 且 $y_2 \in F^{\circ}$, 故

$$(y_2 \mid y_2) = (y_2 \mid y - y_1) = (y_2 \mid y) - (y_2 \mid y_1) = 0$$

根据内积的正定性知, $y_2 = 0$ 故 $y = y_1 \in F$. 这就证明了 $F^{\circ\circ} \subseteq F$. 因此, $F = F^{\circ\circ}$.

注 13.1.10 设 F 是实内积空间 E 的子空间. 当 F 是无限维向量空间时, F° 不一定是 F 的正交补.

例如, 设 $E = \mathbb{R}[X]$ 赋予内积:

$$\forall (P, Q) \in E^2,\ (P \mid Q) = \int_{-1}^{1} P(x)Q(x)\mathrm{d}x$$

记 $F = X\mathbb{R}[X] = \big\{P \in \mathbb{R}[X] \mid P(0) = 0\big\}$, 则 F 是 E 的一个无限维子空间. 设 $P \in F^{\circ}$, 由于 $X^2P \in F$, 故 $(P \mid X^2P) = (XP \mid XP)^2 = 0$. 根据内积的正定性知, $XP = 0$, 从而 $P = 0$. 故 $F^{\circ} = \{0\}$. 显然, $E \neq F \overset{\perp}{\oplus} F^{\circ}$, 因此, F° 不是 F 的正交补空间.

定义 13.1.13 设 F 是实内积空间 E 的子空间, $\dim(F) = n \in \mathbb{N}^*$ 且 $(e_1, e_2, \cdots, e_n)$ 为 F 的一组单位正交基. 平行于 F° 在 F 上的投影映射

$$\begin{array}{rccc} p_F: & E & \to & E \\ & x & \mapsto & \sum\limits_{k=1}^{n} (e_k \mid x) e_k \end{array}$$

称为 E 的子空间 F 上的**正交投影**, 向量

$$p_F(x) = \sum_{k=1}^{n} (e_k \mid x) e_k$$

称为 x 在子空间 F 上的**正交投影**.

定义 13.1.14 设 E 是一个实内积空间, F 为 E 的非零子空间, $x \in E$, 称

$$\inf \Big\{ \|x - z\| \mid z \in F \Big\}$$

为 x 到子空间 F 的**距离**, 记为 $d(x, F)$.

推论 13.1.3 设 E 是一个实内积空间, F 为 E 的非零有限维子空间, $x \in E$, 则

(1) $\|x - p_F(x)\| = d(x, F)$;

(2) **(贝塞尔不等式)** $\|p_F(x)\|^2 \leqslant \|x\|^2$, 等号成立当且仅当 $x \in F$.

证 明 (1) 设 $y \in F$, 则 $y - p_F(x) \in F$ 且 $x - p_F(x) \in F^{\circ}$. 根据勾股定理, 有

$$\|x - y\|^2 = \|x - p_F(x) + p_F(x) - y\|^2 = \|x - p_F(x)\|^2 + \|p_F(x) - y\|^2 \geqslant \|x - p_F(x)\|^2$$

因此, $\|x - y\| \geqslant \|x - p_F(x)\|$. 故 $\|x - p_F(x)\| = d(x, F)$.

(2) 因为 $x - p_F(x) \in F^{\circ}$ 且 $p_F(x) \in F$, 根据勾股定理知, $\|x\|^2 = \|x - p_F(x)\|^2 + \|p_F(x)\|^2$, 故 $\|p_F(x)\|^2 \leqslant \|x\|^2$. 进一步, 等号成立当且仅当 $\|x - p_F(x)\| = 0$, 当且仅当 $x = p_F(x) \in F$.

例 13.1.13 求 $m=\inf\left\{\int_{-1}^{1}(\mathrm{e}^x-a-bx-cx^2)^2\mathrm{d}x \mid (a,b,c)\in\mathbb{R}^3\right\}$.

解 (i) 问题转化. 设 $E=\mathcal{C}\big([-1,1],\mathbb{R}\big)$ 赋予内积:

$$\forall (f,g)\in E^2,\ (f\mid g)=\int_{-1}^{1}f(x)g(x)\mathrm{d}x$$

设

$$v_1:[-1,1]\to\mathbb{R},\ x\mapsto 1;\qquad v_2:[-1,1]\to\mathbb{R},\ x\mapsto x;$$
$$v_3:[-1,1]\to\mathbb{R},\ x\mapsto x^2;\qquad f:[-1,1]\to\mathbb{R},\ x\mapsto \mathrm{e}^x.$$

则

$$\int_{-1}^{1}(\mathrm{e}^x-a-bx-cx^2)^2\mathrm{d}x=\|f-(av_1+bv_2+cv_3)\|^2$$

记 $F=\mathrm{Vect}(v_1,v_2,v_3)$, 则

$$m=d(f,F)^2=\|f-p_F(f)\|^2$$

(ii) 根据例 13.1.12 知, 将 (v_1,v_2,v_3) 施密特正交化, 得到 F 的一组单位正交基:

$$(e_1,e_2,e_3)=\left(\frac{\sqrt{2}}{2},\frac{\sqrt{3}}{\sqrt{2}}x,\frac{3\sqrt{5}}{2\sqrt{2}}\left(x^2-\frac{1}{3}\right)\right)$$

(iii) 计算 m 的值. 首先, $p_F(f)=(e_1\mid f)e_1+(e_2\mid f)e_2+(e_3\mid f)e_3$. 又因为

$$\|f\|^2=\|f-p_F(f)\|^2+\|p_F(f)\|^2$$

且 $\|p_F(f)\|^2=(e_1\mid f)^2+(e_2\mid f)^2+(e_3\mid f)^2$, 所以

$$m=\|f-p_F(f)\|^2=\|f\|^2-\|p_F(f)\|^2=\|f\|^2-(e_1\mid f)^2-(e_2\mid f)^2-(e_3\mid f)^2$$

分别计算, 得

$$\|f\|^2=\int_{-1}^{1}\mathrm{e}^{2x}\mathrm{d}x=\frac{\mathrm{e}^2-\mathrm{e}^{-2}}{2}$$
$$(e_1\mid f)=\frac{1}{\sqrt{2}}\int_{-1}^{1}\mathrm{e}^x\mathrm{d}x=\frac{\mathrm{e}-\mathrm{e}^{-1}}{\sqrt{2}}$$
$$(e_2\mid f)=\frac{\sqrt{3}}{\sqrt{2}}\int_{-1}^{1}x\mathrm{e}^x\mathrm{d}x=\sqrt{6}\mathrm{e}^{-1}$$
$$(e_3\mid f)=\frac{3\sqrt{5}}{2\sqrt{2}}\int_{-1}^{1}\left(x^2-\frac{1}{3}\right)\mathrm{e}^x\mathrm{d}x=\frac{\sqrt{5}}{\sqrt{2}}(\mathrm{e}-7\mathrm{e}^{-1})$$

故 $m=\|f\|^2-\|p_F(f)\|^2=\frac{1}{2}(-5\mathrm{e}^2-259\mathrm{e}^{-2}+72)$.

13.2 最小二乘法

最小二乘法是一种在误差估计、不确定度、系统辨识及预测等数据处理诸多学科领域得到广泛应用的数学工具. 本节利用内积空间的性质, 证明线性方程组最小二乘解的存在性, 并给出最小二乘解的求解公式.

下面先看一个实际生活中的例子. 用切削机床进行金属制品加工时, 为了适当地调整机床, 应每隔一定时间测量一遍刀具的厚度, 表 13.1 所列为刀具厚度 y (cm) 随磨损时间 t (h) 变化的部分数据, 试求 y 与 t 之间的一个近似表达式.

表 13.1

t/h	0	1	2	3	4	5	6	7
y/cm	27	26.8	26.5	26.3	26.1	25.7	25.3	24.8

把表 13.1 中数据作图 (见图 13.1), 发现它的变化趋势趋近于一条直线.

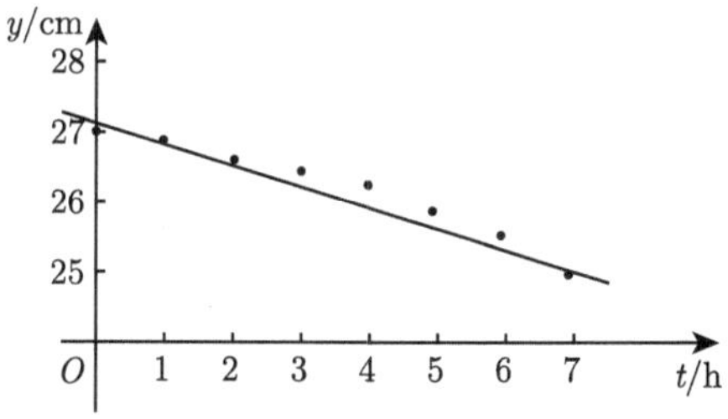

图 13.1

因此, 选取一次函数 $y = at + b$ 作为近似公式. 当然, 最好是能找到 a, b, 使得下面的等式都成立:

$$
\begin{aligned}
0 + b - 27 \quad &= 0 \\
a + b - 26.8 &= 0 \\
2a + b - 26.5 &= 0 \\
3a + b - 26.3 &= 0 \\
4a + b - 26.1 &= 0 \\
5a + b - 25.7 &= 0 \\
6a + b - 25.3 &= 0 \\
7a + b - 24.8 &= 0
\end{aligned}
$$

但是, 对任意实数 a, b, 上列等式不可能同时成立. 实际应用中, 人们希望寻找实数 a, b, 使得下列和式最小:

$$
\begin{aligned}
& (0 \cdot a + b - 27)^2 + (a + b - 26.8)^2 + (2a + b - 26.5)^2 + (3a + b - 26.3)^2 \\
+ \quad & (4a + b - 26.1)^2 + (5a + b - 25.7)^2 + (6a + b - 25.3)^2 + (7a + b - 24.8)^2
\end{aligned}
$$

这里求解的是误差平方和的最小值, 故这种近似求解的方法被称为**最小二乘法**.

更一般地, 实系数线性方程组

$$\begin{cases} a_{11}x_1 + a_{12}x_2 + \cdots + a_{1s}x_s - b_1 = 0 \\ a_{21}x_1 + a_{22}x_2 + \cdots + a_{2s}x_s - b_2 = 0 \\ \qquad\vdots \qquad\qquad\qquad \vdots \\ a_{n1}x_1 + a_{n2}x_2 + \cdots + a_{ns}x_s - b_n = 0 \end{cases}$$

可能无解, 即任何一组数 $(x_1, x_2, \cdots, x_s) \in \mathbb{R}^s$ 都可能使

$$\sum_{i=1}^{n}(a_{i1}x_1 + a_{i2}x_2 + \cdots + a_{is}x_s - b_i)^2 \tag{13.2.1}$$

不等于零. 设法找到实数组 $(x_1^0, x_2^0, \cdots, x_s^0)$ 使和式 (13.2.1) 最小, 满足条件的实数组称为方程组的**最小二乘解**, 这种求解问题的方法称为**最小二乘法.** 下面分两步求线性方程组的最小二乘解.

第一步　将问题转化为欧氏空间中的距离问题

记

$$\boldsymbol{A} = \begin{bmatrix} a_{11} & a_{12} & \cdots & a_{1s} \\ a_{21} & a_{22} & \cdots & a_{2s} \\ \vdots & \vdots & \cdots & \vdots \\ a_{n1} & a_{n2} & \cdots & a_{ns} \end{bmatrix}, \qquad \boldsymbol{B} = \begin{bmatrix} b_1 \\ b_2 \\ \vdots \\ b_n \end{bmatrix}, \qquad \boldsymbol{X} = \begin{bmatrix} x_1 \\ x_2 \\ \vdots \\ x_s \end{bmatrix}$$

$\boldsymbol{Y} = \boldsymbol{AX}$, 则

$$\boldsymbol{Y} = \left[\sum_{j=1}^{s} a_{1j}x_j, \sum_{j=1}^{s} a_{2j}x_j, \cdots, \sum_{j=1}^{s} a_{nj}x_j\right]^{\mathrm{T}}$$

记 $\mathcal{M}_{n,1}(\mathbb{R})$ 上的典范内积为 $(\cdot|\cdot)$, 对应范数为 $\|\cdot\|_2$, 则

$$\sum_{i=1}^{n}(a_{i1}x_1 + a_{i2}x_2 + \cdots + a_{is}x_s - b_i)^2 = \|\boldsymbol{Y} - \boldsymbol{B}\|_2^2$$

因此, 最小二乘问题就是寻找 $(x_1, x_2, \cdots, x_s) \in \mathbb{R}^s$, 使得 $\boldsymbol{Y}$ 与 $\boldsymbol{B}$ 的距离最短. 另一方面, 向量 $\boldsymbol{Y}$ 可表示为

$$\boldsymbol{Y} = x_1 \begin{bmatrix} a_{11} \\ a_{21} \\ \vdots \\ a_{n1} \end{bmatrix} + x_2 \begin{bmatrix} a_{12} \\ a_{22} \\ \vdots \\ a_{n2} \end{bmatrix} + \cdots + x_s \begin{bmatrix} a_{1s} \\ a_{2s} \\ \vdots \\ a_{ns} \end{bmatrix}$$

把 $\boldsymbol{A}$ 的各列分别记成 $\alpha_1, \alpha_2, \cdots, \alpha_s$, 记 $F = \mathrm{Vect}(\alpha_1, \alpha_2, \cdots, \alpha_s)$, 则 $\boldsymbol{Y} \in F$. 于是问题可以叙述为

求 $(x_1, x_2, \cdots, x_s) \in \mathbb{R}^s$, 使得 $\sum\limits_{i=1}^{n}(a_{i1}x_1 + a_{i2}x_2 + \cdots + a_{is}x_s - b_i)^2$ 最小, 就是要在 F 中寻找向量 $\boldsymbol{Y}_0$, 使得

$$\|\boldsymbol{B} - \boldsymbol{Y}_0\|_2^2 = d(\boldsymbol{B}, F)^2$$

第二步　求方程的最小二乘解

假设 $\boldsymbol{Y}_0 = \boldsymbol{A}\boldsymbol{X}_0 = x_1^0\alpha_1 + x_2^0\alpha_2 + \cdots + x_s^0\alpha_s$ 满足 $\|\boldsymbol{B} - \boldsymbol{Y}_0\|_2 = d(\boldsymbol{B}, F)$. 根据推论 13.1.3 知, $\boldsymbol{Y}_0 = p_F(\boldsymbol{B})$. 进而有

$$\boldsymbol{C} = \boldsymbol{B} - \boldsymbol{Y}_0 = \boldsymbol{B} - \boldsymbol{A}\boldsymbol{X}_0 \in F^\circ$$

故

$$(\boldsymbol{C} \mid \alpha_1) = (\boldsymbol{C} \mid \alpha_2) = \cdots = (\boldsymbol{C} \mid \alpha_s) = 0 \tag{13.2.2}$$

设 $k \in [\![1, s]\!]$. 由于考虑的是 $\mathcal{M}_{n,1}(\mathbb{R})$ 上的典范内积, 故 $(\boldsymbol{C} \mid \alpha_k) = \alpha_k^{\mathrm{T}}\boldsymbol{C}$. 而 $\alpha_1^{\mathrm{T}}, \alpha_2^{\mathrm{T}}, \cdots, \alpha_s^{\mathrm{T}}$ 正好是矩阵 $\boldsymbol{A}^{\mathrm{T}}$ 的各行. 因此, (13.2.2) 等价于 $\boldsymbol{A}^{\mathrm{T}}(\boldsymbol{B} - \boldsymbol{A}\boldsymbol{X}_0) = \boldsymbol{0}$, 即 $\boldsymbol{A}^{\mathrm{T}}\boldsymbol{A}\boldsymbol{X}_0 = \boldsymbol{A}^{\mathrm{T}}\boldsymbol{B}$. 进一步, 假设 $(\alpha_1, \alpha_2, \cdots, \alpha_s)$ 线性无关, 则 $\mathrm{rg}(\boldsymbol{A}) = s$. 由于 $\boldsymbol{A}^{\mathrm{T}}\boldsymbol{A}$ 是 s 阶方阵, 且 $\mathrm{rg}\,(\boldsymbol{A}^{\mathrm{T}}\boldsymbol{A}) = \mathrm{rg}(\boldsymbol{A}) = s$, 故 $\boldsymbol{A}^{\mathrm{T}}\boldsymbol{A}$ 是可逆矩阵. 因此, $\boldsymbol{X}_0 = (\boldsymbol{A}^{\mathrm{T}}\boldsymbol{A})^{-1}\,\boldsymbol{A}^{\mathrm{T}}\boldsymbol{B}$.

将上述结论总结如下:

命题 13.2.1　设 $\boldsymbol{A} \in \mathcal{M}_{n,s}(\mathbb{R})$ 且 $\mathrm{rg}(\boldsymbol{A}) = s$, $\boldsymbol{B} \in \mathcal{M}_{n,1}(\mathbb{K})$, 则方程 $\boldsymbol{A}\boldsymbol{X} = \boldsymbol{B}$ 的最小二乘解为

$$\boldsymbol{X}_0 = (\boldsymbol{A}^{\mathrm{T}}\boldsymbol{A})^{-1}\,\boldsymbol{A}^{\mathrm{T}}\boldsymbol{B}$$

回到本节开始的例子,

$$\boldsymbol{A} = \begin{bmatrix} 0 & 1 \\ 1 & 1 \\ 2 & 1 \\ 3 & 1 \\ 4 & 1 \\ 5 & 1 \\ 6 & 1 \\ 7 & 1 \end{bmatrix}, \qquad \boldsymbol{B} = \begin{bmatrix} 27 \\ 26.8 \\ 26.5 \\ 26.3 \\ 26.1 \\ 25.7 \\ 25.3 \\ 24.8 \end{bmatrix}$$

最小二乘解 (a, b) 所满足的方程为

$$\boldsymbol{A}^{\mathrm{T}}\boldsymbol{A}\begin{bmatrix} a \\ b \end{bmatrix} - \boldsymbol{A}^{\mathrm{T}}\boldsymbol{B} = 0.$$

计算得

$$\begin{cases} 140a + 28b - 717 = 0 \\ 28a + 8b - 208.5 = 0 \end{cases}$$

解得（取四位有效数字）

$$\begin{cases} a = -0.3036 \\ b = 27.1250 \end{cases}$$

13.3 复内积空间

在本节, E 表示一个非零复向量空间. 若无特殊说明, n 是一个大于 1 的自然数.

13.3.1 共轭双线性型

设 E 是一个复向量空间, 则 E 上不存在正定的对称双线性型. 事实上, 假设 $f : E^2 \to \mathbb{C}$ 是正定的对称双线性型. 设 $x \in E$ 且 $x \neq \mathbf{0}_E$, 则 $f(x,x) > 0$. 但是 $f(ix,ix) = i^2 f(x,x) = -f(x,x) < 0$, 与 f 正定的假设矛盾. 因此, 要在复向量空间上定义内积, 需要对双线性和对称等概念进行适当修改.

定义 13.3.1 设 $f : E^2 \to \mathbb{C}$. 如果

$$\forall \lambda \in \mathbb{C}, \forall (x,y,z) \in E^3, \ \begin{cases} f(\lambda x + y, z) = \overline{\lambda} f(x,z) + f(y,z) \\ f(z, \lambda x + y) = \lambda f(z,x) + f(z,y) \end{cases}$$

则称 f 是 E 上的一个**共轭双线性型**, E 上所有共轭双线性型构成的集合记为 $\mathscr{HBL}(E)$.

命题 13.3.1 $\mathscr{HBL}(E)$ 是一个复向量空间.

设 E 是一个 n 维复向量空间, $\mathscr{B} = (e_1, \cdots, e_n)$ 是 E 的一组基, $x = \sum\limits_{k=1}^{n} x_k e_k \in E, y = \sum\limits_{k=1}^{n} y_k e_k \in E$, $f \in \mathscr{HBL}(E)$, 则

$$f(x,y) = \sum_{k=1}^{n} \overline{x_k} \left(\sum_{l=1}^{n} y_l f(e_k, e_l) \right) = \overline{[x]}^{\mathrm{T}}{}_{\mathscr{B}} \begin{bmatrix} f(e_1,e_1) & \cdots & f(e_1,e_n) \\ \vdots & \vdots & \vdots \\ f(e_n,e_1) & \cdots & f(e_n,e_n) \end{bmatrix} [y]_{\mathscr{B}}.$$

定义 13.3.2 设 E 是一个 n 维复向量空间, $\mathscr{B} = (e_1, \cdots, e_n)$ 是 E 的一组基, $f \in \mathscr{HBL}(E)$, 矩阵

$$\big(f(e_k, e_l)\big)_{n \times n} \in \mathcal{M}_n(\mathbb{C})$$

称为 f 在 $\mathscr{B}$ 下的**度量矩阵**, 记为 $\mathrm{Mat}^2_{\mathscr{B}}(f)$.

命题 13.3.2 设 E 是一个 n 维复向量空间, $\mathscr{B} = (e_1, \cdots, e_n)$ 是 E 的一组基, $f \in \mathscr{HBL}(E)$, 则

(1) $\forall (x,y) \in E^2, f(x,y) = \overline{[x]}^{\mathrm{T}}{}_{\mathscr{B}} \ \mathrm{Mat}^2_{\mathscr{B}}(f) \ [y]_{\mathscr{B}}$;

(2) $\mathrm{Mat}^2_{\mathscr{B}} : f \mapsto \big(f(e_k, e_l)\big)_{n \times n}$ 是从 $\mathscr{HBL}(E)$ 到 $\mathcal{M}_n(\mathbb{C})$ 的同构映射.

定义 13.3.3 设 $\boldsymbol{M} \in \mathcal{M}_n(\mathbb{C})$.

(1) 矩阵 $\boldsymbol{M}^* = \overline{\boldsymbol{M}}^{\mathrm{T}}$ 称为 $\boldsymbol{M}$ 的转置共轭;

(2) 若 $\boldsymbol{M} = \boldsymbol{M}^*$, 则称 $\boldsymbol{M}$ 为**厄尔米特矩阵**, 所有 n 阶厄尔米特矩阵构成的集合记为 $\mathcal{H}_n(\mathbb{C})$.

命题 13.3.3 设 $\lambda \in \mathbb{C}, (\boldsymbol{M}, \boldsymbol{N}) \in \mathcal{M}_n(\mathbb{C})^2$, 则

(1) $\overline{\lambda \boldsymbol{M} + \boldsymbol{N}} = \overline{\lambda \boldsymbol{M}} + \overline{\boldsymbol{N}}, \overline{\boldsymbol{M}\boldsymbol{N}} = \overline{\boldsymbol{M}\boldsymbol{N}}$;

(2) $(\lambda \boldsymbol{M} + \boldsymbol{N})^* = \overline{\lambda}\boldsymbol{M}^* + \boldsymbol{N}^*, (\boldsymbol{M}\boldsymbol{N})^* = \boldsymbol{N}^*\boldsymbol{M}^*$;

(3) 若 $\boldsymbol{M} \in \mathcal{H}_n(\mathbb{C})$, 则 $\boldsymbol{M}$ 的对角元全是实数.

定义 13.3.4 设 $f : E^2 \to \mathbb{C}$. 如果

$$\forall (x, y) \in E^2,\ f(x, y) = \overline{f(y, x)},$$

则称 f 是**共轭对称**的.

命题 13.3.4 设 E 是一个 n 维复向量空间, $\mathscr{B} = (e_1, \cdots, e_n)$ 为 E 的一组基, $f \in \mathscr{HBL}(E)$, 则 f 是共轭对称的当且仅当 $\mathrm{Mat}^2_{\mathscr{B}}(f)$ 是厄尔米特矩阵.

定义 13.3.5 设 E 是一个复向量空间, f 是 E 上共轭对称的共轭双线性型.

(1) 如果 $\forall x \in E, f(x, x) \geqslant 0$, 则称 f 是**半正定的**;

(2) 如果 $\forall x \in E \backslash \{\mathbf{0}_E\}, f(x, x) > 0$, 则称 f 是**正定的**.

定理 13.3.1 (柯西-施瓦茨不等式) 设 E 是一个复向量空间, $f \in \mathscr{HBL}(E)$ 是共轭对称的. 如果 f 是半正定的, 则

$$\forall (x, y) \in E^2, |f(x, y)|^2 \leqslant f(x, x) f(y, y).$$

进一步, 如果 f 是正定的, 则等号成立当且仅当 (x, y) 线性相关.

证 明 设 $(x, y) \in E^2$, 则

$$\forall \lambda \in \mathbb{C},\ f(\lambda x + y, \lambda x + y) = |\lambda|^2 f(x, x) + 2\mathrm{Re}(\overline{\lambda} f(x, y)) + f(y, y) \geqslant 0$$

因为 $f(x, y) \in \mathbb{C}$, 所以存在 $\theta \in [0, 2\pi[$, 使得 $f(x, y) = |f(x, y)|\mathrm{e}^{\mathrm{i}\theta}$. 由 λ 的任意性, 知

$$\forall \lambda \in \mathbb{R},\ f(\lambda \mathrm{e}^{\mathrm{i}\theta} x + y, \lambda \mathrm{e}^{\mathrm{i}\theta} x + y) = \lambda^2 f(x, x) + 2\mathrm{Re}(\lambda \mathrm{e}^{-\mathrm{i}\theta} f(x, y)) + f(y, y) \geqslant 0$$

从而有 $\forall \lambda \in \mathbb{R},\ f(\lambda \mathrm{e}^{\mathrm{i}\theta} x + y, \lambda \mathrm{e}^{\mathrm{i}\theta} x + y) = \lambda^2 f(x, x) + 2\lambda |f(x, y))| + f(y, y) \geqslant 0$. 剩下的证明跟实内积空间中柯西-施瓦茨不等式的证明完全相同.

13.3.2 复内积

定义 13.3.6 设 $f : E^2 \to \mathbb{C}$. 如果 f 是一个正定的共轭对称共轭双线性型, 则称 f 为 E 上的一个**内积**, 记为 $(\cdot \mid \cdot)$, 称 $\big(E, (\cdot \mid \cdot)\big)$ 一个**复内积空间**, 简称 E 是一个复内积空间. 进一步, 若 E 是有限维向量空间, 则称 $(E, (\cdot \mid \cdot))$ 是一个**厄尔米特空间**.

例 13.3.1 (1) 定义

$$\begin{array}{rccc} (\cdot \mid \cdot)_n : & \mathbb{C}^n \times \mathbb{C}^n & \to & \mathbb{C} \\ & (\boldsymbol{x}, \boldsymbol{y}) & \mapsto & \sum\limits_{k=1}^{n} \overline{x_k} y_k \end{array}$$

其中, $\boldsymbol{x}=(x_1\cdots,x_n)\in\mathbb{C}^n, \boldsymbol{y}=(y_1,\cdots,y_n)\in\mathbb{C}^n$, 则 $(\cdot\mid\cdot)_n$ 是 $\mathbb{C}^n$ 上的一个内积, 称为 $\mathbb{C}^n$ 上的典范内积. 进一步, 根据柯西–施瓦茨不等式, 有

$$\forall(x_1,\cdots,x_n)\in\mathbb{C}^n,\ \forall(y_1,\cdots,y_n)\in\mathbb{C}^n,\quad \Big|\sum_{k=1}^{n}\overline{x_k}y_k\Big|^2\leqslant\Big(\sum_{k=1}^{n}|x_k|^2\Big)\Big(\sum_{k=1}^{n}|y_k|^2\Big)$$

(2) 设 E 是一个 n 维复向量空间, $\mathscr{B}$ 是 E 的一组基, 定义

$$\begin{array}{rccc}(\cdot\mid\cdot)_{\mathscr{B}}: & E^2 & \to & \mathbb{C}\\ & (x,y) & \mapsto & \overline{[x]^{\mathrm{T}}}_{\mathscr{B}}[y]_{\mathscr{B}}\end{array}$$

则 $(\cdot\mid\cdot)_{\mathscr{B}}$ 是 E 上的一个内积.

(3) 设 $E=\mathcal{C}([0,1],\mathbb{C})$, 定义

$$\begin{array}{rccc}(\cdot\mid\cdot): & E^2 & \to & \mathbb{C}\\ & (f,g) & \mapsto & \displaystyle\int_{[0,1]}\bar{f}g\end{array}$$

则 $(\cdot\mid\cdot)$ 是 E 上的一个内积. 进一步, 根据柯西–施瓦茨不等式, 有

$$\forall(f,g)\in E^2,\ \Big|\int_{[0,1]}\overline{f}g\Big|^2\leqslant\Big(\int_{[0,1]}|f|^2\Big)\Big(\int_{[0,1]}|g|^2\Big)$$

命题 13.3.5 设 $\big(E,(\cdot\mid\cdot)\big)$ 是一个复内积空间, 定义映射

$$\begin{array}{rccc}\|\cdot\|: & E & \to & \mathbb{R}_+\\ & x & \mapsto & \|x\|=\sqrt{(x\mid x)}\end{array}$$

则 $\|\cdot\|$ 是 E 上的一个范数, 称为由内积 $(\cdot\mid\cdot)$ 定义的**厄尔米特范数**.

命题 13.3.6 设 E 是一个复内积空间, 则

(1) $\forall(x,y)\in E^2,\ \|x+y\|=\|x\|+\|y\|\iff(x=\mathbf{0}_E\text{或存在}\lambda\geqslant0,\text{使得}y=\lambda x)$;

(2)(平行四边形公式) $\forall(x,y)\in E^2, \|x+y\|^2+\|x-y\|^2=2(\|x\|^2+\|y\|^2)$;

(3)(极化恒等式)$\forall(x,y)\in E^2,(x\mid y)=\dfrac{\|x+y\|^2-\|x-y\|^2}{4}+i\dfrac{\|ix+y\|^2-\|ix-y\|^2}{4}$.

证 明 (1) 充分性显然成立. 下面证明必要性. 设 $(x,y)\in E^2$ 满足 $\|x+y\|=\|x\|+\|y\|$. 等式两边平方后化简得 $\mathrm{Re}(x\mid y)=\|x\|\ \|y\|$.

另一方面, 根据柯西–施瓦茨不等式, 有

$$\mathrm{Re}(x\mid y)\leqslant|(x\mid y)|\leqslant\|x\|\ \|y\|$$

因此, $|(x\mid y)|=\|x\|\ \|y\|$. 根据定理 13.3.1 知, (x,y) 线性相关. 如果 $x\neq\mathbf{0}_E$, 则存在 $\lambda\in\mathbb{C}$, 使得 $y=\lambda x$, 代入 $\mathrm{Re}(x\mid y)=\|x\|\ \|y\|$ 得 $\mathrm{Re}(\lambda)=|\lambda|$, 故 $\lambda\geqslant0$.

(2) 设 $(x, y) \in E^2$, 则

$$\|x+y\|^2 = \|x\|^2 + \|y\|^2 + (x \mid y) + (y \mid x) = \|x\|^2 + \|y\|^2 + 2\mathrm{Re}(x \mid y)$$

进而有 $\|x-y\|^2 = \|x\|^2 + \|y\|^2 - 2\,\mathrm{Re}(x \mid y)$. 故 $\|x+y\|^2 + \|x-y\|^2 = 2(\|x\|^2 + \|y\|^2)$.

(3) 设 $(x, y) \in E^2$. 根据 (2) 的证明得

$$\frac{\|x+y\|^2 - \|x-y\|^2}{4} = \mathrm{Re}(x \mid y) \tag{13.3.1}$$

另一方面,

$$\begin{aligned}\|ix+y\|^2 &= (ix+y \mid ix+y) = (ix \mid ix) + (ix \mid y) + (y \mid ix) + (y \mid y) \\ &= \|x\|^2 + \|y\|^2 - i(x \mid y) + i(y \mid x)\end{aligned}$$

进而有 $\|ix-y\|^2 = \|x\|^2 + \|y\|^2 + i(x \mid y) - i(y \mid x)$. 因此,

$$\frac{\|ix+y\|^2 - \|ix-y\|^2}{4} = \frac{2i\ (y \mid x) - 2i(x \mid y)}{4} = -\mathrm{Im}(y \mid x) = \mathrm{Im}(x \mid y) \tag{13.3.2}$$

根据式 (13.3.1) 和式 (13.3.2), 结论得证.

13.3.3 正交性

在本小节, E 表示一个复内积空间. 本节大部分结论与实内空间类似, 因此只作简要介绍, 不再赘述证明过程.

定义 13.3.7 设 E 是一个复内积空间.

(1) 设 $(x, y) \in E^2$. 若 $(x \mid y) = 0$, 则称 x 和 y **正交**, 记为 $x \perp y$.

(2) 设 $\mathscr{B} = (x_1, x_2, \cdots, x_n) \in E^n$. 如果 $x_1, x_2, \cdots, x_n$ 两两正交, 则称 $\mathscr{B}$ 为 E 的一组正交向量. 进一步, 若 $\mathscr{B}$ 中的每个向量都是单位向量, 则称 $\mathscr{B}$ 为 E 的一组单位正交向量.

(3) 设 $\mathscr{B}$ 是 E 的一组单位正交向量. 若 $\mathscr{B}$ 还是 E 的一组基, 则称 $\mathscr{B}$ 为 E 的一组**单位正交基.**

注 13.3.1 (1) 设 $x \in E$ 非零, 约定 (x) 是一组正交向量.

(2) 零向量与任意向量正交.

注 13.3.2 (1) 设 $(x, y) \in E^2$, 则

$$x \perp y \iff (x \mid y) = 0 \iff \overline{(x \mid y)} = 0 \iff (y \mid x) = 0 \iff y \perp x.$$

(2) 设 $(x, y) \in E^2$, 则 $x \perp y \iff \|x+y\|^2 = \|x\|^2 + \|y\|^2$.

例 13.3.2 设 $\mathbb{C}^n$ 赋予典范内积, 则典范基 $\mathscr{B}_c = (e_1, \cdots, e_n)$ 是 $\mathbb{C}^n$ 的一组单位正交基.

例 13.3.3 设 $E=\mathcal{C}_{2\pi}=\{f:\mathbb{R}\to\mathbb{C}\mid f\text{连续且以}2\pi\text{为周期}\}$. 设 E 赋予内积

$$\begin{array}{rccl}(\cdot\mid\cdot): & E^2 & \to & \mathbb{C}\\ & (f,g) & \mapsto & \frac{1}{2\pi}\int_0^{2\pi}\overline{f(x)}g(x)\mathrm{d}x\end{array}$$

设 $n\in\mathbb{Z}$, 记 $e_n:\mathbb{R}\to\mathbb{C},x\mapsto e^{inx}$. 另设 $n\in\mathbb{N}^*$, 定义

$$s_n:\mathbb{R}\to\mathbb{C},x\mapsto\sin(nx)$$
$$c_n:\mathbb{R}\to\mathbb{C},x\mapsto\cos(nx)$$

可以验证:

(i) 对于任意 $n\in\mathbb{N}^*$, $(e_k)_{k\in[\![-n,n]\!]}$ 是 E 的一组单位正交向量;

(ii) $\left(e_0,(s_n)_{n\in\mathbb{N}^*},(c_n)_{n\in\mathbb{N}^*}\right)$ 是 E 的一组正交向量.

定理 13.3.2 设 $(e_1,\cdots,e_n)$ 是 E 的一组正交向量.

(1) 若 $e_1,e_2,\cdots,e_n$ 均非零, 则 $(e_1,\cdots,e_n)$ 线性无关;

(2) 设 $x=\sum\limits_{k=1}^{n}\lambda_ke_k,y=\sum\limits_{l=1}^{n}\mu_le_l$, 则 $(x\mid y)=\sum\limits_{k=1}^{n}\overline{\lambda_k}\mu_k\|e_k\|^2$. 进一步, 若 $e_1,\cdots,e_n$ 都是单位向量, 则 $(x\mid y)=\sum\limits_{k=1}^{n}\overline{\lambda_k}\mu_k$. 特别地, $\|x\|^2=\sum\limits_{k=1}^{n}|\lambda_k|^2$.

定理 13.3.3 (施密特正交化定理) 设 $n\in\mathbb{N}^*$, $(u_1,u_2,\cdots,u_n)\in E^n$ 线性无关, 则存在 E 的一组单位正交向量 $(e_1,e_2,\cdots,e_n)$, 使得

$$\forall k\in[\![1,n]\!],\mathrm{Vect}(e_1,e_2,\cdots,e_k)=\mathrm{Vect}(u_1,u_2,\cdots,u_k)$$

推论 13.3.1 设 F 是 E 的非零有限维子空间, 则 F 存在一组单位正交基. 特别地, 任意厄尔米特空间都存在一组单位正交基.

推论 13.3.2 设 $n\in\mathbb{N}^*,(e_1,\cdots,e_n)$ 是厄尔米特空间 E 的一组单位正交基, 则

$$\forall x\in E,x=\sum_{k=1}^{n}(e_k\mid x)e_k$$

13.3.4 正交投影与距离

定义 13.3.8 设 A 是 E 的非空子集. 记

$$A^\circ=\left\{x\in E\mid\forall a\in A,(x\mid a)=0\right\}$$

定义 13.3.9 设 F 是 E 的一个非零子空间. 设 $x\in E$, 称

$$\inf\left\{\|x-z\|\mid z\in F\right\}$$

为 x 到子空间 F 的**距离**, 记为 $d(x,F)$.

命题 13.3.7 设 F 是 E 的一个非零子空间, $(e_1, e_2, \cdots, e_n)$ 是 F 的一组单位正交基. 设 $x \in E$, 记 $p_F(x) = \sum\limits_{k=1}^{n} (e_k \mid x) e_k$, 则

(1) $x - p_F(x) \in F^\circ$;

(2) $E = F \oplus F^\circ$;

(3) $d(x, F) = \|x - p_F(x)\|$, $p_F(x)$ 称为 x 在 F 上的正交投影;

(4) (**贝塞尔不等式**) $\|p_F(x)\|^2 \leqslant \|x\|^2$, 等号成立当且仅当 $x \in F$;

(5) 映射 $p_F : E \to E, x \mapsto p_F(x)$ 是平行于 F° 在 F 上的投影.

例13.3.4 保持例 13.3.3 记号不变. 设 $p \in \mathbb{N}^*$, $f \in \mathcal{C}_{2\pi}$. 记 $\mathscr{P}_p$ 为由向量族 $(e_n)_{n \in [\![-p,p]\!]}$ 在内积空间 $\mathcal{C}_{2\pi}$ 中生成的子空间. 根据命题 13.3.7 知, f 在子空间 $\mathscr{P}_p$ 上的正交投影为 $\sum\limits_{n=-p}^{p} (e_n|f) e_n$, 记为 $S_p(f)$. 进一步, 有

$$d(f, \mathscr{P}_p)^2 = \inf_{P \in \mathscr{P}_p} \|f - P\|_2^2 = \|f - S_p(f)\|_2^2 = \|f\|_2^2 - \|S_p(f)\|_2^2 = \|f\|_2^2 - \sum_{n=-p}^{p} |(e_n|f)|^2$$

习题 13

若无特殊说明, E 表示一个非零实内积空间, 其内积记为 $(\cdot \mid \cdot)$, 对应欧氏范数记为 $\|\cdot\|$.

★ 基础题

13.1 设 $E = \Big\{ f \in \mathcal{C}^2([0,1], \mathbb{R}) \mid f(0) = f(1) = 0 \Big\}$, $(f, g) \in E^2$. 记

$$\phi(f, g) = -\int_0^1 \Big[f(x) g''(x) + f''(x) g(x) \Big] \mathrm{d}x$$

证明 ϕ 是 E 上的一个内积.

13.2 设 $k \in \mathbb{R}$, $a \in E$ 且 $(a \mid a) = 1$. 定义映射

$$\varPhi : E \times E \to \mathbb{R},\ (x, y) \mapsto (x|y) + k(x|a)\ (y|a)$$

证明 $\varPhi$ 是 E 上的一个内积当且仅当 $k > -1$.

13.3 设 f 和 g 都是从 E 到 E 的映射. 假设

$$\forall (x, y) \in E^2,\ \big(f(x) \mid y\big) = \big(x \mid g(y)\big)$$

证明 f 和 g 都是线性映射.

13.4 设 $(a_1, \cdots, a_n, b_1, \cdots, b_n) \in \mathbb{R}^{2n}$, $(c_1, \cdots, c_n) \in \mathbb{R}_+^n$. 证明:

$$\Big(\sum_{k=1}^{n} a_k b_k c_k \Big)^2 \leqslant \Big(\sum_{k=1}^{n} a_k^2 c_k \Big) \Big(\sum_{k=1}^{n} b_k^2 c_k \Big)$$

13.5 设 $(x_1,\cdots,x_n)\in(\mathbb{R}_+^*)^n$ 满足 $\sum\limits_{k=1}^n x_k=1$. 证明 $\sum\limits_{k=1}^n \dfrac{1}{x_k}\geqslant n^2$, 并研究等号成立的条件.

13.6 设 $n\geqslant 2$, $(a_1,\cdots,a_n)\in(\mathbb{R}_+^*)^n$, $(b_1,\cdots,b_n)\in\mathbb{R}^n$. 假设 $\sum\limits_{1\leqslant i\neq j\leqslant n} a_ib_j=0$. 证明 $\sum\limits_{1\leqslant i\neq j\leqslant n} b_ib_j\leqslant 0$.

13.7 证明如下结论:

(1) $\forall(x_1,\cdots,x_n)\in E^n$, $\left\|\sum\limits_{k=1}^n x_k\right\|^2\leqslant n\sum\limits_{k=1}^n\|x_k\|^2$;

(2) $\forall(x,y,z)\in E^3$, $\|x-z\|^2\leqslant 2\big(\|x-y\|^2+\|y-z\|^2\big)$;

(3) $\forall(x,y)^2\in E$, $1+\|x+y\|^2\leqslant 2\big(1+\|x\|^2\big)\big(1+\|y\|^2\big)$.

13.8 设 E 是一个欧氏空间, $f\in\mathscr{L}(E)$. 假设

$$\forall(x,y)\in E^2,\ (x\mid y)=0\implies \big(f(x)\mid f(y)\big)=0$$

证明存在 $\alpha\in\mathbb{R}_+$, 使得 $\forall(x,y)\in E^2$, $\big(f(x)\mid f(y)\big)=\alpha\,(x\mid y)$.

13.9 设 $e_1,\cdots,e_n$ 都是 E 中的单位向量. 假设

$$\forall x\in E,\ \sum_{k=1}^n(x\mid e_k)^2=\|x\|^2$$

证明 $(e_1,\cdots,e_n)$ 是 E 的一组单位正交基.

13.10 设 $E=\mathcal{C}^2([0,1],\mathbb{R})$.

(1) 证明映射 $\phi:(f,g)\mapsto\displaystyle\int_0^1\Big(f(t)g(t)+f'(t)g'(t)\Big)\mathrm{d}t$ 是 E 上的一个内积;

(2) 设 $F=\big\{f\in E\mid f(0)=f(1)=0\big\}$, $G=\big\{g\in E\mid g''=g\big\}$. 证明 F 和 G 都是 E 的子空间且 $E=F\overset{\perp}{\oplus}G$.

13.11 (1) 证明映射 $\psi:(P,Q)\mapsto\sum\limits_{k=0}^n P(k)Q(k)$ 是 $\mathbb{R}_n[X]$ 上的一个内积;

(2) 在内积空间 $\big(\mathbb{R}_2[X],\psi\big)$ 中将向量族 $(1,X,X^2)$ 单位正交化.

13.12 设 $\mathbb{R}^4$ 赋予典范内积. 分别求如下子空间 F 上的正交投影 p_F 在典范基下的表示矩阵.

(1) $F=\mathrm{Vect}\,(v_1,v_2)$, 其中 $v_1=(1,2,-1,1), v_2=(0,3,1,-1)$;

(2) $F=\{(x_1,x_2,x_3,x_4)\in\mathbb{R}^4\mid x_1+x_2+x_3+x_4=x_1-x_2+x_3-x_4=0\}$.

13.13 计算 $\inf\limits_{(a,b)\in\mathbb{R}^2}\displaystyle\int_0^1 x^2(\ln x-ax-b)^2\,\mathrm{d}x$.

13.14 设 $\mathcal{M}_n(\mathbb{R})$ 赋予典范内积, 即

$$\forall(\boldsymbol{A},\boldsymbol{B})\in\mathcal{M}_n(\mathbb{R})^2,\ (\boldsymbol{A}|\boldsymbol{B})=\mathrm{tr}(\boldsymbol{A}^{\mathrm{T}}\boldsymbol{B}).$$

(1) 证明 $\mathcal{M}_n(\mathbb{R})$ 的典范基是它的一组单位正交基;

(2) 记 $\mathcal{A}_n(\mathbb{R})$ 和 $\mathcal{S}_n(\mathbb{R})$ 分别表示 $\mathcal{M}_n(\mathbb{R})$ 中所有反对称矩阵和对称矩阵构成的子空间, 证明 $E=\mathcal{A}_n(\mathbb{R})\overset{\perp}{\oplus}\mathcal{S}_n(\mathbb{R})$;

(3) 分别给出 $\mathcal{A}_n(\mathbb{R})$ 和 $\mathcal{S}_n(\mathbb{R})$ 的一组单位正交基;

(4) 设 $\boldsymbol{A}=(a_{ij})_{n\times n}\in\mathcal{M}_n(\mathbb{R})$, 计算

$$\inf\left\{\sum_{1\leqslant i,j\leqslant n}(a_{ij}-m_{ij})^2 \mid \boldsymbol{M}=(m_{ij})_{1\leqslant i,j\leqslant n}\in S_n(\mathbb{R})\right\};$$

(5) 证明: $\forall\boldsymbol{A}=(a_{ij})_{n\times n}\in\mathcal{M}_n(\mathbb{R})$, $|\mathrm{tr}(\boldsymbol{A})|\leqslant\left(n\sum_{1\leqslant i,j\leqslant n}a_{ij}^2\right)^{\frac{1}{2}}$, 并研究等号成立的条件.

★ 提高题

13.15 设 $\mathbb{R}[X]$ 赋予内积:

$$\forall(P,Q)\in(\mathbb{R}[X])^2,\ (P\mid Q)=\int_{[0,1]}PQ$$

是否存在 $A\in\mathbb{R}_n[X]$, 使得 $\forall P\in\mathbb{R}_n[X]$, $(A\mid P)=P(0)$? 如果是在 $\mathbb{R}[X]$ 中呢?

13.16 设 $(x_1,\cdots,x_n)\in E^n$, 记

$$G(x_1,\cdots,x_n)=\big[(x_i\mid x_j)\big]_{1\leqslant i,j\leqslant n}$$

(1) 证明 $(x_1,\cdots,x_n)$ 线性无关当且仅当 $G(x_1,\cdots,x_n)$ 可逆;

(2) 证明 $\mathrm{rg}\,(x_1,\cdots,x_n)=\mathrm{rg}\,\big(G(x_1,\cdots,x_n)\big)$;

(3) 假设 $(x_1,\cdots,x_n)$ 线性无关. 记 $F=\mathrm{Vect}\,(x_1,\cdots,x_n)$. 设 p_F 为 F 上的正交投影. 证明:

$$\forall x\in E,\ \|x-p_F(x)\|^2=\frac{\det G(x,x_1,\cdots,x_n)}{\det G(x_1,\cdots,x_n)}.$$

13.17 设 $\mathbb{R}_n[X]$ 赋予内积:

$$\forall(P,Q)\in\big(\mathbb{R}_n[X]\big)^2,\ (P,Q)\mapsto(P\mid Q)=\int_{[0,1]}PQ$$

设 $P\in\mathbb{R}_{n-1}[X]^{\circ}$ 非零. 定义映射 $\varPhi: x\mapsto\displaystyle\int_0^1 t^xP(t)\mathrm{d}t$.

(1) 确定 P 的次数. 证明 $\varPhi$ 是有理函数并求它的极点;

(2) 推出 $\varPhi$ 和 P 的表达式;

(3) 给出 $\mathbb{R}_n[X]$ 的一组单位正交基;

(4) 求集合 $\left\{\displaystyle\int_0^1\left(1+\sum_{k=1}^n a_kx^k\right)^2\mathrm{d}x \mid (a_1,\cdots,a_n)\in\mathbb{R}^n\right\}$ 的下确界.

13.18 设 $\mathbb{R}[X]$ 赋予内积:

$$\forall (P,Q) \in (\mathbb{R}[X])^2,\ (P,Q) \mapsto (P \mid Q) = \int_{[-1,1]} PQ$$

设 $n \in \mathbb{N}$, 记 $L_n = \dfrac{1}{2^n n!}[(X^2-1)^n]^{(n)}$.

(1) 求 L_n 的次数、最高次项的系数及它在 1 和 -1 处的值; 并研究 L_n 对应的多项式函数的奇偶性.

(2) 设 $(m,n) \in \mathbb{N}^2$, 计算 $(L_m \mid L_n)$;

(3) 证明存在实数 α 和 β, 使得 $L_{n+2} = \alpha X L_{n+1} + \beta L_n$;

(4) 证明 $(X^2-1)L_n'' + 2XL_n' = n(n+1)L_n$.

第 14 章　欧氏空间上的线性变换

本章介绍欧氏空间上两类重要的线性变换——正交变换和自伴变换. 对于正交变换, 首先介绍正交变换的各种等价刻画, 然后对三维欧氏空间上的正交变换进行分类, 并刻画其几何意义. 对于自伴变换, 首先介绍线性变换的伴随的定义及基本性质，然后证明任何一个自伴变换都可对角化, 从而证明所有实对称矩阵都可对角化. 最后介绍空间中二次曲面的约化和分类.

在本章, E 表示一个 n 维欧氏空间. 若无特殊说明, n 是一个大于 1 的自然数.

14.1　正交变换

正交变换是一类非常重要的线性变换, 平面内的旋转变换和正交对称都是正交变换. 本节主要介绍正交变换和正交矩阵的定义及等价刻画.

14.1.1　正交变换的定义及等价刻画

定义 14.1.1　设 E 是一个欧氏空间, $f \in \mathcal{F}(E)$. 若 f 保持内积, 即

$$\forall (x,y) \in E^2,\ \big(f(x) \mid f(y)\big) = (x \mid y)$$

则称 f 是 E 上的一个**正交变换**, E 上所有正交变换的集合记为 $\mathcal{O}(E)$.

下面这个定理给出了正交变换的各种等价刻画.

定理 14.1.1　设 E 是一个欧氏空间, $f \in \mathcal{F}(E)$, 则下列论述等价:

(1) f 是正交变换;

(2) $f \in \mathscr{L}(E)$ 且 f 将 E 的任意一组单位正交基映射为单位正交基;

(3) $f \in \mathscr{L}(E)$ 且 f 将 E 的一组单位正交基映射为单位正交基;

(4) $f \in \mathscr{L}(E)$ 且 f 保持范数: $\forall x \in E,\ \|f(x)\| = \|x\|$;

(5) $f(\mathbf{0}_E) = \mathbf{0}_E$ 且 f 保持距离: $\forall (x,y) \in E^2,\ \|f(x) - f(y)\| = \|x - y\|$.

证　明　(1) $\Rightarrow$ (2): 设 $\lambda \in \mathbb{R}, (x,y) \in E^2$. 因为 f 保持内积, 根据内积的双线性性, 有

$$\begin{aligned}
&\|f(\lambda x + y) - \lambda f(x) - f(y)\|^2 \\
=& \big(f(\lambda x + y) \mid f(\lambda x + y)\big) + \lambda^2\big(f(x) \mid f(x)\big) + \big(f(y) \mid f(y)\big) \\
&- 2\lambda\big(f(\lambda x + y) \mid f(x)\big) - 2\big(f(\lambda x + y) \mid f(y)\big) + 2\lambda\big(f(x) \mid f(y)\big) \\
=& (\lambda x + y \mid \lambda x + y) + \lambda^2(x \mid x) + (y \mid y)
\end{aligned}$$

$$\begin{aligned}&-2\lambda(\lambda x+y\mid x)-2(\lambda x+y\mid y)+2\lambda(x\mid y)\\&=\|\lambda x+y-\lambda x-y\|^2=0.\end{aligned}$$

根据内积的正定性, 有 $f(\lambda x+y)=\lambda f(x)+f(y)$, 故 f 是线性映射.

设 $(e_1,e_2,\cdots,e_n)$ 是 E 的一组单位正交基. 因为 f 保持内积, 所以

$$\forall(i,j)\in[\![1,n]\!]^2,\ \big(f(e_i)\mid f(e_j)\big)=(e_i\mid e_j)=\begin{cases}1,i=j\\0,i\neq j\end{cases}$$

故 $\big(f(e_1),\cdots,f(e_n)\big)$ 是 E 的一组单位正交基, 即 f 将 E 的任意一组单位正交基映射为单位正交基.

(2) $\Rightarrow$ (3) 显然成立.

(3) $\Rightarrow$ (4): 设 $(e_1,e_2,\cdots,e_n)$ 是 E 的一组单位正交基, 并假设 $\big(f(e_1),\cdots,f(e_n)\big)$ 也是 E 的一组单位正交基. 另设 $x\in E$. 根据命题 13.1.13 知, $x=\sum\limits_{k=1}^{n}(e_k\mid x)e_k$. 由于 f 是线性映射, 故

$$f(x)=f\Big(\sum_{k=1}^{n}(e_k\mid x)e_k\Big)=\sum_{k=1}^{n}(e_k\mid x)f(e_k)$$

因为 $(e_1,e_2,\cdots,e_n)$ 和 $\big(f(e_1),f(e_2),\cdots,f(e_n)\big)$ 都是 E 的单位正交基, 所以

$$\|x\|^2=\sum_{k=1}^{n}(e_k\mid x)^2=\|f(x)\|^2$$

故 $\|f(x)\|=\|x\|$, 即 f 保持范数.

(4) $\Rightarrow$ (5): 因为 $f\in\mathscr{L}(E)$, 所以 $f(\mathbf{0}_E)=\mathbf{0}_E$. 设 $(x,y)\in E^2$, 因为 f 是线性映射且保持范数, 所以 $\|f(x)-f(y)\|=\|f(x-y)\|=\|x-y\|$, 即 f 保持距离.

(5) $\Rightarrow$ (1): 设 $x\in E$. 由于 $f(\mathbf{0}_E)=\mathbf{0}_E$ 且 f 保持距离, 故

$$\|f(x)\|=\|f(x)-f(\mathbf{0}_E)\|=\|x-\mathbf{0}_E\|=\|x\|$$

设 $(x,y)\in E^2$, 则 $\|x-y\|^2=\|x\|^2+\|y\|^2-2(x|y)$ 且

$$\|f(x)-f(y)\|^2=\|f(x)\|^2+\|f(y)\|^2-2\big(f(x)\mid f(y)\big)$$

又因为 $\|f(x)-f(y)\|=\|x-y\|$, 所以 $\big(f(x)\mid f(y)\big)=(x\mid y)$, 即 f 保持内积.

注 14.1.1 根据定理 14.1.1 的等价论述 (3) 知, 每一个正交变换都是同构映射.

例 14.1.1 设 $E=\mathbb{R}^2$ 赋予典范内积, $\theta\in\mathbb{R}$. 另设 $f\in\mathscr{L}(\mathbb{R}^2)$ 且 f 在典范基下的表示矩阵为

$$\boldsymbol{M}=\begin{bmatrix}\cos\theta&-\sin\theta\\\sin\theta&\cos\theta\end{bmatrix}$$

设 $(x,y)\in\mathbb{R}^2$, 则 $f(x,y)=(x\cos\theta-y\sin\theta,x\sin\theta+y\cos\theta)$. 于是, $\|f(x,y)\|=\|(x,y)\|=\sqrt{x^2+y^2}$. 根据定理 14.1.1的等价论述 (5) 知, f 是 E 上的正交变换. 事实上, f 对应平面内以原点为中心、以 θ 为角度的旋转变换.

命题 14.1.1 正交变换的诱导映射仍是正交变换.

证 明 设 f 是 E 上的一个正交变换, F 是 f 的不变子空间. 根据正交变换及诱导映射的定义, 有

$$\forall(x,y)\in F^2,\ \big(f_F(x)\mid f_F(y)\big)=\big(f(x)\mid f(y)\big)=(x\mid y)$$

因此, f_F 也是一个正交变换.

14.1.2 正交矩阵

为给出正交变换的矩阵刻画, 下面先介绍正交矩阵的概念.

定义 14.1.2 设 $\boldsymbol{M}\in\mathcal{M}_n(\mathbb{R})$. 若 $\boldsymbol{M}^{\mathrm{T}}\boldsymbol{M}=\boldsymbol{I}_n$, 则称 $\boldsymbol{M}$ 是一个**正交矩阵**, 所有 n 阶正交矩阵构成的集合记为 $O_n(\mathbb{R})$.

注 14.1.2 根据定义 14.1.2 知, 正交矩阵都可逆, 且行列式等于 1 或 -1.

命题 14.1.2 设 $\boldsymbol{M}\in\mathcal{M}_n(\mathbb{R})$. 记 $\boldsymbol{C}_1,\boldsymbol{C}_2,\cdots,\boldsymbol{C}_n$ 是 $\boldsymbol{M}^{\mathrm{T}}$ 的行向量, $\boldsymbol{L}_1,\boldsymbol{L}_2,\cdots,\boldsymbol{L}_n$ 是 $\boldsymbol{M}$ 的行向量, 则下列论述等价:

(1) $\boldsymbol{M}\in O_n(\mathbb{R})$;

(2) $\boldsymbol{M}^{\mathrm{T}}\in O_n(\mathbb{R})$;

(3) $(\boldsymbol{C}_1,\boldsymbol{C}_2,\cdots,\boldsymbol{C}_n)$ 是 $(\mathbb{R}^n,(\cdot\mid\cdot)_{\mathscr{B}_c})$ 的单位正交基;

(4) $(\boldsymbol{L}_1,\boldsymbol{L}_2,\cdots,\boldsymbol{L}_n)$ 是 $(\mathbb{R}^n,(\cdot\mid\cdot)_{\mathscr{B}_c})$ 的单位正交基.

证 明 (1) $\Rightarrow$ (2): 假设 $\boldsymbol{M}\in O_n(\mathbb{R})$, 则 $\boldsymbol{M}^{\mathrm{T}}\boldsymbol{M}=\boldsymbol{I}_n$, 故 $\boldsymbol{M}^{\mathrm{T}}=\boldsymbol{M}^{-1}$. 从而有

$$(\boldsymbol{M}^{\mathrm{T}})^{\mathrm{T}}(\boldsymbol{M}^{\mathrm{T}})=\boldsymbol{M}(\boldsymbol{M}^{\mathrm{T}})=\boldsymbol{M}\boldsymbol{M}^{-1}=\boldsymbol{I}_n,$$

故 $\boldsymbol{M}^{\mathrm{T}}$ 是正交矩阵.

(2) $\Rightarrow$ (1): 假设 $\boldsymbol{M}^{\mathrm{T}}$ 是正交矩阵, 则由 (1) $\Rightarrow$ (2) 的证明知 $\boldsymbol{M}=(\boldsymbol{M}^{\mathrm{T}})^{\mathrm{T}}$ 是正交矩阵.

(1) $\Leftrightarrow$ (3): 设 $\boldsymbol{M}=(m_{ij})_{n\times n}$, 则

$$\forall(i,j)\in[\![1,n]\!]^2,\ (\boldsymbol{C}_i\mid\boldsymbol{C}_j)_{\mathscr{B}_c}=\sum_{k=1}^{n}m_{ki}m_{kj}=\sum_{k=1}^{n}(\boldsymbol{M}^{\mathrm{T}})_{ik}(\boldsymbol{M})_{kj}=(\boldsymbol{M}^{\mathrm{T}}\boldsymbol{M})_{ij}.$$

从而有

$$\begin{aligned}\boldsymbol{M}\in O_n(\mathbb{R})&\Longleftrightarrow\boldsymbol{M}^{\mathrm{T}}\boldsymbol{M}=\boldsymbol{I}_n\\&\Longleftrightarrow\forall(i,j)\in[\![1,n]\!]^2,\ (\boldsymbol{M}^{\mathrm{T}}\boldsymbol{M})_{ij}=\begin{cases}1,i=j\\0,i\neq j\end{cases}\\&\Longleftrightarrow\forall(i,j)\in[\![1,n]\!]^2,\ (\boldsymbol{C}_i\mid\boldsymbol{C}_j)_{\mathscr{B}_c}=\begin{cases}1,i=j\\0,i\neq j\end{cases}\\&\Longleftrightarrow(\boldsymbol{C}_1,\boldsymbol{C}_2,\cdots,\boldsymbol{C}_n)\text{ 是 }\big(\mathbb{R}^n,(\cdot\mid\cdot)_{\mathscr{B}_c}\big)\text{ 的一组单位正交基.}\end{aligned}$$

同理可证 (2) 与 (4) 等价.

例 14.1.2 (1) 单位矩阵是正交矩阵, 单位矩阵经过有限次第一类初等变换后仍是正交矩阵.

(2) 设

$$M=\begin{bmatrix}\dfrac{1}{\sqrt{3}} & \dfrac{1}{\sqrt{2}} & \dfrac{1}{\sqrt{6}}\\ \dfrac{1}{\sqrt{3}} & -\dfrac{1}{\sqrt{2}} & \dfrac{1}{\sqrt{6}}\\ \dfrac{1}{\sqrt{3}} & 0 & -\dfrac{2}{\sqrt{6}}\end{bmatrix}$$

则 $\boldsymbol{M}\in O_3(\mathbb{R})$. 因为 $\boldsymbol{M}$ 的每一个行向量都是单位向量, 并且不同的行向量相互正交.

命题 14.1.3 设 E 是一个欧氏空间, $\mathscr{B}$ 是 E 的一组单位正交基. 设 $f\in\mathscr{L}(E)$, 则 $f\in\mathcal{O}(E)$ 当且仅当 $\mathrm{Mat}_{\mathscr{B}}(f)$ 是正交矩阵.

证 明 设 $\dim(E)=n$ 且 $\mathscr{B}=(e_1,e_2,\cdots,e_n)$, 记 $\boldsymbol{A}=\mathrm{Mat}_{\mathscr{B}}(f)=(a_{ij})_{n\times n}$. 根据定理 14.1.1 知, f 是正交变换当且仅当 $\big(f(e_1),f(e_2),\cdots,f(e_n)\big)$ 是 E 的一组单位正交基, 当且仅当

$$\forall(i,j)\in[\![1,n]\!]^2,\ \big(f(e_i)\mid f(e_j)\big)=\begin{cases}1,i=j\\0,i\neq j\end{cases}$$

而

$$\big(f(e_i)\mid f(e_j)\big)=\Big(\sum_{k=1}^{n}a_{ki}e_k\mid\sum_{l=1}^{n}\boldsymbol{a}_{lj}e_l\Big)=\sum_{k=1}^{n}a_{ki}a_{kj}=(\boldsymbol{A}^{\mathrm{T}}\boldsymbol{A})_{ij}$$

因此, f 是正交变换当且仅当 $\boldsymbol{A}^{\mathrm{T}}\boldsymbol{A}=\boldsymbol{I}_n$, 当且仅当 $\boldsymbol{A}$ 是正交矩阵.

命题 14.1.4 设 E 是一个欧氏空间, $\mathscr{B}$ 是 E 的一组单位正交基. 设 $\mathscr{B}'$ 是 E 的另一组基, 则 $\mathscr{B}'$ 是单位正交基当且仅当从 $\mathscr{B}$ 到 $\mathscr{B}'$ 的过渡矩阵 $\boldsymbol{P}(\mathscr{B},\mathscr{B}')$ 是正交矩阵.

证 明 设 $\dim(E)=n$, $\mathscr{B}=(e_1,\cdots,e_n)$, $\mathscr{B}'=(\varepsilon_1,\cdots,\varepsilon_n)$. 假设 $\forall i\in[\![1,n]\!],\varepsilon_i=\sum\limits_{k=1}^{n}m_{ki}e_k$, 即 $\boldsymbol{P}(\mathscr{B},\mathscr{B}')=(m_{ij})_{n\times n}$. 记 $\boldsymbol{C}_1,\boldsymbol{C}_2,\cdots,\boldsymbol{C}_n$ 是 $\boldsymbol{P}(\mathscr{B},\mathscr{B}')$ 的转置矩阵的行向量. 由于 $\mathscr{B}$ 是 E 的一组单位正交基, 故

$$\forall(i,j)\in[\![1,n]\!]^2,\ (\varepsilon_i\mid\varepsilon_j)=\sum_{k=1}^{n}m_{ki}m_{kj}=(\boldsymbol{C}_i\mid\boldsymbol{C}_j)_{\mathscr{B}_c}$$

因此, $\mathscr{B}'$ 是 E 的一组单位正交基 $\Longleftrightarrow\forall(i,j)\in[\![1,n]\!]^2$,

$$(\varepsilon_i\mid\varepsilon_j)=(\boldsymbol{C}_i\mid\boldsymbol{C}_j)_{\mathscr{B}_c}=\begin{cases}1,i=j\\0,i\neq j\end{cases}$$

$\Longleftrightarrow(\boldsymbol{C}_1,\boldsymbol{C}_2,\cdots,\boldsymbol{C}_n)$ 是 $\big(\mathbb{R}^n,(\cdot\mid\cdot)_{\mathscr{B}_c}\big)$ 的一组单位正交基.

$\Longleftrightarrow\boldsymbol{P}(\mathscr{B},\mathscr{B}')\in O_n(\mathbb{R})$.

最后一个等价关系是根据正交矩阵的等价刻画.

14.1.3 正交变换群

命题 14.1.5 设 E 是一个欧氏空间, 则 $\big(\mathcal{O}(E),\circ\big)$ 是 $\big(\mathscr{GL}(E),\circ\big)$ 的子群, 称为**正交变换群**.

证 明 显然 $\mathcal{O}(E)\subseteq\mathscr{GL}(E)$ 且 $\mathrm{id}_E\in\mathcal{O}(E)$. 设 $(f,g)\in\mathcal{O}(E)^2$, 则

$$\forall x\in E,\ \|x\|=\|f(f^{-1}(x))\|=\|f^{-1}(x)\|\ \text{且}$$
$$\forall x\in E,\ \|f(g(x))\|=\|g(x)\|=\|x\|$$

故 $f^{-1}\in\mathcal{O}(E)$ 且 $f\circ g\in\mathcal{O}(E)$. 因此, $\big(\mathcal{O}(E),\circ\big)$ 是 $\big(\mathscr{GL}(E),\circ\big)$ 的子群.

推论 14.1.1 $\big(O_n(\mathbb{R}),\times\big)$ 是 $\big(GL_n(\mathbb{R}),\times\big)$ 的子群.

命题 14.1.6 (1) 记 $\mathcal{SO}(E)=\big\{f\in\mathcal{O}(E)\mid\det(f)=1\big\}$, 则 $\big(\mathcal{SO}(E),\circ\big)$ 是 $\big(\mathcal{O}(E),\circ\big)$ 的子群, $\mathcal{SO}(E)$ 中的元素称为**旋转**.

(2) 记 $SO_n(\mathbb{R})=\big\{\boldsymbol{M}\in O_n(\mathbb{R})\mid\det(\boldsymbol{M})=1\big\}$, 则 $\big(SO_n(\mathbb{R}),\circ\big)$ 是 $\big(O_n(\mathbb{R}),\circ\big)$ 的子群.

证 明 只需证明 (1). 显然 $\mathcal{SO}(E)\subseteq\mathcal{O}(E)$ 且 $\mathrm{id}_E\in\mathcal{SO}(E)$. 设 $(f,g)\in\mathcal{SO}(E)^2$, 则 $\det(f\circ g)=\det(f)\det(g)=1$ 且 $\det(f^{-1})=\big(\det(f)\big)^{-1}=1$, 故 $f\circ g\in\mathcal{SO}(E)$ 且 $f^{-1}\in\mathcal{SO}(E)$. 因此, $\big(\mathcal{SO}(E),\circ\big)$ 是 $\big(\mathcal{O}(E),\circ\big)$ 的子群.

根据旋转变换的定义及命题 14.1.3, 有如下结论:

命题 14.1.7 设 E 是一个欧氏空间, $\mathscr{B}$ 是 E 的一组单位正交基, $f\in\mathscr{L}(E)$, 则 $f\in\mathcal{SO}(E)$ 当且仅当 $\mathrm{Mat}_{\mathscr{B}}(f)\in SO_n(\mathbb{R})$.

14.1.4 正交对称与反射

本小节介绍两类特殊的正交变换——正交对称和反射, 并证明欧氏空间上任何一个正交变换都可以分解成反射的复合.

定义 14.1.3 设 E 是一个欧氏空间, F 是 E 的非平凡子空间. 映射

$$\begin{array}{rccl} s_F: & E & \to & E \\ & x+y & \mapsto & x-y\ \ (x\in F,\ y\in F^{\perp}) \end{array}$$

称为以 F 为对称面的**正交对称**. 进一步, 若 F 是 E 的一个超平面, 则称 s_F 是一个**反射**, 记为 r_F.

注 14.1.3 根据定义 14.1.3 知, 判断一个正交对称 s 是否是反射, 只需判断 $\mathrm{Ker}(s-\mathrm{id}_E)$ 是不是超平面即可.

命题 14.1.8 设 E 是一个欧氏空间, F 是 E 的非平凡子空间.

(1) 记 p_F 和 $p_{F^\perp}$ 分别是 F 和 $F^\perp$ 上的正交投影, 则

$$s_F=2p_F-\mathrm{id}_E=\mathrm{id}_E-2p_{F^\perp}$$

(2) 设 $a\in E\backslash\{\mathbf{0}_E\}$. 设 r 是以 $F=\mathrm{Vect}(a)^\perp$ 为对称面的反射, 则

$$\forall x\in E,\ r(x)=x-2\frac{(a|x)}{(a|a)}a$$

证 明 (1) 设 $x \in E$, 则 x 可同时表示为

$$x = p_F(x) + x - p_F(x) = x - p_{F^\perp}(x) + p_{F^\perp}(x)$$

因为 $p_F(x) \in F$ 且 $x - p_F(x) \in F^\perp$, 所以

$$s_F(x) = p_F(x) - (x - p_F(x)) = 2p_F(x) - \mathrm{id}_E(x)$$

由于 $x - p_{F^\perp}(x) \in F$ 且 $p_{F^\perp}(x) \in F^\perp$, 故

$$s_F(x) = x - p_{F^\perp}(x) - p_{F^\perp}(x) = \mathrm{id}_E(x) - 2p_{F^\perp}(x)$$

因此, $s_F = 2p_F - \mathrm{id}_E = \mathrm{id}_E - 2p_{F^\perp}$.

(2) 设 $x \in E$, 则 x 在 $F^\perp$ 上的正交投影 $p_{F^\perp}(x) = \dfrac{(a|x)}{(a|a)}a$. 根据 (1), 有

$$r(x) = \mathrm{id}_E(x) - 2p_{F^\perp}(x) = x - 2\frac{(a|x)}{(a|a)}a$$

注 14.1.4 命题 14.1.8 的内容可总结为表 14.1.

表 14.1

图 形	关系式
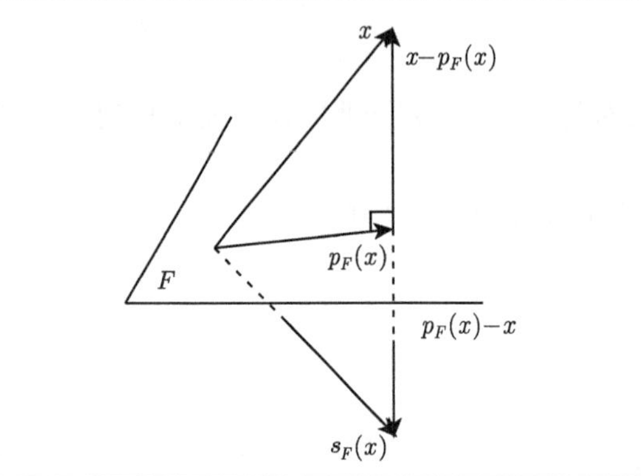	$x - p_F(x) = p_{F^\perp}(x)$
	$x - p_{F^\perp}(x) = p_F(x)$
	$s_F(x) = p_F(x) + p_F(x) - x = 2p_F(x) - x$
	$s_F(x) = x - p_{F^\perp}(x) - p_{F^\perp}(x) = x - 2p_{F^\perp}(x)$

命题 14.1.9 设 E 是一个欧氏空间, $E = F \oplus G$, s_F 是以 F 为对称面平行于 G 的对称.

(1) s_F 是正交对称当且仅当 s_F 是正交变换;

(2) 若 s_F 是一个反射, 则 $\det(s_F) = -1$.

证 明 (1) 必要性: 假设 s_F 是一个正交对称. 设 $x \in E$, 则 $x = p_F(x) + x - p_F(x)$ 且 $s_F(x) = p_F(x) - \big(x - p_F(x)\big)$. 因为 $x - p_F(x)$ 与 $p_F(x)$ 正交, 根据勾股定理知, $\|s_F(x)\|^2 = \|p_F(x)\|^2 + \|x - p_F(x)\|^2 = \|x\|^2$, 所以 s_F 保持范数. 又因为 s_F 是线性映射, 根据定理 14.1.1 知, s_F 是正交变换.

必要性: 假设 $s_F \in \mathcal{O}(E)$. 下面证明 F 和 G 正交. 设 $x \in F, y \in G$, 根据 s_F 的定义知, $s(x + y) = x - y$. 因为 $s_F \in \mathcal{O}(E)$, 所以 $\|x - y\| = \|s_F(x + y)\| = \|x + y\|$. 从而有

$4(x|y)=\|x+y\|^2-\|x-y\|^2=0$, 故 $x\perp y$. 因此 F 和 G 正交, 这就证明了 s_F 是一个正交对称.

(2) 设 s_F 是一个反射. 假设 $\dim(E)=n$, 设 $(e_1,e_2,\cdots,e_{n-1})$ 和 (e_n) 分别是 F 和 $F^{\perp}$ 的一组基, 则 $\mathscr{B}=(e_1,e_2,\cdots,e_{n-1},e_n)$ 是 E 的一组基且

$$\mathrm{Mat}_{\mathscr{B}}(s_F)=\begin{bmatrix}\boldsymbol{I}_{n-1} & \boldsymbol{0}\\ \boldsymbol{0} & -1\end{bmatrix}$$

因此, $\det(s_F)=-1$.

定理 14.1.2 (正交变换分解定理) 设 E 是一个 n 维欧氏空间, 则 E 上每一个正交变换都可以分解成 p 个反射的复合, 其中 $p\leqslant n$.

证 明 对 E 的维数 n 应用数学归纳法. 设 $n\in\mathbb{N}$ 且 $n\geqslant 2$. 定义 $\mathscr{P}(n)$: 设 E 是一个 n 维欧氏空间, $f\in\mathscr{L}(E)$. 若 f 是正交变换, 则存在 p 个反射 $r_1,\cdots,r_p$, 使得 $f=r_1\circ\cdots\circ r_p$, 其中 $p\leqslant n$.

- 根据命题 14.2.6(1) 知, $\dim(E)=2$ 时结论成立.
- 设 $n\in\mathbb{N}$ 且 $n\geqslant 2$. 假设 $\mathscr{P}(n)$ 成立, 下面证明 $\mathscr{P}(n+1)$ 成立. 设 $\dim(E)=n+1$, $(e_1,e_2,\cdots e_{n+1})$ 是 E 的一组单位正交基, $f\in\mathcal{O}(E)$.

  (i) 假设 $f(e_{n+1})=e_{n+1}$. 记 $F=\mathrm{Vect}(e_1,e_2,\cdots,e_n)$, 则 $F\perp\mathrm{Vect}(e_{n+1})$. 下面证明 F 是 f 的不变子空间. 因为 $f\in\mathcal{O}(E)$, 所以 $\big(f(e_1),f(e_2),\cdots,f(e_{n+1})\big)$ 是 E 的一组单位正交基. 设 $k\in[\![1,n]\!]$, 根据命题 13.1.13 知, $f(e_k)=\sum\limits_{j=1}^{n+1}\big(e_j|f(e_k)\big)e_j$. 而 $\big(e_{n+1}|f(e_k)\big)=\big(f(e_{n+1})|f(e_k)\big)=(e_{n+1}|e_k)=0$. 故 $f(e_k)=\sum\limits_{j=1}^{n}\big(e_j|f(e_k)\big)e_k\in F$.

  因此, F 是 f 的不变子空间

  记 $\tilde{f}$ 为 f 在 F 上的诱导映射. 根据命题 14.1.1 知, $\tilde{f}$ 是一个正交变换. 根据归纳假设知, 存在 F 上的反射 $\tilde{r_1},\tilde{r_2},\cdots,\tilde{r_p}$, 使得 $\tilde{f}=\tilde{r_1}\circ\tilde{r_2}\circ\cdots\circ\tilde{r_p}$, 其中 $p\leqslant n$. 设 $j\in[\![1,p]\!]$. 定义线性映射 $r_j:E\to E$ 满足:

$$\forall x\in E,\ r_j(x)=\begin{cases}\tilde{r_j}(x), & x\in F\\ x, & x\in\mathrm{Vect}(e_{n+1})\end{cases}$$

  下面证明 r_j 是一个反射. 首先, 容易验证 $r_j^2=\mathrm{id}_E$, 即 r_j 是一个对称. 设 $x\in E$, 则存在 $(x_F,y)\in F\times\mathrm{Vect}(e_{n+1})$, 使得 $x=x_F+y$. 由于 $x_F\perp y$, 故

$$\|r_j(x)\|^2=\|\tilde{r_j}(x_F)+y\|^2=\|\tilde{r_j}(x_F)\|^2+\|y\|^2=\|x_F\|^2+\|y\|^2=\|x\|^2$$

  从而 r_j 是一个正交变换. 根据命题 14.1.9(2) 知, r_j 是一个正交对称. 要证 r_j 是反射, 还须证明 $\dim\big(\mathrm{Ker}(r_j-\mathrm{id}_E)\big)=n$. 根据 r_j 的定义,

$$\mathrm{Ker}(\tilde{r_j}-\mathrm{id}_F)\subseteq\mathrm{Ker}(r_j-\mathrm{id}_E)\ 且\ e_{n+1}\in\mathrm{Ker}(r_j-\mathrm{id}_E)$$

故 $\mathrm{Ker}(\tilde{r_j}-\mathrm{id}_E)\oplus\mathrm{Vect}(e_{n+1})\subseteq\mathrm{Ker}(r_j-\mathrm{id}_E)$. 进而 $\dim\big(\mathrm{Ker}(r_j-\mathrm{id}_E)\big)\geqslant n$. 又因为 $\tilde{r_j}$ 是一个反射, 所以存在非零向量 $x_0\in F$, 使得 $\tilde{r_j}(x_0)\neq x_0$, 从而 $r_j(x_0)\neq x_0$. 因此, $\dim\big(\mathrm{Ker}(r_j-\mathrm{id}_E)\big)=n$. 根据定义知, $f(e_{n+1})=(r_1\circ r_2\circ\cdots\circ r_p)(e_{n+1})=e_{n+1}$. 设 $x\in F$, 则

$$\widetilde{f}(x)=(\tilde{r_1}\circ\tilde{r_2}\circ\cdots\circ\tilde{r_p})(x)=(r_1\circ r_2\circ\cdots\circ r_p)(x)=f(x)$$

因为 $E=F\oplus\mathrm{Vect}(e_{n+1})$, 所以 $f=r_1\circ r_2\circ\cdots\circ r_p$

(ii) 假设 $f(e_{n+1})\neq e_{n+1}$. 由于 f 是正交变换, 故

$$\big(e_{n+1}-f(e_{n+1})\,|\,\big(e_{n+1}+f(e_{n+1})\big)=\|e_{n+1}\|^2-\|f(e_{n+1})\|^2=0$$

记 g 是以 $\mathrm{Vect}(e_{n+1}-f(e_{n+1}))^{\perp}$ 为对称面的反射, 则

$$g\big(e_{n+1}-f(e_{n+1})\big)=f(e_{n+1})-e_{n+1}\text{ 且 }g\big(e_{n+1}+f(e_{n+1})\big)=e_{n+1}+f(e_{n+1})$$

两式相减得 $g\circ f(e_{n+1})=e_{n+1}$. 因为 f 和 g 都是正交变换, 所以 $g\circ f$ 也是正交变换. 根据 (i) 知, $g\circ f$ 可以写成 p $(p\leqslant n)$ 个反射的复合. 又因为 g 是一个反射, 所以 $g\circ g=\mathrm{id}_E$, 从而 $f=g\circ g\circ f$. 因此, f 可以写成 $p+1$ 个反射的复合.

(iii) 根据 (i) 和 (ii) 知, $\mathscr{P}(n+1)$ 成立.

根据数学归纳法, 对于任意自然数 $n\geqslant 2$, $\mathscr{P}(n)$ 成立.

注 14.1.5 定理 14.1.2 的证明给出了将一个正交变换进行反射分解的办法: 设 $(e_1,e_2,\cdots e_n)$ 是 E 的一组单位正交基.

(i) 若 $f(e_n)=e_n$, 则对 f 在 $\big(\mathrm{Vect}(e_n)\big)^{\perp}$ 上的诱导映射进行分解. 考虑 $f(e_{n-1})$ 是否与 e_{n-1} 相等. 若相等, 继续进行步骤 (i); 若不相等, 转到步骤 (ii).

(ii) 若 $f(e_n)\neq e_n$, 记 $u_n=e_n-f(e_n)$. 考虑以子空间 $\big(\mathrm{Vect}(u_n)\big)^{\perp}$ 为对称面的反射 r_n, 则 $r_n\circ f(e_n)=e_n$, 从而 $r_n\circ f$ 满足 (i), 转到步骤 (i).

重复上述步骤, 可将 f 进行反射分解.

例 14.1.3 设

$$\boldsymbol{M}=\frac{1}{3}\begin{bmatrix}-2&2&1\\2&1&2\\1&2&-2\end{bmatrix}$$

证明 $\boldsymbol{M}\in O_3(\mathbb{R})$, 并将 $f_{\boldsymbol{M}}:\mathcal{M}_{3,1}(\mathbb{R})\to\mathcal{M}_{3,1}(\mathbb{R})$, $\boldsymbol{X}\mapsto\boldsymbol{M}\boldsymbol{X}$ 分解为反射的复合.

解 计算得 $\boldsymbol{M}^{\mathrm{T}}\boldsymbol{M}=\boldsymbol{I}_3$, 故 $\boldsymbol{M}\in O_3(\mathbb{R})$. 记 $\boldsymbol{E}=\mathcal{M}_{3.1}(\mathbb{R})$ 的典范基 $\mathscr{B}_c=(e_1,e_2,e_3)$. 下面将 $f_{\boldsymbol{M}}$ 分解为反射的复合.

- 设 $u_3=e_3-\boldsymbol{M}e_3=\dfrac{1}{3}[-1,-2,5]^{\mathrm{T}}$. 考虑以 $\big(\mathrm{Vect}(u_3)\big)^{\perp}$ 为对称面的反射 r_3, 根据命题 14.1.8, 有

$$\forall x\in E,\ r_3(x)=x-2\frac{(u_3|x)}{\|u_3\|^2}u_3$$

计算得 r_3 在典范基下的表示矩阵:

$$\boldsymbol{R}_3 = \frac{1}{15}\begin{bmatrix} 14 & -2 & 5 \\ -2 & 11 & 10 \\ 5 & 10 & -10 \end{bmatrix} \text{ 且 } \boldsymbol{R}_3\boldsymbol{M} = \frac{1}{5}\begin{bmatrix} -3 & 4 & 0 \\ 4 & 3 & 0 \\ 0 & 0 & 5 \end{bmatrix}$$

- 记 $u_2 = e_2 - \boldsymbol{R}_3\boldsymbol{M}e_2 = \dfrac{1}{5}[-4, 2, 0]^{\mathrm{T}}$. 考虑以 $\big(\mathrm{Vect}(u_2)\big)^{\perp}$ 为对称面的反射 r_2, 计算得 r_2 在典范基下的表示矩阵为

$$\boldsymbol{R}_2 = \frac{1}{5}\begin{bmatrix} -3 & 4 & 0 \\ 4 & 3 & 0 \\ 0 & 0 & 5 \end{bmatrix} = \boldsymbol{R}_3\boldsymbol{M}$$

- 因此,

$$\boldsymbol{M} = \boldsymbol{R}_3\boldsymbol{R}_2 = \frac{1}{15}\begin{bmatrix} 14 & -2 & 5 \\ -2 & 11 & 10 \\ 5 & 10 & -10 \end{bmatrix} \times \frac{1}{5}\begin{bmatrix} -3 & 4 & 0 \\ 4 & 3 & 0 \\ 0 & 0 & 5 \end{bmatrix}$$

即 $f_{\boldsymbol{M}} = r_3 \circ r_2$.

14.2 三维欧氏空间上的正交变换

14.2.1 有向欧氏空间

为刻画空间中旋转变换的旋转角度, 需要给对应的欧氏空间确定一个方向, 为此我们引入有向欧氏空间的概念.

定义 14.2.1 设 E 是一个欧氏空间, $\mathscr{B}$, $\mathscr{B}'$ 是 E 的两组基. 若 $\det_{\mathscr{B}}(\mathscr{B}') > 0$, 则称 $\mathscr{B}$ 和 $\mathscr{B}'$ **同向**, 否则称 $\mathscr{B}$ 和 $\mathscr{B}'$ **反向**.

设 E 是一个欧氏空间. 记 E 中所有基构成的集合为 $\mathbb{B}$, 在 $\mathbb{B}$ 上定义关系:

$$\forall \mathscr{B} \in \mathbb{B},\ \forall \mathscr{B}' \in \mathbb{B},\ \mathscr{B} \sim \mathscr{B}' \Longleftrightarrow \mathscr{B}\text{和}\mathscr{B}'\text{同向}$$

易验证 $\sim$ 是 $\mathbb{B}$ 上的一个等价关系. 进一步, $\mathbb{B}$ 在此等价关系下有两个等价类. 因此, 任选 E 的一组基都可以定义它的方向.

定义 14.2.2 设 E 是一个欧氏空间, 假设 E 的一组基 $\mathscr{B}_0$ 定义了 E 的方向. 另设 $\mathscr{B}$ 是 E 的另一组基.

- 若 $\mathscr{B}$ 和 $\mathscr{B}_0$ 同向, 则称 $\mathscr{B}$ 是 E 的一组**正向基**;
- 若 $\mathscr{B}$ 和 $\mathscr{B}_0$ 反向, 则称 $\mathscr{B}$ 是 E 的一组**反向基**.

此时, 称 E 是以 $\mathscr{B}_0$ 为正向的**有向欧氏空间**.

例 14.2.1　(1) 设 (e_1, e_2) 定义了欧氏空间 $\left(\mathbb{R}^2, (\cdot\mid\cdot)_{\mathscr{B}_c}\right)$ 的方向, 则 $(-e_1, -e_2)$ 是 E 的正向基, (e_2, e_1) 是 E 的反向基.

(2) 设 (e_1, e_2, e_3) 定义了欧氏空间 $\left(\mathbb{R}^3, (\cdot\mid\cdot)_{\mathscr{B}_c}\right)$ 的方向, 则 (e_2, e_3, e_1) 是 E 的正向基, (e_2, e_1, e_3) 是 E 的反向基.

注 14.2.1　通常用典范基 $\mathscr{B}_c$ 定义欧氏空间 $\left(\mathbb{R}^n, (\cdot\mid\cdot)_{\mathscr{B}_c}\right)$ 的方向.

命题 14.2.1　设 E 是一个 n 维有向欧氏空间, $\mathscr{B}$ 是 E 的一组正向单位正交基. 另设 $\mathscr{B}'$ 是 E 的另一组单位正交基, 则 $\mathscr{B}'$ 是正向基当且仅当 $\boldsymbol{P}(\mathscr{B}, \mathscr{B}') \in SO_n(\mathbb{R})$.

证　明　因为 $\mathscr{B}$ 和 $\mathscr{B}'$ 都是 E 的单位正交基, 根据命题 14.1.4 知, $\boldsymbol{P}(\mathscr{B}, \mathscr{B}')$ 是正交矩阵. 根据正向基的定义, $\mathscr{B}'$ 是正向基当且仅当 $\det_{\mathscr{B}}(\mathscr{B}') = \det(P(\mathscr{B}, \mathscr{B}')) > 0$. 因此, $\mathscr{B}'$ 是正向基当且仅当 $\boldsymbol{P}(\mathscr{B}, \mathscr{B}') \in SO_n(\mathbb{R})$.

命题 14.2.2　设 E 是一个有向欧氏空间, $f \in \mathscr{L}(E)$, 则 $f \in \mathcal{SO}(E)$ 当且仅当 f 将 E 的一组正向单位正交基映射为正向单位正交基.

证　明　设 $\mathscr{B} = (e_1, e_2, \cdots, e_n)$ 是 E 的一组正向单位正交基, 记 $f(\mathscr{B}) = \big(f(e_1), f(e_2), \cdots, f(e_n)\big)$. 注意到 $\mathrm{Mat}_{\mathscr{B}}(f)$ 即为从 $\mathscr{B}$ 到 $f(\mathscr{B})$ 的过渡矩阵. 因为 $\mathscr{B}$ 是 E 的一组正向单位正交基, 根据命题 14.2.1 知, $f(\mathscr{B})$ 是 E 的一组正向单位正交基当且仅当 $\mathrm{Mat}_{\mathscr{B}}(f) \in SO_n(\mathbb{R})$. 根据命题 14.1.7 知, $\mathrm{Mat}_{\mathscr{B}}(f) \in SO_n(\mathbb{R})$ 当且仅当 $f \in \mathcal{SO}(E)$. 因此, $f \in \mathcal{SO}(E)$ 当且仅当 $f(\mathscr{B})$ 是 E 的一组正向单位正交基.

14.2.2　二维欧氏空间上正交变换的刻画

假设 $\dim(E) = 2$. 设 $\mathscr{B}$ 是 E 的一组单位正交基, $f \in \mathscr{L}(E)$, 记 $\boldsymbol{A} = \mathrm{Mat}_{\mathscr{B}}(f)$. 根据命题 14.1.3 知, f 是正交变换当且仅当 $\boldsymbol{A}$ 是正交矩阵. 因此, 要刻画二维欧氏空间上的正交变换, 只需刻画二阶正交矩阵即可.

命题 14.2.3　所有二阶正交矩阵可完全刻画如下:

$$O_2(\mathbb{R}) = \left\{ \begin{bmatrix} \cos\theta & -\sin\theta \\ \sin\theta & \cos\theta \end{bmatrix} \mid \theta \in \mathbb{R} \right\} \cup \left\{ \begin{bmatrix} \cos\theta & \sin\theta \\ \sin\theta & -\cos\theta \end{bmatrix} \mid \theta \in \mathbb{R} \right\}$$

证　明　设 $\boldsymbol{A} = \left[\begin{smallmatrix} a & b \\ c & d \end{smallmatrix}\right]$, 则 $\boldsymbol{A}$ 是正交矩阵当且仅当 $\boldsymbol{A}^{\mathrm{T}}\boldsymbol{A} = \boldsymbol{A}\boldsymbol{A}^{\mathrm{T}} = \boldsymbol{I}_2$, 当且仅当

$$\begin{bmatrix} a^2 + c^2 & ab + cd \\ ab + cd & b^2 + d^2 \end{bmatrix} = \begin{bmatrix} a^2 + b^2 & ac + bd \\ ac + bd & c^2 + d^2 \end{bmatrix} = \begin{bmatrix} 1 & 0 \\ 0 & 1 \end{bmatrix}$$

当且仅当

$$\begin{cases} a^2 + b^2 = a^2 + c^2 = 1 \\ c^2 + d^2 = b^2 + d^2 = 1 \\ ac + bd = ab + cd = 0 \end{cases}$$

当且仅当

$$\begin{cases} b & = & c \\ a^2 + b^2 & = & c^2 + d^2 = 1 \\ (a + d)c & = & 0 \end{cases} \quad \text{或} \quad \begin{cases} b & = & -c \neq 0 \\ a^2 + b^2 & = & c^2 + d^2 = 1 \\ (a - d)c & = & 0 \end{cases}$$

当且仅当存在 $\theta \in \mathbb{R}$, 使得

$$\boldsymbol{A} = \begin{bmatrix} \cos\theta & -\sin\theta \\ \sin\theta & \cos\theta \end{bmatrix} \quad \text{或} \quad \boldsymbol{A} = \begin{bmatrix} \cos\theta & \sin\theta \\ \sin\theta & -\cos\theta \end{bmatrix}$$

注 14.2.2 设 $\theta \in \mathbb{R}$. 记

$$\boldsymbol{R}(\theta) = \begin{bmatrix} \cos\theta & -\sin\theta \\ \sin\theta & \cos\theta \end{bmatrix}, \qquad \boldsymbol{S}(\theta) = \begin{bmatrix} \cos\theta & \sin\theta \\ \sin\theta & -\cos\theta \end{bmatrix}$$

根据命题 14.2.3, 有

$$SO_2(\mathbb{R}) = \{\boldsymbol{R}(\theta) \mid \theta \in \mathbb{R}\},\ O_2(\mathbb{R}) \setminus SO_2(\mathbb{R}) = \{\boldsymbol{S}(\theta) \mid \theta \in \mathbb{R}\}$$

命题 14.2.4 (1) 设 $\theta \in \mathbb{R}$, 则 $f_{\boldsymbol{R}(\theta)}$ 是一个旋转变换.

(2) 设 $(\theta, \varphi) \in \mathbb{R}^2$, 则 $\boldsymbol{R}(\theta+\varphi) = \boldsymbol{R}(\theta)\boldsymbol{R}(\varphi) = \boldsymbol{R}(\varphi)\boldsymbol{R}(\theta)$. 特别地, $(SO_2(\mathbb{R}), \times)$ 是一个交换群.

证 明 (1) 因为 $f_{\boldsymbol{R}(\theta)}$ 在典范基下的表示矩阵是 $\boldsymbol{R}(\theta)$ 且 $\boldsymbol{R}(\theta) \in SO_2(\mathbb{R})$, 所以 $f_{\boldsymbol{R}(\theta)}$ 是一个旋转变换.

(2) 设 $(\theta, \varphi) \in \mathbb{R}^2$, 则

$$\begin{aligned} \boldsymbol{R}(\theta)\boldsymbol{R}(\varphi) &= \begin{bmatrix} \cos\theta & -\sin\theta \\ \sin\theta & \cos\theta \end{bmatrix} \begin{bmatrix} \cos\varphi & -\sin\varphi \\ \sin\varphi & \cos\varphi \end{bmatrix} \\ &= \begin{bmatrix} \cos(\theta+\varphi) & -\sin(\theta+\varphi) \\ \sin(\theta+\varphi) & \cos(\theta+\varphi) \end{bmatrix} \\ &= \boldsymbol{R}(\theta+\varphi) = \boldsymbol{R}(\varphi+\theta) = \boldsymbol{R}(\varphi)\boldsymbol{R}(\theta) \end{aligned}$$

另外, 根据命题 14.1.6 知, $(SO_2(\mathbb{R}), \times)$ 是一个群, 故 $(SO_2(\mathbb{R}), \times)$ 是交换群.

命题 14.2.5 设 $\theta \in \mathbb{R}$, 则 $f_{\boldsymbol{S}(\theta)}$ 是以 $\mathrm{Vect}(\begin{bmatrix} \cos\dfrac{\theta}{2} \\ \sin\dfrac{\theta}{2} \end{bmatrix})$ 为对称面的反射.

证 明 因为 $f_{\boldsymbol{S}(\theta)}$ 在典范基下的表示矩阵为 $\boldsymbol{S}(\theta)$ 且 $\boldsymbol{S}(\theta)^2 = \boldsymbol{I}_2$, 所以 $f_{\boldsymbol{S}(\theta)}^2$ 是恒等映射, 从而 $f_{\boldsymbol{S}(\theta)}$ 是一个对称. 又因为 $\boldsymbol{S}(\theta)$ 是一个正交矩阵, 所以 $f_{\boldsymbol{S}(\theta)}$ 是一个正交变换. 根据命题 14.1.9 知, $f_{\boldsymbol{S}(\theta)}$ 是一个正交对称.

下面证明 $\mathrm{Ker}(f_{\boldsymbol{S}(\theta)} - \mathrm{id})$ 的维数是 1, 从而证明 $f_{\boldsymbol{S}(\theta)}$ 是一个反射. 经计算, 有

$$\begin{aligned} \mathrm{Ker}(f_{\boldsymbol{S}(\theta)} - \mathrm{id}) &= \mathrm{Ker} \begin{bmatrix} \cos\theta - 1 & \sin\theta \\ \sin\theta & -\cos\theta - 1 \end{bmatrix} \\ &= \mathrm{Ker} \begin{bmatrix} -2\sin^2(\theta/2) & 2\sin(\theta/2)\cos(\theta/2) \\ 2\sin(\theta/2)\cos(\theta/2) & -2\cos^2(\theta/2) \end{bmatrix} \end{aligned}$$

$$= \mathrm{Vect}(\begin{bmatrix} \cos\dfrac{\theta}{2} \\ \sin\dfrac{\theta}{2} \end{bmatrix})$$

综上, $f_{\boldsymbol{S}(\theta)}$ 是以 $\mathrm{Vect}(\begin{bmatrix} \cos\dfrac{\theta}{2} \\ \sin\dfrac{\theta}{2} \end{bmatrix})$ 为对称面的反射. 另外, 还可求得

$$\mathrm{Ker}(f_{\boldsymbol{S}(\theta)} + \mathrm{id}) = \mathrm{Vect}(\begin{bmatrix} -\sin\dfrac{\theta}{2} \\ \cos\dfrac{\theta}{2} \end{bmatrix})$$

例 14.2.2 取 $\theta = \dfrac{\pi}{2}$, 则 $\boldsymbol{S}(\theta) = \begin{bmatrix} 0 & 1 \\ 1 & 0 \end{bmatrix}$. 设 $\begin{bmatrix} a \\ b \end{bmatrix} \in \mathbb{R}^2$, 则 $\boldsymbol{S}(\theta)\begin{bmatrix} a \\ b \end{bmatrix} = \begin{bmatrix} b \\ a \end{bmatrix}$, 故 $f_{\boldsymbol{S}(\theta)}$ 是以 $\mathrm{Vect}(\begin{bmatrix} \dfrac{\sqrt{2}}{2} \\ \dfrac{\sqrt{2}}{2} \end{bmatrix})$ 为对称面的反射. 线性变换 $f_{\boldsymbol{S}(\theta)}$ 代表的几何意义如图 14.1 所示.

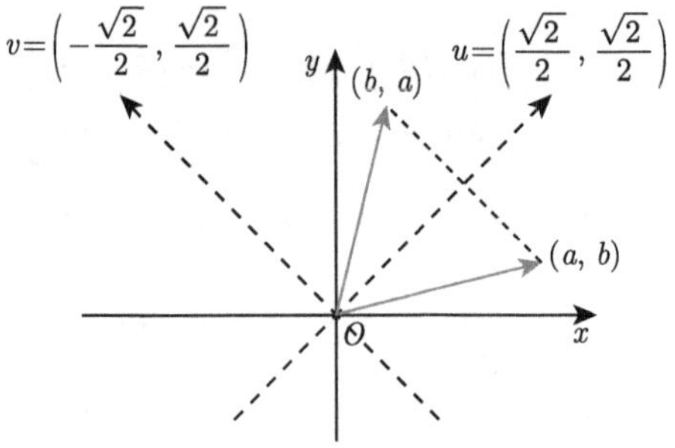

图 14.1

命题 14.2.6 设 $(\theta, \varphi) \in \mathbb{R}^2$, 则

(1) $\boldsymbol{S}(\theta)S(\varphi) = \boldsymbol{R}(\theta - \varphi)$, 特别地 $\boldsymbol{R}(\theta) = \boldsymbol{S}(\theta)\boldsymbol{S}(0)$, 即二维欧氏空间上每一个正交变换都可以分解成两个反射的复合;

(2) $\boldsymbol{S}(\theta)\boldsymbol{R}(\varphi) = \boldsymbol{S}(\theta - \varphi)$;

(3) $\boldsymbol{R}(\varphi)\boldsymbol{S}(\theta) = \boldsymbol{S}(\varphi + \theta)$;

(4) $\big(\boldsymbol{R}(\theta)\big)^{-1} = \boldsymbol{R}(-\theta), \big(\boldsymbol{S}(\theta)\big)^{-1} = \boldsymbol{S}(\theta)$.

证 明 直接计算可验证 (1)~(3) 成立. 下面证明 (4) 成立.

因为 $\boldsymbol{R}(\theta)\boldsymbol{R}(-\theta) = \boldsymbol{R}(0) = \boldsymbol{I}_2$, 所以 $\big(\boldsymbol{R}(\theta)\big)^{-1} = \boldsymbol{R}(-\theta)$. 又由于 $\boldsymbol{S}(\theta)^2 = \boldsymbol{I}_2$, 故 $\big(\boldsymbol{S}(\theta)\big)^{-1} = \boldsymbol{S}(\theta)$.

例 14.2.3　取 $\theta=\dfrac{\pi}{3}$, 命题 14.2.6(1) 说明以 $\dfrac{\pi}{3}$ 的旋转可以写成两个反射的复合, 即

$$\boldsymbol{R}\left(\frac{\pi}{3}\right)=\boldsymbol{S}\left(\frac{\pi}{3}\right)\boldsymbol{S}(0)$$

该等式代表的几何意义如图 14.2 所示.

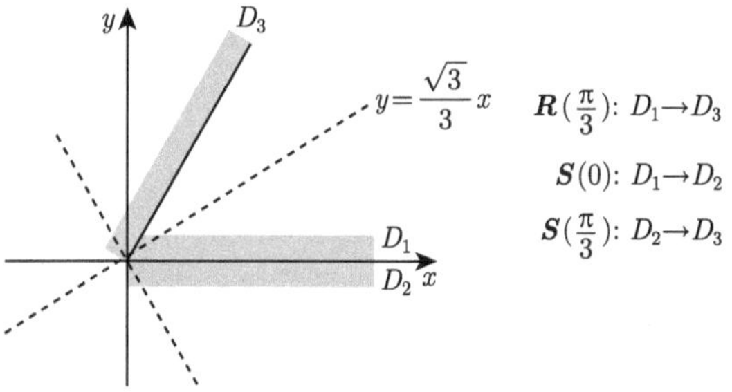

图 14.2

命题 14.2.7　设 E 是一个二维有向欧氏空间, 且 $f\in\mathcal{SO}(E)$, 则存在唯一 $\theta\in[0,2\pi[$ 满足:

(1) 对于 E 的每一组正向单位正交基 $\mathscr{B}$, $\mathrm{Mat}_{\mathscr{B}}(f)=\boldsymbol{R}(\theta)$;

(2) 对于 E 中的每一组反向单位正交基 $\mathscr{B}'$, $\mathrm{Mat}_{\mathscr{B}'}(f)=\boldsymbol{R}(-\theta)$.

此时称 θ 为 f 的**旋转角**.

证　明　设 $\mathscr{B}$ 是 E 的一组正向单位正交基, 且 $f\in\mathcal{SO}(E)$, 则 $\mathrm{Mat}_{\mathscr{B}}(f)\in SO_2(\mathbb{R})$. 根据命题 14.2.3 知, 存在唯一 $\theta\in[0,2\pi[$, 使得 $\mathrm{Mat}_{\mathscr{B}}(f)=\boldsymbol{R}(\theta)$.

(1) 设 $\mathscr{C}$ 是 E 的另一组正向单位正交基. 记 $\boldsymbol{P}$ 为从 $\mathscr{B}$ 到 $\mathscr{C}$ 的过渡矩阵, 则 $\boldsymbol{P}\in SO_2(\mathbb{R})$. 由于 $(SO_2(\mathbb{R}),\times)$ 是交换群, 故

$$\mathrm{Mat}_{\mathscr{B}}(f)=\boldsymbol{P}\boldsymbol{R}(\theta)\boldsymbol{P}^{-1}=\boldsymbol{P}\boldsymbol{P}^{-1}\boldsymbol{R}(\theta)=\boldsymbol{R}(\theta).$$

(2) 设 $\mathscr{C}$ 是 E 的一组反向单位正交基, 记 $\boldsymbol{P}$ 为从 $\mathscr{B}$ 到 $\mathscr{C}$ 的过渡矩阵, 则 $\boldsymbol{P}$ 是正交矩阵且 $\det(\boldsymbol{P})=-1$. 根据命题 14.2.3 知, 存在唯一 $\theta'\in[0,2\pi[$, 使得 $\boldsymbol{P}=\boldsymbol{S}(\theta')$ 且 $\boldsymbol{P}^{-1}=\boldsymbol{P}$. 根据命题 14.2.6, 有

$$\mathrm{Mat}_{\mathscr{B}}(f)=\boldsymbol{P}\boldsymbol{R}(\theta)\boldsymbol{P}^{-1}=\boldsymbol{S}(\theta')\boldsymbol{R}(\theta)\boldsymbol{S}(\theta')=\boldsymbol{S}(\theta'-\theta)\boldsymbol{S}(\theta')=\boldsymbol{R}(-\theta)$$

命题 14.2.8　设 E 是一个二维有向欧氏空间, $(u,v)\in E^2$ 非零. 另假设存在以 θ 为旋转角的旋转变换 f 使得 $f\left(\dfrac{u}{\|u\|}\right)=\dfrac{v}{\|v\|}$, 则 $(u|v)=\|u\|\,\|v\|\cos\theta$. 此时, 称 θ 为从 u 到 v 的**方向角**, 记为 $\theta=\widehat{(u,v)}$.

证　明　设 $\mathscr{B}$ 是 E 的一组正向单位正交基. 根据假设知, $\mathrm{Mat}_{\mathscr{B}}(f)=\boldsymbol{R}(\theta)$. 因为 $f\left(\dfrac{u}{\|u\|}\right)=\dfrac{v}{\|v\|}$, 所以 $\left[\dfrac{v}{\|v\|}\right]_{\mathscr{B}}=\boldsymbol{R}(\theta)\left[\dfrac{u}{\|u\|}\right]_{\mathscr{B}}$. 从而有

$$\left(\frac{u}{\|u\|}\;\Big|\;\frac{v}{\|v\|}\right)=\left[\frac{u}{\|u\|}\right]^{\mathrm{T}}_{\mathscr{B}}\left[\frac{v}{\|v\|}\right]_{\mathscr{B}}=\left[\frac{u}{\|u\|}\right]^{\mathrm{T}}_{\mathscr{B}}\boldsymbol{R}(\theta)\left[\frac{u}{\|u\|}\right]_{\mathscr{B}}$$

假设 $\begin{bmatrix}\dfrac{u}{\|u\|}\end{bmatrix}_{\mathscr{B}} = \begin{bmatrix}x_1\\x_2\end{bmatrix}$, 则 $x_1^2 + x_2^2 = 1$. 进而 $\begin{bmatrix}\dfrac{u}{\|u\|}\end{bmatrix}_{\mathscr{B}}^{\mathrm{T}} \boldsymbol{R}(\theta) \begin{bmatrix}\dfrac{u}{\|u\|}\end{bmatrix}_{\mathscr{B}} = \cos\theta$. 故 $(u|v) = \|u\|\ \|v\|\cos\theta$.

14.2.3 向量积

引理 14.2.1 设 E 是一个欧氏空间, 定义

$$\begin{aligned}\varphi:\ E &\to E^*\\ a &\mapsto \varphi_a:\ x \mapsto (a \mid x)\end{aligned}$$

则 φ 是一个同构映射.

证 明 易验证 φ 是线性映射. 下面证明 φ 是单射.

设 $(a,b) \in E^2$, 并假设 $\varphi(a) = \varphi(b)$, 即 $\varphi_a = \varphi_b$. 从而有 $\forall x \in E, (a \mid x) = \varphi_a(x) = \varphi_b(x) = (b \mid x)$, 即 $\forall x \in E, (a - b \mid x) = 0$. 根据内积非退化知, $a - b = 0$, 即 $a = b$. 这就证明了 φ 是单射. 又因为 $\dim(E) = \dim(E^*)$, 所以 φ 是同构映射.

定义 14.2.3 设 E 是一个三维有向欧氏空间, $\mathscr{B}$ 是一组 E 的正向单位正交基, $(u,v) \in E^2$. 定义映射

$$\begin{aligned}f:\ E &\to \mathbb{R}\\ x &\mapsto \det_{\mathscr{B}}(u,v,x)\end{aligned}$$

则易验证 $f \in E^*$. 根据引理 14.2.1 知, 存在唯一 $a \in E$, 使得

$$\forall x \in E,\ \det_{\mathscr{B}}(u,v,x) = (a \mid x)$$

向量 a 称为 u 和 v 关于基 $\mathscr{B}$ 的**向量积**, 记为 $u \wedge_{\mathscr{B}} v$.

命题 14.2.9 设 E 是一个三维有向欧氏空间, $\mathscr{B}$ 和 $\mathscr{B}'$ 是 E 的两组正向单位正交基, 则

$$\forall (u,v) \in E^2,\ u \wedge_{\mathscr{B}} v = u \wedge_{\mathscr{B}'} v$$

也就是说, u 和 v 的向量积与正向单位正交基的选取无关, 通常记为 $u \wedge v$.

证 明 设 $(u,v) \in E^2$, 记 $\boldsymbol{P}$ 为从 $\mathscr{B}$ 到 $\mathscr{B}'$ 的过渡矩阵. 由于 $\mathscr{B}$ 和 $\mathscr{B}'$ 是 E 的两组正向单位正交基, 根据命题 14.2.1 知, $\det(\boldsymbol{P}) = 1$. 根据坐标变换公式知, $\forall w \in E$, $\mathrm{Mat}_{\mathscr{B}}(u,v,w) = \boldsymbol{P}\mathrm{Mat}_{\mathscr{B}'}(u,v,w)$, 因此

$$\forall w \in E,\ \big((u \wedge_{\mathscr{B}} v) \mid w\big) = \det_{\mathscr{B}}(u,v,w) = \det_{\mathscr{B}'}(u,v,w) = \big((u \wedge_{\mathscr{B}'} v) \mid w\big)$$

故 $u \wedge_{\mathscr{B}} v = u \wedge_{\mathscr{B}'} v$.

定义 14.2.4 设 $f: E^2 \longrightarrow E$ 是一个双线性映射, 如果

$$\forall (x,y) \in E^2,\ f(x,y) = -f(y,x)$$

则称 f 是**反对称的**.

命题 14.2.10 欧氏空间 E 上的向量积运算是一个反对称的双线性映射.

证 明 设 $\mathscr{B}$ 是 E 的一组正向单位正交基.

- 设 $(u_1,u_2,v)\in E^3$, $k\in\mathbb{R}$, $w\in E$, 则

$$\begin{aligned}\big(((u_1+ku_2)\wedge v)\mid w\big)&=\det_{\mathscr{B}}(u_1+ku_2,v,w)=\det_{\mathscr{B}}(u_1,v,w)+k\det_{\mathscr{B}}(u_2,v,w)\\&=\big((u_1\wedge v)\mid w\big)+k\big((u_2\wedge v)\mid w\big)\\&=\big(((u_1\wedge v)+k(u_2\wedge v))\mid w\big).\end{aligned}$$

  根据 w 的任意性, 有 $(u_1+ku_2)\wedge v=(u_1\wedge v)+k(u_2\wedge v)$, 故向量积运算关于第一个变量是线性的. 同理可证向量积运算关于第二个变量也是线性的.

- 设 $(u,v)\in E^2$, 则

$$\forall x\in E,\ \big((u\wedge v)\mid x\big)=\det_{\mathscr{B}}(u,v,x)=-\det_{\mathscr{B}}(v,u,x)=-\big(v\wedge u\mid x\big)$$

  即 $\big((u\wedge v+v\wedge u)\mid x\big)=0$. 于是 $(u\wedge v)+(v\wedge u)=\mathbf{0}_E$, 即 $u\wedge v=-(v\wedge u)$. 因此, 向量积运算是反对称的.

综上, 向量积运算是 E 上的一个反对称双线性映射.

命题 14.2.11 设 E 是一个三维有向欧氏空间, $(u,v)\in E^2$, 则

(1) $u\wedge v=0$ 当且仅当 (u,v) 线性相关;

(2) 若 (u,v) 线性无关, 则 $(u\wedge v)\perp u, (u\wedge v)\perp u$ 且

$$\forall w\in E,\ w\perp(u\wedge v)\iff w\in\mathrm{Vect}(u,v)$$

(3) 若 (u,v) 线性无关, 则 $(u,v,u\wedge v)$ 是 E 的正向基;

证 明 设 $\mathscr{B}$ 是 E 的一组正向单位正交基.

(1) 假设 (u,v) 线性相关, 则 $\forall x\in E$, $\det_{\mathscr{B}}(u,v,x)=\big((u\wedge v)\mid x\big)=0$, 故 $u\wedge v=\mathbf{0}_E$. 反过来, 假设 $u\wedge v=\mathbf{0}_E$, 则 $\forall x\in E$, $\det_{\mathscr{B}}(u,v,x)=0$. 从而 $\forall x\in E$, (u,v,x) 线性相关. 反设 (u,v) 线性无关, 由于 $\dim(E)=3$, 故存在 $w\in E$, 使得 (u,v,w) 线性无关, 矛盾. 因此, (u,v) 线性相关.

(2) 根据定义 14.2.4 知, $\big((u\wedge v)\mid u\big)=\det_{\mathscr{B}}(u,v,u)=0$. 同理, $\big((u\wedge v)\mid v\big)=0$. 设 $w\in E$, 由于 (u,v) 线性无关, 故

$$\begin{aligned}w\perp(u\wedge v)&\iff\big((u\wedge v)\mid w\big)=\det_{\mathscr{B}}(u,v,w)=0\\&\iff(u,v,w)\ \text{线性相关}\\&\iff w\in\mathrm{Vect}(u,v)\end{aligned}$$

(3) 假设 (u,v) 线性无关. 根据 (1) 知, $u\wedge v\neq\mathbf{0}_E$. 根据定义 14.2.4, 有

$$\det_{\mathscr{B}}(u,v,u\wedge v)=\big((u\wedge v)\mid(u\wedge v)\big)>0$$

故 $(u,v,u\wedge v)$ 是 E 的正向基.

命题 14.2.12 设 E 是一个三维有向欧氏空间, $\mathscr{B}=(e_1,e_2,e_3)$ 是 E 的一组正向单位正交基. 另设 u,v 是 E 中两个非零向量, 并假设 $u=u_1e_1+u_2e_2+u_3e_3, v=v_1e_1+v_2e_2+v_3e_3$, 则

(1) $e_3=e_1\wedge e_2, e_2=e_3\wedge e_1, e_1=e_2\wedge e_3$;

(2) $u\wedge v=(u_2v_3-u_3v_2)e_1+(u_3v_1-u_1v_3)e_2+(u_1v_2-u_2v_1)e_3$;

(3) $\|u\wedge v\|^2+(u\mid v)^2=\|u\|^2\|v\|^2$, 从而存在唯一 $\theta\in[0,\pi]$, 使得

$$(u|v)=\|u\|\,\|v\|\cos\theta \text{ 且 } \|u\wedge v\|=\|u\|\,\|v\|\sin\theta.$$

θ 称为 u 和 v 的**夹角**, 记为 $\theta=\widehat{(u,v)}$.

证 明 (1) 设 $x\in E$, 并假设 $x=x_1e_1+x_2e_2+x_3e_3$. 显然 $(e_3\mid x)=x_3$. 另一方面,

$$\big((e_1\wedge e_2)\mid x\big)=\det_{\mathscr{B}}(e_1,e_2,x)=\begin{vmatrix}1&0&x_1\\0&1&x_2\\0&0&x_3\end{vmatrix}=x_3$$

因此 $(e_3\mid x)=\big((e_1\wedge e_2)\mid x\big)$. 于是证明了: $\forall x\in E, \big((e_3-(e_1\wedge e_2))\mid x\big)=0$. 根据内积非退化性知, $e_3=e_1\wedge e_2$. 同理可证 $e_2=e_3\wedge e_1, e_1=e_2\wedge e_3$.

(2) 由于向量积运算是反对称的双线性映射, 因此根据 (1), 有

$$u\wedge v=(u_2v_3-u_3v_2)e_1+(u_3v_1-u_1v_3)e_2+(u_1v_2-u_2v_1)e_3$$

(3) 计算得 $\|u\wedge v\|^2+(u|v)^2=\|u\|^2\|v\|^2=\sum\limits_{1\leqslant i,j\leqslant 3}u_i^2v_j^2$. 由于 u,v 非零, 故

$$\frac{\|u\wedge v\|^2}{\|u\|^2\|v\|^2}+\frac{(u|v)^2}{\|u\|^2\|v\|^2}=1$$

又因为 $\dfrac{\|u\wedge v\|}{\|u\|\,\|v\|}>0$, 所以存在唯一 $\theta\in[0,\pi]$, 使得 $\dfrac{\|u\wedge v\|}{\|u\|\,\|v\|}=\sin\theta$ 且 $\dfrac{(u|v)}{\|u\|\,\|v\|}=\cos\theta$.

命题 14.2.13 设 E 是一个三维有向欧氏空间. 设 $(u,v)\in E^2$. 如果 u 和 v 是两个正交的单位向量, 则 $(u,v,u\wedge v)$ 是 E 的一组正向单位正交基.

证 明 根据命题 14.2.11 知, $(u,v,u\wedge v)$ 是 E 的正向基. 因为 u 和 v 都是单位向量且 u 与 v 正交, 根据命题 14.2.12(3) 知, $u\wedge v$ 也是单位向量. 又因为 $u\wedge v$ 与 u 和 v 都正交, 所以 $(u,v,u\wedge v)$ 是 E 的一组正向单位正交基.

14.2.4 三维欧氏空间上正交变换的刻画

命题 14.2.14 设 E 是一个三维有向欧氏空间, a 是 E 中的单位向量. 另设 $H=\mathrm{Vect}(a)^\perp$, 则存在 H 的一组单位正交基 (u_1,u_2), 使得 (u_1,u_2,a) 是 E 的一组正向单位正交基.

证 明 设 (e_1,e_2) 是 H 的一组单位正交基. 根据假设, (e_1,e_2,a) 是 E 的一组单位正交基.

- 若 (e_1, e_2, a) 是正向的, 记 $u_1 = e_1, u_2 = e_2$;
- 若 (e_1, e_2, a) 是反向的, 记 $u_1 = e_2, u_2 = e_1$.

于是 (u_1, u_2, a) 是 E 的一组正向单位正交基.

定理 14.2.1 设 E 是一个三维有向欧氏空间, $f \in \mathcal{SO}(E)$, 则存在 E 的一组正向单位正交基 $\mathscr{B} = (u, v, w)$ 及 $\theta \in [0, 2\pi[$, 使得

$$\mathrm{Mat}_{\mathscr{B}}(f) = \begin{bmatrix} \cos\theta & -\sin\theta & 0 \\ \sin\theta & \cos\theta & 0 \\ 0 & 0 & 1 \end{bmatrix}$$

进一步, 当 (u, v, w) 确定以后, θ 是唯一确定的. 此时, 称 f 是以 w 为旋转轴, 以 θ 为旋转角的旋转变换.

证 明 先证 $1 \in \mathrm{Sp}(f)$ 且 $\dim\big(E_1(f)\big) = 1$.

若 $f = \mathrm{id}_E$, 取 $\theta = 0$ 即可. 下面假设 f 不是恒等映射. 记 $\boldsymbol{A}$ 为 f 在 E 的一组单位正交基 $\mathscr{D}$ 下的表示矩阵. 由于 $f \in \mathcal{SO}(E)$, 故 $\boldsymbol{A}\boldsymbol{A}^{\mathrm{T}} = \boldsymbol{I}_3$ 且 $\det(\boldsymbol{A}) = 1$. 因为 $\det(\boldsymbol{A}) = \det(\boldsymbol{A}^{\mathrm{T}})$, 所以 $\det(\boldsymbol{A} - \boldsymbol{I}_3) = \det(\boldsymbol{A} - \boldsymbol{A}\boldsymbol{A}^{\mathrm{T}}) = \det(\boldsymbol{A})\det(\boldsymbol{I}_3 - \boldsymbol{A}^{\mathrm{T}}) = \det(\boldsymbol{I}_3 - \boldsymbol{A}) = (-1)^3\det(\boldsymbol{A} - \boldsymbol{I}_3)$, 故 $\det(\boldsymbol{A} - \boldsymbol{I}_3) = 0$. 因此, 1 是 $\boldsymbol{A}$ 的一个特征根, 从而 1 是 f 的一个特征根. 因为 $f \neq \mathrm{id}_E$, 所以 $\dim\big(\mathrm{Ker}(f - \mathrm{id}_E)\big) \leqslant 2$. 假设 $\dim\big(\mathrm{Ker}(f - \mathrm{id}_E)\big) = 2$. 另设 $(\varepsilon_1, \varepsilon_2)$ 为 $\mathrm{Ker}(f - \mathrm{id}_E)$ 的一组单位正交基, 将它扩充为 E 的一组单位正交基 $\mathscr{C} = (\varepsilon_1, \varepsilon_2, \varepsilon_3)$, 则存在 $(a, b, c) \in \mathbb{R}^3$, 使得

$$\mathrm{Mat}_{\mathcal{C}}(f) = \begin{bmatrix} 1 & 0 & a \\ 0 & 1 & b \\ 0 & 0 & c \end{bmatrix}$$

由于 $f \in \mathcal{SO}(E)$, 故 $\mathrm{Mat}_{\mathcal{C}}(f) \in SO_3(\mathbb{R})$, 进而 $c = 1$ 且 $a = b = 0$. 于是 $\mathrm{Mat}_{\mathcal{C}}(f) = \boldsymbol{I}_3$, 从而 $f = \mathrm{id}_E$, 矛盾. 因此, $\dim(\mathrm{Ker}(f - \mathrm{id}_E)) = 1$.

设 w 是单位向量且 $f(w) = w$. 记 $H = \mathrm{Vect}(w)^{\perp}$. 设 $x \in H$, 则 $(x \mid w) = 0$. 因为 f 是正交变换, 故 $(f(x) \mid w) = (f(x) \mid f(w)) = (w \mid x) = 0$, 故 $f(x) \in H$. 因此, H 是 f 不变子空间.

记 $\tilde{f}$ 为 f 在 H 上的诱导映射. 根据命题 14.1.1 知, $\tilde{f}$ 是一个正交变换. 由于 $\dim\big(\mathrm{Ker}(f - \mathrm{id}_E)\big) = 1$, 所以 $\forall x \in H \backslash \{\boldsymbol{0}_E\}, f(x) \neq x$. 根据二维欧氏空间上正交变换的分类知, $\tilde{f}$ 是一个旋转. 根据命题 14.2.14 知, 存在 H 的一组单位正交基 (u_1, u_2), 使得 $\mathscr{B} = (u_1, u_2, w)$ 是 E 的一组正向单位正交基. 假定 (u_1, u_2) 确定了 H 的方向, 即 (u_1, u_2) 是 H 的正向基. 根据命题 14.2.7 知, 存在唯一 $\theta \in [0, 2\pi[$, 使得

$$\mathrm{Mat}_{(u_1, u_2)}(\tilde{f}) = \begin{bmatrix} \cos\theta & -\sin\theta \\ \sin\theta & \cos\theta \end{bmatrix}$$

因此,

$$\mathrm{Mat}_{\mathscr{B}}(f) = \begin{bmatrix} \cos\theta & -\sin\theta & 0 \\ \sin\theta & \cos\theta & 0 \\ 0 & 0 & 1 \end{bmatrix}$$

记 $u=u_1, v=u_2$, 定理得证.

推论 14.2.1　设 $\boldsymbol{P}\in SO_3(\mathbb{R})$, 则存在 $\boldsymbol{Q}\in SO_3(\mathbb{R})$ 和 $\theta\in[0,2\pi[$, 使得

$$\boldsymbol{P}=\boldsymbol{Q}\begin{bmatrix}\cos\theta & -\sin\theta & 0\\ \sin\theta & \cos\theta & 0\\ 0 & 0 & 1\end{bmatrix}\boldsymbol{Q}^{\mathrm{T}}$$

证　明　考虑映射 $f_{\boldsymbol{P}}$: $\mathcal{M}_{3,1}(\mathbb{R})\to\mathcal{M}_{3,1}(\mathbb{R})$, $\boldsymbol{X}\mapsto\boldsymbol{PX}$. 因为 $\mathrm{Mat}_{\mathscr{B}_c}(f_{\boldsymbol{P}})=\boldsymbol{P}$ 且 $\boldsymbol{P}\in SO_3(\mathbb{R})$, 根据命题 14.1.7 知, $f_{\boldsymbol{P}}\in\mathcal{SO}\big(\mathcal{M}_{3,1}(\mathbb{R})\big)$. 根据定理 14.2.1 知, 存在 $\mathcal{M}_{3,1}(\mathbb{R})$ 的一组正向单位正交基 $\mathscr{B}=(u,v,w)$ 及 $\theta\in[0,2\pi[$, 使得

$$\mathrm{Mat}_{\mathscr{B}}(f_{\boldsymbol{P}})=\begin{bmatrix}\cos\theta & -\sin\theta & 0\\ \sin\theta & \cos\theta & 0\\ 0 & 0 & 1\end{bmatrix}.$$

记 $\boldsymbol{Q}$ 为从典范基 $\mathscr{B}_c$ 到 $\mathscr{B}$ 的过渡矩阵. 根据命题 14.2.1 有, $\boldsymbol{Q}\in SO_3(\mathbb{R})$. 进一步, 根据 $f_{\boldsymbol{P}}$ 在 $\mathscr{B}_c$ 和 $\mathscr{B}$ 下的表示矩阵之间的关系, 有

$$\boldsymbol{P}=\mathrm{Mat}_{\mathscr{B}_c}(f_{\boldsymbol{P}})=\boldsymbol{Q}\,\mathrm{Mat}_{\mathscr{B}}(f_{\boldsymbol{P}})\,\boldsymbol{Q}^{\mathrm{T}}=\boldsymbol{Q}\begin{bmatrix}\cos\theta & -\sin\theta & 0\\ \sin\theta & \cos\theta & 0\\ 0 & 0 & 1\end{bmatrix}\boldsymbol{Q}^{\mathrm{T}}$$

注 14.2.3　根据定理 14.2.1知, 线性变换 $f_{\boldsymbol{P}}$ 以 $\boldsymbol{Q}$ 的第三个列向量为旋转轴, 以 θ 为旋转角.

设 $\boldsymbol{P}\in SO_3(\mathbb{R})$. 假设 $\boldsymbol{P}\neq\boldsymbol{I}_3$ 且 $\boldsymbol{P}\neq\boldsymbol{P}^{\mathrm{T}}$. 下面介绍如何求 $\boldsymbol{P}$ 对应的线性变换 $f_{\boldsymbol{P}}$ 的旋转轴和相应的旋转角.

- 求旋转轴.
  根据定理 14.2.1, 可取 $\boldsymbol{P}$ 的属于 1 的一个范数为 1 的特征向量作为 $f_{\boldsymbol{P}}$ 的旋转轴, 记为 w.
- 求旋转角的余弦值.
  保持推论 14.2.1的 $\boldsymbol{P}$、$\boldsymbol{Q}$. 因为 $\boldsymbol{P}\neq\boldsymbol{P}^{\mathrm{T}}$, 所以 $\theta\neq\pi$. 进一步, 有

$$\boldsymbol{P}+\boldsymbol{P}^{\mathrm{T}}=\boldsymbol{Q}\begin{bmatrix}2\cos\theta & 0 & 0\\ 0 & 2\cos\theta & 0\\ 0 & 0 & 2\end{bmatrix}\boldsymbol{Q}^{\mathrm{T}}$$

  故 $\mathrm{tr}(\boldsymbol{P}+\boldsymbol{P}^{\mathrm{T}})=4\cos\theta+2$, 进而有 $\cos\theta=\dfrac{\mathrm{tr}(\boldsymbol{P})-1}{2}$.
- 确定旋转角.
  设 $x\in\big(\mathrm{Vect}(w)\big)^{\perp}$, $\mathscr{B}$ 是 $\mathcal{M}_{3.1}(\mathbb{R})$ 的一组正向单位正交基. 记 ψ 为 $w\wedge x$ 与 Px

的夹角. 由于 θ 是从 x 到 $\boldsymbol{P}x$ 的角, 故

$$\psi=\begin{cases}\dfrac{\pi}{2}-\theta, & \theta\in\left]0,\dfrac{\pi}{2}\right]\\ \theta-\dfrac{\pi}{2}, & \theta\in\left]\dfrac{\pi}{2},\dfrac{3\pi}{2}\right]\\ \dfrac{5\pi}{2}-\theta, & \theta\in\left]\dfrac{3\pi}{2},2\pi\right[\end{cases}$$

根据命题 14.2.12, 有

$\det_{\mathscr{B}}(w,x,\boldsymbol{P}x)=\big((w\wedge x)\mid \boldsymbol{P}x\big)=\|w\wedge x\|\ \|x\|\cos(\psi)=\|w\wedge x\|\ \|x\|\sin(\theta)$.

(i) 若 $\det_{\mathscr{B}}(w,x,\boldsymbol{P}x)>0$, 则 $\theta\in]0,\pi[$, 进而 $\theta=\arccos\dfrac{\operatorname{tr}(\boldsymbol{P})-1}{2}$;

(ii) 若 $\det_{\mathscr{B}}(w,x,\boldsymbol{P}x)<0$, 则 $\theta\in]\pi,2\pi[$. 从而 $2\pi-\theta\in]0,\pi[$. 因为 $\cos(\theta)=\cos(2\pi-\theta)$, 所以 $2\pi-\theta=\arccos\dfrac{\operatorname{tr}(\boldsymbol{P})-1}{2}$. 故 $\theta=2\pi-\arccos\dfrac{\operatorname{tr}(\boldsymbol{P})-1}{2}$.

例 14.2.4 设 $\mathcal{M}_{3.1}(\mathbb{R})$ 赋予典范内积且以典范基为正向基. 刻画由矩阵

$$\boldsymbol{A}=\begin{bmatrix}2&1&-2\\2&-2&1\\1&2&2\end{bmatrix}$$

定义的线性变换 $f_{\boldsymbol{A}}$ 的几何意义.

解 计算得 $\boldsymbol{A}^{\mathrm{T}}\boldsymbol{A}=9\boldsymbol{I}_3$ 且 $\det(\boldsymbol{A})=-27<0$. 记 $\boldsymbol{B}=-\dfrac{1}{3}\boldsymbol{A}$, 则 $\boldsymbol{B}^{\mathrm{T}}\boldsymbol{B}=\boldsymbol{I}_3$ 且 $\det(\boldsymbol{B})=1$, 从而 $\boldsymbol{B}\in SO_3(\mathbb{R})$. 记 $f_{\boldsymbol{B}}:\mathcal{M}_{3,1}(\mathbb{R})\to\mathcal{M}_{3,1}(\mathbb{R})$, $\boldsymbol{X}\mapsto\boldsymbol{B}\boldsymbol{X}$.

(1) 求 $f_{\boldsymbol{B}}$ 的旋转轴. 寻找单位向量 w, 满足 $\boldsymbol{B}w=w$.

$$\operatorname{Ker}(\boldsymbol{B}-\boldsymbol{I}_3)=\operatorname{Ker}\begin{bmatrix}-\dfrac{5}{3}&-\dfrac{1}{3}&\dfrac{2}{3}\\-\dfrac{2}{3}&-\dfrac{1}{3}&-\dfrac{1}{3}\\-\dfrac{1}{3}&-\dfrac{2}{3}&-\dfrac{5}{3}\end{bmatrix}=\operatorname{Vect}\left(\begin{bmatrix}1\\-3\\1\end{bmatrix}\right).$$

取 $w=\dfrac{1}{\sqrt{11}}[1,-3,1]^{\mathrm{T}}$ 为 $f_{\boldsymbol{B}}$ 的旋转轴.

(2) 求 $f_{\boldsymbol{B}}$ 的旋转角 θ. 根据前面的推导知, $\cos\theta=\dfrac{1}{2}(\operatorname{tr}(\boldsymbol{B})-1)=-\dfrac{5}{6}$.

取 $x=\dfrac{1}{\sqrt{2}}[1,0,-1]^{\mathrm{T}}$, 则 $(w|x)=0$. 下求 $\det_{\mathscr{B}_c}(w,x,\boldsymbol{B}x)$.

$$\det{}_{\mathscr{B}_c}(w,x,\boldsymbol{B}x)=\frac{1}{\sqrt{11}}\cdot\frac{1}{\sqrt{2}}\cdot\frac{1}{3\sqrt{2}}\cdot\begin{vmatrix}1&1&-4\\-3&0&-1\\1&-1&1\end{vmatrix}=-\frac{\sqrt{11}}{6}<0$$

故 $\theta = 2\pi - \arccos(-\frac{5}{6})$.

(3) 综上, 因为 $\boldsymbol{A} = (-3\boldsymbol{I}_3)\boldsymbol{B}$, 所以 $\boldsymbol{A}$ 对应的线性变换 $f_{\boldsymbol{A}}$ 为以下两个线性变换的复合:

- 以 $\frac{1}{\sqrt{11}}[1,-3,1]^{\mathrm{T}}$ 为旋转轴, 以 $2\pi - \arccos(-\frac{5}{6})$ 为旋转角的旋转;
- 以 -3 为位似比的位似变换.

注 14.2.4 设 $\boldsymbol{P} \in O_3(\mathbb{R}) \backslash SO_3(\mathbb{R})$, 则 $(-\boldsymbol{P}) \in SO_3(\mathbb{R})$. 从而存在 $\theta \in \mathbb{R}, \boldsymbol{Q} \in SO_3(\mathbb{R})$, 使得

$$(-\boldsymbol{P}) = \boldsymbol{Q} \begin{bmatrix} \cos\theta & -\sin\theta & 0 \\ \sin\theta & \cos\theta & 0 \\ 0 & 0 & 1 \end{bmatrix} \boldsymbol{Q}^{\mathrm{T}}.$$

进一步, 有

$$\boldsymbol{P} = \underbrace{\boldsymbol{Q} \begin{bmatrix} \cos(\pi+\theta) & -\sin(\pi+\theta) & 0 \\ \sin(\pi+\theta) & \cos(\pi+\theta) & 0 \\ 0 & 0 & 1 \end{bmatrix} \boldsymbol{Q}^{\mathrm{T}}}\ \underbrace{\boldsymbol{Q} \begin{bmatrix} 1 & 0 & 0 \\ 0 & 1 & 0 \\ 0 & 0 & -1 \end{bmatrix} \boldsymbol{Q}^{\mathrm{T}}}$$

因此, $\boldsymbol{P}$ 对应的线性变换 $f_{\boldsymbol{P}}$ 是一个旋转和一个反射的复合.

14.3 自伴变换的约化

在第 12 章, 我们学习了线性变换可对角化的几个判别准则. 本节将证明每一个对称矩阵都可对角化. 为此, 首先引入线性变换的伴随的定义, 并介绍伴随的基本性质.

14.3.1 线性变换的伴随

定理 14.3.1 (伴随的定义) 设 E 是一个欧氏空间, $f \in \mathscr{L}(E)$, 则存在唯一 $g \in \mathscr{L}(E)$, 使得

$$\forall (x,y) \in E^2,\ \big(f(x) \mid y\big) = \big(x \mid g(y)\big)$$

g 称为 f 的**伴随**, 记为 f^*.

证 明 先证唯一性. 假设存在线性映射 g_1 和 g_2 都满足条件. 设 $y \in E$, 根据假设, 有

$$\forall x \in E,\ \big(x \mid g_1(y)\big) = \big(f(x) \mid y\big) = \big(x \mid g_2(y)\big)$$

从而有 $\forall x \in E, \big(x \mid (g_1(y) - g_2(y))\big) = 0$. 根据内积非退化知, $g_1(y) - g_2(y) = \mathbf{0}_E$. 由 y 的任意性得 $g_1 = g_2$.

下面证明存在性. 设 $\mathscr{B}$ 是 E 的一组单位正交基, 记 $\boldsymbol{A} = \mathrm{Mat}_{\mathscr{B}}(f)$. 设 $(x,y) \in E^2$, 则 $[f(x)]_{\mathscr{B}} = \boldsymbol{A}\ [x]_{\mathscr{B}}$, 进而有

$$\big(f(x) \mid y\big) = [f(x)]_{\mathscr{B}}^{\mathrm{T}}\ [y]_{\mathscr{B}} = [x]_{\mathscr{B}}^{\mathrm{T}}\ \boldsymbol{A}^{\mathrm{T}}\ [y]_{\mathscr{B}}$$

因为 $\mathrm{Mat}_{\mathscr{B}}$ 是从 $\mathscr{L}(E)$ 到 $\mathcal{M}_n(\mathbb{R})$ 的同构映射, 所以存在 $g \in \mathscr{L}(E)$, 使得 $\mathrm{Mat}_{\mathscr{B}}(g) = \boldsymbol{A}^{\mathrm{T}}$. 于是 $\forall y \in E, [g(y)]_{\mathscr{B}} = \boldsymbol{A}^{\mathrm{T}}\ [y]_{\mathscr{B}}$. 因此,

$$\big(f(x) \mid y\big) = [x]_{\mathscr{B}}^{\mathrm{T}}\ \boldsymbol{A}^{\mathrm{T}}\ [y]_{\mathscr{B}} = [x]_{\mathscr{B}}^{\mathrm{T}}[g(y)]_{\mathscr{B}} = (x \mid g(y))$$

g 即为所求.

根据定理 14.3.1的证明, 可得如下推论:

推论 14.3.1 设 $\mathscr{B}$ 是欧氏空间 E 的一组单位正交基, $f \in \mathscr{L}(E)$, 则 $\mathrm{Mat}_{\mathscr{B}}(f^*) = \big(\mathrm{Mat}_{\mathscr{B}}(f)\big)^{\mathrm{T}}$.

命题 14.3.1 (伴随运算的基本性质) 设 E 是一个欧氏空间, 则

(1) 映射 $\Psi : \mathscr{L}(E) \to \mathscr{L}(E),\ f \mapsto f^*$ 是线性映射;

(2) $\forall (f, g) \in \mathscr{L}(E)^2,\ (f^*)^* = f$ 且 $(f \circ g)^* = g^* \circ f^*$;

(3) $\forall f \in \mathscr{L}(E),\ f \in \mathcal{O}(E) \Longleftrightarrow f^* \circ f = f \circ f^* = \mathrm{id}_E$.

证 明 设 $(f, g) \in \mathscr{L}(E)^2$, $\mathscr{B}$ 是 E 的一组单位正交基.

(1) 设 $\lambda \in \mathbb{R}$. 根据推论 14.3.1, 有

$$\mathrm{Mat}_{\mathscr{B}}\big((f+\lambda g)^*\big) = \big(\mathrm{Mat}_{\mathscr{B}}(f+\lambda g)\big)^{\mathrm{T}} = \big(\mathrm{Mat}_{\mathscr{B}}(f)\big)^{\mathrm{T}} + \lambda\ \big(\mathrm{Mat}_{\mathscr{B}}(g)\big)^{\mathrm{T}} = \mathrm{Mat}_{\mathscr{B}}(f^* + \lambda g^*)$$

故 $(f+\lambda g)^* = f^* + \lambda g^*$. 因此, Ψ 是线性映射.

(2) 类似 (1) 可验证:

$$\mathrm{Mat}_{\mathscr{B}}\big((f^*)^*\big) = \mathrm{Mat}_{\mathscr{B}}(f) \text{ 且 } \mathrm{Mat}_{\mathscr{B}}\big((f \circ g)^*\big) = \mathrm{Mat}_{\mathscr{B}}(g^* \circ f^*)$$

故 $f = (f^*)^*$ 且 $(f \circ g)^* = g^* \circ f^*$.

(3) 假设 $\dim(E) = n$. 记 $\boldsymbol{A} = \mathrm{Mat}_{\mathscr{B}}(f)$, 则

$$\begin{aligned} f \in \mathcal{O}(E) &\Longleftrightarrow \boldsymbol{A} \in O_n(\mathbb{R}) \\ &\Longleftrightarrow \boldsymbol{A}^{\mathrm{T}}\boldsymbol{A} = \boldsymbol{A}\boldsymbol{A}^{\mathrm{T}} = \boldsymbol{I}_n \\ &\Longleftrightarrow \mathrm{Mat}_{\mathscr{B}}(f^* \circ f) = \mathrm{Mat}_{\mathscr{B}}(f \circ f^*) = \mathrm{Mat}_{\mathscr{B}}(\mathrm{id}_E) \\ &\Longleftrightarrow f^* \circ f = f \circ f^* = \mathrm{id}_E \end{aligned}$$

命题 14.3.2 设 E 是一个欧氏空间, $f \in \mathscr{L}(E)$, 则 $\mathrm{Ker}(f^*) = \mathrm{Im}(f)^{\perp}$ 且 $\mathrm{Im}(f^*) = \mathrm{Ker}(f)^{\perp}$.

证 明 设 $x \in \mathrm{Ker}(f^*)$, 则 $f^*(x) = \boldsymbol{0}_E$. 从而有

$$\forall y \in E,\ \big(y \mid f^*(x)\big) = \big(f(y) \mid x\big) = 0$$

故 $x \in \mathrm{Im}(f)^{\perp}$. 反过来, 设 $x \in \mathrm{Im}(f)^{\perp}$, 则

$$\forall y \in E,\ \big(y \mid f^*(x)\big) = \big(f(y) \mid x\big) = 0$$

取 $y = f^*(x)$ 知, $f^*(x) = \boldsymbol{0}_E$, 故 $x \in \mathrm{Ker}(f^*)$. 综上, $\mathrm{Ker}(f^*) = \mathrm{Im}(f)^{\perp}$. 进一步, 因为 $f^* \in \mathscr{L}(E)$, 所以 $\mathrm{Ker}(f) = \mathrm{Ker}\big((f^*)^*\big) = \mathrm{Im}(f^*)^{\perp}$. 因此, $\mathrm{Im}(f^*) = \mathrm{Ker}(f)^{\perp}$.

命题 14.3.3 设 E 是一个欧氏空间, $f \in \mathscr{L}(E)$, F 是 E 的一个子空间, 则 F 是 f 的不变子空间当且仅当 $F^{\perp}$ 是 f^* 的不变子空间.

证 明 必要性: 假设 F 是 f 的不变子空间, $x \in F^{\perp}$, $y \in F$, 则 $f(y) \in F$, 从而

$$\big(y \mid f^*(x)\big) = \big(f(y) \mid x\big) = 0$$

故 $f^*(x) \in F^{\perp}$. 因此, $F^{\perp}$ 是 f^* 的不变子空间.

充分性: 假设 $F^{\perp}$ 是 f^* 的不变子空间. 根据必要性有, $F = (F^{\perp})^{\perp}$ 为 $f = (f^*)^*$ 的不变子空间.

定义 14.3.1 设 E 是一个欧氏空间, $f \in \mathscr{L}(E)$.

(1) 若 $f = f^*$, 则称 f 是 E 上的一个**自伴变换**;

(2) 若 $f \circ f^* = f^* \circ f$, 则称 f 是 E 上的一个**正规变换**.

例 14.3.1 (1) 显然, 自伴变换都是正规变换. 根据命题 14.3.1 知, 正交变换是正规变换.

(2) 设 $f \in \mathscr{L}(E)$. 如果 f 是反对称变换, 即 $f^* = -f$, 则 f 是正规变换.

命题 14.3.4 设 E 是一个欧氏空间, $f \in \mathscr{L}(E)$. 假设 F 是 f 的不变子空间. 若 f 是自伴变换, 则 f_F 也是自伴变换.

证 明 因为 f 是自伴变换, 根据诱导映射的定义, 有

$$\forall (x, y) \in F^2,\ (f_F(x) \mid y) = (f(x) \mid y) = (x \mid f(y)) = (x \mid f_F(y))$$

因此, f_F 是自伴变换.

命题 14.3.5 设 F 是欧氏空间 E 的一个非平凡子空间, 则 F 上的正交投影 p_F 是一个自伴变换.

证 明 设 $(x, y) \in E^2$, 则 $(p_F(x) \mid y) = \big(p_F(x) \mid \big(y - p_F(y) + p_F(y)\big)\big)$. 由于 $y - p_F(y) \in F^{\perp}$ 且 $p_F(x) \in F$, 故 $\big(p_F(x) \mid y - p_F(y)\big) = 0$. 从而有 $\big(p_F(x) \mid y\big) = \big(p_F(x) \mid p_F(y)\big)$. 同理可证 $\big(x \mid p_F(y)\big) = \big(p_F(x) \mid p_F(y)\big)$, 故 $\big(p_F(x) \mid y\big) = \big(x \mid p_F(y)\big)$. 因此, p_F 是自伴变换.

命题 14.3.6 设 $\mathscr{B}$ 是欧氏空间 E 的一组单位正交基, $f \in \mathscr{L}(E)$, 记 $\boldsymbol{A} = \mathrm{Mat}_{\mathscr{B}}(f)$, 则

(1) f 是自伴变换当且仅当 $\boldsymbol{A}$ 是对称矩阵;

(2) f 是正规变换当且仅当 $\boldsymbol{A}^{\mathrm{T}}\boldsymbol{A} = \boldsymbol{A}\boldsymbol{A}^{\mathrm{T}}$.

14.3.2 谱定理

引理 14.3.1 设 E 是一个欧氏空间, $f \in \mathscr{L}(E)$. 若 f 是自伴变换, 则 $\mathrm{Sp}(f)$ 非空.

证 明 假设 $\dim(E) = n$. 设 $\mathscr{B}$ 是 E 的一组单位正交基. 记 $\boldsymbol{A} = \mathrm{Mat}_{\mathscr{B}}(f)$, 则 $\boldsymbol{A} \in \mathcal{M}_n(\mathbb{R}) \subseteq \mathcal{M}_n(\mathbb{C})$. 将 $\boldsymbol{A}$ 看作复数域上的矩阵, 则 $\mathrm{Sp}_{\mathbb{C}}(\boldsymbol{A})$ 非空. 设 $\lambda \in \mathrm{Sp}_{\mathbb{C}}(\boldsymbol{A})$, $\boldsymbol{X}$ 为 $\boldsymbol{A}$ 的属于 λ 的一个特征向量, 则 $\boldsymbol{A}\boldsymbol{X} = \lambda\boldsymbol{X}$. 由于 f 是自伴变换, 故 $\boldsymbol{A}$ 是一个实对称矩阵. 记 $\boldsymbol{A}^*$ 为 $\boldsymbol{A}$ 的共轭转置, 则 $\boldsymbol{A}^* = \boldsymbol{A}$. 记 $\boldsymbol{X}^*$ 为 $\boldsymbol{X}$ 的共轭转置向量 $(\overline{\boldsymbol{X}})^{\mathrm{T}}$, 则

$$\lambda\boldsymbol{X}^*\boldsymbol{X} = \boldsymbol{X}^*(\lambda\boldsymbol{X}) = \boldsymbol{X}^*(\boldsymbol{A}\boldsymbol{X}) = (\boldsymbol{X}^*\boldsymbol{A}^*)\boldsymbol{X} = (\boldsymbol{A}\boldsymbol{X})^*\boldsymbol{X} = (\lambda\boldsymbol{X})^*\boldsymbol{X} = \overline{\lambda}\boldsymbol{X}^*\boldsymbol{X}$$

由于 $\boldsymbol{X}^*\boldsymbol{X} \neq 0$, 故 $\lambda = \overline{\lambda}$, 进而 $\lambda \in \mathbb{R}$. 因为特征根就是特征多项式的根, 所以 $\chi_{\boldsymbol{A}}$ 的根都是实数根, 进而说明 $\mathrm{Sp}_{\mathbb{R}}(\boldsymbol{A})$ 非空. 因为 $\mathrm{Sp}(f) = \mathrm{Sp}_{\mathbb{R}}(\boldsymbol{A})$, 所以 $\mathrm{Sp}(f)$ 非空.

引理 14.3.2 设 E 是一个欧氏空间, $f \in \mathscr{L}(E)$ 是自伴变换, λ 和 μ 是 f 的两个不相等的特征根, 则

$$\operatorname{Ker}(f-\lambda \mathrm{id}_E) \perp \operatorname{Ker}(f-\mu \mathrm{id}_E)$$

也就是说, 属于不同特征根的特征子空间正交.

证 明 设 $x \in \operatorname{Ker}(f-\lambda \mathrm{id}_E), y \in \operatorname{Ker}(f-\mu \mathrm{id}_E)$, 则

$$\mu(x \mid y)=(x \mid \mu y)=\big(x \mid f(y)\big)=\big(f(x) \mid y\big)=(\lambda x \mid y)=\lambda(x \mid y)$$

因为 $\lambda \neq \mu$, 所以 $(x \mid y)=0$. 故 $\operatorname{Ker}(f-\lambda \mathrm{id}_E) \perp \operatorname{Ker}(f-\mu \mathrm{id}_E)$.

定理 14.3.2 (谱定理) 设 E 是一个欧氏空间, $f \in \mathscr{L}(E)$, 则 f 是自伴变换当且仅当存在 E 的一组单位正交基 $\mathcal{C}$, 使得 $\operatorname{Mat}_{\mathcal{C}}(f)$ 是对角矩阵.

证 明 充分性: 假设存在 E 的一组单位正交基 $\mathcal{C}$ 和对角矩阵 $\boldsymbol{D}$, 使得 $\operatorname{Mat}_{\mathcal{C}}(f)=\boldsymbol{D}$. 因为对角矩阵是对称矩阵, 所以 f 是自伴变换.

必要性: 假设 f 是自伴变换. 下面对 E 的维数 n 应用数学归纳法.

- 若 $n=1$, 结论显然成立.
- 设 $n \in \mathbb{N}^*$, 假设当 $\dim(E)=n$ 时结论成立. 假设 $\dim(E)=n+1$, f 是 E 上的一个自伴变换. 若 f 是位似变换, 结论显然成立. 下假设 f 不是位似变换. 根据引理 14.3.1 知, $\operatorname{Sp}(f)$ 非空. 设 $\lambda \in \operatorname{Sp}(f)$. 已知 $E_\lambda(f)$ 是 f 的不变子空间, 根据命题 14.3.3 有, $E_\lambda(f)^{\perp}$ 是 $f^*=f$ 的不变子空间. 分别设 f_1 和 f_2 为 f 在 $E_\lambda(f)$ 和 $E_\lambda(f)^{\perp}$ 上的诱导映射. 根据命题 14.3.4 知, f_1 和 f_2 都是自伴变换. 假设 $\dim(E_\lambda(f))=m$, 则 $m \in [\![1,n]\!]$. 从而 $\dim\big(E_\lambda(f)^{\perp}\big) \in [\![1,n]\!]$. 根据归纳假设, 存在 $E_\lambda(f)^{\perp}$ 的一组单位正交基 $\mathcal{C}_2=(e_{m+1},\cdots,e_{n+1})$ 和对角矩阵 D, 使得 $\operatorname{Mat}_{\mathcal{C}_2}(f_2)=\boldsymbol{D}$. 设 $\mathcal{C}_1=(e_1,e_2,\cdots,e_m)$ 是 $E_\lambda(f)$ 的一组单位正交基. 记 $\mathcal{C}=(e_1,e_2,\cdots,e_m,e_{m+1},\cdots,e_{n+1})$, 则 $\mathcal{C}$ 是 E 的一组单位正交基且

$$\operatorname{Mat}_{\mathcal{C}}(f)=\begin{bmatrix}\lambda \boldsymbol{I}_m & \boldsymbol{O}\\ \boldsymbol{O} & \boldsymbol{D}\end{bmatrix}$$

  故 $\operatorname{Mat}_{\mathcal{C}}(f)$ 是对角矩阵.

根据数学归纳法, 必要性得证.

定理 14.3.3 设 $\boldsymbol{A} \in \mathcal{M}_n(\mathbb{R})$, 则 $\boldsymbol{M}$ 是对称矩阵当且仅当存在 $\boldsymbol{\Omega} \in O_n(\mathbb{R})$ 和对角矩阵 $\boldsymbol{D} \in \mathcal{M}_n(\mathbb{R})$, 使得 $\boldsymbol{M}=\boldsymbol{\Omega}\boldsymbol{D}\boldsymbol{\Omega}^{\mathrm{T}}$.

证 明 充分性显然成立. 下面证明必要性.

假设 $\boldsymbol{M} \in \mathcal{M}_n(\mathbb{R})$ 是对称矩阵, 并设 $E=\mathcal{M}_{n,1}(\mathbb{R})$ 赋予典范内积. 记 $\mathscr{B}_c$ 为 E 的典范基, 从而也是 E 的一组单位正交基. 记 f 表示映射 $f_{\boldsymbol{M}}: E \to E, \boldsymbol{X} \mapsto \boldsymbol{M}\boldsymbol{X}$, 则 $\operatorname{Mat}_{\mathscr{B}_c}(f)=\boldsymbol{M}$. 因为 $\boldsymbol{M}$ 是对称矩阵, 所以 f 是自伴变换. 根据定理 14.3.2 知, 存在 E 的一组单位正交基 $\mathscr{B}$ 和对角矩阵 $\boldsymbol{D}$, 使得 $\operatorname{Mat}_{\mathscr{B}}(f)=\boldsymbol{D}$. 记 $\boldsymbol{\Omega}$ 为从 $\mathscr{B}_c$ 到 $\mathscr{B}$ 的过渡矩阵, 则

$$\boldsymbol{M}=\operatorname{Mat}_{\mathscr{B}_c}(f)=\boldsymbol{\Omega}\operatorname{Mat}_{\mathscr{B}}(f)\,\boldsymbol{\Omega}^{-1}=\boldsymbol{\Omega}\boldsymbol{D}\boldsymbol{\Omega}^{-1}$$

根据命题 14.1.4 知, $\boldsymbol{\Omega}$ 是正交矩阵, 故 $\boldsymbol{\Omega}^{-1}=\boldsymbol{\Omega}^{\mathrm{T}}$. 因此, $\boldsymbol{M}=\boldsymbol{\Omega}\boldsymbol{D}\boldsymbol{\Omega}^{\mathrm{T}}$.

注 14.3.1 (正交对角化) 设 $\boldsymbol{A} \in \mathcal{M}_n(\mathbb{R})$ 是对称矩阵, 引理 14.3.2 和定理 14.3.2 给出了寻找正交矩阵 $\boldsymbol{\Omega}$ 和对角矩阵 $\boldsymbol{D}$, 使得 $\boldsymbol{A} = \boldsymbol{\Omega}\boldsymbol{D}\boldsymbol{\Omega}^{\mathrm{T}}$ 的方法 .

(1) 计算 $\chi_{\boldsymbol{A}}$, 进而计算 $\boldsymbol{A}$ 的特征根;

(2) 计算 $\boldsymbol{A}$ 的特征根对应的特征子空间的一组基;

(3) 假设 $\mathrm{Sp}(\boldsymbol{A}) = \{\lambda_1, \lambda_2, \cdots, \lambda_s\}$ $(s \in \mathbb{N}^*)$. 分别求 $E_{\lambda_1}(\boldsymbol{A}), E_{\lambda_2}(\boldsymbol{A}), \cdots, E_{\lambda_s}(\boldsymbol{A})$ 的一组单位正交基 $\mathscr{B}_1, \mathscr{B}_2, \cdots, \mathscr{B}_s$. 记 $\mathscr{B} = (\mathscr{B}_1, \mathscr{B}_2, \cdots, \mathscr{B}_s)$. 根据引理 14.3.2 知, $\mathscr{B}$ 是 $\mathcal{M}_{n,1}(\mathbb{R})$ 的一组单位正交基. 记 $\boldsymbol{\Omega}$ 为从 $\mathcal{M}_{n,1}(\mathbb{R})$ 的典范基 $\mathscr{B}_c$ 到 $\mathscr{B}$ 的过渡矩阵, 则 $\boldsymbol{\Omega}$ 是正交矩阵且

$$\boldsymbol{A} = \boldsymbol{\Omega} \begin{bmatrix} \lambda_1 \boldsymbol{I}_{n_{\lambda_1}} & & \\ & \ddots & \\ & & \lambda_s \boldsymbol{I}_{n_{\lambda_s}} \end{bmatrix} \boldsymbol{\Omega}^{-1} = \boldsymbol{\Omega} \begin{bmatrix} \lambda_1 \boldsymbol{I}_{n_{\lambda_1}} & & \\ & \ddots & \\ & & \lambda_s \boldsymbol{I}_{n_{\lambda_s}} \end{bmatrix} \boldsymbol{\Omega}^{\mathrm{T}}.$$

上述过程称为将对称矩阵 $\boldsymbol{A}$ **正交对角化**.

例 14.3.2 将 $\boldsymbol{A}$ 正交对角化, 其中

$$\boldsymbol{A} = \begin{bmatrix} 0 & 1 & 1 & -1 \\ 1 & 0 & -1 & 1 \\ 1 & -1 & 0 & 1 \\ -1 & 1 & 1 & 0 \end{bmatrix}$$

解 先计算 $\boldsymbol{A}$ 的特征多项式:

$$\begin{aligned} \chi_{\boldsymbol{A}} &= \begin{vmatrix} -X & 1 & 1 & -1 \\ 1 & -X & -1 & 1 \\ 1 & -1 & -X & 1 \\ -1 & 1 & 1 & -X \end{vmatrix} = (1-X) \begin{vmatrix} 1 & 1 & 1 & -1 \\ 1 & -X & -1 & 1 \\ 1 & -1 & -X & 1 \\ 1 & 1 & 1 & -X \end{vmatrix} \\ &= (1-X) \begin{vmatrix} 1 & 1 & 1 & -1 \\ 0 & -X-1 & -2 & 2 \\ 0 & -2 & -X-1 & 2 \\ 0 & 0 & 0 & 1-X \end{vmatrix} \\ &= (X-1)^3(X+3) \end{aligned}$$

故 $\mathrm{Sp}(\boldsymbol{A}) = \{1, -3\}$. 进一步, 有

$$E_1(\boldsymbol{A}) = \mathrm{Vect}(\underbrace{\begin{bmatrix} 1 \\ 1 \\ 0 \\ 0 \end{bmatrix}}_{\boldsymbol{v}_1}, \underbrace{\begin{bmatrix} 1 \\ -1 \\ 2 \\ 0 \end{bmatrix}}_{\boldsymbol{v}_2}, \underbrace{\begin{bmatrix} -1 \\ 0 \\ 0 \\ 1 \end{bmatrix}}_{\boldsymbol{v}_3}), \qquad E_{-3}(\boldsymbol{A}) = \mathrm{Vect}(\underbrace{\begin{bmatrix} 1 \\ -1 \\ -1 \\ 1 \end{bmatrix}}_{\boldsymbol{v}_4})$$

将 $(\boldsymbol{v}_1,\boldsymbol{v}_2,\boldsymbol{v}_3)$ 单位正交化:

- $\boldsymbol{e}_1=\dfrac{\boldsymbol{v}_1}{\|\boldsymbol{v}_1\|}=[\dfrac{1}{\sqrt{2}},\dfrac{1}{\sqrt{2}},0,0]^{\mathrm{T}}$.
- $\boldsymbol{e}_2=\dfrac{\boldsymbol{v}_2-(\boldsymbol{e}_1\mid\boldsymbol{v}_2)\boldsymbol{e}_1}{\|\boldsymbol{v}_2-(\boldsymbol{e}_1\mid\boldsymbol{v}_2)\boldsymbol{e}_1\|}=[\dfrac{1}{\sqrt{6}},-\dfrac{1}{\sqrt{6}},\dfrac{2}{\sqrt{6}},0]^{\mathrm{T}}$.
- $\boldsymbol{e}_3=\dfrac{\boldsymbol{v}_3-(\boldsymbol{e}_1\mid\boldsymbol{v}_3)\boldsymbol{e}_1-(\boldsymbol{e}_2\mid\boldsymbol{v}_3)\boldsymbol{e}_2}{\|\boldsymbol{v}_3-(\boldsymbol{e}_1\mid\boldsymbol{v}_3)\boldsymbol{e}_1-(\boldsymbol{e}_2\mid\boldsymbol{v}_3)\boldsymbol{e}_2\|}=[-\dfrac{1}{\sqrt{12}},\dfrac{1}{\sqrt{12}},\dfrac{1}{\sqrt{12}},\dfrac{3}{\sqrt{12}}]^{\mathrm{T}}$.

将 $\boldsymbol{v}_4$ 单位化: $\boldsymbol{e}_4=\dfrac{\boldsymbol{v}_4}{\|\boldsymbol{v}_4\|}=[\dfrac{1}{2},-\dfrac{1}{2},-\dfrac{1}{2},\dfrac{1}{2}]^{\mathrm{T}}$. 记

$$\boldsymbol{\Omega}=\begin{bmatrix}\dfrac{1}{\sqrt{2}} & \dfrac{1}{\sqrt{6}} & -\dfrac{1}{\sqrt{12}} & \dfrac{1}{2}\\ \dfrac{1}{\sqrt{2}} & -\dfrac{1}{\sqrt{6}} & \dfrac{1}{\sqrt{12}} & -\dfrac{1}{2}\\ 0 & \dfrac{2}{\sqrt{6}} & \dfrac{1}{\sqrt{12}} & -\dfrac{1}{2}\\ 0 & 0 & -\dfrac{3}{\sqrt{12}} & \dfrac{1}{2}\end{bmatrix},$$

则 $\boldsymbol{\Omega}$ 是一个正交矩阵, 且

$$\boldsymbol{A}=\boldsymbol{\Omega}\begin{bmatrix}1&0&0&0\\0&1&0&0\\0&0&1&0\\0&0&0&-3\end{bmatrix}\boldsymbol{\Omega}^{-1}=\boldsymbol{\Omega}\begin{bmatrix}1&0&0&0\\0&1&0&0\\0&0&1&0\\0&0&0&-3\end{bmatrix}\boldsymbol{\Omega}^{\mathrm{T}}$$

14.3.3 正定矩阵的等价刻画

命题 14.3.7 设 $\boldsymbol{M}\in\mathcal{M}_n(\mathbb{R})$ 是对称矩阵, 则

(1) $\boldsymbol{M}$ 是正定矩阵当且仅当 $\mathrm{Sp}(\boldsymbol{M})\subseteq\mathbb{R}_+^*$;

(2) $\boldsymbol{M}$ 是正定矩阵当且仅当存在 $\boldsymbol{P}\in GL_n(\mathbb{R})$ 使得 $\boldsymbol{M}=\boldsymbol{P}^{\mathrm{T}}\boldsymbol{P}$.

证 明 (1) 假设 $\boldsymbol{M}$ 是正定矩阵, 并设 λ 是 $\boldsymbol{M}$ 的一个特征根, $\boldsymbol{X}$ 是 $\boldsymbol{M}$ 的属于 λ 的特征向量. 因为 $\boldsymbol{M}$ 是正定矩阵, 所以 $\boldsymbol{X}^{\mathrm{T}}\boldsymbol{M}\boldsymbol{X}=\lambda\boldsymbol{X}^{\mathrm{T}}\boldsymbol{X}>0$. 由于 $\boldsymbol{X}$ 非零, 因此 $\boldsymbol{X}^{\mathrm{T}}\boldsymbol{X}>0$. 故 $\lambda>0$.

反过来, 假设 $\mathrm{Sp}(\boldsymbol{M})\subseteq\mathbb{R}_+^*$. 根据谱定理知, 存在$\boldsymbol{\Omega}\in O_n(\mathbb{R})$ 和对角矩阵 $\boldsymbol{D}=\mathrm{diag}(\lambda_1,\lambda_2,\cdots,\lambda_n)\in\mathcal{M}_n(\mathbb{R}_+^*)$, 使得 $\boldsymbol{M}=\boldsymbol{\Omega}\boldsymbol{D}\boldsymbol{\Omega}^{\mathrm{T}}$. 设 $\boldsymbol{X}\in\mathcal{M}_{n,1}(\mathbb{R})$ 非零, 记 $\boldsymbol{Y}^{\mathrm{T}}=\boldsymbol{X}^{\mathrm{T}}\boldsymbol{\Omega}=[y_1,y_2,\cdots,y_n]$, 则 $\boldsymbol{X}^{\mathrm{T}}\boldsymbol{\Omega}\boldsymbol{D}\boldsymbol{\Omega}^{\mathrm{T}}\boldsymbol{X}=\boldsymbol{Y}^{\mathrm{T}}\boldsymbol{D}\boldsymbol{Y}=\lambda_1y_1^2+\lambda_2y_2^2+\cdots+\lambda_ny_n^2>0$, 故 $\boldsymbol{M}$ 是正定矩阵.

(2) 假设 $\boldsymbol{M}$ 是正定矩阵. 根据定理 14.3.3 知, 存在 $\boldsymbol{\Omega}\in O_n(\mathbb{R})$ 和对角矩阵 $\boldsymbol{D}=\mathrm{diag}(\lambda_1,\lambda_2,\cdots,\lambda_n)\in\mathcal{M}_n(\mathbb{R})$, 使得 $\boldsymbol{M}=\boldsymbol{\Omega}\boldsymbol{D}\boldsymbol{\Omega}^{\mathrm{T}}$. 因为 $\boldsymbol{M}$ 是正定矩阵, 由 (1) 知 $\boldsymbol{D}\in\mathcal{M}_n(\mathbb{R}_+^*)$. 取 $\boldsymbol{P}$ 为 $\boldsymbol{\Omega}\,\mathrm{diag}(\sqrt{\lambda_1},\sqrt{\lambda_2},\cdots,\sqrt{\lambda_n})$ 的转置, 则 $\boldsymbol{P}\in GL_n(\mathbb{R})$ 且 $\boldsymbol{M}=\boldsymbol{P}^{\mathrm{T}}\boldsymbol{P}$.

反过来, 假设存在 $\boldsymbol{P} \in GL_n(\mathbb{R})$, 使得 $\boldsymbol{M} = \boldsymbol{P}^{\mathrm{T}}\boldsymbol{P}$. 设 $\boldsymbol{X} \in \mathcal{M}_{n,1}(\mathbb{R})$, 则

$$\boldsymbol{X}^{\mathrm{T}}\boldsymbol{M}\boldsymbol{X} = (\boldsymbol{P}\boldsymbol{X})^{\mathrm{T}}(\boldsymbol{P}\boldsymbol{X}) \geqslant 0.$$

进一步, 假设 $\boldsymbol{X}^{\mathrm{T}}\boldsymbol{M}\boldsymbol{X} = 0$, 则 $\boldsymbol{P}\boldsymbol{X} = \boldsymbol{0}$. 因为 $\boldsymbol{P} \in GL_n(\mathbb{R})$, 所以 $\boldsymbol{X} = \boldsymbol{0}$. 故 $\boldsymbol{M}$ 是正定矩阵.

14.4 正规变换的约化

本节主要证明正规变换的约化定理.

命题 14.4.1 设 E 是一个二维欧氏空间, $\mathscr{B}$ 是 E 的一组单位正交基, $u \in \mathscr{L}(E)$, 记 $\boldsymbol{A}$ 为 u 在 $\mathscr{B}$ 下的表示矩阵, 则 u 是正规变换当且仅当 $\boldsymbol{A}$ 是对称矩阵, 或存在 $(a,b) \in \mathbb{R}\times\mathbb{R}^*$ 使得 $\boldsymbol{A} = \left[\begin{smallmatrix} a & -b \\ b & a \end{smallmatrix}\right]$.

证　明 设 $\boldsymbol{A} = \left[\begin{smallmatrix} a & b \\ c & d \end{smallmatrix}\right]$, 则 u 是正规变换当且仅当

$$\begin{bmatrix} a^2+c^2 & ab+cd \\ ab+cd & b^2+d^2 \end{bmatrix} = \boldsymbol{A}^{\mathrm{T}}\boldsymbol{A} = \boldsymbol{A}\boldsymbol{A}^{\mathrm{T}} = \begin{bmatrix} a^2+b^2 & ac+bd \\ ac+bd & a^2+b^2 \end{bmatrix}$$

当且仅当

$$\begin{cases} a^2+b^2 = a^2+c^2 \\ c^2+d^2 = b^2+d^2 \\ ac+bd = ab+cd \end{cases}$$

当且仅当 $(b = -c \neq 0$ 且 $a = d)$ 或 $(b = c)$, 证毕.

引理 14.4.1 设 E 是一个欧氏空间, $f \in \mathscr{L}(E)$. 若 f 是正规变换, 则存在非零向量 $x \in E$, 使得 $\operatorname{Vect}\big(x, f(x)\big)$ 是 f 和 f^* 的不变子空间.

证　明 因为 f 是正规变换, 所以 f^*+f 和 $f^*\circ f$ 是两个可交换的自伴变换. 根据定理 14.3.2 和命题 12.4.4 知, f^*+f 和 $f^*\circ f$ 可在同一组基下对角化, 从而 f^*+f 和 $f^*\circ f$ 有一个公共的特征向量, 记为 x. 假设 $(f+f^*)(x) = \lambda x$ 且 $f^*\circ f(x) = \mu x$, 其中 $(\lambda,\mu) \in \mathbb{R}^2$. 记 $V = \operatorname{Vect}\big(x, f(x)\big)$. 下面证明 V 是 f 和 f^* 的不变子空间.

- 若 $\dim(V) = 1$, 则 V 是 f 的不变子空间. 假设 $\dim(V) = 2$. 由于 $(f+f^*)(x) = \lambda x$ 且 $f^*\circ f(x) = \mu x$, 故 $f^2(x) + f\circ f^*(x) = \lambda f(x)$. 又因为 $f^*\circ f = f\circ f^*$, 所以 $f^2(x) = \lambda f(x) - f\circ f^*(x) = \lambda f(x) - \mu x \in V$, 从而 V 是 f 的不变子空间.
- 因为 $f^*\circ f(x) = \mu x \in V$ 且 $f^*(x) = \lambda x - f(x) \in V$, 所以 V 是 f^* 的不变子空间.

定理 14.4.1 设 E 是一个欧氏空间, $f \in \mathscr{L}(E)$, 则 f 是正规变换当且仅当存在 E 的一组单位正交基 $\mathscr{B}$, 使得 f 在 $\mathscr{B}$ 下的表示矩阵为准对角矩阵, 即

$$\operatorname{Mat}_{\mathscr{B}}(f) = \begin{bmatrix} \boldsymbol{A}_1 & & & \\ & \boldsymbol{A}_2 & & \\ & & \ddots & \\ & & & \boldsymbol{A}_s \end{bmatrix}$$

其中 $\{\boldsymbol{A}_1, \cdots, \boldsymbol{A}_s\} \subseteq \Big\{[\lambda] \mid \lambda \in \mathbb{R}\Big\} \bigcup \Big\{ \left[\begin{smallmatrix} a & -b \\ b & a \end{smallmatrix}\right] \mid (a,b) \in \mathbb{R}\times\mathbb{R}^* \Big\}$.

证 明 记 $\mathscr{A}=\left\{[\lambda] \mid \lambda \in \mathbb{R}\right\} \bigcup \left\{ \left[\begin{smallmatrix} a & -b \\ b & a \end{smallmatrix}\right] \mid (a,b) \in \mathbb{R}\times\mathbb{R}^* \right\}$.

充分性: 假设存在 E 的一组单位正交基 $\mathscr{B}$, 使得

$$\mathrm{Mat}_{\mathscr{B}}(f)=\begin{bmatrix} \boldsymbol{A}_1 & & & \\ & \boldsymbol{A}_2 & & \\ & & \ddots & \\ & & & \boldsymbol{A}_s \end{bmatrix}$$

且 $\{\boldsymbol{A}_1,\cdots,\boldsymbol{A}_s\}\subseteq\mathscr{A}$. 记 $\boldsymbol{A}=\mathrm{Mat}_{\mathscr{B}}(f)$. 根据命题 14.4.1 有, $\boldsymbol{A}^{\mathrm{T}}\boldsymbol{A}=\boldsymbol{A}\boldsymbol{A}^{\mathrm{T}}$. 根据命题 14.3.6 有, f 是正规变换.

必要性: 对 E 的维数 n 应用数学归纳法.

- 若 $n=1$, 结论显然成立.
- 设 $n\in\mathbb{N}^*$. 假设当 $\dim(E)\in[\![1,n]\!]$ 时结论成立. 下面证明 $\dim(E)=n+1$ 时结论成立.

  设 $\dim(E)=n+1$, f 为 E 上的自伴变换. 根据引理 14.4.1 知, 存在非零向量 $x\in E$, 使得 $V=\mathrm{Vect}\big(x,f(x)\big)$ 是 f 和 f^* 的不变子空间. 根据命题 14.3.3 知, $V^{\perp}$ 是 $f=(f^*)^*$ 的不变子空间. 设 f_1 和 f_2 分别为 f 在 V 和 $V^{\perp}$ 上的诱导映射, $\mathscr{B}_1$ 和 $\mathscr{B}_2$ 分别是 V 和 $V^{\perp}$ 的一组单位正交基. 记 $\mathscr{B}=(\mathscr{B}_1,\mathscr{B}_2)$, 则 $\mathscr{B}$ 是 E 的一组单位正交基且

$$\mathrm{Mat}_{\mathscr{B}}(f)=\begin{bmatrix} \mathrm{Mat}_{\mathscr{B}_1}(f_1) & \boldsymbol{O} \\ \boldsymbol{O} & \mathrm{Mat}_{\mathscr{B}_2}(f_2) \end{bmatrix}$$

  因为 f 是正规变换, 根据命题 14.3.6, 可验证 f_1 和 f_2 也都是正规变换. 因为 $\dim(V^{\perp})<n+1$, 根据归纳假设知, 存在 $V^{\perp}$ 的一组单位正交基 $\mathcal{C}_2$, 使得 $\mathrm{Mat}_{\mathcal{C}_2}(f_2)$ 为准对角矩阵, 且准对角元都属于 $\mathscr{A}$. 下面研究 $\mathrm{Mat}_{\mathcal{C}_1}(f_1)$.

  (i) 若 $\dim(V)=1$, 记 $\mathcal{C}_1=\mathrm{Vect}(x/\|x\|)$, 则存在 $\lambda\in\mathbb{R}$, 使得 $\mathrm{Mat}_{\mathcal{C}_1}(f_1)=[\lambda]$.

  (ii) 假设 $\dim(V)=2$, 并设 $\mathcal{C}_1$ 为 V 的一组单位正交基. 根据命题 14.4.1 知, $\mathrm{Mat}_{\mathcal{C}_1}(f_1)$ 或者属于 $\mathscr{A}$, 或者是一个对称矩阵. 如果 $\mathrm{Mat}_{\mathcal{C}_1}(f_1)$ 是对称矩阵, 则存在 V 的一组单位正交基, 仍记为 $\mathcal{C}_1$, 使得 $\mathrm{Mat}_{\mathcal{C}_1}(f_1)$ 是对角矩阵.

  记 $\mathcal{C}=(\mathcal{C}_1,\mathcal{C}_2)$, 则 $\mathcal{C}$ 是 E 的一组单位正交基. 进一步有, $\mathrm{Mat}_{\mathcal{C}}(f)$ 是准对角矩阵, 且准对角元都属于 $\mathscr{A}$.

根据数学归纳法, 必要性得证.

推论 14.4.1 设 E 是一个欧氏空间, $f\in\mathscr{L}(E)$, 则 f 是正交变换当且仅当存在 E 的一组单位正交基 $\mathscr{B}$, 使得 f 在 $\mathscr{B}$ 下的表示矩阵为准对角矩阵, 即

$$\mathrm{Mat}_{\mathscr{B}}(f)=\begin{bmatrix} \boldsymbol{A}_1 & & & \\ & \boldsymbol{A}_2 & & \\ & & \ddots & \\ & & & \boldsymbol{A}_s \end{bmatrix}$$

其中 $\{A_1, \cdots, A_s\} \subseteq \left\{[1],\ [-1]\right\} \bigcup \left\{ \begin{bmatrix} \cos\theta & -\sin\theta \\ \sin\theta & \cos\theta \end{bmatrix} \mid \theta \in]-\pi, 0[\cup]0, \pi[\right\}$.

证 明 直接计算知充分性成立.

下面证明必要性. 记 $\mathscr{A} = \left\{[\lambda] \mid \lambda \in \mathbb{R}\right\} \bigcup \left\{ \begin{bmatrix} a & -b \\ b & a \end{bmatrix} \mid (a, b) \in \mathbb{R} \times \mathbb{R}^* \right\}$. 假设 f 是正交变换, 从而 f 也是正规变换. 根据定理 14.4.1 知, 存在 E 的一组单位正交基 $\mathscr{B}$, 使得

$$\mathrm{Mat}_{\mathscr{B}}(f) = \begin{bmatrix} A_1 & & & \\ & A_2 & & \\ & & \ddots & \\ & & & A_s \end{bmatrix}$$

且 $\{A_1, \cdots, A_s\} \subseteq \mathscr{A}$. 由于 f 是正交变换, 故 $\mathrm{Mat}_{\mathscr{B}}(f)$ 是正交矩阵, 进而 $A_1, \cdots, A_s$ 都是正交矩阵. 根据命题 14.2.3, 必要性得证.

类似可证如下结论:

推论 14.4.2 设 E 是一个欧氏空间, $f \in \mathscr{L}(E)$, 则 f 是反对称变换当且仅当存在 E 的一组单位正交基 $\mathscr{B}$, 使得 f 在 $\mathscr{B}$ 下的表示矩阵为准对角矩阵, 即

$$\mathrm{Mat}_{\mathscr{B}}(f) = \begin{bmatrix} A_1 & & & \\ & A_2 & & \\ & & \ddots & \\ & & & A_s \end{bmatrix},$$

其中, $\{A_1, \cdots, A_s\} \subseteq \left\{[0]\right\} \bigcup \left\{ \begin{bmatrix} 0 & -b \\ b & 0 \end{bmatrix} \mid b \in \mathbb{R}^* \right\}$.

14.5 二次曲面的约化与分类

本节假设 $\mathbb{R}^3$ 赋予典范内积, 记 $\mathbb{R}^3$ 的典范基 $\mathscr{B}_c = (e_1, e_2, e_3)$, O 表示向量 $(0, 0, 0)$.

14.5.1 二次曲面的约化

定义 14.5.1 在典范标架 $(O, \mathscr{B}_c)$ 下, 实系数三元二次方程

$$Ax^2 + By^2 + Cz^2 + 2Dxy + 2Exz + 2Fyz + 2Gx + 2Hy + 2Iz + J = 0 \tag{14.5.1}$$

所表示的曲面 Q 称为一个**二次曲面**, 其中 A, B, C, D, E, F 不全为 0.

为了对二次曲面进行分类, 需要对方程 (14.5.1) 进行化简. 利用矩阵乘法, 方程 (14.5.1) 可表示为

$$[x \quad y \quad z] \underbrace{\begin{bmatrix} A & D & E \\ D & B & F \\ E & F & C \end{bmatrix}}_{W} \begin{bmatrix} x \\ y \\ z \end{bmatrix} + [2G \quad 2H \quad 2I] \begin{bmatrix} x \\ y \\ z \end{bmatrix} + J = 0 \tag{14.5.2}$$

定义 14.5.2 矩阵 W 的秩定义为二次曲面 Q 的秩.

因为 $\boldsymbol{W}$ 是实对称矩阵, 根据谱定理 (定理 14.3.2) 知, 存在 $\mathbb{R}^3$ 的一组单位正交基 $\mathscr{B}$ 和对角矩阵 $\boldsymbol{T}=\mathrm{diag}(a,b,c)$, 使得 $\boldsymbol{W}=\boldsymbol{\Omega}\,\boldsymbol{T}\,\boldsymbol{\Omega}^{\mathrm{T}}$, 其中 $\boldsymbol{\Omega}$ 为从典范基 $\mathscr{B}_c$ 到 $\mathscr{B}$ 的过渡矩阵，从而是正交矩阵. 设 $(x,y,z)\in\mathbb{R}^3$ 在 $\mathscr{B}$ 下的坐标为 (X,Y,Z). 根据坐标变换公式, 有

$$\begin{bmatrix} x \\ y \\ z \end{bmatrix} = \boldsymbol{\Omega} \begin{bmatrix} X \\ Y \\ Z \end{bmatrix}$$

将其代入式 (14.5.2), 有

$$[X \quad Y \quad Z]\begin{bmatrix} a & 0 & 0 \\ 0 & b & 0 \\ 0 & 0 & c \end{bmatrix}\begin{bmatrix} X \\ Y \\ Z \end{bmatrix} + [2G \quad 2H \quad 2I]\,\boldsymbol{\Omega}\begin{bmatrix} X \\ Y \\ Z \end{bmatrix} + J = 0 \tag{14.5.3}$$

整理得

$$aX^2+bY^2+cZ^2+2gX+2hY+2iZ+j=0$$

这正好是二次曲面 $\mathcal{Q}$ 在新标架 $(\boldsymbol{O},\mathscr{B})$ 下的方程, 其中 g,h,i,j 为实数.

14.5.2 二次曲面的分类

根据 14.5.1 小节的推导, 本小节假定二次曲面 $\mathcal{Q}$ 在典范标架下的方程为

$$Ax^2+By^2+Cz^2+2Gx+2Hy+2Iz+J=0 \tag{14.5.4}$$

1. 秩为 3 的二次曲面

假设 $\mathcal{Q}$ 的秩为 3, 则 $ABC\neq 0$. 将方程 14.5.4 配方, 得

$$A(x+\frac{G}{A})^2+B(y+\frac{H}{B})^2+C(z+\frac{I}{C})^2+J'=0 \tag{14.5.5}$$

以 $(-\frac{G}{A},-\frac{H}{B},-\frac{I}{C})$ 为新的坐标原点, 式 (14.5.5) 转化为

$$Ax^2+By^2+Cz^2+J'=0 \tag{14.5.6}$$

J' 共有三种可能的情形: $J'>0, J'=0, J'<0$. 对于每种情况, A,B,C 要么全部同号、要么其中 2 个同号. 因此, 秩为 3 的二次曲面的方程共有 6 种可能.

命题 14.5.1 *每一个秩为 3 的二次曲面的方程都可在一个新的单位正交标架下约化成如下标准形式之一, 其中 $(a,b,c)\in(\mathbb{R}^*)^3$.*

$$\frac{x^2}{a^2}+\frac{y^2}{b^2}+\frac{z^2}{c^2}=1 \tag{14.5.7}$$

$$\frac{x^2}{a^2}+\frac{y^2}{b^2}-\frac{z^2}{c^2}=1 \tag{14.5.8}$$

$$\frac{x^2}{a^2}+\frac{y^2}{b^2}-\frac{z^2}{c^2}=-1 \tag{14.5.9}$$

$$\frac{x^2}{a^2}+\frac{y^2}{b^2}-\frac{z^2}{c^2}=0 \tag{14.5.10}$$

$$\frac{x^2}{a^2}+\frac{y^2}{b^2}+\frac{z^2}{c^2}=0 \tag{14.5.11}$$

$$\frac{x^2}{a^2}+\frac{y^2}{b^2}+\frac{z^2}{c^2}=-1 \tag{14.5.12}$$

注 14.5.1 • 式 (14.5.11) 表示坐标原点 $(0,0,0)$.

• 式 (14.5.12) 不表示任何实图形, 称为虚椭球面.

2. 秩为 2 的二次曲面

假设 Q 的秩为 2. 不妨设 $AB\neq 0, C=0$. 将方程 (14.5.4) 配方得

$$A(x+\frac{G}{A})^2+B(y+\frac{H}{B})^2+2Iz+J'=0 \tag{14.5.13}$$

以 $(-\frac{G}{A},-\frac{H}{B},0)$ 为新的坐标原点, 式 (14.5.13) 转化为

$$Ax^2+By^2+2Iz+J'=0 \tag{14.5.14}$$

• 若 $I=0$, 方程 (14.5.14) 即为

$$Ax^2+By^2+J'=0 \tag{14.5.15}$$

• 若 $I\neq 0$, 进一步以 $(0,0,-\frac{J'}{2I})$ 为新的坐标原点, 方程 (14.5.14) 又可转化为

$$Ax^2+By^2+2Iz=0 \tag{14.5.16}$$

考虑可能的符号, 将得到如下分类:

命题 14.5.2 每一个秩为 2 的二次曲面的方程都可在一个新的单位正交标架下约化成如下标准形式之一, 其中 $(a,b)\in(\mathbb{R}^*)^2$.

$$\frac{x^2}{a^2}+\frac{y^2}{b^2}=2z \tag{14.5.17}$$

$$\frac{x^2}{a^2}-\frac{y^2}{b^2}=2z \tag{14.5.18}$$

$$\frac{x^2}{a^2}+\frac{y^2}{b^2}=1 \tag{14.5.19}$$

$$\frac{x^2}{a^2}-\frac{y^2}{b^2}=1 \tag{14.5.20}$$

$$\frac{x^2}{a^2}-\frac{y^2}{b^2}=0 \tag{14.5.21}$$

$$\frac{x^2}{a^2}+\frac{y^2}{b^2}=0 \tag{14.5.22}$$

$$\frac{x^2}{a^2}+\frac{y^2}{b^2}=-1 \tag{14.5.23}$$

注 14.5.2 • 式 (14.5.22) 表示交于一条实直线的一对共轭虚平面.
• 式 (14.5.23) 不表示任何实图形, 称为虚椭圆柱面.

3. 秩为 1 的二次曲面

假设 Q 的秩为 1. 不妨设 $A\neq 0, B=C=0$. 将方程配方, 得

$$A(x+\frac{G}{A})^2+2Hy+2Iz+J'=0 \tag{14.5.24}$$

选取 $\theta\in\mathbb{R}$ 满足 $H\sin(\theta)=I\cos(\theta)$, 再设

$$O'=(-\frac{G}{A},0,0), u=\cos(\theta)e_2+\sin(\theta)e_3, v=-\sin(\theta)e_2+\cos(\theta)e_3$$

记 $\mathscr{B}=(e_1,u,v)$. 在新标架 $(O',\mathscr{B})$ 下, 二次曲面的方程为

$$Ax^2+2H'y+J'=0 \tag{14.5.25}$$

其中, $H'=H\cos\theta+I\sin\theta$.

• 若 $H'=0$, 方程 (14.5.25) 即为

$$Ax^2+J'=0 \tag{14.5.26}$$

• 若 H' 非零, 再以 $(0,-\frac{J'}{2H'},0)$ 为新的坐标原点, 式 14.5.25 可转化为

$$Ax^2+2H'y=0 \tag{14.5.27}$$

考虑可能的符号, 将得到如下分类:

命题 14.5.3 每一个秩为 1 的二次曲面的方程都可在一个新的单位正交标架下约化成如下标准形式之一, 其中 $(p,a)\in\mathbb{R}\times\mathbb{R}^*$.

$$x^2=2py \tag{14.5.28}$$

$$\frac{x^2}{a^2}=1 \tag{14.5.29}$$

$$\frac{x^2}{a^2}=0 \tag{14.5.30}$$

$$\frac{x^2}{a^2}=-1 \tag{14.5.31}$$

注 14.5.3 • 式 (14.5.30) 表示一对重合平面.
• 式 (14.5.31) 表示一对平行的共轭虚平面.

例 14.5.1 将以下方程化成标准形式:

$$2x^2+2y^2+z^2+2xz-2yz+4x-2y-z+3=0$$

解 原方程可写为

$$\begin{bmatrix}x & y & z\end{bmatrix}\underbrace{\begin{bmatrix}2 & 0 & 1\\ 0 & 2 & -1\\ 1 & -1 & 1\end{bmatrix}}_{\boldsymbol{A}}\begin{bmatrix}x\\ y\\ z\end{bmatrix}+\begin{bmatrix}4 & -2 & -1\end{bmatrix}\begin{bmatrix}x\\ y\\ z\end{bmatrix}+3=0$$

先将 $\boldsymbol{A}$ 对角化.

- 直接计算得 $\chi_A=|\boldsymbol{A}-X\boldsymbol{I}_3|=X(X-2)(X-3)$, 故 $\mathrm{Sp}(\boldsymbol{A})=\{0,2,3\}$.
- 求特征值对应的特征子空间:

$$E_0(\boldsymbol{A})=\mathrm{Vect}\begin{bmatrix}-\dfrac{\sqrt{6}}{6}\\ \dfrac{\sqrt{6}}{6}\\ \dfrac{\sqrt{6}}{3}\end{bmatrix},\quad E_2(\boldsymbol{A})=\mathrm{Vect}(\begin{bmatrix}\dfrac{\sqrt{2}}{2}\\ \dfrac{\sqrt{2}}{2}\\ 0\end{bmatrix}),\quad E_3(\boldsymbol{A})=\mathrm{Vect}(\begin{bmatrix}\dfrac{\sqrt{3}}{3}\\ -\dfrac{\sqrt{3}}{3}\\ \dfrac{\sqrt{3}}{3}\end{bmatrix}$$

将上面三个向量依次记为 $\boldsymbol{\varepsilon}_1,\boldsymbol{\varepsilon}_2,\boldsymbol{\varepsilon}_3$. 记 $\mathscr{B}=(\boldsymbol{\varepsilon}_1,\boldsymbol{\varepsilon}_2,\boldsymbol{\varepsilon}_3)$, 记 $\boldsymbol{\Omega}=\boldsymbol{P}(\mathscr{B}_c,\mathscr{B})$, 则

$$\boldsymbol{\Omega}=\begin{bmatrix}-\dfrac{\sqrt{6}}{6} & \dfrac{\sqrt{2}}{2} & \dfrac{\sqrt{3}}{3}\\ \dfrac{\sqrt{6}}{6} & \dfrac{\sqrt{2}}{2} & -\dfrac{\sqrt{3}}{3}\\ \dfrac{\sqrt{6}}{3} & 0 & \dfrac{\sqrt{3}}{3}\end{bmatrix}$$

记 $\boldsymbol{D}=\mathrm{diag}(0,2,3)$, 则 $\boldsymbol{\Omega}\in O_3(\mathbb{R})$ 且 $\boldsymbol{A}=\boldsymbol{\Omega}\boldsymbol{D}\boldsymbol{\Omega}^{\mathrm{T}}$.

根据坐标变换公式有, $[x\quad y\quad z]^{\mathrm{T}}=\boldsymbol{\Omega}\,[x'\quad y'\quad z']^{\mathrm{T}}$. 于是在新标架 $(\boldsymbol{O},\mathscr{B})$ 下, 二次曲面的方程为

$$\begin{bmatrix}x' & y' & z'\end{bmatrix}\begin{bmatrix}0 & 0 & 0\\ 0 & 2 & 0\\ 0 & 0 & 3\end{bmatrix}\begin{bmatrix}x'\\ y'\\ z'\end{bmatrix}+\begin{bmatrix}4 & -2 & -1\end{bmatrix}\boldsymbol{\Omega}\begin{bmatrix}x'\\ y'\\ z'\end{bmatrix}+3=0$$

整理得

$$2(y')^2+3(z')^2-\frac{4\sqrt{6}}{3}x'+\sqrt{2}y'+\frac{5\sqrt{3}}{3}z'+3=0$$

将上述方程配方, 得

$$3(z'+\frac{5\sqrt{3}}{18})^2+2(y'+\frac{\sqrt{2}}{4})^2-\frac{4\sqrt{6}}{3}(x'-\frac{37\sqrt{6}}{144})=0$$

记 $\boldsymbol{O}'=(\frac{37\sqrt{6}}{144},-\frac{\sqrt{2}}{4},-\frac{5\sqrt{3}}{18})$, 则在新标架 $(\boldsymbol{O}',\mathscr{B})$ 下, 二次曲面的方程最终约化为

$$3Z^2+2Y^2-\frac{4\sqrt{6}}{3}X=0$$

习题 14

若无特殊说明, E 表示一个非零欧氏空间, n 是一个大于 1 的自然数. 记
$\mathcal{S}_n^{+}=\left\{\boldsymbol{A}\in\mathcal{M}_n(\mathbb{R})\mid \boldsymbol{A}^{\mathrm{T}}=\boldsymbol{A}\text{ 且 }\forall\boldsymbol{X}\in\mathcal{M}_{n,1}(\mathbb{R}),\boldsymbol{X}^{\mathrm{T}}\boldsymbol{A}\boldsymbol{X}\geqslant 0\right\}$;
$\mathcal{S}_n^{++}=\left\{\boldsymbol{A}\in\mathcal{M}_n(\mathbb{R})\mid \boldsymbol{A}^{\mathrm{T}}=\boldsymbol{A}\text{ 且 }\forall\boldsymbol{X}\in\mathcal{M}_{n,1}(\mathbb{R})\setminus\{\boldsymbol{0}\},\ \boldsymbol{X}^{\mathrm{T}}\boldsymbol{A}\boldsymbol{X}>0\right\}$.

★ 基础题

14.1 设 $\boldsymbol{A}=(a_{i,j})_{n\times n}\in O_n(\mathbb{R})$.

(1) 证明 $\displaystyle\sum_{1\leqslant i,j\leqslant n}|a_{i,j}|\leqslant n\sqrt{n}$;

(2) 证明 $\displaystyle\left|\sum_{1\leqslant i,j\leqslant n}a_{i,j}\right|\leqslant n$.

14.2 设 $(a,b,c)\in\mathbb{R}^3$. 证明 $\begin{bmatrix}a&b&c\\b&c&a\\c&a&b\end{bmatrix}\in SO_3(\mathbb{R})$ 当且仅当 a, b, c 是多项式 $X^3+X^2+\lambda$ 的根, 其中 $\lambda\in[-\frac{4}{27},0]$.

14.3 设 E 是一个 n 维欧氏空间, $\mathscr{B}$ 是 E 的一组单位正交基, $(x_1,\cdots,x_n)\in E^n$.

(1) 证明 $|\det_{\mathscr{B}}(x_1,\cdots,x_n)|$ 不依赖于单位正交基 $\mathscr{B}$ 的选取;

(2) 证明: $|\det_{\mathscr{B}}(x_1,\cdots,x_n)|\leqslant\displaystyle\prod_{k=1}^{n}\|x_k\|$.

14.4 设 $\boldsymbol{M}\in GL_n(\mathbb{R})$. 证明存在正交矩阵 $\boldsymbol{\Omega}$ 和上三角矩阵 $\boldsymbol{T}$, 使得 $\boldsymbol{M}=\boldsymbol{\Omega}\boldsymbol{T}$.
(提示: 在 $\left(\mathbb{R}^n,(\cdot\mid\cdot)_{\mathscr{B}_c}\right)$ 中利用施密特正交化定理)

14.5 设 $\mathcal{M}_{3,1}(\mathbb{R})$ 赋予典范内积且以典范基为正向基. 刻画由如下矩阵定义的线性变换的几何意义:

(1) $\begin{bmatrix}7&4&4\\-4&8&-1\\4&1&-8\end{bmatrix}$; (2) $\begin{bmatrix}2&-26&7\\-23&2&14\\14&7&22\end{bmatrix}$

14.6 设 E 是一个三维有向欧氏空间, $u\in E$ 是单位向量, $\theta\in[0,2\pi[$, r 是以 u 为旋转轴, 以 θ 为旋转角的旋转, 并且 $x\in E$, 给出 $r(x)$ 的表达式, 结果用 θ, u, x 以及 E 上的

运算 (加法、内积、向量积) 表示.

应用: 设 $E=\mathbb{R}^3$, $u=\dfrac{1}{\sqrt{6}}(1,-1,2)$, $\theta=\dfrac{\pi}{3}$. 求 r 在 $\mathbb{R}^3$ 的典范基下的表示矩阵.

14.7 设

$$M=\frac{1}{7}\begin{bmatrix}6 & 3 & a\\ -2 & 6 & b\\ 3 & c & d\end{bmatrix}\in O_3(\mathbb{R})$$

(1) 求 a,b,c,d 的值;

(2) 将矩阵 $\boldsymbol{M}$ 分解为反射的复合.

14.8 设 $\mathcal{M}_n(\mathbb{R})$ 赋予内积 $(\cdot\mid\cdot):(\boldsymbol{A},\boldsymbol{B})\longmapsto \operatorname{tr}(\boldsymbol{A}^{\mathrm{T}}\boldsymbol{B})$, $\boldsymbol{P}\in GL_n(\mathbb{R})$, $\boldsymbol{A}\in\mathcal{M}_n(\mathbb{R})$. 定义 $\mathcal{M}_n(\mathbb{R})$ 上的两个线性变换:

$$f:\boldsymbol{M}\longmapsto \boldsymbol{PMP}^{-1},\qquad g:\boldsymbol{M}\longmapsto \boldsymbol{AM}-\boldsymbol{MA}$$

求 f 和 g 的伴随.

14.9 将下列矩阵正交对角化.

$$(1)\ \begin{bmatrix}6 & -2 & 2\\ -2 & 5 & 0\\ 2 & 0 & 7\end{bmatrix};\qquad (2)\ \begin{bmatrix}23 & 2 & -4\\ 2 & 26 & 2\\ -4 & 2 & 23\end{bmatrix};\qquad (3)\ \begin{bmatrix}7 & 2 & -2\\ 2 & 4 & -1\\ -2 & -1 & 4\end{bmatrix}$$

14.10 设 $\boldsymbol{A}\in S_n(\mathbb{R})$ 满足 $\boldsymbol{A}^3+\boldsymbol{A}^2+\boldsymbol{A}=\boldsymbol{O}_{n\times n}$, 证明 $\boldsymbol{A}=\boldsymbol{O}_{n\times n}$.

14.11 设 $\boldsymbol{M}\in\mathcal{M}_n(\mathbb{R})$ 满足 $\boldsymbol{M}(\boldsymbol{M}^{\mathrm{T}}\boldsymbol{M})^2=\boldsymbol{I}_n$. 求 $\boldsymbol{M}$.

14.12 设 p 和 q 是 E 上的两个正交投影, 证明: $q\circ p=0 \iff p\circ q=0$.

14.13 设 $u\in\mathscr{L}(E)$. 求 $\operatorname{Ker}(u^*\circ u)$ 和 $\operatorname{Im}(u^*\circ u)$, 结果用 u 和 u^* 的核和像表示.

14.14 设 $u\in\mathscr{L}(E)$. 证明下列论述等价:

(1) $u^*=-u$;

(2) $\forall x\in E,\ (u(x)\mid x)=0$;

(3) u 在 E 的任意一组单位正交基下的表示矩阵都是反对称矩阵.

假设 $u^*=-u$. 证明 $(\operatorname{Ker}(u))^\circ=\operatorname{Im}(u)$ 且 u^2 的特征根小于等于 0, 并说明什么情况下 u 可对角化?

14.15 设 $u\in\mathscr{L}(E)$ 满足 $u\circ u^*\circ u=u$. 记 $\mathscr{A}=\Big\{x\in E\ \Big|\ \|u(x)\|=\|x\|\Big\}$. 证明 $\mathscr{A}=\operatorname{Ker}(u^*\circ u-\mathrm{id}_E)$ 且 $\mathscr{A}\perp\operatorname{Ker}(u)$.

14.16 设 f 和 g 是 E 上的两个自伴变换. 证明下列论述等价:

(1) $f\circ g$ 是自伴变换;

(2) $f\circ g=g\circ f$;

(3) 存在 E 的一组单位正交基, 使得 f 和 g 在这组基下的表示矩阵都是对角矩阵.

14.17 设 $\boldsymbol{S}\in\mathcal{S}_n(\mathbb{R})$. 证明下列结论:

(1) $\boldsymbol{S}\in\mathcal{S}_n^+\iff \operatorname{Sp}(\boldsymbol{S})\subseteq\mathbb{R}_+$;

(2) $\boldsymbol{S}\in\mathcal{S}_n^{++}\iff \operatorname{Sp}(\boldsymbol{S})\subseteq\mathbb{R}_+^*$;

(3) $\boldsymbol{S} \in \mathcal{S}_n^+ \iff (\exists \boldsymbol{M} \in \mathcal{M}_n(\mathbb{R}), \boldsymbol{S} = \boldsymbol{M}^{\mathrm{T}}\boldsymbol{M})$;

(4) $\boldsymbol{S} \in \mathcal{S}_n^{++} \iff (\exists \boldsymbol{M} \in GL_n(\mathbb{R}), \boldsymbol{S} = \boldsymbol{M}^{\mathrm{T}}\boldsymbol{M})$.

14.18 证明下列结论成立:

(1) $\forall \boldsymbol{S} \in \mathcal{S}_n^+,\ \exists! \boldsymbol{R} \in \mathcal{S}_n^+, \boldsymbol{S} = \boldsymbol{R}^2$;

(2) $\forall \boldsymbol{S} \in \mathcal{S}_n^{++},\ \exists! \boldsymbol{R} \in \mathcal{S}_n^{++}, \boldsymbol{S} = \boldsymbol{R}^2$.

14.19 设 $\boldsymbol{A} \in \mathcal{S}_n^{++}, \boldsymbol{B} \in \mathcal{S}_n(\mathbb{R})$. 证明 $\boldsymbol{AB}$ 可对角化.

14.20 证明: $\forall \boldsymbol{A} \in GL_n(\mathbb{R}), \exists! (\boldsymbol{\Omega}, \boldsymbol{S}) \in O_n(\mathbb{R}) \times \mathcal{S}_n^{++}, \boldsymbol{A} = \boldsymbol{\Omega S}$.

14.21 (1) 记 $\boldsymbol{A} = \big(\min(i,j)\big)_{n\times n}$. 证明 $\boldsymbol{A} \in \mathcal{S}_n^{++}$;

(2) 记 $\boldsymbol{H} = \left(\dfrac{1}{i+j-1}\right)_{n\times n}$. 证明 $\boldsymbol{H} \in \mathcal{S}_n^{++}$.

14.22 将下列二次曲面的方程化成标准形式.

(1) $x^2+y^2+z^2-2xy-2xz-2yz-1=0$;

(2) $(x-y)^2+(y-z)^2+(z-x)^2-1=0$;

(3) $y^2+xy-xz-yz-3x-5y-3=0$.

★ 提高题

14.23 证明: $\forall \boldsymbol{A} \in \mathcal{S}_n^+,\ 1+(\det(\boldsymbol{A}))^{1/n} \leqslant (\det(\boldsymbol{I}_n+\boldsymbol{A}))^{1/n}$.

14.24 设 $(\boldsymbol{A}, \boldsymbol{B}) \in (\mathcal{S}_n^+)^2$. 证明下列结论成立.

(1) $\det(\boldsymbol{A}+\boldsymbol{B}) \geqslant \det(\boldsymbol{A}) + \det(\boldsymbol{B})$;

(2) $0 \leqslant \mathrm{tr}(\boldsymbol{AB}) \leqslant \mathrm{tr}(\boldsymbol{A})\mathrm{tr}(\boldsymbol{B})$.

14.25 (Hadamard 不等式)

(1) 设 $\boldsymbol{S} = (s_{ij})_{n\times n} \in \mathcal{S}_n^{++}$. 设 $\lambda_1, \lambda_2, \cdots, \lambda_n$ 是 $\boldsymbol{S}$ 的所有特征根 (重数计算在内). 设 $f\colon]0,+\infty[\to \mathbb{R}$ 是一个凸函数. 证明 $\sum\limits_{i=1}^n f(s_{ii}) \leqslant \sum\limits_{k=1}^n f(\lambda_k)$.

(2) 证明: $\forall \boldsymbol{S} = (s_{ij})_{n\times n} \in \mathcal{S}_n^+,\ \det(\boldsymbol{S}) \leqslant \prod\limits_{i=1}^n s_{ii}$.

(3) 证明: $\forall \boldsymbol{A} = (a_{ij})_{n\times n} \in \mathcal{M}_n(\mathbb{R}),\ |\det(\boldsymbol{A})| \leqslant (\prod\limits_{i=1}^n \sum\limits_{j=1}^n a_{ij}^2)^{1/2}$.

14.26 设 $\boldsymbol{A} = (a_{ij})_{n\times n} \in \mathcal{S}_n(\mathbb{R})$. 设 $p \in [\![1,n]\!]$, 记 $\boldsymbol{A}_p = (a_{ij})_{p\times p} \in \mathcal{S}_p(\mathbb{R})$.

(1) 证明: $\big(\boldsymbol{A} \in \mathcal{S}_n^+\big) \Longrightarrow \big(\forall p \in [\![1,n]\!], \det(\boldsymbol{A}_p) \geqslant 0\big)$;

(2) 假设 $\forall p \in [\![1,n]\!],\ \det(\boldsymbol{A}_p) \geqslant 0$, 能否推出 $\boldsymbol{A} \in \mathcal{S}_n^+$?

(3) 假设 $\forall p \in [\![1,n]\!],\ \det(\boldsymbol{A}_p) > 0$, 证明存在上三角矩阵 $\boldsymbol{B}$, 使得 $\boldsymbol{A} = \boldsymbol{B}^{\mathrm{T}}\boldsymbol{B}$;

(4) 证明: $\boldsymbol{A} \in \mathcal{S}_n^{++} \iff \big(\forall p \in [\![1,n]\!],\ \det(\boldsymbol{A}_p) > 0\big)$;

(5) 应用: 设 $a \in]-1,1[$ 且 $\boldsymbol{A} = (a^{|i-j|})_{n\times n}$. 证明 $\boldsymbol{A} \in \mathcal{S}_n^{++}$.

14.27 设 $u \in \mathscr{L}(E)$ 是自伴变换, F 是 E 的子空间, 记 $\mathscr{S}_F = \{x \in F \mid \|x\| = 1\}$.

(1) 证明映射 $x \mapsto \big(u(x) \mid x\big)$ 在 $\mathscr{S}_E$ 上有最大值和最小值, 并用 u 的特征根表示这两个值;

(2) 证明映射 $x \mapsto \big(u(x) \mid x\big)$ 在 $\mathscr{S}_F$ 上有最大值和最小值. (提示: 考虑 F 上的正交投影)

14.28 设 $f\in\mathscr{L}(E)$ 是自伴变换, $\lambda_1,\lambda_2,\cdots,\lambda_n$ 是 f 的所有特征根 (重数计算在内), 并假设

$$\lambda_1\leqslant\lambda_2\leqslant\cdots\leqslant\lambda_n$$

根据谱定理, 存在 E 的一组单位正交基 $(e_1,\cdots,e_n)$, 使得 $\forall k\in[\![1,n]\!], f(e_k)=\lambda_k e_k$. 设 $\mathscr{B}$ 是 E 的另一组单位正交基, 记 $\boldsymbol{A}=\mathrm{Mat}_{\mathscr{B}}(f)=(a_{ij})_{n\times n}$.

(1) 设 $k\in[\![1,n]\!]$. 记 $E_k=\mathrm{Vect}\,(e_1,\cdots,e_k)$, $F_k=\mathrm{Vect}\,(e_k,\cdots,e_n)$. 证明:

$$\lambda_k=\max_{\substack{x\in E_k\\ \|x\|=1}}\big(f(x)\mid x\big)=\min_{\substack{x\in F_k\\ \|x\|=1}}\big(f(x)\mid x\big)$$

(2) 设 $k\in[\![1,n-1]\!]$, 记 $\mathscr{A}_k=\big\{F \text{ 是 } E \text{ 的子空间} \mid \dim\,(F)=k\big\}$. 证明:

$$\forall k\in[\![1,n-1]\!],\ \lambda_k=\min_{F\in\mathscr{A}_k}\Big[\max_{\substack{x\in F\\ \|x\|=1}}\big(f(x)\mid x\big)\Big]=\max_{F\in\mathscr{A}_{n+1-k}}\Big[\min_{\substack{x\in F\\ \|x\|=1}}\big(f(x)\mid x\big)\Big]$$

(提示: 若 $F\in\mathscr{A}_k$, 则 $F\cap F_k\neq\{\mathbf{0}_E\}$; 若 $F\in\mathscr{A}_{n+1-k}$, 则 $F\cap E_k\neq\{\mathbf{0}_E\}$.)

(3) 证明: $\forall p\in[\![1,n]\!]$, $\lambda_1+\lambda_2+\cdots+\lambda_p\leqslant a_{11}+a_{22}+\cdots+a_{pp}$.

(4) 假设 $\boldsymbol{A}\in\mathcal{S}_n^+$. 设 $\boldsymbol{B}\in\mathcal{S}_n^+$ 且它的特征根按序排列为 $0\leqslant\mu_1\leqslant\mu_2\leqslant\cdots\leqslant\mu_n$ (重数计算在内). 证明: $\mathrm{tr}(\boldsymbol{AB})\leqslant\lambda_1\mu_1+\cdots+\lambda_n\mu_n$. 进而推出 $\sqrt{\mathrm{tr}(\boldsymbol{AB})}\leqslant\dfrac{1}{2}\big[\mathrm{tr}(\boldsymbol{A})+\mathrm{tr}(\boldsymbol{B})\big]$.

14.29 设 $f\in\mathscr{L}(E)$ 是自伴变换且 f 的特征根且按序排列为 $\lambda_1\leqslant\lambda_2\leqslant\cdots\leqslant\lambda_n$ (重数计算在内), G 是 E 的一个超平面, p 为 G 上的正交投影.

(1) 证明 G 是 $p\circ f$ 的不变子空间, 记 g 为 $p\circ f$ 在 G 上的诱导映射;

(2) 证明 g 是自伴变换;

(3) 设 g 的特征根按序排列为 $\lambda'_1\leqslant\lambda'_2\leqslant\cdots\leqslant\lambda'_{n-1}$ (重数计算在内). 利用 14.28的结论证明:

$$\forall k\in[\![1,n-1]\!],\ \lambda_k\leqslant\lambda'_k\leqslant\lambda_{k+1}$$

☞ 综合问题 极大相似变换空间的维数计算

本问题中, n 表示一个大于 1 的自然数, E 表示一个欧氏空间且 $\dim(E)=n$. 设 $(f,g)\in\mathscr{L}(E)^2, f\circ g$ 简记为 fg. 记

$$\mathrm{Sim}(E)=\big\{f\in\mathscr{L}(E)\mid \text{存在}\lambda\in\mathbb{R}\text{和}E\text{上的正交变换}g,\text{使得}f=\lambda g\big\}.$$

$$\mathrm{Sim}_n(\mathbb{R})=\big\{\boldsymbol{A}\in\mathcal{M}_n(\mathbb{R})\mid \text{存在}\lambda\in\mathbb{R}\text{和}n\text{阶正交矩阵}\boldsymbol{\Omega},\text{使得}\boldsymbol{A}=\lambda\boldsymbol{\Omega}\big\}.$$

$$d_n=\max\big\{\dim(V)\mid V\text{是}\mathscr{L}(E)\text{的子空间且}V\subseteq\mathrm{Sim}(E)\big\}.$$

设 V 是 $\mathscr{L}(E)$ 的子空间. 若 $V\subseteq\mathrm{Sim}(E)$, 则称 V 是 E 上的一个相似变换空间. 进一步, 若 $\dim(V)=d_n$, 则称 V 是 E 上的一个极大相似变换空间. 本问题的目标是研究 d_n 的值.

一、预备知识

1. $\mathrm{Sim}(E)$ 的基本性质.

(1) 证明 $\mathrm{Sim}(E)$ 中的所有非零映射构成的集合关于映射的复合运算构成一个群.

(2) 设 $h \in \mathscr{L}(E)$. 证明下列论述等价:

(i) $h \in \mathrm{Sim}(E)$;

(ii) 存在 $\lambda \in \mathbb{R}$, 使得 $hh^* = \lambda\,\mathrm{id}_E$;

(iii) h 在 E 的任意一组单位正交基下的表示矩阵都属于 $\mathrm{Sim}_n(\mathbb{R})$.

2. 设 f 是 E 上的一个反对称变换.

(1) 证明: $\forall x \in E, \big(f(x) \mid x\big) = 0$.

(2) 证明: 若 S 是 f 的不变子空间, 则 $S^{\perp}$ 是 f 的不变子空间.

(3) 设 S 是 f 的不变子空间. 证明 f 在 S 上的诱导映射 f_S 是一个反对称变换.

(4) 设 g 是一个反对称变换且满足 $fg = -gf$. 证明: $\forall x \in E, \big(f(x) \mid g(x)\big) = 0$.

(5) 假设 f 还是一个正交变换. 证明: 存在 $\lambda \in \mathbb{R}$, 使得 $f^2 = \lambda\,\mathrm{id}_E$.

3. d_n 的估计.

(1) 证明 $d_n \geqslant 1$.

(2) 设 V 是 $\mathscr{L}(E)$ 的一个子空间且 $V \subseteq \mathrm{Sim}(E)$. 证明 $\dim(V) \leqslant n$, 进而证明 $d_n \leqslant n$. (提示: 设 $x \in E$ 非零, 考虑映射 $\Phi : f \mapsto f(x)$)

(3) 设 n 是一个奇数, $(f, g) \in \mathscr{L}(E)^2$ 都是同构映射. 证明: 存在 $\lambda \in \mathbb{R}$ 使得 $f + \lambda g$ 不可逆, 进而说明 $d_n = 1$. (提示: 考虑 fg^{-1} 的特征多项式)

(4) 设 V 是 $\mathscr{L}(E)$ 的一个子空间且 $V \subseteq \mathrm{Sim}(E)$. 假设 $\dim(V) = d \geqslant 1$. 证明: 存在 $\mathscr{L}(E)$ 的子空间 $W \subseteq \mathrm{Sim}(E)$, 使得 $\dim(W) = d$ 且 $\mathrm{id}_E \in W$.

(5) 证明 $d_2 = 2$.

二、基的刻画

设 $\mathscr{L}(E)$ 赋予内积:

$$\forall (f, g) \in \mathscr{L}(E)^2, (f \mid g) = \mathrm{tr}(f^* g)$$

另设 V 是 $\mathscr{L}(E)$ 的一个子空间且 $V \subseteq \mathrm{Sim}(E)$, 并假设 $\dim(V) = d \geqslant 3$ 且 $(\mathrm{id}_E, f_1, \cdots, f_{d-1})$ 是 V 的一组基.

1. 设 $i \in [\![1, d-1]\!]$. 证明: 存在 $\lambda \in \mathbb{R}$, 使得 $f_i + f_i^* = \lambda\,\mathrm{id}_E$.

2. 证明: 存在 V 的一组基 $(\mathrm{id}_E, g_1, \cdots, g_{d-1})$, 使得 $\forall i \in [\![1, d-1]\!], g_i^* = -g_i$.(提示: 考虑 id_E 和 f_i 的线性组合)

3. 设 $(i, j) \in [\![1, d-1]\!]^2$ 且 $i \neq j$. 证明: 存在 $\lambda \in \mathbb{R}$, 使得 $g_i g_j + g_j g_i = \lambda\,\mathrm{id}_E$.

4. 设 $(h_1, h_2, \cdots h_{d-1})$ 是将 $(g_1, g_2, \cdots, g_{d-1})$ 单位正交化以后得到的 $\mathrm{Vect}\big(g_1, g_2, \cdots, g_{d-1}\big)$ 的一组单位正交基.

(1) 证明: $\forall i \in [\![1, d-1]\!], h_i^* = -h_i$.

(2) 设 $(i, j) \in [\![1, d-1]\!]^2$ 且 $i \neq j$. 证明 $h_i h_j + h_j h_i = 0$.

(3) 证明: 存在 V 的一组基 $(\mathrm{id}_E, k_1, \cdots, k_{d-1})$ 满足:

$$\forall (i, j) \in [\![1, d-1]\!]^2, i \neq j \Longrightarrow k_i k_j + k_j k_i = 0$$

其中 $k_1, k_2, \cdots, k_n$ 都是反对称的正交变换.

5. 设 $l_1, l_2, \cdots, l_{d-1}$ 均为 E 上的反对称正交变换且满足: $(i,j) \in [\![1, d-1]\!]^2, i \neq j \Longrightarrow l_i l_j + l_j l_i = 0$.
   (1) 证明 $V = \mathrm{Vect}(\mathrm{id}_E, l_1, \cdots, l_{d-1}) \subseteq \mathrm{Sim}(E)$.
   (2) 证明 $(\mathrm{id}_E, l_1, \cdots, l_{d-1})$ 是 V 的一组正交向量, 进而证明 $\dim(V) = d$.

三、维数计算

1. 假设 $\dim(E) = 2(2p+1)$, 其中 $p \in \mathbb{N}^*$, $d_n \geqslant 3$. 根据基的刻画部分的结果知, 存在 E 上的反对称正交变换 $k_1, k_2, \cdots, k_{d_n-1}$ 满足:

$$\forall (i,j) \in [\![1, d_n - 1]\!]^2, i \neq j \Longrightarrow k_i k_j + k_j k_i = 0$$

   设 x 为 E 中的单位向量.
   (1) 证明 $\big(x, k_1(x), k_2(x), k_1k_2(x)\big)$ 是 E 的一组单位正交向量.
   (2) 证明 $\mathrm{Vect}\big(x, k_1(x), k_2(x), k_1k_2(x)\big)$ 是 k_1 和 k_2 的不变子空间.
   (3) 证明 $d_{n-4} \geqslant 3$, 进而求 d_n 的值.
2. 假设 $\dim(E) = 4$, 且存在 $\mathscr{L}(E)$ 的 4 维子空间 $V \subseteq \mathrm{Sim}(E)$. 根据基的刻画部分的结果知, 存在 E 上的反对称正交变换 k_1, k_2, k_3 满足:

$$\forall (i,j) \in [\![1, 3]\!]^2, i \neq j \Longrightarrow k_i k_j + k_j k_i = 0$$

   设 x 为 E 中的单位向量. 类似可证 $\mathscr{B} = \big(x, k_1(x), k_2(x), k_1k_2(x)\big)$ 是 E 的一组单位正交向量.
   (1) 证明 $k_3(x) = \pm k_1k_2(x)$.
   (2) 证明 $k_3 = k_1k_2$ 或 $k_3 = -k_1k_2$. 下假设 $k_3 = k_1k_2$.
   (3) 设 $(x_0, x_1, x_2, x_3) \in \mathbb{R}^4$. 记 $f = x_0\mathrm{id}_E + x_1k_1 + x_2k_2 + x_3k_3$, 求 $\mathrm{Mat}_{\mathscr{B}}(f)$.
   (4) 求 d_4 的值.
3. 假设 $\dim(E) = 12$, 并且已知 $d_{12} \leqslant 4$. 根据上题求 d_4 的方法给出 d_{12} 的值. (提示: 考虑 2(3) 中的矩阵)
4. 假设 $\dim(E) = 8$, 并设 $(x_0, x_1, \cdots, x_7) \in \mathbb{R}^8$,

$$\boldsymbol{M} = \begin{bmatrix} x_0 & -x_1 & -x_2 & -x_4 & -x_3 & -x_5 & -x_6 & -x_7 \\ x_1 & x_0 & -x_4 & x_2 & -x_5 & x_3 & -x_7 & x_6 \\ x_2 & x_4 & x_0 & -x_1 & -x_6 & x_7 & x_3 & -x_5 \\ x_4 & -x_2 & x_1 & x_0 & x_7 & x_6 & -x_5 & -x_3 \\ x_3 & x_5 & x_6 & -x_7 & x_0 & -x_1 & -x_2 & x_4 \\ x_5 & -x_3 & -x_7 & -x_6 & x_1 & x_0 & x_4 & x_2 \\ x_6 & x_7 & -x_3 & x_5 & x_2 & -x_4 & x_0 & -x_1 \\ x_7 & -x_6 & x_5 & x_3 & -x_4 & -x_2 & x_1 & x_0 \end{bmatrix}$$

证明 $\boldsymbol{M} \in \mathrm{Sim}_8(\mathbb{R})$, 并由此求 d_8 的值.

5. 试猜想 d_n 的通项公式, 并简要说明理由.

参考文献

[1] Claude Deschamps, André Warusfel. Mathematiques TOUT-EN-UN·1re anneé MPSI-PCSI[M]. Paris: Dunod, 2003.

[2] Claude Deschamps, André Warusfel. Mathematiques TOUT-EN-UN·2e anneé MP[M]. Paris: Dunod, 2004.

[3] 北京大学数学系几何与代数教研室前代数小组. 高等代数 [M]. 3 版. 北京: 高等教育出版社，2003.

索 引